计算机科学中的数学
信息与智能时代的必修课

[美] Eric Lehman
[美] F. Thomson Leighton 著
[美] Albert R. Meyer

唐李洋 刘杰 谭昶 金博 马海平 朱琛 译

Mathematics
for Computer Science

电子工业出版社
Publishing House of Electronics Industry
北京·BEIJING

内 容 简 介

本书原为麻省理工学院计算机科学与工程专业的数学课程讲义，谷歌技术专家参与编写，涵盖计算机科学涉及的全部基础数学知识，包括形式逻辑符号、数学证明、归纳、集合与关系、图论基础、排列与组合、计数原理、离散概率、递归等，特别强调数学定义、证明及其应用方法。本书因具有系统、完整，以及有趣、易读等明显优势，现已被全球 IT 技术相关从业者及准从业者奉为圭臬、广泛传阅，在人工智能日益普及的全新信息时代，更是大放异彩。

本书适合计算机相关专业学生及从业人员作为数学入门教材，亦可作为统计、机器学习、数据挖掘等课程的宝贵资料。

图书在版编目（CIP）数据

计算机科学中的数学：信息与智能时代的必修课/（美）埃里克·雷曼（Eric Lehman），（美）F.汤姆森·莱顿（F. Thomson Leighton），（美）艾伯特·R.迈耶（Albert R. Meyer）著；唐李洋等译. —北京：电子工业出版社，2019.4

书名原文：Mathematics for Computer Science
ISBN 978-7-121-35533-2

Ⅰ. ①计… Ⅱ. ①埃… ②F… ③艾… ④唐… Ⅲ. ①计算机科学－数学基础 Ⅳ. ①TP301.6

中国版本图书馆 CIP 数据核字（2018）第 259545 号

策划编辑：张春雨
责任编辑：刘 舫
印　　刷：三河市良远印务有限公司
装　　订：三河市良远印务有限公司
出版发行：电子工业出版社
　　　　　北京市海淀区万寿路 173 信箱　　　邮编：100036
开　　本：787×980　1/16　　印张：52　　字数：1198 千字
版　　次：2019 年 4 月第 1 版
印　　次：2023 年 2 月第 14 次印刷
定　　价：168.00 元

凡所购买电子工业出版社图书有缺损问题，请向购买书店调换。若书店售缺，请与本社发行部联系，联系及邮购电话：（010）88254888，88258888。
质量投诉请发邮件至 zlts@phei.com.cn，盗版侵权举报请发邮件至 dbqq@phei.com.cn。
本书咨询联系方式：010-51260888-819，faq@phei.com.cn。

译者序

计算机科学与数学是密不可分的。不论是计算机本身的数值计算、逻辑推理、符号处理等，还是计算机程序中应用到的数学思想和算法，数学在计算机科学中仿佛灵魂一般地存在。另一方面，随着机器学习、人工智能、大数据等新兴技术的飞速发展以及计算性能的飞跃性提升，计算机为数学算法、模型及方法论的实践化提供了更丰富的空间和可能。《计算机科学中的数学：信息与智能时代的必修课》便是计算机科学和数学相关领域的最佳入门图书。

《计算机科学中的数学：信息与智能时代的必修课》是谷歌工程师 Eric Lehman，与麻省理工学院的两位教授 F. Thomson Leighton 和 Albert R. Meyer 合著的教科书，也是麻省理工学院计算机专业本科公开课的讲义。建议读者在研读本书的同时学习这门课程，网址是 https://ocw.mit.edu/courses/electrical-engineering-and-computer-science/6-042j-mathematics-for-computer-science-fall-2010/。

本书的翻译历经译者们一年多的辛勤付出和共同努力，经过仔细校验、核对和最终审核，竭力保证翻译的准确性。在翻译风格上，本书竭力忠于原著，尽可能地传达作者的原意。另外，本书遵循知识共享 Creative Commons Attribution-ShareAlike 3.0 协议，许可使用协议的网址为 https://creativecommons.org/licenses/by-sa/3.0/。

衷心感谢参与翻译工作的老师和同学们，他们是：唐李洋（第 1~4 章）、朱琛（第 5~8 章初译）、刘杰（第 9~13 章初译）、金博（第 14~16 章初译）、谭昶和马海平（第 17~22 章初译），全书翻译、检验和统稿由唐李洋完成。还要感谢电子工业出版社的张春雨、刘舫老师的最后审校。

由于时间仓促，加之水平有限，书中难免会有错误，敬请广大读者不吝赐教。

唐李洋
2019 年 2 月

译者简介

唐李洋

女，博士，毕业于合肥工业大学管理科学与工程系。现就职于中国电子科技集团公司第三十八研究所，曾游学美国，数据挖掘与大数据分析研究经验颇丰，在相关领域重要国际期刊及会议发表论文数篇。译有《高可用 MySQL》（第 1 版和第 2 版）、《R 高性能编程》、《大数据猩球：海量数据处理实践指南》、《流式架构：Kafka 与 MapR Streams 数据流处理》等图书。

刘杰

男，博士，南开大学教授、博士生导师。研究领域包括机器学习与数据挖掘方面的理论方法研究，以及面向信息抽取、网络挖掘、对话生成等问题的应用研究。在机器学习、数据挖掘领域重要国际期刊及会议发表论文多篇。担任中国计算机学会中文信息技术专家委员会、中国计算机学会大数据专家委员会、人工智能学会机器学习专家委员会等多个专家委员会委员及通讯委员。相关成果获得天津市科技进步二等奖两项。

谭昶

男，博士，毕业于中国科学技术大学计算机应用与技术系。现任科大讯飞股份有限公司大数据研究院执行院长兼智慧城市事业群副总裁，中国计算机学会公共政策委员会执行委员及大数据专家委员会委员。负责科大讯飞公司智慧城市、计算广告和个性化推荐等方向的大数据核心技术研发及应用推广工作，在大数据技术、个性化推荐方面有着多年的研究和实践经验。

金博

男，博士，大连理工大学教授。致力于数据挖掘、大数据分析、创新管理、商务智能等领域的科学研究。主持和参与多项国家级和省部级课题，在相关领域重要国际期刊及会议上发表论文 60 余篇，并担任数据挖掘领域三大顶级会议 KDD、ICDM、SDM 的程序委员会委员，是 ACM、IEEE 和 CCF 高级会员。

马海平

女，博士，毕业于中国科学技术大学计算机科学与技术系。现就职于科大讯飞股份有限公司，担任大数据研究院研究主管，从事数据挖掘与人工智能算法以及计算广告和个性化教育等领域的研究工作。在国际知名期刊和学术会议发表论文 7 篇，合著出版著作《Spark 机器学习进阶实战》《Spark 核心技术与高级应用》。

朱琛

男，硕士，毕业于中国科学技术大学，百度资深数据挖掘工程师。现就职于百度人才智库（Talent Intelligence Center），从事人力资源智能化研究，致力于用 AI 为 HR 赋能。研究方向包括文本数据挖掘、社交网络分析、图数据挖掘。在国际顶尖会议与期刊杂志发表论文十余篇，申请专利十余项，曾担任数个国际顶级会议（KDD、SDM 等）程序委员会委员。

目录

第 I 部分　数学证明

引言 3
   0.1　参考文献 4

第 1 章　什么是证明 5
   1.1　命题 5
   1.2　谓词 8
   1.3　公理化方法 8
   1.4　我们的公理 9
      1.4.1　逻辑推理 9
      1.4.2　证明的模式 10
   1.5　证明蕴涵 10
      1.5.1　方法#1 11
      1.5.2　方法#2：证明逆反命题 12
   1.6　证明"当且仅当" 13
      1.6.1　方法#1：证明两个语句相互蕴涵 13
      1.6.2　方法#2：构建 iff 链 13
   1.7　案例证明法 14
   1.8　反证法 15
   1.9　数学证明的优秀实践 16
   1.10　参考文献 18
   1.1 节习题 18
   1.5 节习题 21

1.7 节习题 21
1.8 节习题 23

第 2 章　良序原理 26
2.1　良序证明 26
2.2　良序证明模板 27
2.2.1　整数求和 27
2.3　质因数分解 29
2.4　良序集合 29
2.4.1　不一样的良序集合（选学） 30
2.2 节习题 31
2.4 节习题 38

第 3 章　逻辑公式 40
3.1　命题的命题 41
3.1.1　NOT，AND 和 OR 41
3.1.2　当且仅当 42
3.1.3　IMPLIES 42
3.2　计算机程序的命题逻辑 44
3.2.1　真值表计算 45
3.2.2　符号表示 46
3.3　等价性和有效性 47
3.3.1　蕴涵和逆否 47
3.3.2　永真性和可满足性 48
3.4　命题代数 49
3.4.1　命题范式 49
3.4.2　等价性证明 50
3.5　SAT 问题 53
3.6　谓词公式 54
3.6.1　量词 54
3.6.2　混合量词 55
3.6.3　量词的顺序 56
3.6.4　变量与域 56
3.6.5　否定量词 57

  3.6.6 谓词公式的永真性 57
 3.7 参考文献 58
 3.1 节习题 59
 3.2 节习题 61
 3.3 节习题 65
 3.4 节习题 68
 3.5 节习题 69
 3.6 节习题 71

第 4 章 数学数据类型 79
 4.1 集合 79
  4.1.1 常用集合 80
  4.1.2 集合的比较和组合 80
  4.1.3 幂集 81
  4.1.4 集合构造器标记 82
  4.1.5 证明集合相等 82
 4.2 序列 83
 4.3 函数 84
  4.3.1 域和像 84
  4.3.2 函数复合 86
 4.4 二元关系 86
  4.4.1 关系图 87
  4.4.2 关系的像 89
 4.5 有限基数 90
  4.5.1 有限集有多少个子集 91
 4.1 节习题 92
 4.2 节习题 96
 4.4 节习题 97
 4.5 节习题 105

第 5 章 归纳法 107
 5.1 一般归纳法 107
  5.1.1 一般归纳法的规则 108
  5.1.2 举例说明 108

5.1.3 归纳法证明的模板 109
　　5.1.4 一般归纳法的简洁写法 110
　　5.1.5 更复杂的例子 111
　　5.1.6 错误的归纳证明 113
5.2 强归纳法 115
　　5.2.1 强归纳法的规则 115
　　5.2.2 斐波那契数列 116
　　5.2.3 质数的乘积 117
　　5.2.4 找零问题 118
　　5.2.5 堆盒子游戏 119
5.3 强归纳法、一般归纳法和良序法的比较 120
5.1 节习题 121
5.2 节习题 131

第6章 状态机 136

6.1 状态和转移 136
6.2 不变性原理 137
　　6.2.1 沿对角线移动的机器人 137
　　6.2.2 不变性原理的定义 139
　　6.2.3 示例：《虎胆龙威》 141
6.3 偏序正确性和终止性 143
　　6.3.1 快速求幂 143
　　6.3.2 派生变量 145
　　6.3.3 基于良序集合的终止性（选学）...... 146
　　6.3.4 东南方向跳跃的机器人（选学）...... 146
6.4 稳定的婚姻 147
　　6.4.1 配对仪式 148
　　6.4.2 我们结婚吧 150
　　6.4.3 他们从此幸福地生活在一起 150
　　6.4.4 竟然是男性 151
　　6.4.5 应用 152
6.3 节习题 153
6.4 节习题 165

第 7 章 递归数据类型 172
7.1 递归定义和结构归纳法 172
7.1.1 结构归纳法 174
7.2 匹配带括号的字符串 175
7.3 非负整数上的递归函数 179
7.3.1 N 上的一些标准递归函数 179
7.3.2 不规范的函数定义 179
7.4 算术表达式 181
7.4.1 Aexp 的替换和求值 181
7.5 计算机科学中的归纳 185
7.1 节习题 185
7.2 节习题 193
7.3 节习题 201
7.4 节习题 202

第 8 章 无限集 206
8.1 无限基数集 206
8.1.1 不同之处 209
8.1.2 可数集 209
8.1.3 幂集的势严格大于原集合 211
8.1.4 对角线证明 213
8.2 停止问题 214
8.3 集合逻辑 217
8.3.1 罗素悖论 217
8.3.2 集合的 ZFC 公理系统 218
8.3.3 避免罗素悖论 220
8.4 这些真的有效吗 220
8.4.1 计算机科学中的无穷大 221
8.1 节习题 221
8.2 节习题 228
8.3 节习题 233
8.4 节习题 236

第 II 部分　结构

引言 241

第 9 章　数论 242

9.1　整除 242
  9.1.1　整除的性质 243
  9.1.2　不可整除问题 244
  9.1.3　虎胆龙威 245

9.2　最大公约数 247
  9.2.1　欧几里得算法 247
  9.2.2　粉碎机 249
  9.2.3　水壶问题的通解 251
  9.2.4　最大公约数的性质 252

9.3　质数的奥秘 253

9.4　算术基本定理 255
  9.4.1　唯一分解定理的证明 256

9.5　阿兰·图灵 257
  9.5.1　图灵编码（1.0 版） 258
  9.5.2　破解图灵编码（1.0 版） 260

9.6　模运算 260

9.7　余运算 262
  9.7.1　环 $\mathbb{Z}_n$ 264

9.8　图灵编码（2.0 版） 265

9.9　倒数与约去 266
  9.9.1　互质 267
  9.9.2　约去 268
  9.9.3　解密（2.0 版） 268
  9.9.4　破解图灵编码（2.0 版） 269
  9.9.5　图灵后记 269

9.10　欧拉定理 271
  9.10.1　计算欧拉 ϕ 函数 273

9.11　RSA 公钥加密 274

9.12　SAT 与 RSA 有什么关系 276

9.13 参考文献 ... 277
9.1 节习题 ... 277
9.2 节习题 ... 278
9.3 节习题 ... 285
9.4 节习题 ... 285
9.6 节习题 ... 287
9.7 节习题 ... 288
9.8 节习题 ... 293
9.9 节习题 ... 293
9.10 节习题 ... 295
9.11 节习题 ... 303

第 10 章 有向图和偏序 ... 309

10.1 顶点的度 ... 311
10.2 路和通路 ... 311
    10.2.1 查找通路 ... 313
10.3 邻接矩阵 ... 314
    10.3.1 最短路径 ... 315
10.4 路关系 ... 316
    10.4.1 复合关系 ... 316
10.5 有向无环图&调度 ... 317
    10.5.1 调度 ... 318
    10.5.2 并行任务调度 ... 320
    10.5.3 Dilworth 引理 ... 322
10.6 偏序 ... 323
    10.6.1 DAG 中路关系的性质 ... 323
    10.6.2 严格偏序 ... 324
    10.6.3 弱偏序 ... 325
10.7 用集合包含表示偏序 ... 326
10.8 线性序 ... 327
10.9 乘积序 ... 327
10.10 等价关系 ... 328
    10.10.1 等价类 ... 328
10.11 关系性质的总结 ... 329

10.1 节习题 330
10.2 节习题 331
10.3 节习题 334
10.4 节习题 335
10.5 节习题 338
10.6 节习题 344
10.7 节习题 347
10.8 节习题 349
10.9 节习题 352
10.10 节习题 354

第 11 章　通信网络 357

11.1　路由 357
　　11.1.1　完全二叉树 357
　　11.1.2　路由问题 358
11.2　路由的评价指标 358
　　11.2.1　网络直径 358
　　11.2.2　交换机的数量 359
　　11.2.3　网络时延 359
　　11.2.4　拥塞 360
11.3　网络设计 361
　　11.3.1　二维阵列 361
　　11.3.2　蝶形网络 362
　　11.3.3　Beneš网络 363
11.2 节习题 368
11.3 节习题 368

第 12 章　简单图 373

12.1　顶点邻接和度 373
12.2　美国异性伴侣统计 375
　　12.2.1　握手引理 376
12.3　一些常见的图 377
12.4　同构 378
12.5　二分图与匹配 380

12.5.1	二分匹配问题	380
12.5.2	匹配条件	381

12.6 着色 ... 384
- 12.6.1 一个考试安排问题 ... 384
- 12.6.2 一些着色边界 ... 386
- 12.6.3 为什么着色 ... 387

12.7 简单路 ... 388
- 12.7.1 简单图中的路、通路和圈 ... 388
- 12.7.2 圈作为子图 ... 389

12.8 连通性 ... 390
- 12.8.1 连通分量 ... 390
- 12.8.2 奇数长度的圈和 2-着色性 ... 391
- 12.8.3 k-连通图 ... 392
- 12.8.4 连通图的最小边数 ... 393

12.9 森林和树 ... 394
- 12.9.1 叶子、父母和孩子 ... 394
- 12.9.2 性质 ... 395
- 12.9.3 生成树 ... 397
- 12.9.4 最小生成树 ... 397

12.10 参考文献 ... 401

12.2 节习题 ... 402
12.4 节习题 ... 403
12.5 节习题 ... 406
12.6 节习题 ... 411
12.7 节习题 ... 418
12.8 节习题 ... 420
12.9 节习题 ... 424

第 13 章 平面图 ... 431

13.1 在平面上绘制图形 ... 431

13.2 平面图的定义 ... 433
- 13.2.1 面 ... 434
- 13.2.2 平面嵌入的递归定义 ... 436
- 13.2.3 这个定义行吗 ... 438

13.2.4　外表面在哪里呢 438
13.3　欧拉公式 439
13.4　平面图中边的数量限制 440
13.5　返回到 K_5 和 $K_{3,3}$ 441
13.6　平面图的着色 442
13.7　多面体的分类 443
13.8　平面图的另一个特征 445
13.2 节习题 446
13.8 节习题 447

第 III 部分　计数

引言 455

第 14 章　求和与渐近性 457

14.1　年金的值 458
14.1.1　钱未来的价值 458
14.1.2　扰动法 459
14.1.3　年金价值的闭型 460
14.1.4　无限长的等比数列 460
14.1.5　示例 461
14.1.6　等比数列求和的变化 462
14.2　幂和 463
14.3　估算求和式子 465
14.4　超出边界 468
14.4.1　问题陈述 468
14.4.2　调和数 471
14.4.3　渐近等式 473
14.5　乘积 474
14.5.1　斯特林公式 475
14.6　双倍的麻烦 477
14.7　渐近符号 479
14.7.1　小 o 479
14.7.2　大 O 479

	14.7.3 θ	481
	14.7.4 渐近符号的误区	482
	14.7.5 Ω（选学）	484
14.1 节习题		484
14.2 节习题		486
14.3 节习题		486
14.4 节习题		488
14.7 节习题		490

第 15 章 基数法则 ... 499

- 15.1 通过其他计数来计算当前计数 ... 499
  - 15.1.1 双射规则 ... 499
- 15.2 序列计数 ... 500
  - 15.2.1 乘积法则 ... 501
  - 15.2.2 n-元素集合的子集 ... 501
  - 15.2.3 加和法则 ... 502
  - 15.2.4 密码计数 ... 502
- 15.3 广义乘积法则 ... 503
  - 15.3.1 有缺陷的美元钞票 ... 504
  - 15.3.2 一个象棋问题 ... 505
  - 15.3.3 排列 ... 505
- 15.4 除法法则 ... 506
  - 15.4.1 另一个象棋问题 ... 506
  - 15.4.2 圆桌骑士 ... 507
- 15.5 子集计数 ... 508
  - 15.5.1 子集法则 ... 509
  - 15.5.2 比特序列 ... 510
- 15.6 重复序列 ... 510
  - 15.6.1 子集序列 ... 510
  - 15.6.2 Bookkeeper 法则 ... 511
  - 15.6.3 二项式定理 ... 512
- 15.7 计数练习：扑克手牌 ... 513
  - 15.7.1 四条相同点数的手牌 ... 514
  - 15.7.2 葫芦手牌 ... 514

15.7.3 两个对子的手牌 515
15.7.4 花色齐全的手牌 517
15.8 鸽子洞原理 517
15.8.1 头上的头发 518
15.8.2 具有相同和的子集 519
15.8.3 魔术 521
15.8.4 秘密 521
15.8.5 真正的秘密 523
15.8.6 如果是4张牌呢 524
15.9 容斥原理 525
15.9.1 两个集合的并集 525
15.9.2 三个集合的并集 525
15.9.3 42序列、04序列或60序列 526
15.9.4 n个集合的并集 527
15.9.5 计算欧拉函数 529
15.10 组合证明 530
15.10.1 帕斯卡三角恒等式 530
15.10.2 给出组合证明 531
15.10.3 有趣的组合证明 532
15.11 参考文献 533
15.2节习题 534
15.4节习题 537
15.5节习题 538
15.6节习题 544
15.7节习题 548
15.8节习题 550
15.9节习题 554
15.10节习题 561

第16章 母函数 566
16.1 无穷级数 566
16.1.1 不收敛性 567
16.2 使用母函数计数 568
16.2.1 苹果和香蕉 568

	16.2.2	母函数的积	569
	16.2.3	卷积法则	570
	16.2.4	利用卷积法则数甜甜圈	570
	16.2.5	卷积法则中的二项式定理	571
	16.2.6	一个荒唐的计数问题	572
16.3	部分分式		573
	16.3.1	带有重根的部分分式	575
16.4	求解线性递推		575
	16.4.1	斐波那契数的母函数	575
	16.4.2	汉诺塔	576
	16.4.3	求解一般线性递推	580
16.5	形式幂级数		580
	16.5.1	发散母函数	580
	16.5.2	幂级数环	581
16.6	参考文献		583
16.1 节习题			583
16.2 节习题			583
16.3 节习题			586
16.4 节习题			588
16.5 节习题			595

第Ⅳ部分 概率论

引言 599

第 17 章 事件和概率空间 601

17.1 做个交易吧 601
    17.1.1 理清问题 601
17.2 四步法 602
    17.2.1 步骤一：找到样本空间 602
    17.2.2 步骤二：确定目标事件 605
    17.2.3 步骤三：确定结果的概率 606
    17.2.4 步骤四：计算事件的概率 608
    17.2.5 蒙特霍尔问题的另一种解释 609

17.3 奇怪的骰子 609
　　17.3.1 骰子A vs. 骰子B 610
　　17.3.2 骰子A vs. 骰子C 612
　　17.3.3 骰子B vs. 骰子C 612
　　17.3.4 掷两次 613
17.4 生日原理 615
　　17.4.1 匹配概率的确切公式 615
17.5 集合论和概率 616
　　17.5.1 概率空间 616
　　17.5.2 集合论的概率法则 617
　　17.5.3 均匀概率空间 618
　　17.5.4 无穷概率空间 619
17.6 参考文献 620
17.2 节习题 620
17.5 节习题 623

第18章 条件概率 626
18.1 蒙特霍尔困惑 626
　　18.1.1 帷幕之后 627
18.2 定义和标记 627
　　18.2.1 问题所在 628
18.3 条件概率四步法 629
18.4 为什么树状图有效 630
　　18.4.1 大小为k的子集的概率 631
　　18.4.2 医学检测 632
　　18.4.3 四步分析法 633
　　18.4.4 固有频率 634
　　18.4.5 后验概率 634
　　18.4.6 概率的哲学 635
18.5 全概率定理 637
　　18.5.1 以单一事件为条件 637
18.6 辛普森悖论 638
18.7 独立性 640
　　18.7.1 另一个公式 640

	18.7.2 独立性是一种假设	641
18.8	相互独立性	641
	18.8.1 DNA 检测	642
	18.8.2 两两独立	643
18.9	概率 vs. 置信度	645
	18.9.1 肺结核测试	645
	18.9.2 可能性修正	646
	18.9.3 很可能正确的事实	648
	18.9.4 极端事件	648
	18.9.5 下一次抛掷的置信度	649
18.4 节习题		650
18.5 节习题		650
18.6 节习题		660
18.7 节习题		661
18.8 节习题		663
18.9 节习题		666

第 19 章	随机变量	667
19.1	随机变量示例	667
	19.1.1 指示器随机变量	668
	19.1.2 随机变量和事件	668
19.2	独立性	669
19.3	分布函数	670
	19.3.1 伯努利分布	672
	19.3.2 均匀分布	672
	19.3.3 数字游戏	673
	19.3.4 二项分布	675
19.4	期望	677
	19.4.1 均匀随机变量的期望值	677
	19.4.2 随机变量的倒数的期望	678
	19.4.3 指示器随机变量的期望值	678
	19.4.4 期望的另一种定义	678
	19.4.5 条件期望	679
	19.4.6 平均故障时间	680

19.4.7 赌博游戏的预期收益 682
19.5 期望的线性性质 686
   19.5.1 两枚骰子的期望 687
   19.5.2 指示器随机变量的和 687
   19.5.3 二项分布的期望 688
   19.5.4 赠券收集问题 689
   19.5.5 无限和 691
   19.5.6 赌博悖论 691
   19.5.7 悖论的解答 692
   19.5.8 乘积的期望 693
19.2 节习题 694
19.3 节习题 696
19.4 节习题 698
19.5 节习题 702

第 20 章 离差 712
20.1 马尔可夫定理 712
   20.1.1 应用马尔可夫定理 714
   20.1.2 有界变量的马尔可夫定理 714
20.2 切比雪夫定理 715
   20.2.1 两个赌博游戏的方差 716
   20.2.2 标准差 717
20.3 方差的性质 718
   20.3.1 方差公式 719
   20.3.2 故障时间的方差 719
   20.3.3 常数的处理 720
   20.3.4 和的方差 721
   20.3.5 生日匹配 722
20.4 随机抽样估计 723
   20.4.1 选民投票 723
   20.4.2 两两独立采样 725
20.5 估计的置信度 726
20.6 随机变量的和 728
   20.6.1 引例 728
   20.6.2 切诺夫界 729

	20.6.3 二项式尾的切诺夫界	729
	20.6.4 彩票游戏的切诺夫界	730
	20.6.5 随机负载均衡	731
	20.6.6 切诺夫界的证明	732
	20.6.7 边界的比较	734
	20.6.8 墨菲定律	735
20.7	大期望	736
	20.7.1 重复你自己	736
20.1 节习题		737
20.2 节习题		738
20.3 节习题		739
20.5 节习题		746
20.6 节习题		750
20.7 节习题		753

第 21 章 随机游走...755

21.1	赌徒破产	755
	21.1.1 避免破产的概率	757
	21.1.2 获胜概率递推	758
	21.1.3 有偏情形的简单解释	759
	21.1.4 步长多长	761
	21.1.5 赢了就退出	762
21.2	图的随机游走	763
	21.2.1 网页排名初探	764
	21.2.2 网页图的随机游走	765
	21.2.3 平稳分布与网页排名	766
21.1 节习题		768
21.2 节习题		769

第 V 部分 递推

引言 779

第 22 章 递推 780

22.1 汉诺塔	780

	22.1.1 上界陷阱	781
	22.1.2 扩充-化简法	781
22.2	归并排序	783
	22.2.1 寻找递推	784
	22.2.2 求解递推	784
22.3	线性递推	786
	22.3.1 爬楼梯	786
	22.3.2 求解齐次线性递推	789
	22.3.3 求解一般线性递推	790
	22.3.4 如何猜测特解	792
22.4	分治递推	793
	22.4.1 Akra-Bazzi 公式	794
	22.4.2 两个技术问题	795
	22.4.3 Akra-Bazzi 定理	796
	22.4.4 主定理	797
22.5	进一步探索	797
22.4 节习题		799

参考文献 802

符号表 806

第1部分 数学证明

引言

本书阐释了如何利用数学模型和方法来分析计算机科学领域的问题。其中,数学证明(proof)发挥着核心作用,作者以及大多数数学家相信,真正意义上的理解,其本质就是数学证明。同样,数学证明在计算机科学领域也愈加重要,例如,用于验证软件、硬件的运行总是准确无误的,而测试无法做到这一点。

简单地说,证明就是构建真理的方法。有时候"真理"取决于旁观者的眼睛,比如美,而且一个证明会构建什么样的真理,在不同领域也不尽相同。例如,在有的司法系统中,合法的真理是根据审判时的有效证据由陪审团决定的。在商业领域,权威的真理是由一个可信的人或组织或你的老板指定的。在物理学或生物学领域,科学的真理是经过实验验证的。[①] 在统计学领域,可能的真理是通过对样本数据进行统计分析而建立起来的。

哲学性证明通常基于一系列似是而非的小争论小心翼翼地进行阐述和说服。最好的一个例子是"Cogito ergo sum",这是一句拉丁文,意思是"我思故我在"。17 世纪初,它由数学家、哲学家笛卡儿(René Descartes)首次在论文中提出,此后便成了闻名世界的名句,在网上搜索一下,你会看到成千上万个搜索结果。

根据"我正在思考自己的存在"推导出"我存在",是一个很酷、很有说服力的想法。从这个出发点,笛卡儿继而用几个简单的论据,证明了完美上帝的存在。不管你相不相信无限仁慈的上帝,或许都会认为这么三言两语就试图"证明"上帝的无限仁慈性,是不着边际的。可见,哪怕是出自大师,这个方法也不靠谱。

数学上,对"证明"有着独特的概念解释。

定义 命题的数学证明是指基于一系列公理,经过一连串的逻辑推理,最后得出这个命题。

这个定义强调了三个关键点:命题(proposition)、逻辑推理(logical deduction)和公理(axiom)。第 1 章讨论了这三点,以及证明的一些基本方法。第 2 章介绍了一种基本的证明

---

① 实际上,只有科学谬误才可以通过实验证明——即实验结果跟预想的不一样。然而,任何实验都无法保证下一次不会失误。因此,科学家用实验来表达那些能够准确推断过去和预知未来的理论,而很少称之为真理。

方法，即良序原理（Well Ordering Principle）。第 5 章介绍了归纳法（induction）相关的证明方法。

想要证明一个命题，应该准确地理解这个命题的含义。为了避免日常语言定义带来的歧义和不明确性，数学家用词十分精确，通常使用逻辑公式来表述命题，这是第 3 章的内容。

前 3 章假设读者对一些数学概念比较熟悉，比如集合、函数等。第 4 章和第 8 章更详细地探讨数学数据类型，着重介绍了无限集证明的属性和方法。第 7 章继续讨论递归型（recursively defined）数据类型。

0.1 参考文献

[12], [46], [1]

第 1 章 什么是证明

1.1 命题

定义 命题是一个或真或假的语句（表述）。

例如，下面两个语句都是命题，其中第一个是真命题，第二个是假命题。

命题 1.1.1 $2 + 3 = 5$

命题 1.1.2 $1 + 1 = 3$

或真或假似乎算不上什么限制，但是，比如"为什么是你啊，罗密欧？"以及"给我 A 吧！"这样的语句都不是命题。此外，真假性随环境变化的语句也不是命题，例如"现在是五点钟"或"股票明天会涨"。

不幸的是，判断命题的真假性，并不总是那么容易。

断言 1.1.3 对每个非负整数 n，$n^2 + n + 41$ 的值总是质数。

（质数（prime）[①]是指大于 1 且不能被任何其他大于 1 的整数整除的整数。例如，前 5 个质数分别是 2, 3, 5, 7, 11。）我们尝试采用数值实验来检验这个命题。令

$$p(n) ::= n^2 + n + 41 \quad [②] \tag{1.1}$$

初始值 $p(0) = 41$ 是质数，然后

$$p(1) = 43, p(2) = 47, p(3) = 53, \dots, p(20) = 461$$

每个数都是质数。嗯，看上去很有道理的样子。一直检验到 $n = 39$，确认 $p(39) = 1601$ 是质数。

[①] 质数又称素数。——译者注

[②] 符号 ::= 表示"根据定义相等"。::= 总是可以简写为"="，但是要提醒读者，等号在定义下成立。

但是，$p(40) = 40^2 + 40 + 41 = 41 \cdot 41$不是质数。因此，断言 1.1.3 是假的，因为对所有非负整数n来说，$p(n)$并不总是质数。事实上，不难证明，不存在整数系数多项式，代入每个非负整数所得的值都是质数，除非这个多项式是常数（参见习题 1.26）。不过这个例子说明一点：对于一个无限集合来说，通常不能通过检验它的样本元素来判断断言的真假，不论样本量有多大。

顺便提一下，我们经常碰到像这种描述所有数值或某类所有项的命题，可用一种特殊符号来表示。例如，断言 1.1.3 可以表示为

$$\forall n \in \mathbb{N}.\ p(n)是质数。 \tag{1.2}$$

其中，符号∀读作"对所有"。符号ℕ表示非负整数集，即0,1,2,3,...（问问老师完整列表是什么）。符号∈读作"是……的元素"或"属于"或"在……中"。ℕ之后的空格表示语句之间的间隔。

再看两个更极端的例子。

猜想（欧拉猜想，Euler's Conjecture）若a, b, c, d都是正整数，等式

$$a^4 + b^4 + c^4 = d^4$$

无解。

这个猜想是 1769 年欧拉（Euler）提出的。但是，218 年后，诺姆·埃尔奇斯（Noam Elkies）走在一所文科学校的 Mass 大道上的时候，找到解$a = 95800, b = 217519, c = 414560, d = 422481$，推翻了这个猜想。

欧拉猜想可以用逻辑符号表示为：

$$\forall a \in \mathbb{Z}^+\ \forall b \in \mathbb{Z}^+\ \forall c \in \mathbb{Z}^+\ \forall d \in \mathbb{Z}^+.\ a^4 + b^4 + c^4 \neq d^4$$

其中，$\mathbb{Z}^+$表示正整数集，像这种一串∀通常可以简写为：

$$\forall a, b, c, d \in \mathbb{Z}^+.\ a^4 + b^4 + c^4 \neq d^4$$

还有一个断言，通过抽样法很难证明它是假的，即：如果要使等式成立，满足条件的x, y, z都至少是 1000 位以上的数！

假断言 若$x, y, z \in \mathbb{Z}^+$，则$313(x^3 + y^3) = z^3$ 无解。

值得一提的是，有几个著名的命题，若干世纪后才最终找到其证明方法。例如：

命题 1.1.4（四色定理，Four Color Theorem）。用四种颜色给地图着色，可使每张地图相邻①区域的颜色各不相同。

---

① 只有当两个区域的共同边长度为正值时，称它们是相邻的。如果边界只有几个点，那么这两个区域不是相邻的。

关于这个定理，已经发表了一些不正确的数学证明，其中，19 世纪后期有一个证明持续了 10 年之久，后来被证实是错误的。1976 年，数学家阿佩尔（Appel）与哈肯（Haken）通过复杂的计算机程序对四色地图进行分类，最终证明了四色猜想。剩下几千个地图程序无法分类，哈肯和他的助手——包括哈肯 15 岁的女儿——做了人工检验。

这个证明的合理性有待考证——规模太庞大了，没有计算机根本验证不了。然而，没有人能够保证计算机计算的正确性，也不会有人热衷于人工复查这些四色地图。20 年后出现了更为清晰易懂的四色定理证明，不过其中数百个特殊地图仍然需要计算机检验。[①]

命题 1.1.5（费马大定理，Fermat's Last Theorem[②]）。当整数 $n > 2$ 时，$x^n + y^n = z^n$ 没有正整数解。

1630 年前后，费马在看书的时候，声称找到了这个命题的证明方法，可是由于空白地方太小写不下而没有留下证明。很多年后，已经证明对 4 000 000 以内的所有 n，这个定理都成立，但这并不意味着对所有 n 都成立。毕竟费马大定理和欧拉的错误猜想还是挺像的。1994 年，英国数学家安德鲁·怀尔斯（Andrew Wiles）在自己家的阁楼上悄悄工作了 7 年之后，最终证明了费马大定理。其证明略。[③]

最后，我们再看一个真实性未知、看上去很简单的命题。

猜想 1.1.6（哥德巴赫猜想，Goldbach's Conjecture）任意大于 2 的偶数都是两个质数的和。

哥德巴赫猜想可追溯至 1742 年。对于 10^{18} 以内的所有数字，这个猜想成立，但是迄今为止，没有人知道它是真是假。

对计算机科学家来说，证明程序和系统的正确性是最重要的事情之一——即程序或系统是否确实按照预期运行。众所周知，程序常常有 bug，越来越多的研究者和实践者都在试图寻找证明程序正确性的方法。例如，这些努力在 CPU 芯片上是成功的，目前领先的芯片制造商已经能够证实芯片的正确性，避免以前那些臭名昭著的错误。

发展用于验证程序和系统的数学方法，仍然是一个活跃的研究领域。我们将在第 5 章阐述其中的一些方法。

[①] 关于四色定理证明的故事，有一本著名的（非技术类）书，名为《四色足矣：如何解决地图问题》(*Four Colors Suffice. How the Map Problem was Solved*)，作者为 Robin Wilson，普林斯顿大学出版社出版，书号为 0-691-11533-8。
[②] 又称费马最后定理。——译者注
[③] 实际上，Wiles 一开始的证明是错的，但是一年后，他和几个合作者用他的想法最后得出了正确的证明。有一本畅销书讲述了这个故事，即《费马之谜》(*Fermat's Enigma*)，作者是 Simon Singh，由 Walker & Company 于 1997 年 11 月出版。

1.2 谓词

谓词（predicate）相当于真假性取决于一个或多个变量值的命题。因此，"n是一个完全平方数"描述的是一个谓词，因为只有知道了变量n的值，才能确定它的真假。比如当$n = 4$时，这个谓词就是一个真命题，即"4是一个完全平方数"。记住，谓词不一定是真的：如果$n = 5$，就是一个假命题，即"5是一个完全平方数"。

跟命题一样，谓词通常也用字母命名，而且以函数式写法表示给定变量值的谓词。例如，用P命名刚才的谓词：

$$P(n) ::= \text{"}n\text{是一个完全平方数"}$$

那么，断言$P(4)$为真，$P(5)$为假。

这种谓词表示跟普通函数非常像。如果P是谓词，那么$P(n)$要么为真要么为假，这取决于n的值。另一方面，如果p是普通函数，比如$n^2 + 1$，那么$p(n)$是一个数值。**千万不要混淆谓词和函数！**

1.3 公理化方法

公元前 300 年左右，数学家欧几里得（Euclid）在埃及亚历山大城发明了数学领域构建真理的标准过程。首先，他做了 5 个几何学假设（assumption），从直接经验来看这些假设是无可争辩的。（例如，"任意两个点可以通过一条直线段连接"。）这种不证自明的命题称为公理（axiom）。

从这些公理出发，欧几里得"证明"出了很多真命题。证明是指从公理及已被证明的语句，推导出命题结论的一系列逻辑推理过程。你在高中几何课上已经写过很多证明，本书将会有更多。

以下几个通用术语用来描述已被证明的命题，不同的术语表示命题的作用不同。

- 重要的真命题，称为定理（theorem）。
- 引理（lemma）是预备性命题，为后面的命题证明做准备。
- 推论（corollary）是指从定理出发，只需几步逻辑推导就能得出的命题。

以上定义并不严谨。其实，比起证明最初依据的定理，有时候优秀的引理更重要。

欧几里得的公理-证明方法，现在称作公理化方法（axiomatic method），如今已经成为数学的基础。事实上，只需要几个公理，称为策梅洛-弗兰克尔选择公理（Zermelo-Fraenkel with Choice axioms，ZFC），加上一些逻辑推理规则，似乎足以推导出全部的数学。我们将在第 8 章讨论这些内容。

1.4 我们的公理

ZFC 公理在学习和证明数学基础中非常重要，但是对于实践来说却过于原始了。基于 ZFC 证明公式，有点类似于使用字节码而不是成熟的编程语言编写程序——据估计，基于 ZFC 证明 $2 + 2 = 4$ 形式上需要 20 000 多个步骤！因此，我们不采用 ZFC，而是以大量公理为基础：包括高中数学在内的我们熟悉的所有事实。

这就好比快餐，吃起来的确方便，但有时候不完善的公理规范还是会带来困惑。例如，在证明的时候，你开始困惑，"我必须证明这个简单的事实呢，还是把它作为一个公理？"这确实没有绝对的答案，什么是假设、什么需要证明，取决于环境条件和受众。一般来说，指导原则是开门见山明确指出你的假设。

1.4.1 逻辑推理

逻辑推理（logical deduction），或推理规则（inference rule），是指基于已被证明过的命题来证明新的命题。

一个基本的推理规则是假言推理（modus ponens），即证明了 P 并且证明了 P IMPLIES Q，就证明了 Q。

推理规则的表示方法很有趣。例如，假言推理写成：

规则

$$\frac{P, \quad P \text{ IMPLIES } Q}{Q}$$

横线上面的语句称为前件（antecedent），下面的语句称为结论（conclusion）或后件（consequent）；一旦前件被证明，那么也就证明了后件。

推理规则必须是有效的（sound）：如果 $P, Q, \ldots$ 为真，则所有前件都为真，那么后件也一定为真。因此，从真公理出发，应用有效的推理规则，得到的结论也都是真的。

还有很多自然、有效的推理规则，例如：

规则
$$\frac{P \text{ IMPLIES } Q, \quad Q \text{ IMPLIES } R}{P \text{ IMPLIES } R}$$

规则
$$\frac{\text{NOT}(P) \text{ IMPLIES NOT}(Q)}{Q \text{ IMPLIES } P}$$

而

非规则
$$\frac{\text{NOT}(P) \text{ IMPLIES NOT}(Q)}{P \text{ IMPLIES } Q}$$

不是有效的推理规则：如果 P 为真（T）、Q 为假（F），那么前件为真，但是后件不为真。

同公理一样，我们没有正式定义哪些是合法的推理规则。证明过程中的每一步都必须清晰、富有"逻辑性"；尤其要说清楚基于哪些已被证明的事实得出每个新结论。

1.4.2 证明的模式

从本质上说，证明是基于公理及已被证明的语句，推导出命题结论的任意逻辑推理的序列。这种构建证明的自由性容易让人迷茫。怎样才能开始一个证明呢？

好消息是：很多证明都遵循数量有限的标准模板。当然，每一个证明都有自己的过程细节，但是这些模板至少提供了一个框架。我们将介绍其中几个标准模式，包括其基本思想和常见陷阱，并提供一些例子。多个模板可以混合使用：一个提供顶层框架，其他负责细节部分。后面我们会介绍更多复杂的证明技术。

下面的证明方法非常具体，甚至告诉你证明过程该写什么词语。当然，你也可以按照自己的方式随便写；我们只是告诉你可以写什么，而不至于让你不知所措。

1.5 证明蕴涵

形如"如果 P，则 Q"的命题称为蕴涵（implication）。通常可以写成"P IMPLIES Q"。例如：

- （二次公式）如果 $ax^2 + bx + c = 0$ 且 $a \neq 0$，则

$$x = \left(-b \pm \sqrt{b^2 - 4ac}\right)/2a$$

- （改写猜想，1.1.6 哥德巴赫猜想）如果n是大于 2 的偶整数，则n是两个质数的和。

- 如果 $0 \leq x \leq 2$，则$-x^3 + 4x + 1 > 0$。

证明蕴涵有一些标准的方法。

1.5.1 方法#1

要证明P IMPLIES Q：

1. 写："假设P"。

2. 从逻辑上证明Q。

示例

定理 1.5.1 如果$0 \leq x \leq 2$，则$-x^3 + 4x + 1 > 0$。

在我们证明这个定理之前，首先要搞明白为什么这个定理是真的。

当$x = 0$时，显然不等式成立：左边等于 1，$1 > 0$。随着x值的增加，一开始$4x$（为正）增加的幅度好像比$-x^3$（为负）更快。例如，当$x = 1$时，$4x = 4$，而$-x^3 = -1$。事实上，当$x > 2$时，$-x^3$似乎才占据优势。因此，对 0 到 2 之间的所有x，$-x^3 + 4x$似乎都是非负的，也就是说，$-x^3 + 4x + 1$为正。

到目前为止，一切顺利。但是，我们必须将所有"好像""似乎"这样的字眼替换成确凿的、逻辑性的论据。首先，对$-x^3 + 4x$做因式分解，这并不难：

$$-x^3 + 4x = x(2 - x)(2 + x)$$

啊哈！对 0 到 2 之间的x，上式右边的所有项都是非负的。非负项的乘积也是非负的。下面我们将以上大段的叙述整理成清晰的证明。

证明. 假设$0 \leq x \leq 2$。那么，x, $2 - x$和$2 + x$ 都是非负的。因此，它们的乘积也是非负的。这个乘积加 1，结果为正，所以：

$$x(2 - x)(2 + x) + 1 > 0$$

将左侧部分展开，即

$$-x^3 + 4x + 1 > 0$$

得证。 ∎

以下两点适用于所有证明：

- 在考虑证明的逻辑步骤时，通常需要一些准备工作，草稿可以比较混乱、推导不通、图表混乱、词语滥用，都无所谓。而最终的证明跟草稿不一样，证明应当是清晰的、简明的。

- 证明通常以"证明"一词开始，以某种分隔符如 ■ 或 "QED" 结束。这些约定只是为了明确证明从哪里开始、到哪里结束。

1.5.2　方法#2：证明逆反命题

蕴涵（"P IMPLIES Q"）逻辑等价于它的逆反命题（contrapositive）

$$\text{NOT}(Q) \text{ IMPLIES NOT}(P)$$

证明一个命题就相当于证明了另一个，有时候证明逆反命题比证明原命题更简单。步骤如下：

1. 写"我们证明逆反命题："，然后表述这个逆反命题。

2. 按方法 #1 继续。

示例

定理 1.5.2 如果 r 是无理数，那么 $\sqrt{r}$ 也是无理数。

如果一个数可以表示为两个整数的商，那么它是有理数（rational）。也就是说，存在整数 m 和 n，使这个数等于 m/n。如果不是有理数，则称其为无理数（irrational）。因此，我们必须证明如果 r 不是两个整数的商，那么 $\sqrt{r}$ 也不是两个整数的商。有点绕啊！我们可以去掉两个不是，将其简化为逆反证明。

证明．我们证明逆反命题：如果 $\sqrt{r}$ 是有理数，那么 r 也是有理数。

假设 $\sqrt{r}$ 是有理数，则存在整数 m,n，使：

$$\sqrt{r} = \frac{m}{n}$$

两边同时平方，得：

$$r = \frac{m^2}{n^2}$$

由于 m^2 和 n^2 是整数，所以 r 是有理数据。　■

1.6 证明"当且仅当"

很多数学定理声称两个语句是逻辑等价的，即一个语句成立当且仅当（if and only if）另一个语句成立。例如下面这个闻名数千年的例子：

两个三角形全等，当且仅当它们的两个边长及其夹角对应相等。

"当且仅当"叙述时通常简写为"iff"，在数学表达式中通常写为 IFF。

1.6.1 方法#1：证明两个语句相互蕴涵

语句"P IFF Q"等价于两个语句"P IMPLIES Q"以及"Q IMPLIES P"。因此，要证明"iff"，我们可以证明两个蕴涵：

1. 写"我们证明P蕴涵Q，反之亦然。"
2. 写"首先，证明P蕴涵Q"。依据 1.5 节中的方法进行。
3. 写"然后，证明Q蕴涵P"。同样，依据 1.5 节中的方法进行。

1.6.2 方法#2：构建 iff 链

要证明P为真 iff Q为真：

1. 写"我们构建一个当且仅当蕴涵链。"
2. 证明P等价于第二个语句，然后第二个语句等价于第三个语句，以此类推，直到等价于Q。

有时候这种方法比第一种方法更有技巧，证明更简洁。

示例

序列$x_1, x_2, \ldots, x_n$的标准差（standard deviation）被定义为：

$$\sqrt{\frac{(x_1-\mu)^2 + (x_2-\mu)^2 + \cdots + (x_n-\mu)^2}{n}} \quad (1.3)$$

其中μ是这些值的平均值，即平均数（mean）：

$$\mu ::= \frac{x_1 + x_2 + \cdots + x_n}{n}$$

定理 1.6.1 序列 $x_1, x_2, ..., x_n$ 的标准差是零，当且仅当所有值都等于平均数。

例如，考试得分的标准差是零，当且仅当每一个人都正好得的是平均成绩。

证明. 我们构建一个 iff 蕴涵链，从标准差（式 1.3）是零这个语句开始：

$$\sqrt{\frac{(x_1-\mu)^2+(x_2-\mu)^2+\cdots+(x_n-\mu)^2}{n}}=0 \tag{1.4}$$

只有 0 的平方根是 0，因此上式等价于

$$(x_1-\mu)^2+(x_2-\mu)^2+\cdots+(x_n-\mu)^2=0 \tag{1.5}$$

实数的平方总是非负的，因此等式 1.5 左侧的每一项都是非负的。因此，

$$\text{式 1.5 左侧的每一项都是 0。} \tag{1.6}$$

而 $(x_i-\mu)^2$ 是 0，当且仅当 $x_i=\mu$，所以式 1.6 为真 iff

每个 x_i 都等于平均数。 ∎

1.7 案例证明法

将复杂的证明分解成案例，然后分别证明每一个案例，这是一种常见的、很有用的证明策略。我们来看一个有趣的例子。

任意给定两个人，他们要么见过面，要么没有见过。如果团体中任意两个人都见过面，则称这个团体为俱乐部组（club）。如果团体中任意两个人都没有见过面，则称之为陌生人组（stranger）。

定理 任何一个 6 人的团体中一定包含一个 3 人的俱乐部组或一个 3 人的陌生人组。

证明. 采用案例分析法（case analysis）证明。[1]令 x 表示 6 人团体。存在以下两种情形：

1. 除了 x 以外的其他 5 人，至少有 3 人都见过 x。

2. 其他 5 人中，至少有 3 人都没见过 x。

那么，必须确保上述两种情形中至少有一个成立[2]，很简单：将这 5 人分成两组，即见过 x 的以

---

[1] 开头陈述方法，有助于引导读者。
[2] 案例分析法需要囊括所有情形。一般比较明显，即两种情形，形如 "P" 以及 "非 P"。不过这里并非如此简单。

及没有见过 x 的，那么，这两组中必然有一组至少是 3 人。

案例 1：假设至少有 3 人见过 x。

这时又分两种子情形。

案例 1.1：这些人相互之间都没见过对方。那么，这些人就是至少 3 人的陌生人组。这时定理成立。

案例 1.2：这些人之中有的见过对方。那么，见过面的两个人，再加上 x，构成了一个 3 人的俱乐部组。所以，这时定理成立。

可见，第一种情形下定理成立。

案例 2：假设至少有 3 人都没见过 x。

也分为两种子情形。

案例 2.1：这些人相互之间都见过对方。那么，他们便构成一个至少 3 人的俱乐部组。因此，这时定理成立。

案例 2.2：这些人中有的没见过对方。那么，没见过面的两个人，再加上 x，构成了一个至少 3 人的陌生人组。所以，这时定理成立。

可见，第二种情形下定理同样成立，所以，在所有情形下定理都成立。∎

1.8 反证法

反证法（proof by contradiction），又称间接证明法（indirect proof），是指：假如命题是假的，那么相应的虚假事实为真；既然虚假事实本身不可能是真的，所以命题一定为真。

反证法总是一种可行的方法。但是，顾名思义，间接证明法可能有点令人费解，所以如果可以的话最好还是采用直接证明方法。

方法：采用反证法证明命题 P，

1. 写"我们采用反证法证明。"
2. 写"假设 P 是假的。"
3. 推导得出某些已知的假事实（即逻辑矛盾）。
4. 写"得出矛盾。因此，P 一定是真的。"

示例

采用反证法证明$\sqrt{2}$是无理数。还记得有理数（rational）的定义是它等于两个整数的商吗？例如，$3.5 = 7/2$，以及$0.1111\cdots = 1/9$，都是有理数。

定理 1.8.1 $\sqrt{2}$是无理数。

证明. 我们采用反证法证明。假设命题是假的，即$\sqrt{2}$是有理数。那么，我们可以将$\sqrt{2}$写成最简分数形式n/d。

两边同时平方，得$2 = n^2/d^2$，有$2d^2 = n^2$。可知n是2的倍数（参见习题1.15和习题1.16），所以n^2一定是4的倍数。而$2d^2 = n^2$，可知$2d^2$是4的倍数，所以d^2是2的倍数。因此，d是2的倍数。

所以，分子分母都有公因子2，这与n/d是最简分数形式相矛盾。因此，$\sqrt{2}$一定是无理数。∎

1.9 数学证明的优秀实践

证明的目的之一在于，以绝对的确定性建立关于断言的真相。机器实现的极其冗长和复杂的证明可以做到，但是，只有充满人类智慧的数学证明才真正有助于问题的理解。数学家普遍认为，要想完全理解重要的数学成果，首先必须理解它们的证明。因此我们说，数学证明十分重要。

考虑到可理解性和有用性，证明不只需要逻辑正确，一个优秀的证明还必须是清晰的，正确性和清晰性通常同时存在。一个写得清晰的证明正确性更高，因为错误更容易被发现。

在实践中，证明尚没有统一的概念。专业科研期刊上的证明往往无法被大众所理解，只有少数专家知道那些术语以及证明中用到的先验结果。反之，比如6.042[1]这样的入门课，第一个星期讲到的证明，专业数学家会觉得它们冗长乏味。实际上，我们所说的优秀的证明，跟6.042课程第一周所认为的优秀不太一样。尽管如此，关于如何写出优秀的证明，我们提供了以下几条常规技巧。

陈述你的计划。 优秀的证明开头部分通常有一句解释概括性的话。例如，"我们使用案例分析法"或者"我们采用反证法证明"。

保持线性流程。 有时候，证明就好比数学马赛克，各种独立推理胡乱堆砌。这样不好。论

---

[1] MIT课程编号，即计算机科学中的数学课程。——译者注

证的步骤应当以可理解的方式有序进行。

证明是一篇论文，而不是计算。刚开始很多学生都像求积分那样写证明，一长串的表达式，没有解释，让人十分难以理解。这很糟糕。优秀的证明往往更像是一篇带公式的论文。请使用完整的句子。

避免过度使用符号。你的读者可能擅于理解文字，而不太理解那些晦涩的数学符号。请尽量使用文字。

修改、简化。读者会感激你的。

仔细地介绍符号。有时候，引入变量、采用特殊符号，或者定义新术语，能够极大地简化证明。但需要慎重，因为读者要记住所有这些新知识。记住，请先定义这些新变量、术语或符号的含义，不要一上来就用啊！

将长证明结构化。长的框架通常可以分解成较小的过程构成的层级系统。长证明也是这样。如果证明过程需要用到一些说起来简单但证明起来不容易的事实，可以将它们抽出来作为初步的引理。此外，如果反复重复同样的论据，可以将这个论据作为一般性引理，然后反复引用即可。

警惕"显然"。如果证明需要用到熟悉或确实显而易见的事实，可以说这些事实是"显然"的，不必证明。但是请记住，你觉得显然的东西，对读者来说可能不是——通常都不是——显然的。

最重要的是，不要使用"明显"或"显而易见"这样的字眼，去强迫读者接受你证明不了的东西。而且，在别人的证明中看到这些字眼都要引起注意。

结束。当我们论证了所有基本事实以后，不要立刻停止，不要让读者自己去得出"显然的"结论。而是要总结一下，解释为什么原命题成立。

一个优秀的证明就好比一件美丽的艺术品。事实上，数学家经常用"优雅"或"美好"来形容优秀的证明。要想写出符合这种赞誉的证明，还需要实践和经验，不过为了确保方向的正确性，我们将会提供一些很实用的证明技术模板。

本书还提供一些**虚假证明**（bogus proof）——这些论证看着像证明，但其实并不是。由于步骤错误或是做了不正确的假设，虚假证明有时候会得出错误的结论。然而大部分时候，通过循环推理、迅速做出未经证实的结论，或者将难以证明的部分留给读者完成等不适当的方式，虚假证明可以得出正确的结论。学会发现这些证明漏洞，有助于锻炼你理解前后证明步骤之间的逻辑关系，也能够帮助你找到自己的证明中存在的不足。

优秀的证明与优秀的程序一样，都不只是结构上的问题。证明要求严谨的思维，这同样也是计算机系统设计的基本要求。随手编造论据确保程序和协议"差不多奏效"，其后果是棘手的，甚至是灾难性的。比如医疗器材的例子（http://sunnyday.mit.edu/papers），为癌症患者做放射性治疗的机器，偶尔会由于软件竞争条件导致过量致死。还有一个例子，十几年前（2004年8

月),计算机系统的一个错误命令致使美国航空公司和联合航空公司两家公司的所有飞机和全部乘客都被困!

终有一天,我们将听命于你们设计出来的计算机系统。因此,我们真的希望大家能够写出坚如磐石的逻辑论证、开发出确实运行无误的系统!

1.10 参考文献

[12], [1], [46], [16], [20]

1.1 节习题

随堂练习

习题 1.1

Albert 跟同学们说,下个星期将会安排一次考试,给大家一个惊喜。

首先,同学们怀疑考试会不会在下周五,不过他们推理后觉得不可能:如果 Albert 周五安排考试,那么一旦过了周四,大家就知道肯定是周五考试,就不存在惊喜了。

然后,同学们考虑会不会是周四考试。如果周四之前没有考试,而周五又不可能,那就只能是周四那天了。这样一来,也算不上惊喜。同样的道理,学生们得出结论,考试也不会放在周三、周二或周一。也就是说,Albert 下周考试给同学们惊喜这件事,是不可能的。现在,同学们都松了一口气,Albert 肯定是吓唬人的。大家都以为没有考试,所以 Albert 下周二考试,就真的成了一个惊喜!

那么,你觉得同学们的推理哪里不对呢?

习题 1.2

勾股定理(Pythagorean Theorem):若 a 和 b 是直角三角形的两条直角边,c 是斜边,那么
$$a^2 + b^2 = c^2$$

这个重要的定理我们都很熟悉,但熟悉并不意味着"显然"——事实上,关于勾股定理的证明已经长达数千年之久。[①]这里,我们用简单的"图解法"(proof without words)证明这个定理。

---

① 一百多种不同的证明请参考 http://www.cut-theknot.org/pythagoras/。

方法如下。假设有 4 个不同颜色、边长为 a, b, c 的直角三角形,以及一个正方形,如图 1.1 所示。

图 1.1　直角三角形和正方形

(a) 首先,将这 4 个直角三角形和正方形排列成一个 $c \times c$ 的正方形,可知这个正方形的大小是 $(b-a) \times (b-a)$。

(b) 然后,将它们重新排列成同样的形状,形成两个正方形 $a \times a$ 和 $b \times b$。

已知正方形 $s \times s$ 的面积为 s^2。根据原理

$$\text{同样形状的不同排列,面积不变。}$$

可以得出结论 $a^2 + b^2 = c^2$,得证。

这个勾股定理的证明确实优雅,也令人信服,但也让人不安。其中一个问题是,这些直角三角形和正方形的重新排列,可能需要具备一些特殊属性才能做到,比如 $a = b$?

(c) 怎么看待这个问题?

(d) 还有一个问题,在重新排列正方形的时候,隐式地用到了很多关于直角三角形、正方形和线的事实。请指出这些假设。

习题 1.3

这是怎么回事?

$$1 = \sqrt{1} = \sqrt{(-1)(-1)} = \sqrt{-1}\sqrt{-1} = (\sqrt{-1})^2 = -1$$

(a) 请指出并解释这个虚假证明中的错误。

(b) 证明:如果 $1 = -1$,那么 $2 = 1$。

(c) 每个正实数 r 都有两个平方根,一个正的,一个负的。一般来说,$\sqrt{r}$ 表示 r 的正平方根。已知实数乘法的性质,证明对于正实数 r 和 s,有

$$\sqrt{rs} = \sqrt{r}\sqrt{s}$$

习题 1.4

指出以下虚假证明中的错误。[①]

(a) 假断言（bogus claim）：$1/8 > 1/4$。

虚假证明。

$$3 > 2$$
$$3\log_{10}(1/2) > 2\log_{10}(1/2)$$
$$\log_{10}(1/2)^3 > \log_{10}(1/2)^2$$
$$(1/2)^3 > (1/2)^2$$

乘方展开，断言得证。

(b) 虚假证明：$1¢ = \$0.01 = (\$0.1)^2 = (10¢)^2 = 100¢ = \$1$。

(c) 假断言：如果 a, b 是两个相等的实数，那么 $a = 0$。

虚假证明。

$$a = b$$
$$a^2 = ab$$
$$a^2 - b^2 = ab - b^2$$
$$(a-b)(a+b) = (a-b)b$$
$$a + b = b$$
$$a = 0$$

习题 1.5

算术平均数（arithmetic mean）不小于几何平均数（Geometric mean），即

$$\frac{a+b}{2} \geq \sqrt{ab}$$

对所有非负实数 a, b 成立。但是，下面这个证明是有问题的。错在哪里？怎么改正？

虚假证明。

$$\frac{a+b}{2} \stackrel{?}{\geq} \sqrt{ab} \qquad 所以$$
$$a + b \stackrel{?}{\geq} 2\sqrt{ab} \qquad 所以$$

[①] 出自参考文献[45]。

$$a^2 + 2ab + b^2 \stackrel{?}{\geqslant} 4ab \qquad 所以$$
$$a^2 - 2ab + b^2 \stackrel{?}{\geqslant} 0 \qquad 所以$$
$$(a-b)^2 \geqslant 0 \qquad 显然成立。$$

最后一行语句成立，因为 $a - b$ 是实数，实数的平方一定不是负数。得证。

∎

练习题

习题 1.6

习题 1.1 中的"惊喜"悖论是一个哲学问题，而不是数学问题，为什么？

1.5 节习题

课后作业

习题 1.7

证明：$\log_7 n$ 要么是整数，要么是无理数，其中 n 是正整数。请明确陈述用到的关于整数和质数的事实。

1.7 节习题

练习题

习题 1.8

使用案例证明法证明

$$\max(r,s) + \min(r,s) = r + s \qquad (*)$$

对所有实数 r, s 成立。

随堂练习

习题 1.9

无理数的无理数次方，结果是有理数吗？

使用案例证明法，以 $\sqrt{2}^{\sqrt{2}}$ 为例证明。

习题 1.10

使用案例证明法证明

$$|r+s| \leqslant |r| + |s| \tag{1}$$

对所有实数 r, s 成立。①

课后作业

习题 1.11

(a) 假设

$$a + b + c = d$$

其中 a, b, c, d 是非负整数。

令 P 表示断言 d 是偶数，W 表示断言 a, b, c 三者之一是偶数，T 表示断言 a, b, c 三者都是偶数。

使用案例证明法证明

$$P \text{ IFF } [W \text{ OR } T]$$

(b) 假设

$$w^2 + x^2 + y^2 = z^2$$

其中 w, x, y, z 是非负整数。令 P 表示断言 z 是偶数，R 表示断言 w, x, y 三者都是偶数。使用案例证明法证明

$$P \text{ IFF } R$$

提示：奇数可以表示为 $2m+1$，其中 m 是整数，因此它的平方等于 $4(m^2+m)+1$。

测试题

习题 1.12

证明：存在无理数 a，使得 $a^{\sqrt{3}}$ 是有理数。

提示：使用案例证明法考虑 $\sqrt[3]{2}^{\sqrt{3}}$。

---

① r 或 $-r$ 的绝对值 $|r|$ 是非负的。

1.8 节习题

练习题

习题 1.13

证明：对任意 $n > 0$，如果 a^n 是偶数，那么 a 是偶数。

提示：反证法。

习题 1.14

证明：如果 $a \cdot b = n$，那么 a 或 b 一定有一个满足 $\leq \sqrt{n}$，其中 a, b, n 是非负实数。

提示：反证法，参考 1.8 节。

习题 1.15

n 是非负整数，

(a) 解释：如果 n^2 是偶数——即是 2 的倍数——那么 n 是偶数。

(b) 解释：如果 n^2 是 3 的倍数，那么 n 一定是 3 的倍数。

习题 1.16

请提供满足条件的 m, n：两个互不相等的正整数 m, n，满足 n^2 是 m 的倍数，但 n 不是 m 的倍数。此外，如果要求 m 比 n 小呢？

随堂练习

习题 1.17

试着推广定理 1.8.1。比如 $\sqrt{3}$？

习题 1.18

证明：$\log_4 6$ 是无理数。

习题 1.19

采用反证法证明：$\sqrt{3} + \sqrt{2}$ 是无理数。

提示：$(\sqrt{3} + \sqrt{2})(\sqrt{3} - \sqrt{2})$

习题 1.20

习题 1.17 的推广形式如下。

引理 多项式的系数是整数。这个多项式的任意实数根，要么是积分，要么是无理数。

$$a_0 + a_1 x + a_2 x^2 + \cdots + a_{m-1} x^{m-1} + x^m$$

(a) 解释：由这个引理可知，只要k不是m的整数次幂，那么$\sqrt[m]{k}$就是无理数。

(b) 证明这个引理。

你可能会用到：事实——如果质数p是某个整数次幂的一个因子，那么p就是这个整数的因子。

证明的时候可以假设已知这个事实，不需要给出证明。不过，可以试着解释一下为什么这个事实是真的。

测试题

习题 1.21

证明：$\log_9 12$是无理数。

习题 1.22

证明：$\log_{12} 18$是无理数。

习题 1.23

给定整数$a, b > 0$，在证明$\sqrt[3]{7^2}$是无理数的过程中，需要用到以下等式，其中有些是不成立的，请指出不成立的式子（不止一个），并解释原因。（不能假设$\sqrt[3]{7^2}$是无理数。）

i. $a^2 = 7^2 + b^2$

ii. $a^3 = 7^2 + b^3$

iii. $a^2 = 7^2 b^2$

iv. $a^3 = 7^2 b^3$

v. $a^3 = 7^3 b^3$

vi. $(ab)^3 = 7^2$

课后作业

习题 1.24

习题 1.9 已经通过案例证明法得出结论：存在无理数 a, b，使得 a^b 是有理数。然而，这个证明不够优美，没有揭示出 a, b 的特有属性。其实很简单：令 $a ::= \sqrt{2}, b ::= 2\log_2 3$。

我们已经知道 $a = \sqrt{2}$ 是无理数，而且由定义可知 $a^b = 3$。请完成这个证明，注意 $2\log_2 3$ 是无理数。

习题 1.25

以下是证明 $\sqrt{2}$ 是无理数的另一种证明方法，摘自《美国数学月报》(*American Mathematical Monthly*, v.116, #1, Jan. 2009, p.69)。

证明. 考虑反证法，即 $\sqrt{2}$ 是有理数。选择一个最小整数 $q > 0$，满足 $(\sqrt{2}-1)q$ 是非负整数。令 $q' ::= (\sqrt{2}-1)q$。显然，$0 < q' < q$。但是，通过简单计算可知，$(\sqrt{2}-1)q'$ 是非负整数，这与 q 是最小整数矛盾。

(a) 这个证明是写给大学老师看的，所以比较简洁。请写出完整的证明过程，详细说明每一个步骤。

(b) 既然已经证明了每一个步骤，这两种证明方法你更喜欢哪一个？为什么？与同学们分成小组讨论一下，然后将你们小组的答案总结出来。

习题 1.26

如果 $n = 40$，那么多项式 $p(n) ::= n^2 + n + 41$（1.1 小节）的值不是质数。我们可以得出结论，只产生质数的多项式（非常数）是不存在的。

特别地，令 $q(n)$ 表示整数系数的多项式，而且 q 的常数项为 $c ::= q(0)$。

(a) 证明：对所有 $m \in \mathbb{Z}$，$q(cm)$ 是 c 的倍数。

(b) 证明：如果 q 不是常数，并且 $c > 1$，由于 n 属于非负整数集合 $\mathbb{N}$，存在无数多个 $q(n) \in \mathbb{Z}$ 都不是质数。

提示：假设已知事实，随着 n 值的增加，任何非常数多项式 $q(n)$ 无限制地大幅度增长。

(c) 证明：对任意非常数多项式 q，一定存在 $n \in \mathbb{N}$，使得 $q(n)$ 不是质数。提示：考虑对立情况比较简单。

第 2 章 良序原理

非负整数集中的每个非空子集都有一个最小元素。

这就是良序原理（The Well Ordering Principle）。你信吗？看上去似乎显而易见，是吧？但是请注意，这个定义的要求是很严谨的：非空子集——空集是没有最小元素的，因为空集中压根就没有元素。而且还要求非负整数集——对负整数集不成立，对有些非负有理数集合也不成立——比如对正有理数集不成立。因此，良序原理讨论的是非负整数。

虽然看上去良序原理显然成立，但是我们很难即刻看到它的作用。事实上，良序原理是离散数学（discrete mathematics）中最为重要的证据规则之一。本章我们将辅以几个简单的例子来阐述这种证明方法的威力。

2.1 良序证明

在我们证明$\sqrt{2}$是无理数的时候，其实就已经默认用到了良序原理。假设对任意正整数m和n，分数m/n都可以写成最简形式m'/n'，其中m'和n'是没有公因子的正整数。我们怎么知道这种方法总是可行呢？

假设否命题：存在正整数m,n，满足m/n不能被写成最简分数形式。令正整数集C是符合上述条件的分数的分子部分构成的集合。即$m \in C$，所以C是非空集合。因此，根据良序原理，一定存在一个最小整数$m_0 \in C$。由C的定义可知，存在整数$n_0 > 0$，满足：

$$分数 \frac{m_0}{n_0} 不能被写成最简形式。$$

也就是说，m_0和n_0一定有公因子$p > 1$。而

$$\frac{m_0/p}{n_0/p} = \frac{m_0}{n_0}$$

只要左式可以表达成最简分数形式，那么m_0/n_0也能，也就是说

$$分数\frac{m_0/p}{n_0/p}也不能被写成最简形式$$

因此，根据C的定义可知，分子部分m_0/p也在C中。但$m_0/p < m_0$，这与m_0是C中的最小元素相矛盾。

我们假设C是非空集合，由此推导得出矛盾，所以C一定是空集。也就是说，不存在写不成最简分数形式的分子，即没有写不成最简形式的分数。

你看，原来我们早就在偷偷使用良序原理了！

2.2 良序证明模板

对任一非负整数n，使用良序性（Well Ordering）证明$P(n)$成立，通常有一套标准方法，如下所示。

使用良序原理，证明"对所有$n \in \mathbb{N}$，$P(n)$为真"：

- 定义C是P为真的反例集合，即

$$C ::= \{n \in \mathbb{N} | \text{NOT}(P(n)) \text{ 为真}\}$$

（符号$\{n|Q(n)\}$表示"使$Q(n)$为真的所有n构成的集合"，参考 4.1.4 节。）

- 假设C是非空集进行反证。
- 根据良序原理，一定存在一个最小元素$n \in C$。
- 得出矛盾——通常是$P(n)$为真，或者C中存在另一个比n小的元素。这部分取决于具体的证明任务。
- 得出结论，C一定是空集，即不存在反例。∎

2.2.1 整数求和

我们使用上述模板证明

定理 2.2.1 对任意非负整数n，

$$1 + 2 + 3 + \cdots + n = n(n+1)/2 \tag{2.1}$$

首先，我们讨论几种特殊情形以避免误解。

- 如果 $n = 1$，那么求和公式只有一项，即 $1 + 2 + 3 + \cdots + n$ 只有 1 这一项。不要被 2 和 3 误导，也不要以为 1 和 n 是不同的项！
- 如果 $n = 0$，那么求和公式不包含任何项。按照约定，这时和等于 0。

三个点表示省略，这种写法很方便，但是需要注意特殊情形，以免被误导。事实上，只要看到省略号，都要注意理解，尤其是开始和结束部分。

用求和符号改写式 2.1 左侧部分，可以消除这种误解，即：

$$\sum_{i=1}^{n} i \quad \text{或} \quad \sum_{1 \leq i \leq n} i$$

以上两种表达方式都表示：当变量 i 的值为 1 到 n 时，对右侧表达式求和。这样，当 $n = 1$ 时，式 2.1 的含义就很清楚了。从第二个表达式显然可以知道，当 $n = 0$ 时，求和公式中没有任何项。我们还需要知道这个约定：没有任何数字的求和式，其值等于 0（另外，没有数字的点乘结果为 1）。

好了，现在我们来证明。

证明. 反证法。假设定理 2.2.1 是假的。那么，存在一些非负整数是反例。令反例的集合为：

$$C ::= \{n \in \mathbb{N} \mid 1 + 2 + 3 + \cdots + n \neq \frac{n(n+1)}{2}\}$$

假设反例是存在的，即 C 是一个非负整数的非空集合。那么，根据良序原理，C 有一个最小元素，用 c 表示。即在这些非负整数之中，c 是最小的反例。

由于 c 是最小的反例，所以当 $n = c$ 时式 2.1 为假，但是对所有 $n < c$ 的非负整数，式 2.1 为真。[1]所以 $c - 1$ 是非负整数，而 $c - 1$ 比 c 小，因此对 $c - 1$ 来说式 2.1 为真。即，

$$1 + 2 + 3 + \cdots + (c - 1) = \frac{(c-1)c}{2}$$

两边同时加 c，得

$$1 + 2 + 3 + \cdots + (c - 1) + c = \frac{(c-1)c}{2} + c = \frac{c^2 - c + 2c}{2} = \frac{c(c+1)}{2}$$

由上式可知，式 2.1 对 c 成立。与假设矛盾，证毕。∎

---

[1] 原书勘误，应为：又有当 $n = 1$ 时，式 2.1 为真，因此 $c > 1$。——译者注

2.3 质因数分解

我们已经想当然地用到了质因数分解定理（Prime Factorization Theorem），又称唯一分解定理（Unique Factorization Theorem）或算术基本定理（Fundamental Theorem of Arithmetic），即每一个大于 1 的整数都能唯一[1]分解成质因数的乘积。这也是一个大家认为理所应当的数学事实，但仔细深究起来，并不是那么显然的事情。下一章我们再证明质因数分解的唯一性，这里我们先用良序性简单地证明：每一个大于 1 的整数都能分解成某种质因数乘积形式。

定理 2.3.1 每一个大于 1 的整数都能被分解成质因数的乘积。

证明. 采用良序证明。

令 C 表示所有大于 1 但不能被分解成质因数乘积的整数集合。假设 C 不为空，然后推导出矛盾。

如果 C 不为空，那么由良序性可知，存在一个最小元素 $n \in C$。由于质数是 1 和它自己的乘积，而质数的乘积不属于 C，所以 n 一定不是质数。

因此，n 一定是两个整数 a, b 的乘积，而且 $1 < a$、$b < n$。由于 a, b 都比 C 中的最小元素要小，可知 $a, b \notin C$。也就是说，a 可以写成质数的乘积形式，$p_1 p_2 \cdots p_k$，同理 b 可以写成质数乘积形式 $q_1 q_2 \cdots q_l$。所以，$n = p_1 p_2 \cdots p_k q_1 q_2 \cdots q_l$，即 n 可以写成质数的乘积形式，这与 $n \in C$ 矛盾。所以，原假设 C 不为空不成立。 ∎

2.4 良序集合

如果一个集合的任意非空子集都有一个最小元素，我们称这个集合是良序的（well ordered）。根据良序定理可知，非负整数集合是良序的，其实还有很多集合也是良序的，比如每一个有限集，还比如集合 $r\mathbb{N}$，其中元素为 rn，r 为正实数，$n \in \mathbb{N}$。

在计算机科学领域，良序性往往用来证明计算不会无休止地运行下去。思路是为计算的各个步骤指定值，随着程序的运行，值越来越小。如果这些值构成一个良序集合，那么计算就不会无休止执行，否则，这些表示运算步骤的值的子集就没有最小元素。第 6 章我们将使用这个技术证明各种状态机最终都会终止。

注意，有最小元素的集合不一定是良序的。例如，非负有理数集合：有最小元素 0，但是存在没有最小元素的非空子集——比如正有理数。

---

[1] 不考虑质因数的排列顺序，是唯一的。

下面是良序原理的一个简单推广。

定理 2.4.1 对任意非负整数n，大于等于$-n$的整数构成的集合是良序的。

跟良序原理一样，这个定理显然成立，我们可以把它当作公理。但是，总是这样引入公理，让人感到不安，我们需要注意这些潜在的公理是不是真的能够被证明。使用良序原理很容易证明定理 2.4.1。

证明． 令S表示$\geq -n$的整数构成的非空集合。将集合S中的每一个元素都加上n；将这个新集合表示为$S+n$，从而$S+n$是一个非负整数构成的非空集合。根据良序原理，它存在一个最小元素m。因此容易得出，$m-n$是集合S中的最小元素。∎

根据良序的定义，良序集合的每个子集都是良序的，所以由定理 2.4.1 可以直接得出两个推论。

定义 2.4.2 实数集合S的下界（lower bound）（或上界，upper bound）b，满足：对每一个$s \in S$，都有$b \leq s$（或$b \geq s$）。

注意，集合S的下界或上界，并不一定属于这个集合。

推论 2.4.3 任何有下界的整数集合都是良序的。

证明． 令整数集合的下界为$b \in \mathbb{R}$，那么整数$n = \lfloor b \rfloor$也是下界，其中$\lfloor b \rfloor$是b的向下取整。因此，从定理 2.4.1 可知，集合是良序的。∎

推论 2.4.4 任何有上界的非空整数集合都存在一个最大的元素。

证明． 令整数集合S的上界为$b \in \mathbb{R}$。将S中的每个元素乘上-1；将这个新集合表示为$-S$。从而，$-b$是$-S$的下界。因此，根据推论 2.4.3，$-S$存在最小元素$-m$。所以，S存在最大元素m。∎

2.4.1 不一样的良序集合（选学）

还有一个良序集合的例子，集合$\mathbb{F}$是分数$n/(n+1)$构成的集合，如下：

$$\frac{0}{1}, \frac{1}{2}, \frac{2}{3}, \frac{3}{4}, \cdots, \frac{n}{n+1}, \cdots$$

对$\mathbb{F}$的任意非空子集，其最小元素就是分子最小的那个$n/(n+1)$。

现在，我们将$\mathbb{F}$中的元素加上一个非负整数，构建一个完全不一样的良序集合，即$n+f$，其中n是非负整数，f是$\mathbb{F}$中的元素。将这个集合表示为$\mathbb{N}+\mathbb{F}$。对于$\mathbb{N}+\mathbb{F}$的任意非空子集，有一个简单的方法确定其最小元素，并解释为什么这个集合是良序的。如下：

引理 2.4.5 $\mathbb{N} + \mathbb{F}$ 是良序的。

证明. 给定 $\mathbb{N} + \mathbb{F}$ 的任意非空子集 S，考查使 $n + f$，$f \in \mathbb{F}$ 成立的所有非负整数 n。这是一个非空的非负整数集合，所以根据 WOP（良序原理），存在最小元素，令这个最小元素为 n_S。

根据 n_S 的定义，存在 $f \in \mathbb{F}$，使得 $n_S + f$ 属于集合 S。所以，满足 $n_S + f \in S$ 的所有分数 f，是 $\mathbb{F}$ 的非空子集，而 $\mathbb{F}$ 是良序的，因此这个非空集合存在最小元素，设为 f_S。容易证明 $n_S + f_S$ 就是 S 的最小元素（见习题 2.19）。∎

集合 $\mathbb{N} + \mathbb{F}$ 与之前的例子有所不同。在前面的例子中，每个元素都大于有限个其他元素，而在 $\mathbb{N} + \mathbb{F}$ 中，对于任意有限个元素序列，只有第一个元素大于等于 1，元素的大小顺序是严格递减的。例如，下面是 $\mathbb{N} + \mathbb{F}$ 集合中从 1 开始的递减序列：

$$1, 0$$
$$1, \frac{1}{2}, 0$$
$$1, \frac{2}{3}, \frac{1}{2}, 0$$
$$1, \frac{3}{4}, \frac{2}{3}, \frac{1}{2}, 0$$
$$\cdots\cdots$$

但是，由于 $\mathbb{N} + \mathbb{F}$ 是良序的，所以不存在无限递减序列，因为无限递减序列构成的元素集合不存在最小值。

2.2 节习题

练习题

习题 2.1

请使用良序证明模板完成以下证明：由 10 分和 15 分面值组成的邮票，其面值都能被 5 整除。

令 "$j|k$" 表示整数 k 能够被整数 j 整除，令 $S(n)$ 表示由 10 分和 15 分组成的面值为 n 的邮票。那么，要证明

$$S(n) \text{ IMPLIES } 5|n, \text{ 对所有非负整数 } n \text{ 都成立。} \tag{2.2}$$

请将以下证明中的空白处（即省略号部分）填充完整。

令 C 表示式 2.2 的反例集合，即

$$C ::= \{n \mid \dots\}$$

假设 C 是非空集合，然后推出矛盾。根据良序原理，存在最小元素 $m \in C$，那么 m 一定是正的，因为……

而如果 $S(m)$ 成立，而且 m 为正，那么 $S(m-10)$ 或 $S(m-15)$ 一定成立，因为……

假设 $S(m-10)$ 成立，那么 $5 \mid (m-10)$，因为……

而如果 $5 \mid (m-10)$，那么显然 $5 \mid m$，这与 m 是反例矛盾的。

假设 $S(m-15)$ 成立，同样可以得出矛盾。

两种情况下都得出矛盾，所以……

得证。

习题 2.2

斐波那契数列（Fibonacci numbers）$F(0), F(1), F(2), \dots$ 的定义如下：

$$F(n) ::= \begin{cases} 0 & \text{当 } n = 0 \\ 1 & \text{当 } n = 1 \\ F(n-1) + F(n-2) & \text{当 } n > 1 \end{cases}$$

以下虚假证明中哪一句或那几句有逻辑错误？请解释。

假断言 每个斐波那契数都是偶数。

虚假证明. 令变量 n, m, k 都是非负整数。

1. 使用良序原理证明。

2. 令 $\text{EF}(n)$ 表示 $F(n)$ 是偶数。

3. 令 C 表示对所有 $n \in \mathbb{N}$ 都有 $\text{EF}(n)$ 的反例集合，即

$$C ::= \{n \in \mathbb{N} \mid \text{NOT}(\text{EF}(n))\}$$

4. 采用反证法证明 C 是空集。因此，假设 C 不是空集。

5. 根据良序原理，存在最小非负整数 $m \in C$。

6. 那么，$m > 0$，因为 $F(0) = 0$ 是偶数。

7. 由于 m 是最小反例，所以对所有 $k < m$，$F(k)$ 都是偶数。

8. 特别地，$F(m-1)$ 和 $F(m-2)$ 都是偶数。

9. 而由定义可知，$F(m)$ 等于 $F(m-1) + F(m-2)$，即两个偶数的和，所以 $F(m)$ 也是偶数。

10. 也就是说，$\text{EF}(m)$ 是真的。

11. 这与定义中的 $\text{NOT}(\text{EF}(m))$ 成立相矛盾。

12. 所以 C 一定是空集。因此，对所有 $n \in \mathbb{N}$，$F(n)$ 都是偶数。∎

习题 2.3

在第 2 章，证明所有正有理数都可以写成"最简形式"（即没有公共质因数的两个正整数的比值）的时候，已经用到了良序原理。下面用另一种证明方法得出了同样的结论，但是这个证明是错误的。请指出错误的证明步骤。

虚假证明. 反证法。假设存在正有理数 q，满足 q 不能被写成最简形式。令 C 表示不存在最简形式的有理数集合。那么，$q \in C$，C 是非空的。所以，一定存在最小有理数 $q_0 \in C$。由于 $q_0/2 < q_0$，所以，$q_0/2$ 可以被写成最简形式，即

$$\frac{q_0}{2} = \frac{m}{n} \tag{2.3}$$

其中正整数 m, n 没有公共质因数。那么，考虑以下两种情况。

情况 1：[n 是奇数]。那么，$2m$ 和 n 没有公共质因数，因此，

$$q_0 = 2 \cdot \left(\frac{m}{n}\right) = \frac{2m}{n}$$

是 q_0 的最简形式，矛盾。

情况 2：[n 是偶数]。m 和 $n/2$ 的公共质因数也是 m 和 n 的公共质因数。因此，m 和 $n/2$ 没有公共质因数，所以

$$q_0 = \frac{m}{n/2}$$

是 q_0 的最简形式，矛盾。

可见，假设 C 非空得出矛盾，所以 C 是空集，即不存在反例。∎

随堂练习

习题 2.4

使用良序原理[①]证明

[①] 如采用其他证明方法如演绎法，不得分。

$$\sum_{k=0}^{n} k^2 = \frac{n(n+1)(2n+1)}{6} \qquad (2.4)$$

对所有非负整数 n 成立。

习题 2.5

使用良序原理证明：等式

$$4a^3 + 2b^3 = c^3$$

不存在正整数解。

习题 2.6

假设有一堆信封，分别装了 $1, 2, 4, \ldots, 2^m$ 美元。

定义

属性 m：对任一小于 2^{m+1} 的非负整数，存在一种信封选择方案，使这些信封里面的钱加起来刚好等于这个数。

使用良序原理证明：对所有非负整数 m，属性 m 都成立。

提示：考虑两种情况，第一，目标金额小于 2^m；第二，目标金额不小于 2^m。

课后作业

习题 2.7

使用良序原理证明：任意大于等于 8 的整数，都可以表示为 3 和 5 的非负整数倍的和。

习题 2.8

使用良序原理证明：任意大于等于 50 的整数，都可以表示为 7, 11 和 13 的非负整数倍的和。

习题 2.9

1769 年的欧拉猜想指出：等式

$$a^4 + b^4 + c^4 = d^4$$

不存在正整数解。

1986 年，满足这个等式的整数解 a, b, c, d 被首次发现。所以，欧拉猜想是错的，但 200 多年后才被证实。

跟欧拉等式很像，只是系数不同的雷曼等式：
$$8a^4 + 4b^4 + 2c^4 = d^4 \qquad (2.5)$$

证明：雷曼等式确实不存在正整数解。

提示：考虑式 2.5 所有可能解中 a 的最小值。

习题 2.10

使用良序原理证明
$$n \leqslant 3^{n/3} \qquad (2.6)$$

对所有非负整数 n 成立。

提示：明确计算 $n \leqslant 4$ 的情况。

习题 2.11

在迷你俄罗斯方块游戏中，只用以下三种图形拼出 $2 \times n$ 的形状，就算赢。

例如，下面是拼板 2×5 的几种胜利拼法：

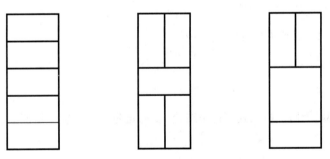

(a) 令 T_n 表示 $2 \times n$ 的不同胜利拼法数目。请给出 T_1, T_2, T_3 的值。

(b) 以 T_{n-1} 和 T_{n-2} 表示 T_n，其中 $n > 2$。

(c) 使用良序原理证明：拼板 $2 \times n$ 上的不同胜利拼法数目等于 [1]

---

[1] 值得思考的是，怎样才能想到这个等式(*)。良序原理本身并没有向我们提供思路，只是提供了证明的方法。

$$T_n = \frac{2^{n+1} + (-1)^n}{3} \tag{$*$}$$

测试题

习题 2.12

以下是使用良序原理证明：由 10 分和 15 分面值组成的邮票，其面值都能被 5 整除。这个证明并不完整，也不准确。

令 $j|k$ 表示整数 k 可以被整数 j 整除，$S(n)$ 表示 10 分和 15 分组成的邮票面值刚好等于 n，所以要证明

$$S(n) \text{ IMPLIES } 5|n, \text{ 对所有非负整数} n \text{都成立。} \tag{2.7}$$

请将以下证明中的空白处（即省略号部分）填充完整。最后，找出这个证明中的小错误并解决。

令 C 表示式 2.7 的反例集合，即

$$C ::= \{n | S(n) \text{ and NOT}(5|n)\}$$

采用反证法。假设 C 是非空集合。

根据 WOP 可知，存在最小值 $m \in C$。因为 m 是由 10 分和 15 分组成的，所以 $S(m-10)$ 或 $S(m-15)$ 一定成立。现在我们分别考虑。

假设 $S(m-10)$ 成立，那么 $5|(m-10)$，因为……

而如果 $5|(m-10)$，则有 $5|m$，因为……

与 m 是反例矛盾。

另一方面，假设 $S(m-15)$ 成立，同理可得矛盾。

两种情况都得出矛盾，所以我们得出结论，C 一定是空集。也就是说，式 2.7 不存在反例，得证。

这个证明对 m 的值做了隐含假设。请陈述这个假设并用一句话证明。

习题 2.13

(a) 使用良序原理证明：使用 6¢, 14¢, 21¢，可以组成大于 50¢ 的任意面值的邮票。方便起见，可以假设而不必证明面值 50¢, 51¢, ..., 100¢ 都是存在的。请明确指出你所用到的假设。

(b) 证明：无法得到 49¢。

习题 2.14

使用良序原理证明：对任意正整数 n，前 n 个奇数之和为 n^2，即

$$\sum_{i=0}^{n-1}(2i+1) = n^2 \qquad (2.8)$$

对所有 $n > 0$ 成立。

反证法。假设存在正整数使式 2.8 不成立。令 m 是最小的反例。

(a) 为什么最小值 m 一定存在？

(b) 解释为什么 $m \geq 2$。

(c) 解释为什么由 (b) 可得

$$\sum_{i=1}^{m-1}(2(i-1)+1) = (m-1)^2 \qquad (2.9)$$

(d) 在式 2.9 左边加上什么可得

$$\sum_{i=1}^{m}(2(i-1)+1)$$

(e) 得出结论，式 2.8 对所有正整数 n 成立。

习题 2.15

使用良序原理证明：

$$2 + 4 + \cdots + 2n = n(n+1) \qquad (2.10)$$

对所有 $n > 0$ 成立。

习题 2.16

使用良序原理证明：对所有非负整数 n，有

$$0^3 + 1^3 + 2^3 + \cdots + n^3 = \left(\frac{n(n+1)}{2}\right)^2 \qquad (2.11)$$

习题 2.17

使用良序原理证明

$$1 \cdot 2 + 2 \cdot 3 + 3 \cdot 4 + \cdots + n(n+1) = \frac{n(n+1)(n+2)}{3} \qquad (*)$$

对所有整数 $n \geq 1$ 成立。

习题 2.18

用 6 分和 15 分的邮票可以得到很多面值的邮票。使用良序原理证明：任何面值是 3 的倍数、并且大于等于 12 的邮票，都可以用 6 分和 15 分组合得到。

2.4 节习题

课后作业

习题 2.19

在引理 2.4.5 的证明中，请解释 $n_S + f_S$ 是 S 中的最小元素。

练习题

习题 2.20

请指出以下集合哪些有最小元素，哪些是良序集合。对于那些不是良序的集合，请举例说明它的子集没有最小元素。

(a) $\geq -\sqrt{2}$ 的整数。

(b) $\geq \sqrt{2}$ 的有理数。

(c) 形如 $1/n$ 的有理数集合，其中 n 是正整数。

(d) 形如 m/n 的有理数集 G，其中 $m, n > 0$ 且 $n \leq g$，g 是一个很大的数字，10^{100}。

(e) 形如 $n/(n+1)$ 的分数集合 $\mathbb{F}$：

$$\frac{0}{1}, \frac{1}{2}, \frac{2}{3}, \frac{3}{4}, \cdots$$

(f) 令 $W ::= \mathbb{N} \cup \mathbb{F}$ 表示非负整数以及形如 $n/(n+1)$ 的分数集合。请分别指出从 1 开始的长度为 5、长度为 50 以及长度为 500 的递减序列 W。

习题 2.21

使用良序原理证明：任意有限的、非空实数集合都有最小元素。

随堂练习

习题 2.22

证明：实数集 R 是良序集合，当且仅当 R 中不存在无限递减序列。也就是说，不存在子集合元素 $r_i \in R$，满足

$$r_0 > r_1 > r_2 > \cdots \tag{2.12}$$

第 3 章　逻辑公式

人们能够处理自然语言中的所有歧义，这真是令人惊叹。比如：

- "你可以吃蛋糕，或者吃冰淇淋。"
- "如果猪会飞，那么你的账户就不会被盗。"
- "如果你能解决遇到的任何（any）问题，那么这门课就能得到 A。"
- "每一个美国人都有一个梦想。"

准确地说，这些句子到底是什么意思呢？你是既能吃蛋糕又能吃冰淇淋，还是只能选择一种？猪是不会飞的，所以第二个句子说的是账户安全吗？如果你可以解决遇到的某些（some）问题，这门课能得 A 吗？如果一个问题都解决不了，是不是就不能得 A 了？最后一句话是说所有美国人都有同样一个梦想呢，比如拥有一套房子，还是说不同的美国人有不同的梦想，比如 Eric 的梦想是设计一个爆款软件应用程序，Tom 的梦想是成为网球冠军，而 Albert 的梦想是唱歌。

日常对话可以接受某些不确定性。但是，如果精确定义的话——像数学和编程那样——日常用语中固有的歧义性就成了问题。如果我们不确定语句的精确含义，就无法做出确切的论证。因此，在我们讨论数学之前，需要研究一下如何用数学的方式描述问题。

为了解决语言的歧义问题，数学家设计了一种特殊的语言，用来描述逻辑关系。这种语言大多沿用普通的英文单词和短语，比如"或"（or）、"蕴涵"（implies）以及"对全部"（for all）。但是，数学家为这些词语赋予了精确的、无二义的定义，而这些定义并不总是与日常用法一致。

令人惊讶的是，在学习逻辑语言的过程中，我们遇到了计算机科学领域中最重要的开放性问题——解决这个问题就能够改变世界。

3.1 命题的命题

在英语中，我们可以使用一些词语修改、组合和关联命题，比如"非""并""或""蕴涵""若……则……"。例如，像下面这样将三个命题组合成一个命题：

若所有人类都会死，**并且**所有某国人都是人类，**则**所有某国人都会死。

下面，我们并不关心命题本身——是否涉及数学或某国人的死亡率——而是关注命题之间是如何组合和关联的。因此，我们会频繁地使用 P、Q 这样的变量来代替特定的命题，比如"所有人类都会死""$2+3=5$"。跟命题一样，这些命题变量（propositional variable）的值只有 **T**（真）和 **F**（假）。命题变量又称布尔变量（Boolean variable），以其发明者命名，即 19 世纪的数学家乔治·布尔（George Boole）。

3.1.1 NOT，AND 和 OR

数学家使用 NOT, AND 和 OR 操作来改变或组合命题，用真值表（truth table）表达这些词的精确数学含义。例如，如果 P 是命题，那么"NOT(P)"也是命题，而且"NOT(P)"的真值由 P 的真值决定，如下面的真值表所示：

P	NOT(P)
T	**F**
F	**T**

该表的第一行表示命题 P 为真时，命题"NOT(P)"为假。第二行表示当 P 为假时，"NOT(P)"为真。这跟我们平常的认知一样。

通常，真值表给出了在变量取不同真值组合的情况下，命题的真/假值。例如，命题"P AND Q"的真值表有四行，两个变量有四种真假值组合：

P	Q	P AND Q
T	**T**	**T**
T	**F**	**F**
F	**T**	**F**
F	**F**	**F**

根据这个表，当 P 和 Q 同时为真时，命题"P AND Q"为真。这符合我们通常所理解的"并且"。

"P OR Q"的真值表有些微妙：

P	Q	P OR Q
T	T	T
T	F	T
F	T	T
F	F	F

这张表的第一行，如果P和Q同时为真，"P OR Q"为真。这与日常语境的"或者"含义不太一样，但这是数学领域的标准定义。所以，如果一个数学家跟你说，"你可以吃蛋糕，或者吃冰淇淋"，他的意思是你可以两个都吃。

如果不想包括同时吃蛋糕和冰淇淋的情况，应该使用异或（exclusive-or）操作，XOR：

P	Q	P XOR Q
T	T	F
T	F	T
F	T	T
F	F	F

3.1.2 当且仅当

数学家还有一种常用的连接命题的方式，这在日常语境中并没有。命题"P当且仅当（if and only if）Q"声称P和Q具有相同的真值。要么P和Q同时为真，要么P和Q同时为假。

P	Q	P IFF Q
T	T	T
T	F	F
F	T	F
F	F	T

例如，对任意实数x，下面这个当且仅当语句为真：

$$x^2 - 4 \geq 0 \text{ IFF } |x| \geq 2$$

有些x，使两个不等式同时为真。还有些x，使两个不等式都不为真。但是不论哪种情况，整个 IFF 命题都为真。

3.1.3 IMPLIES

最不好理解的操作是"蕴涵"（implies）。真值表如下，为了叙述方便，我们为每一行加了标注。

P	Q	P IMPLIES Q	
T	T	T	(tt)
T	F	F	(tf)
F	T	T	(ft)
F	F	T	(ff)

蕴涵的真值表可以总结为：

"若"（if）的部分为假，或者"则"（else）的部分为真，这时蕴涵为真。

请记住这句话，很多数学语句都是 if-else 形式的。

我们来检验一下。例如，下面这个命题是真还是假？

如果哥德巴赫猜想为真，那么对任意实数 x，都有 $x^2 \geq 0$。

前面提到过，没有人知道哥德巴赫猜想（猜想 1.1.6）是真还是假。但这并不影响我们回答这个问题。这个命题是 P IMPLIES Q 的形式，其中假设 P 是"哥德巴赫猜想为真"，结论 Q 是"对任意实数 x，都有 $x^2 \geq 0$"。由于结论部分肯定为真，对应真值表的 tt 行或 ft 行。而这两种情况下，整个命题都为真。

现在，我们回头看看一开始的例子：

如果猪会飞，那么你的账户就不会被盗。

不要管猪，我们只需要搞清楚命题是真是假就可以了。猪是不会飞的，所以对应真值表的 ft 行或者 ff 行。而这两种情况下，整个命题都为真。

无效假说（False Hypotheses）

从数学上说，如果假设部分是假的，那么整个蕴涵命题为真。这与常识相反，通常我们以为假设和结论之间存在某种因果联系。

例如，我们认为——至少是希望——下面这个语句为真：

如果你遵守了安全协议，那么账户就不会被盗。

我们认为这个蕴涵没有问题，因为安全协议和账户被盗之间存在明确的因果联系。

再看这个语句：

如果猪会飞，那么你的账户就不会被盗。

通常会觉得它是假的——至少很傻——因为猪飞不飞跟账户安全性没有任何关系。但是从数学意义上说，这个蕴涵命题为真。

很重要的一点是，数学蕴涵不考虑因果联系。这比因果蕴涵（causal implication）简单得

多，但却十分有用。举一个例子，假设系统说明书有一系列规则，比方说 12 条规则，[①]

如果 系统传感器的状态是 1，那么 系统执行动作 1。

如果 系统传感器的状态是 2，那么 系统执行动作 2。

……

如果 系统传感器的状态是 12，那么 系统执行动作 12。

令 C_i 表示命题"系统传感器的状态是 i"，A_i 表示命题"系统执行动作 i"，使用逻辑公式更简洁地重写上述规则：

$$C_1 \text{ IMPLIES } A_1$$
$$C_2 \text{ IMPLIES } A_2$$
$$……$$
$$C_{12} \text{ IMPLIES } A_{12}$$

用 AND 将以上逻辑公式连接起来，得到的命题就是系统规则说明：

$$[C_1 \text{ IMPLIES } A_1] \text{ AND } [C_2 \text{ IMPLIES } A_2] \text{ AND } \cdots \text{ AND } [C_{12} \text{ IMPLIES } A_{12}] \quad (3.1)$$

例如，假设只有 C_2 和 C_5 为真，而且系统确实执行了 A_2 和 A_5。这时，系统的运行是符合规则的，因此式 3.1 应该为真。C_2 IMPLIES A_2 以及 C_5 IMPLIES A_5 两个蕴涵式都为真，因为它们的假设和结论都是真的。而要使式 3.1 为真，还要求其他所有蕴涵（即那些假设为假的蕴涵）都为真，这正是数学蕴涵的含义。

3.2 计算机程序的命题逻辑

计算机程序中总是会出现命题和逻辑连接词。例如以下这段代码（可以是 C、C++ 或 Java 语言）：

```
if ( x > 0 || (x <= 0 && y > 100) )
```
……

（进一步操作）

[①] 习题 3.15 提到了这个系统。

Java 使用||符号表示"OR",使用&&符号表示"AND"。只有当 `if` 后面的命题为真时,才会继续执行进一步的操作。仔细看,这个大表达式是由两个简单的命题构成的。令 A 表示命题 $x > 0$,B 表示命题 $y > 100$,那么,条件表达式可以重写为:

$$A \text{ OR } (\text{NOT}(A) \text{ AND } B) \tag{3.2}$$

3.2.1 真值表计算

通过真值表计算可知,复杂表达式 3.2 的真值情况与下式相同:

$$A \text{ OR } B \tag{3.3}$$

首先填写 A 和 B 的真值表:

A	B	A OR (NOT(A) AND B)	A OR B
T	T		
T	F		
F	T		
F	F		

然后再填充两列:

A	B	A OR (NOT(A) AND B)	A OR B
T	T	F	T
T	F	F	T
F	T	T	T
F	F	T	F

现在填写 AND 列:

A	B	A OR (NOT(A) AND B)	A OR B
T	T	F F	T
T	F	F F	T
F	T	T T	T
F	F	T F	F

最后填写第一个 OR 列:

A	B	A OR (NOT(A) AND B)	A OR B
T	T	T F F	T
T	F	T F F	T
F	T	T T T	T
F	F	F T F	F

真值总是相同的表达式是等价的（equivalent）。加粗加大显示的两列表达式对应的真值是一样的，所以这两个表达式等价。因此，我们可以在不改变代码行为的前提下，用简单表达式替换复杂表达式，简化刚才的代码段：

```
if ( x > 0 || y > 100 )
    ……
```
（进一步操作）

此外，我们还可以通过案例推理的方法得出式 3.2 和式 3.3 是等价的：

A 是 **T**　　形如（**T** OR 其他）的表达式为 **T**。由于 A 为 **T**，所以式 3.2 和式 3.3 的真值也是 **T**。

A 是 **F**　　形如（**F** OR 其他）的表达式的真值与其他部分的真值相同。由于 A 为 **F**，所以式 3.3 的真值与 B 相同。

形如（**F** OR 其他）的表达式等价于其他，而且形如（**T** AND 其他）的表达式等价于其他。所以，(A OR (NOT(A) AND B)) 等价于 (NOT (A) AND B)，又等价于 B。

所以，这时，式 3.2 和式 3.3 的真值相同，都等价于 B。

在计算机科学领域，简化逻辑表达式具有十分重要的现实意义。在程序中简化表达式能够提高程序的可读性和可理解性。而且，简化后的程序可能运行得更快，因为它们需要的操作更少。在硬件方面，简化表达式能够降低芯片上逻辑门的数目，因为逻辑公式可以描述数字电路（参见习题 3.6 和 3.7）。尽量减少逻辑公式，意味着电路门的数量减少。最小化门的数量可带来巨大的好处：门越少，芯片越小，消耗的电量越少，缺陷率越低，而且制造成本也越低。

3.2.2　符号表示

Java 使用 "||" 和 "&&" 符号代替 AND 和 OR。电路设计者使用 "."和 "+" 表示 AND（乘积）和 OR（和）。数学家还会用到其他符号，如下所示。

英文	符号表示
NOT(P)	$\neg P$　（也可写作 $\overline{P}$）
P AND Q	$P \wedge Q$
P OR Q	$P \vee Q$
P IMPLIES Q	$P \rightarrow Q$
if P then Q	$P \rightarrow Q$
P IFF Q	$P \leftrightarrow Q$
P XOR Q	$P \oplus Q$

例如，"若 P AND NOT(Q)，则 R"用符号表示为：

$$(P \wedge \overline{Q}) \rightarrow R$$

数学符号简洁但晦涩。而"AND"和"OR"这样的词语很容易记，而且不会跟数值操作混淆。通常使用 $\overline{P}$ 表示 NOT(P) 的缩写，但更多时候我们还是直接用词语——除非公式太长写不下。

3.3 等价性和有效性

3.3.1 蕴涵和逆否

这两个句子是不是在讲同一件事呢？

如果我饿了，我就会脾气暴躁。

如果我没有脾气暴躁，那么我不饿。

我们从命题逻辑的角度来重新审视这两个句子。令 P 表示命题"我饿了"，Q 表示命题"我脾气暴躁"。第一个句子是"P IMPLIES Q"，第二个句子是"NOT(Q) IMPLIES NOT(P)"。同样，我们用真值表来比较这两个语句：

P	Q	(P IMPLIES Q)	NOT(Q)	IMPLIES	NOT(P)
T	T	**T**	F	**T**	F
T	F	**F**	T	**F**	F
F	T	**T**	F	**T**	T
F	F	**T**	T	**T**	T

可见，这两个语句的真值（字体加粗加大列）是相同的。形如"NOT(Q) IMPLIES NOT(P)"的语句，称为蕴涵"P IMPLIES Q"的逆否命题（contrapositive）。从真值表可以看出，蕴涵等价于它的逆否命题——只不过是用不同的方式表达同一件事。

"P IMPLIES Q"的逆命题（converse）是"Q IMPLIES P"。这个例子的逆命题是：

如果我脾气暴躁，那么我饿了。

这听起来意思可就不同了，真值表印证了我们的怀疑：

P	Q	P IMPLIES Q	Q IMPLIES P
T	T	T	T
T	F	F	T
F	T	T	F
F	F	T	T

字体加粗加大的两列中，第二行和第三行的真值不同，说明蕴涵一般不等价于它的逆命题。它们的关系是：蕴涵及其逆命题综合起来，等价于一个 iff 语句。例如：

如果我脾气暴躁，那么我饿了；并且如果我饿了，那么我会脾气暴躁。

等价于单个语句：

我脾气暴躁 iff 我饿了。

我们再一次通过真值表来验证这个结论。

P	Q	(P IMPLIES Q)	AND	(Q IMPLIES P)	P IFF Q
T	T	T	**T**	T	**T**
T	F	F	**F**	T	**F**
F	T	T	**F**	F	**F**
F	F	T	**T**	T	**T**

第四列

$(P$ IMPLIES $Q)$ AND $(Q$ IMPLIES $P)$

的真值，与第六列 P IFF Q 的真值相同，说明这两个蕴涵的 AND 等价于 IFF 语句。

3.3.2 永真性和可满足性

永真式（valid formula，又称有效公式）是指无论变量如何取值，总是为真的公式。最简单的例子比如：

P OR NOT(P)

可以说，永真式描述的是基本的逻辑真相。例如，我们觉得蕴涵具有这样的特性：如果一个语句蕴涵第二个语句，第二个语句又蕴涵第三个语句，那么第一个语句蕴涵第三个语句。下面这个永真式印证了蕴涵的这个特性。

$[(P$ IMPLIES $Q)$ AND $(Q$ IMPLIES $R)]$ IMPLIES $(P$ IMPLIES $R)$

等价是永真的一个特例。也就是说，如果(F IFF G)是永真命题，那么语句F和G等价。例如，表达式 3.3 和表达式 3.2 等价，意味着

$(A$ OR $B)$ IFF $(A$ OR (NOT(A) AND $B))$

是永真式。当然，永真也是一种等价。也就是说，一个公式是永真的，当且仅当它等价于 **T**。

可满足式（satisfiable formula）是指有时候为真的公式，即存在某种变量取值使公式为

真。举一个例子，假设存在很多系统需求，系统设计者的任务是设计出满足所有需求的系统。这就是说，所有需求的 AND 语句必须是可满足的，否则设计目标就无法实现（参见习题 3.15）。

另外，永真性和可满足性之间存在密切关系：语句 P 是可满足的，当且仅当它的否命题 NOT(P) 不是永真式。

3.4 命题代数

3.4.1 命题范式

每一个命题公式都有等价的"积的和"或析取（disjunctive）形式。具体来说，析取式就是对 AND 项取 OR，其中每个 AND 项是变量或变量的非构成的 AND 操作，例如，

$$(A \text{ AND } B) \text{ OR } (A \text{ AND } C) \tag{3.4}$$

对任意命题公式，都可以直接从真值表得到析取范式的真值。例如，公式

$$A \text{ AND } (B \text{ OR } C) \tag{3.5}$$

的真值表：

A	B	C	A AND $(B$ OR $C)$
T	T	T	T
T	T	F	T
T	F	T	T
T	F	F	F
F	T	T	F
F	T	F	F
F	F	T	F
F	F	F	F

第一行，当 A,B,C 都为真（即 A AND B AND C 为真）时，公式 3.5 为真；第二行，当 A AND B AND $\overline{C}$ 为真时，上式也为真；第三行，当 A AND $\overline{B}$ AND C 为真时，式 3.5 为真。这就是公式 3.5 为真的全部情形。因此，公式 3.5 为真等价于

$$(A \text{ AND } B \text{ AND } C) \text{ OR } (A \text{ AND } B \text{ AND } \overline{C}) \text{ OR } (A \text{ AND } \overline{B} \text{ AND } C) \tag{3.6}$$

为真。

式 3.6 是析取形式，其中每个 AND 项是由各个变量或者变量的"非"依次构成。这种形式的表达式称为析取范式（disjunctive normal form, DNF）。DNF 公式通常可以简化为更小的析取

形式。例如，DNF 式 3.6 简化后，等价于析取式 3.4。

同理，考查真值表的 F 行，可知每一个命题公式都有等价的合取（conjunctive）形式，即对 OR 项取 AND，其中 OR 项是变量或者变量的"非"。例如，真值表的第四行，A 是 T，B 是 F，C 是 F，这时式 3.5 为假。这时 ($\overline{A}$ OR B OR C) 也为 F。同样，第五行，(A OR $\overline{B}$ OR $\overline{C}$) 为 F，式 3.5 为假。所以，只要这两个 OR 项的 AND 为假，式 3.5 就为 F。再看最后三行，这时式 3.5 都为 F，因此，我们得到一个等价于式 3.5 的合取范式(conjunctive normal form, CNF)，即

$$(\overline{A} \text{ OR } B \text{ OR } C) \text{ AND } (A \text{ OR } \overline{B} \text{ OR } \overline{C}) \text{ AND } (A \text{ OR } \overline{B} \text{ OR } C) \text{ AND }$$
$$(A \text{ OR } B \text{ OR } \overline{C}) \text{ AND } (A \text{ OR } B \text{ OR } C)$$

以上适用于任何真值表，所以

定理 3.4.1 每个命题公式都等价于一个析取范式和一个合取范式。

3.4.2 等价性证明

通过真值表检查等价性或永真性，很容易让人精疲力竭：如果命题含有 n 个变量，真值表就有 2^n 行，命题检查工作会随着变量数呈指数增长。假设命题有 30 个变量，那么需要检查 10 亿多行！

另一种办法是，有时候我们可以使用代数证明等价性。命题公式可能涉及很多不同的操作符，因此第一步我们要约减操作符，只保留三种：AND, OR 和 NOT。这一步很容易，因为任何操作都等价于仅由这三种操作符组成的简单公式。例如，A IMPLIES B 等价于 NOT(A) OR B。习题 3.16 要求仅使用 AND, OR 和 NOT 表示其他操作。

下面我们给出了一些等价公理，其中符号 ⟷ 表示两个公式等价。这些公理非常重要，可以证明任何可能的等价性。我们先看跟 AND 有关的等价性，这很像数字乘法：

$$A \text{ AND } B \longleftrightarrow B \text{ AND } A \qquad \text{（AND 的交换律（commutativity））}$$
（3.7）

$$(A \text{ AND } B) \text{ AND } C \longleftrightarrow A \text{ AND } (B \text{ AND } C) \qquad \text{（AND 的结合律（associativity））}$$
（3.8）

$$\text{T AND } A \longleftrightarrow A \qquad \text{（AND 的同一律（identity））}$$
$$\text{F AND } A \longleftrightarrow \text{F} \qquad \text{（AND 的零律（zero））}$$
$$A \text{ AND } (B \text{ OR } C) \longleftrightarrow (A \text{ AND } B) \text{ OR } (A \text{ AND } C) \qquad \text{（AND 对 OR 的分配律（distributivity））}$$
（3.9）

结合律（式 3.8）说明 A AND B AND C 不需要加小括号，例如 $(A$ AND $B)$ AND C 或 A AND $(B$ AND $C)$，这两种写法是等价的。

与数字算术规则不同的是，还有一个"和"对"积"的分配律，即：

$$A \text{ OR } (B \text{ AND } C) \longleftrightarrow (A \text{ OR } B) \text{ AND } (A \text{ OR } C) \quad \text{（OR 对 AND 的分配律（distributivity））} \tag{3.10}$$

以下三个公理也是数值规律所没有的：

$$A \text{ AND } A \longleftrightarrow A \quad \text{（AND 的幂等律（idempotence））}$$
$$A \text{ AND } \bar{A} \longleftrightarrow \mathbf{F} \quad \text{（AND 的矛盾律（contradiction））} \tag{3.11}$$
$$\text{AND } (\bar{A}) \longleftrightarrow A \quad \text{（双重否定律（double negation））} \tag{3.12}$$

相应地，还有很多跟 OR 有关的等价性，我们就不列举了。不过这里提一下与 AND 的矛盾律相对应的：

$$A \text{ OR } \bar{A} \longleftrightarrow \mathbf{T} \quad \text{（OR 的永真律（validity））} \tag{3.13}$$

最后，德摩根律（DeMorgan's Laws）解释了 NOT 对 AND 和 OR 的分配性：

$$\text{NOT}(A \text{ AND } B) \longleftrightarrow \bar{A} \text{ OR } \bar{B} \quad \text{（AND 的德摩根律）} \tag{3.14}$$

$$\text{NOT}(A \text{ OR } B) \longleftrightarrow \bar{A} \text{ AND } \bar{B} \quad \text{（OR 的德摩根律）} \tag{3.15}$$

所有公理都很容易通过真值表证明。

以上就是将任意公式转换成析取范式所需的全部公理。现在我们展示一下如何将式 3.5 的逆命题

$$\text{NOT}((A \text{ AND } B) \text{ OR } (A \text{ AND } C)) \tag{3.16}$$

转换成析取范式。

首先，将 OR 的德摩根律式 3.15 应用到式 3.16，将 NOT 操作符移到公式中，可得

$$\text{NOT}(A \text{ AND } B) \text{ AND NOT}(A \text{ AND } C)$$

现在，对 AND 两边的项分别应用 AND 的德摩根律（式 3.14），可得

$$(\bar{A} \text{ OR } \bar{B}) \text{ AND } (\bar{A} \text{ OR } \bar{C}) \tag{3.17}$$

这时，NOT 仅作用于变量，就用不着德摩根律了。

现在，多次应用 AND 对 OR 的分配律（式 3.9），将式 3.17 转换成析取式。首先，将 $(\bar{A} \text{ OR } \bar{B})$ 在 AND 上展开，得

$$((\overline{A} \text{ OR } \overline{B}) \text{ AND } \overline{A}) \text{ OR } ((\overline{A} \text{ OR } \overline{B}) \text{ AND } \overline{C})$$

分别对两个 AND 应用分配律，得

$$((\overline{A} \text{ AND } \overline{A}) \text{ OR } (\overline{B} \text{ AND } \overline{A})) \text{ OR } ((\overline{A} \text{ AND } \overline{C}) \text{ OR } (\overline{B} \text{ AND } \overline{C}))$$

注意，AND 分配的时候还用到了交换律（式 3.7），从右侧分配。然后使用幂等律，去掉重复的 $\overline{A}$，得

$$(\overline{A} \text{ OR } (\overline{B} \text{ AND } \overline{A})) \text{ OR } ((\overline{A} \text{ AND } \overline{C}) \text{ OR } (\overline{B} \text{ AND } \overline{C}))$$

再根据结合律去掉多余的小括号，得

$$\overline{A} \text{ OR } (\overline{B} \text{ AND } \overline{A}) \text{ OR } (\overline{A} \text{ AND } \overline{C}) \text{ OR } (\overline{B} \text{ AND } \overline{C}) \tag{3.18}$$

最后，将以上每一个 AND 项都改写成 A, B, C 三个变量构成的析取范式。以第二项即 $\overline{B}$ AND $\overline{A}$ 为例，要转成范式需要引入 C。根据 OR 的永真律，引入 C，得

$$(\overline{B} \text{ AND } \overline{A}) \longleftrightarrow (\overline{B} \text{ AND } \overline{A}) \text{ AND } (C \text{ OR } \overline{C})$$

现在，将 $(\overline{B} \text{ AND } \overline{A})$ 在 OR 上分配，得到析取范式

$$(\overline{B} \text{ AND } \overline{A} \text{ AND } C) \text{ OR } (\overline{B} \text{ AND } \overline{A} \text{ AND } \overline{C})$$

同理，对式 3.18 中的其他 AND 项进行同样的操作，最后得到式 3.5 的析取范式，如下：

$$(\overline{A} \text{ AND } B \text{ AND } C) \text{ OR } (\overline{A} \text{ AND } B \text{ AND } \overline{C}) \text{ OR }$$
$$(\overline{A} \text{ AND } \overline{B} \text{ AND } C) \text{ OR } (\overline{A} \text{ AND } \overline{B} \text{ AND } \overline{C}) \text{ OR }$$
$$(\overline{B} \text{ AND } \overline{A} \text{ AND } C) \text{ OR } (\overline{B} \text{ AND } \overline{A} \text{ AND } \overline{C}) \text{ OR }$$
$$(\overline{A} \text{ AND } \overline{C} \text{ AND } B) \text{ OR } (\overline{A} \text{ AND } \overline{C} \text{ AND } \overline{B}) \text{ OR }$$
$$(\overline{B} \text{ AND } \overline{C} \text{ AND } A) \text{ OR } (\overline{B} \text{ AND } \overline{C} \text{ AND } \overline{A})$$

使用交换律对各项进行排序，并根据 OR 的幂等律去掉重复的 OR 项，最后得到一个唯一的、有序的 DNF：

$$(A \text{ AND } \overline{B} \text{ AND } \overline{C}) \text{ OR }$$
$$(\overline{A} \text{ AND } B \text{ AND } C) \text{ OR }$$
$$(\overline{A} \text{ AND } B \text{ AND } \overline{C}) \text{ OR }$$
$$(\overline{A} \text{ AND } \overline{B} \text{ AND } C) \text{ OR }$$
$$(\overline{A} \text{ AND } \overline{B} \text{ AND } \overline{C})$$

这个例子展示了如何使用这些等价公理将任意公式转换成析取范式，同理，通过类似的方法也将公式转换成合取范式，即：

定理 3.4.2 任何命题公式都可以通过上述等价公理转换成析取范式或合取范式。

这跟等价性有什么关系呢？很简单：要想证明两个公式是等价的，将它们转换成某个变量集合上的析取范式；然后，依据某种排序准备基于交换律对这些变量和 AND 项进行排序。我们称两个公式是等价的，当且仅当它们的有序析取范式相同。如果两个公式的析取范式相同，显然它们是等价的。反之，由真值表可知，相同变量集合上两个不同的有序析取范式，它们的真值表不同，因此这两个公式不等价。这就证明了

定理 3.4.3（命题等价公理的完整性）。两个命题公式是等价的，当且仅当可以通过上述等价公理证明它们是等价的。

巧妙地应用公理证明等价性，比使用真值表方法更方便、更自由。定理 3.4.3 作为点睛之笔，更是确保了这些公理可用于证明任何等价性。但是，不要造成误解，从本质上说，公理法所采用的策略与真值表方法相同，所以不能保证公理法就一定比真值表法简单，要注意这一点。

3.5 SAT 问题

要判定一个复杂的命题是不是可满足式（satisfiable），并不是那么容易。例如下面这个命题

$$(P \text{ OR } Q \text{ OR } R) \text{ AND } (\overline{P} \text{ OR } \overline{Q}) \text{ AND } (\overline{P} \text{ OR } \overline{Q}) \text{ AND } (\overline{R} \text{ OR } \overline{Q})$$

命题的可满足性判定称为 SAT 问题。SAT 问题的解决方法之一就是构建真值表，然后检查有没有 T。但是，与永真性检验一样，如果公式中的变量很多，真值表随着变量个数呈指数增长，那么这种检验方法就会陷于困境。

那么，SAT 问题有没有更有效的解决方法呢？有没有一种明智的方法，能够以多项式（polynomially）——如 n^2 或 n^{14}——而不是指数（exponentially）——如 2^n——数量级的步骤来判定 SAT 问题，即给定任意规模为 n 的命题，判定它是不是可满足的？没有人知道。而且答案很可怕。

一般所谓"有效"的方法，指的是它的运算时间是多项式时间（polynomial time），即运算时间的上限取决于 s 的多项式形式，其中 s 是输入的问题规模。能够有效解决 SAT 问题的方法，可能直接有助于其他重要问题的解决，包括调度、路线规划、资源分配、代数、金融和政治理论等。这非常棒，但也可能很糟糕。如果很容易就能解码加密消息，那么在线金融交易就会不安全，任何人都可能读取加密通信。至于原因我们在 9.12 节再解释。

同样，我们可以通过检验否定式的可满足性（satisfiability）来检验永真性（validity）。这也解释了为什么 3.2 节的公式简化那么费劲——因为永真性检验是判断一个公式是否可以简化为 **T** 的特例。

最近，SAT 问题在实践应用上取得了激动人心的进展，比如数字电路验证。即使公式中包含数百万个变量，这些程序也能以惊人的效率找到满意解。不幸的是，我们很难预知这些 SAT 解决方法适用于什么类型的公式，而且对于不可满足（unsatisfiable）的公式来说，这些 SAT 方法通常起不到任何作用。

因此，没有人知道如何在多项式时间内解决SAT问题，也没有人知道怎样证明这是无法实现的——学者们完全陷入了困境。确定SAT是否存在多项式时间解，是一个"**P或NP**"问题。[①] 这在理论计算机科学领域是一个著名的未解难题，位列七大世界难题——如果你解决了**P或NP**问题，克莱研究所（the Clay Institute）将奖励你 100 万美元。

3.6 谓词公式

3.6.1 量词

1.1 节我们已经见过"对所有"标记∀。例如，

$$\text{“}x^2 \geqslant 0\text{”}$$

当x是实数的时候，这个谓词总是为真。即语句

$$\forall x \in \mathbb{R}.\ x^2 \geqslant 0$$

为真。另一方面，谓词

$$\text{“}5x^2 - 7 = 0\text{”}$$

有时候为真，即：当$x = \pm\sqrt{7/5}$时，该谓词为真。"存在"标记∃表示至少存在一个（不一定是所有）对象使谓词为真。因此

$$\exists x \in \mathbb{R}.\ 5x^2 - 7 = 0$$

为真，而

$$\forall x \in \mathbb{R}.\ 5x^2 - 7 = 0$$

不为真。

关于"总是为真"和"有时候为真"有几种表达方式。在下表中，左侧是一般表述，右侧是具体实例。我们会经常看到这些数学写法。

[①] **P** 表示能够在多项式时间内解决的问题。**NP** 表示非确定多项式时间（nondeterministtic polynomial time），后面我们在介绍计算复杂度理论的时候再具体解释。

总是为真

对所有 $x \in D$，$P(x)$ 为真。 　　　　　　对所有 $x \in \mathbb{R}$，$x^2 \geq 0$。

对于集合 D 中的每一个 x，$P(x)$ 都为真。 　　对任意 $x \in \mathbb{R}$，都有 $x^2 \geq 0$。

有时候为真

存在 $x \in D$，使 $P(x)$ 为真。 　　　　　　存在 $x \in \mathbb{R}$，使 $5x^2 - 7 = 0$。

对于集合 D 中的某些 x 来说，$P(x)$ 为真。 　对某些 $x \in \mathbb{R}$，$5x^2 - 7 = 0$。

至少存在一个 $x \in D$，使 $P(x)$ 为真。 　　　至少存在一个 $x \in \mathbb{R}$，使 $5x^2 - 7 = 0$。

上述句子都"量化"了谓词为真的频率。特别地，声称谓词总是为真，称为全称量词（universal quantification）；声称谓词有时候为真，称为存在量词（existential quantification）。从量词的角度来说，自然语言表述有时候并不明确：

$$\text{如果你能够解决任何（any）问题，那么这门课就可以得到 A。} \quad (3.19)$$

"能够解决任何问题"可能是全称量词，也可能是存在量词，即：

$$\text{能够解决每一个问题，} \quad (3.20)$$

或者

$$\text{能够至少解决一个问题。} \quad (3.21)$$

为了描述准确，令 Probs 表示问题集合，Solves(x) 表示谓词"能够解决问题 x"，G 表示命题"这门课得 A"。那么，式 3.19 有两种完全不同的解释：

$$\forall x \in \text{Probs}: \text{Solves}(x)) \text{ IMPLIES } G \quad (\text{针对式 3.20})$$

$$\exists x \in \text{Probs}: \text{Solves}(x)) \text{ IMPLIES } G \quad (\text{针对式 3.21})$$

3.6.2 混合量词

很多数学语句涉及多个量词。例如，前面提到

　　　　哥德巴赫猜想 1.1.6：任意大于 2 的偶整数都是两个质数的和。

使用量词改写：

　　　　对每一个大于 2 的偶整数 n，存在质数 p 和 q，满足 $n = p + q$。

令 Evens 表示大于 2 的偶整数集合，Primes 表示质数集合。那么，哥德巴赫猜想的逻辑表达式如下：

$$\underbrace{\forall n \in \text{Evens}}_{\text{任一偶整数}n>2} \underbrace{\exists p \in \text{Primes} \exists q \in \text{Primes}}_{\text{存在质数}p,q\text{满足}}. \ n = p + q$$

3.6.3 量词的顺序

不同类型的量词（全称量词或存在量词）调换顺序，往往会改变命题的含义。例如，本章前面这个具有歧义的句子：

每个美国人都有一个梦想。

这个句子是含糊不清的，因为量词的顺序不清晰。令 A 表示美国人集合，D 是梦想集合，定义谓词 $H(a,d)$ 为"美国人 a 有梦想 d"。那么，原句的意思可能是每个美国人都共有一个梦想——比如拥有一个属于自己的家：

$$\exists d \in D \ \forall a \in A. \ H(a,d)$$

或者，每个美国人各自有一个梦想：

$$\forall a \in A \ \exists d \in D. \ H(a,d)$$

例如，有的人想退休安享晚年，有的人想要活到老奋斗到老，还有的人梦想根本不用工作就能变得很富有。

如果调换哥德巴赫猜想的量词顺序，将得到一个明显错误的语句，即每一个≥2的偶数都等于同样两个质数的和。

$$\underbrace{\exists p \in \text{Primes} \ \exists q \in \text{Primes}}_{\text{存在质数}p,q\text{满足}}. \ \underbrace{\forall n \in \text{Evens}}_{\text{每一个偶整数}n>2} \ n = p + q$$

3.6.4 变量与域

如果公式中的所有变量都来自同一个非空集合 D，按照惯例可以省略 D。例如，$\forall x \in D \ \exists y \in D. \ Q(x,y)$，通常写成 $\forall x \exists y. \ Q(x,y)$。$x,y$ 所在的未命名非空集合，称为公式的论域（domain of discourse）或域（domain）。

很容易将所有变量都分配到一个域上。以哥德巴赫猜想为例，将所有变量都分配到域 N，可得

$$\forall n. n \in \text{Evens IMPLIES } (\exists p \exists q. \ p \in \text{Primes AND } q \in \text{Primes AND } n = p + q)$$

3.6.5 否定量词

两种类型的量词存在一种简单的关系。以下两个句子表达的是同一件事：

不是每个人都喜欢冰淇淋。

有的人不喜欢冰淇淋。

上述两个句子等价，是以下两个谓词公式等价的一个实例：

$$\text{NOT}(\forall x.\ P(x)) \quad \text{等价于} \quad \exists x.\ \text{NOT}(P(x)) \tag{3.22}$$

同理，下面这两个句子的意思也一样：

没有人喜欢被嘲笑。

每个人都不喜欢被嘲笑。

相应地，谓词公式等价是

$$\text{NOT}(\exists x.\ P(x)) \quad \text{等价于} \quad \forall x.\ \text{NOT}(P(x)) \tag{3.23}$$

注意，对等价式 3.22 两边取反，即得到等价式 3.23。

与命题公式的德摩根律相对应，这称为量词的德摩根律（DeMorgan's Laws for Quantifiers），例如，$\forall x.\ P(x)$ 可以重写为 $\text{AND}_x.\ P(x)$ 及 $\exists x.\ \text{NOT}(P(x))$ 的合取，然后与 $\text{OR}_x.\ \text{NOT}(P(x))$ 析取。

3.6.6 谓词公式的永真性

永真性的概念可以拓展至谓词公式，即不管论域是什么、不管变量取什么值、不管谓词变量代表什么谓词，这个公式都为真。例如，从等价式 3.22 可知，以下公式是永真的：

$$\text{NOT}(\forall x.\ P(x)) \quad \text{IFF} \quad \exists x.\ \text{NOT}(P(x)) \tag{3.24}$$

还有一个很有用的永真断言：

$$\exists x \forall y.\ P(x, y) \quad \text{IMPLIES} \quad \forall y \exists x.\ P(x, y) \tag{3.25}$$

下面我们解释它为什么是永真的：

令 D 表示变量的域，P_0 表示 D 上的某个二元谓词。[①]我们要证明如果

$$\exists x \in D.\ \forall y \in D.\ P_0(x, y) \tag{3.26}$$

[①] 即涉及两个变量的谓词。

成立，那么，

$$\forall y \in D.\ \exists x \in D.\ P_0(x, y) \tag{3.27}$$

也成立。

假设式 3.26 为真，那么根据∃的定义，存在某个元素 $d_0 \in D$，满足

$$\forall y \in D.\ P_0(d_0, y)$$

根据∀的定义，可知

$$P_0(d_0, d)$$

对所有 $d \in D$ 为真。所以，给定 $d \in D$，D 上存在一个元素，假设是 d_0，使 $P_0(d_0, d)$ 为真。而这正是式 3.27 的含义，从而证明了式 3.27 成立。

我们希望这能够帮助理解，但还算不上是"证明"。因为，像式 3.25 那样的基础概念，很难找到其他更基础的公理来证明它。上述解释不过是将逻辑公式 3.25 中的"对所有"和"存在"翻译成自然语言而已。

与式 3.25 相反，公式

$$\forall y \exists x.\ P(x, y)\ \text{IMPLIES}\ \exists x \forall y.\ P(x, y) \tag{3.28}$$

不是永真式。先假设 $\forall y \exists x.\ P(x, y)$ 为真，得出结论 $\exists x \forall y.\ P(x, y)$ 不为真。例如，令论域是整数集，$P(x, y)$ 是 $x > y$。这时假设为真，因为如果 y 取值为 n，总是存在满足条件的 x，比如 $n + 1$。但是，结论部分声称存在一个整数比所有整数都大，这肯定是错误的。像这样能够证明断言为假的例子，称为断言的反模式（counter-model）。

3.7　参考文献

[19]

3.1 节习题

练习题

习题 3.1

从无效假设出发可以得出任何结论，即如果 P 为假，则 P IMPLIES Q 为真，关于这一点有的人不太适应。如果改成：如果 P 为假，则 P IMPLIES Q 为假，请问这时 IMPLIES 真值表相当于哪个命题连接词？

习题 3.2

这门课有一本课本和一次期末考试。令 P, Q, R 分别表示以下命题：

$P ::=$ 期末考试得 A

$Q ::=$ 课本上每一道题你都完成了

$R ::=$ 这门课得 A

使用 P, Q, R 和命题连接词 AND, NOT, IMPLIES，将以下断言翻译成谓词公式。

(a) 你这门课得了 A，但是没有做完课本上的每一道题。

(b) 你期末考试得了 A，完成了课本上的每一道题，并且这门课得了 A。

(c) 要想这门课得 A，必须期末考试得 A。

(d) 你期末考试得了 A，但是没有做完课本上的每一道题；尽管如此，这门课你还是得了 A。

随堂练习

习题 3.3

如果数学家跟学生说，"如果函数不连续，那它不可微"，令 D 表示"可微"（differentiable），C 表示连续，那么这句话可以翻译成

$$\text{NOT}(C) \text{ IMPLIES NOT}(D)$$

或等价于

$$D \text{ IMPLIES } C$$

但是，如果妈妈跟儿子说，"如果不做作业，那就不能看电视"，令 T 表示"能看电视"，H 表示"做作业"，那么这句话可以翻译成

$$\text{NOT}(H) \text{ IFF NOT}(T)$$

或等价于

$$H \text{ IFF } T$$

解释一下为什么这两个 if-then 语句能翻译成不同的命题公式。

课后作业

习题 3.4

给定一个正整数参数 n，生成一个列为 n、行为 n 个命题变量所有可能的真值组合的数组，请简单叙述这个数组的产生过程。例如，$n = 2$，则

T	T
T	F
F	T
F	F

可以用英语描述，也可以用简单程序如 Python 或 Java 表达。如果写程序的话，注意提供输出示例。

习题 3.5

粗心的 Sam 想要证明命题 P。他定义了两个命题 Q, R，接着证明了三个蕴涵：

$$P \text{ IMPLIES } Q, \quad Q \text{ IMPLIES } R, \quad R \text{ IMPLIES } P$$

然后推理如下：

> 如果 Q 为真，由于 Q IMPLIES R，那么 R 为真。又已证 R IMPLIES P，所以 P 为真。同理，如果 R 为真，则 P 为真，且 Q 为真。同样地，如果 P 为真，Q, R 都为真。所以不论怎样，P, Q, R 三者都为真。

(a) 给出

$$(P \text{ IMPLIES } Q) \text{ AND } (Q \text{ IMPLIES } R) \text{ AND } (R \text{ IMPLIES } P). \qquad (*)$$

和

$$P \text{ AND } Q \text{ AND } R \qquad (**)$$

的真值表。

根据真值表，给出 P, Q, R 的一个真值组合，使式 * 为 **T**、式 ** 为 **F**。

(b) 把这个真值表拿给 Sam 看，然后他说"好吧，我说P, Q, R都为真，我错了，但我还是不懂我哪里推导得不对。你能帮我找到错误吗？"怎样跟 Sam 解释他哪里出错了呢？

3.2 节习题

随堂练习

习题 3.6

在数字电路设计中，命题逻辑中的 **T** 对应 1，**F** 对应 0。例如一个简单的二位半加法器电路，包含三位二进制输入a_1, a_0, b，和三位二进制输出c, s_1, s_0。二位字（word）$a_1 a_0$是 0 到 3 之间的整数k的二进制数表示，而三位字$cs_1 s_0$表示$k + b$。第三个输出位c称为最后一个进位（carry bit）。

如果k和b都是 1，则$a_1 a_0$是 01，而输出$cs_1 s_0$是 010，即 1+1 的二进制数表示。

实际上，只有当三个二进制数输入都为 1 时，即$k = 3, b = 1$，最后进位才等于 1。这时，$cs_1 s_0$是 100，即 3+1 的二进制表示。

二位半加法器可以通过以下公式描述：

$$c_0 = b$$
$$s_0 = a_0 \text{ XOR } c_0$$
$$c_1 = a_0 \text{ AND } c_0 \qquad \text{进位至第一位}$$
$$s_1 = a_1 \text{ XOR } c_1$$
$$c_2 = a_1 \text{ AND } c_1 \qquad \text{进位至第二位}$$
$$c = c_2$$

(a) 将上述二位半加法器的构造过程推广至$n + 1$位半加法器，其输入为$a_n, \ldots, a_1, a_0$，输出为$c, s_n, \ldots, s_1, s_0$。也就是说，请给出关于s_i和c_i的公式，其中$0 \leq i \leq n + 1$，c_i进位至第$i + 1$位，而且$c = c_{n+1}$。

(b) 类似地，对于两个$n + 1$位二进制数$a_n \ldots a_1 a_0$和$b_n \ldots b_1 b_0$的和，请写出它的输入、输出和进位。

如果用数字电路图表示，这个加法器由一系列一位半加法器或全加法器构成。这些电路模仿普通加法的原理，将低位的进位作为高位的输入，进位信号依次向前传递，直到最后一位进位。这种电路设计称为波纹进位加法器（ripple-carry adder）。波纹进位加法器很容易理解，所需的操作次数很少。不过，越高位的输出和进位所需的时间越长，与n成正比。

(c) 在(b)部分描述的加法器中，和的计算一共用到了多少个命题操作？

课后作业

习题 3.7

在习题 3.6 中，$n+1$ 位半加法器数字电路，有 $n+2$ 位输入

$$a_n, \ldots, a_1, a_0, b$$

以及 $n+2$ 位输出

$$c, s_n, \ldots, s_1, s_0$$

对于半加法器的输入和输出，如果各个输入值 $a_n, \ldots, a_1, a_0, b$ 的取值为 0 或 1，可以看作整数 k 的 $n+1$ 位二进制数表示，则输出 $c, s_n, \ldots, s_1, s_0$ 是整数 $k+b$ 的 $n+2$ 位二进制数表示。

例如，令 $n=2$，$a_2 a_1 a_0$ 的值为 101，表示二进制数的整数 $k=5$。如果 $b=1$，那么输出就是 4 位二进制数 $5+1=6$。也就是说，$c s_2 s_1 s_0$ 的值是 0110。

半加法器有很多种不同的电路设计，最简单的就是习题 3.6 描述的"波纹进位"设计。现在我们介绍另一种半加器电路设计，即并行设计或"超前进位"（look-ahead carry）半加法器。其原理是，并行计算高位数的 0 进位和 1 进位，然后，在计算低位数进位的时候，快速使用之前计算过的结果。

考虑一个 $n+1$ 位半加法器的并行设计。

基于并行电路的并行半加法器称为 *add1* 模块，其输入输出是半加法器的一个特例，输入部分不再是加 b，而总是加 1。也就是说，$n+1$ 位 add1 模块有 $n+1$ 位输入

$$a_n, \ldots, a_1, a_0$$

以及 $n+2$ 位输出

$$c, p_n, \ldots, p_1, p_0$$

如果将 $a_n \ldots a_1 a_0$ 看作整数 k 的 $n+1$ 位二进制数表示，那么 $c p_n \ldots p_1 p_0$ 是 $k+1$ 的 $n+2$ 位二进制数表示。

那么，1 位 add1 模块的输入为 a_0，输出为 c, p_0，其中

$$p_0 ::= a_0 \text{ XOR } 1 \text{（或简写成 } p_0 ::= \text{NOT}(a_0)\text{）}$$

$$c ::= a_0$$

在波纹进位设计中，如果半加法器的输入规模加倍，变成 $2(n+1)$ 位输入，那么需要双倍的时间才能输出结果。而在并行设计的 add1 模块中，双倍的 add1 模块得到结果的速度跟原来一样快。我们通过例子来理解。令双倍模块的输入是

$$a_{2n+1}, \ldots, a_1, a_0$$

输出是

$$c, p_{2n+1}, \ldots, p_1, p_0$$

我们来构建一个双倍 add1 模块，按照图 3.1 所示并行设计两个单倍 add1 模块。

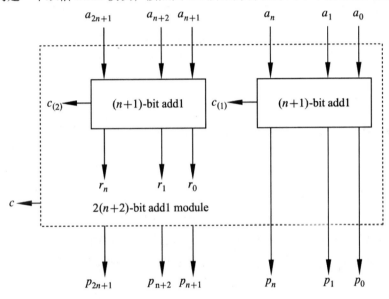

图 3.1　双倍 add1 模块的结构图

第一个单倍 add1 模块处理前 $n+1$ 个输入。它的输入是 $n+1$ 个低位输入 $a_n, \ldots, a_1, a_0$，输出前 $n+1$ 个输出位 $p_n, \ldots, p_1, p_0$。令 $c_{(1)}$ 表示该模块的进位。

第二个单倍模块的输入是 $n+1$ 个高位输入 $a_{2n+1}, \ldots, a_{n+2}, a_{n+1}$，令其为 $r_n, \ldots, r_1, r_0$，$c_{(2)}$ 表示进位。

(a) 请仅用 $c_{(1)}$ 和 $c_{(2)}$ 写出双倍 add1 模块进位 c 的公式。

(b) 请写出输出 $p_{n+i}, 1 \leqslant i \leqslant n+1$ 的命题公式，以完成这个双倍 add1 模块的规格描述。注意，p_{n+i} 的公式只用到变量 a_{n+i}, r_{i-1} 和 $c_{(1)}$。

(c) 解释如何从 $n+1$ 位 add1 模块构建 $n+1$ 位并行半加法器，并写出命题公式，其中半加法器的输出 s_i 只用到变量 a_i, p_i 和 b。

(d) 电路的速度或者说延迟（latency）取决于从输入到输出之间任意路径上门（gate）的最大数目。在一个 n 位波纹进位电路（习题 3.6）中，从输入到最后进位输出大约有 $2n$ 个门。而并行半加法器的速度是波纹进位半加法器的指数倍。为了确认这一点，请给出 n 位 add1 模块从输入到输出的任意路径上命题操作的最大数目。（可以假设 n 是 2 的幂。）

测试题

习题 3.8

断言 变量 M, N, P, Q, R, S 恰好有两种真值组合（赋值），满足以下公式：

$$\underbrace{(\overline{P} \text{ OR } Q)}_{\text{从句}(1)} \text{ AND } \underbrace{(\overline{Q} \text{ OR } R)}_{\text{从句}(2)} \text{ AND } \underbrace{(\overline{R} \text{ OR } S)}_{\text{从句}(3)} \text{ AND } \underbrace{(\overline{S} \text{ OR } P)}_{\text{从句}(4)} \text{ AND } M \text{ AND } \overline{N}$$

(a) 通过真值表可以证明这个断言。请问真值表中有多少行？

(b) 不用真值表，通过对 P 的真值情况进行案例推理，证明这个断言。

习题 3.9

一个 n 位二进制 AND 电路的输入为值 0 或 1 的 $a_0, a_1, \ldots, a_{n-1}$，输出为 c：

$$c = a_0 \text{ AND } a_1 \text{ AND } \ldots \text{ AND } a_{n-1}$$

这个 n 位 AND 电路有很多种设计方法。其中，顺序（serial）设计由一系列 AND 门构成，每一个 AND 门的输入是 a_i，而且上一个门的输出是下一个门的输入，如图 3.2 所示。

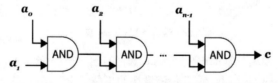

图 3.2 顺序 AND 电路

我们还可以使用树型（tree）设计。一位树型设计就是一条线，即 $c ::= a_1$。简单起见，我们假设 n 是 2 的幂，那么一个 n 位（其中 $n > 1$）输入的树型电路，可以由两个 $n/2$ 位输入的树型电路构成，将这两者的输出 AND 之后就得到输出 c，如图 3.3 所示。图 3.4 给出了一个四位树型电路的例子。

(a) 在 n 位输入顺序电路中，一共有多少 AND 门？

(b) 电路的"速度"或者说延迟是指从输入到输出的任意路径上的门数的最大值。请简单说明为什么树型电路的速度是顺序电路的指数倍。

(c) 假设 n 是 2 的幂。证明：n 位输入树型电路有 $n-1$ 个 AND 门。

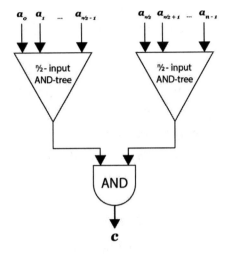

图 3.3　n 位 AND 树型电路

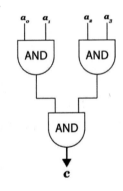

图 3.4　四位 AND 树型电路

3.3 节习题

练习题

习题 3.10

请指出以下命题公式是不是永真式（V）、可满足但不永真（S）或者不可满足式（N）。如果是可满足式，请指出公式成立的真值赋值情况。

$$M \text{ IMPLIES } Q$$
$$M \text{ IMPLIES } (\overline{P} \text{ OR } \overline{Q})$$
$$M \text{ IMPLIES } [M \text{ AND } (P \text{ IMPLIES } M)]$$
$$(P \text{ OR } Q) \text{ IMPLIES } Q$$
$$(P \text{ OR } Q) \text{ IMPLIES } (\overline{P} \text{ AND } \overline{Q})$$
$$(P \text{ OR } Q) \text{ IMPLIES } [M \text{ AND } (P \text{ IMPLIES } M)]$$
$$(P \text{ XOR } Q) \text{ IMPLIES } Q$$
$$(P \text{ XOR } Q) \text{ IMPLIES } (\overline{P} \text{ OR } \overline{Q})$$
$$(P \text{ XOR } Q) \text{ IMPLIES } [M \text{ AND } (P \text{ IMPLIES } M)]$$

习题 3.11

请写出下面两个命题公式的真值表，证明它们是等价的。

$$(P \text{ XOR } Q)$$
$$\text{NOT}(P \text{ IFF } Q)$$

习题 3.12

证明命题公式

$$P \text{ OR } Q \text{ OR } R$$

以及

$$(P \text{ AND NOT}(Q)) \text{ OR } (Q \text{ AND NOT}(R)) \text{ OR } (R \text{ AND NOT}(P)) \text{ OR } (P \text{ AND } Q \text{ AND } R)$$

等价。

习题 3.13

通过真值表证明

$$P \text{ OR } (Q \text{ AND } R) \text{ 等价于 } (P \text{ OR } Q) \text{ AND } (P \text{ OR } R) \qquad (3.29)$$

随堂练习

习题 3.14

(a) 通过真值表证明

$$(P \text{ IMPLIES } Q) \text{ OR } (Q \text{ IMPLIES } P)$$

是永真式。

(b) 令 P, Q 表示命题公式。仅使用 AND, OR, NOT 以及 P, Q 构造出一个公式 R，使其满足：R 是永真式当且仅当 P 和 Q 等价。

(c) 一个命题公式是可满足式，当且仅当存在一种变量的真值赋值组合——即环境——使这个公式为真。请解释

$$P \text{ 是永真式 当且仅当 } \text{NOT}(P) \text{ 是不可满足的。}$$

(d) 一组命题公式 $P_1, \ldots, P_k$ 是连续的，当且仅当存在一种环境使它们全都为真。请给出一个满足条件的公式 S：命题组 $P_1, \ldots, P_k$ 不是连续的，当且仅当 S 是永真式。

习题 3.15

这一题[①]检验以下说明是不是可满足的：

1. 如果文件系统没有加锁，那么

 (a) 新消息要排队。

 (b) 新消息会被发送到消息缓冲区。

 (c) 系统正常运行；反之，如果系统正常运行，那么文件系统没有加锁。

2. 如果新消息没有排队，那么消息会被发送到消息缓冲区。

3. 新消息不会被发送到消息缓冲区。

(a) 使用下面 4 个命题变量，将上述 5 条说明翻译成命题公式：

$$L ::= 文件系统加锁$$
$$Q ::= 新消息排队$$
$$B ::= 新消息被发送至消息缓冲区$$
$$N ::= 系统运行正常$$

(b) 为变量 L, Q, B, N 指定一种真值赋值，使所有说明都为真，以证明这组说明是可满足的。

(c) 证明 (b) 中的真值赋值环境，是唯一能够满足条件的。

[①] 改编自 Rosen，第 5 版，见练习 1.1.36。

3.4 节习题

练习题

习题 3.16

命题公式中可能出现 6 种不同的操作,但其实 AND, OR, NOT 就足够了。因为每一种操作都等价于这三者构成的公式。例如,A IMPLIES B 等价于 NOT(A) OR B。所以,公式中所有的 IMPLIES 都可以用 NOT 和 OR 代替。

(a) 仅使用 AND, OR, NOT,分别写出等价于 A IFF B 和 A XOR B 的公式。得出结论:每一个命题公式都等价于一个 AND-OR-NOT 公式。

(b) 解释为什么甚至不需要 AND。

(c) 如何理解"A NAND B"等价于"NOT(A AND B)"中的 NAND 操作?

随堂练习

习题 3.17

命题连接词 NOR 的定义如下:

$$P \text{ NOR } Q ::= (\text{ NOT }(P) \text{ AND NOT}(Q))$$

解释为什么每一个命题公式——包括含有 IMPLIES, XOR 等操作的命题公式——都等价于只用连接词 NOR 的公式。

习题 3.18

解释如何从命题公式的析取形式直接得到合取形式?

习题 3.19

令 P 表示由命题变量 A, B, C, D 定义的命题,A, B, C, D 的每一种真值赋值如下真值表所示。请写出 P 的析取范式和合取范式。

A	B	C	D	P
T	T	T	T	T
T	T	T	F	F
T	T	F	T	T
T	T	F	F	F
T	F	T	T	T
T	F	T	F	T
T	F	F	T	T
T	F	F	F	F
F	T	T	T	T
F	T	T	F	F
F	T	F	T	T
F	T	F	F	F
F	F	T	T	F
F	F	T	F	F
F	F	F	T	T
F	F	F	F	T

课后作业

习题 3.20

使用 3.4.2 节的等价公理将下面的公式转换成

$$A \text{ XOR } B \text{ XOR } C$$

(a) 析取形式（即一组 AND 上的 OR）；

(b) 合取形式（即一组 OR 上的 AND）。

3.5 节习题

随堂练习

习题 3.21

电路-SAT 问题是指，给定一个单值输出的数字电路，确定是否存在一组真值赋值，将它们作为输入，电路输出为 **T**。

不难看出，如果有效解决了电路-SAT 问题，那么命题公式的 SAT 问题（参见 3.5 节）也就迎刃而解了。也就是说，给定任意公式F，只需要构造一个相应的电路C_F：存在某种输入使C_F输出为真，当且仅当F是可满足的。从F构造C_F很简单：F中的每一个命题连接词，相当于C_F中的一个二进制门。因此，电路-SAT 的处理过程有助于 SAT 问题的解决。

反之，给定C，存在一个简单的递归过程以构建一个与C等价的公式E_C，满足对每一种变量赋值组合来说，E_C的真值和C的输出相同。一般来说，难点在于，"等价"公式E_C，往往是C的指数倍。由于证明电路的可满足性，基本上可以通过公式的可满足性实现，耗费指数量级的时间将一个问题转化成另一个问题，得不偿失。

所以，我们不考虑C的等价公式E_C，而是断言公式F_C在C上是可满足的。即，存在一组输入值使C输出真，当且仅当存在一种真值赋值满足F_C。（实际上，F_C和C甚至不必使用同一组变量。）但是，我们要确保构建F_C所需的计算量，不会比电路C的规模大很多，而且F_C的规模也不能比C大很多。

构建F_C的思路是，给定任意一个单值输出的数字电路C，为C的每一段分配一个不同的变量。然后，对C的每个门，构建关于输入和输出的约束命题公式。例如，输入变量P,Q、输出变量R的AND 门，其约束命题为

$$(P \text{ AND } Q) \text{ IFF } R \tag{3.30}$$

(a) 给定电路C，解释如何轻松地找到公式F_C，使得F_C是可满足的当且仅当对某些输入变量C输出 **T**。

(b) 证明：任何解决 SAT 的有效方法，总是可以有效解决电路-SAT。

课后作业

习题 3.22

3-合取形式（3CF，3-conjunctive form）是指合取公式中的每一个 OR 项至多是 3 个变量或变量的非。虽然判断命题公式F的可满足性或许很难，但总是可以容易地构建一个公式$C(F)$满足：

- 是 3-合取形式。
- 变量出现的次数至多是F的 24 倍。
- 是可满足的，当且仅当F是可满足的。

为了构建$C(F)$，引入新变量表示F中的每一个操作。例如，如果F是

$$((P \text{ XOR } Q) \text{ XOR } R) \text{OR} (\overline{P} \text{ AND } S) \tag{3.31}$$

使用新变量 X_1, X_2, O, A 表示相应的操作，如下：

$$((P \underbrace{\text{XOR}}_{X_1} Q) \underbrace{\text{XOR}}_{X_2} R) \underbrace{\text{OR}}_{O} (\underbrace{\overline{P} \text{ AND}}_{A} S)$$

然后，每个新变量有一个约束公式，与相应的操作具有相同的真值。例如，这些约束公式如下：

$$X_1 \text{ IFF } (P \text{ XOR } Q)$$
$$X_2 \text{ IFF } (X_1 \text{ XOR } R)$$
$$A \text{ IFF } (\overline{P} \text{ AND } S)$$
$$O \text{ IFF } (X_2 \text{ OR } A)$$

(a) 上述 4 个约束公式，加上一个只有变量 O 的公式，这 5 个公式的 AND 是可满足的，当且仅当式 3.31 是可满足的。请解释原因。

(b) 每个约束公式等价于一个变量出现总数不超过 24 的 3CF 公式。请解释原因。

(c) 基于上述信息，解释怎样为任意一个命题公式 F 构造 $\mathcal{C}(F)$。

3.6 节习题

练习题

习题 3.23

当变量值是：

(a) 非负整数，(b) 整数，(c) 实数

分别判定下面哪些命题为真：

1. $\forall x \exists y.\ 2x - y = 0$

2. $\forall x \exists y.\ x - 2y = 0$

3. $\forall x.\ x < 10 \text{ IMPLIES } (\forall y.\ y < x \text{ IMPLIES } y < 9)$

4. $\forall x \exists y.\ [y > x \cap \exists z.\ y + z = 100]$

习题 3.24

令 $Q(x, y)$ 表示语句

$$x \text{ 是电视节目 } y \text{ 的选手。}$$

其中，x 的全集是学校的全体学生，y 是电视上所有的智力竞赛节目。

依次判断下列表达式是否逻辑等价于：

学校里没有学生参加过电视上的智力竞赛节目。

(a) $\forall x \forall y.\ \text{NOT}(Q(x,y))$

(b) $\exists x \exists y.\ \text{NOT}(Q(x,y))$

(c) $\text{NOT}(\forall x \forall y.\ Q(x,y))$

(d) $\text{NOT}(\exists x \exists y.\ Q(x,y))$

习题 3.25

找出一个反例，表明下式不是永真的。

$$\exists x.\ P(x)\ \text{IMPLIES}\ \forall x.\ P(x)$$

（只需给出反例即可，不必证明。）

习题 3.26

找出一个反例，表明下式不是永真的。

$$[\exists x.\ P(x)\ \text{AND}\ \exists x.\ Q(x)]\ \text{IMPLIES}\ \exists x.\ [P(x)\ \text{AND}\ Q(x)]$$

（只需给出反例即可，不必证明。）

习题 3.27

下面哪些是永真式？如果不是，请给出反例。

(a) $\exists x \exists y.\ \text{IMPLIES}\ \exists y \exists x.\ P(x,y)$

(b) $\forall x \exists y.\ Q(x,y)\ \text{IMPLIES}\ \exists y \forall x.\ Q(x,y)$

(c) $\exists x \forall y.\ R(x,y)\ \text{IMPLIES}\ \forall y \exists x.\ R(x,y)$

(d) $\text{NOT}(\exists x\ S(x))\ \text{IFF}\ \forall x\ \text{NOT}(S(x))$

习题 3.28

(a) 证明命题公式

$$(P\ \text{IMPLIES}\ Q)\ \text{OR}\ (Q\ \text{IMPLIES}\ P)$$

是永真式。

(b) 由这个永真式可知：要想证明一个蕴涵为真，只需要证明它的逆蕴涵是假的。[1]例如，在初等微积分（elementary calculus）中，我们知道断言

---

[1] 在参考文献[3]中讨论谬误的时候提到了这个问题。

如果函数是连续的，那么它是可微的。

是假的。所以，它的逆

如果函数可微，那么它是连续的。

是真的。

但是，等一下！蕴涵

如果函数是可微的，那么它不是连续的。

显然是假的。那么，它的逆

如果函数不是连续的，那么它是可微的。

应该是真的，但事实上这个逆蕴涵也是假的。

所以，什么地方出错了呢，请解释。

随堂练习

习题 3.29

一个媒体企业想构建一个全新闻电视网络，称为 LNN，即逻辑新闻网（Logic News Network）。每一段的开头部分是论域的定义及若干谓词。那么，每天发生的事情就可以通过逻辑表达进行沟通。例如，新闻播报的开头部分是：

这里是 LNN。论域是

$$\{ \text{Albert, Ben, Claire, David, Emily} \}$$

令 $D(x)$ 表示谓词，如果 x 撒谎，$D(x)$ 为真。$L(x,y)$ 表示：如果 x 喜欢 y，$L(x,y)$ 为真。$G(x,y)$ 表示：如果 x 给 y 送了礼物，$G(x,y)$ 为真。

请将以下逻辑表达的新闻翻译成自然语言。

(a)

$$\text{NOT}(D(\text{Ben}) \text{ OR } D(\text{David})) \text{ IMPLIES}$$
$$(L(\text{Albert}, \text{Ben}) \text{ AND } L(\text{Ben}, \text{Albert}))$$

(b)

$$\forall x. \ ((x = \text{Claire AND NOT}(L(x, \text{Emily}))) \text{ OR } (x \neq \text{Claire AND } L(x, \text{Emily})))$$
AND
$$\forall x. \ ((x = \text{David AND } L(x, \text{Claire})) \text{ OR } (x \neq \text{David AND NOT}(L(x, \text{Claire}))))$$

(c)

$$\text{NOT}(D(\text{Claire})) \text{ IMPLIES } (G(\text{Albert}, \text{Ben}) \text{ AND } \exists x.\ G(\text{Ben}, x))$$

(d)

$$\forall x \exists y \exists z\ (y \neq z) \text{ AND } L(x, y) \text{ AND NOT}(L(x, z))$$

(e) 仅使用命题连接词而不使用量词（∀，∃），怎样表达"除了 Claire 以外，每个人都喜欢 Emily"？如何在这个论域上表示任意的逻辑公式，而不使用量词？如果用这种方式表示，前面的公式会有多复杂？

习题 3.30

这一题要求将二进制字符串相关的断言翻译成逻辑表达。论域是所有有限长度的二进制字符串的集合：$\lambda, 0, 1, 00, 01, 10, 11, 000, 001, \ldots$（这里 λ 表示空字符串）。翻译时，可以使用所有逻辑符号（包括=）、变量以及二进制符号 0 和 1。

诸如 $01x0y$ 这样的二进制字符串，表示二进制符号与变量所表示的二进制字符串的串联。例如，如果 x 是 011，y 是 1111，那么 $01x0y$ 是二进制字符串 0101101111。

下面是几个例子，包括公式及其自然语言解释，第三列是谓词的名称。

含义	公式	名称
x 是 y 的前缀	$\exists z\ (xz = y)$	PREFIX(x, y)
x 是 y 的子字符串	$\exists u \exists v\ (uxv = y)$	SUBSTRING(x, y)
x 是空串，或 0 构成的字符串	NOT(SUBSTRING$(1, x)$)	NO-1S(x)

(a) x 由某字符串重复三次构成。

(b) x 是 0 构成的长度为偶数的字符串。

(c) x 不含 0，也没有 1。

(d) x 是 $2^k + 1 (k \geq 0)$ 的二进制表示。

(e) NO-1S(x) 的另外一种定义是：

$$\text{PREFIX}(x, 0x) \tag{$*$}$$

解释为什么只有当 x 是由 0 构成的字符串时，（ $*$ ）式为真。

习题 3.31

指出当论域分别为：$\mathbb{N}$（非负整数，$0, 1, 2, \ldots$）、$\mathbb{Z}$（整数）、$\mathbb{Q}$（有理数）、$\mathbb{R}$（实数）以及 $\mathbb{C}$（复数）时，以下逻辑公式是否为真。如果为真，请给出简要解释。

$$\exists x.\ x^2 = 2$$
$$\forall x.\exists y.\ x^2 = y$$
$$\forall y.\exists x.\ x^2 = y$$
$$\forall x \neq 0.\exists y.\ xy = 1$$
$$\exists x.\exists y.\ x + 2y = 2\ \text{AND}\ 2x + 4y = 5$$

习题 3.32

请给出反例，表明

$$(\forall x \exists y.\ P(x,y)) \to \forall z.\ P(z,z)$$

不是永真式。

课后作业

习题 3.33

请使用逻辑表达描述以下谓词和命题。论域是非负整数N。除了命题操作、变量和量词以外，还可以使用加号、乘号、等号和非负整数常数（0,1,…），但不包括乘方（如x^y），来定义谓词。例如，谓词"n是一个偶数"可以通过下面两个公式定义：

$$\exists m.\ (2m = n),\quad \exists m.\ (m + m) = n$$

(a) m是n的除数（divisor）。

(b) n是质数。

(c) n是质数的幂。

习题 3.34

将下面的句子翻译成谓词公式：

有一个学生给班里至多两位同学（除了他自己以外）发了邮件。

论域是全班所有学生，你应该用到的谓词是

- 等于，以及
- $E(x,y)$，表示"x给y发了邮件"。

习题 3.35

(a) 将下面的句子翻译成谓词公式：

有一个学生给班里至多n位同学（除了他自己以外）发了邮件。

论域是全班所有学生，你应该用到的谓词是

- 等于，以及

- $E(x,y)$，表示 "x 给 y 发了邮件"。

(b) 请解释如何使用上述谓词公式（或变种形式），来表达下面两个句子：

1. 有一个学生给班里至少 n 位同学（除了他自己以外）发了邮件。
2. 有一个学生给班里正好 n 位同学（除了他自己以外）发了邮件。

测试题

习题 3.36

对下面每一个逻辑公式，指出在以下论域上哪一个为真（最小论域）；如果都不为真，以 "none" 标记。

$$\mathbb{N}（非负整数），\mathbb{Z}（整数），\mathbb{Q}（有理数），\mathbb{R}（实数），\mathbb{C}（复数）$$

1. $\forall x \exists y.\ y = 3x$
2. $\forall x \exists y.\ 3y = x$
3. $\forall x \exists y.\ y^2 = x$
4. $\forall x \exists y.\ y < x$
5. $\forall x \exists y.\ y^3 = x$
6. $\forall x \neq 0. \exists y, z.\ y \neq z\ \text{AND}\ y^2 = x = z^2$

习题 3.37

以下谓词逻辑公式不是永真式：

$$\forall x, \exists y.\ P(x,y) \rightarrow \exists y, \forall x.\ P(x,y)$$

下面哪一个是这个逻辑公式的反例模型？

1. 谓词 $P(x,y) = 'y \cdot x = 1'$，其中论域是 $\mathbb{Q}$。
2. 谓词 $P(x,y) = 'y < x'$，其中论域是 $\mathbb{R}$。
3. 谓词 $P(x,y) = 'y \cdot x = 2'$，其中论域是不包含 0 的 $\mathbb{R}$。
4. 谓词 $P(x,y) = 'yxy = x'$，其中论域是所有的二进制字符串集合，包括空字符串。

习题 3.38

班级里的学生从左至右站成一排。队里至少有两名学生。将以下断言翻译成谓词公式，其中论域是班上的学生集合，只能使用以下两个谓词：

- 等于，
- $F(x, y)$，是指"x 站在 y 的左边（不一定相邻）"。例如，在 CDA 队形中，$F(C, A), F(C, D)$ 都为真。

已经定义好的谓词公式，在后面可以直接使用。

(a) 学生 x 在队中。

(b) 学生 x 是队中的第一个人。

(c) 学生 x 站在学生 y 相邻的右边。

(d) 学生 x 是队中的第二个人。

习题 3.39

我们要求这样的谓词公式：对于非负整数集合 N，谓词中只出现 ⩽，而且没有常数。

例如，通过以下公式来定义相等性谓词：

$$[x = y] ::= [x \leq y \text{ AND } y \leq x]$$

如果已经通过仅含 ⩽ 的方式，定义了某个谓词的表达式，那么这个谓词就可直接用于后续的谓词公式翻译。

$$[x > 0] ::= \exists y. \text{ NOT}(x = y) \text{ AND } y \leq x$$

(a) $[x = 0]$

(b) $[x = y + 1]$

提示：如果一个整数大于 y，那么它一定 ⩾ x。

(c) $x = 3$

习题 3.40

仅含相等符号的谓词公式，称为"纯等式"（pure equality）。例如，

$$\forall x \forall y.\ x = y \qquad \text{（1-元素）}$$

是一个纯等式。意味着论域中刚好只有一个元素。[①]下面这个公式

$$\exists a\, \exists b\, \forall x.\; x = a \;\text{OR}\; x = b \qquad\qquad (\leqslant 2\text{-元素})$$

表示论域中至多含有两个元素。

而这个公式不是纯等式：

$$x \leqslant y \qquad\qquad (\text{不是纯等式})$$

因为纯等式**不能**使用小于等于谓词符号 $\leqslant$。[②]

(a) 请给出一个纯等式表达，其中论域中刚好含有两个元素。

(b) 请给出一个纯等式表达，其中论域中刚好含有三个元素。

[①] 记住，论域不能为空。
[②] 实际上，非纯等式只能作用于元素有序的论域，而纯等式可用于任何论域。

第 4 章 数学数据类型

到目前为止,我们假设你对集合、序列和函数的概念略有了解,而且前面的章节中我们也已经非正式地用到了这些概念。这一章,我们深入学习这些数学数据类型。首先我们快速介绍一下基本定义,包括诸如"像"和"逆像"这种大家不太熟悉的概念,最后介绍比较集合规模的方法。

4.1 集合

通俗地说,集合(set)就是一堆对象,这些对象称为集合中的元素(element)。集合中的元素可以是任意的:数字、空间中的点,或是其他集合。一般来说,集合以一对大括号表示。例如,

$A = \{$ Alex, Tippy, Shells, Shadow $\}$ 去世的宠物

$B = \{$ 红色,蓝色,黄色$\}$ 三原色

$C = \{\{a,b\},\{a,c\},\{b,c\}\}$ 集合的集合

这种表示方法对小规模的有限集合很适用。此外,还可以通过描述集合的生成方式来定义集合:

$D ::= \{1,2,4,8,16,\ldots\}$ 2 的幂数

元素没有顺序之分,因此$\{x,y\}$和$\{y,x\}$是同一个集合的两种写法。而且,对任意对象来说,它要么是、要么不是这个集合的元素——集合中不存在重复出现的元素。[①]所以,$\{x,x\}$只是将同一件事情说了两遍:x在集合中,即$\{x,x\} = \{x\}$。

表达式$e \in S$表示e是集合S的元素。例如,$32 \in D$,蓝色$\in B$,但 Tailspin $\notin A$。

[①] 不难定义一种元素可以重复出现的多集合(multiset),但这不是普通集合,本书不讨论。

集合很简单、灵活，而且随处可见。你会发现，本书几乎每一小节都有集合的身影。

4.1.1 常用集合

数学家设计了一套特殊符号表示一些常用集合。

符号	集合	元素
$\emptyset$	空集	无
$\mathbb{N}$	非负整数	$\{0,1,2,3,\dots\}$
$\mathbb{Z}$	整数	$\{\dots,-3,-2,-1,0,1,2,3,\dots\}$
$\mathbb{Q}$	有理数	$\frac{1}{2}, -\frac{5}{3}, 16$，等等
$\mathbb{R}$	实数	$\pi, e, -9, \sqrt{2}$，等等
$\mathbb{C}$	复数	$i, \frac{19}{2}, \sqrt{2}-2i$，等等

上标"+"表示集合元素都是正的。例如，$\mathbb{R}^+$表示正实数集合，$\mathbb{Z}^-$表示负整数集合。

4.1.2 集合的比较和组合

表达式$S \subseteq T$表示集合S是集合T的子集（subset），即，集合S中的每一个元素也同时是集合T中的元素。例如，由于每个非负整数都是整数，所以$\mathbb{N} \subseteq \mathbb{Z}$；由于每个有理数都是实数，因此$\mathbb{Q} \subseteq \mathbb{R}$，但是$\mathbb{C} \not\subseteq \mathbb{R}$，因为不是每个复数都是实数。

有一个记忆技巧，"⊆"看上去很像"≤"，表示左边的集合或数字比右边小。注意，对任何数字n都有$n \leq n$，同理，对任何集合S，都有$S \subseteq S$。

另外，⊂关系好比数字之间的"小于"关系，即<。$S \subset T$表示S是T的子集，但不相等。对任何数字n都有$n \not< n$，同理，对任何集合A，都有$A \not\subset A$。"$S \subset T$"读作"S是T的严格子集（strict subset）"。

集合的组合有几种基本方式。例如，假设

$$X ::= \{1,2,3\}$$
$$Y ::= \{2,3,4\}$$

定义 4.1.1

- 集合A和B的并集（union），记为$A \cup B$，包含属于A或B或同时属于A, B的元素。即，

$$x \in A \cup B \text{ IFF } x \in A \text{ OR } x \in B$$

所以，$X \cup Y = \{1,2,3,4\}$。

- 集合A和B的交集（intersection），记为$A \cap B$，包含同时属于A和B的所有元素。即，

$$x \in A \cap B \text{ IFF } x \in A \text{ AND } x \in B$$

所以，$X \cap Y = \{2,3\}$。

- 集合A和B的差集（difference），记为$A - B$，包含在A但不在B中的元素。即

$$x \in A - B \text{ IFF } x \in A \text{ AND } x \notin B$$

所以，$X - Y = \{1\}$，$Y - X = \{4\}$。

通常认为所有集合都是某个已知全域D的子集。那么，对D的任意子集A，定义$\overline{A}$表示D中所有不属于A的元素。即，

$$\overline{A} ::= D - A$$

集合$\overline{A}$称作A的补集（complement）。所以，

$$\overline{A} = \emptyset \text{ IFF } A = D$$

例如，如果这个全域是整数，那么非负整数的补集就是负整数：

$$\overline{\mathbb{N}} = \mathbb{Z}^-$$

我们可以通过补集来重新表述子集相等：

$$A \subseteq B \text{ 等价于 } A \cap \overline{B} = \emptyset$$

4.1.3 幂集

集合A的所有子集构成的集合称作A的幂集（power set）$pow(A)$。因此

$$B \in pow(A) \text{ IFF } B \subseteq A$$

例如，$pow(\{1,2\})$的元素是$\emptyset, \{1\}, \{2\}, \{1,2\}$。

一般地说，如果A有n个元素，那么$pow(A)$共包含2^n个集合，参考定理 4.5.5。因此，也有人使用2^A表示幂集$pow(A)$。

4.1.4 集合构造器标记

谓词的一个重要用途是集合构造器标记（set builder notation）。我们经常需要讨论那些不能通过直接列举元素，或是简单集合的并集和交集等，来描述的很难定义的集合。集合构造器标记就是拯救之道。主要思想是使用谓词（predicate）定义集合（set），即使谓词为真的所有取值构成一个集合。例如以下集合构造器标记：

$A ::= \{n \in \mathbb{N} \mid n$ 是质数，并且存在整数 k 满足 $n = 4k + 1\}$

$B ::= \{x \in \mathbb{R} \mid x^3 - 3x + 1 > 0\}$

$C ::= \{a + bi \in \mathbb{C} \mid a^2 + 2b^2 \leqslant 1\}$

$D ::= \{L \in 书 \mid 本书引用了 L\}$

集合 A 是由使谓词

$$n 是质数，并且存在整数 k 满足 n = 4k + 1$$

为真的非负整数 n 构成的。因此，A 的元素有：

$$5, 13, 17, 29, 37, 41, 53, 61, 73, \ldots$$

想要通过列出满足条件的前几个元素来表示集合 A，这样行不通；即便列出了前 10 个元素，依然看不出明显的模式。同样地，集合 B 的元素是使得谓词

$$x^3 - 3x + 1 > 0$$

为真的实数 x。这时，集合 B 描述的是三次方不等式的解。集合 C 是满足

$$a^2 + 2b^2 \leqslant 1$$

的所有复数 $a + bi$。这是复平面原点附近的椭圆形区域。

4.1.5 证明集合相等

如果两个集合拥有完全相同的元素，那么这两个集合相等。也就是说，$X = Y$ 是指，对所有元素 z，$z \in X$ 当且仅当 $z \in Y$。[1]所以，集合相等可以通过"iff"定理来形式化定义和证明。例如：

定理 4.1.2 [集合的分配律] 令 A, B, C 表示集合，那么：

$$A \cap (B \cup C) = (A \cap B) \cup (A \cap C) \tag{4.1}$$

---

[1] 这就是集合理论的第一个 ZFC 公理，8.3.2 节还会进一步讨论。

证明。等式 4.1 等价于断言

$$z \in A \cap (B \cup C) \text{ IFF } z \in (A \cap B) \cup (A \cap C) \tag{4.2}$$

对所有 z 成立。现在，我们通过 iff 链来证明式 4.2。

由于

$z \in A \cap (B \cup C)$

  IFF $(z \in A)$ AND $(z \in B \cup C)$ （∩ 的定义）

  IFF $(z \in A)$ AND $(z \in B$ OR $z \in C)$ （∪ 的定义）

  IFF $(z \in A$ AND $z \in B)$ OR $(z \in A$ AND $z \in C)$ （AND 的分配律，见式 3.9）

  IFF $(z \in A \cap B)$ OR $(z \in A \cap C)$ （∩ 的定义）

  IFF $z \in (A \cap B) \cup (A \cap C)$ （∪ 的定义）

■

定理 4.1.2 的证明过程展示了通过检查相关谓词公式的永真性，来证明集合相等的一般方法。再看一个例子，根据德摩根定律（见式 3.14）

$$\text{NOT}(P \text{ AND } Q) \text{ 等价于 } \overline{P} \text{ OR } \overline{Q}$$

我们可以推导出（习题 4.5）德摩根定律对应的集合等式：

$$\overline{A \cap B} = \overline{A} \cup \overline{B} \tag{4.3}$$

虽然命题操作和集合操作是相互对应的，但是一定不要混淆。例如，如果 X 和 Y 都是集合，那就不能写 "X AND Y"，而应该是 "X ∩ Y"。 如果集合之间进行 AND 操作，编译器会抛出类型错误，因为 AND 操作只适用于真值而不能用于集合。同样，如果 P 和 Q 是命题，那么，"P ∪ Q" 会导致类型错误，而应该是 "P OR Q"。

4.2 序列

集合是一种对对象进行分组的方法。另一个方法是序列（sequence），即对象的列表，这些对象又称序列的组件（component）、成员或元素。通常短序列可以通过小括号列出所有元素来描述，例如，序列 (a, b, c) 有三个组件。我们说这是一个三元素序列，或者说长度为 3 的序列。这些说法是同义词，序列是非常基本的概念，几乎随处可见，很多地方都会谈及序列。

虽然集合和序列都具有聚合性，但存在一些区别。

- 集合中的元素是各不相同的，而序列中的元素可以重复。因此，(a,b,a)是一个长度为3的序列，而$\{a,b,a\}$是一个包含两个元素而不是三个元素的集合。
- 序列中的元素是有顺序的，而集合中的元素没有顺序。例如，(a,b,c)和(a,c,b)是两个不同的序列，而$\{a,b,c\}$和$\{a,c,b\}$是相同的集合。
- 空序列（empty sequence）的标记不统一，这里我们使用λ表示空序列。

集合和序列都有积（product）运算。集合的笛卡儿积（Cartesian product），$S_1 \times S_2 \times \cdots \times S_n$，是一个由序列构成的新集合，其中序列的第一个组件来自S_1，第二个组件来自S_2，依此类推。长度为2的序列称为对（pair）。[①]例如，$\mathbb{N} \times \{a,b\}$是由对构成的集合，对的第一个元素是非负整数，第二个元素是a或者b：

$$\mathbb{N} \times \{a,b\} = \{(0,a),(0,b),(1,a),(1,b),(2,a),(2,b),\dots\}$$

n个集合S的积记为S^n。例如，集合$\{0,1\}^3$中的元素都是3比特序列：

$$\{0,1\}^3 = \{(0,0,0),(0,0,1),(0,1,0),(0,1,1),(1,0,0),(1,0,1),(1,1,0),(1,1,1)\}$$

4.3 函数

4.3.1 域和像

函数（function）将集合（称作域，domain）中的每个元素，赋值给另一个集合（称作陪域，codomain）中的元素。记为

$$f : A \to B$$

f表示定义在域A和陪域B上的函数。类似地，标记"$f(a) = b$"表示f把元素$b \in B$赋值给a。这里，b称作f在参数（argument）a处的值（value）。

一般通过公式定义函数，例如：

$$f_1(x) ::= \frac{1}{x^2}$$

其中x是一个实值变量，

$$f_2(y,z) ::= y10yz$$

[①] 有的书里称其为有序对（ordered pairs）。

其中y和z是二进制字符串，

$$f_3(x,n) ::= \text{长度为} n \text{的序列} \underbrace{(x,\ldots,x)}_{n \uparrow x}$$

其中n是非负整数。

以表的形式列出域中每个元素对应的函数值，可以描述有限域中的函数。例如，函数$f_4(P,Q)$，其中P和Q是命题变量：

P	Q	$f_4(P,Q)$
T	T	T
T	F	F
F	T	T
F	F	T

注意，公式也可以描述f_4：

$$f_4(P,Q) ::= [P \text{ IMPLIES } Q]$$

此外，还可以通过计算域中每个元素的值来定义函数。例如，定义$f_5(y)$等于自左至右查找二进制字符串y直至找到1时的字符长度，即

$$f_5(0010) = 3$$

$$f_5(100) = 1$$

$$f_5(0000) \text{未定义}$$

注意，对于只含 0 的字符串，f_5没有赋值。这体现了一个重要事实：函数不需要对域中的每一个元素进行赋值。事实上，在我们的第一个例子中，$f_1(x) = 1/x^2$对 0 不赋值。因此通常来说，函数可能是偏函数（partial function），即定义域中可能存在某些元素没有被定义函数值。如果函数在定义域内的每一个元素上都有定义，则称之为全函数（total function）。

我们常常需要确定函数在某个参数集合上的值集。因此，如果$f: A \to B$，S是A的子集，我们定义$f(S)$为函数f在S的元素上的所有函数值的集合。即：

$$f(S) ::= \{b \in B | f(s) = b \text{ 对某些 } s \in S\}$$

例如，令[r,s]表示区间r到s之间的数字，那么，$f_1([1,2]) = [1/4,1]$。

再比如，"查找 1"的函数f_5。如果X是以偶数个 0 开头、然后下一位是 1 的二进制字符串集合，那么$f_5(X)$是一个非负奇数整数。

在某个参数集合S上应用f，即"将f逐点（pointwise）应用于S"，集合$f(S)$称为S在f下的

像（image）。[①]f在所有可能的参数上应用，得到的值的集合，称为f的值域（range）。即：

$$值域(f) ::= f(域(f))$$

有些作者将函数的值域称为到达域（codomain，又称陪域），但其实两者是有区别的。稍后在 4.5 节我们将讲述集合的大小与函数的值域和到达域之间的关系。

4.3.2　函数复合

一个普遍的观念是，按照步骤一步一步地完成一件事。比如：走路，照着食谱烹饪，执行计算机程序，求解公式，以及从药物滥用中逐渐康复，等等。

抽象地说就是，在一系列步骤之后应用一个函数，然后接着应用下一个函数，依次继续，这种操作就是复合函数。函数f和g复合，意思是首先在参数上应用f，得到$f(x)$，然后在这个结果上应用g，得到$g(f(x))$。

定义 4.3.1 对函数$f: A \to B$和函数$g: B \to C$，复合函数$g \circ f$ 是从A到C的函数，定义如下：

$$对所有 x \in A,\ (g \circ f)(x) ::= g(f(x))$$

函数复合是初等微积分的基本概念，也是离散数学的基础。

4.4　二元关系

二元关系（binary relation）定义两个对象之间的关系。例如，实数的"小于"关系，如$a < b$，表示每一个实数a都小于实数b。同理，子集关系，如$A \subseteq B$，表示集合A是另一个集合B的子集。给定函数$f: A \to B$，那么元素$a \in A$与元素$b \in B$之间存在某种特殊的二元关系，满足$b = f(a)$。

这一节我们定义二元关系的基本概念和特征。

定义 4.4.1 二元关系R由以下三部分构成：1）集合A，称为R的域（domain）；2）集合B，称为R 的陪域（codomain），以及 3）$A \times B$的子集，称为R的图（graph）。

域为A、陪域为B的二元关系通常表述为"A与B之间"或"从A到B"。对于函数来说，$R: A \to B$，表示从A到B的关系R。如果域和陪域是同一个集合A，则简单表述为A上的关系。通常，使用$a R b$

[①] 函数f应用于A集合中的元素，与f逐点应用于A的子集，这两者之间略有不同：前者f的域是A，而后者逐点f的域是A的幂集pow(A)。通常，函数f是不是逐点的比较明显，因此这里就不再区分符号f的含义。

表示(a,b)在图R中。①

注意，定义 4.4.1 与 4.3 节中函数的定义完全一样，但没有函数性条件要求，即对于每个域元素a来说，图中至多存在一个对，满足该对的第一个元素是a。函数其实是一种特殊形式的二元关系。

举一个二元关系的例子，MIT 2010 年春季课程和讲师构成"负责"（in-charge of）关系$Chrg$。域 Fac 表示所有 MIT 教职工和讲师，陪域 SubNums 是 2009 年秋季到 2010 年春季的所有课程编号集合。那么，图$Chrg$中的对是：

（〈讲师姓名〉,〈课程编号〉）

其中姓名为〈讲师姓名〉的教职工负责 2010 年春季开设的编号为〈课程编号〉的课程。因此，图($Chrg$)中的对如下：

$$
\begin{array}{ll}
\text{(T. Eng,} & \text{6.UAT)} \\
\text{(G. Freeman,} & \text{6.011)} \\
\text{(G. Freeman,} & \text{6.UAT)} \\
\text{(G. Freeman,} & \text{6.881)} \\
\text{(G. Freeman,} & \text{6.882)} \\
\text{(J. Guttag,} & \text{6.00)} \\
\text{(A. R. Meyer,} & \text{6.042)} \\
\text{(A. R. Meyer,} & \text{18.062)} \\
\text{(A. R. Meyer,} & \text{6.844)} \\
\text{(T. Leighton,} & \text{6.042)} \\
\text{(T. Leighton,} & \text{18.062)} \\
& \vdots
\end{array}
\qquad (4.4)
$$

SubNums 中的有些课程没有出现在这些对中，也就是说，有些课程不在($Chrg$)范围之内。它们是只在秋季才开的课程。同样地，Fac 中也有一些讲师不在对中，因为他们不负责任何春季课程。

4.4.1 关系图

关系的一些标准属性可以以图的形式可视化。在二元关系R的关系图中，左边的列表示域，点表示域中的元素（如果R的域无限大，那么列会非常长），右边的列表示陪域元素。箭头从左边的点a（即域列）指向右边的点b（即陪域列），表示关系R中的元素对。例如，两个函数的关

---

① 写在参数之间的关系或操作符称为中缀符（infix notation）。通常使用中缀表达式表达小于关系或加法运算等，即$m < n$或$m + n$，而不采用前缀表达方式，即<(m,n)或+(m,n)。

系图如下：

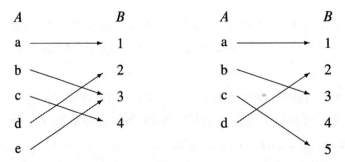

显然，函数是一种重要的二元关系属性，即域列中的每一个点，至多存在一个出去的箭头。因此，我们也将函数描述为"≤1出箭头"属性。此外，还有四种标准的关系属性。下面通过箭头分别定义这五个属性。

定义 4.4.2 二元关系 R 是：

- 函数（function），如果 R 具有[≤1出箭头]属性。
- 满射（surjective），如果 R 具有[≥1入箭头]属性。即，右边陪域列中的每一个点，都至少存在一个指向它的箭头。
- 全映射（total），如果 R 具有[≥1出箭头]属性。
- 单射（injective），如果 R 具有[≤1入箭头]属性。
- 双射（bijective），如果 R 同时具有[= 1出箭头]属性和[= 1入箭头]属性。

从现在开始，我们不再提箭头了，比如用[≤1入]代替[≤1入箭头]。

那么，在上面的图中，左边的关系具有[= 1出]和[≥1入]属性，也就是说，这是一个全映射、而且是满射。但没有[≤1入]属性，因为有两个箭头指向元素 3，因此不是单射。

右边的关系具有[= 1出]和[≤1入]属性，说明它是全映射、单射函数。但没有[≥1入]属性，因为没有箭头指向元素 4，所以不是满射。

当然，关系图中的箭头其实就是 R 中的对。注意，只知道箭头本身并不足以确定 R 的属性。例如，如果 R 具有[≥1出]属性，则它是全映射。相反，如果我们只知道箭头，就无从知道域列中哪些点没有出向箭头。换句话说，只知道图（R）还不能确定 R 是不是全映射：我们还需要知道 R 的域是什么。

例 4.4.3 如果域为 $\mathbb{R}^+$，那么式 $1/x^2$ 定义的函数具有[≥1出]属性；但是，如果域是包括 0 在内的实数集合，它就没有这个属性了。如果域和陪域都是 $\mathbb{R}^+$，那么函数具有[= 1入]和[= 1出]属性；如果域和陪域都是 $\mathbb{R}$，那么既不存在[≤1入]属性，也没有[≥1出]属性。

4.4.2 关系的像

函数的像（image）的概念可以直接拓展至关系的像。

定义 4.4.4 关系R下的集合Y的像（image），记为$R(Y)$，表示陪域B中与Y的某个元素对应的元素集合。用关系图解释，$R(Y)$就是从Y中的某个点出发、箭头所指向的那些点的集合。

例如，Meyer 负责的 2010 年春季课程编号集合是 $Chrg$(A. Meyer)。在 $Chrg$ 关系图中，找到从"A. Meyer"出发的所有箭头，看看它们指向哪些课程编号。观察图($Chrg$)中的对，我们看到这些课程有{6.042, 18.062, 6.844}。同理，我们也可以知道 Freeman 或 Eng 负责的课程编号，即，找到从"G. Freeman"或"T. Eng"出发的所有箭头，看看箭头指向哪些课程编号，即得$Chrg$({G. Freeman, T. Eng})。对照本节开始部分的列表 4.4，得到

$$Chrg(\text{G. Freeman, T. Eng}) = \{6.011, 6.881, 6.882, 6.\text{UAT}\}$$

Fac 表示所有带课的讲师集合，则$Chrg$(Fac)表示 2010 年春季的所有课程集合。

逆关系（inverse Relations）和逆像（inverse images）

定义 4.4.5 关系R的逆（inverse）即$R^{-1}: A \to B$表示从B到A的关系，定义如下

$$b\ R^{-1}\ a\ \text{IFF}\ a\ R\ b$$

换句话说，将R关系图中的箭头方向反过来，就得到R^{-1}。

定义 4.4.6 关系R^{-1}下集合的像称为这个集合的逆像（inverse image）。即，集合X在关系R下的逆像为$R^{-1}(X)$。

还举前面开课的例子，负责 2010 年春季 6.UAT 的讲师集合为关系$Chrg$下{6.UAT}的逆像。从列表 4.4 可知，Eng 和 Freeman 都负责 6.UAT，即

$$\{\text{T. Eng, D. Freeman}\} \subseteq Chrg^{-1}(\{6.\text{UAT}\})$$

这里不能保证相等，因为可能还有其他讲师参与负责 6.UAT。

令 Intro 为 6 系列入门课的集合，即以"6.0"开头的课程编号。那么，负责 2010 年春季 6 系列入门课的讲师姓名集合为$Chrg^{-1}$(Intro)。从列表 4.4 可知，Meyer、Leighton、Freeman 和 Guttag 都是负责 2010 年春季入门课程的讲师。即，

$$\{\text{Meyer, Leighton, Freeman, Guttag}\} \subseteq Chrg^{-1}(\text{Intro})$$

$Chrg^{-1}$(SubNums)表示负责 2010 年春季某一门课程的所有讲师集合。

4.5 有限基数

有限集是指含有有限个元素的集合。元素个数称为集合的规模（size）或基数（cardinality，也叫势）。

定义 4.5.1 如果 A 是有限集，那么 A 的基数 $|A|$ 指 A 中元素的个数。

有限集可以没有元素（即空集），或者含有一个元素，两个元素……，因此有限集的基数总是一个非负整数。

假设 $R: A \to B$ 是一个函数。也就是说，在 R 的关系图中，A 的每一个元素至多产生一个箭头，因此箭头的数量至多等于 A 的元素个数。即，如果 R 是一个函数，那么

$$|A| \geq 箭头个数$$

如果 R 同时又是满射，那么 B 的每一个元素都有箭头指向它，从而箭头的个数必须不小于 B 的基数。即，

$$箭头个数 \geq |B|$$

综合上述两个不等式，如果 R 是满射函数，那么 $|A| \geq |B|$。

我们以 A surj B 表示从 A 到 B 的满射函数，那么可以证明引理：对于有限集 A, B，如果 A surj B，则 $|A| \geq |B|$。因此可得，以下关于域和陪域的基数关系的定义和引理。

定义 4.5.2 令 A, B 表示集合（不一定是有限集），那么

1. A surj B，当且仅当从 A 到 B 存在一个满射函数。
2. A inj B，当且仅当从 A 到 B 存在一个单射、全映射关系。
3. A bij B，当且仅当从 A 到 B 存在一个双射关系。

引理 4.5.3 对于有限集 A, B：

1. 如果 A surj B，则 $|A| \geq |B|$。
2. 如果 A inj B，则 $|A| \leq |B|$。
3. 如果 A bij B，则 $|A| = |B|$。

证明. 刚才我们已经通过箭头证明了第一点成立。如果 R 满足函数属性 [≤ 1 出]，以及满射属性 [≥ 1 入]，那么 R^{-1} 是满射且全映射，因此 A surj B 当且仅当 B inj A，因此第二点成立。最后，由于双射既是满射又是单射，所以第三点成立。∎

引理 4.5.3.1 的逆命题是：如果有限集A的势大于等于有限集B的势，那么总是有可能定义一个从A到B的满射函数。事实上，满射可能是全映射。例如，假设：

$$A = \{a_0, a_1, a_2, a_3, a_4, a_5\}$$
$$B = \{b_0, b_1, b_2, b_3\}$$

定义一个全映射函数$f: A \to B$满足：

$$f(a_0)::= b_0, f(a_1)::= b_1, f(a_2)::= b_2, f(a_3) = f(a_4) = f(a_5)::= b_3$$

简写为：

$$f(a_i)::= b_{min(i,3)}$$

其中$0 \leq i \leq 5$。由于$5 \geq 3$，所以f是满射。

因此，我们得出结论：如果A和B都是有限集，那么$|A| \geq |B|$当且仅当A surj B。根据这个论点，我们得出整个有限基数范围的定理，如下：

定理 4.5.4 [映射规则] 对于有限集A, B，

$$|A| \geq |B| \text{ 当且仅当 } A \text{ surj } B \tag{4.5}$$

$$|A| \leq |B| \text{ 当且仅当 } A \text{ inj } B \tag{4.6}$$

$$|A| = |B| \text{ 当且仅当 } A \text{ bij } B \tag{4.7}$$

4.5.1 有限集有多少个子集

考虑双射规则（式 4.7），易证：

定理 4.5.5 如果一个集合有n个元素，那么该集合有2^n个子集。即：

$$|A| = n \text{ 蕴涵 } |\text{pow}(A)| = 2^n$$

例如，三元素集合$\{a_1, a_2, a_3\}$，共有 8 个不同的子集，即：

$$\emptyset, \{a_1\}, \{a_2\}, \{a_1, a_2\}, \{a_3\}, \{a_1, a_3\}, \{a_2, a_3\}, \{a_1, a_2, a_3\}$$

实际上定理 4.5.5 讲述的是，从A的子集到n比特序列$\{0,1\}^n$之间存在一个简单的双射。即，令$a_1, a_2, \ldots, a_n$是A的元素，则每个子集$S \subseteq A$到比特序列$(b_1, \ldots, b_n)$之间的双射定义如下：

$$b_i = 1 \text{ 当且仅当 } a_i \in S$$

例如，如果$n = 10$，则子集$\{a_2, a_3, a_5, a_7, a_{10}\}$到 10 比特序列的映射为：

子集：{ a_2, a_3, a_5, a_7, a_{10} }
序列：(0,   1,   1,   0,   1,   0,   1,   0,   0,   1   )

那么，根据双射规则 4.5.4（式 4.7），则有

$$|\text{pow}(A)| = |\{0,1\}^n|$$

计算机科学家都知道[①]，这样的n比特序列有2^n个，因此我们证明了定理 4.5.5。

4.1 节习题

练习题

习题 4.1

对任意集合A，令 pow(A)表示A的幂集，即所有子集构成的集合。注意，A自己也是集合 pow(A)的元素。令$\varnothing$表示空集。那么，

(a) pow($\{1,2\}$)的元素是：

(b) pow($\{\varnothing,\{\varnothing\}\}$)的元素是：

(c) pow($\{1,2,\dots,8\}$)包含多少个元素？

习题 4.2

通过集合理论公式表述以下断言。[②]表达式可以使用已知的符号（前面我们已经定义过"="的含义，因此这里可以使用。）

(a) $x = \varnothing$

(b) $x = \{y, z\}$

(c) $x \subseteq y$（x是y的子集，x可能等于y。）

现在，我们解释一下如何用集合理论公式描述"x是y的真子集"。令"$x \neq y$"表示 NOT($x = y$)，那么表达式

$$(x \subseteq y \text{ AND } x \neq y)$$

描述的集合公式是$x \subset y$。

[①] 如果你不知道有多少个n比特序列，请参考 15.2.2 节中关于2^n的解释。

[②] 参考 8.3.2 小节。

接下来，请随意使用以上符号描述以下公式：

(d) $x = y \cup z$

(e) $x = y - z$

(f) $x = \text{pow}(y)$

(g) $x = \bigcup_{z \in y} z$

即y是一组集合，x是它们的并集。"$\bigcup_{z \in y} z$"更简单的写法是"$\bigcup y$"。

随堂练习

习题 4.3

集合公式与命题公式。

(a) 证明命题公式$(P \text{ AND } \overline{Q}) \text{ OR } (P \text{ AND } Q)$与$P$等价。

(b) 通过证明对任意元素x，都有

$$x \in A \text{ IFF } x \in (A - B) \cup (A \cap B)$$

根据 IFF 链的等价性，证明：对所有集合A, B，

$$A = (A - B) \cup (A \cap B)$$

成立。

习题 4.4

证明

定理（交集对并集的分配律）

$$A \cup (B \cap C) = (A \cup B) \cap (A \cup C) \qquad (4.8)$$

对所有集合A, B, C成立。由 iff 链证明，

$$x \in A \cup (B \cap C) \text{ IFF } x \in (A \cup B) \cap (A \cup C)$$

对所有元素x成立。可以假设命题等价性式 3.10 成立。

习题 4.5

证明集合的德摩根定律

$$\overline{A \cap B} = \overline{A} \cup \overline{B} \qquad (4.9)$$

通过 iff 链证明 $x \in$ 等式 4.9 左边的部分，当且仅当 $x \in$ 等式 4.9 右边的部分。假设式 3.14 的德摩根定律同样适用于命题。

习题 4.6

幂集属性。

令 A 和 B 表示集合。

(a) 证明

$$\text{pow}(A \cap B) = \text{pow}(A) \cap \text{pow}(B)$$

(b) 证明

$$(\text{pow}(A) \cup \text{pow}(B)) \subseteq \text{pow}(A \cup B)$$

成立，当且仅当 A, B 中任意一个是另一个的子集。

习题 4.7

子集取走（subset take-away）[①]涉及两个玩家与一个有限集合 A。两个玩家轮流操作，按照以下规则选择 A 的非空子集：

- 不能选择整个集合 A，
- 选择的集合不能包含前面已经被选过的集合。

第一个无法继续操作的玩家输。

例如，如果 A 的势为 1，不存在符合要求的操作，那么第二个玩家赢。如果 A 刚好有两个元素，那么只有选择单元素子集才是合法操作。一个玩家选一个，轮流操作，还是第二个玩家赢。

如果 A 包含 3 个元素，则更为有趣。如果第一个玩家选择的是单元素子集，第二个玩家在剩下的两个元素里选择子集。如果第一个玩家选择的是两个元素的子集，那么第二个玩家只能选择剩下的第三个元素。不管哪种情况，最终都会变成 A 是两元素集合的情况，所以最后是第二个玩家赢。

证明，如果 A 包含 4 个元素，还是第二个玩家赢。[②]

[①] 来自 Christenson & Tilford，大卫·盖尔（David Gale）的子集取走博弈（Subset Takeaway Game），发表于美国数学月刊（*American Mathematical Monthly*），1997 年 10 月。

[②] 大卫·盖尔得出了这个博弈的特性，认为对任意集合 A，总是第二个玩家赢。这个问题尚未得到证明。

课后作业

习题 4.8

令 A, B, C 表示集合，请使用 IFF 链（4.1.5 节）证明：
$$A \cup B \cup C = (A - B) \cup (B - C) \cup (C - A) \cup (A \cap B \cap C) \tag{4.10}$$

习题 4.9

当有两个集合时，并集对交集的分配律：
$$A \cup (B \cap C) = (A \cup B) \cap (A \cup C) \tag{4.11}$$

（参考习题 4.4）

请使用式 4.11 和良序原则，证明有 n 个集合时，并集对交集的分配律，即：
$$A \cup (B_1 \cap \ldots \cap B_{n-1} \cap B_n) = (A \cup B_1) \cap \ldots \cap (A \cup B_{n-1}) \cap (A \cup B_n) \tag{4.12}$$

良序原则的常见应用之一就是将公式扩展至任意项。

测试题

习题 4.10

我们已经看到，如何根据命题的等价性鉴定集合的等价性。例如，已知命题公式 $(P \text{ AND } \overline{Q})$ OR $(P \text{ AND } Q)$ 等价于 P，根据 iff 链，可以证明
$$(A - B) \cup (A \cap B) = A$$

请写出类似的命题等价，结合 iff 链可用于证明以下集合等价：
$$\overline{A - B} = (\overline{A} - \overline{C}) \cup (B \cap C) \cup ((\overline{A} \cup B) \cap \overline{C}) \tag{4.13}$$

（不用写出等价性证明，也不必证明命题等价性，只需要给出等价命题即可。）

习题 4.11

我们已经看到，如何根据命题等价性鉴定集合的等价性。例如，已知命题公式 $(P \text{ AND } \overline{Q})$ OR $(P \text{ AND } Q)$ 等价于 P，根据 iff 链，可以证明
$$(A - B) \cup (A \cap B) = A$$

请写出类似的命题等价，结合 iff 链可用于证明以下集合等价：
$$\overline{A \cap B \cap C} = \overline{A} \cup (\overline{B} - \overline{A}) \cup \overline{C}$$

（不用写出等价性证明，也不必证明命题等价性，只需要给出等价命题即可。）

习题 4.12

集合等式

$$\overline{A \cap B} = \overline{A} \cup \overline{B}$$

可以从命题公式的等价性推导而得。

(a) 什么是等价性？

(b) 请说明如何从这个等价性推导出以上等式。

4.2 节习题

课后作业

习题 4.13

证明：对任意集合 A, B, C, D，如果笛卡儿积 $A \times B$ 和 $C \times D$ 互斥（disjoint），那么 A, C 互斥，或者 B, D 互斥。

习题 4.14

(a) 请举例说明以下说法不成立，并简单解释原因：

假定理。对于集合 A, B, C, D，令

$$L ::= (A \cup B) \times (C \cup D)$$
$$R ::= (A \times C) \cup (B \times D)$$

那么，$L = R$。

(b) 找出这个假定理证明过程中的错误。

假证明。由于 L, R 都是元素对的集合，只需要证明 $(x, y) \in L \leftrightarrow (x, y) \in R$，对所有 x, y 成立。下面通过一组 iff 蕴涵链来证明：

$$(x, y) \in R$$
IFF $(x, y) \in (A \times C) \cup (B \times D)$
IFF $(x, y) \in A \times C$，或 $(x, y) \in B \times D$
IFF $(x \in A$ 并 $y \in C)$，或者 $(x \in B$ 并 $y \in D)$
IFF $(x \in A$ 或 $x \in B)$，并且 $(y \in C$ 或 $y \in D)$
IFF $x \in A \cup B$ 并 $y \in C \cup D$
IFF $(x, y) \in L$ ∎

(c) 请改正上述证明，证明 $R \subseteq L$。

4.4 节习题

练习题

习题 4.15

从 A 到 B 的二元关系 R 的逆（inverse）R^{-1}：

$$b\ R^{-1}\ a\ \text{IFF}\ a\ R\ b$$

也就是说，将 R 关系图的"箭头逆转"，就得到 R^{-1}。R 的很多关系属性与 R^{-1} 相对应。例如，R 是全映射，当且仅当 R^{-1} 是满射。

请将下表填充完整：

R 是	当且仅当 R^{-1} 是
全映射	满射
函数	
满射	
单射	
双射	

提示：解释关系图中从 A 到 B 的"箭头"是什么含义。

习题 4.16

给出一个 $\mathbb{R} \to \mathbb{R}$ 上不是双射的、具备 [= 1 出]、[≤ 1 入] 属性的全映射、单射函数。

习题 4.17

给定一个二元关系 $R: A \to B$，仅从 R 的箭头即图 (R) 就可以确定一些关系属性，还有一些属性需要知道域 A 或陪域 B 是否存在没有出现在图 (R) 中的元素。对下面每一种可能的 R 属性，请指明该属性由以下哪种情况决定：

1. 只需要图 (R)
2. 图 (R) 和 A
3. 图 (R) 和 B
4. 以上三者都需要

属性：

(a) 满射

(b) 单射

(c) 全映射

(d) 函数

(e) 双射

习题 4.18

以下实数集上的函数，请依次指出这些函数是双射、满射非双射、单射非双射，或既不是单射也不是满射。

(a) $x \to x + 2$

(b) $x \to 2x$

(c) $x \to x^2$

(d) $x \to x^3$

(e) $x \to \sin x$

(f) $x \to x \sin x$

(g) $x \to e^x$

习题 4.19

令 $f: A \to B$ 和 $g: B \to C$ 表示两个函数，$h: A \to C$ 表示它们的组合函数，即对所有 $a \in A$，$h(a)::= g(f(a))$。

(a) 证明：如果 f, g 都是满射，那么 h 也是满射。

(b) 证明：如果 f, g 都是双射，那么 h 也是双射。

(c) 如果 f 是双射，那么 f^{-1} 也是双射。

习题 4.20

举例说明：从集合 A 到它自己的关系 R 是一个全映射、单射函数，但不是双射。

习题 4.21

令 $R: A \to B$ 表示二元关系。以下每一个公式表示关系 R 具备某种"箭头"属性，比如满射、函数等。

请指出以下关系表达式所表示的关系属性，并给出理由。

(a) $R \circ R^{-1} \subseteq \mathrm{Id}_B$

(b) $R^{-1} \circ R \subseteq \mathrm{Id}_A$

(c) $R^{-1} \circ R \supseteq \mathrm{Id}_A$

(d) $R \circ R^{-1} \supseteq \mathrm{Id}_B$

随堂练习

习题 4.22

(a) 证明：如果 A surj B，并且 B surj C，那么 A surj C。

(b) 解释为什么 A surj B IFF B inj A。

(c) 由(a)(b)可证明：如果 A inj B，并且 B inj C，那么 A inj C。

(d) 解释为什么 A inj B 当且仅当存在一个从 A 到 B 的全映射、单射函数满足[= 1出，≤1入]。[1]

习题 4.23

二元关系 $R: A \to B$ 的 5 个基本属性包括：

1. R 是满射[≥1入]

2. R 是单射[≤1入]

3. R 是函数[≤1出]

4. R 是全映射[≥1出]

5. R 为空[= 0出]

针对以下关于 R 的断言，请依次写出 R 一定具备以上哪些属性；如果 R 不具备以上任何属性，则写"无"。例如，第一个断言旁边应该写(1)(4)。

变量 $a, a_1, \ldots$ 是 A 中的元素，$b, b_1, \ldots$ 表示 B 中的元素。

(a) $\forall a\, \forall b.\, a\, R\, b$ （1），（4）

(b) $\mathrm{NOT}(\forall a\, \forall b.\, a\, R\, b)$

(c) $\forall a\, \forall b.\, \mathrm{QNOT}(a\, R\, b)$

---

[1] inj 的正式定义是全映射、单射关系（[≥1出，≤1入]）

(d) $\forall a\ \exists b.\ a\ R\ b$

(e) $\forall b\ \exists a.\ a\ R\ b$

(f) R 是双射

(g) $\forall a\ \exists b_1\ a\ R\ b_1 \land \forall b.\ a\ R\ b\ \text{IMPLIES}\ b = b_1$

(h) $\forall a, b. a\ R\ b\ \text{OR}\ a \neq b$

(i) $\forall b_1, b_2, a.\ (a\ R\ b_1\ \text{AND}\ a\ R\ b_2)\ \text{IMPLIES}\ b_1 = b_2$

(j) $\forall a_1, a_2, b.\ (a_1\ R\ b\ \text{AND}\ a_2\ R\ b)\ \text{IMPLIES}\ a_1 = a_2$

(k) $\forall a_1, a_2, b_1, b_2.\ (a_1\ R\ b_1\ \text{AND}\ a_2\ R\ b_2\ \text{AND}\ a_1 \neq a_2)\ \text{IMPLIES}\ b_1 \neq b_2$

(l) $\forall a_1, a_2, b_1, b_2.\ (a_1\ R\ b_1\ \text{AND}\ a_2\ R\ b_2\ \text{AND}\ b_1 \neq b_2)\ \text{IMPLIES}\ a_1 \neq a_2$

课后作业

习题 4.24

给定函数 $f: A \to B$ 和 $g: B \to C$，

(a) 证明：如果复合函数 $g \circ f$ 是双射，那么 f 是全映射、单射，而 g 是满射。

(b) 证明：存在全映射、单射 f 和双射 g，满足 $g \circ f$ 不是双射。

习题 4.25

令 A, B, C 表示非空集合，$f: B \to C, g: A \to B$ 是函数，$h ::= f \circ g$ 是 f, g 的复合函数，即域为 A、陪域为 C，满足 $h(x) = f(g(x))$。

(a) 证明：如果 h 是满射，f 是全映射、单射，那么 g 一定是满射。提示：反证法。

(b) 假定 h 是单射、f 是全映射，证明 g 一定是单射。如果 f 不是全映射，请举出一个反例。

习题 4.26

令 A, B, C 表示集合，$f: B \to C$ 和 $g: A \to B$ 表示函数。令 $h: A \to C$ 表示复合函数 $f \circ g$，即对 $x \in A$，有 $h(x) ::= f(g(x))$。请证明以下断言成立或不成立：

(a) 如果 h 是满射，那么 f 一定是满射。

(b) 如果 h 是满射，那么 g 一定是满射。

(c) 如果 h 是单射，那么 f 一定是单射。

(d) 如果 h 是单射、f 是全映射，那么 g 一定是单射。

习题 4.27

令 R 表示集合 D 上的二元关系，x, y 表示 D 上的变量。指出以下表达式哪个表示 R 是单射即 [≤1入]。注意，R 不一定是全映射或函数。

1. $R(x) = R(y)$ IMPLIES $x = y$
2. $R(x) \cap R(y) = \emptyset$ IMPLIES $x \neq y$
3. $R(x) \cap R(y) \neq \emptyset$ IMPLIES $x \neq y$
4. $R(x) \cap R(y) \neq \emptyset$ IMPLIES $x = y$
5. $R^{-1}(R(x)) = \{x\}$
6. $R^{-1}(R(x)) \subseteq \{x\}$
7. $R^{-1}(R(x)) \supseteq \{x\}$
8. $R(R^{-1}(x)) = x$

习题 4.28

集合与关系的语言看上去似乎与编程世界相差甚远，但实际上它们都与关系数据库（relational database）密不可分，其中关系数据库是构建软件应用程序的基础，例如 MySQL。这道题探索这种关联性，考查如何使用集合与关系操作操纵和分析大型数据集之间的联系。诸如 MySQL 这样的系统能够在标准计算机硬件上高效地执行高级指令，从而编程人员就可以将精力集中在高层设计上。

例如基本的网页搜索引擎，它存储网页信息，并处理用户指定的网页搜索查询。这些关键信息大致可以形式化表示为：

- 网页集合 P，搜索引擎所涉及的网页集合。
- 二元关系 L，网页之间的链接关系（link），定义为 p_1 L p_2 当且仅当网页 p_1 链接到 p_2。
- 投票人（endorser）集合 E：为高质量网页投票的人们。
- 二元关系 R，投票人和网页之间的投票关系（recommend），定义为 e R p 当且仅当投票人 e 投了网页 p。
- 单词集合 W，可能出现在网页中的单词集合。
- 二元关系 M，网页和单词之间的提及关系（mention），定义为 p M w 当且仅当单词 w 出现在网页 p 之中。

以上描述了一个简单的、非正式的数据查询问题，我们的任务是使用标准的集合和关系操作，用一个表达式表示查询结果。注意，只能使用以上集合和关系符号，常量 E, W，及以下操作：

- 集合并 $\cup$。
- 集合交 $\cap$。
- 集合差 $-$。
- 关系的像，例如，集合 A 的像 $R(A)$，元素 a 的像 $R(a)$。
- 逆关系 $^{-1}$。
- 以及关系复合（relational composition），即函数复合的一般形式

$$a\ (R \circ S)\ c ::= \exists b \in B.\ (a\ S\ b)\ \text{AND}\ (b\ R\ c)$$

即，a 与 c 在 $R \circ S$ 上有关，就是从 a 开始，顺着 S 的箭头，到达 R，然后顺着 R 的箭头到达 c。①

下面我们来看一个例子。

- **查询描述**：包含单词"逻辑"的网页集合。
- **结果表达式**：M^{-1}（"逻辑"）。

对以下查询，分别给出结果表达式：

(a) 包含单词"逻辑"，但不含"谓词"的网页集合。

(b) "Meyer" 投票的、包含单词"集合"的网页集合。

(c) 所投的网页中包含单词"代数"的投票人集合。

(d) 投票人 e 和单词 w 之间的关系，当且仅当 e 投了包含单词 w 的网页。

(e) 至少有一个进或出链接的网页集合。

(f) 单词 w 和网页 p 之间的关系，当且仅当 w 出现在链接到 p 的网页之中。

(g) 单词 w 和投票人 e 之间的关系，当且仅当 w 出现在 e 所投票的网页之中。

(h) 网页 p_1 和 p_2 之间的关系，当且仅当从 p_1 开始经过 3 个链接可以到达 p_2。

---

① 注意，这里与定义中的 R 和 S 的顺序是相反的，这与函数复合类似。对函数来说，$f \circ g$ 意味着首先应用 g。也就是说，令 h 表示 $f \circ g$，那么 $h(x) = f(g(x))$。

测试题

习题 4.29

令集合 A 包含以下 5 个集合：$\{a\}, \{b,c\}, \{b,d\}, \{a,e\}, \{e,f\}$，集合 B 包含 3 个集合：$\{a,b\}, \{b,c,d\}, \{e,f\}$。令 R 表示从 A 到 B 的二元关系"是……的子集"，定义如下：

$$X\ R\ Y \quad \text{IFF} \quad X \subseteq Y$$

(a) 在下图中画出箭头表示关系 R：

A	箭头	B
$\{a\}$		
		$\{a,b\}$
$\{b,c\}$		
		$\{b,c,d\}$
$\{b,d\}$		
		$\{e,f\}$
$\{a,e\}$		
$\{e,f\}$		

(b) 圈出关系 R 所具备的属性：

    函数 全映射 单射 满射 双射

(c) 圈出关系 R^{-1} 所具备的属性：

    函数 全映射 单射 满射 双射

习题 4.30

(a) 下面是关于二元关系 $R: A \to B$ 的 5 个断言和 9 个命题公式。请在断言旁边标出相应的公式编号。例如，公式(4)表述的断言是 R 是恒等关系（identity relation），所以最后一个断言旁边应该写"4"。

$a, a_1, \ldots$ 是域 A 上的变量，$b, b_1, \ldots$ 是陪域 B 上的变量。一个断言可以对应多个公式。

- R 是满射
- R 是单射
- R 是函数
- R 是全映射
- R 是恒等关系

1. $\forall b. \exists a. a\ R\ b$

2. $\forall a. \exists b. a\ R\ b$

3. $\forall a. a\ R\ a$

4. $\forall a, b. a\ R\ b\ \text{IFF}\ a = b$

5. $\forall a, b. a\ R\ b\ \text{OR}\ a \neq b$

6. $\forall b_1, b_2, a. (a\ R\ b_1\ \text{AND}\ a\ R\ b_2)\ \text{IMPLIES}\ b_1 = b_2$

7. $\forall a_1, a_2, b. (a_1\ R\ b\ \text{AND}\ a_2\ R\ b)\ \text{IMPLIES}\ a_1 = a_2$

8. $\forall a_1, a_2, b_1, b_2. (a_1\ R\ b_1\ \text{AND}\ a_2\ R\ b_2\ \text{AND}\ a_1 \neq a_2)\ \text{IMPLIES}\ b_1 \neq b_2$

9. $\forall a_1, a_2, b_1, b_2. (a_1\ R\ b_1\ \text{AND}\ a_2\ R\ b_2\ \text{AND}\ b_1 \neq b_2)\ \text{IMPLIES}\ a_1 \neq a_2$

(b) 举例说明：关系 R 是满射、单射、全映射、函数的其中三个（请指出具体是哪几个），但不是双射。

习题 4.31

证明：如果关系 $R: A \to B$ 是一个全映射、单射、[≥1出]、[≤1入]，那么

$$R^{-1} \circ R = \text{Id}_A$$

其中 Id_A 表示 A 上的恒等函数。

（用"箭头"进行简单的论证即可。）

习题 4.32

令 $R: A \to B$ 表示二元关系。

(a) 证明：R 是函数，当且仅当 $R \circ R^{-1} \subseteq \text{Id}_B$。

同理，当 R 分别具备以下属性时，用 $R^{-1} \circ R, R \circ R^{-1}, \text{Id}_A, \text{Id}_B$ 写出等价的包含公式。无须证明。

(b) 全映射。

(c) 满射。

(d) 单射。

习题 4.33

令 $R: A \to B$ 和 $S: B \to C$ 表示二元关系，$S \circ R$ 是双射，并且 $|A| = 2$。

请给出满足条件的 R, S 示例，其中 R, S 都不是函数。并指出 R, S 具备以下哪些属性：全映射、满射、函数和单射。提示：令 $|B| = 4$。

习题 4.34

集合 $\{1,2,3\}^\omega$ 是由数字 1,2,3 构成的**无限序列**，同样 $\{4,5\}^\omega$ 是由数字 4,5 构成的无限序列。例如

$$123123123 \ldots \quad \in \{1,2,3\}^\omega$$
$$222222222222 \ldots \quad \in \{1,2,3\}^\omega$$
$$4554445554444 \ldots \quad \in \{4,5\}^\omega$$

(a) 给出一个全映射、单射函数的例子，满足

$$f: \{1,2,3\}^\omega \to \{4,5\}^\omega$$

(b) 给出一个双射的例子，满足 $g: (\{1,2,3\}^\omega \times \{1,2,3\}^\omega) \to \{1,2,3\}^\omega$

(c) 解释为什么 $\{1,2,3\}^\omega \times \{1,2,3\}^\omega$ 和 $\{4,5\}^\omega$ 之间存在双射（不需要定义这个双射）。

4.5 节习题

练习题

习题 4.35

假设 $f: A \to B$ 是全映射函数，A 是有限集合。将以下语句中的 $\star$ 替换成 $\leqslant, =, \geqslant$，使之成立：

(a) $|f(A)| \star |B|$。

(b) 如果 f 是满射，那么 $|A| \star |B|$。

(c) 如果 f 是满射，那么 $|f(A)| \star |B|$。

(d) 如果 f 是单射，那么 $|f(A)| \star |A|$。

(e) 如果 f 是双射，那么 $|A| \star |B|$。

随堂练习

习题 4.36

令 $A = \{a_0, a_1, \ldots, a_{n-1}\}$ 是规模为 n 的集合，$B = \{b_0, b_1, \ldots, b_{m-1}\}$ 是规模为 m 的集合。定义一个从 $A \times B$ 到非负整数集（0 至 $mn-1$）的双射，请证明 $|A \times B| = mn$。

习题 4.37

令 $R: A \to B$ 表示二元关系。请使用数箭头的方法证明映射规则 1 的推广结论，如下：

引理。如果 R 是函数，并且 $X \subseteq A$，那么

$$|X| \geq |R(X)|$$

第 5 章 归纳法

归纳法（induction）是证明某一特性对全体非负整数都为真的有力手段。归纳法对离散数学和计算机科学都有着极其重要的意义。事实上，归纳法的使用可以区分离散和连续这两种数学特征。本章介绍一般归纳法（Ordinary Induction）和强归纳法（Strong Induction），以及如何使用它们做数学证明。最后本章还会介绍不变量原则（Invariant Principle），不变量原则是归纳法的一个变种，特别适用于推导逐步求解过程。

5.1 一般归纳法

为更好地理解归纳法的原理，我们可以先想象这样一个场景，一个教授给她的学生带了无穷多个各种各样的小糖果，这些糖果装在一个无限容量的袋子里。这位教授要求她的学生排成一排，并告诉他们两条规则：

1. 站在排头的学生可以得到一个糖果。
2. 如果一个学生得到了一个糖果，那么紧挨着他的下一个学生也可以得到一个糖果。

为了方便描述，我们给这些学生按顺序编号，排在第一位的编号为 0，依此类推。如此一来，规则 2 实际上就描述了一系列命题：

- 如果学生0得到了一个糖果，那么学生1也得到一个糖果。
- 如果学生1得到了一个糖果，那么学生2也得到一个糖果。
- 如果学生2得到了一个糖果，那么学生3也得到一个糖果。
- ……

当然，我们可以用更精炼的数学形式去描述这个命题序列：

- 对任意非负整数n，如果学生n拿到了一个糖果，那么学生$n+1$也得到一个糖果。

基于以上规则，如果你是编号 17 的学生，你会得到糖果吗？显然，根据规则 1，学生0得到了一个糖果。然后，根据规则 2，学生1也会得到一个糖果，紧接着，同样依据规则 2，学生 3、学生4等都依次得到糖果。将规则 2 应用 17 次，编号 17 的你便也得到了属于你的糖果。这位教授的这两条规则很好地保证了，不管学生是排在队列的前面还是后面，他们最终都会得到糖果。

5.1.1 一般归纳法的规则

刚才我们通过推理得知每个学生最终都会得到糖果，这种推理本质上就是归纳法。

归纳法原理

令 P 表示非负整数集合上的谓词，如果

- $P(0)$ 为真，而且
- 对任意非负整数 n，$P(n)$ IMPLIES $P(n+1)$ 为真。

那么

- 对任意非负整数 m，$P(m)$ 为真。

后面章节还会进一步介绍归纳法的其他变种，我们将上述归纳法称为一般归纳法（Ordinary Induction），以便区分。根据 1.4.1 节，一般归纳法还可以表示为

法则. 归纳法法则

$$\frac{P(0),\ \forall n \in \mathbb{N}.\ P(n)\ \text{IMPLIES}\ P(n+1)}{\forall m \in \mathbb{N}.\ P(m)}$$

这个归纳法法则同样适用于学生取糖果的例子。我们希望通过这个例子表明归纳法法则是多么直白和简单。[1]然而这简单的规则之中却蕴含着无穷的威力。

5.1.2 举例说明

等式 5.1 是整数1到 n 的求和公式。该公式对任意非负整数都成立，因此很适合采用归纳法。在之前的章节中，我们已经用良序原则对其进行了证明（定理 2.2.1），这里我们将用归纳法再次证明其正确性。

---

[1] 参考 5.3 节。

定理 5.1.1 对所有 $n \in \mathbb{N}$,

$$1 + 2 + 3 + \cdots + n = \frac{n(n+1)}{2} \tag{5.1}$$

要证明归纳定理,首先定义公式 5.1 即为谓词 P。现在需要证明对于任意 $n \in \mathbb{N}$, $P(n)$ 恒为真。如果我们能证明以下两点,采用归纳法很容易得出这个结论:

- $P(0)$ 为真。
- 对任意 $n \in \mathbb{N}$, $P(n)$ 可以推导出 $P(n+1)$。

好了,下面我们就来证明这两个命题。

对 0 求和的结果为 0,将 0 带入等式 5.1,左边对 0 求和,右边等于 $0(0+1)/2 = 0$。因此,$P(0)$ 为真。

相比之下,第 2 个命题稍复杂一些。让我们先回顾一下 1.5 小节中证明蕴涵关系的基本方法:先假设左侧的命题成立,再证明右侧命题是正确的。在这里,假设 $P(n)$(即等式 5.1)为真,进而推导 $P(n+1)$ 也为真。$P(n+1)$ 的等式如下:

$$1 + 2 + 3 + \cdots + n + (n+1) = \frac{(n+1)(n+2)}{2} \tag{5.2}$$

显然,$P(n)$ 和 $P(n+1)$ 非常相似。事实上,只要在等式 5.1 左右两侧同时加上 $(n+1)$,再对右侧进行化简,即可得到等式 5.2:

$$\begin{aligned} 1 + 2 + 3 + \ldots + n + (n+1) &= \frac{(n)(n+1)}{2} + (n+1) \\ &= \frac{(n+2)(n+1)}{2} \end{aligned}$$

因此,对任意非负整数 n,若 $P(n)$ 为真,则 $P(n+1)$ 也为真,第 2 个命题得证。所以,根据归纳法规则,对所有非负整数 m,$P(m)$ 都成立,从而定理得证。

5.1.3 归纳法证明的模板

公式 5.1 的证明相对简单,但即便是复杂的证明,证明过程模板几乎都是一样的。总的来说,归纳法证明大约可以分为以下 5 步:

1. **陈述使用归纳法进行证明**。直截了当地陈述整体证明结构,有助于他人了解你的证明思路。
2. **定义适当的谓词 $P(n)$**。谓词 $P(n)$ 被称为归纳假设(induction hypothesis)。归纳法最终

的结论是，对任意非负整数n，$P(n)$皆为真。清晰的归纳假设之于归纳证明极其重要，而学生们最常疏忽的往往就是归纳假设。

在最简单的情况下，归纳假设可以从需要证明的命题中直接获得，例如等式5.1。然而有的时候，归纳假设涉及多个变量，此时我们需要指明哪个变量是n。

3. **证明$P(0)$为真**。又称基本情形（base case）或基础步骤（basis step），通常来说比较简单。

4. **证明$P(n)$蕴涵$P(n+1)$对任意非负整数成立**。这步称之为归纳步骤（inductive step）。

   基本思想是：假设$P(n)$为真，进而证明$P(n+1)$也为真。$P(n)$和$P(n+1)$往往很相似，但从$P(n)$推导出$P(n+1)$常常需要一定的技巧。确保对任意非负整数n，P都是永真的，即证明以下所有蕴涵式为真：

   $$P(0) \to P(1), P(1) \to P(2), P(2) \to P(3), \dots$$

5. **得出结论**。至此，我们便可以得出结论：对于任意非负整数n，$P(n)$为真。这是整个论证过程的收官之步，不过一般在证明中可以省略结论句。

记住，一定要明确标记基础步骤和归纳步骤，这样可以让证明过程更加清晰，同时能够避免遗忘关键的证明步骤。

5.1.4 一般归纳法的简洁写法

刚才对定理5.1.1的证明当然很好，但其实有大量可以略去的无关解释。下面我们给出一个更为简洁的证明，为读者提供样例。

定理5.1.1的改进版证明。采用归纳法进行证明。归纳假设$P(n)$即为等式5.1。

基础步骤：当$n=0$时，因为等式5.1左右都为0，故$P(0)$为真。

归纳步骤：假设$P(n)$为真，即公式5.1在n为非负整数时成立。在等式左右两边同时加$n+1$可得

$$\begin{aligned}1+2+3+\dots+n+(n+1) &= \frac{(n)(n+1)}{2} + (n+1) \\ &= \frac{(n+2)(n+1)}{2}\end{aligned}$$ （简单的代数运算）

进而$P(n+1)$得证。

所以，根据归纳法可知，对任意非负整数n，$P(n)$恒为真。∎

在上述的例子中，虽然归纳法可以证明求和公式的正确性，却无法直观地解释这个求和公

式是如何得到的。[①]归纳法的这一特点有利有弊：弊端是归纳法无法帮助我们理解问题，而好处在于我们可以在不需要理解的情况下，保障数学证明的正确性。

5.1.5 更复杂的例子

在MIT史塔特科技中心（Stata Center）组建发展的过程中，由于花费不断增加，当时提出了一些激进的资金筹集措施，以弥补预算不足的问题。传说有一个方案是，计划修建一个大型四方庭院，然后再进一步划分为一系列小方格。庭院的每一侧有2^n个小方格，其中n为非负整数，并且其中一个中心方格将用于树立捐赠者的雕像[②]——这个方案的提出者私下称呼这位捐赠者为Bill。图 5.1 展示了$n = 3$时的庭院。

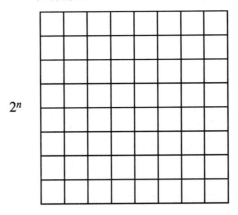

图 5.1 $2^n \times 2^n$的庭院，$n = 3$

建筑设计师 Frank Gehry 是一位非常特立独行的设计师，他声称只能用一种特殊的 L 型瓷砖（见图 5.2）来铺设这个庭院。图 5.3 展示了当$n = 2$时可行的铺设方案。但是如何让n取更大的值呢？可以只用 L 型瓷砖铺设庭院并且中间为雕像留空吗？让我们试着证明答案是肯定的。

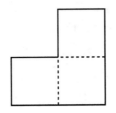

图 5.2 特殊的 L 型瓷砖

---

① 本书第Ⅲ部分的内容将介绍如何获得这些公式。
② 当$n = 0$时，只有一个中心方格，其他情况下则存在 4 个中心方格。

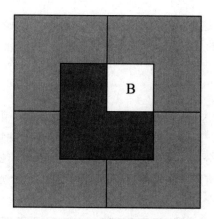

图 5.3 当 $n=2$ 时，中间放置 Bill 雕像的 L 型瓷砖的铺设方案

定理 5.1.2 对任意 $n \geqslant 0$，大小为 $2^n \times 2^n$ 的庭院，存在某种中间是 Bill 雕像的铺设方案。

证明.（错误示范）采用归纳法进行证明。令命题 $P(n)$ 表示 $2^n \times 2^n$ 的庭院存在中间是 Bill 雕像的铺设方案。

基本步骤：当 $n=0$ 时，整个庭院都是 Bill，故 $P(0)$ 为真。

归纳步骤：假设存在 $n \geqslant 0$，使 $P(n)$ 为真。我们需要证明当庭院大小为 $2^{n+1} \times 2^{n+1}$ 时，同样存在中间是 Bill 雕像的铺设方案。 ∎

现在问题又来了，对小庭院有效的铺设方案，对更大的庭院并没有什么帮助。我们不知道如何从 $P(n)$ 得到 $P(n+1)$。

因此，如果想用归纳法证明定理 5.1.2，我们需要换一个归纳假设，而不是简单地将待证明命题复述一遍。

这时，我们需要更强的归纳假设，即新的归纳假设蕴涵之前的归纳假设。在本例中，一个更强的归纳假设是：在大小为 $2^n \times 2^n$ 的庭院中，对每一个 Bill 位置，剩下的部分总是存在铺设方案。

可能听上去有点奇怪，但是这个建议对归纳论证很有意义："如果不能证明一件事，那就试着证明比它更大的事。" 在归纳步骤中，我们需要证明 $P(n)$ 蕴涵 $P(n+1)$，现在我们有了更强的归纳假设，并且假设 $P(n)$ 成立，这就好办了。下面我们继续。

证明.（正确示范）采用归纳法进行证明。令命题 $P(n)$ 表示在大小为 $2^n \times 2^n$ 的庭院中，对每一个 Bill 位置，剩下的部分存在铺设方案。

基础步骤：当 $n=0$ 时，整个庭院都是 Bill，故 $P(0)$ 为真。

归纳步骤：假设存在 $n \geqslant 0$，$P(n)$ 为真。即：在大小为 $2^n \times 2^n$ 的庭院中，对每一个 Bill 位置，

剩下的部分可以铺满。对于 $2^{n+1} \times 2^{n+1}$ 的庭院，将其切分为 4 个 $2^n \times 2^n$ 的子庭院。在其中一个子庭院中间放置 Bill 雕像（在图中用 B 表示），然后在其他三个子庭院中间各放一个雕像（在图中用 X 表示），使这三个塑像组成 L 型。如图 5.4 所示。

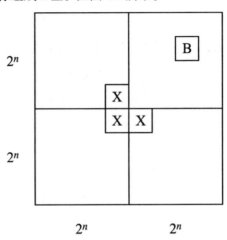

图 5.4　使用强归纳假设证明定理 5.1.2

现在，根据归纳假设，4 个庭院都铺满 L 型瓷砖，然后将三个 X 位置以一块 L 型瓷砖代替，即可完成。这样，我们便证明了对于任意 $n \geqslant 0$，$P(n)$ 蕴涵 $P(n+1)$。因此，对所有 $m \in \mathbb{N}$，$P(m)$ 皆为真。而待证明的定理其实即是 P 的一种特殊情形——雕像必须位于中心方格。∎

这个证明有两个特点。其一，不仅证明了铺设方案的存在性，而且提供了如何进行铺设的算法。其二，得出了更强的结论：如果 Bill 想把雕像放在庭院的边缘位置，我们照样可以满足！

如果归纳证明行不通，使用更强的归纳假设是一个好办法。但需要注意的是，这个强假设必须为真，否则证明没有任何意义。有时候，确定合适的归纳假设并不是容易的事，需要不断试错以及极强的洞察力。要知道，数学家花了近二十年的时间才验证了平面图是不是五色可选（5-choosable）。①后来，1994 年，Carsten Thomassen 用纸巾给出了一个简单的证明。关键是要找到一个非常巧妙的归纳假设，然后论证就很容易了！

5.1.6　错误的归纳证明

如果前面还算通俗易懂的话，你可能会觉得，"嘿，归纳法一点也不难嘛，只需要证明对任

---

① 五色可选（5-choosability）是五色可着色（5-colorability）问题的扩展。每一个平面图都是四色可着色的，所以也是五色可着色的，但却不一定是四色可选的。即便听上去不知所云，也别着急。在第 II 部分，我们将讨论图、平面性和染色性的相关问题。

意 n，$P(0)$ 为真以及 $P(n)$ 蕴涵 $P(n+1)$ 就可以了。"是的，没错，但是当你自己做归纳证明的时候可能还是会遇到困难。下面我们用归纳法"证明"所有的马都是一种颜色的，就好比你觉得逃课没关系，很抱歉你错了。

错误定理 所有马的颜色相同。

请注意，这个定理并没有显式地给出 n，我们用 n 重新定义它。

错误定理 5.1.3 对任意 $n \geq 1$ 匹马，它们的颜色都相同。

注意，这里 $n \geq 1$ 而不是 $n \geq 0$，我们需要稍微改动一下归纳法证明。基础步骤是 $P(1)$，归纳步骤是对于任意 $n \geq 1$，$P(n)$ 蕴涵 $P(n+1)$。注意这里的变动没有问题，以下证明的错误之处并不在此。

错误证明. 采用归纳法进行证明。归纳假设 $P(n)$ 为

$$\text{对任意 } n \text{ 匹马，所有马的颜色相同。} \tag{5.3}$$

基础步骤：$(n=1)$。只有一匹马，这匹马的颜色当然与它自己相同，故 $P(1)$ 为真。

归纳步骤：假设存在 $n \geq 1$，$P(n)$ 为真。即假设有 n 匹马，它们的颜色相同。现在设我们有 $n+1$ 匹马

$$h_1, h_2, \ldots, h_n, h_{n+1}$$

我们需要证明这 $n+1$ 匹马的颜色都是相同的。

根据假设，前 n 匹马的颜色相同

$$\underbrace{h_1, h_2, \ldots, h_n}_{\text{颜色相同}}, h_{n+1}$$

同样根据假设，我们还可以知道后 n 匹马的颜色相同

$$h_1, \underbrace{h_2, \ldots, h_n, h_{n+1}}_{\text{颜色相同}}$$

那么，h_1 与除 h_{n+1} 之外的马——即 $h_2, \ldots, h_n$——颜色相同。同理，h_{n+1} 与除 h_1 之外的马——即 $h_2, \ldots, h_n$——颜色相同。由于 h_1 和 h_{n+1} 都与 $h_2, \ldots, h_n$ 颜色相同，所以全部 $n+1$ 匹马的颜色都相同，$P(n+1)$ 为真。因此，$P(n)$ 蕴涵 $P(n+1)$。

根据归纳法原则，对任意 $n \geq 1$，$P(n)$ 都为真。∎

我们竟然证明了一个假的事实！难道是数学不靠谱，大家都应该去学作诗？当然不是了！这只能说明这个证明过程有错误。

从"那么，h_1 与除 h_{n+1} 之外的马——即 $h_2,\ldots,h_n$——颜色相同……"这句话开始就错了。表达式"$h_1,h_2,\ldots,h_n,h_{n+1}$"中的省略号给人感觉除了 h_1,h_{n+1} 以外，还有别的马，即 $h_2,\ldots,h_n$。但是，如果 $n=1$，事情并非如此。这时，$h_1,h_2,\ldots,h_n,h_{n+1}$ 就是 h_1,h_2，不存在与它们颜色相同的"别的"马。当然，h_1 和 h_2 并不一定是相同颜色的。

这个错误警示了归纳证明逻辑链中至关重要的一步。我们证明了 $P(1)$，又正确地证明了 $P(2)\to P(3), P(3)\to P(4)$ 等。但是却没能证明 $P(1)\to P(2)$，所以一切都垮了：我们无法得出结论 $P(2), P(3),\ldots$ 为真。事实上，这些命题都是错误的，对任意 $n\geqslant 2$ 匹马，它们的颜色都不一样。

有些学生以为这个证明的错误之处在于：归纳假设 $P(n)$ 为假，再假设这个错误命题成立，从而得出 $P(n+1)$。试着帮助这些同学理解这个问题，告诉他们为什么这种说法在考试中不得分。

5.2 强归纳法

强归纳法（Strong Induction）是归纳法的一个变种。强归纳法和归纳法的用途是一样的，都是用来证明某个谓词对全体非负整数成立。如果从 n 谓词为真无法直接得出 $n+1$ 谓词为真，但可以从其他 $\leqslant n$ 的情形推导而得，那就采用强归纳法。

5.2.1 强归纳法的规则

强归纳法原理

令 P 表示任意非负整数上的谓词。如果

- $P(0)$ 为真，而且
- 对所有 $n\in\mathbb{N}$，$P(0), P(1),\ldots, P(n)$ 共同蕴涵 $P(n+1)$

那么：

对所有 $n\in\mathbb{N}$，$P(m)$ 为真。

强归纳法和一般归纳法唯一的区别是，强归纳法允许在归纳步骤做更多的假设！在一般归纳法中，假设 $P(n)$ 为真，证明 $P(n+1)$ 也为真。而在强归纳法中，你可以假设 $P(0), P(1),\ldots, P(n)$ 全部为真，证明 $P(n+1)$ 为真。一般来说，这种更强的假设会让证明变得简单。

强归纳法的规则公式如下所示。

法则. 强归纳法法则

$$\frac{P(0), \quad \forall n \in \mathbb{N}.(P(0) \text{ AND } P(1) \text{ AND} \ldots \text{AND } P(n)) \text{ IMPLES } P(n+1)}{\forall m \in \mathbb{N}.P(m)}$$

简洁写法如下：

法则.

$$\frac{P(0), \quad [\forall k \leq n \in \mathbb{N}.P(k)] \text{ IMPLES } P(n+1)}{\forall m \in \mathbb{N}.P(m)}$$

强归纳法的证明模板和 5.1.3 节介绍的一般归纳法的模板几乎一样，除了以下两点不同：

- 陈述采用强归纳法证明。
- 在归纳步骤，假设$P(0), P(1), \ldots, P(n)$都为真，而不是仅仅假设$P(n)$为真。

5.2.2 斐波那契数列

斐波那契数列是 13 世纪初伟大的意大利数学家斐波那契在研究人口增长时提出的。事实证明斐波那契数列可以很好地描述很多生物量的增加，例如菠萝的嫩芽和松果的形状。在计算机科学领域，斐波那契数列也有很多应用，例如用来描述各种数据结构和算法运算时间的增长。

斐波那契数列的生成规则如下，以 0 和 1 开始，然后将前两个数相加得到下一个数，依次进行：

$$0, 1, 1, 2, 3, 5, 8, 13, 21, \ldots$$

通过公式来定义第n个斐波那契数$F(n)$：

$$F(0) ::= 0$$
$$F(1) ::= 1$$
$$F(n) ::= F(n-1) + F(n-2) \quad \text{其中} \quad n \geq 2$$

请注意，生成$F(n)$必须知道前两个数$F(n-1)$和$F(n-2)$，所以首先我们需要知道$F(0)$和$F(1)$。

斐波那契数列的性质之一就是斐波那契数的奇偶性每隔三个数循环重复，即对于任意$n \geq 0$，

$$F(n) \text{ 为偶数，当且仅当 } F(n+3) \text{为偶数} \tag{5.4}$$

下面我们采用归纳法证明式 5.4。由于$F(n)$同时依赖$F(n-1)$和$F(n-2)$，因此我们需要采用强归纳法。

证明. (强) 归纳假设$P(n)$为式 5.4。

基础步骤：

- ($n = 0$)。$F(0) = 0$和$F(3) = 2$都是偶数。
- ($n = 1$)。$F(1) = 1$和$F(4) = 3$都不是偶数。

归纳步骤：对任意$n \geqslant 1$，假设$P(n)$和$P(n-1)$为真，我们需要证明$P(n+1)$为真。

对于任意整数k, m，易知

$$m + k \text{ 为偶数 IFF } [m \text{ 为偶数 IFF } k \text{ 为偶数}] \qquad (*)$$

因此对任意$n \geqslant 1$，

$F(n+1)$为偶数

IFF $F(n) + F(n-1)$为偶数 　　　　　　　　　　　　　（$F(n+1)$的定义）

IFF $[F(n)$ 为偶数 IFF $F(n-1)$为偶数$]$

IFF $[F(n+3)$ 为偶数 IFF $F(n+2)$为偶数$]$

（根据强归纳假设$P(n)$，$P(n-1)$）

IFF $F(n+3) + F(n+2)$为偶数 　　　　　　　　　　　　　由（$*$）式可知

IFF $F(n+4)$为偶数 　　　　　　　　　　　　　　　　　（$F(n+4)$的定义）

所以

$$F(n+1)\text{为偶数 IFF } F(n+4)\text{为偶数。}$$

即$P(n+1)$为真，得证。∎

斐波那契数列还有很多神奇的性质，吸引了大批爱好者投身相关研究——在习题 5.8、5.25 和 5.30 中，将会看到其具有的一些神奇的性质。

5.2.3 质数的乘积

前面我们通过良序证明了正整数唯一分解定理 2.3.1，现在我们采用强归纳法再次对其进行证明。

定理. 每个大于 1 的正整数都可以表示成质数的乘积。

证明. 采用强归纳法进行证明。令归纳假设$P(n)$为

$$n是质数的乘积$$

因此我们需要证明，对任意$n \geq 2$，$P(n)$为真。

基础步骤：（$n=2$），因为 2 是质数，是 1 个质数（它自己）的乘积，故而$P(2)$为真。

归纳步骤： 假设$n \geq 2$，且从 2 到n的每一个数都是质数的乘积。我们需要证明$P(n+1)$为真，即$n+1$也是质数的乘积。我们分情况进行论证。

如果$n+1$是质数，$n+1$本身就是 1 个质数的乘积，故$P(n+1)$为真。

如果$n+1$不是质数，则必然存在2到n之间的正整数k, m，满足$n+1 = k \cdot m$。根据强归纳假设，k, m都可以表示成质数的乘积。所以$k \cdot m = n+1$也是质数的乘积，故$P(n+1)$为真。

因此，无论哪种情况，$P(n+1)$都为真，由强归纳法得出结论：对任意$n \geq 2$，$P(n)$都为真。∎

5.2.4 找零问题

有一个名叫 Inductia 的国家，这个国家的货币单位是 Strong，有两种面值的硬币，面值分别为 3Sg（3 Strong）和 5Sg。虽然国民没有办法找出很小额的零钱（例如 4Sg 和 7Sg），但是他们发现总是可以凑出任意面值不小于 8Sg 的硬币，如图 5.5 所示。

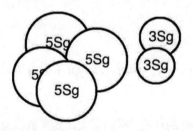

图 5.5 使用 Strongian 货币得到面值 26Sg

由强归纳法容易证明，当$n+1 \geq 11$时，即$(n+1) - 3 \geq 8$，如果可以凑出$(n+1) - 3$，那么加上 3Sg 硬币，就可以得到$(n+1)$Sg。现在我们只需要证明可以凑出 8 到 10Sg 面值的硬币。

下面是详细的归纳法证明。

证明. 采用强归纳法证明人们可以凑出任意不小于 8Sg 面值的硬币。归纳假设$P(n)$为：存在一个硬币集合，其总面值为$n+8Sg$。

下面进行归纳证明。

基础步骤：一个 3Sg 硬币和一个 5Sg 硬币即可凑成 8Sg，故 $P(0)$ 为真。

归纳步骤：假设对任意 $k \leq n$，$P(k)$ 为真，求证 $P(n+1)$ 为真。分类讨论如下。

情形$(n+1=1)$：$(n+1)+8=9Sg$。用三个 3Sg 硬币即可凑成。

情形$(n+1=2)$：$(n+1)+8=10Sg$。用两个 5Sg 硬币即可凑成。

情形$(n+1 \geq 3)$：此时 $0 \leq n-2 \leq n$，根据强归纳假设，$P(n-2)$ 为真，即可以凑出 $(n-2)+8Sg$。再加一个 3Sg 硬币，即可获得 $(n+1)+8Sg$，故 $P(n+1)$ 为真。

由于 $n \geq 0$，所以 $n+1 \geq 1$，可见以上三种情形已经覆盖了所有可能性。无论哪种情形 $P(n+1)$ 都为真，所以得出结论：对任意 $n \geq 0$，都可以凑出 $n+8Sg$。也就是说，人们可以凑出任意面值大于等于 8Sg 的零钱。

5.2.5 堆盒子游戏

我们再来看一个十分流行的游戏。

有 n 个堆放在一起的盒子。你可以移动这些盒子，每次移动只能将一堆盒子分成不为空的两堆盒子。最后得到 n 堆盒子，即每一堆只有一个盒子时，游戏结束。每次移动盒子时，玩家都会得分。得分规则是，如果将高度为 $a+b$ 的盒子堆，拆分成高度为 a 和 b 的两堆，玩家可以得 ab 分。玩家的总得分是每次移动盒子得分的加和。那么，怎样才能得到最高分呢？

举一个例子，假设我们一共有 10 个盒子，图 5.6 所示的是一种可能的移动策略。还有更好的方法吗？

堆的高度	得分
<u>10</u>	
<u>5</u> 5	25 point
5 <u>3</u> 2	6
<u>4</u> 3 2 1	4
2 <u>3</u> 2 1 2	4
<u>2</u> 2 2 1 2 1	2
1 <u>2</u> 2 1 2 1 1	1
1 1 <u>2</u> 1 2 1 1 1	1
1 1 1 1 <u>2</u> 1 1 1 1	1
1 1 1 1 1 1 1 1 1 1	1
总得分 =	45 point

图 5.6 当 $n=10$ 个盒子时，一种平铺盒子的移动策略。在每一行中，加下画线的堆是下一步将要拆分的堆

游戏分析

采用强归纳法来分析这个游戏。我们将证明，游戏得分完全取决于盒子的数量，而与移动策略无关！

定理 5.2.1 任何一种平铺 n 个盒子的方法，得分都为 $n(n-1)/2$。

在证明中，需要注意几个技术要点：

- 强归纳法和一般归纳法的证明模板相似。
- 与一般归纳法一样，我们可以自由调整索引。在本例中，我们先在基础步骤中证明 $P(1)$，然后在归纳步骤中证明对任意 $n \geqslant 1$，$P(1), \ldots, P(n)$ 蕴涵 $P(n+1)$。

证明． 采用强归纳法证明。令归纳假设 $P(n)$ 表示任何一种平铺 n 个盒子的方法，得分都为 $n(n-1)/2$。

基础步骤： 当 $n=1$ 时，只有一个堆，所以不需要任何移动游戏即已经结束。总得分为 $1(1-1)/2 = 0$。故 $P(1)$ 为真。

归纳步骤： 我们需要证明对任意 $n \geqslant 1$，$P(1), \ldots, P(n)$ 蕴涵 $P(n+1)$。为此，先假设 $P(1), \ldots, P(n)$ 都为真，然后分析 $n+1$ 个盒子的堆。令第一次移动拆分成高度分别为 a 和 b 的两个堆，其中 $0 < a, b \leqslant n$ 且 $a+b = n+1$。那么，游戏的总得分等于第一次移动的得分加上平铺剩下两个堆的得分：

$$\begin{aligned}
\text{总得分} &= (\text{第一次移动的得分}) \\
&\quad + (\text{平铺 } a \text{ 个盒子的得分}) \\
&\quad + (\text{平铺 } b \text{ 个盒子的得分}) \\
&= ab + \frac{a(a-1)}{2} + \frac{b(b-1)}{2} \qquad \text{即 } P(a), P(b) \\
&= \frac{(a+b)^2 - (a+b)}{2} = \frac{(a+b)((a+b)-1)}{2} \\
&= \frac{(n+1)n}{2}
\end{aligned}$$

可见，$P(1), \ldots, P(n)$ 蕴涵 $P(n+1)$，证毕。

因此，由强归纳法可知，原命题为真。∎

5.3 强归纳法、一般归纳法和良序法的比较

强归纳法看起来比一般归纳法更"强"一些，毕竟在归纳步骤中，强归纳法可以做更多的假设。一般归纳法可以看作强归纳法的特例，那么为什么还需要一般归纳法呢？

其实，强归纳法不一定更"强"，一个简单的文本处理程序就能把强归纳法证明自动转换为一般归纳法证明，仅仅需要在归纳假设中按标准方法加一个全称量词即可。但是，仍然要区分这两种归纳方法，这样就可以清楚地知道在归纳步骤中我们是直接从$P(n)$推导出$P(n+1)$，还是从比n小的情形推导出$P(n+1)$，这对于读者的理解非常有益。

归纳法的证明模板看上去和良序原理完全不同，但其实本章的很多例子都已经在良序原理那一章证明过。事实上，任何基于良序原理的证明都可以自然而然地转化为归纳法证明。

反过来也很简单，即任何基于强归纳法的证明也可以自动转化为基于良序原理的证明。所以，良序、一般归纳法、强归纳法这三种证明方法，只不过是相同数学推导的三种不同形式。

那么，为什么需要三种方法？这是因为，有时候归纳法更清晰，因为归纳法不需要反证。而且，归纳法的递归过程，往往可以将大问题分解成小问题。另一方面，良序证明往往更简短，证明方式更接近我们平时思考的方式，对初学者更为友好。

应该使用哪一种方法并没有一个简单的定论。有时候甚至需要把基于不同方法的证明都写出来再进行比较。不论使用哪一种方法，都要在证明前陈述所采用的证明方法，以便他人理解你的证明。

5.1 节习题

练习题

习题 5.1

通过归纳法证明：对实数来说，每个非空有限集合都有一个最小元素。

习题 5.2

Frank Gehry 改变主意了。他不用图 5.3 所示的 L 型瓷砖了，打算换成图 5.7 所示的这种奇形怪状的瓷砖（镜像图）。他采用类似 5.1.5 中的证明方法进行可行性推理。但是，这个证明是错误的，你能找出问题在哪儿吗？

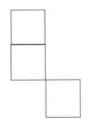

图 5.7　Gehry 的新瓷砖

错误声明. 采用归纳法证明。令$P(n)$表示：给定$2^n \times 2^n$的庭院，无论雕像放在哪儿，总是存在一种铺设方案可以铺满余下的空间。

错误证明.

基础步骤：雕像本身即可填满庭院，所以$P(0)$为真。

归纳步骤：假设存在$n \geq 0$，$P(n)$为真。即给定$2^n \times 2^n$的庭院，存在一种铺设方案可以铺满余下的空间。考虑$2^{n+1} \times 2^{n+1}$的庭院，将其分成4个子庭院，每一个大小为$2^n \times 2^n$。每个子庭院中各有一个雕像。把各个子庭院中的雕像按图5.8那样排列。

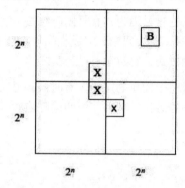

图5.8 错误定理的归纳假设

根据归纳假设，这4个子庭院都可以铺满瓷砖。接着，再用一块瓷砖替换三个雕像位即可。所以，对任意$n \geq 0$，$P(n)$蕴涵$P(n+1)$。因此对任意$m \in \mathbb{N}$，$P(m)$为真。而且将雕像放在庭院的中间位置，是一个特例。∎

随堂练习

习题 5.3

用归纳法证明，对于任意$n \geq 1$，都有

$$1^3 + 2^3 + \ldots + n^3 = \left(\frac{n(n+1)}{2}\right)^2 \tag{5.5}$$

记住：

1. 陈述采用归纳法进行证明。
2. 给出归纳假设$P(n)$。
3. 解释基本步骤。
4. 证明$P(n)$蕴涵$P(n+1)$。

5. 总结对任意$n \geq 1$，$P(n)$为真。

习题 5.4

采用归纳法证明，对于任意$n \in \mathbb{N}$，且$r \neq 1$，有

$$1 + r + r^2 + \ldots + r^n = \frac{r^{n+1} - 1}{r - 1} \tag{5.6}$$

习题 5.5

基于归纳法证明，对于任意$n > 1$，有

$$1 + \frac{1}{4} + \frac{1}{9} + \ldots + \frac{1}{n^2} < 2 - \frac{1}{n} \tag{5.7}$$

习题 5.6

(a) 采用归纳法证明，给定一个$2^n \times 2^n$的庭院，如果在某一角落放置一个1×1的雕像，也可用 L 型瓷砖铺满。(不要假设定理 5.1.2，也不要重复使用定理 5.1.2 的证明，这道题的目的是使用不一样的归纳假设。)

(b) 用(a)的结论证明：当雕像放置在中间时，原命题为真。

习题 5.7

我们已经用两种方法证明了

$$1 + 2 + 3 + \ldots + n = \frac{n(n+1)}{2}$$

下面我们证明一个与之相矛盾的定理！

错误定理. 对于任意$n \geq 0$

$$2 + 3 + 4 + \cdots + n = \frac{n(n+1)}{2}$$

证明. 采用归纳法进行证明。令$P(n)$是$2 + 3 + 4 + \ldots + n = n(n+1)/2$。

基础步骤：因为等式左右都为 0，所以$P(0)$为真。

归纳步骤：下面我们需要证明对于任意$n \geq 0$，$P(n)$蕴涵$P(n+1)$。假设$P(n)$为真，则有$2 + 3 + 4 + \ldots + n = n(n+1)/2$。推理如下：

$$2 + 3 + 4 + \cdots + n + (n+1) = [2 + 3 + 4 + \cdots + n] + (n+1)$$
$$= \frac{n(n+1)}{2} + (n+1)$$
$$= \frac{(n+1)(n+2)}{2}$$

以上，得证$P(n)$蕴涵$P(n+1)$。根据归纳法原则，对于任意$n \in \mathbb{N}$，$P(n)$为真。∎

以上证明过程错在哪里？

课后作业

习题 5.8

斐波那契数$F(n)$已经在 5.2.2 节介绍过了。

请用归纳法证明，对于任意$n \geq 1$，

$$F(n-1) \cdot F(n+1) - F(n)^2 = (-1)^n \tag{5.8}$$

习题 5.9

对于任意二进制字符串α，定义 $\text{num}(\alpha)$表示相应的十进制数字。例如，$\text{num}(10) = 2$，$\text{num}(0101) = 5$。

$n+1$位加法器（bit adder）将两个$n+1$位的二进制数相加。更准确地说，$n+1$位加法器以两个长度为$n+1$的二进制字符串

$$\alpha_n ::= a_n \ldots a_1 a_0$$
$$\beta_n ::= b_n \ldots b_1 b_0$$

以及二进制数c_0作为输入，输出一个$n+1$位的二进制串

$$\sigma_n = s_n \ldots s_1 s_0$$

以及二进制数c_{n+1}，且满足：

$$\text{num}(\alpha_n) + \text{num}(\beta_n) + c_0 = 2^{n+1} c_{n+1} + \text{num}(\sigma_n) \tag{5.9}$$

用数字电路实现$n+1$位加法器有一种很直接的方式：$n+1$位波纹进位电路（ripple-carry circuit）有$1+2(n+1)$个二进制输入

$$a_n, \ldots, a_1, a_0, b_n, \ldots, b_1, b_0, c_0$$

和$n+2$个二进制输出，

$$c_{n+1}, s_n, \ldots, s_1, s_0$$

波纹进位电路可以用如下公式表示：

$$s_i ::= a_i \text{ XOR } b_i \text{ XOR } c_i \tag{5.10}$$
$$c_{i+1} ::= (a_i \text{ AND } b_i) \text{ OR } (a_i \text{ AND } c_i) \text{ OR } (b_i \text{ AND } c_i) \tag{5.11}$$

其中$0 \leq i \leq n$。

(a) 证明式 5.10 和式 5.11 可以推导出对于任意 $n \in \mathbb{N}$，
$$a_n + b_n + c_n = 2c_{n+1} + s_n \qquad (5.12)$$

(b) 采用归纳法证明 $n+1$ 位波纹进位电路其实就是 $n+1$ 位加法器，即它的输出满足等式 5.9。

提示：根据整数的二进制表示，假设
$$\text{num}(\alpha_{n+1}) = \alpha_{n+1} 2^{n+1} + \text{num}(\alpha_n) \qquad (5.13)$$

习题 5.10

分割等边三角形（Divided Equilateral Triangles, DET）[①] 的过程如下：

- 如果一个等边三角形只包含它自身一个子三角形，则记为 DET。

- 如果 $T ::= $ 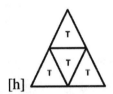 是 DET，那么 4 个 T 按图 5.9 所示构造可得等边三角形 T'。T' 也是 DET，而且每个 T 都是 T' 的子三角形。

图 5.9　4 个 DET T 得到一个 DET T'

- 定义 DET 的长度要知道有一条边是 DET 边的子三角形的个数。请用**归纳法**证明一个 DET 的子三角形个数等于长度的平方。

- 证明：如果将 DET 某个顶点处的子三角形去掉，剩下的部分可以构成图 5.10 所示的梯形。

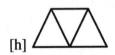

图 5.10　3 个三角形得到一个梯形

习题 5.11

本书的吉祥物 Theory Hippotamus，周末把玩他收藏的小方格时突然有了一个惊人的发现。

---

① 参见参考文献[46]。

首先，Theory Hippotamus 把他最喜欢的小方格按图 5.11(a)那样放在地上，现在这个形状的周长是 4，是一个偶数。然后，他在第一个小方格旁边放了第二块，如图 5.11(b)所示，现在的周长是 6，也是偶数。Theory Hippotamus 继续摆放小方格，新加的小方格至少与已有图形共享一条边，且不重叠。最终，Theory Hippotamus 拼出了图 5.11(c)。他发现这个形状的周长是 36，还是一个偶数（形状的周长由图中加粗的线条表示）。

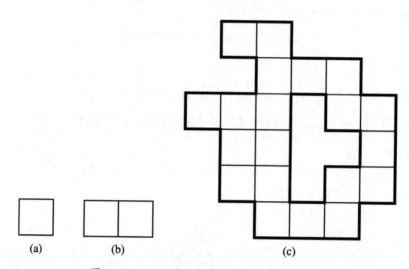

图 5.11　Theory Hippotamus 摆出的一些形状

我们这位傻伙计被这个奇怪的现象弄晕了。请用归纳法证明：不管有多少个小方格、不论怎么摆放，得到的周长一定是偶数。

习题 5.12

用归纳法证明交集对并集的分配律：

$$A \cap \bigcup_{i=1}^{n} B_i = \bigcup_{i=1}^{n}(A \cap B_i) \tag{5.14}$$

提示：定理 4.1.2 已经证明了 $n = 2$ 的情形。

习题 5.13

科赫雪花（Koch snowflake）是一种有趣的几何图形构造方法。递归地定义一系列多边形 $S_0, S_1, \ldots$，其中 S_0 是边长为单位长度的等边三角形。构建 S_{n+1} 的方法是，去掉 S_n 每条边的中间三分之一，替换成两个等长的线段，如图 5.12 所示。

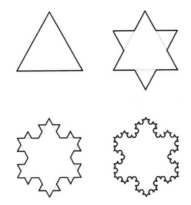

图 5.12　S_0, S_1, S_2 和 S_3

设 S_n 的面积是 a_n。根据初等几何可知，a_0 即等边三角形的面积，是 $\sqrt{3}/4$。用归纳法证明对任意 $n \geq 0$，雪花的面积 a_n 等于：

$$a_n = a_0 \left(\frac{8}{5} - \frac{3}{5} \left(\frac{4}{9} \right)^n \right) \tag{5.15}$$

习题 5.14

用归纳法证明

$$\sum_1^n k \cdot k! = (n+1)! - 1 \tag{5.16}$$

习题 5.15

用归纳法证明

$$0^3 + 1^3 + 2^3 + .. + n^3 = \left(\frac{n(n+1)}{2} \right)^2, \forall n \geq 0$$

直接将这个等式作为归纳假设 $P(n)$。

- 证明

  基础步骤 $(n=0)$。

- 再证明

  归纳步骤。

习题 5.16

令 $P(n)$ 表示非负整数上的谓词，且

$$\forall k. P(k) \text{ IMPLIES } P(k+2) \tag{5.17}$$

如果 P 满足公式 5.17，下列断言：有些对部分 P 成立（**C**），有些对所有 P 成立（**A**），还有些对任何 P（**N**）都不成立。请分别指出，并予以简短的解释。

- $\forall n \geq 0. P(n)$
- $\text{NOT}(P(0)) \text{ AND } \forall n \geq 1. P(n)$
- $\forall n \geq 0. \text{NOT}(P(n))$
- $(\forall n \leq 100. P(n)) \text{ AND } (\forall n > 100. P(n))$
- $(\forall n \leq 100. \text{NOT}(P(n))) \text{ AND } (\forall n > 100. P(n))$
- $P(0) \text{ IMPLIES } \forall n. P(n+2)$
- $[\exists n. P(2n)] \text{ IMPLIES } \forall n. P(2n+2)$
- $P(1) \text{ IMPLIES } \forall n. P(2n+1)$
- $[\exists n. P(2n)] \text{ IMPLIES } \forall n. P(2n+2)$
- $\exists n. \exists m > n. [P(2n) \text{ AND NOT}(P(2m))]$
- $[\exists n. P(n)] \text{ IMPLIES } \forall n. \exists m > n. P(m)$
- $\text{NOT}(P(0)) \text{ IMPLIES } \forall n. \text{ NOT}(P(2n))$

习题 5.17

考虑下面一组谓词：

$$
\begin{aligned}
Q_1(x_1) &::= x_1 \\
Q_2(x_1, x_2) &::= x_1 \text{ IMPLIES } x_2 \\
Q_3(x_1, x_2, x_3) &::= (x_1 \text{ IMPLIES } x_2) \text{ IMPLIES } x_3 \\
Q_4(x_1, x_2, x_3, x_4) &::= ((x_1 \text{ IMPLIES } x_2) \text{ IMPLIES } x_3) \text{ IMPLIES } x_4 \\
Q_5(x_1, x_2, x_3, x_4, x_5) &::= (((x_1 \text{ IMPLIES } x_2) \text{ IMPLIES } x_3) \text{ IMPLIES } x_4) \text{ IMPLIES } x_5 \\
&\vdots
\end{aligned}
$$

令 T_n 表示变量 $x_1, x_2, \ldots, x_n$，使 $Q_n(x_1, x_2, \ldots, x_n)$ 为真的取值组合个数。例如，变量 x_1, x_2 有 3 种取值组合使 $Q_2(x_1, x_2)$ 为真，所以 $T_2 = 3$：

x_1	x_2	$Q_2(x_1, x_2)$
T	T	T
T	F	F
F	T	T
F	F	T

- 当 $n \geq 1$ 时，用 T_n 表达 T_{n+1}。
- 用归纳法证明对于任意 $n \geq 1$，$T_n = \frac{1}{3}(2^{n+1} + (-1^n))$。

习题 5.18

给定 n 个信封，编号为 $0, 1, \ldots, n-1$。信封 0 里面有 $2^0 = 1$ 美元，信封 1 里有 $2^1 = 2$ 美元……直到信封 $n-1$ 中有 2^{n-1} 美元。令断言 $P(n)$ 表示：

给定 n 个信封，对任意非负整数 $k < 2^n$，存在一个恰好价值为 k 美元的信封子集。

请用归纳法证明对任意整数 $n \geq 1$，$P(n)$ 为真。

习题 5.19

用归纳法证明，对于任意整数 $n \geq 1$，有

$$1 \cdot 2 + 2 \cdot 3 + 3 \cdot 4 + \ldots + n(n+1) = \frac{n(n+1)(n+2)}{3} \quad (5.18)$$

习题 5.20

一个 k 位 AND 电路有 k 个 0-1 输入，[①]即 $d_0, d_1, \ldots, d_{k-1}$，以及一个 0-1 输出，即

$$d_0 \text{ AND } d_1 \text{ AND } \ldots \text{ AND } d_{k-1}$$

同样地，OR 电路也类似，不过是将"AND"替换成"OR"。

(a) 假设我们想实现 OR 电路，但却只有 AND 电路和 NOT 门（即"反转"，由一个 0-1 值输入，得到一个 0-1 值输出）。在 AND 电路的每一个输入上附加 NOT 门，并在 AND 电路的输出上也附加 NOT 门，即可将 AND 电路转变成 OR 电路，如图 5.13 所示。请简要解释原理。

大型数字电路是由更小的数字电路组件相互连接构成的。其中，最基础的组件之一就是双输入/单输出的AND门，由两个输入进行AND操作产生输出。根据(a)部分的描述可知，一个AND门就是一个 2 位[②]AND电路。

[①] 根据通俗约定，我们用 1 表示真（**T**），用 0 表示假（**F**）。
[②] 原书勘误，原书为"1 位"，应为"2 位"。——译者注

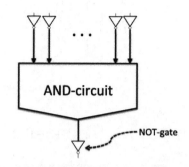

图 5.13 将 AND 电路变成 OR 电路

由一组 AND 门可以构造更大型的 AND 电路。如图 5.14 所示，3 个 AND 门可以组成一个 4 位 AND 电路。

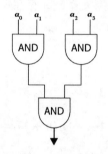

图 5.14 4 位 AND 电路

一般来说，一个深度为 n 的树型 AND 电路（简称"深度为 n 的电路"）有 2^n 个输入，可以由两个深度为 $n-1$ 的电路构造而成，以这两个深度为 $n-1$ 的电路的输出作为一个 AND 门的输入，如图 5.15 所示。那么，图 5.14 的 4 位 AND 电路就是深度为 2 的电路。深度为 1 的电路其实就是一个 AND 门。

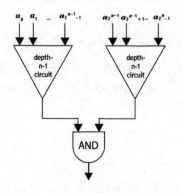

图 5.15 n 位树型 AND 电路

(b) 令 $gate\#(n)$ 表示深度为 n 的电路中 AND 门的数量。请用归纳法证明：对于任意 $n \geqslant 1$，都有

$$gate\#(n) = 2^n - 1 \qquad (5.19)$$

5.2 节习题

练习题

习题 5.21

对非负整数来说，推理的基本原理有：

1. 归纳法原理
2. 强归纳法原理
3. 良序原理

请指出下列推理规则属于以上哪一种原理。

(a)
$$\frac{P(0), \forall m.\ (\forall k \leq m.\ P(k))\ \text{IMPLIES}\ P(m+1)}{\forall n.\ P(n)}$$

(b)
$$\frac{P(b), \forall k \geq b.\ P(k)\ \text{IMPLIES}\ P(k+1)}{\forall k \geq b.\ P(k)}$$

(c)
$$\frac{\exists n.\ P(n)}{\exists m.\ [P(m)\ \text{AND}\ (\forall k.\ P(k)\ \text{IMPLIES}\ k \geq m)]}$$

(d)
$$\frac{P(0), \forall k > 0.\ P(k)\ \text{IMPLIES}\ P(k+1)}{\forall n.\ P(n)}$$

(e)
$$\frac{\forall m.\ (\forall k < m.\ P(k))\ \text{IMPLIES}\ P(m)}{\forall n.\ P(n)}$$

习题 5.22

5.2.2 节已经介绍了斐波那契数 $F(n)$。

请指出以下错误证明中的逻辑错误，并解释原因。

错误声明. 每个斐波那契数都是偶数。

错误证明. 令变量 n, m, k 是非负整数。设 Even(n) 表示 $F(n)$ 为偶数。采用强归纳法证明，归纳假设为 Even(n)。

基础步骤： $F(n) = 0$，是偶数，所以 Even(0) 为真。

归纳步骤： 根据强归纳假设，当 $0 \leqslant k \leqslant n$ 时，有 Even(k)，我们要证明 Even($n+1$)。

根据强归纳假设，Even(n) 和 Even($n-1$) 为真，即 $F(n)$ 和 $F(n-1)$ 都是偶数。由定义可知，$F(n+1) = F(n) + F(n-1)$，所以 $F(n+1)$ 也是偶数，所以 Even($n+1$) 得证。

因此，根据强归纳法原则，对于任意 $m \in \mathbb{N}$，$F(m)$ 为偶数。∎

习题 5.23

Alice 想用归纳法证明断言 P 对某些非负整数成立。她已经证明了对于任意非负整数 $n = 0, 1, \ldots$.

$$P(n) \text{ IMPLIES } P(n+3)$$

(a) 假设 Alice 证明了 $P(5)$ 为真。据此，她还可以推导出下面哪些命题？

1. 对于任意 $n \geqslant 5$，$P(n)$ 为真
2. 对于任意 $n \geqslant 5$，$P(3n)$ 为真
3. 对于 $n = 8, 11, 14, \ldots$，$P(n)$ 为真
4. 当 $n < 5$ 时，$P(n)$ 不为真
5. $\forall n.\ P(3n+5)$
6. $\forall n > 2.\ P(3n-1)$
7. $P(0)$ IMPLIES $\forall n.\ P(3n+2)$
8. $P(0)$ IMPLIES $\forall n.\ P(3n)$

(b) 想要证明对任意 $n \geqslant 5$，$P(n)$ 为真，Alice 先要证明下列哪些命题？

1. $P(0)$
2. $P(5)$
3. $P(5)$ 和 $P(6)$
4. $P(0), P(1)$ 和 $P(2)$
5. $P(5), P(6)$ 和 $P(7)$
6. $P(2), P(4)$ 和 $P(5)$

7. $P(2), P(4)$ 和 $P(6)$

8. $P(3), P(5)$ 和 $P(7)$

习题 5.24

证明：只用 4 分和 5 分邮票就可以组成任何面值大于等于 12 分的邮票。

随堂练习

习题 5.25

5.2.2 节已经介绍了斐波那契数。

请用强归纳法证明[①]，

$$F(n) = \frac{p^n - q^n}{\sqrt{5}}$$

其中 $p = \frac{1+\sqrt{5}}{2}, q = \frac{1-\sqrt{5}}{2}$。

提示：请注意 p 和 q 是 $x^2 - x - 1 = 0$ 的两个解，所以 $p^2 = p + 1, q^2 = q + 1$。

习题 5.26

如果在一个数列中，每一个数字都大于等于它后面的数字，那么这个数列是弱递减（weakly decreasing）的。（也就是说，如果这个数列只有一个数字，那么它是弱递减的。）

有一个非常重要的性质：任意大于 1 的整数都可以唯一表示成一个弱递减质数数列的乘积，这一性质简称为 pusp（product of a unique weakly decreasing sequence of primes）。下面给出了这个性质的错误证明，请解释错误之处。

请具体指出并说明证明中的问题。

引理. 每个大于 1 的整数都是 pusp。

例如，$252 = 7 \cdot 3 \cdot 3 \cdot 2 \cdot 2$，唯一存在这样的弱递减质数数列，它们的乘积是 252。

错误证明. 采用强归纳法证明，设归纳假设 $P(n)$ 为

$$n \text{ 是 pusp}$$

如果我们证明了对任意 $n \geqslant 2$，$P(n)$ 为真，则引理得证。

基础步骤（$n = 2$）：因为 2 是质数，$P(2)$ 为真。而且 2 显然是唯一满足要求的质数序列。

[①] 这个令人难以置信的公式被称作比奈公式（Binet's formula），我们会在第 16 章和 22 章详细介绍。

归纳步骤： 假设当$n \geqslant 2$时，i是 pusp，对任意$2 \leqslant i < n+1$成立。我们需要证明$P(n+1)$为真，即$n+1$也是 pusp。下面分情况讨论。

如果$n+1$是质数，那么它等于它自己构成的长度为 1 的质数数列的乘积。这个数列是唯一的，因为由质数的定义可知，$n+1$不存在其他质因数。所以，$n+1$是 pusp，即$P(n+1)$为真。

如果$n+1$不是质数，那么存在正整数$2 \leqslant k, m < n+1$使得$n+1 = km$。根据强归纳假设可知，k, m都是 pusp。把k, m对应的质数数列合并，并排序，可以得到一个唯一的弱递减质数数列，它们的乘积等于$n+1$。所以这种情况下$n+1$也是 pusp。

所以，无论哪种情况，$P(n+1)$皆为真，即对任意$n \geqslant 2$，$P(n+1)$为真。 ∎

习题 5.27

定义一个方块堆S的势（potential）为$p(S) = k(k-1)/2$，其中k是堆S中方块的个数。定义堆集合A的势等于A中所有堆的势之和。

定理 5.2.1 推导了堆盒子游戏的得分规则，请据此证明：给定任意堆的集合A，对A做一系列移动操作，得到另一个堆的集合B，那么$p(A) \geqslant p(B)$，而且这一系列移动操作的得分是$p(A) - p(B)$。

提示： 考虑对从A到B的移动次数进行归纳推理。

课后作业

习题 5.28

将$n \geqslant 1$个人分组，使每个组都有 4 个人或 7 个人。那么n可能取哪些值？使用归纳法证明你的结论。

习题 5.29

下面的引理是正确的，但证明不对。请明确指出错误之处，并解释原因。

引理. 对任意质数p和正整数$n, x_1, x_2, \ldots, x_n$，如果$p | x_1 x_2 \ldots x_n$，则存在$1 \leqslant i \leqslant n$，满足$p | x_i$。

错误证明. 采用强归纳法证明。令归纳假设$P(n)$表示引理对n成立。

基础步骤 $n = 1$：当$n = 1$时，即$p | x_1$，令$i = 1$，可得$p | x_i$。

归纳步骤： 假设当$k \leqslant n$时引理为真，现在需要证明$P(n+1)$。

假设$p | x_1 x_2 \ldots x_{n+1}$。设$y_n = x_n x_{n+1}$，则$x_1 x_2 \ldots x_{n+1} = x_1 x_2 \ldots x_{n-1} y_n$。由于等式右边是对$n$项求积，由归纳法可知$p$可以被它除尽。如果存在$i < n$，使$p | x_i$，那么$i$就是我们想要的。否则，$p | y_n$。

由于y_n等于x_n和x_{n+1}的乘积,根据归纳假设可知y_n能除尽p。所以,不论$i = n$还是$i = n + 1$,$p|x_i$都为真。

习题 5.30

5.2.2 节已经介绍了斐波那契数$F(n)$。

斐波那契数还有很多特别的性质,例如

$$F(0)^2 + F(1)^2 + \ldots + F(n)^2 = F(n)F(n+1) \tag{5.20}$$

请用归纳法证明:当$n \in \mathbb{N}$时,式 5.20 为真。归纳假设$P(n)$即为等式本身。

- 证明**基础步骤**($n=0$)。
- 证明**归纳步骤**。

习题 5.31

用强归纳法证明:对于任意整数$n \geqslant 0$,都有$n \leqslant 3^{n/3}$。

习题 5.32

请用**归纳法**(一般归纳法或强归纳法皆可,但请具体指明)证明:任何一个大于或等于 18 人的班级都是由 4 人和 7 人的学生小组构成的。归纳假设为:

$$S(n)::= n+18 \text{ 人的班级可以由 4 人和 7 人的学生小组构成}$$

习题 5.33

请用归纳法(一般归纳法或强归纳法皆可,但请具体指明)证明:仅用 10 分和 15 分的邮票,就可以得到任意大于等于 10 且是 5 的倍数的面值。归纳假设为:

$$S(n)::= \text{面值为}(5n+10)\text{分的邮票,只需要 10 分和 15 分的邮票即可组成}$$

第 6 章 状态机

状态机（State Machines）是对逐步过程（step-by-step processes）的简单抽象。计算机程序可以看作是逐步的计算过程，所以计算机科学领域经常用到状态机并不奇怪。此外，状态机还被广泛应用于其他领域，例如数字电路设计、概率过程建模等。本章将介绍弗洛伊德不变性原理（Floyd's Invariant Principle）。弗洛伊德的不变性原理是归纳法的变种之一，专门用于证明状态机的各种性质。

在计算机科学领域，归纳法最重要的应用之一是证明一个或多个性质在整个过程的各个步骤一直成立。这种在一系列操作或步骤中保持不变的特性，称作保持不变性（preserved invariant）。

很多时候都需要这种不变性，例如：不超过特定值的变量，副翼收起时飞机高度不低于 1000 英尺，核反应堆温度绝不能超过阈值以免熔化。

6.1 状态和转移

所谓状态机，其实就是集合上的二元关系，这个集合中的元素称为"状态"，这个关系称为转移关系，转移关系图中的箭头表示一次转移（transition）。从状态 q 到状态 r 的转移则写作 $q \to r$。转移关系又称状态机的状态图（state graph）。此外，状态机都有一个初始状态（start state）。

例如，0 到 99 的有界计数器是一个简单的状态机，它会在 100 时溢出（overflow），如图 6.1 所示。

图 6.1 上界为 99 的计数器状态转移图

其中，圆圈表示状态，箭头表示转移，标注 0 的双圆圈表示初始状态。更准确地说，这个有界状态机为

状态　　　::= {0,1, ... 99, 溢出}
初始状态 ::= 0
转移　　　::= {n → n + 1 | 0 ≤ n < 99} ∪ {99 → 溢出, 溢出 → 溢出}

一旦溢出，状态机就失效了，因为无法摆脱溢出状态。

通常，状态机中的状态数目是有限的，例如数字电路和字符串模式匹配算法的状态机；而连续计算的状态机往往包含无限个状态。例如，我们可以定义一个不断计算而不会溢出的"无界"计数器，而不是只加到 99。这个无界计数器的状态机包含无限个状态，即全体非负整数，这时很难画出相应的状态转移图。

通常还会定义状态和（或）转移的标签，表示输入或输出值、成本、容量或概率等含义。为了简化问题，本书暂时不考虑这些标签。不过我们对状态进行命名以便进行理解（参见图 6.1），但注意这些名称并不是状态机的一部分。

6.2 不变性原理

6.2.1 沿对角线移动的机器人

设想我们现在有一个无限的二维整数网格，机器人在这个空间内移动。任意时刻机器人的状态就是它所在位置的二维坐标(x, y)。那么，初始状态为$(0,0)$。如图 6.2 所示，机器人的每一步移动只能是相邻的对角线网格。

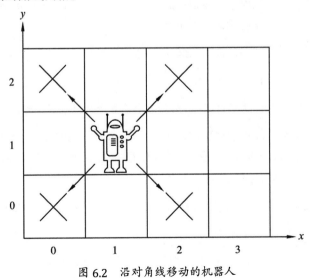

图 6.2　沿对角线移动的机器人

机器人的状态转移的准确表示为

$$\{(m,n) \to (m \pm 1, n \pm 1) | m, n \in \mathbb{Z}\}$$

例如，第一次移动后，机器人的状态可能是$(1,1),(1,-1),(-1,1)$或$(-1,-1)$。两步之后，有九种可能状态，包括开始状态$(0,0)$在内。那么问题是，机器人可以到达状态$(1,0)$吗（参见图 6.3）？

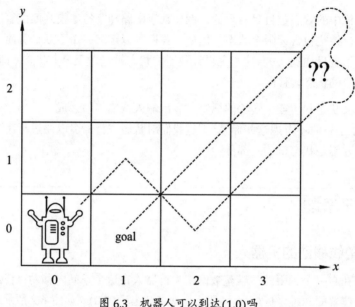

图 6.3　机器人可以到达$(1,0)$吗

我们观察这个机器人，发现它所能到达的位置(m,n)，都满足$m+n$为偶数。也就是说，它无法到达$(1,0)$。转移过程中坐标值之和是偶数，这就是保持不变性。

让我们重新审视一下这个不变性。定义状态的偶数和的性质如下：

$$\text{Even} - \text{sum}((m,n))::= [m+n \text{为偶数}]$$

引理 6.2.1　给定对角线移动的机器人，对任意转移$q \to r$，如果 Even-sum(q)，则 Even-sum(r)。

从机器人转移的定义可以直接得出这个引理，即$(m,n) \to (m \pm 1, n \pm 1)$。一次转移后，坐标和的增量为$(\pm 1)+(\pm 1)$，即 0，2 或-2。偶数加上 0，2 或-2，得到的值一定也是偶数。因此，对转移次数做简单推理，可以证明：

定理 6.2.2　给定沿对角线移动的机器人，它在任何可达状态下的横纵坐标之和都为偶数。

证明．采用归纳法证明。归纳假设为

$$P(n)::= \text{若机器人在}n\text{次转移后到达状态}q, \text{则 Even} - \text{sum}(q)。$$

基本步骤：初始状态（即0次转移）为(0,0)，0 + 0是偶数，故$P(0)$为真。

归纳步骤：假设$P(n)$为真，令r表示任意$n + 1$次转移后的状态。我们现在要证明 Even-sum(r) 成立。

由于r是$n + 1$次转移后的状态，则必然存在n次转移后的状态q满足$q \to r$。已知假设 Even-sum(q)为真，由引理 6.2.1 可得 Even-sum(r)也为真。所以，$P(n)$ IMPLIES $P(n + 1)$，归纳步骤证明完毕。

根据归纳法得出结论，对任意$n \geq 0$，若机器人在n次转移后到达状态q，则 Even-sum(q)。所以，该机器人可到达的任何状态都满足 Even-sum 性质。∎

推论 6.2.3 该机器人无法到达位置(1,0)。

证明. 由定理 6.2.2 可知，机器人只能到达横纵坐标和为偶数的位置，故不能到达位置(1,0)。∎

6.2.2 不变性原理的定义

以上沿对角线移动的机器人可达位置坐标之和恒为偶数的例子，是不变性原理证明方法的简单示范。不变性原理总结了如何基于到达某个状态所需的转移次数，对不变性进行归纳证明。

状态机的执行（execution）描述状态机可能采取的步骤构成的序列。

定义 6.2.4 状态机的执行是指状态机可能具有的状态序列（可能是无限的），满足以下性质
- 从初始状态开始，并且
- 若q, r表示序列中两个连续的状态，那么$q \to r$。

执行中出现的状态是可达的（reachable）。

定义 6.2.5 状态机的保持不变性是指关于状态的谓词P[①]满足：对任意状态q，如果$P(q)$为真，且存在状态r，其中$q \to r$，那么$P(r)$也为真。

不变性原理

如果状态机的保持不变性在初始状态为真，则所有可达状态皆为真。

不变性原理其实是归纳原理在状态机上的重新定义。即：基本步骤是证明初始状态时谓词

[①] 具有保持不变性的谓词P又称保持不变式，简称不变式。——译者注

为真,然后在归纳步骤证明谓词是保持不变式。①

罗伯特·W·弗洛伊德(Robert W. Floyd)

不变性原理的形式化定义是由罗伯特·W·弗洛伊德于 1967 年在卡耐基技术学院提出的。(次年,卡耐基技术学院更名为卡耐基梅隆大学)。弗洛伊德在形式文法方面建树颇丰,在编程语言句法分析领域颇有影响。因此,尽管他从未获得过博士学位,依旧被聘为教授。(事实上,弗洛伊德曾经作为神童被一个博士项目录取,但因为考试不及格被退学了。)

同年,艾伯特·R·迈尔(Albert R. Meyer)被聘为卡耐基技术学院计算机科学系的助理教授,这是他第一次遇见弗洛伊德。他俩是整个系里仅有的理论研究者,并乐于就彼此感兴趣的问题展开讨论。几次讨论之后,弗洛伊德这位新同事就认定弗洛伊德是他遇见过的最聪明的人。

当然,弗洛伊德把他尚未发表的工作——不变性原理——第一个告诉了迈尔。但迈尔不理解(当然是私下的)像弗洛伊德这么聪明的人为什么会对这么简单的发现如此兴奋。弗洛伊德只好举了很多例子让迈尔理解他为什么兴奋——不变性原理确实非常简单,但是如此简捷的方法却可以轻而易举地广泛应用于程序验证。

次年,弗洛伊德去了斯坦福。20 世纪 70 年代末,他凭借在文法与程序验证方面的工

---

① 保持不变性(preserved invariants)往往直接称作"不变性"(invariant),但这里我们依旧采用保持不变性这一说法,以免和其他概念混淆。例如,有的教材(包括 MIT 的另一门课)中的"不变性"是指"谓词在所有可达状态都为真"。我们称之为"不变性-2"。"不变性-2"看上去很合理,因为这个定义不考虑不可达状态,只是为了展示某个性质是不是"不变性-2"。然而,有时候我们的目的是通过寻找保持(preserved)不变性——即使不可达状态也保持不变——的方法,来展示某个性质是不是"不变性-2",这个时候就会产生歧义。

作被授予图灵奖，这是计算机科学领域的"诺贝尔奖"。从 1968 年起直至 2001 年 9 月弗洛伊德去世，他一直待在斯坦福。如果你想进一步了解弗洛伊德的生平和工作，可以参阅他最亲密的同事高·德纳撰写的悼词：

http: //oldwww.acm.org/pubs/membernet/stories/floyd.pdf

6.2.3 示例：《虎胆龙威》

电影《虎胆龙威 3》里面有一个很有意思的状态机。在电影中，由塞缪尔·L·杰克逊（Samuel L. Jackson）和布鲁斯·威利斯（Bruce Willis）扮演的主角需要拆除邪恶的西蒙·格鲁伯（Simon Gruber）所安放的炸弹。

> **西蒙**：喷泉上面有两个壶，看到了吗？容量分别是 5 加仑和 3 加仑。向其中一个壶倒入正好 4 加仑的水，放到刻度盘上，计时器就会停止。必须非常精确，多了或少了哪怕差一盎司都会爆炸。如果 5 分钟后你还活着，我们再谈。
>
> **布鲁斯**：等等，等一下。我不明白，你呢？
>
> **塞缪尔**：我也不明白。
>
> **布鲁斯**：去拿壶吧。3 加仑的壶肯定放不下 4 加仑水。
>
> **塞缪尔**：废话。
>
> **布鲁斯**：好吧，我知道了。把 3 加仑的壶装满，正好是 3 加仑水，对吧？
>
> **塞缪尔**：嗯。
>
> **布鲁斯**：好，现在把这 3 加仑水倒到 5 加仑的壶里，那么 5 加仑的壶中现在有 3 加仑水了吧？
>
> **塞缪尔**：是啊，然后呢？
>
> **布鲁斯**：嗯。然后往 3 加仑壶里倒 1/3……
>
> **塞缪尔**：不行！他说要"精确"，得刚好 4 加仑才行。
>
> **布鲁斯**：呃，方圆 50 里每一个警察都在争分夺秒，而我竟然在这玩小孩子的游戏！
>
> **塞缪尔**：喂，能不能先关注手头的问题？

幸运的是，最终他们及时地找到了解决方法。你也可以。

《虎胆龙威3》状态机

这个装水的问题可以用状态机加以描述：令大壶的装水量为 b、小壶的装水量为 l，两个壶的容量分别是 5 加仑和 3 加仑，实数对 (b,l) 表示状态，其中 $0\leqslant b\leqslant 5$、$0\leqslant l\leqslant 3$。（可以证明，b,l 的可达值是非负整数，注意不能假设未经证明的东西。）开始时两个壶都是空的，所以初始状态为 $(0,0)$。

由于壶里装多少水必须是精确的，我们只能选择装满或清空壶里的水。所以存在以下几种状态转移：

1. 装满小壶：对 $l < 3$，$(b,l) \to (b,3)$。
2. 装满大壶：对 $b < 5$，$(b,l) \to (5,l)$。
3. 清空小壶：对 $l > 0$，$(b,l) \to (b,0)$。
4. 清空大壶：对 $b > 0$，$(b,l) \to (0,l)$。
5. 把小壶中的水倒入大壶：对 $l > 0$，

$$(b,l) \to \begin{cases}(b+l,0) & 若 b+l \leqslant 5 \\ (5, l-(5-b)) & 其他\end{cases}$$

6. 把大壶中的水倒入小壶：对 $b > 0$，

$$((b,l) \to \begin{cases}(0,b+l) & 若 b+l \geqslant 3 \\ (b-(3-l),3) & 其他\end{cases}$$

注意，不同于之前的计数器状态机，这个状态机存在多个状态位置转移。每个状态至多存在一种转移的状态机，称为确定性（deterministic）状态机，比如计数器状态机。如果状态存在多个转移状态，则称为非确定性（nondeterministic）状态机，比如虎胆龙威状态机。

由于状态 $(4,3)$ 是可达的，所以《虎胆龙威3》最后拆弹成功。

虎胆龙威终结篇

《虎胆龙威》系列让人有些审美疲劳，让我们做个了结吧——虎胆龙威终结篇。这次，西蒙的兄弟回来复仇并提出了相同的挑战，不过这次两个壶的容量分别是 3 加仑和 9 加仑。除了把 5 换成 9，其他都和《虎胆龙威3》中的状态机一样。

对这个状态机而言，任何形如 $(4,l)$ 的状态都是不可达的。我们用不变性原理对其进行证明。定义保持不变式谓词 $P((b,l))$ 为 b 和 l 都是 3 的非负倍数。

要证明 P 对所有虎胆龙威状态机保持不变性，我们假设存在状态 $q ::= (b, l)$，$P(q)$ 为真，并且 $q \to r$。接下来要证明 $P(r)$ 为真。根据状态转移规则进行分类讨论。

情形一是"装满小壶"，即 $r = (b, 3)$。由 $P(q)$ 可知，b 是 3 的倍数，显然 3 是 3 的倍数，所以 $P(r)$ 为真。

另一情形是"把大壶中的水倒入小壶"。一种情况是小壶不足以容纳全部的水，即 $b + l > 3$，那么 $r = (b - (3 - l), 3)$。由 $P(q)$ 可知，b, l 都是 3 的倍数，故 $b - (3 - l)$ 也是 3 的倍数，所以这时 $P(r)$ 为真。

同理可得其他情形，这里不进行赘述。所以，根据不变性原理，我们得出结论：所有可达状态都满足 P。而 $(4, l)$ 不满足 P，因此我们残酷地证明了布鲁斯死定了。

顺便提一下，状态 $(1, 0)$ 满足 $\text{NOT}(P)$，可以转移到 $(0, 0)$，而 $(0, 0)$ 满足 P。所以保持不变式的否命题不一定是保持不变式。

6.3 偏序正确性和终止性

弗洛伊德指出了程序验证所需的两个特性。第一个特性是偏序正确性（partial correctness），即过程（process）的最终结果（如果有的话）必须满足系统的要求。

你或许觉得，既然结果是部分[1]正确的，当然也是部分不正确的。弗洛伊德不是这个意思。"偏序"（partial）一词指的是计算偏序关系的过程不一定会终止。偏序正确性是指如果有结果，那么结果是正确的，但是过程并不总是有结果，例如可能陷入死循环。

第二个正确性特性是终止性（termination），即过程总是会产生最终结果。

偏序正确性通常使用不变性原理证明，终止性一般使用良序原理证明。下面我们通过快速求幂运算程序验证来具体说明。

6.3.1 快速求幂

求幂

计算 a 的 b 次方，最直接的方法就是将 a 乘 a 重复 $b - 1$ 次。而下面这个快速求幂程序能够显著减少乘法运算的次数。x, y, z, r 表示保存数字的寄存器。赋值语句的形式为：$z := a$，表示将寄存器 z 中的数字赋值为 a。

---

[1] 这里 partial 有两种含义，这里表示"部分"，但正文是"偏序"的意思。——译者注

> **快速求幂程序**
>
> 给定输入 $a \in \mathbb{R}, b \in \mathbb{N}$，将寄存器 x, y, z 分别初始化为 $a, 1, b$。重复执行以下步骤直至程序终止。
>
> - 若 $z := 0$ 则返回 y 并终止
> - $r :=$ 求余$(z, 2)$
> - $z :=$ 求商$(z, 2)$
> - 若 $r = 1$，则 $y := xy$
> - $x := x^2$

我们断言这个程序总是会终止，而且结果是 $y = a^b$。

现在，我们通过状态机对程序行为进行建模：

1. 状态 $::= \mathbb{R} \times \mathbb{R} \times \mathbb{N}$

2. 初始状态 $::= (a, 1, b)$

3. 状态转移规则

$$(x, y, z) \longrightarrow \begin{cases} (x^2, y, 求商(z,2)) & 若z为非零偶数 \\ (x^2, xy, 求商(z,2)) & 若z为非零奇数 \end{cases}$$

保持不变式 $P((x, y, z))$ 为

$$z \in \mathbb{N} \text{ AND } yx^z = a^b \tag{6.1}$$

要证明 P 成立，我们假设 $P((x, y, z))$ 为真，而且 $(x, y, z) \rightarrow (x_t, y_t, z_t)$。接下来，我们需要证明 $P((x_t, y_t, z_t))$ 为真，即

$$z_t \in \mathbb{N} \text{ AND } y_t x_t^{z_t} = a^b \tag{6.2}$$

由于 (x, y, z) 存在出向的转移，所以 $z \neq 0$，由公式 6.1 可知 $z \in \mathbb{N}$，考虑两种情况：

当 z 为偶数时，$x_t = x^2, y_t = y, z_t = z/2$。因此，$z_t \in \mathbb{N}$，且

$$\begin{aligned} y_t x_t^{z_t} &= y(x^2)^{z/2} \\ &= yx^{2 \cdot z/2} \\ &= yx^z \\ &= a^b \qquad \text{（根据公式 6.1）} \end{aligned}$$

当z为奇数时，$x_t = x^2, y_t = xy, z_t = (z-1)/2$。因此，$z_t \in \mathbb{N}$，且

$$\begin{aligned} y_t x_t^{z_t} &= xy(x^2)^{(z-1)/2} \\ &= yx^{1+2\cdot(z-1)/2} \\ &= yx^{1+(z-1)} \\ &= yx^z \\ &= a^b \end{aligned} \qquad \text{（根据公式 6.1）}$$

以上两种情况，公式 6.2 都为真，所以P是保持不变式。

现在，证明偏序正确性就很简单了：当这个快速求幂程序终止时，寄存器y产生结果a^b。由于$1 \cdot a^b = a^b$，所以初始状态$(a,1,b)$满足P。根据不变性原理，P对所有可达状态恒为真。而只有当$z = 0$时，程序才会终止。既然终止状态$(x,y,0)$是可达的，那么$y = yx^0 = a^b$。

没错，它是偏序正确的，但是快在哪里呢？事实上，计算a^b所需的乘法运算的次数大约等于b的二进制数表示形式的长度，即$\log b^{①}$，而原始方法则需要$b - 1$次。

准确地说，快速求幂算法计算a^b（其中$b > 1$）最多需要$2(\lceil \log b \rceil + 1)$次乘法运算。原因如下：寄存器$z$的初始值为$b$，每一次状态转移，这个值至少减半。因此，在$z$变为0程序终止之前，它经历了不超过$\lceil \log b \rceil + 1$次转移，而每一次转移最多涉及两次乘法运算。所以，对任意$b > 0$，乘法运算的总次数为$2(\lceil \log b \rceil + 1)$，直到$z = 0$程序终止（参考习题 6.6）。

6.3.2 派生变量

刚才证明终止性的时候，我们为状态赋予了一个非负整数度量值，一般称其为状态的"规模"（size）。显然，状态的规模随着每一次状态转移逐渐减小。根据良序原理，状态的规模不可能无限减小。一旦状态机到达最小规模状态，就不再发生任何转移，即过程终止。

通常来说，对状态进行赋值——不一定是非负整数，也不一定随着状态转移而减小——在算法分析中往往很有用，类似于物理学中的势函数（potential function）。在计算过程中，这样的状态赋值称为派生变量（derived variables）。

例如在《虎胆龙威》的状态机中，引入派生变量f:状态 $\to \mathbb{R}$表示两个壶的装水量之和，即$f((a,b)) ::= a + b$。同理，在机器人问题中，派生变量x-coord 表示机器人所在位置的x轴坐标，即$x - coord((i,j)) ::= i$。

下面是一些派生变量的性质，对分析状态机很有帮助。

---

① 在计算机科学中，通常来说，$\log b$表示以2为底即$\log_2 b$，$\ln b$表示自然底数即$\log_e b$，其他情况需要明确写出底数，比如$\log_{10} b$。

定义 6.3.1 派生变量 f: 状态 $\to \mathbb{R}$ 是严格递减的（strictly decreasing），当且仅当
$$q \to q' \text{ IMPLIES } f(q') < f(q)$$
派生变量 f: 状态 $\to \mathbb{R}$ 是弱递减的（weakly decreasing），当且仅当
$$q \to \text{ IMPLIES } f(q') \leqslant f(q)$$
同理可以定义严格递增（strictly increasing）和弱递增（weakly increasing）的派生变量。①

在快速求幂程序中，派生变量 z 的值是非负整数，并且严格递减。由此我们可以证明终止性：

定理 6.3.2 如果状态机的派生变量 f 的取值范围是 $\mathbb{N}$ 且严格递减，那么从起始状态 q 开始的执行长度不超过 $f(q)$。

当然，可以对 $f(q)$ 进行归纳来证明定理 6.3.2，不过我们先看看这条定理说的是什么：从某个非负整数 $f(q)$ 开始倒数，所需的次数一定不超过 $f(q)$。那可不是嘛，这太显然了。

6.3.3　基于良序集合的终止性（选学）

定理 6.3.2 直接将派生变量的取值推广至良序集合了（参见 2.4 节）。

定理 6.3.3 如果状态机存在严格递减的派生变量，且它的值域是一个良序集合，那么状态机的任意执行都一定会终止。

定理 6.3.3 基于这样一个事实：一个集合是良序的，当且仅当这个集合不存在无限的递减序列（参见习题 2.22）。

注意，弱递减的派生变量不能保证状态机的每一次执行都会终止。试想一下，如果弱递减的派生变量是一个常量，那么状态机就会无限执行下去。

6.3.4　东南方向跳跃的机器人（选学）

为了证明良序集合上严格递减的派生变量具有终止性，我们再举一个简单的例子。假设有一个在非负整数象限 $\mathbb{N}^2$ 中移动的机器人。

机器人的当前位置为 (x, y)（非原点 $(0, 0)$），那么机器人的状态转移可能是

- 向西移动一个单位——$x > 0$ 时，$(x, y) \to (x - 1, y)$，或者

- 向南移动一个单位，同时向东跳跃任意距离——$z \geqslant x$ 时，$(x, y) \to (z, y - 1)$。

---

① 弱递增（weakly increasing）常常又称为不减（nondecreasing）。我们不采用这个术语，以免混淆不减（not strictly increasing）变量和不是递减（not decreasing）变量，后者更弱一些。

我们假设机器人不能离开非负象限。

断言 6.3.4 机器人一定在原点终止。

将这个机器人看作非确定性状态机，那么断言 6.3.4 讲述的是这个状态机的终止情况。这个断言似乎显然成立，但其实它的证明比非负整数变量的终止性更加困难。因为就算知道机器人当前所在位置(0,1)，但我们无法确定机器人什么时候无法继续移动。如果机器人跑到很远的东边，则需要很久才能终止，所以我们不能用定理 6.3.2 证明终止性。

那么，断言 6.3.4 还是显然成立的吗？

当然是的，不过需要一点技巧。定义派生变量 v，将机器人的状态映射成良序集合 $\mathbb{N} + \mathbb{F}$ 上的值（引理 2.4.5）。即，定义 $v: \mathbb{N}^2 \to \mathbb{N} + \mathbb{F}$ 如下

$$v(x,y) ::= y + \frac{x}{x+1}$$

这样，不难发现，如果 $(x,y) \to (x',y')$ 是一次合理的转移，那么 $v((x',y')) < v((x,y))$。而 v 是严格递减的派生变量，由定理 6.3.3 可知机器人总是会终止移动的——虽然我们不知道经过多少次移动之后才会终止。

6.4 稳定的婚姻

假设在我们这个男性和女性构成的世界里，在选择婚姻对象的时候，每个人都有一个关于异性的偏好列表：每个男性都有关于所有女性的偏好列表，每个女性也都有关于所有男性的偏好列表。

这种偏好不一定是对称的，比如，Jennifer 最喜欢的人是 Brad，但 Brad 不一定最喜欢 Jennifer。我们的目标是让大家都能结婚：每一个男性必须只能娶一个女性，反之，每个女性必须只能嫁给一个男性——不考虑多角恋或同性恋婚姻。[1]而且，男性和女性之间的配对必须是稳定的（stable），即不存在配偶不是真爱的夫妻。

例如，假设 Brad 最喜欢 Angelina，而 Angelina 也最喜欢 Brad，但他们却都和别人结了婚，分别是 Jennifer 和 Billy Bob。那么，*Brad* 和 *Angelina* 更爱的是对方，而不是他们各自的配偶，这样一来他们的婚姻就危险了。很快，他们就会面临各种问题。

图 6.4 展示了这种不幸的情况，其中男性旁边的"1"和"2"表示他第一和第二喜欢的女性，同样，女性旁边的"1"和"2"表示她第一和第二喜欢的男性。

---

[1] 同性婚姻是一个有趣的问题，但我们在这里不讨论。

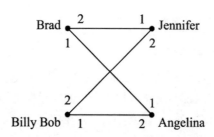

图 6.4　4 个人的爱情。两个男性的最爱都是 Angelina，两个女性的最爱都是 Brad。

如果一对男女不是夫妻、比起原配他们更加爱着彼此，我们称之为流氓情侣（rogue couple）。在图 6.4 中，Brad 和 Angelina 就是一对流氓情侣。

流氓情侣的存在是不好的，会影响他人婚姻的稳定。反之，如果不存在流氓情侣，那么对任何一对不是夫妻的男女，他／她一定爱配偶胜过对方，从而彼此不会出现婚外情。

定义 6.4.1　稳定的配对（stable matching）不存在流氓情侣。

问题是，如果知道每个人对异性的偏好，你能找出一组稳定的婚姻配对吗？例如，如图 6.4 所示，现在有 4 个人，假设 Brad 和 Angelina 的第一选择都是对方，并结了婚。也就是说，Brad 和 Angelina 没有其他更喜欢的第三者，所以不存在流氓情侣。虽然 Jennifer 并不情愿地嫁给了 Bob，但由于他们没有可以引诱的人，所以这是一个稳定的配对。

可以证明，对任意一组男性和女性来说，总是存在稳定的婚姻配对。这个结论并不是那么显而易见的，甚至令人惊讶。事实上，如果考虑同性或好友配对，即不考虑性别因素进行配对，那么稳定配对可能就不复存在了。习题 6.23 探讨了 4 个好友配对的情况下，不存在稳定配对。但是，如果男性只能和女性配对，而且女性只能和男性配对，有一个简单的算法可以产生稳定配对，我们通过保持不变式来理解和说明这个过程。

6.4.1　配对仪式

我们将寻找稳定配对的过程称为配对仪式（mating ritual）。这个过程往往会持续几天。第一天，每个男性对所有女性有一个偏好列表，同样每个女性对所有男性也有一个偏好列表。接下来的每一天：

上午　每个男性选择他偏好列表最顶端的女性，站在她家楼下深情吟唱，这时我们将这个男性称为这个女性的追求者（suitor）。如果一个男性的偏好列表为空，那他只能在家做数学作业了。

下午　每个女性对她的所有追求者，选择最喜欢的男性，对他说，"我们可能会订婚，请留下。"同时，对其他追求者说，"不，我不会嫁给你的！请离开。"

晚上　被女性拒绝的男性，将这个女性从他的偏好列表中剔除。

终止条件　当每个女性至多存在一个追求者时，配对仪式终止。这时，每个女性都会与她的追求者结婚，如果她有追求者的话。

关于这个配对仪式，我们需要证明：

- 配对仪式最终一定会到达终止条件。
- 每个人都会结婚。
- 最终的婚姻配对是稳定的。

为了证明以上结论，我们采用状态机来描述这个配对仪式。每一天的开始状态是对于每一个男性来说，他会对哪个女性吟唱——也就是说，剔除之前拒绝他的女性后、处于偏好列表顶端的女性。

阿卡迈公司的配对仪式

互联网基础设施提供商阿卡迈（Akamai）公司的创始人汤姆·莱顿（Tom Leighton），采用类似配对仪式的算法进行网络负载调度。

早期阿卡迈采用的是其他组合优化算法，但随着服务器数量的增加（2010年超过65 000台），以及请求量越来越大（每天超过8000亿次），这些算法变得越来越慢。后来，阿卡迈转而采用类似配对仪式的方法，以分布式的方式快速运行。

在这里，网络请求相当于女性，而服务器相当于男性。网络请求基于丢包和延迟情况确定对服务器的偏好，而服务器基于带宽成本和位置确定对网络请求的偏好。

6.4.2 我们结婚吧

现在我们证明配对仪式一定会终止，最终每个人都会结婚。只要配对仪式没有终止，那么当天一定至少存在一个男性，从他的偏好列表里剔除一个女性。（如果配对仪式没有终止，必然存在某个女性至少被两位男性追求，而且至少一位男性不得不把她从名单中划掉。）假设初始状态时，有n位男性和n位女性，那么对这n个男性来说，每个男性的名单中有n个女性，共计n^2条记录。由于女性永远不会被加入名单，所以每天的记录总数是递减的，因此配对仪式最多只会持续n^2天。

6.4.3 他们从此幸福地生活在一起

接下来我们证明配对仪式产生的是稳定婚姻。我们注意到这样一个事实：如果一个女性在某天上午已经有了追求者，她最爱的男性还是可能在第二天上午出现——即她最爱的这个男性的名单不变。她今天最喜欢的肯定是明天的追求者。即，她明天要选择的对象，至少是今天最喜欢的。那么，随着时间一天天地流逝，她的最爱要么保持不变，要么更优秀，但一定不会更差。这听起来很像不变式。对，是的。令P表示谓词

> 对任意女性w和男性m，如果w被m从偏好列表中剔除，则w一定有一个比m更好的追求者。

推论 6.4.2 在配对仪式中，P是保持不变式。

证明. 只有当女性w有一个比m更好的追求者时，w才会被m从名单中剔除。此后，除非w遇到了更好的，否则她最喜欢的追求者不变。所以，如果她最喜欢的追求者比m好，那么从那以后她最爱的一定都比m好。∎

注意，在配对仪式初始状态，没有女性被剔除，显然P为真。根据不变性原理，P总是为真。现在我们证明：

定理 6.4.3 在配对仪式中，每个人最后都会结婚。

证明. 我们用反证法进行证明，假设到最后一天，Bob（男）还没有结婚。也就是说，Bob没有向任何人求爱，他的偏好列表一定为空。因此，每一个女性都被他从名单中剔除了，而由于P为真，即每一个女性都有一个比Bob更好的追求者。另一方面，由于这是最后一天，每一个女性应该只有一位追求者，即她们将要结婚的对象。考虑到男女数量相同，如果所有的女性都会结婚，那么男性亦然，这与假设Bob没有结婚不符。∎

定理 6.4.4 配对仪式产生的是稳定婚姻。

证明. 令Brad（男）和Jen（女）分别是最后一天没有婚配的男女。我们需要证明他们不

是流氓情侣，进而可知所有婚姻都是稳定的。下面分两种情况讨论。

情形 1： 在最后一天，Jen 不在 Brad 的名单中。根据不变式 P，Jen 必然有一个比起 Brad 她更喜欢的追求者（即她的老公）。所以 Jen 不会跟 Brad 私奔——即他们不是流氓情侣。

情形 2： 在最后一天，Jen 在 Brad 的名单中。Brad 依据名单上的偏爱顺序选择女性，那么比起 Jen 他一定更喜欢他的妻子。所以他也不会跟 Jen 私奔——即他们不是流氓情侣。 ∎

6.4.4 竟然是男性……

在配对仪式中谁占有优势呢，男性还是女性？从表面来看，女性似乎握有权利：每天，她们选择喜欢的追求者并拒绝其他人。而且，只有当更好的对象出现时，她们喜欢的追求者才会改变。而男性只能不断地向最喜欢的女性求爱，直到被拒绝，然后继续向名单中下一个最喜欢的女性求爱。从男性的角度来看，他求爱的对象只能是更差的。这样看起来，好像女性很占便宜。

但并不是这样！其实在配对仪式中，男性更占优势。下面我们给出解释。

配对仪式产生稳定配对，而稳定配对不一定是唯一的。例如，如果将男性和女性的角色对调，常常会得到不同的稳定配对。因此，在不同的稳定婚姻设定下，一个男性可能有不同的妻子。有时候一个男性可以稳定地娶任何一个女性，而大多数情况下要保证稳定婚姻，这个男性一定不能娶某些女性。例如，如图 6.4 所示，在任何稳定配对中，Jennifer 都不可能是 Brad 的妻子，因为如果他们结婚了，那么他跟 Angelina 就成了流氓情侣。这样，Jennifer 与 Brad 就不是稳定婚姻了。

定义 6.4.5 已知男性和女性的偏好，如果一对男女结合的婚姻是稳定的，那么一方是另一方的可行配偶（feasible spouse）。

定义 6.4.6 令 Q 表示谓词：对任意女性 w 和男性 m，如果 w 被 m 从名单中剔除，那么 w 不是 m 的可行配偶。

引理 6.4.7 在配对仪式中，Q 是保持不变式。[①]

证明. 假设 Q 在配对过程中的某一时刻为真，Alice（女）正要被 Bob（男）从名单中剔除。我们断言 Alice 一定不是 Bob 的可行配偶。因此，Alice 被剔除以后，Q 仍然成立，说明 Q 是不变式。

当 Alice 要被 Bob 剔除的时候，是因为 Alice 出现了一个更喜欢的追求者 Ted。由于 Q 为真，

---

① 由 P 可以证明 Q，其实应该是 P AND Q 是保持不变式。用不着那么挑剔。

Ted 所有潜在的妻子都还在他的名单上，而且 Alice 处于名单的顶端。因此，比起所有其他的可行配偶，Ted 更喜欢 Alice。现在，如果在某种稳定婚姻设定下，Alice 嫁给了 Bob，那么 Ted 一定娶了一个他没有那么喜欢的妻子，这样 Alice 和 Ted 就成了流氓情侣，这与假设矛盾。因此，Alice 一定不能嫁给 Bob，即 Alice 不是 Bob 的可行配偶，得证。∎

定义 6.4.8 一个人的最佳配偶（optimal spouse）是他们最喜欢的可行配偶，最差配偶（pessimal spouse）是他们最不喜欢的可行配偶。

每个人都有一个最佳配偶和最差配偶，因为我们知道至少存在一个稳定配对，即配对仪式过程生成的配对。由引理 6.4.7 可知配对仪式的一个重要属性：

定理 6.4.9 配对仪式使得每个男性都娶到了他的最佳配偶，而且每个女性都嫁给了她的最差配偶。

证明. 如果最后一天 Bob 娶了 Alice，那么在 Bob 的名单上，所有排在 Alice 前面的女性都被剔除了，那么根据属性Q，这些女性都不是 Bob 的可行配偶。因此，Alice 是排名最靠前的可行配偶，即 Alice 是 Bob 的最佳配偶。

另一方面，由于 Bob 喜欢 Alice 超过其他任何潜在的妻子，如果比起 Bob，Alice 更不喜欢她的老公，那么 Alice 和 Bob 就成了流氓情侣。因此，Bob 一定是 Alice 最不喜欢的可行配偶。∎

6.4.5 应用

配对仪式算法最初是由 D. Gale 和 L.S. Shapley 于 1962 年首次在论文中提出的。其实，在 Gale-Shapley 发表论文的十年之前，他们不知道全国住院医生配对计划（National Resident Matching Program，NRMP）有一个类似的算法，将每年医学院的毕业生（以前称为"实习生"）分配到医院，这里医院和毕业生就相当于男性和女性的角色。[1]采用配对算法之前，存在一些慢性干扰和尴尬对策，导致不稳定的分配。配对算法很好地解决了这些问题，算法原封不动地一直沿用至 1989 年。[2]由于这方面的相关研究，Shapley 于 2012 年被授予诺贝尔经济学奖。

此外不足为奇的是，配对仪式算法还被用于不止一个大型相亲网站。当然不存在求爱吟唱的动作，一切都由计算机完成。

---

[1] 这时，多个女性可以嫁给同一个男性，这只不过是稍微增加了一点复杂性，参见习题 6.24。
[2] 关于稳定婚姻问题，更多内容请参考 Dan Gusfield 和 Robert W. Irving 的数学专著[25]。

6.3 节习题

练习题

习题 6.1

在《虎胆龙威 3》状态机中，以下哪些状态只能转移至两个状态？

虎胆龙威状态转移

1. 装满小壶：当 $l < 3$ 时，$(b, l) \to (b, 3)$。

2. 装满大壶：当 $b < 5$ 时，$(b, l) \to (5, l)$。

3. 清空小壶：当 $l > 0$ 时，$(b, l) \to (b, 0)$。

4. 清空大壶：当 $b > 0$ 时，$(b, l) \to (0, l)$。

5. 把水从小壶倒到大壶：当 $l > 0$ 时，

$$(b, l) \to \begin{cases} (b + l, 0) & \text{若 } b + l \leq 5 \\ (5, l - (5 - b)) & \text{其他} \end{cases}$$

6. 把水从大壶倒到小壶：当 $b > 0$，

$$(b, l) \to \begin{cases} (0, b + l) & \text{若 } b + l \leq 3 \\ (b - (3 - l), 3) & \text{其他} \end{cases}$$

课后作业

习题 6.2

20 世纪 60 年代末，军事集团夺取了 Nerdia 共和国的政权，废除了已有的乘法运算，并且只允许除以 3 的除法。幸运的是，一位年轻的勇士找到了一种方法，在不受军事集团迫害的情况下，实现任意两个非负整数相乘。他将算法告诉了人们：

算法：乘法（x, y 为非负整数）

```
r := x;
s := y;
a := 0;
while s ≠ 0 do
    if 3 | s then
        r := r + r + r;
        s := s/3;
    else if 3 | (s − 1) then
        a := a + r;
        r := r + r + r;
        s := (s − 1)/3;
    else
        a := a + r + r;
        r := r + r + r;
        s := (s − 2)/3;
return a;
```

我们用状态机描述这个算法，其中状态是一个非负整数三元组(r,s,a)。初始状态是$(x,y,0)$。状态转移规则是当$s>0$时：

$$(r,s,a) \rightarrow \begin{cases} (3r, s/3, a) & \text{若 } 3|s \\ (3r, (s-1)/3, a+r) & \text{若 } 3|(s-1) \\ (3r, (s-2)/3, a+2r) & \text{其他} \end{cases}$$

- 当$x=5, y=10$时，请列出算法执行的具体步骤。
- 使用不变性方法证明：算法是偏序正确的，即当$s=0$时，$a=xy$。
- 证明：算法主体 do 语句部分最多执行$1+\log_3 y$次，然后算法终止。

习题 6.3

一个叫 Wall-E 的机器人在二维网格中游荡。他从(0,0)出发，只能按照以下四种类型的步法移动：

1. $(+2, -1)$
2. $(+1, -2)$
3. $(+1, +1)$
4. $(-3, 0)$

举一个例子，Wall-E 可能按下面这个顺序走，其中箭头上的数字表示每一步的类型：

$$(0,0) \xrightarrow{1} (2,-1) \xrightarrow{3} (3,0) \xrightarrow{2} (4,-2) \xrightarrow{4} (1,-2) \to \ldots$$

Wall-E 的真爱，最时尚最强大的机器人 Eva，在(0,2)等着他。

- 用状态机模型描述该问题。
- Wall-E 最终能找到他的真爱 Eva 吗？如果能，请找出一条从 Wall-E 到 Eva 的路径；如果不能，请使用不变性原理证明。

习题 6.4

一只饥饿的蚂蚁被放在一个无限的网格中。网格中的每一个方块要么是空的，要么有食物。有食物的方块形成了一条路径，除了路径末端的方块以外，每一个有食物的方块必然与另外两个有食物的方块相邻。将蚂蚁放在这条路径的一端，并且位于有食物的方块上。例如，如下图所示，蚂蚁面朝北，食物大致位于东南方向。蚂蚁可以吃到它最初位置上的食物。

蚂蚁只能闻到它正前方的食物。蚂蚁只能记住很少的事情，每次移动以后只能记得它移动之前的记忆以及移动前所闻到的东西。蚂蚁根据记忆和嗅觉向前移动一个方块，或者左右移动。如果到达食物方格，它会吃掉食物。

上述场景可以用状态机很好地进行描述，其中状态由"蚂蚁的记忆"和"其他"——比如东西在哪这样的信息——构成。请给出这个状态机的具体描述，其中蚂蚁的记忆部分满足：从出发位置开始的任意有限路径上，蚂蚁会吃掉所有的食物，并且在食物吃光时发出信号。记住，请清晰地描述可能的状态、状态转移、输入和输出（如果有的话）。并简要解释为什么这个状态机中的蚂蚁可以吃掉全部食物。

注意，最后一次转移是一个自循环，蚂蚁发出信号以跳出循环。你也可以再添加一个终止状态，使发信号操作只进行一次。

习题 6.5

假设有一副自上而下按如下顺序排列的扑克牌：

$$A\heartsuit\ 2\heartsuit \ldots K\heartsuit\ A\spadesuit\ 2\spadesuit \ldots K\spadesuit\ A\clubsuit\ 2\clubsuit \ldots K\clubsuit\ A\diamondsuit\ 2\diamondsuit \ldots K\diamondsuit$$

只能对这副牌做两种操作：*inshuffling* 和 *outshuffling*。首先把牌等分成两份，上面一半放右边，下面一半放左边。然后洗牌，确保这两份牌完全混合，即洗牌的扑克牌，一张来自左边，一张来自右边，一张来自左边，一张来自右边，依此类推。洗牌后的最上面一张牌如果来自右边，称为 *outshuffling*；最上面一张牌如果来自左边，称为 *inshuffling*。

- 用状态机描述这一问题。
- 用不变性原理证明：仅通过 *inshuffling* 和 *outshuffling* 操作，不能把上面一半牌全都变成黑色。

注意：合适的不变性往往很难发现！正确的证明往往需要一些洞察力，寻找不变性并没有什么简单的诀窍。一般的方法是先找出一堆可达状态，再去发现模式——即它们共有的特性。

习题 6.6 请证明 6.3.1 节中的快速求幂状态机，从任意初始状态开始，经过

$$\lceil \log_2 n \rceil + 1 \tag{6.3}$$

次转移后终止，其中 z 的取值范围是 $n \in \mathbb{Z}^+$。

提示：强归纳法。

习题 6.7

Nim 是一个双人游戏。游戏开始时，两人面前有几个石堆，玩家从一个石堆拿走一块或多块石头，两个玩家依次操作，最后没有石头可拿的那个人输掉比赛。

事实上，这个游戏存在一个简单的必赢策略，但并不那么显而易见。

为了解释这个必赢策略，我们可以把数字看成：一个非负整数，或是二进制表示的位字符串——可以是 0 开头。

例如，基于二进制表示定义数字 $r, s, \ldots$ 之间的 XOR 操作：对 $r, s, \ldots$ 的二进制表示进行 XOR 操作，再将得到的位字符串转换成十进制数字。例如，

$$2 \text{ XOR } 7 \text{ XOR } 9 = 12$$

二进制计算是

0 0 1 0	（2 的二进制数形式）
0 1 1 1	（7 的二进制数形式）
1 0 0 1	（9 的二进制数形式）
1 1 0 0	（12 的二进制数形式）

这相当于不带进位的二进制加法（参见习题 3.6）。

对石头堆里的石头个数做 XOR，结果称为 *Nim* 和。在本题中，我们验证：如果轮到某个玩家的时候 Nim 和不等于 0，那么他一定赢。例如，如果游戏开始时有 5 堆石头，每堆石头数量相等，那么第一个玩家胜；但若只有 4 堆相同数量的石头堆，那么第二个玩家胜。

（a）证明：如果 Nim 和等于 0，则任意一次移动都会导致 Nim 和不为 0。

（b）证明：若有一个石头堆的石头个数大于其他所有石头堆的 Nim 和，则必然存在一种移动使 Nim 和为 0。

（c）证明：若 Nim 和不为 0，则必然存在一个石头堆比其他所有石头堆的 Nim 和还大。

提示：注意，最大的堆，与比其他所有堆的 Nim 和还大的堆，不一定是同一个。比如，石头数分别为 2,2,1 的三个石堆。

（d）证明：若游戏开始时 Nim 和不为 0，则第一个玩家胜。

提示：描述第一个玩家的保持不变性。

（e）（附加题）将 Nim 游戏的胜负规则对调，即最后拿走石头的玩家输。这个游戏称为 misere。根据上述思想，试着找找 misere 游戏的必赢策略。

随堂练习

习题 6.8

这道题我们通过不变性方法构建一个十五拼图游戏。在一个 4×4 的面板中，有序号为 $1, \ldots, 15$ 的可滑动方块，以及一个空白方格。与空白方格相邻的滑块可以滑入空白位置。

初始位置如下：

1	2	3	4
5	6	7	8
9	10	11	12
13	14	15	

我们想要得到的最终位置是：

15	14	13	12
11	10	9	8
7	6	5	4
3	2	1	

拼图状态机的状态是一个4×4的矩阵，由数字1,…,15，以及一个空白方格构成。

状态转移就是空白方格与数字滑块之间的切换。比如，如下图所示，(2,2)位置上的空白，与它上面的数字方块即(1,2)位置交换，得到：

n_1	n_2	n_3	n_4
n_5		n_6	n_7
n_8	n_9	n_{10}	n_{11}
n_{12}	n_{13}	n_{14}	n_{15}

→

n_1		n_3	n_4
n_5	n_2	n_6	n_7
n_8	n_9	n_{10}	n_{11}
n_{12}	n_{13}	n_{14}	n_{15}

我们使用不变性方法证明从初始状态开始，无法到达我们所期望的最终状态。

首先，状态机的状态表示成以下两部分：

1. 数字1,…,15构成的序列，数字顺序为不考虑空白位置从左到右从上到下方块的编号。
2. 空白方格的位置坐标，比如左上角是(1,1)，右下角是(4,4)。

- 写出初始状态以及"不可能"状态下的"序列"。

  设L表示某种顺序的数字1,…,15的序列。对两个数字来说，如果第一个数比第二个数在L中出现得更早，并且更大，称之为无序对。例如，序列(1,2,4,5,3)有两个无序对(4,3),(5,3)；而序列1,2…n没有无序对。

  设状态S表示无序对$(L,(i,j))$。我们定义S的奇偶性取决于L中无序对的数字之和以及空白方格所在的行号，即

  $$\text{奇偶性}(S) ::= \begin{cases} 0 & \text{若}\, p(L) + i \,\text{为偶} \\ 1 & \text{其他} \end{cases}$$

- 证明初始状态和目标状态的奇偶性不同。
- 证明在状态转移的过程中，奇偶性保持不变。这就证明了不可能到达目标状态。

顺便提一下，如果两个状态的奇偶性相同，那么总是可以从一个状态转移到另一个。如果你喜欢这个拼图游戏，试着证明这个性质吧。

习题 6.9

马萨诸塞州收费公路管理局有点担心新的扎基姆桥（Zakim bridge）。他们的顾问建造师警

告说如果桥上同时有 1000 辆以上的车，这桥就有垮掉的危险。此外，交通顾问也警告管理局说，汽车通过桥的速度越快，交通事故的发生率越高。

为了缓解交通及降低车速，管理局决定使桥单向通行，而且在桥两端同时设置收费站（别笑！这可是马萨诸塞州）。所以汽车在上桥和下桥的时候都要付费，而且费用不同，汽车上桥 3 美元，下桥 2 美元。为了确保桥上不会同时有太多车辆，只有当入口收费站的金钱总额减去出口收费站的金钱总额严格小于指定阈值 T_0 时，才允许车辆上桥。

顾问们决定用状态机描述这个问题。该状态机的状态是一个非负整数三元组 (A, B, C)，其中

- A 是入口收费站的金钱总额
- B 是出口收费站的金钱总额
- C 是桥上汽车的数量

任意 $C > 1000$ 的状态都是垮塌状态，这是管理局所极力避免的。而且垮塌状态不能转移到非垮塌状态。

收费员需要零钱找零，此外，在桥向公众放行之前可能已经有一些"公务"车辆通行，因此系统的初始状态可能是任何非垮塌状态。设 A_0 为初始时入口收费站的总钱数，B_0 为初始时出口收费站的总钱数，$C_0 \leq 1000$ 表示公开放行时桥上的公务车数量。我们假设公开放行以后，公务车上下桥也要付费。

(a) 对该系统进行数学建模，并给出状态之间的转移关系。

(b) 指出以下派生变量属于

$$A, B, A+B, A-B, 3C-A, 2A-3B, B+3C, 2A-3B-6C, 2A-2B-3C$$

常量	C
严格递增	SI
严格递减	SD
弱递增且不是常量	WI
弱递减且不是常量	WD
以上都不是	N

并简单解释原因。

管理局让工程顾问们确定 T，以确保汽车的数量不会超过 1000。

顾问的推理如下：假设 C_0 表示最初开放时桥上的公务车数量，那么还可以允许 $1000-C_0$ 辆车。所以只要 $A - B$ 增加的速度不超过 $3(1000-C_0)$，桥上车辆总数就不会超过 1000。所以他们

建议

$$T_0 ::= 3(1000-C_0)+(A_0-B_0) \qquad (6.4)$$

其中A_0为初始时入口收费站的总钱数，B_0为初始时出口收费站的总钱数。

(c) 根据(b)的结果，定义一个谓词P，满足：在初始状态为真，在任意垮塌状态都为假，并且是系统的持久不变量。请解释为什么P具备这些属性。据此证明：这种交通情况不会导致桥垮塌。

(d) 一个聪明的 MIT 实习生认为这种管理策略是安全的，即桥不会垮塌。但她告诉上司这种方式可能导致死锁，即虽然桥没有垮塌，但桥上的交通却停滞了。

针对这位实习生的见解，请给出简单清晰的证明。

习题 6.10

一开始，桌子上有 102 枚硬币，其中 98 枚是人头向上，4 枚是字向上。有两种操作：

(i) 任意翻转 10 枚硬币，或

(ii) 假设目前有n枚人头向上的硬币，再在桌上放$n+1$枚字向上的硬币。

例如，首先，翻转 9 枚人头向上的硬币、1 枚字向上的硬币，得到 90 枚人头向上的硬币、12 枚字向上的硬币，接着，再添加 91 枚字向上的硬币，一共得到 90 枚人头向上的硬币、103 枚字向上的硬币。

(a) 请使用状态机建模，详细描述状态集合、初始状态和状态转移。

(b) 解释如何才能到达只有 1 枚字向上的硬币的状态。

(c) 定义以下派生变量：

C	::= 桌上硬币数量，	H	::=	人头向上的硬币数量
T	::= 字向上的硬币数量，	C_2	::=	$C/2$的余数
H_2	::= $H/2$的余数	T_2	::=	$T/2$的余数

这些变量属于哪一种

1. 严格递增

2. 弱递增

3. 严格递减

4. 弱递减

5. 常量

(d) 证明不可能到达只有 1 枚人头向上的硬币的状态。

习题 6.11

同学们坐在方形的教室里。有时候学生们会感染海狸流感（beaver flu）；海狸流感是禽流感的一个罕见变种，症状包括渴望考试、深夜做题。

下图所示是 6×6 排座位的教室，其中方格表示座位，受感染的学生以星号表示。

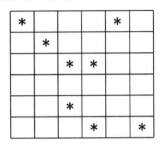

感染快速、逐步扩散。如果

- 学生已经在上一步被感染（海狸流感不会痊愈）；或者
- 他至少与 2 个已经被感染的学生座位相邻，那么这个学生会被感染。

这里相邻是指方格之间存在共同的边（前、后、左、右）；如果只是存在共同顶点，那么他们不是相邻的。

例如，感染传播过程如下。

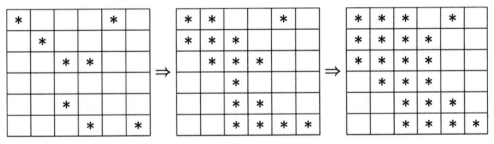

在这个例子中，经过几个步骤，全班同学都会被感染。

定理. 给定座位布局 $n \times n$，如果初始状态有 $< n$ 个学生感染了流感，那么至少有一个学生永远不会被感染。

请证明这个定理。

提示：考虑这个 $n \times n$ 感染暴发的状态，其中星号表示感染。感染传播的规则定义了状态机的转移。找到一个弱递减派生变量，来证明这个定理。

测试题

习题 6.12

令牌 2 换 1 是一个单人游戏，玩家有一堆黑色和白色的令牌。除了颜色不一样，这些令牌完全相同。在每个回合，玩家可以选择用两个白色令牌替换一个黑色令牌，或者用两个黑色令牌替换一个白色令牌。

使用状态机描述这个游戏，状态为 (n_b, n_w)，其中 $n_b \geq 0$ 代表黑色令牌的数量，$n_w \geq 0$ 代表白色令牌的数量。

(a) 下面哪些谓词是持久不变式？

$$n_b + n_w \ \text{rem}(n_b + n_w, 3) \neq 2 \qquad (6.5)$$

$$n_w - n_b \ \text{rem}(n_w - n_b, 3) = 2 \qquad (6.6)$$

$$n_b - n_w \ \text{rem}(n_b - n_2, 3) = 2 \qquad (6.7)$$

$$n_b + n_w > 5 \qquad (6.8)$$

$$n_b + n_w < 5 \qquad (6.9)$$

假设游戏开始时只有一个黑色令牌，即初始状态是 $(1,0)$。

(b) 上面哪些谓词对于任意可达状态都为真？

(c) 定义谓词 $T(n_b, n_w)$：

$$T(n_b, n_w) ::= \text{rem}(n_w - n_b, 3) = 2$$

证明如下声明。

声明. 如果 $T(n_b, n_w)$，则状态 (n_b, n_w) 可达。

请注意，这一声明并不意味着 T 是持久不变式。

采用归纳法证明，归纳假设 $P(n) ::=$

$$\forall (n_b, n_w).\, [(n_b + n_w = n) \text{ AND } T(n_b, n_w)] \text{ IMPLIES } (n_b, n_w) 可达。$$

基础步骤是 $n \leq 2$ 时的情况。

- 假设基础步骤为真，请完成**归纳步骤**。
- 现在，证明**基础步骤**：$P(n)$ for $n \leq 2$。

习题 6.13

令牌切换也是与黑白令牌有关的游戏。开始时，玩家只有一个黑色令牌，在每一回合，

(i) 用两个白色令牌替换一个黑色令牌，或者

(ii) 若黑白令牌数量不等，所有令牌的颜色可以切换：所有的黑色令牌变成白色，所有的白色令牌变成黑色。

用状态机描述这个游戏，状态为非负整数对(b,w)，其中b是黑色令牌的数量，w是白色令牌的数量。所以初始状态是$(1,0)$。

(a) 从初始状态开始，经过两个回合后可以到达下列哪些状态：

$$(0,0), (1,0), (0,1), (1,1), (0,2), (2,0), (2,1), (1,2), (0,3), (3,0)$$

(b) 定义谓词$F(b,w)$：

$$F(b,w) ::= (b-w) \text{不是 3 的倍数}$$

请证明

声明. 若$F(b,w)$，则状态(b,w)可达。

解释为什么状态$(11^{67777}, 5^{10^{88}})$不可达。

提示：如果没有证明，不能假设F是持久不变式。

习题 6.14

令牌 3 换 1 是一个单人令牌游戏。玩家有一堆黑色和白色的令牌，在每一回合，玩家可以用 3 个白色令牌替换一个黑色令牌，或者用三个黑色令牌替换一个白色令牌。采用状态机建模，状态是非负整数对(b,w)，其中b是黑色令牌的数量，w是白色令牌的数量。

这个游戏有两个可能的初始状态：$(5,4)$或$(4,3)$。

当

$$\text{rem}(b-w, 4) = 1 \text{且} \tag{6.10}$$

$$\min\{b,w\} \geq 3 \tag{6.11}$$

我们称状态(b,w)是合格的（eligible）。

下面我们来研究合格状态和可达（reachable）状态之间的关系。

(a) 举例说明可达状态不是合格状态。

(b) 证明派生变量$b+w$是严格递增的。从而$(3,2)$不可达。

(c) 令(b,w)是合格状态，且$b \geq 6$。证明$(b-3, w+1)$是合格的。

下面几道题我们可以**假设**以下事实。

事实. 若 $\max\{b,w\} \leq 5$ 且 (b,w) 是合格的，则 (b,w) 可达。

（$b,w \in \{3,4,5\}$，只有 9 个状态，很容易证明，这里省略。）

(d) 定义谓词 $P(n)$：

$$\forall (b,w).[b+w=n \text{ AND } (b,w) \text{ 合格}] \text{ IMPLIES } (b,w) \text{ 可达}$$

证明：对任意 $n \geq 1$，$P(n-1)$ IMPLIES $P(n+1)$。

(e) 证明所有合格状态都是可达的。

(f) 证明 $(4^7+1, 4^5+2)$ 不可达。

(g) 证明 $\text{rem}(3b-w, 8)$ 是常量派生变量。证明从两个初始状态开始，不存在可达状态。

习题 6.15

在一个桶里，蓝球比红球多。当蓝球比红球多时，我们可以：

(i) 加一个红球。

(ii) 拿走一个蓝球。

(iii) 加两个红球和一个蓝球。

(iv) 拿走两个蓝球和一个红球。

(a) 若开始时有 10 个红球、16 个蓝球，应用上述规则后，桶里最多有多少个球？

设 b 是蓝球的数量，r 是红球的数量。

(b) 证明 $b - r \geq 0$ 是持久不变式，并根据规则(i)~(iv)增加或减少球的数量。

(c) 证明：不管桶里有多少个球，通过不断应用规则(i)~(iv)，最终一定会达到无法再应用规则的状态（即蓝球不多于红球）。

习题 6.16

这个问题是习题 6.8 十五拼图的变种。

设 A 是数字 $1,\ldots,n$ 某种顺序的序列。对两个数字来说，如果第一个数比第二个数在 A 中出现得更早，而且第一个数更大，称之为无序对。例如，序列 $(1,2,4,5,3)$ 中有两个无序对：$(4,3), (5,3)$。令 $t(A)$ 等于 A 中无序对的个数，例如 $t((1,2,4,5,3)) = 2$。

A 中元素的顺序可以通过三元组旋转操作进行调整：A 中相邻的三个元素，将最小的那个移到最前面。

例如，在序列 $(2,4,1,5,3)$ 中，三元组旋转可以把 $4,1,5$ 调整成 $1,5,4$，所以 $(2,4,1,5,3) \to$

(2,1,5,4,3)。同理，2,4,1也可以被调整成1,2,4：(2,4,1,5,3) → (1,2,4,5,3)。

考虑状态机建模，序列A就是状态，三元组旋转操作就是状态转移。

(a) 证明派生变量t是弱递减的。

(b) 证明"无序对的个数为偶数"是这个状态机的持久不变式。

(c) 若初始状态是

$$S ::= (2014, 2013, 2012, \ldots, 2, 1)$$

请证明无法到达状态

$$T ::= (1, 2, \ldots, 2012, 2013, 2014)$$

6.4 节习题

练习题

习题 6.17

把 4 个学生分别分配到 4 家公司。他们各自的偏好顺序如下：

学生	公司
Albert:	HP, Bellcore, AT&T, Draper
Sarah:	AT&T, Bellcore, Draper, HP
Tasha:	HP, Draper, AT&T, Bellcore
Elizabeth:	Draper, AT&T, Bellcore, HP

公司	学生
AT&T:	Elizabeth, Albert, Tasha, Sarah
Bellcore:	Tasha, Sarah, Albert, Elizabeth
HP:	Elizabeth, Tasha, Albert, Sarah
Draper:	Sarah, Elizabeth, Tasha, Albert

(a) 请使用配对仪式算法找到两个稳定的分配。

(b) 请提出一个简单的方法判断稳定婚姻问题是否具有唯一解，即只存在一种稳定的配对。并简要解释原因。

习题 6.18

令 Harry 和 Alice 分别是配对仪式中的男孩和女孩。下列哪些性质是持久不变式？为什么？

(a) Harry 的偏好名单中只有 Alice 一个女孩。

(b) 有一个女孩没有任何男孩追求她。

(c) 如果 Alice 不在 Harry 的名单上，则 Alice 有一个比起 Harry 更喜欢的追求者。

(d) Harry 把 Alice 从名单中剔除了，比起他正在追求的对象，Harry 更喜欢 Alice。

(e) 如果 Alice 在 Harry 的名单上，那么比起所有其他追求者，Alice 更喜欢 Harry。

习题 6.19

证明：在稳定婚姻中，每个男性都是他的最佳（optimal）妻子的最差（pessimal）丈夫。

提示：根据"流氓情侣"的定义进行证明。

习题 6.20

在男女数量相同的稳定婚姻的配对仪式中，解释为什么一定存在一个女孩，直到最后一天才有男孩向她求婚（表白）。

随堂练习

习题 6.21

下表是 4 个男孩和 4 个女孩的部分偏好：

B1:	G1	G2	–	–
B2:	G2	G1	–	–
B3:	–	–	G4	G3
B4:	–	–	G3	G4
G1:	B2	B1	–	–
G2:	B1	B2	–	–
G3:	–	–	B3	B4
G4:	–	–	B4	B3

- 证明：不论其他偏好如何，

$$(B1, G1), (B2, G2), (B3, G3), (B4, G4)$$

一定是稳定配对。

- 解释：对男孩来说，上述配对既不是最佳的也不是最差的。因此不是配对仪式算法的输出。

- 给定 n 个男孩和 n 个女孩，如何定义他们的偏好才能保证至少产生 $2^{n/2}$ 个稳定配对。

提示：把男孩两两成组，女孩也两两成组。偏好选择顺序是：第 k 组男孩把第 k 组女孩排在前一组女孩的后面，同理，第 k 组女孩把第 k 组男孩排在前一组男孩的后面。而且，在第 k 组里，每个男孩的第一爱慕女孩更喜欢另外一个男孩。

习题 6.22

即使男女数量不相等，6.4.1 节的配对仪式也能找到稳定婚姻。我们已经知道，在一夫一妻制婚姻中，不存在"流氓情侣"的婚姻是稳定的。

- 考虑未婚男女的情况，拓展流氓情侣的定义。证明：在稳定婚姻中，要么所有的男性都结婚了，要么所有的女性都结婚了。
- 解释：即使男女数量不相等，配对仪式依然能产生稳定的配对。

课后作业

习题 6.23

假设我们要给同性的"伙伴"配对，每个人同样也有个偏好名单。如图 6.5 所示，请证明：不存在稳定的伙伴配对。图中没有给出 Mergatroid 的偏好，因为这不重要。

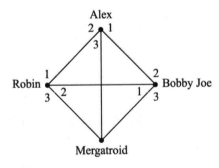

图 6.5　不存在稳定的伙伴配对的偏好情况

习题 6.24

稳定配对问题最著名的应用就是给医院分配即将毕业的医学院学生。每个医院有一个关于学生的偏好名单，每个学生也有一个关于医院的偏好名单。但与稳定婚姻问题不同的是，医院需求的学生数量各不相同，而且医院录用的学生总数不等于毕业生人数。

解释：如何将男女数量相等的稳定配对问题应用到这种更一般的情形。考虑修改稳定配对的定义，以及如何应用配对仪式算法。

习题 6.25

请举出一个例子：在 3 男 3 女的稳定配对中，所有人都不是第一选择。简单解释为什么这个例子是稳定配对。此外，配对仪式或男女互换的仪式，能够产生这个例子吗？

习题 6.26

在男女数量相等的配对仪式生成的稳定配对中,如果另一半处于自己偏好列表的上半部分,我们说这个人是幸运的。证明:至少有一个人是幸运的。

提示:男性被女性拒绝的平均次数。

习题 6.27

假设有两组稳定婚姻。每位男性都有两任妻子,即第一任妻子和第二任妻子。同样,每位女性都有第一任丈夫和第二任丈夫。

对已婚人士来说,如果他们喜欢自己当前的配偶超过其他配偶,那么这个人是赢家;如果他们更喜欢其他配偶而不是当前配偶,那么这个人是失败者。(如果一个人在两次婚姻中的配偶是同一个人,那么他/她既不是赢家也不是失败者。)

证明

$$\text{在任何婚姻中,一方是赢家当且仅当他/她的配偶是失败者。} \quad (WL)$$

据此可以重新证明定理 6.4.9,即如果男性娶的是最佳配偶,那么女性嫁的一定是最差配偶。这种证明方法不依赖于 6.4.1 节的配对仪式过程。

(a) 从左向右看,式 WL 等价于断言:已婚夫妇不可能都是赢家。根据流氓情侣的定义,给出解释。

从右向左看,式 WL 等价于断言:已婚夫妇不可能都是失败者。通过比较婚姻中赢家和失败者的数量,解释这一点。

(b) 请解释:在这两组稳定婚姻中,赢家的数量等于失败者的数量。

(c) 请证明:如果有夫妇二人都是失败者,那么一定存在另外一对夫妇二人都是赢家。

(d) 请证明:在一组稳定婚姻中,一个人的配偶是最佳的当且仅当他/她之于他/她的配偶是最差的。

习题 6.28

假设有两组稳定婚姻。每位男性有两任妻子,第一任妻子和第二任妻子(可以是同一个人)。同理,每位女性有第一任丈夫和第二任丈夫。根据男性更喜欢第一任妻子还是第二任妻子,可以得到第三组婚姻。

(a) 证明得到的第三组婚姻满足:同一个女性不会同时嫁给两位男性。

(b) 证明生成的第三组婚姻也是稳定的。

提 示：可以假设习题 6.27 的事实，

在任何婚姻中，一方是赢家当且仅当他/她的配偶是失败者。　　　（SL）

习题 6.29

如果状态机中的任意状态 p, q, r 满足

$$(p \to q \text{ AND } p \to r) \text{ IMPLIES } \exists t. q \to t \text{ AND } r \to t$$

我们称之为往返转移（commuting transitions）。

如果

$$(p \to^* q \text{ AND } p \to^* r) \text{ IMPLIES } \exists t. q \to^* t \text{ AND } r \to^* t$$

我们说这个状态机是汇合的（confluent）。

(a) 证明：若状态机有往返转移，那么它是汇合的。

提 示：采用归纳法证明，考虑从 p 到 q 的步数加上从 p 到 r 的步数。

(b) 状态机的最终状态（final state）是指不存在任何转移的状态。请解释：如果一个状态机是汇合的，那么从初始状态出发至少可以到达一个最终状态。

习题 6.30

6.4.1 节的配对仪式是每日进行的，在每一天结束之前，每位男性都会更新他们的名单，即剔除拒绝他们的女性。另一种更简单灵活的方式是，一位女性每一次拒绝一位男性。

这个灵活配对仪式状态机的状态与每日仪式相同：状态是对每个男性来说，还没有拒绝他的所有女性的列表。转移则是，选择向同一位女性表白的两位男性——即他们的名单中的第一名是同一名女性——然后让这位女性拒绝其中一个不那么喜欢的追求者。那么，状态更新是，这位被追求的女性，被那个不那么喜欢的男性从名单中剔除——其他不变。

有必要验证一下，同样的保持不变式也适用于这个灵活配对仪式。灵活仪式也会以产生一组稳定婚姻而终止。

现在出现了一个新问题：给定一组男女偏好，可以产生多组稳定婚姻。对于灵活仪式来说，由于每一个状态转移的选择不同，似乎最终会产生多种不同的稳定婚姻组合。但事实并不是这样：灵活配对仪式和日常配对仪式一样，总是终止于同一组稳定的婚姻。

为了证明这一点，我们定义：如果任意状态 p, q, r 满足

$$(p \to q \text{ AND } p \to r) \text{ IMPLIES } \exists t. q \to t \text{ AND } r \to t$$

我们称该状态机有往返转移（commuting transition）。

(a) 证明灵活配对仪式有往返转移。

(b) 结合习题 6.29 证明，灵活配对仪式和日常配对仪式总是终止于同一组稳定的婚姻。

测试题

习题 6.31

有 4 个不幸的孩子被 4 个名声不好的家庭领养。一个孩子只能被一个家庭领养，一个家庭也只能领养一个孩子。下表是他们各自的偏好排序（偏好程度自左到右逐渐降低）：

孩子	家庭
Bottlecap:	Hatfields, McCoys, Grinches, Scrooges
Lucy:	Grinches, Scrooges, McCoys, Hatfields
Dingdong:	Hatfields, Scrooges, Grinches, McCoys
Zippy:	McCoys, Grinches, Scrooges, Hatfields

家庭	孩子
Grinches:	Zippy, Dingdong, Bottlecap, Lucy
Hatfields:	Zippy, Bottlecap, Dingdong, Lucy
Scrooges:	Bottlecap, Lucy, Dingdong, Zippy
McCoys:	Lucy, Zippy, Bottlecap, Dingdong

(a) 写出两个孩子与家庭之间的稳定配对。

家庭	孩子（配对1）	孩子（配对2）
Grinches:		
Hatfields:		
Scrooges:		
McCoys:		

(b) 证明这两个稳定配对是孩子与家庭之间仅有的稳定配对。

提示：给定同一组偏好设置，一般存在两个以上的稳定配对。

习题 6.32

无须对配对仪式 6.4.1 做任何修改，可以直接适用于男性数量大于等于女性数量的情况。你可以假设这个结论。这时，仪式的终止条件是所有的女性都结婚了而且不存在流氓情侣。其中，男方未婚、女方已婚，而且女方更喜欢男方而不是自己的丈夫，这种情况也是"流氓情侣"。

假设 Alice 是配对仪式中的一位女士，Bob 是一位男士。当男性数量**大于等于**女性数量时，下列性质哪些是持久不变式，并简单解释原因。

(a) Alice 有一位比 Bob 更讨她喜欢的追求者。

(b) Bob 的名单里只有 Alice 一个人。

(c) Alice 没有追求者。

(d) 比起 Bob 现在追求的对象，他更喜欢 Alice。

(e) Bob 正在追求 Alice。

(f) Bob 现在没有追求 Alice。

(g) Bob 的名单为空。

习题 6.33

给定 n 个男孩和 n 个女孩，我们想要找到一个稳定配对，其中 n 是正整数。

(a) 假设男孩和女孩都只能有一个稳定的配对，请解释如何定义偏好排序。并简单证明。

(b) 以下关于稳定婚姻的谓词，请分别指出它们：是持久不变式（**P**），不是持久不变式（**N**），或者不确定（**U**）。其中"Bob 的名单"是指他没有剔除掉的所有女性的列表。

  (i) Alice 不在 Bob 的名单上。

  (ii) Bob 的名单为空。

  (iii) Bob 是 Alice 的唯一追求者。

  (iv) Bob 名单上的女孩少于 5 人。

  (v) 相比名单上的所有女孩，Bob 更喜欢 Alice。

  (vi) 比起 Bob，Alice 更喜欢她现在的追求者。

  (vii) Bob 正在追求他的最佳配偶。

  (viii) Bob 正在追求他的最差配偶。

  (ix) Alice 的最佳配偶正在追求她。

  (x) Alice 的最差配偶正在追求她。

第 7 章 递归数据类型

递归数据类型（Recursive Data Types）在编程中的地位举足轻重，而归纳法本质上讨论的都是递归数据类型。

递归数据类型由递归定义（recursive definitions）指定，即说明如何从之前的数据元素构建新的数据元素。此外，递归数据类型的性质和方法（或函数，function）也同样需要递归定义。最重要的是，基于递归定义，我们可以采用结构归纳法（structural induction）证明给定类型的所有数据都具备某种性质。

本章介绍以下几种递归数据类型及其方法：

- 字符串
- "对称的"括号字符串
- 非负整数
- 算术表达式

7.1 递归定义和结构归纳法

首先，我们将以字符串为例介绍递归定义及相关证明。通常我们对字符串已经司空见惯，但其实作为一种递归数据类型，字符串非常具有"教育意义"，特别适合入门，这样就很容易理解递归定义等概念。换句话说，由于字符串我们已经很熟悉了，因此可以将重点放在关注定义背后的原理，而不用费心思理解其含义。

递归数据类型的定义包括两部分：

- **基本情形**指明属于该数据类型的某个已知数学元素。
- **构造情形**指明如何从已知基本元素或已构建的元素，构造新的元素。

给定字符集合A，字符串的定义如下。

定义 7.1.1 令非空集合A为字母表（alphabet），其元素为字符（或字母、符号、数字等，character, letter, symbol, digit）。基于字母表A的递归数据类型A^*定义如下。

- **基本情形**：空字符串λ属于A^*。
- **构造情形**：如果$a \in A$且$s \in A^*$，那么$\langle a,s \rangle \in A^*$。

所以$\{0,1\}^*$是二进制字符串。

通常，二进制字符串是由0和1组成的序列。例如，我们可以把长度为 4 的二进制字符串1011看成四元组(1,0,1,1)。根据定义 7.1.1，这个表达应当是嵌套的元素对，即

$$\langle 1, \langle 0, \langle 1, \langle 1, \lambda \rangle \rangle \rangle \rangle$$

这种嵌套形式看起来既冗长又奇怪，但在某些编程语言中（例如 Scheme 和 Python），这种表达反映了字符列表的真实构成。

注意，我们还没有定义如何表示空字符串。不过，只要能够识别出空字符串，就不至于把空字符串和非空字符串弄混，所以定义空字符串并不重要。

接下来，我们继续用递归的方法定义字符串的长度。

定义 7.1.2 基于定义 7.1.1，递归地定义字符串s的长度$|s|$。

基本情形：$|\lambda| ::= 0$。

构造情形：$|\langle a,s \rangle| ::= 1 + |s|$。

字符串长度的定义是这样的：可以按定义递归数据类型的类似方式去定义在递归数据类型上的方法。具体而言，如果要定义一个递归数据类型上的方法f，我们要先定义相应数据类型基本情形的f的值，然后指明在构造情形下，我们如何基于已知的f的值定义新的f的值。

再举一个例子吧，字符串s和t的拼接字符串$s \cdot t$即在s后面接上t。这个定义简单明了（只是在遇到空字符串时可能会有问题），而在 Scheme/Python 中，$s \cdot t$ 就是 list 的方法 append(s,t)。下面是拼接的递归定义。

定义 7.1.3 字符串$s, t \in A^*$ 的拼接字符串$s \cdot t$ 的递归定义如下所示。

基本情形：$\lambda \cdot t ::= t$

构造情形：$\langle a,s \rangle \cdot t ::= \langle a, s \cdot t \rangle$

7.1.1 结构归纳法

结构归纳法（structural induction）是对递归定义的数据类型的性质进行证明的方法。和递归定义相同，结构归纳证明也包含两部分：

- 证明基本情形对应的元素具有某种性质。
- 证明当构造情形用具有该性质的元素生成新的元素时，新的元素也具有该性质。

例如，在拼接字符串的例子中，从我们对拼接的定义可知空字符串是"左恒等"，即 $\lambda \cdot s ::= s$。我们想要证明空字符串其实也是"右恒等"的，即 $s \cdot \lambda = s$。虽然右恒等这一性质无法从定义中直接推出，但可以用结构归纳法予以证明。

引理 7.1.4 对任意 $s \in A^*$，$s \cdot \lambda = s$。

证明. 下面的证明基于拼接的归纳定义 7.1.3，采用结构归纳法证明。归纳假设为

$$P(s) ::= [s \cdot \lambda = s]$$

基本情形：$(s = \lambda)$

$$\begin{aligned} s \cdot \lambda &= \lambda \cdot \lambda \\ &= \lambda \quad \text{（由定义 7.1.3 可知} \lambda \text{是左恒等）} \\ &= s \end{aligned}$$

构造情形：$(s = a \cdot t)$

$$\begin{aligned} s \cdot \lambda &= (a \cdot t) \cdot \lambda \\ &= a \cdot (t \cdot \lambda) \quad \text{（定义 7.1.3 的构造情形）} \\ &= a \cdot t \quad \quad \quad \text{归纳假设} P(t) \\ &= s \end{aligned}$$

因此 $P(s)$ 为真，完成对构造情形的证明。故基于结构归纳法可知，对任意 $s \in A^*$，引理 7.1.4 成立。∎

我们还可以用结构归纳法证明递归方法的性质。下面，我们就用结构归纳法去证明拼接生成的字符串的长度等于原本两个字符串的长度之和。

引理. 对于任意 $s, t \in A^*$

$$|s \cdot t| = |s| + |t|$$

证明. 下面的证明基于定义 $s \in A^*$，采用结构归纳法。归纳假设为

$$P(s) ::= \forall t \in A^*. |s \cdot t| = |s| + |t|$$

基本情形：$(s = \lambda)$

$$\begin{aligned}
|s \cdot t| &= |\lambda \cdot t| \\
&= |t| \quad &\text{（字符串拼接的基本情形）} \\
&= 0 + |t| \\
&= |s| + |t| \quad &\text{（基于}|\lambda|\text{定义）}
\end{aligned}$$

构造情形：$(s ::= \langle a, r \rangle)$

$$\begin{aligned}
|s \cdot t| &= |\langle a, r \rangle \cdot t| \\
&= |\langle a, r \cdot t \rangle| \quad &\text{（拼接字符串的构造情形）} \\
&= 1 + |r \cdot t| \quad &\text{（基于字符串长度的构造情形）} \\
&= 1 + (|r| + |t|) \quad &\text{归纳假设}P(t) \\
&= (1 + |r|) + |t| \\
&= |\langle a, r \rangle| + |t| \quad &\text{（基于字符串长度的构造情形）} \\
&= |s| + |t|
\end{aligned}$$

所以$P(s)$为真，完成对构造情形的证明。故基于结构归纳法可知，对任意字符串$s \in A^*$，$P(s)$恒为真。∎

以上证明揭示了结构归纳法的一般原则。

结构归纳法的原则

设P为基于递归数据类型R的某一谓词。如果

- 对于任意基本情形元素$b \in R$，$P(b)$为真，且
- 对任意两个参数的构造情形c，任意$r, s \in R$，

$$[P(r) \text{ AND } P(s) \text{ IMPLIES } P(c(r; s))]$$

且不管参数个数有多少，其他构造情形也有类似性质，

故

$$\text{对任意}r \in R，P(r)\text{为真}$$

7.2 匹配带括号的字符串

设$\{], []\}^*$为所有由中括号构成的字符串集合，下面这两个字符串便属于集合$\{], []\}^*$：

$$[\,]\,]\,[\,[\,[\,[\,]\,]\,] \text{ 和 } [\,[\,[\,]\,]\,[\,]\,[\,] \qquad (7.1)$$

对于字符串 $s \in \{\,],\,[\,\}^*$，若其左右括号相互匹配，则称之为匹配字符串（matched string）。而在上面这个例子中，左边字符串的第二个右括号没有相匹配的左括号，所以就不是匹配字符串。而右边的字符串就是匹配的。

下面，我们将用多种方法递归定义匹配字符串并证明它的一些性质。这些性质都很显而易见，你甚至会怀疑它们是不是和计算机科学有关。老实说，确实不太相关。而这其中的原委也恰恰是计算机科学的伟大成功之一，我们会在下面的文本框中详细解释。

表达式解析

在计算机科学发展的早期，即 20 世纪 50 年代和 60 年代，大家研究的核心是如何开发出有效的编程语言编译器。而表达式分析是编译中很重要的部分。其中一个重要的问题就是分析形如

$$x + y * z^2 \div y + 7$$

的表达式并将其放到合适的括号对中进而指明其计算顺序，那么，究竟应该是

$$[[x + y] * z^2 \div y] + 7 \text{ 还是}$$
$$x + [y * z^2 \div [y + 7]] \text{ 还是}$$
$$[x + [y * z^2]] \div [y + 7] \cdots \cdots ?$$

罗伯特·W·弗洛伊德最终找到了一个简单有效的方法去解决这个问题，并因此获得了图灵奖（计算机界的"诺贝尔奖"）。

在 20 世纪 70 年代和 80 年代，语法分析技术被并入了对编译器的研究之中。这些编译器抽象程度更高，可以直接从表达式语法中极其有效地自动生成语法分析器，表达式分析这一课题便不再受到关注。因此到了 20 世纪 90 年代，这一方向便几乎从计算机科学中消失了。

匹配字符串也可以按递归数据类型的方式进行定义。

定义 7.2.1 对匹配字符串集合的递归定义如下所示。

- **基本情形**：$\lambda \in \text{RecMatch}$。
- **构造情形**：如果 $s, t \in \text{RecMatch}$，那么

$$[\,s\,]\,t \in \text{RecMatch}$$

这里$[s]t$表示字符串拼接，完整的写法如下

$$[\cdot(s\cdot(]\cdot t))$$

下文中，我们通常会省略"$\cdot\ 's$"。

从定义可知，$\lambda \in \text{RecMatch}$，进而我们可以假设$s = t = \lambda$并运用构造情形可得

$$[\lambda]\lambda = [\ ] \in \text{RecMatch}$$

然后又可以得到一系列属于 RecMatch 的字符串，例如

$$[\lambda][\ ] = [\ ][\ ] \in \text{RecMatch} \qquad 设 s = \lambda, t = [\ ]$$
$$[[\ ]]\lambda = [[\ ]] \in \text{RecMatch} \qquad 设 s = [\ ], t = \lambda$$
$$[[\ ]][\ ] \in \text{RecMatch} \qquad 设 s = [\ ], t = [\ ]$$

显然，属于 RecMatch 的字符串的左括号和右括号的数目相等。下面，我们来试着基于递归定义证明这一性质，首先我们先定义$\#_c(s)$，$\#_c(s)$表示在字符串s中$c \in A$出现的次数。

定义 7.2.2

基本情形：$\#_c(\lambda) ::= 0$

构造情形：

$$\#_c(\langle a, s \rangle) ::= \begin{cases} \#_c(s) & 若 a \neq c \\ 1 + \#_c(s) & 若 a = c \end{cases}$$

下面的引理可以直接基于定理 7.2.2 用结构归纳法推出，在此留作习题（见习题 7.9）。

引理 7.2.3 $\#_c(s \cdot t) = \#_c(s) + \#_c(t)$

引理. RecMatch 中的每个字符串左右括号数均相等。

证明. 下面的证明采用结构归纳法。归纳假设为

$$P(s) ::= \left[\#_{[}(s) = \#_{]}(s)\right]$$

基本情形：基于定义 7.2.2 可知

$$\#_{[}(\lambda) = 0 = \#_{]}(\lambda)$$

故$P(\lambda)$为真。

构造情形：基于结构归纳法假设，我们设$P(s)$和$P(t)$为真，下面证明$P([s]t)$为真，

$$\begin{aligned}
\#_[([s]t) &= \#_[([) + \#_[(s) + \#_[(]) + \#_[(t) &&\text{（基于引理7.2.3）}\\
&= 1 + \#_[(s) + 0 + \#_[(t) &&\text{（基于}\#_[()\text{定义）}\\
&= 1 + \#_] (s) + 0 + \#_] (t) &&\text{（基于}P(s)\text{和}P(t)\text{）}\\
&= 0 + \#_] (s) + 1 + \#_] (t) \\
&= \#_] ([) + \#_] (s) + \#_] (]) + \#_] (t) &&\text{（基于}\#_]()\text{定义）}\\
&= \#_] ([s]t) &&\text{（基于引理7.2.3）}
\end{aligned}$$

完成对构造情形的证明。故基于结构归纳法可知，对任意字符串 $s \in \text{RecMatch}$，$P(s)$ 恒为真。 ∎

警告：当数据类型的递归定义允许通过多种方式构造同一个元素时，我们称这个定义是模糊的（*ambiguous*）。在 RecMatch 的例子中，我们特地选择了一个非模糊的定义以便更好地递归定义基于 RecMatch 的方法。一般来说，在模糊的数据类型定义上是无法递归定义方法的。下面我们将借由匹配字符串的另外一种定义方式来详细说明这一问题。

定义 7.2.4 集合 AmbRecMatch⊆ {], [}* 的递归定义如下。

- **基本情形**：$\lambda \in$ AmbRecMatch

- **构造情形**：如果 $s, t \in$ AmbRecMatch，那么 $[s]$ 和 st 亦属于 AmbRecMatch。

AmbRecMatch 显然就是 RecMatch 的另外一种定义方式（见习题 7.19）。而 AmbRecMatch 可能还更好理解一些，但它是模糊的。下面说明问题出在哪儿。我们定义 $f(s)$ 表示递归构造字符串 $s \in$ AmbRecMatch 需要进行的操作次数：

$$\begin{aligned}
f(\lambda) &::= 0 &&\text{（基本情形）}\\
f([s]) &::= 1 + f(s) \\
f(st) &::= 1 + f(s) + f(t) &&\text{（拼接情形）}
\end{aligned}$$

这个定义看上去没有问题，但会导致 $f(\lambda)$ 有两个值，进而使得：

$$\begin{aligned}
0 &= f(\lambda) &&\text{（基于基本情形）}\\
&= f(\lambda \cdot \lambda) &&\text{（基于拼接的定义和基本情形）}\\
&= 1 + f(\lambda) + f(\lambda) &&\text{（基于拼接情形）}\\
&= 1 + 0 + 0 = 1 &&\text{（基于基本情形）}
\end{aligned}$$

显然这是不对的。

7.3 非负整数上的递归函数

非负整数同样可以看作递归数据类型。

定义 7.3.1 非负整数N的递归定义如下。

- $0 \in N$。
- 若 $n \in N$，则 n 后面一个数 $n+1 \in N$。

我们可以从这里发现，定义 7.3.1 的结构归纳法其实就是一般归纳法，换言之，一般归纳法是结构归纳法的特例。对定义在非负整数上的方法的递归定义也是如此。

7.3.1 N上的一些标准递归函数

例 7.3.2 阶乘。阶乘一般写成 "$n!$"，这在后面的章节中会经常提及。这里我们使用符号 $fac(n)$ 表示阶乘：

- $fac(0) ::= 1$。
- 当 $n \geqslant 0$ 时，$fac(n+1) ::= (n+1) \cdot fac(n)$。

例 7.3.3 求和。设 $S(n)$ 表示 $\sum_{i=1}^{n} f(i)$，$S(n)$ 的递归定义如下。

- $S(0) ::= 0$。
- 当 $n \geqslant 0$ 时，$S(n+1) ::= f(n+1) + S(n)$。

7.3.2 不规范的函数定义

用递归定义方法时需要注意一些问题。当方法的递归定义没有遵循数据类型的递归定义时，常常会出问题。下面是一些定义在非负整数上的方法，看上去不错但实则有问题。

$$f_1(n) ::= 2 + f_1(n-1) \qquad (7.2)$$

这个 "定义" 没有基本情形。如果某些 f_1 满足了公式 7.2，则任何给 f_1 加上一个常数的函数同样满足公式 7.2，所以公式 7.2 没有唯一指明一个函数 f_1。

$$f_2(n) ::= \begin{cases} 0, & 若 n=0 \\ f_2(n+1) & 其他情况 \end{cases} \qquad (7.3)$$

这个 "定义" 有基本情形，但依旧没有唯一指明一个函数。只要 $n=0$ 时为 0 且其他时候函数值皆相等的函数都满足这一定义。

而在典型的编程语言中，对 $f_2(1)$ 的评估要首先迭代地调用 $f_2(2)$，进而调用 $f_2(3)$……无穷无尽地调用下去。所以 f_2 其实只定义了 $n = 0$ 时的取值，一个可行的方法是用分段函数 f_3 重新表示公式 7.3。

$$f_3(n)::=\begin{cases} 0 & \text{若} n \text{可以被 2 整除} \\ 1 & \text{若} n \text{可以被 3 整除} \\ 2 & \text{其他情况} \end{cases} \quad (7.4)$$

这个"定义"是矛盾的：它要求 $f_3(6) = 0$ 且 $f_3(6) = 1$，所以公式 7.4 定义不了任何事情。

考拉兹猜想（Collatz Conjecture）也曾困惑数学家们很久：

$$f_4(n)::=\begin{cases} 1 & \text{若} n \leqslant 1 \\ f_4(n/2) & \text{若} n \geqslant 1 \text{ 且为偶数} \\ f_4(3n + 1) & \text{若} n \geqslant 1 \text{ 且为奇数} \end{cases} \quad (7.5)$$

举一个例子，由

$$f_4(3)::= f_4(10)::= f_4(5)::= f_4(16)::= f_4(8)::= f_4(4)::= f_4(2)::= f_4(1)::= 1$$

可知 $f_4(3)=1$。

恒为1的常值函数显然是满足公式 7.5 的，但是否有其他函数也满足就不得而知了。难点在于，$f_4(n)$ 的第三种情形中参数 $3n + 1$ 是大于 n 的，所以就无法用定义在 $\mathbb{N}$ 上的归纳法进行判断。现在已经确定的是任何满足公式 7.5 的 f_4 在 n 小于 10^{18} 时取值都是 1。

最后一个例子是阿克曼函数（Ackermann function），该函数有两个参数且增长非常之快。它的反函数相应地就增长得极慢，比 $\log n, \log\log n, \log\log\log n$…还要慢，但是却没有上界。这个反函数实际上是被用来分析一个有效且高效的算法——合并寻找算法（Union-Find algorithm）。最初大家推测该算法的时间复杂度会随着输入的增加呈线性增长，结果发现它确实是"线性的"，但需要乘以一个系数，而这个系数基本等于阿克曼函数的反函数。这意味着从实用角度而言，确实可以认为合并寻找算法是线性的，毕竟对任何实际中可能存在的输入而言，这个理论上会缓慢增长的系数都不会大于 5。

阿克曼函数 A 可以递归地定义如下：

$$A(m,n) = 2n \qquad \text{若} m = 0 \text{ 或} n \leqslant 1 \quad (7.6)$$

$$A(m,n) = A(m - 1, A(m, n - 1)) \qquad \text{其他情况} \quad (7.7)$$

阿克曼函数之所以特别是因为其把$A(m,n)$也作为A的参数，而$A(m,n)$可能远大于m和n。在f_2中，我们看到若用参数较大时函数的值去定义参数较小时函数的值，就可能导致递归无法终止。但阿克曼函数不会有这个问题，具体的证明需要一些小技巧（见习题 7.25）。

7.4 算术表达式

表达式求值在任何编程语言中都是很重要的，而通过把表达式当作一种递归数据类型，我们可以更好地了解具体是如何进行表达式求值的。

先举一个例子：表达式$3x^2 + 2x + 1$只有一个参数x。我们把表达式的数据类型定义为 Aexp。下面是具体定义。

定义 7.4.1

- **基本情形**：
  - 变量x属于 Aexp。
  - 任何非负整数对应的阿拉伯数字k属于 Aexp。
- **构造情形**：若$e, f \in$ Aexp，则
  - $[e + f] \in$ Aexp，我们称表达式$[e + f]$为和，e和f是和的项，抑或和项。
  - $[e * f] \in$ Aexp，我们称表达式$[e * f]$为积，e和f是积的项，抑或乘数。
  - $-[e] \in$ Aexp，我们称表达式$-[e]$为负数。

请注意，Aexp 都被括在括号内，而且没有指数。所以多项式$3x^2 + 2x + 1$应该表示成

$$[[3 * [x * x]] + [[2 * x] + 1]] \tag{7.8}$$

这种带括号和星号的表示方式虽然标准但有点乱，所以在下文中我们还是用$3x^2 + 2x + 1$表示。但请记住，$3x^2 + 2x + 1$并不是 Aexp，而仅仅是简便表示方式。

7.4.1 Aexp 的替换和求值

求值

Aexp 中唯一的变量就是x，所以 Aexp 的值由x唯一确定。例如，如果$x = 3$，$3x^2 + 2x + 1 = 34$。一般来说，给定 Aexp e和x的取值n，我们便可以对e求值，即确定 eval(e, n)。下面用递归定义说明这个简单、有用的求值过程。

定义 7.4.2 定义在 $e \in \text{Aexp}$ 上的求值函数 $\text{eval}: \text{Aexp} \times \mathbb{Z} \to \mathbb{Z}$ 的递归定义如下。设 n 为任意整数。

- 基本情形：

$$\text{eval}(x, n) ::= n \qquad （变量 x 的值为 n） \qquad (7.9)$$

$$\text{eval}(\text{k}, n) ::= k \qquad （不论 x 取什么值，数字 k 的值都是 k） \qquad (7.10)$$

- 构造情形：

$$\text{eval}([e_1 + e_2], n) ::= \text{eval}(e_1, n) + \text{eval}(e_2, n) \qquad (7.11)$$

$$\text{eval}([e_1 * e_2], n) ::= \text{eval}(e_1, n) \cdot \text{eval}(e_2, n) \qquad (7.12)$$

$$\text{eval}\left(-[e_1], n\right) ::= -\text{eval}(e_1, n) \qquad (7.13)$$

下面我们将对 $x = 2$ 时的 $3 + x^2$ 求值，以此为例说明如何应用上述递归定义：

$$\begin{aligned}
\text{eval}([\,3 + [\,x * x\,]\,], 2) &= \text{eval}(3, 2) + \text{eval}([\,x * x\,], 2) && （基于定义 7.4.2 中的式 7.11）\\
&= 3 + \text{eval}([\,x * x\,], 2) && （基于定义 7.4.2 中的式 7.10）\\
&= 3 + (\text{eval}(x, 2) \cdot \text{eval}(x, 2)) && （基于定义 7.4.2 中的式 7.12）\\
&= 3 + (2 \cdot 2) && （基于定义 7.4.2 中的式 7.9）\\
&= 3 + 4 = 7
\end{aligned}$$

替换

在编译器和代数系统中，替换表达式中的变量是一种常见操作。举个例子，在表达式 $x(x-1)$ 中把 x 替换成 $3x$ 会得到 $3x(3x-1)$。我们用符号 $\text{subst}(f, e)$ 表示将 Aexp e 中的所有 x 替换成 f 所得的结果，这样上面的例子就可以写成

$$\text{subst}(3x, x(x-1)) = 3x(3x-1)$$

替换函数的递归定义如下。

定义 7.4.3 定义在 $e \in \text{Aexp}$ 上的替换方法的递归定义如下。设 f 为任意表达式。

- 基本情形：

$$\text{subst}(f, x) ::= f \qquad （将变量 x 替换为 f） \qquad (7.14)$$

$$\text{subst}(f, \text{k}) ::= k \qquad （若被替换量为数值，则无变化） \qquad (7.15)$$

- 构造情形：

$$\text{subst}(f, [e_1 + e_2]) ::= [\text{subst}(f, e_1) + \text{subst}(f, e_2)] \quad (7.16)$$
$$\text{subst}(f, [e_1 * e_2]) ::= [\text{subst}(f, e_1) * \text{subst}(f, e_2)] \quad (7.17)$$
$$\text{subst}(f, -[e_1]) ::= -[\text{subst}(f, e_1)] \quad (7.18)$$

下面我们基于上述递归定义将表达式 $x(x-1)$ 中的 x 替换成 $3x$：

$$\begin{aligned}
&\text{subst}(3x, x(x-1)) \\
&= \text{subst}([3*x], [x*[x+-[1]]]) && \text{（展开）}\\
&= [\text{ subst}([3*x], x) * \\
&\qquad \text{subst}([3*x], [x+-[1]])] && \text{（基于定义7.4.3，7.17）}\\
&= [[3*x] * \text{subst}([3*x], [x+-[1]])] && \text{（基于定义7.4.3，7.14）}\\
&= [[3*x] * [\text{ subst}([3*x], x) \\
&\qquad + \text{subst}([3*x], -[1])]] && \text{（基于定义7.4.3，7.16）}\\
&= [[3*x] * [[3*x] +-[\text{subst}([3*x], 1)]]] && \text{（基于定义7.4.3，7.18）}\\
&= [[3*x] * [[3*x] +-[1]]] && \text{（基于定义7.4.3，7.15）}\\
&= 3x(3x-1) && \text{（合并）}
\end{aligned}$$

现在，如果要求计算 $x = 2$ 时 $\text{subst}(3x, x(x-1))$ 的值，我们有两种方法。第一种，可以先进行替换得到 $3x(3x-1)$，进而将 $x = 2$ 带入求值，得到 30。这种方法可以写成如下表达式

$$\text{eval}(\text{subst}(3x, x(x-1)), 2) \quad (7.19)$$

在编程术语中，这叫作基于替换模型（Substitution Model）求值。在替换之后，$3x$ 出现了两次，在这种求值方法中，对算式 $3 \cdot 2$ 进行了两次求值。

另一种方法是基于环境模型（Environment Model）求值。在这种方法中，我们先计算出 $x = 2$ 时 $3x$ 的值，即 6。进而将 $x = 6$ 带入 $x(x-1)$ 求值，这种方法可以写成如下表达式

$$\text{eval}(x(x-1), \text{eval}(3x, 2)) \quad (7.20)$$

环境模型只需要计算一次 $3x$ 的值，所以和替换模型相比计算量更小。请读者自行用环境模型对 $3x^2 + 2x + 1$ 进行求值（见习题 7.26）。

显然公式 7.19 和 7.20 的求值结果是相同的，即替换模型和环境模型总是会产生相同的结果。我们可以基于两种模型的定义直接用结构归纳法对这一结论进行证明。

定理 7.4.4 对任意表达式 $e, f \in \text{Aexp}, n \in \mathbb{Z}$，

$$\text{eval}(\text{subst}(f, e), n) = \text{eval}(e, \text{eval}(f, n)) \quad (7.21)$$

证明. 采用基于e的结构归纳法。[1]

基本情形：

- 情形$[x]$

  基于替换模型的定义，公式 7.21 左侧等于 $\text{eval}(f,n)$；基于求值方法的定义，公式右侧也等于 $\text{eval}(f,n)$。

- 情形$[k]$

  基于替换模型和求值方法的定义，公式 7.21 左侧等于 k；同理，基于求值方法定义可知公式右侧等于 k。

构造情形：

- 情形$[[e_1 + e_2]]$

  根据结构归纳法假设（参见式 7.21），我们设对于任意 $f \in \text{Aexp}, n \in \mathbb{Z}$，

  $$\text{eval}(\text{subst}(f, e_i), n) = \text{eval}(e_i, \text{eval}(f, n)) \quad (7.22)$$

  其中i取1或2。我们进而希望证明

  $$\text{eval}(\text{subst}(f, [e_1 + e_2]), n) = \text{eval}([e_1 + e_2], \text{eval}(f, n)) \quad (7.23)$$

  基于定义 7.4.3 中的式 7.16，公式 7.23 左侧等于

  $$\text{eval}([\text{ subst}(f, e_1) + \text{subst}(f, e_2)], n)$$

  再基于定义 7.4.2 中的式 7.11，上式等于

  $$\text{eval}(\text{subst}(f, e_1), n) + \text{eval}(\text{subst}(f, e_2), n)$$

  基于归纳假设 7.22 进一步可知，上式等于

  $$\text{eval}(e_1, \text{eval}(f, n)) + \text{eval}(e_2, \text{eval}(f, n))$$

  再用定义 7.4.2 中的式 7.11 对公式 7.23 右侧进行变换，最终可知公式 7.23 成立。

- 情形$[[e_1 * e_2]]$类似。

- 情形$[-[e_1]]$易证，在此不做展开。

完成对构造情形的证明，证毕。 ∎

---

[1] 这个例子说明了为什么要声明归纳变量，在这里，归纳变量就不是n。

7.5 计算机科学中的归纳

归纳法是一种有效且应用广泛的证明方法，这也是为什么我们花了整整两章去介绍它。强归纳法和一般归纳法都可以用来证明任意定义在非负整数集上的事情，也包括逐步计算过程。

结构归纳法则进一步摆脱了计数的限制，进而为证明递归数据类型和递归计算提供了一种简单有效的方法。

在很多情况下，我们也可以在非负整数集上定义递归数据类型及其性质、方法，例如字符串的长度，表达式中计算符号的数目。当然，我们也可以用一般归纳法去证明这些性质，但远不如结构归纳法简单直接。

事实上，从理论上来说，结构归纳法比一般归纳法更为强大，但也仅仅是在无限的数据类型（例如，无穷树（infinite tree））上更为有效。所以在实际应用中，结构归纳法的优势主要还在于面对递归数据类型时，这种方法更为简单直接。这也是为什么计算机科学家钟爱结构归纳法的原因。

7.1 节习题

练习题

习题 7.1

有序二叉树集合 OBT 可以递归定义如下。

基础情形：⟨leaf⟩ 是 OBT，

构造情形：如果 R 和 S 是 OBT，则 ⟨**node**, R, S⟩ 也是 OBT。

若 T 是 OBT，设 n_T 是 T 中 **node** 的数量，l_T 是 **leaf** 的数量。

请基于结构证明法证明对于任意 $T \in OBT$，

$$l_T = n_T + 1 \tag{7.24}$$

随堂练习

习题 7.2

定义 7.1.1 给出了 A^* 的递归定义形式，请用结构归纳法证明拼接（concatenation）是符合结合律（*associative*）的。即对于任意字符串$r,s,t \in A^*$：
$$(r \cdot s) \cdot t = r \cdot (s \cdot t) \quad （7.25）$$

习题 7.3

我们定义一个字符串的逆（reversal）为该字符串的倒序，举一个例子，$\text{rev}(abcde) = edcba$。

(a) 请基于$s \in A^*$的递归定义 7.1.1 和字符串拼接 7.1.3 给出$\text{rev}(abcde) = edcba$的递归定义。

(b) 请证明对于任意字符串$s, t \in A^*$
$$\text{rev}(r \cdot t) = \text{rev}(t) \cdot \text{rev}(s) \quad （7.26）$$

可能需要用到下列性质：$(r \cdot s) \cdot t = r \cdot (s \cdot t)$，即拼接（concatenation）是符合结合律（*associative*）的（见习题 7.2）。

习题 7.4

基础 18.01 函数（F18's）是按下列规则定义的函数集合，这些函数的自变量都是单个实数。

基本情形：

- $\text{id}(x) ::= x$ 是 F18，
- 任何常数函数是 F18，
- 正弦函数是 F18。

构造情形：

若f, g是 F18，则有

1. $f + g, fg, 2^g$，
2. 逆函数f^{-1}，
3. 复合函数$f \circ g$。

(a) 证明函数$1/x$是 F18。

注意：与$1/x = x^{-1}$不同，$\text{id}(x)$的逆（inverse）id^{-1}等于 id。

(b) 请用结构归纳法证明 F18 对于求导操作是闭合的（closed under taking derivatives）。即，若$f(x)$是 F18，则$f' ::= df/dx$也是 F18。

习题 7.5

下面是一个偶整数集合E的简单递归定义。

定义.

基础情形：$0 \in E$。

构造情形：若$n \in E$，则$n + 2 \in E, -n \in E$。

请用类似的方法定义下列集合：

(a) $S ::= \{2^k 3^m 5^n \in \mathbb{N} | k, m, n \in \mathbb{N}\}$

(b) $T ::= \{2^k 3^{2k+m} 5^{m+n} \in \mathbb{N} | k, m, n \in \mathbb{N}\}$

(c) $L ::= \{(a, b) \in \mathbb{Z}^2 | (a - b) 是 3 的倍数\}$

设L'是基于你对L的递归定义所生成的集合。所以如果定义正确，自然$L' = L$，但说不定你会犯错误呢。下面我们就来检查你对L的定义是否正确。

(d) 用结构归纳法证明$L' \subseteq L$。

(e) 证明$L \subseteq L'$，若都为真，则说明你的定义是正确的。

(f) 你给出的L的递归定义是不含糊的吗？

习题 7.6

定义. 叶子节点类标为L的二叉树 binary-2PG 的递归定义如下。

- **基础情形**：对于任意$l \in L$，有$\langle\text{leaf}, l\rangle \in$ binary-2PG。
- **构造情形**：若$G_1, G_2 \in$ binary-2PG，则有 $\langle\text{bintree}, G_1, G_2\rangle \in$ binary-2PG。

$G \in$ binary-2PG的大小$|G|$的递归定义如下。

- **基础情形**：对于任意$l \in L$，$|\langle\text{leaf}, l\rangle| ::= 1$。

- **构造情形**：$|\langle\text{bintree}, G_1, G_2\rangle| ::= |G_1| + |G_2| + 1$。

举一个例子，图 7.1 中的 binary-2PG 大小为 7。

(a) 用尖括号、bintree 和 leaf 等符号表示图 7.1 中所示的树。

flatten(G)的值是$G \in$ binary-2PG叶子节点类标的序列。以图 7.1 为例，

$$\text{flatten}(G) = (\text{win}, \text{lose}, \text{win}, \text{win})$$

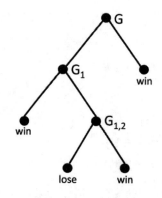

图 7.1　二叉树 G 图例

(b) 给出 flatten 的递归定义。（你可能会用到序列的拼接操作。）

(c) 用结构归纳法证明

$$2 \cdot \text{length}(\text{flatten}(G)) = |G| + 1 \tag{7.27}$$

课后作业

习题 7.7

字符串的逆（reversal），rev: $A^* \to A^*$ 的简单递归定义如下。

基本情形：$\text{rev}(\lambda) ::= \lambda$。

构造情形：对于任意 $s \in A^*, a \in A$，有 $\text{rev}(as) ::= \text{rev}(s)a$。

当 $\text{rev}(s) = s$ 时，s 被称作回文（palindrome）。回文集合 RecPal 可以简单地递归定义如下。

基本情形：$\lambda \in \text{RecPal}$，对于任意 $a \in A$，有 $a \in \text{RecPal}$。

构造情形：若 $s \in \text{RecPal}$，则对于任意 $a \in A, asa \in \text{RecPal}$。

请验证上面两个定义的正确性，这是一个很好的练习结构归纳法和在字符串长度上做归纳的题目。此外，在习题 7.2 和习题 7.3 中证明了有关逆字符串和字符串拼接的三个基本性质，这些性质也可被用于本题的证明。

事实.

$$(rs = uv \text{ AND } |r| = |u|) \text{ IFF } (r = u \text{ AND } s = v) \tag{7.28}$$

$$r \cdot (s \cdot t) = (r \cdot s) \cdot t \tag{7.29}$$

$$\text{rev}(st) = \text{rev}(t)\text{rev}(s) \tag{7.30}$$

(a) 请证明对于任意 $s \in RecPal$，有 $s = \mathrm{rev}(s)$。

(b) 请证明对于任意 $s = \mathrm{rev}(s)$，则有 $s \in \mathrm{RecPal}$。

提示：用归纳法证明，其中 $n = |s|$。

习题 7.8

设 m, n 为非零整数。递归定义整数集合 $L_{m,n}$，如下所示。

- **基本情形**：$m, n \in L_{m,n}$。
- **构造情形**：若 $j, k \in L_{m,n}$，则有
  1. $-j \in L_{m,n}$
  2. $j + k \in L_{m,n}$

后面我们用 L 代指 $L_{m,n}$。

(a) 用结构归纳法证明，m, n 的公约数可以除尽 L 中的任何数。

(b) 证明，任何 L 中元素的整数倍也在 L 中。

(c) 证明，若 $j, k \in L$ 且 $k \neq 0$，则有 $\mathrm{rem}(j, k) \in L$。

(d) 证明，存在正整数 $g \in L$，可以除尽任意 L 中的任何数。

提示：L 中最小的正整数。

(e) 证明 g 是 m, n 的最大公约数 $\gcd(m, n)$。

习题 7.9

定义. $\#_c(s)$ 表示字符 $c \in A$ 在字符串 $s \in A^*$ 中出现的次数，其递归定义如下。

基本情形：$\#_c(\lambda) ::= 0$

构造情形：

$$\#_c(\langle a, s \rangle) ::= \begin{cases} \#_c(s) & \text{若 } a \neq c \\ 1 + \#_c(s) & \text{若 } a = c \end{cases}$$

用结构归纳法证明，对于任意 $s, t \in A^*$ 和 $c \in A$，有

$$\#_c(s \cdot t) = \#_c(s) + \#_c(t)$$

习题 7.10

分形学（fractal）是数学对象可以被递归定义的明证。我们现在来研究科赫雪花。任何科赫雪花都可以依据下面的归纳定义生成。

- **基本情形**：一个边长为正整数的等边三角形是科赫雪花。
- **构造情形**：设K是科赫雪花，l是雪花上的一条线段，将l三等分并移除中间的三分之一，取而代之两条长度为$|l|/3$的线段，如图 7.2 所示。

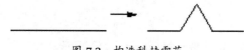

图 7.2　构造科赫雪花

所生成的图形依然是科赫雪花。

请用结构归纳法证明任意科赫雪花的面积符合$q\sqrt{3}$的形式，其中q是有理数。

习题 7.11

红黑树集合 RBT 的递归定义如下。

基本情形：

- $\langle\mathbf{red}\rangle \in$ RBT
- $\langle\mathbf{black}\rangle \in$ RBT

构造情形：A, B是 RBT，则

- 若A, B的根节点是 **black**，则$\langle\mathbf{red}, A, B\rangle$ 是 RBT。
- 若A, B的根节点是 **red**，则$\langle\mathbf{black}, A, B\rangle$ 是 RBT。

对于任意 RBT T，设

- r_T是T中 **red** 的数量，
- b_T是T中 **black** 的数量，
- $n_T ::= r_T + b_T$是T中的节点总数量。

请证明

$$若T的根节点是\ \mathbf{red}，则\ \frac{n_T}{3} \leqslant r_T \leqslant \frac{2n_T + 1}{3} \quad\quad (7.31)$$

提示：$n/3 \leqslant r$ IFF $(2/3)n \geqslant n - r$。

测试题

习题 7.12

算术三角函数（Arithmetic Trig Functions, Atrig's）是按下列规则定义的函数集合，这些

函数的自变量都是单个实数。

基本情形：

- $\mathrm{id}(x) ::= x$ 是 $Atrig$，
- 任何常数函数是 $Atrig$，
- 正弦函数是 $Atrig$。

构造情形：

若 f, g 是 $Atrig's$，则有

1. $f + g$
2. $f \cdot g$
3. 复合函数 $f \circ g$

用结构归纳法证明，若 $f(x)$ 是 $Atrig$，则 $f' ::= \mathrm{d}f/\mathrm{d}x$ 也是 $Atrig$。

习题 7.13

定义. 以单个实数为自变量的有理数函数（rational function）集合 RAF 可以递归定义如下。

基本情形：

- 恒等函数 $\mathrm{id}(r)$ 是 RAF，即对于任意 $r \in \mathbb{R}$，$\mathrm{id}(r) ::= r$。
- 任意值是实数的常数函数是 RAF。

构造情形：若 f, g 是 RAF's，则 $f \circledast g$ 也是 RAF，其中 $\circledast$ 可以是

1. 加法 $+$
2. 乘法 $\cdot$
3. 除法 $/$

(a) 请构建函数 e，使得对于 $f, g \in$ RAF 有

$$e \circ (f + g) \neq (e \circ f) + (e \circ g) \tag{7.32}$$

(b) 证明，对于任意值域范围是实数的函数 e, f, g（不局限于 RAF），有：

$$(e \circledast f) \circ g = (e \circ g) \circledast (f \circ g) \tag{7.33}$$

提示：$(e \circledast f)(x) ::= e(x) \circledast f(x)$

(c) $h \in RAF$，设谓词 $P(h)$：

$$P(h)::= \forall g \in \text{RAF}. \ h \circ g \in \text{RAF}$$

用结构归纳法证明对于任意$h \in \text{RAF}$，$P(h)$为真。请逐条证明基本情形和构造情形。

习题 7.14

2-3 平均数，记为 N23，是实数区间[0,1]上的一个子集，其递归定义如下。

基本情形：$0, 1 \in \text{N23}$

构造情形：若$a, b \in \text{N23}$，则有$L(a, b) \in \text{N23}$，

$$L(a, b)::= \frac{2a + 3b}{5}$$

(a) 用一般归纳法或良序原则证明，对于任意非负整数n，有

$$\left(\frac{3}{5}\right)^n \in \text{N23}$$

(b) 用结构归纳法证明两个 2-3 平均数的积也是 2-3 平均数。

提示：用结构归纳法证明，若$d \in \text{N23}$，则$cd \in \text{N23}$。

习题 7.15

这道习题是关于二进制字符串$s \in \{0,1\}^*$的。

在一个字符串集合的递归定义中，如果所有构造规则都可以被看作字符串拼接[①]，则称这个字符串集合是cat-OK的。

举一个例子，集合 One1 是只有一个 1 的二进制串，这个集合是 cat-OK 的。

基本情形：长度为 1 的字符串1属于集合 One1。

构造情形：如果s属于 One1，则$0s$和$s0$也属于 One1。

(a) 给出仅由0组成的且长度为偶数的字符串集合E的cat-OK定义。

(b) 设 rev(s)是字符串s的逆。举一个例子，rev(001) = 100。而所谓回文即是s = rev(s)的字符串。举一个例子，11011和010010就是回文。

请给出回文的 cat-OK 定义。

(c) 给出仅由0组成的且长度为 2 的乘方的字符串集合P的 cat-OK 定义。

[①] 对字符串x, y进行拼接生成字符串xy，即将y拼接在x之后。举例而言，拼接字符串01,101生成01101。

7.2 节习题

练习题

习题 7.16

递归定义集合 F_1, F_2 如下。

- F_1:
  - $5 \in F_1$,
  - 如果 $n \in F_1$，则 $5n \in F_1$。

- F_2:
  - $5 \in F_2$,
  - 如果 $n, m \in F_1$，则 $nm \in F_2$。

(a) 证明其中一个定义是模糊的。（记住"模糊的递归定义"是有数学含义的，并不是指那些模糊不清的定义。）

(b) 简要介绍和模糊的定义相比，不模糊的递归定义有哪些好处。

(c) 我们可以通过证明 $F_1 \subseteq F_2$ 和 $F_2 \subseteq F_1$ 来证明 $F_1 = F_2$。$F_1 \subseteq F_2$ 和 $F_2 \subseteq F_1$ 其中有一条可以很简单地通过结构归纳法证明，是哪一条呢？相应的归纳假设是什么呢？（不必给出证明。）

习题 7.17

(a) 要证明定义 7.2.1 所定义的集合 RecMatch 和定义 7.2.4 所定义的集合 AmbRecMatch 是相等的，你需要先证明

$$\forall r \in \text{RecMatch}.\ r \in \text{AmbRecMatch}$$

再证明

$$\forall r \in \text{AmbRecMatch}.\ r \in \text{RecMatch}$$

在这两个声明中，哪个用结构归纳法更容易证明？

(b) 假设我们现在要用结构归纳法证明 AmbRecMatch $\subseteq$ RecMatch。下面哪些断言可以作为归纳假设？

- $P_0(n) ::= |s| \leqslant n$ IMPLIES $s \in \text{RecMatch}$
- $P_1(n) ::= |s| \leqslant n$ IMPLIES $s \in \text{AmbRecMatch}$

- $P_2(s)::= s \in \text{RecMatch}$
- $P_3(s)::= s \in \text{AmbRecMatch}$
- $P_4(s)::= (s \in \text{RecMatch IMPLIES } s \in \text{AmbRecMatch})$

(c) AmbRecMatch 允许无论是 s 还是 t 为空字符串，都可构造 $s \cdot t$，所以 AmbRecMatch 的归纳定义是模糊的。但即使排除这一情况，它依旧是模糊的。请用两种方法构造字符串 [ ] [ ] [ ]，注意只可用 $s \cdot t$ 进行构造，且 $s \neq \lambda, t \neq \lambda$。

随堂练习

习题 7.18

设 p 是括号字符串 [ ]。一个括号字符串当且仅当其可以用 p 归约为空串时，我们称之为可消除的（erasable）。举一个例子，下面这个括号字符串

$$[[[]][]][]$$

可以归约为

$$[[]]$$

进而可以归约为

$$[]$$

进而可以归约为空串 λ。

而字符串

$$][][[[[]] \tag{7.34}$$

则是不可消除的。因为，对其进行归约可得

$$][[[[]$$

进而归约可得

$$][[[$$

就再无法归约了。[①]

设 Erasable 是可归约括号字符串集合。设 RecMatch 为定义 7.2.1 所定义的递归数据类型。

(a) 用结构归纳法证明

$$\text{RecMatch} \subseteq \text{Erasable}$$

[①] 请注意，对于同一个字符串，归约的方法可能有很多种，但最终的归约结果一定是相同的。虽然这点可能不是那么显而易见，但这里不予证明了，见习题 6.29。

(b) 下面是对 Erasable ⊆ RecMatch的证明，其中部分缺失（用(*)标出）。

证明. 我们将用强归纳法证明 Erasable 中的任意长度为n的字符串都属于 RecMatch。归纳假设为

$$P(n) ::= \forall x \in \text{Erasable}. |x| = n \text{ IMPLIES } x \in \text{RecMatch}$$

基本情形：

(*)基本情形是什么？并证明在基本情形下P为真。

归纳步骤： 为了证明$P(n+1)$，我们假设$|x| = n+1$，且$x \in$ Erasable。下面我们需要证明$x \in$ RecMatch。

当且仅当从字符串z中删除一个p得到字符串y，我们称y是z的一次消除（erase）。

由于$x \in$ Erasable 并且长度为正，故必然存在一个x的消除$y \in$ Erasable。从而$|y| = n - 1 \geqslant 0$，由于$y \in$ Erasable，根据假设可知$y \in$ RecMatch。

下面进行分类讨论。

情形（y是空字符串）：

(*)请证明$x \in$ RecMatch。

情形（对于某些$s, t \in$ RecMatch，存在$y = [s]t$）：接下来我们进一步分类讨论。

- **子情形**（$x = py$）：

    (*) 请证明$x \in$ RecMatch。

- **子情形**（x符合格式$[s']t$，其中s是s'的一次消除）：

    由$s \in$ RecMatch 可知s是可消除的，进而可知$s' \in$ Erasable。但是$|s'| < |x|$，所以我们可以基于归纳假设假设$s' \in$ RecMatch。这说明x符合 RecMatch 的构造步骤规则，进而可知$x \in$ RecMatch。

- **子情形**（x符合格式$[s']t$，其中t是t'的一次消除）：

    (*) 请证明$x \in$ RecMatch。

(*)上述分类讨论就足够了吗？为什么？

证毕，故可知对于任意$n \in \mathbb{N}$，$P(n)$为真。因此对于任意$x \in$ Erasable 有$x \in$ RecMatch。即 Erasable ⊆ RecMatch。结合(a)可知

$$\text{Erasable} = \text{RecMatch}$$

■

习题 7.19

(a) 证明由定义 7.2.1 所定义的集合 RecMatch 对字符串拼接操作是闭合的。即，若 $s, t \in$ RecMatch，则 $s \cdot t \in$ RecMatch。

(b) 证明 AmbRecMatch ⊆ RecMatch，其中 AmbRecMatch 参见定义 7.2.4。

(c) 证明 RecMatch = AmbRecMatch。

课后作业

习题 7.20

要判断字符串里的括号是否是匹配的，有一个简单的方法。从字符串的最左侧（记为 0）开始，从左至右遍历，遇到左括号就加 1，遇到右括号就减 1。例如下面两个字符串的计数情况：

```
[ ]  ] [ [ [ [ [ ] ] ] ]
0 1 0 -1 0 1 2 3 4 3 2 1 0
```

```
[ [  [ ] ] [ ] ] [ ]
0 1 2 3 2 1 2 1 0 1 0
```

如果一个字符串的计数恒不是负数，且最终为 0，我们称之为良计数（good count）。所以第二个字符串是良计数但第一个不是。我们设

$$\text{GoodCount} ::= \{s \in \{\,[\,,\,]\,\}^* \mid s \text{ 是良计数的}\}$$

空字符串的长度为 0，我们也认为它是良计数的，即 $\lambda \in \text{GoodCount}$。而括号匹配的字符串集合与良计数的字符串集合是等价的。

(a) 用结构归纳法证明 GoodCount 包含 RecMatch。

(b) 再证明 RecMatch 包含 GoodCount。

提示：基于字符串的长度进行归纳，并考虑第二次计数等于 0 时的情形。

习题 7.21

在习题 5.10 中我们提到了分割等边三角形（Divided Equilateral Triangles，DET）。

- **基本情形**：若一个等边三角形只包含其自身一个子三角形，则可被认为是一个 DET。

- 如果 $T ::=$ 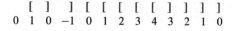 是一个 DET，则可用四个 T 按图 7.3 所示构造等边三角形 T'。每个 T 的子三角形都是 T' 的子三角形。

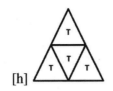

图 7.3　四个 DET T 的副本得到 DET T'

我们前面已经用归纳法证明了 DET 的一些性质。而考虑到 DET 也是递归定义的，所以在这里我们要用结构归纳法再次对其进行证明。

(a) 基于结构归纳法证明，若 DET 的一个位于顶点的子三角形被移除了，剩下的空间可以用图 7.4 所示的梯形填满。

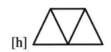

图 7.4　三个三角形构成梯形

(b) 解释为什么若 DET 的位于中间的子三角形被移除了，剩下的空间可以用图 7.4 所示的梯形填满。

(c) 在 5.1.5 节中，我们已经证明了移除任意一块小正方形，剩下的空间都可以用 L 型瓷砖铺满。而我们也已经证明了即使移除了不位于顶点的子三角形，DET 依旧有可能用梯形填满。因此我们自然会猜测 DET 可能具有下面这一性质。

假断言. 移除 DET 的任一子三角形，剩下的空间可以用图 7.4 所示的梯形填满。

虚假证明. 当 DET 只有一个子三角形时，该声明无须证明。

现在设 T' 是由四个 T 组成的 DET，并且我们移除了 T' 的任意一块子三角形。

移除的子三角形必然是四个 T 其中之一，而考虑到这四个 T 是一样的，所以我们假设被移除的子三角形来自 $T1$。基于结构归纳法假设，$T1$ 必然是可以被铺满的，而其余三个 T 也同样是可以被铺满的。进而可知移除 DET 的任一子三角形，剩下的空间都可以用梯形填满。∎

这一证明的错误在哪里？

提示：找出一个反例进而说明证明的问题在哪儿。

我们尚不知道 DET 中哪些子三角形被移除依旧可以保证 DET 可以被铺满。

习题 7.22

二进制词（binary word）是指由 0 和 1 组成的有限序列。这里我们将其简称为"词"（word）。

举个例子，(1,1,0)和(1)分别是长度为 3 和 1 的词。为了简便，我们通常将括号和逗号略去，一般写成110和1。

将一个词拼到另一个词后面，这个操作称为拼接（concatenation）。举个例子，拼接110和1会生成1101，而拼接110和110会生成110110。

我们也可以把拼接这一操作扩展到词的集合上。为了强调词和词的集合的区别，下面我们将词的集合称之为语言（language）。如果 R, S 表示语言，那么 $R \cdot S$ 表示从 R 取一个词，再从 S 取一个词，两者拼接起来构成的词，即 $R \cdot S$ 为

$$R \cdot S ::= \{rs | r \in R \text{ AND } s \in S\}$$

举个例子，

$$\{0, 00\} \cdot \{00, 000\} = \{000, 0000, 00000\}$$

再比如，$D ::= \{1, 0\}$时，$D \cdot D$，简称D^2：$D^2 = \{00, 01, 10, 11\}$

换言之，D^2包含全部长度为2的词，更确切地说，D^n包含了全部长度为n的词。

若S是语言，则用S中的词任意相互拼接所生成词的集合被称为S^*。（一般认为空词λ也属于S^*。）举个例子，$\{0, 11\}^*$包含了可以用任意数量 0 和 11 拼接而成的词。另一个例子是$(D^2)^*$，这一语言中词的长度都是偶数。

可拼接（Concatenation-Definable (C-D)）语言的递归定义如下。

- **基本情形**：每一个（有限）语言都是 C-D。
- **构造情形**：若L, M都是 C-D，则 $L \cdot M, L \cup M, \overline{L}$ 都是 C-D。

注意不包括*操作。所以 C-D 语言又被称作"没有*操作的语言"[33]。

可以证明很多语言都是可拼接定义的，但有些非常简单的语言却不是。例如语言$\{00\}^*$就不是，$\{00\}^*$中的词都由 0 组成且长度都是偶数。

(a) 证明：所有二进制词组成的集合B是 C-D。提示：空集是有限的。

另外一个属于 C-D 的有趣的语言是全部包含三个连续 1 的词的语言：

$$B111B$$

请注意，完整写法应该是"$B \cdot \{111\} \cdot B$"。为方便阅读我们这里就用了缩写。

(b) 证明以 0 起始以 1 结束的词组成的语言是 C-D。

(c) 证明0^*是 C-D。

(d) 证明若 R, S 是 C-D，则 $R \cap S$ 也是 C-D。

(e) 证明 $\{01\}^*$ 是 C-D。

当一门语言 S 仅包含有限个由 0 组成的词时，我们称 S 是 0-*finite*，即 $S \cap 0^*$ 是有限集合。当要么 S 是 0-*finite* 要么 $\overline{S}$ 是 0-*finite* 时，S 被称作 0-*boring*。

(f) 证明为什么 $\{00\}^*$ 不是 0-boring。

(g) 验证若 R, S 是 0-boring 的，则 $R \cup S$ 也是。

(h) 验证若 R, S 是 0-boring 的，则 $R \cdot S$ 也是。

提示：可分类讨论，是否 R, S 都是 0-finite，是否 R 或 S 不包含全部只含有 0 的词（即使是空词 λ），抑或是否都不成立。

(i) 用结构归纳法证明 C-D 语言都是 0-boring 的。

所以我们已经证明了 $(00)^*$ 不是 C-D 的。

习题 7.23

通过把数字芯片定义为递归数据类型 DigCirc，我们可以用一种简单又准确的方式去解释数字芯片的工作原理，也能用结构归纳法去证明数字芯片的一些性质。为简化定义，我们在芯片中只使用两输入的门，所以所有的门的集合如下：

$$\text{Gates}::=\{\text{NOR}, \text{AND}, \text{OR}, \text{XOR}\}$$

数字芯片则可以被定义成门 (x, y, G, I) 的序列，其中 x, y 是输入电线，G 是门，I 是输出电线，具体如图 7.5 所示。

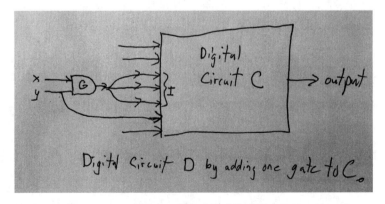

图 7.5 芯片的构造情形

具体而言，我们设 W 是电线 $w_0, w_1, \ldots$ 的集合，而 $\mathbf{O} \notin W$ 是输出。

定义． 数字芯片集合 DigCirc、输入及内部电线可递归定义如下。

基本情形： 若 $x, y \in W$，则 $C \in$ DigCirc，其中

$$C = \text{list}((x, y, G, \{\mathbf{O}\}))\quad \text{其中}\, G \in \text{Gates}$$

$$\text{inputs}(C) ::= \{x, y\}$$

$$\text{internal}(C) ::= \emptyset$$

构造情形： 若

$$C \in \text{DigCirc}$$

$$I \subseteq \text{inputs}(C), I \neq \emptyset$$

$$x, y \in W - (I \cup \text{internal}(C))$$

则有 $D \in$ DigCirc，其中

$$D = \text{cons}((x, y, G, I), C),\quad \text{其中}\, G \in \text{Gates}$$

$$\text{inputs}(D) ::= \{x, y\} \cup (\text{input}(C) - I)$$

$$\text{internal}(D) ::= \text{internal}(C) \cup I$$

对于任意芯片 C，我们定义

$$\text{wires}(C) ::= (\text{input}(C) \cup \text{internal}(C) \cup \{\mathbf{O}\})$$

而 C 的电线配置（wire assignment）则是

$$\alpha : \text{wires}(C) \to \{\mathbf{T}, \mathbf{F}\}$$

所以对于每一个 $(x, y, G, I) \in C$，对于全部 $i \in I$，有

$$\alpha(i) = (\alpha(x) G \alpha(y))$$

(a) 我们为 C 定义了一个配置环境函数 $e : \text{inputs}(C) \to \{\mathbf{T}, \mathbf{F}\}$。设现在有两个电线配置，证明若 $\text{input}(C)$ 中的每条电线在这两个配置中都是相等的，则全部电线在两个配置中也是相等的。

说明对于 C 的任意环境配置 e，都只存在唯一一个电线配置 α_e 使得对于任意 $w \in \text{input}(C)$，有

$$\alpha_e(w) = e(w)$$

所以对于任意环境配置 e，芯片输出唯一

$$\text{eval}(C, e) ::= \alpha_e(\mathbf{O})$$

现在设 F 为一命题公式，其命题变量即芯片 C 的输入电线，则定义当且仅当对于任意环境 e 有

$$\text{eval}(C, e) = \text{eval}(F, e)$$

时，C, F 等价。

(b) 基于芯片 C 的定义递归定义一个函数 $E(C)$，使得 $E(C)$ 是一个等价于 C 的命题公式。并用结构归纳法予以证明。

(c) 请给出一些 $E(C)$ 的例子，要求 $E(C)$ 指数级大于 C。

测试题

习题 7.24

设 P 是命题变量。

(a) 请用 XOR, AND, P 和常量 **True** 表示 NOT(P)。

要表示 NOT(P) 必须用到 **True**。为证明这一点，我们首先给出只包含 XOR, AND 公式的递归定义，称之为 PXA 公式。

定义.

基本情形：命题变量 P 是 PXA 公式。

构造情形：若 $R, S \in$ PXA，则

- R XOR S
- R AND S

是 PXA。

举一个例子，

$$((((P \text{ XOR } P) \text{ AND } P) \text{ XOR } (P \text{ AND } P)) \text{ XOR } (P \text{ XOR } P)$$

是 PXA。

(b) 用结构归纳法证明每个 PXA 公式要么等价于 P，要么为 **False**。

7.3 节习题

课后作业

习题 7.25

阿克曼函数 $A: \mathbb{N}^2 \to \mathbb{N}$ 也可按如下方式递归定义：

$$A(m,n) ::= 2n \qquad \text{当 } m=0 \text{ 或 } n \geq 1 \qquad \text{(A-base)}$$
$$A(m,n) ::= A(m-1, A(m,n-1)) \qquad \text{其他情况} \qquad \text{(AA)}$$

证明，若 $B: \mathbb{N}^2 \to \mathbb{N}$ 是满足上述定义的偏序函数，则 B 是全函数，且 $B = A$。

7.4 节习题

练习题

习题 7.26

(a) 用环境模型和替换模型分别对下面的表达式求值

$$\text{eval}(\text{subst}(3x, x(x-1)), 2)$$

并指出在哪一步具体用到了哪条规则。再对两种模型下的运算次数和变量查询次数进行比较。

(b) 请举一个求值的例子，要求乘法计算次数在环境模型下比替换模型下少 6 次。不必写出具体的求值过程。

(c) 请举一个求值的例子，要求乘法计算次数在环境模型下比替换模型下多 6 次。不必写出具体的求值过程。

随堂练习

习题 7.27

这一道题我们需要仔细学习一下关于真值的命题运算（operation）及其连接符号（symbol）。这里我们只考虑两种连接符号，即 **And** 和 **Not**，因为每一个命题公式本质上都等价于这两种逻辑运算。我们只考虑常量符号 **True** 和 **False**。

(a) 请给出一个命题公式 F 的简单递归定义以及其中的命题变量集合 $\text{pvar}(F)$。

设 V 是命题变量的集合。所谓 V 的真实环境 e（truth environment）就是对 V 里的所有变量都赋予相应的逻辑值。换言之，e 是全函数，且：

$$e: V \to \{\mathbf{T}, \mathbf{F}\}$$

(b) 请给出真实值（truth value），$\text{eval}(F, e)$ 的递归定义，其中 F 是环境 e 中的命题公式，且 $\text{pvar}(F) \subseteq V$。

显然，一个命题公式的真实值仅仅依赖于其中的变量。怎么会有例外呢？但这也确实是一道很好的练习题，请予以证明。

(c) 请给出这样一个命题公式的例子，其包含变量P，但命题的真实值却与P无关。准确来说，相应的断言是"命题公式F的真实值与命题变量P无关"。

提示：设e_1, e_2是两个环境，其值除了P以外都相同。

(d) 对断言"命题公式的真值仅仅取决于该命题公式中变量的真值"，试给出粗略的定义，并使用结构归纳法证明。

(e) 现在我们可以形式化定义永真（valid）的概念。当且仅当 $\forall e.\,\mathrm{eval}(F, e) = \mathbf{T}$ 时，F是有效的。

请用类似方法形式化定义公式G是不满足式（unsatisfiable）。再证明当且仅当 $\mathrm{Not}(F)$是不满足式，公式F是永真的。

课后作业

习题 7.28

(a) 函数 erase(e)将删掉除括号以外其他所有在$e \in \mathrm{Aexp}$ 中的符号。举一个例子

$$\mathrm{erase}([[3 * [x * x]] + [[2 * x] + 1]]) = [[[\,]][[2 * x] + 1]]$$

请给出函数 erase(e)的递归定义。

(b) 证明对于任意$e \in \mathrm{Aexp}$，有 erase(e) $\in$ RecMatch。

(c) 请给出一个字符串$s \in \mathrm{RecMatch}$，使得对任意$e \in \mathrm{Aexp}$ 有$[s] \neq \mathrm{erase}(e)$。

习题 7.29

有一大类游戏被称为完全信息确定性博弈，西洋跳棋、国际象棋、围棋都属于此类。这类游戏都可用递归数据类型表示。接下来我们将用结构归纳法证明一个关于这种游戏策略的基本定理。为了方便描述，我们需要把每一种游戏情形都作为一个游戏。举一个例子，现在假设棋手在下国际象棋，已经走了 5 步，我们把这位棋手当前面对的这一棋局也作为一个新游戏。

我们同时定义，如果白方赢了，则"收益"为 1，输了则"收益"为–1，平局则为 0。这样我们便可以定义白方的目标是最大化收益，而黑方的目标是最小化收益。

我们假设有两位棋手，分别称之为$max\text{-}player$和$min\text{-}player$，其目标分别是最大化和最小化收益。一个游戏需要指明其可能的下一步情形的集合，而集合中的每个元素又是一个新的游戏。不存在下一步的游戏称作终点并决定了最终的收益。未终止的游戏都有一个标签指明轮到哪位棋手行动了，标签可以是max或min。

下面是形式化定义。

定义. 设V是实数的非空集合。完全信息的确定性最大-最小博弈集合VG可以递归定义如下。

基本情形：$v \in V$属于 VG，且是终点。

构造情形：若$\mathcal{M}$是 VG 的非空集合，a是取值为max或min的标签，则$G ::= (a, \mathcal{M})$属于 VG。任一游戏$M \in \mathcal{M}$被称作一个G的潜在下一步。

在国际象棋中，白方先走且有 20 个潜在下一步，所以，这一游戏用 VG 的形式表示就是

$$(\text{max}, \{(\text{min}, B_1), (\text{min}, B_2), \ldots, (\text{min}, B_{20})\})$$

其中(min, B_i)是白方第i个潜在下一步。

B_i则是在白方移动过第i步后黑方潜在下一步的集合。在白方开局以后，黑方也有 20 种潜在下一步，所以B_i是

$$(\text{min}, \{(\text{max}, W_1), (\text{max}, W_2), \ldots, (\text{max}, W_{20})\})$$

其中，W_j是白方接下来潜在下一步的集合。现在W_j集合规模发生变化，取决于前两步的走法。

游戏的一局可以表示为一个有效移动的序列，且该序列要么最终落入终点要么无休止地进行下去。形式化的定义如下。

定义. VG 的一局游戏G可以递归定义为如下。

基本情形：（$G = v \in V$，终点）长度为 1 的序列sequence(v)是G的一局游戏，其收益取决于v。

构造情形：（$G = (a, \mathcal{M})$）G的一局游戏是这样一个序列，其始于G，下一步$M \in \mathcal{M}$，而再下一步就是M中的元素了。其最终收益取决于此。

游戏是可以无限制玩下去的。举一个例子，在国际象棋中，如果两位棋手都仅仅是前后移动某个棋子，则游戏就会无限制地进行下去。①但通过递归定义的VG直接排除了这种可能性。

(a) 证明 VG 的每局游戏都是有限的且有收益。

提示：基于结构归纳法假设每个潜在下一步都有收益。

所谓策略是指导棋手在每一步如何行动的规则。把任意max-*player*的策略和min-*player*的策略相组合就能唯一确定一局游戏。

完全信息确定性博弈的一个基础定理是，在任意游戏中，每个棋手都有一个最优策略，而

---

① 真实的国际象棋锦标赛对此做了限制，其规定了移动步数的上限，同时禁止重复移动超过两次。

这些策略的收益是相同的。举一个例子，在西洋跳棋和国际象棋中，这一基础定理说明

- 其中一位棋手必然存在必胜策略，或
- 两位棋手都有策略可以保证至少平局。

定理(VG 的基础定理). 设 V 是实数的有限集合，G 则属于值域，是 V 的 VG。存在 $v \in V$ 使得

- 存在一个 $max\text{-}player$ 的策略使得 G 的收益不低于 v。
- 存在一个 $min\text{-}player$ 的策略使得 G 的收益不高于 v。

此时的 v 也被称作 G 的值。

(b) 证明这一基础定理。

提示：基于归纳法，假设在 G 中每一步 M 的值为 v_M。

补充部分（可选）

(c) 请将这一基础定理泛化到无限集合 V 上，并予以证明。

第 8 章　无限集

这一章讨论无限集（Infinite Set）及其相关证明。

等一下！为什么计算机科学中的数学涉及无限（infinity）问题呢？毕竟，计算机中的数据大小是受内存限制的，而内存必然是有限的。这是再浅显不过的道理。那么为什么不只去研究那些即使很大但仍然有限（finite）的集合呢？好问题，现在就来告诉你研究无限集到底有多么必要。

你可能还没有注意到，你已经习惯了在计算机程序中使用整数、有理数、无理数以及它们的序列，而这些其实都可以看作无限集。进一步说，你希望物理抑或其他学科放弃实数而只去用有界的数去测量有界的宇宙吗？当然不，因此忽略那些很大且未知的上界（宇宙不就一直在膨胀吗）并接受那些基于实数理论是很有意义的。

同理，在编写计算机程序时，计算位数尽可能多的非负整数之和与计算位数不确定的两个整数之和（就像天空中拥有亿万星辰的星系）也没什么不同，在设计编译器时也是这么设计的。如果一个编译器只能编译包含的数字小于某定值的程序，这个编译器不是既没用也不合理吗？

因为在使用无限集去证明时，我们一般不会被直觉所误导，所以它为我们提供了一种很实用的证明方法。掌握无限集还有一个很大的好处——可以帮助我们了解从理论上来说计算机到底可以做什么不能做什么。举一个例子，在 8.2 节中，我们将用基于无限集的推理方法去证明对编程语言而言不可能存在完美的类型检查器。

所以，接下来让我们进入无限的世界吧。

8.1　无限基数集

在 19 世纪晚期，数学家格奥尔格·康托在研究傅里叶级数收敛性时发现，虽然有些级数在无限个数之后依旧不收敛，但仍然很可能最终是收敛的。为此，康托需要一种方法去比较无限集的大小。借此机会，他对映射规则定理 4.5.4 进行了扩展以适应无限集：他定义，如果两个无限集间存在双射则称这两个集合大小相同。以此类推，若存在无限集 A，如果 A surj B，则 A "不小于" B。否则，A "严格小于" B，简写为 A strict B。

定义 8.1.1 A strict B IFF   NOT(A surj B)

对有限集而言，这种严格关系（strict）意味着"严格小于"。这可以从映射规则定理 4.5.4 直接推导出来。

推论 8.1.2 对有限集 A, B，

$$A \text{ strict } B \quad \text{IFF} \quad |A| < |B|$$

证明.

$$\begin{aligned}
A \text{ strict } B \quad &\text{IFF} \quad \text{NOT}(A \text{ surj } B) & \text{（定义 8.1.1）} \\
&\text{IFF} \quad \text{NOT}(|A| \geqslant |B|) & \text{（定理 4.5.4 中的式 4.5）} \\
&\text{IFF} \quad |A| < |B|
\end{aligned}$$
■

康托最终据此发展出了一套有关无限大小的理论。这一理论最终给数学基础理论和计算机科学带来了深远的影响。但在当时，康托的工作给他带来了很多敌人：当时的数学界从未听过无限也是有大小的，对这些研究的实际用处也表示怀疑，此外还专门为之取了一个名字叫"康托的天堂"（Cantor's paradise）。

康托有关无限的理论有一个很优秀的特点，就是它避免了去定义无限集的大小——它只是在比较集合的"大小"。

警告：我们并没有也不会去定义无限集的"大小"。如果要定义无限的"大小"就需要先定义一些具有特殊良序性质的无限集，这些集合被称作序数。有关序数的理论超出了本书的讨论范畴，要说清楚本章的内容，依靠"不小于""大小相等"这些相对概念就足够了。

但还有一点需要注意。如我们所见，我们用 surj 表示"不小于"，bij 表示"大小相等"。虽然绝大多数时候，这些概念在无限集和有限集上性质相同，但总有一些例外——我们会在下文说明。因此，在我们严格证明这些概念的性质之前，千万不要想当然。

让我们先从一些熟悉的概念开始吧！

引理 8.1.3 对任意集合 A, B, C，

1. A surj B IFF B inj A
2. 如果 A surj B and B surj C，则 A surj C
3. 如果 A bij B and B bij C，则 A bij C
4. A bij B IFF B bij A

当且仅当R^{-1}具有[≥1 out，≤1 in]全映射、单射（total, injective）性质时，R 具有[≤1 out，≥1 in]满射性质，故 1 正确。由满射函数组成的函数还是满射的，故 2 正确。当且仅当R和R^{-1}都是满射函数时，R是双射函数，故可以从 1 和 2 推出 3 和 4。相关的详细证明请读者自行完成（见习题 4.22）。

下面这个性质的证明就需要一些小技巧了。

定理 8.1.4 [施罗德-伯恩斯坦（Schröder-Bernstein）定理]对任意集合A, B，若A surj B 且B surj A，则A bij B。

换言之，施罗德-伯恩斯坦定理的意思就是，如果A不小于B且B也不小于A，则A和B大小相等。你可能会觉得这个定理显而易见，但对无限集A和B而言并不是这样。因为满射函数$f: A \to B$和$g: B \to A$都不意味着双射，所以并不能直接推导出双射函数$e: A \to B$。所以e实际上是在f和g的部分映射关系之上构建出来的。具体构建方法请读者自行研究（见习题 8.10）。

另一个集合性质是对任意两个集合，要么第一个不小于第二个，要么第二个不小于第一个。对有限集而言，这一性质可从映射规则中直接推导出。对无限集而言，这一性质依旧是正确的，不过并没有那么显而易见。

定理 8.1.5 对任意集合A, B，

$$A \text{ surj } B \quad \text{OR} \quad B \text{ surj } A$$

定理 8.1.5 可以用来证明无限集合的另外一个性质，如下所示。

引理 8.1.6 对应任意集合A, B, C

$$A \text{ strict } B \quad \text{AND} \quad B \text{ strict } C \tag{8.1}$$

蕴涵

$$A \text{ strict } C$$

证明．（引理 8.1.6）

假设公式 8.1 为真，同时假设A strict C不成立，可知A surj C。由于B surj C，基于定理 8.1.5 可知C surj B。因此有

$$A \text{ strict } C \quad \text{AND} \quad C \text{ strict } B$$

而基于推论 8.1.3.2 可知A surj B，和A strict B矛盾，证毕。∎

对定理 8.1.5 的证明需要用到一些超出本书范畴的内容（又是有关基数的理论）。而在本书中唯一用到定理 8.1.5 的地方又只有对引理 8.1.6 的证明，因此我们没有去证明定理 8.1.5，希望读者可以理解。

8.1.1 不同之处

无限集和有限集的一大区别就是，在无限集中添加一些元素并不会让集合变大。换言之，若A是有限集且$b \notin A$，则有$|A \cup \{b\}| = |A| + 1$。所以A和$A \cup \{b\}$大小不同。但若A是无限集，则这两个集合的大小是一样的！

引理 8.1.7 设A是一个集合且$b \notin A$，则当且仅当A bij $A \cup \{b\}$ 时，A是无限集。

证明. 由于当A是有限集时A和$A \cup \{b\}$大小不同，所以我们只需证明当A是无限集时A和$A \cup \{b\}$大小相同即可。

即，我们需要找到一个A和$A \cup \{b\}$间的双射函数，其中A是无限集。由于A是无限的，所以必然有至少一个元素，我们称之为a_0。但同样因为A是无限的，所以必然有至少两个元素，且另外一个不等于a_0，我们称之为a_1。以此类推，我们可以最终得到属于A的元素的无限序列$a_0, a_1, a_2, \ldots, a_n, \ldots$。这样一来就好定义双射函数$e: A \cup \{b\} \to A$了：

$$e(b) ::= a_0$$
$$e(a_n) ::= a_{n+1} \qquad n \in \mathbb{N}$$
$$e(a) ::= a \qquad a \in A - \{b, a_0, a_1, \ldots\}$$

8.1.2 可数集

当且仅当集合C里的元素可以按序排列时，集合C是可数的（countable）。换言之，C里的元素可以表示成这样的序列

$$c_0, c_1, \ldots, c_n, \ldots,$$

假设序列中没有重复元素，则也可从双射的角度去理解可数集，即存在双射函数$f: \mathbb{N} \to C$且$f(i) ::= c_i$。

定义 8.1.8 当且仅当$\mathbb{N}$ bij C 时，集合C是可数无限的（countably infinite）。当且仅当一个集合是有限的或者可数无限的时，该集合是可数的。当且仅当一个集合不是可数的时，该集合是不可数的（uncountable）。

如果允许元素重复，那么我们也可以用有限集的元素生成无限集。举一个例子，我们可以用集合$\{2,4,6\}$中的 3 个元素生成下面这个序列

$$2, 4, 6, 6, 6, \ldots,$$

上面这个简单的例子说明，可数性质并不能用来区分有限集和无限集。当且仅当存在由集合C的元素组成的如下序列

$$c_0, c_1, \ldots, c_n, \ldots,$$

集合C是可数的，但元素是可以重复的。

引理 8.1.9 当且仅当 $\mathbb{N} \text{ surj } C$，集合$C$是可数的。事实上，当且仅当存在全映射函数（total surjective function）$g: \mathbb{N} \to C$时，非空集合C是可数的。

相关证明留在习题 8.11，请读者自行证明。

最基本的可数无限集就是集合$\mathbb{N}$。但整数集$\mathbb{Z}$也是可数无限的，因为整数可以被排列成如下序列：

$$0, -1, 1, -2, 2, -3, 3, \ldots, \tag{8.2}$$

要生成上面这个序列很简单，只需要这样一个双射函数$f: \mathbb{N} \to \mathbb{Z}$，其中，$f(n)$ 就是序列中的第n个元素：

$$f(n) ::= \begin{cases} n/2 & \text{若}n\text{为偶数} \\ -(n+1)/2 & \text{若}n\text{为奇数} \end{cases}$$

同时也有一个很简单的方法可以列出所有非负整数对，这说明$(\mathbb{N} \times \mathbb{N})$也是可数无限的（见习题 8.17）。现在，我们马上就能证明非负有理数的集合$\mathbb{Q}^{\geq 0}$也是可数的。是不是有点惊讶，毕竟有理数可是结结实实地填满了任何整数之间，而且任意两个有理数间必然存在有理数。所以如果你觉得不可能把所有有理数列出来也是有一定道理的。习题 8.9 将对此有详细说明。而且，可数集在并操作和笛卡儿积操作下是闭合的，据此我们可以推导出一系列常见集合的可数性。

推论 8.1.10 下列集合都是可数无限的：

$$\mathbb{Z}^+, \mathbb{Z}, \mathbb{N} \times \mathbb{N}, \mathbb{Q}^+, \mathbb{Z} \times \mathbb{Z}, \mathbb{Q}$$

只需稍微修改引理 8.1.7 的证明即可证明可数无限集是"最小"的无限集。

引理 8.1.11 如果A是无限集且B是可数的，那么$A \text{ surj } B$。

请读者自行证明（见习题 8.8）。

由于向无限集中添加一个新元素并不会改变其大小，所以添加有限个新元素也不会改变其大小，毕竟我们只要一个一个地添加就可以了。不仅如此，一些更为严苛的断言也同样是真的：向无限集中添加可数无限个新元素也不会改变其大小（见习题 8.13）。

顺便提一句，经常有这样一个误解，既然在向某无限集中添加有限个元素后必然存在新集合和原来集合间的双射，那无限制地往里添加元素也应该没问题。但不幸的是，通常来说不是的。很多时候，有限次操作时成立的事情在无限次操作下就不一定了。举一个例子，我们对 3 进行有限次的加 1 操作，我们最后会得到 1 个不小于 3 的整数。但如果我们进行无限次的加 1 操作，那最后得到的就不是整数了。

8.1.3 幂集的势严格大于原集合

康托令人惊讶的一大发现就是，并不是所有无限集合的势都一样大。他还证明了对任意集合 A，其幂集 $pow(A)$ 的势"严格大于" A 的势。

定理 8.1.12 [康托] 对任意集合 A，

$$A \text{ strict } pow(A)$$

证明. 要证明 A 严格小于 $pow(A)$，我们需要证明，如果 g 是从 A 到 $pow(A)$ 的函数，那么 g 必然不是满射函数。为此，我们只需要去找到一个 A 的子集 $A_g \subseteq A$ 不在 g 的值域范围内。我们的想法是，对任意元素 $a \in A$ 有 $g(a) \subseteq A$，那么 a 是否碰巧在 $g(a)$ 中呢？我们首先定义

$$A_g ::= \{a \in A \mid a \notin g(a)\}$$

A_g 显然是 A 的子集，这意味着 A_g 属于 $pow(A)$。但是 A_g 不在 g 的值域范围内。因为，如果它在的话，则对于某些 $a_0 \in A$，存在

$$A_g = g(a_0)$$

同时，基于 A_g 的定义，对于任意 $a_0 \in A$，

$$a \in g(a_0) \quad \text{IFF} \quad a \in A_g \quad \text{IFF} \quad a \notin g(a)$$

设 $a = a_0$，则存在如下矛盾

$$a_0 \in g(a_0) \quad \text{IFF} \quad a_0 \notin g(a_0)$$

所以 A_g 不在 g 的值域范围内，g 也自然不是满射函数。

康托的理论自然而然地蕴涵了下面这一推论。

推论 8.1.13 $pow(\mathbb{N})$ 是不可数的。

证明. 基于引理 8.1.9，当且仅当 $\mathbb{N}$ strict U，U 是不可数的。

在证明定理 4.5.5 时，我们知道，在 n 个元素集合的幂集和由 0,1 组成的长度为 n 的字符串集合 $\{0,1\}^n$ 间存在单射关系，这意味着单射关系也存在于可数无限集的幂集和长度无限的字符串集合 $\{0,1\}^\omega$ 之间，即，

$$pow(\mathbb{N}) \text{ bij } \{0,1\}^\omega$$

这也意味着

推论 8.1.14 $\{0,1\}^\omega$ 是不可数的。

更多可数集和不可数集

我们已经知道了一些可数集和不可数集，所以可以基于引理 8.1.3 推断出其他一些集合的可

数性质，具体而言，就是基于下面两条推论。

推论 8.1.15

(a) 若U是不可数集且A surj U，那么A是不可数的。

(b) 若C是可数集且C surj A，那么A是可数的。

举一个例子，我们已经知道了$\{0,1\}^\omega$是不可数的，那么

推论 8.1.16 实数集$\mathbb{R}$是不可数的。

要证明这个推论，我们先想想如何把实数表示成位数无限的十进制数形式：$\sqrt{2} = 1.4142\ldots$，$5 = 5.000\ldots$，$1/10 = 0.10000\ldots$，$1/3 = 0.333\ldots$，$1/9 = 0.111\ldots$，$4\frac{1}{99} = 4.010101\ldots$。

先不考虑那些十进制形式小数部分包含非 0,1 数字的实数，我们把实数r映射成其十进制形式下小数部分$b(r)$。举一个例子，$b(5) = 000\ldots$，$b(1/10) = 1000\ldots$，$b(1/9) = 111\ldots$，$b(4\frac{1}{99}) = 010101\ldots$，$b(\sqrt{2}), b(1/3)$未定义。显然，$b$不是从实数到$\{0,1\}^\omega$①的全满射，但至少是满射，即 $\mathbb{R}$ surj $\{0,1\}^\omega$。基于推论 8.1.15(a)可知实数集是不可数的。

推论 8.1.17 正整数的有限序列集合$(\mathbb{Z}^+)^*$是可数的。

要证明这个推论，我们先想想非负整数的质因数分解：$20 = 2^2 \cdot 3^0 \cdot 5^1 \cdot 7^0 \cdot 11^0 \cdot 13^0\ldots$，$6615 = 2^2 \cdot 3^3 \cdot 5^1 \cdot 7^2 \cdot 11^0 \cdot 13^0\ldots$，我们把非负整数$n$映射到其质因数分解结果中非零指数的序列$e(n)$上，即，

$$e(20) = (2, 1)$$
$$e(6615) = (3, 1, 2)$$
$$e(5^{13} \cdot 11^9 \cdot 47^{817} \cdot 103^{44}) = (13, 9, 817, 44)$$
$$e(1) = \lambda \qquad\qquad （空字符串）$$
$$e(0) 未定义$$

这样，e就是一个从$\mathbb{N}$到$(\mathbb{Z}^+)^*$的函数了。其自变量取值范围是全体正整数，而且显然e是满射函数，即，$\mathbb{N}$ surj $(\mathbb{Z}^+)^*$，继而由推论 8.1.15(b)可知正整数的有限序列是可数的。

更大的无限集

有时，不同无限集的大小差得很大。举一个例子，我们可以基于非负整数无限集$\mathbb{N}$构建出这样一个集合的无限序列

$$\mathbb{N} \text{ strict pow}(\mathbb{N}) \text{ strict pow}\big(\text{pow}(\mathbb{N})\big) \text{ strict pow}\Big(\text{pow}\big(\text{pow}(\mathbb{N})\big)\Big) \text{ strict} \ldots$$

---

① 一些实数可以有两种表示方法，即 $5 = 5.000\ldots = 4.999\ldots$，$\frac{1}{10} = 0.1000\ldots = 0.0999\ldots$，在这里我们采用第一种表示方法。

基于康托的定理 8.1.12，该序列中的每个集合都比其左边的集合要大。不仅如此，全部这些集合的并也大于序列中的任意集合（见习题 8.24）。通过这种方法，你想构建多大的无限集都可以做到。

8.1.4　对角线证明

定理 8.1.12 和类似的证明方法一般被统称为"对角线证明"（diagonal argument）。这个名字源自该证明的另外一种更容易理解的版本。该版本基于正方阵列进行证明。举一个例子，假设在$\mathbb{N}$和$\{0,1\}^\omega$之间存在双射关系。如果这一关系存在的话，我们就可以用由无限长度的位串（bit string）组成的可数列表去表示它。如果能找到表示这一列表的可行方法，则$\{0,1\}^\omega$中的任意位串都可以在有限步骤后得到，就像任何整数都可以通过从 0 开始的有限步骤处理后得到。我们假设的这个列表应该符合下图所示的形式，其在横向和竖向上都无限延伸：

$$\begin{array}{rcllllll}
A_0 & = & 1 & 0 & 0 & 0 & 1 & 1 & \cdots \\
A_1 & = & 0 & 1 & 1 & 1 & 0 & 1 & \cdots \\
A_2 & = & 1 & 1 & 1 & 1 & 1 & 1 & \cdots \\
A_3 & = & 0 & 1 & 0 & 0 & 1 & 0 & \cdots \\
A_4 & = & 0 & 0 & 1 & 0 & 0 & 0 & \cdots \\
A_5 & = & 1 & 0 & 0 & 1 & 1 & 1 & \cdots \\
& & \vdots & \vdots & \vdots & \vdots & \vdots & \vdots & \ddots
\end{array}$$

基于假设，这个列表应该包含全部位串了。但是，我们可以从这个列表中生成一个不属于这一序列的位串！如下图所示。

$$\begin{array}{rcllllll}
A_0 & = & \mathbf{1} & 0 & 0 & 0 & 1 & 1 & \cdots \\
A_1 & = & 0 & \mathbf{1} & 1 & 1 & 0 & 1 & \cdots \\
A_2 & = & 1 & 1 & \mathbf{1} & 1 & 1 & 1 & \cdots \\
A_3 & = & 0 & 1 & 0 & \mathbf{0} & 1 & 0 & \cdots \\
A_4 & = & 0 & 0 & 1 & 0 & \mathbf{0} & 0 & \cdots \\
A_5 & = & 1 & 0 & 0 & 1 & 1 & \mathbf{1} & \cdots \\
& & \vdots & \vdots & \vdots & \vdots & \vdots & \vdots & \ddots
\end{array}$$

这也是为什么这种方法被称作"对角线证明"的原因：我们需要用对角线元素组成一个新的位串D。

$$D = 1\,1\,1\,0\,0\,1\,\ldots$$

把对角线元素 0 和 1 互换可以获得另外一个位串C：

$$C = 0\,0\,0\,1\,1\,0\,\ldots$$

可见，如果A_n的第n个元素是1，那么C的第n个元素就必然是0，这就保证了C和A_n不同。

换言之，C和列表中的任意位串都至少有一个元素不同，所以C属于$\{0,1\}^\omega$但居然不在我们的列表中，我们的列表不完整！

位串C对应定理 8.1.12 证明中的集合$\{a \in A | a \notin g(a)\}$。两者都是基于一个不可数无限集的一个可数子集定义的，但却又可以证明其不被包含在这个可数子集之中，这两种证明方法都是基于这种矛盾证明了可数集和不可数集不一样大。

8.2 停止问题

虽然越来越大的无限集对计算机科学家而言最多只能算是比较有趣而已，但其涉及的推理（reasoning）过程则对计算理论至关重要。对角线证明就被用来说明很多问题不能通过计算来解决。

在计算机科学技术中，对程序进行操作的过程是很基础和普遍的概念。例如，编译（compilation）其实就是对用"高级"语言（Java、C++、Python 等）编写的程序进行操作，生成相应的底层指令。解释器（interpreters）或虚拟机（virtual machines）同样可以被看作是一个过程，这一过程以设计运行于某种计算机上的程序为输入，进而在另一种计算机上模拟其输出结果。编译器的基本功能之一——"类型检查"确保了某些类型不会发生运行时错误（run-time error），而另一基本功能——"优化"则为了生成的程序运行得更快或所需内存更小。

然而，有些很基本的事情是无法通过计算完成的，就像完美的类型检查、优化以及某些关于程序运行时行为的分析。在本节，我们会用一个简单的例子——停止问题（Halting Problem）——进行说明。所谓停止问题，就是去判断任意一个给定程序是否会在没有被中断的情况下永远地运行下去。如果程序没有一直运行下去，那么我们称之为停止了。真实的程序终止的方式有很多种，例如：返回返回值、发生错误或等待用户输入。但要确认一个程序停止其实挺简单的，把它放到一台虚拟机上运行等它结束就行了。问题是，如果这个程序一直不停止怎么办，你有没有想过这时等待可能是没有结果的而只是一直等啊等。那么如何判断一个程序不会停止呢？下面，我们将用对角线证明法去证明，如果一个分析程序试图判断一个尚未终止的程序是否会终止，这个程序的结果很可能是错的，甚至没有结果！

这里，只要是用来处理由 ASCII 码的 256 个符号组成的字符串的（属于集合 ASCII*），不管用的是 C++、Java 还是 Python，这样的程序过程我们称为字符串过程（string procedure）。

现在，你可以想想怎么去写这样一个字符串过程。当该过程用来处理双字（double letter）时，过程停止。所谓双字，就是在一行中每个符号出现两次，例如 aaCC33 和 zz++ccBB 就是双字字符串，而 aa;bb,bb3 和 AAAAA 不是。

如果一个过程因处理字符串所产生的计算最终完成时，就称这个过程识别（recognize）了这个字符串。在本节中，一般称一个字符串集合为一门（正式）语言（language）。我们设 lang(P) 为由过程 P 识别的语言：

$$\text{lang}(P)::= \{s \in \text{ASCII}^* | P \text{可以识别} s\}$$

当一门语言（字符串集合）和 lang(P) 相等时，我们称该语言对字符串过程 P 而言是可识别的（recognizable）。

通常来说，程序都是用 ASCII 码写的，所以我们这里假设任意程序都属于 ASCII*。若字符串 $s \in$ ASCII* 是某个字符串过程的描述，我们称这个字符串过程为 P_s。你可以把 P_s 当成 s 经过编译生成的这样一个可执行的过程。①同时，每个字符串都可以被当作字符串过程的程序。所以，当字符串 $s \in$ ASCII* 不是一个真的字符串过程时，我们就定义 P_s 为默认字符串过程——即永不停止的过程。

若只关注字符串过程，一般的停止问题可以被定义为，给定字符串 s 和 t，过程 P_s 是否可以识别 t。下面，我们将说明，这个问题无法用举例法解决。

定义 8.2.1

$$\text{No-halt（不停止）}::= \{s | P_s \text{无法识别} s\} = \{s \notin \text{lang}(P_s)\} \tag{8.3}$$

下面我们来证明

定理 8.2.2 No-halt 是不可识别的。

下面的证明和定理 8.1.12 证明有些许类似。

证明. 基于定义，对于任意 $s \in$ ASCII*，

$$s \in \text{No-halt IFF } s \notin \text{lang}(P_s) \tag{8.4}$$

现在我们先假设 No-halt 是可识别的。这意味着有过程 P_{s_0} 可以识别 No-halt，即，No-halt = lang(P_{s_0})。

结合式 8.4 可知，对于任意 $s \in$ ASCII*，

$$s \in \text{lang}(P_{s_0}) \text{ IFF } s \notin \text{lang}(P_s) \tag{8.5}$$

---

① 之所以要区分字符串 $s \in$ ASCII* 和过程 P_s，是为了避免一个类型错误：不能用字符串处理字符串。举一个例子，假设 s 是我们写的一段代码，这段代码的作用是识别双字字符串。如果我们直接用 s 处理一个字符串输入（例如，aabbccdd），则应该抛出类型错误。正确的做法是先将 s 编译成 P_s，用 P_s 处理 aabbccdd。

现在设 $s = s_0$，则有 $s_0 \in \text{lang}(P_{s_0})$ IFF $s_0 \notin \text{lang}(P_{s_0})$，矛盾，可知 No-halt 不能被任意字符串过程识别。∎

所以，理论上无论用什么语言编写的程序都不可能为基于同样语言编写的程序解决这一停止问题。而且我们还证明了不存在过程可以判断任一程序是否终止。我们进而也可以轻松地证明也不存在过程可以完美识别任何程序的全局运行时性质。①

举一个例子，绝大部分编译器在编译时会做"静态"类型检查以避免由此引起的运行时错误。但由于类型检查不能完美地识别出不会出错的那些程序，那么它必然会将一部分没有问题的程序错误地识别成有类型错误的程序。所以，没有类型检查是完美的，最后还是要依靠人来进行。

如果你考虑的是写一个程序分析器的实际可能性，那就是另外一回事了。理论上不存在完美的程序分析器并不意味着你不能写一个实际应用中表现还不错的分析器。事实上，一般分析器都会被设计成可分析的，这样我们才能确保它们的具体功能。

最后，虽然还不知道这一理论上的限制对实际应用的限制有多大，但这一理论至少告诉了我们这样一个事实，那些声称发明通用程序分析方法的人

- 要么为了利益或者夸大了他们的方法的能力。
- 要么通过避开技术限制简化了问题。
- 要么就是他们过于兴奋，以至于忽略了必然存在的技术限制。

所以，到目前为止，如果你听到有人说他找到了通用的程序分析/验证/优化方法，那么他们一定没说实话，至少没有把实话都说出来。

更为重要的一点是：换一门其他的语言也没办法绕过这一问题。我们已经证明了用某种语言写的程序是无法完美地分析用该语言写的程序的，例如，不存在可以完美分析所有 Java 程序的 Java 程序。但是，会不会有一个 C++ 程序可以做到这一点呢？毕竟 C++ 比 Java 限制更少。可惜并不能：因为用 Java 写一个 C++ 的虚拟机是可能的，所以如果存在可以完美分析 Java 的 C++ 程序，那么 Java 虚拟机也必然可以，但这已经被证明是不可能的了。

---

① 之所以加上"全局"这一限定词，是因为有些只依赖于部分运行时行为的性质是可以被完美识别的，例如判断一个程序所包含的指令是否超过 100 个。

8.3 集合逻辑

8.3.1 罗素悖论

有关朴素集合的推理最终都遇到了一些问题。事实上，逻辑学家戈特洛布·弗雷格（Gotlob Frege）很早就开始研究有关集合的精确公理，但这一系列研究都因无法解决罗素悖论（Russell's Paradox）[1]而宣告失败。而罗素悖论和对康托定理 8.1.12 的证明有些许相似。这让那些致力于为数学建立公理基础的人们大为震惊。而戈特洛布·弗雷格在一战期间曾因拒服兵役入狱，他也曾凭借其在哲学和政治上的著作获得了诺贝尔文学奖。

罗素悖论

设 S 为一个取值范围为全部集合的变量，并定义

$$W ::= \{S | S \notin S\}$$

所以，基于定义，对于任意集合 S 有

$$S \in W \text{ IFF } S \notin S$$

我们还可以设 S 为 W，则有

$$W \in W \text{ IFF } W \notin W$$

显然矛盾。

这一有关集合的简单推理动摇了整个数学世界！为解决这一悖论，罗素和他的同事怀特黑德花了数年时间建立了一套集合理论。这样，数学的逻辑基础再次被巩固了。

事实上，罗素和他的同仁在当时就知道如何解决这一悖论：不应当假设 W 是集合。在证明中假设 W 是集合并不合理，因为我们知道 S 的取值范围是全体集合，但 W 不一定是一个集合。事实上，罗素悖论恰恰说明 W 最好不是集合！

但是如果放弃这一假设，就必须放弃另外一条公理：每一个以数学方式明确定义的集合的簇也可被认为是一个集合。现在摆在弗雷格、罗素和其他逻辑学家面前的问题是哪些被明确定义的簇可以被认为是集合。罗素和他在剑桥的同事沃特黑德立刻开始着手研究这一问题。他们花了数年时间提出了一个庞大的公理体系，这一工作被发表在一部更为宏大的巨著里——《数学原理》（Principia Mathematica）。但它太笨重了，所以其实并没什么人用这套公理，从这个

---

[1] 伯特兰·罗素（Bertrand Russell）是一位 20 世纪之交的数学家和逻辑学家。他曾说，当他觉得自己老得再也无法研究数学时，他开始了对哲学的学习。当他没有才智去研习哲学时，他开始去写一些与政治相关的东西。

角度来看他们的工作挺失败的。不过另外一套更简单并现已广泛使用的集合论公理化方法吸纳了这一成果，而其提出者是逻辑学家策梅罗（Zermelo）和弗伦克尔（Fraenkel）。

8.3.2 集合的 ZFC 公理系统

所谓集合论公式（formula of set theory）[①]即是仅仅讨论集合元素的谓词公式。即，集合论的一阶公式包含逻辑运算符和量词，且仅仅始于形如"$x \in y$"的表达式。而所涉及的范围就是集合的簇，"$x \in y$"可以理解为x,y都是取值范围为全体集合的变量，而且x是y的元素。

集合论公式中不存在等号"="。但当且仅当两个集合元素完全相同时，可以认为两个集合是相等的。所以集合间的相等关系可以表示成如下形式：

$$(x = y) ::= \forall z.(z \in x \text{ IFF } z \in y) \tag{8.6}$$

集合论公式中也不存在"⊆"，但子集关系可以表示成：

$$(x \subseteq y) ::= \forall z.(z \in x \text{ IMPLES } z \in y) \tag{8.7}$$

所以使用符号"=,⊆"的公式可以认为是相应的仅使用∈的集合论公式的缩写。为了简便，我们将不再对两者进行区分，统称为"集合论的公式"。例如，

$$x = y \text{ IFF } [x \subseteq y \text{ AND } y \subseteq x]$$

是集合论公式，这一公式描述了集合相等关系和包含关系这两种关系间的一种基本关系。

人们普遍认为，所有的数学理论都可以基于几个集合论的公式用简单的逻辑推导规则推导出来，这几个公式被称作包含选择公理的策梅罗-弗伦克尔集合论公理系统（Axioms of Zermelo-Fraenkel Set Theory with Choice，ZFC）。

在这里我们不会去讲解 ZFC 的一系列公理，但会把它们列在下面供读者参考。

外延公理（Extensionality） 如果两个集合含有同样的元素，则它们是相等的：

$$x = y \text{ IFF } (\forall z.\ z \in x \text{ IFF } z \in y)$$

无序对公理（Pairing） 给定两个集合x和y，则必然存在一个集合$\{x,y\}$，它的成员只有 x 和 y：

$$\forall x, y \exists u \forall z.[z \in u \text{ IFF } (z = x \text{ OR } z = y)]$$

并集公理（Union） 集合簇z的并集u也是集合：

$$\forall z \exists u \forall x.(x \in u) \text{ IFF } (\exists y.\ x \in y \text{ AND } y \in z)$$

[①] 准确来说应该是集合论的纯一阶公式（pure first-order formula of set theory）。

无穷公理（Infinity） 存在一个集合，其元素有无穷多个。准确地说，存在一个非空集合 x，对于任意集合 $y \in x$，集合 $\{y\}$ 也是 x 的元素。

子集公理（Subset） 给定集合 x 和任意集合性质，必然存在一个集合 y 包含且仅包含该集合中那些拥有此性质的元素：

$$\forall x \exists y \forall z. z \in y \text{ IFF } [z \in x \text{ AND } \Phi(z)]$$

其中 $\Phi(z)$ 是集合论的公式。①

幂集公理（Subset） 一个集合所有的子集组成另一集合：

$$\forall x \exists p \forall u. u \subseteq x \text{ IFF } u \in p$$

替换公理（Replacement） 设集合论公式 Φ 定义了一个在集合 s 上的全函数的图形，即，

$$\forall x \in s \exists y. \Phi(x, y)$$

且

$$\forall x \in s \forall y, z. [\Phi(x, y) \text{ AND } \Phi(x, z)] \text{ IMPLES } y = z$$

那么 s 在该函数下的像也是一个集合 t，即，

$$\exists t \forall y. y \in t \text{ IFF } [\exists x \in s. \Phi(x, y)]$$

基础公理（Foundation） 这一公理旨在防止出现如下形式的集合无限序列

$$\ldots \in x_n \in \cdots \in x_1 \in x_0$$

在这种序列里，每个集合都是下一个集合的元素。也可以这样表述这一性质：每个非空集合都有一个"最小成员（member-minimal）"元素。即，定义

$$\text{member-minimal}(m, x) ::= [m \in x \text{ AND } \forall y \in x. y \notin m]$$

基础公理②是

$$\forall x, x \neq 0 \text{ IMPLES } \exists m. \text{member-minimal}(m, x)$$

选择公理（Choice） 设 s 是一个由非空集合组成的集合，则存在从 s 中每个集合各选一个元素而组成的集合 c。该公式参见习题 8.30。

---

① 这一公理常被称为概括公理。
② 该公理也被称为正则公理（Regularity）。

8.3.3 避免罗素悖论

与罗素（Russell）、沃特黑德（Whitehead）最初为解决罗素悖论建立的集合论系统相比，现在的 ZFC 公理系统简化了很多。事实上，ZFC 公理系统和弗雷格最初提出的公理系统相比只多出了基础公理。基础公理表明了集合只能通过几种特定的标准方法从更"简单"的集合中生成。此外，基础公理还意味着集合不可能属于其本身，进而就解决了罗素悖论：因为对于任意S，$S \notin S$，所以既然 W 包含了全部集合，那么 W 就不是集合，否则 W 就属于其自身了。

8.4 这些真的有效吗

这便是主流数学的发展现状：只要基于少量的 ZFC 公理，便可以推导出数学领域内的任何东西。听起来似乎已是岁月静好了，但却还有那么几片乌云暗示着整个数学的基础可能没有那么牢固。

- ZFC 公理系统不一定是完美无缺的。策梅洛虽然是一个杰出的逻辑学家，但他还只是一个普通人，也会忘带钥匙。所以说不定有一天罗素的后继者们也会发现存在于 ZFC 公理系统中的悖论，进而摧毁了现在的数学体系。这听起来很疯狂，但确实发生过。

- 事实上，虽然人们普遍认为 ZFC 公理系统有能力证明所有的标准数学，但它的一些推论看上去还是有点自相矛盾。举一个例子，巴拿赫-塔斯基定理是选择公理的推论之一，该定理指出，一个实心的球可以被分成 6 份，而这 6 份可以重新组合成两个和原球大小相同的实心球！

- 一些关于集合性质的基本问题仍然没有解决。举一个例子，康托曾提出这样一个问题：是否存在这样一个集合，其大小严格大于最小的无限集 $\mathbb{N}$（见习题 8.8）且严格小于 pow(N)？康托认为这种集合是不存在的。

  康托连续统假设（Cantor's Continuum Hypothesis）：不存在集合 A，使得

  $$\mathbb{N} \text{ strict } A \text{ strict pow}(\mathbb{N})$$

  一个世纪过去了，连续统假设还是既没有被证实或者也没有被证伪。难点在于现代集合论有这样一个结论——这一结论综合了戈德尔 20 世纪 30 年代的发现和保罗·寇恩 20 世纪 60 年代的发现——ZFC 公理系统尚不足以判断连续统假设的真伪。因为有两个都遵循 ZFC 公理系统的集合簇，连续统假设对于其中一个簇成立，但对另外一个却不成立。所以如果不对当前的 ZFC 公理系统进行补充，我们无法判断连续统假设的真伪。

- 但即使我们添加了更多的公理，仍然有些问题无法解决。在 20 世纪 30 年代，哥德尔就证明了：假设一个公理系统是一致的——即不会同时证明P和$\overline{P}$为真——那么我们无法仅仅基于该公理系统去证明其本身的一致性。换言之，没有一个一致性系统可以证明其本身。

8.4.1 计算机科学中的无穷大

如果有关无穷的大小的研究和连续统假设并不能吸引你，那也没什么关系，不了解这些并不会阻碍你成为一名计算机科学家。

这些关于无限集的抽象问题即使在主流数学界也很少被提及，而在计算机界则完全不被提及。毕竟计算机界一般只关注"可数的"和有限集。实际上，只有逻辑学家和研究集合的理论家才会去担心"太大"的簇能不能被算作集合。这也是为什么 19 世纪的数学界把康托有关无穷的工作称为"康托的天堂"。但是正如 8.2 节中提到的那样，这些看似没什么实际意义的工作却发现了计算能力的极限。所以每一个计算机科学家都应该对这些研究有所了解。

8.1 节习题

练习题

习题 8.1

证明集合$\{0,1\}^*$是可数的。

习题 8.2

给出不存在双射关系的不可数集合A, B。

习题 8.3

指出下列哪些断言等价于

$$A \text{ strict } \mathbb{N}$$

- $|A|$未定义。
- A可数、无限。
- A不可数。
- A有限。

- $\mathbb{N}$ surj A。
- $\forall n \in \mathbb{N}, |A| \leqslant n$。
- $\forall n \in \mathbb{N}, |A| \geqslant n$。
- $\exists n \in \mathbb{N}, |A| \leqslant n$。
- $\exists n \in \mathbb{N}, |A| < n$。

习题 8.4

证明若存在从S到$\mathbb{N}$的$[\geqslant 1 \text{ out}, \leqslant 1 \text{ in}]$全映射、单射关系，则$S$是可数的。

习题 8.5

证明若S是无限集，则$\text{pow}(S)$是不可数的。

习题 8.6

设A是某无限集且B是某可数集，则基于引理 8.1.7 可知，对于任意元素$b_0 \in B$有

$$A \text{ bij } (A \cup \{b_0\})$$

通过简单归纳可知，对于任意有限子集$\{b_0, b_1, \ldots, b_n\} \subset B$有

$$A \text{ bij } (A \cup \{b_0, b_1, \ldots, b_n\}) \tag{8.8}$$

也许有人会认为公式 8.8 意味着A bij $(A \cup B)$。事实上，确实对于任意可数集合B有A bij $(A \cup B)$（见习题 8.13），但并不能通过上面这个公式予以证明。

要解释这一点，我们先给出有限不连续（finitely discontinuous）的概念。当对于任一有限子集$F \subset B$有断言$P(A \cup F)$为真且$P(A \cap B)$为假，我们称$P(C)$是有限不连续的。A bij $(A \cup B)$这一声明在证明上的漏洞在于其假设了$P_0(C) ::= [A \text{ bij } C]$不是有限连续的。这一假设是正确的，但需要证明。

我们设A是非负整数集而B是非负实数集。请记住A和B都是可数无限的。请指出下面哪些断言$P(C)$是有限不连续的。

1. C是有限的。
2. C是可数的。
3. C是不可数的。
4. C仅包含有限多个非负整数。
5. C包含实数$2/3$。

6. C 中存在最大的非负整数。

7. 对于 C 中的任意两个元素，都存在 $\epsilon > 0$ 使得 ϵ 可以把这两个元素分开。

8. C 中不存在无限的单调递减序列 $c_0 > c_1 > \cdots$。

9. C 的每个非空子集都有最小元素。

10. C 有最大元素。

11. C 有最小元素。

随堂练习

习题 8.7

证明非负整数的有限序列集合 $\mathbb{N}^*$ 是可数的。

习题 8.8

(a) 有些学生对引理 8.1.7 的证明不是很放心，你怎么看？

(b) 基于引理 8.1.7 的证明去说明若 A 是无限集合则 A surj $\mathbb{N}$。即，每个无限集合都至少和非负整数集合一样大。

习题 8.9

有理数填满了整数间的空间，所以有些人会自然而然地认为有理数比整数多，但事实却不是。在这个问题中，你将去证明正有理数和正整数的数量是相等的。即，正有理数是可数的。

(a) 定义一个正整数集合 $\mathbb{Z}^+$ 和 $(\mathbb{Z}^+ \times \mathbb{Z}^+)$ 间的双射：

$$(1,1), (1,2), (1,3), (1,4), (1,5), \ldots$$
$$(2,1), (2,2), (2,3), (2,4), (2,5), \ldots$$
$$(3,1), (3,2), (3,3), (3,4), (3,5), \ldots$$
$$(4,1), (4,2), (4,3), (4,4), (4,5), \ldots$$
$$(5,1), (5,2), (5,3), (5,4), (5,5), \ldots$$
$$\cdots\cdots$$

(b) 证明正有理数集合 $\mathbb{Q}^+$ 是可数的。

习题 8.10

这个问题将对施罗德-伯恩斯坦（Schroder-Bernstein）定理进行证明：

$$\text{if } A \text{ inj } B \text{ AND } B \text{ inj } A, \text{ then } A \text{ bij } B \tag{8.9}$$

由 A inj B AND B inj A 可知，存在全单射函数 $f: A \to B$ 和 $g: B \to A$。

简单起见，我们假设 A, B 不包含相同元素。我们把 A 中的元素排成一列，B 中的元素也排成一列，列在 A 的右侧，并且用箭头从全部 $a \in A$ 指向 $f(a)$，从全部 $b \in B$ 指向 $g(b)$。由于 f, g 都是全函数，所以每个元素都至少是一个箭头的起点。由于 f, g 都是单射，所以每个元素都至多有一个箭头指向它。

所以，从任意元素开始，沿着箭头移动都可以组成一条独一无二且无限的路径（可能重复）。同理，也有这样一条沿箭头反方向的路径，这一路径可能也是无限的，但也可能是在某个没有箭头指向的元素终止。这些路径间是完全分离的，否则意味着有两个箭头指向了一个元素。

这样就把所有的元素都分到了 4 种路径上：

（i）在两个方向上都无限的路径。

（ii）起始于 A 中的元素，且无限向前延伸的路径。

（iii）起始于 B 中的元素，且无限向前延伸的路径。

（iv）没有尽头但有限的路径。

(a)（iv）中的路径是什么样子？

(b) 证明每种路径都必然属于下面情形中的一种：

（i）f 定义了一个位于路径上的 A, B 元素间的双射。

（ii）g 定义了一个位于路径上的 B, A 元素间的双射。

（iiii）f, g 都定义了双射关系。

请指出每种路径所属的具体情形。

(c) 如何将 (b) 中的双射关系结合在一起生成一个从 A 到 B 的双射。

(d) 验证假设 A, B 是不相交的。

习题 8.11

(a) 证明如果一个非空集合 C 是可数的，则必然存在一个全映射、满射函数 $f: \mathbb{N} \to C$。

(b) 反过来说，假设 $\mathbb{N}$ surj D，即存在一个不必是全函数的满射函数 $f: \mathbb{N} \to D$，请证明 D 是可数的。

习题 8.12

(a) 请指出下面的集合是有限的、可数无限的还是不可数的。

（i）大于10^{100}的偶数集合。

（ii）"纯"复数集合，其元素形式为ri，其中r是非零实数。

（iii）整数区间$[10..10^{10}]$的幂集。

（iv）符合下面条件的复数c，$\exists m, n \in \mathbb{Z}.(m+nc)c = 0$。

设U是一个不可数集合，C是U的一个可数无限子集，D是可数无限集合。

（v）$U \cup D$。

（vi）$U \cap C$。

（vii）$U - D$。

(b) 请给出符合下面条件的集合A, B

$$\mathbb{R} \text{ strict } A \text{ strict } B$$

回想一下，A strict B意味着A比B"小"。

课后作业

习题 8.13

证明若A是无限集合，且B是可数无限集合，A, B没有任何重复元素，则

$$A \text{ bij } (A \cup B)$$

提示：可以用任何在本书中提到的结论。

习题 8.14

在这个问题中，我们要证明一个可能会让你感到惊讶的事实——或者让你进一步确信集合论是有些反直觉的：半开半闭的单位区间和实平面非负象限的"大小相同"！[①]即$(0,1]$到$[0,\infty) \times [0,\infty)$存在双射函数。

(a) 请给出从$(0,1]$到$[0,\infty) \times [0,\infty)$的双射函数。

提示：$1/x$可能有用。

(b) 当一个十进制数$\{0,1,\ldots,9\}$的无穷序列不是以无限循环的 0 结束时，我们称之为$long$。一个等价的说法是，$long$ 的序列包含无限多个非零数。设L是所有 long 序列的集合。请给出从L到

---

① 半开半闭的单位区间$(0,1]$是$\{r \in \mathbb{R} | 0 < r \leqslant 1\}$，类似地，$[0,\infty) ::= \{r \in \mathbb{R} | r \geqslant 0\}$。

(0,1)的双射函数。

> 提示：在序列的开头放一个小数点。

(c) 给出一个从 L 到 L^2 的满射函数。L^2 包含的序列由两个 long 序列的各位数字交替组成。

> 提示：满射函数不一定是全函数。

(d) 证明下面的引理，并用这一引理证明存在 L^2 到 $(0,1]^2$ 的双射函数。

引理 8.4.1 设 A,B 是非空集合。若存在 A 到 B 的双射函数，则必然存在从 $A \times A$ 到 $B \times B$ 的双射函数。

(e) 基于上面的结论证明存在从 $(0,1]$ 到 $(0,1]^2$ 的满射函数。再引入施罗德-伯恩斯坦定理证明存在从 $(0,1]$ 到 $(0,1]^2$ 的双射函数。

(f) 完成存在从 $(0,1]$ 到 $[0,\infty)^2$ 的双射函数的证明。

测试题

习题 8.15

(a) 请指出下面的集合是有限的、可数无限的还是不可数的。

（i）大于 10^{100} 的偶数集合。

（ii）"纯"复数集合，其元素形式为 ri，其中 r 是非零实数。

（iii）整数区间 $[10..10^{10}]$ 的幂集。

（iv）符合下面条件的复数 c，
$$\exists m,n,p \in Z, m \neq 0. mc^2 + nc + p = 0$$

设 U 是一个不可数集合，C 是 U 的一个可数无限子集，D 是可数无限集合。

（v）$U \cup D$。

（vi）$U \cap C$。

（vii）$U - D$。

(b) 请给出符合下面条件的集合 A, B
$$\mathbb{R} \text{ strict } A \text{ strict } B$$

习题 8.16

证明，如果 $A_0, A_1, \ldots, A_n, \ldots$ 是可数集合的无限序列，则 $\bigcup_{n=0}^{\infty} A_n$ 也是可数集。

习题 8.17

设 A, B 是可数无限集：

$$A = \{a_0, a_1, a_2, a_3, \ldots\}$$
$$B = \{b_0, b_1, b_2, b_3, \ldots\}$$

请通过一定的规则排列 $A \times B$ 中的元素来说明 $A \times B$ 也是可数集。不必完整列出新构建的序列，仅说明思路即可。

习题 8.18

设 $\{0,1\}^*$ 是有限二进制序列的集合，$\{0,1\}^\omega$ 是无限二进制序列的集合，F 是仅包含有限个 1 的无限二进制序列的集合。

(a) 请给出一个从 $\{0,1\}^*$ 到 F 的满射函数。

(b) 集合 $\overline{F} ::= \{0,1\}^\omega - F$ 包含了全部含有无限个 1 的无限二进制序列。请证明 $\overline{F}$ 是不可数的。

提示：我们知道 $\{0,1\}^*$ 是可数的，$\{0,1\}^\omega$ 是不可数的。

习题 8.19

设 $\{0,1\}^\omega$ 是无限二进制字符串集合，$B \subset \{0,1\}^\omega$ 是包含无限个 1 的无限二进制字符串集合。证明 B 是不可数的。（已知 $\{0,1\}^\omega$ 是不可数的。）

提示：可先定义一个从 $\{0,1\}^\omega$ 到 B 的函数。

习题 8.20

当一个实数是系数为整数的二次多项式的根时，我们称这个实数是二次的（quadratic），请证明只存在可数个二次的实数。

习题 8.21

下列哪些集合对之间存在单射关系：

$\mathbb{Z}$（整数）
$\mathbb{C}$（复数）
pow($\mathbb{Z}$)（整数的所有子集）
pow(pow(∅))
$\{0,1\}^\omega$（无限的二进制序列）
pow($\{\mathbf{T},\mathbf{F}\}$)

$\mathbb{R}$（实数）
$\mathbb{Q}$（有理数）
pow(∅)
$\{0,1\}^*$（有限的二进制序列）
$\{\mathbf{T},\mathbf{F}\}$（逻辑值）
pow($\{0,1\}^\omega$)

习题 8.22

证明正整数的所有有限序列$(\mathbb{Z}^+)^*$是可数的。

提示：若$s\in(\mathbb{Z}^+)^*$，设 sum(s)是s中所有连续整数的和。

8.2 节习题

随堂练习

习题 8.23

设$\mathbb{N}^\omega$是非负整数无限序列的集合，举一个例子，下面这些序列都属于这一集合：$(0,1,2,3,4,\ldots)$，$(2,3,5,7,11,\ldots)$，$(3,1,4,5,9,\ldots)$，证明这一集合是不可数的。

习题 8.24

无限集合大小不一。举一个例子，非负整数集合$\mathbb{N}$是无限的，我们可以用这个集合构建出一系列无限集合：

$$\mathbb{N} \text{ strict pow}(\mathbb{N}) \text{ strict pow}(\text{pow}(\mathbb{N})) \text{ strict pow}(\text{pow}(\text{pow}(\mathbb{N}))) \text{ strict}\ldots$$

根据定理 8.1.12 可知，这一序列中的每个集合都严格小于其右边的集合。设$\text{pow}^n(\mathbb{N})$是序列中第n个集合，且

$$U ::= \bigcup_{n=0}^{\infty} \text{pow}^n(\mathbb{N})$$

(a) 证明对于任意$n > 0$，

$$U \text{ surj pow}^n(\mathbb{N}) \tag{8.10}$$

(b) 证明对于任意$n \in \mathbb{N}$，

$$\text{pow}^n(\mathbb{N}) \text{ strict } U$$

显然，我们可以通过$U,\text{pow}(U),\text{pow}(\text{pow}(U)),\ldots$来不断地构造更大的无限。

课后作业

习题 8.25

对于任意集合A,B，我们设$[A \to B]$表示从A到B的全函数集合。证明，若A不为空且B中超

过一个元素，则NOT(A surj $[A \to B]$)。

提示：设σ是从A到$[A \to B]$的函数，其将每一个$a \in A$映射到一个函数$\sigma_a: A \to B$。选取B中的两个元素并称之为 0 和 1。再定义

$$\text{diag}(a) ::= \begin{cases} 0 & \text{若}\sigma_a(a) = 1 \\ 1 & \text{其他情况} \end{cases}$$

习题 8.26

字符串过程是一个由 ASCII 码组成的过程，其只有一个输入且输入是字符串。如果过程P处理字符串s最终终止，我们称P可以识别s。我们定义 lang(P)是可由P识别的字符串的集合，或者称之为语言：

$$\text{lang}(P) ::= \{s \in \text{ASCII}^* | P \text{ 可以识别 } s\}$$

当一门语言不等于任何 lang(P)时，我们称之为不可识别的。

字符串过程声明是一段符合程序语法规则的文本$s \in \text{ASCII}^*$。声明定义了过程P_s，换个角度也可以理解为编译器将声明对应的代码编译成了可执行程序。若$s \in \text{ASCII}^*$不是符合语法的声明，则我们定义P_s不可识别任何s。所以每个字符串都定义了一个字符串过程，而每个字符串过程都对应了一个P_s，其中$s \in \text{ASCII}^*$。

在 8.2 节我们已经说明了

$$\text{No-halt}（不停止） ::= \{s | P_s \text{无法识别} s\} = \{s \notin \text{lang}(P_s)\}$$

No-halt 集合是不可识别的。

用过程本身去识别其声明可能有些奇怪。那么有不奇怪的不可识别的集合吗？当然很多了，在这个问题里，我们就会提到三个：

$$\text{No-halt-}\lambda ::= \{s | P_s \text{无法识别} \lambda\} = \{s | \lambda \notin \text{lang}(P_s)\}$$

$$\text{Finite-halt} ::= \{s | \text{lang}(P_s) \text{是有限的}\}$$

$$\text{Always-halt} ::= \{s | \text{lang}(P_s) = \text{ASCII}^*\}$$

下面，我们先说明如何用一个可识别No-halt-λ的过程去定义一个可识别 No-halt 的过程。即，把识别 No-halt 问题转化成识别 No-halt-λ的问题。由于没有可以识别 No-halt 的过程，所以也应该没有识别No-halt-λ的过程。

下面就是具体的问题转化步骤：假设我们要识别字符串s是否属于 No-halt。首先定义过程$P_{s'}$：

$P_{s'}$对任何$t \in$ ASCII*的识别结果等同于P_s对s的识别结果

所以，若P_s处理s最终停止了，则P_s处理任何字符串都会停止，反之亦然。即，

$$s \in \text{No-halt IMPLIES} \quad \text{lang}(P_{s'}) = \emptyset$$
$$\text{IMPLIES} \quad \lambda \notin \text{lang}(P_{s'})$$
$$\text{IMPLIES} \quad s' \in \text{No-halt-}\lambda$$
$$s \notin \text{No-halt IMPLIES} \quad \text{lang}(P_{s'}) = \text{ASCII}^*$$
$$\text{IMPLIES} \quad \lambda \in \text{lang}(P_{s'})$$
$$\text{IMPLIES} \quad s' \notin \text{No-halt-}\lambda$$

简而言之，

$$s \in \text{No-halt IFF} \quad s' \in \text{No-halt-}\lambda$$

所以要识别是否$s \in$ No-$halt$，我们只需要识别是否$s' \notin$No-halt-λ。正如之前所提及的（但我们知道没几个人记笔记，所以这里再重复一遍），这意味着若No-halt-λ是可识别的，则 No-halt 也是。我们知道 No-halt 不可识别，所以No-halt-λ也是不可识别的。

(a) 证明 Finite-halt 是不可识别的。

提示：类似s'。

接下来我们将用类似的方法去处理 Always-halt。假设我们要识别字符串s是否属于 No-halt，首先定义过程$P_{s''}$：

若P_s没能在$|t|$步（单台机器执行的指令数）中识别出s，则$P_{s''}$可以处理t并终止；若P_s能在$|t|$步（单台机器执行的指令数）中识别出s，则$P_{s''}$则会一直运行下去。

(b) 证明 Always-halt 是不可识别的。

提示：解释为什么

$$s \in \text{No} - \text{halt IFF} \quad s'' \in \text{Always} - \text{halt}$$

(c) 解释为什么$\overline{\text{Finite-halt}}$是不可识别的。

提示：类似s''。

当P_s可以处理s并终止时，我们是很容易进行判断的：仅需要等待终止就可以了。这说明 $\overline{\text{No-halt}}$是可识别的。所以(c)里的情况并不是普适的，只有 Finite-halt 很特别，Finite-halt 和 Finite-halt 的补集都是不可识别的。

习题 8.27

有这样一个著名的悖论：

由 161 个罗马字母、标点或空格组成的非负整数定义是有限的，所以必然存在无限个不能由这么短的定义去定义的非负整数。基于良序原理，必然存在满足 n、没有这种短定义这一条件的最小的非负整数 n。但，等一下，

> 就是一个由 161 个符号组成的对 n 的定义。所以 n 并不存在，良序原理有问题！

事实上，这一悖论并不成立，因为上面这一定义依赖于一个很含糊的概念——用英语描述的定义。如果都不知道在讨论些什么，出现悖论是再正常不过的事情了。

但是从这个悖论里，我们能找到一个在谓词逻辑中有关可定义性的有趣定理，这一定理也是良定义的。我们将使用的方法和康托定理 8.1.12 的证明类似。事实上，通过这个方法，我们将对数学和计算机在逻辑上的局限性有更深的认识。下面，我们会给出一个简单又准确的二进制字符串集合的定义，而这一集合无法用一般逻辑公式描述。换言之，我们将描述一个无法描述的字符串集合，是不是听起来有些自相矛盾，下面让我们来细细研究吧。

首先，有这样一个字符串集合，其不包括任何含有一个 1 的字符串，如何用逻辑公式描述这个集合呢：

$$\text{NOT}[\exists y. \exists z, s = y1z] \quad \text{（no-1s）}$$

所以符合公式（no-1s）的字符串其实就是只包含 0 的字符串。

公式（no-1s）是"字符串公式"的一个例子，下面我们就要利用字符串公式去描述二进制字符串的性质。更准确的表述是，一个原子（atomic）字符串公式大致就应该像 "$s = y1z$" 这种形式，具体可表示成

$$"xy \ldots z = uv \ldots w"$$

其中 $x, y, \ldots z, u, v, \ldots, w$ 可以是常量 0,1，也可以是取值范围是有限二进制字符串 $\{0,1\}^*$ 的变量。通常来说，字符串公式是由原子公式、量词和逻辑运算符组成的。

若 $G(s)$ 是字符串公式，我们用 $\text{desc}(G)$ 表示满足 G 的二进制字符串的集合，即：

$$\text{desc}(G) ::= \{s \in \{0,1\}^* | G(s)\}$$

若某二进制字符串集合等于任意一个 $\text{desc}(G)$，我们称之为可描述的。举一个例子，有限字符串集合 0^* 就是可描述的，因为

$$\text{desc}((\text{no-1s})) = 0^*$$

此外，字符串公式本身就是一个字符串。而把字符编码成二进制码也再常见不过，例如 ASCII 字母表里的每个字符都对应一个 8 位的二进制字符串。所以，任何一个复杂的字符串公式都可以被编码成二进制字符串——计算机科学家对此应该再熟悉不过了。

现在设 x 是编码 G_x 所生成的二进制字符串。具体如何从 x 中解码 G_x 这里不做深究，我们现在只需要知道一定存在某个过程可以完成这一工作就够了。

为了技术上的便利，我们把每个字符串都作为表示某个字符串公式的代码。所以如果 x 并不是任何字符串公式的代码，我们就定义 G_x 是公式（no-1s）。

下面就是康托对角线证明方法出场的时候了。一个字符串是否可以描述其本身的性质呢？是不是有点迷糊，其实我们想要问的就是：$G_x(x)$ 是不是真的，或者 $x \in \text{desc}(G_x)$ 是否为真。举一个例子，字符串 0000 和 10 肯定不可能是任何公式的二进制表示，所以

$$G_{0000} = G_{10} ::= \text{formula(no-1s)}$$

所以

$$\text{desc}(G_{0000}) = \text{desc}(G_{10}) = 0^*$$

这就意味着

$$0000 \in \text{desc}(G_{0000}) \text{ 且 } 10 \notin \text{desc}(G_{10})$$

现在我们可以给出"不可描述的"二进制字符串集合的精确数学描述了。

定理. 定义

$$U ::= \{x \in \{0,1\}^* | x \notin \text{desc}(G_x)\} \tag{8.11}$$

集合 U 是不可描述的。

请用证明康托定理 8.1.12 的方法证明这一定理。

提示：设 $U = \text{desc}(G_{x_U})$。

测试题

习题 8.28

设 $\{1,2,3\}^\omega$ 是仅包含 1,2,3 的无限序列的集合。举一个例子，下面的序列都属于这一集合：

$$(1,1,1,1\ldots)$$
$$(2,2,2,2\ldots)$$
$$(3,2,1,3\ldots)$$

证明$\{1,2,3\}^\omega$是不可数的。

提示：方法之一是定义一个从$\{1,2,3\}^\omega$到幂集 pow($\mathbb{N}$)的满射函数。

8.3 节习题

随堂练习

习题 8.29

在平时，我们可以放心地将a,b组成一对(a,b)而不用担心出现什么数学问题。但当我们试图用集合论去表示全部数学概念时，就需要考虑如何把(a,b)表示成一个集合了。

(a) 解释为什么不能直接用$\{a,b\}$表示(a,b)。

(b) 解释为什么不能用$\{a,\{b\}\}$表示(a,b)。提示：$\{\{a\},\{b\}\}$ 可不可以？

(c) 定义

$$\text{pair}(a,b) ::= \{a,\{a,b\}\}$$

解释为什么把a,b表示成 $\text{pair}(a,b)$的形式可以唯一确定a,b。提示：集合不能属于其自身，不存在集合a使得$a \in a$，也不存在集合a,b使得$a \in b \in a$。

习题 8.30

选择公理是指如果s是一个非空集合的集合，其元素两两不相交（即任何两个集合都没有相同元素），则必然存在一个集合c，s中的每个集合都有且仅有一个元素被包含其中。

s可以形式化写作：

$$\text{pairwise-disjoint}(s) ::= \forall x \in s. x \neq \emptyset \text{ AND}$$
$$\forall x, y \in s. x \neq y \text{ IMPLIES } x \cap y = \emptyset$$

c也可以形式化写作：

$$\text{choice-set}(c,s) ::= \forall x \in s. \exists! z. z \in c \cap x$$

这里$\exists! z.$是"存在唯一的z"的标准写法。

所以该定义就可以形式化写作为如下样式。

定义（选择公理）.

$$\forall s. \text{pairwise-disjoint}(s) \text{ IMPLIES } \exists c. \text{choice-set}(c,s)$$

需要注意的一点是，理论上来说只能用由集合语言表示的纯公式去描述集合论，即只能使用属于关系$\in$、逻辑运算符、量词$\forall, \exists$以及取值范围是集合的变量。请证明选择公理可以写成纯公式的形式，你可以试着把上面定义中所有不纯的公式替换成等价的纯公式。

举一个例子，公式$x = y$可以替换成$\forall z. z \in x$ IFF $z \in y$。

习题 8.31

设$R: A \to A$是定义在集合A上的二元关系。如果$a_1\ R\ a_0$，则称为a_1 "R-小于" a_0。当不存在无限的"R-递减"序列

$$\ldots R\ a_n\ R \ldots R\ a_1\ R\ a_0 \qquad (8.12)$$

时，R是整序的（well founded）的，其中$a_i \in A$。

举一个例子，若$A = \mathbb{N}$且R是<关系，则R是整序的，因为"R-递减"序列必然会在0处终止：

$$0 < \ldots < n - 1 < n$$

但如果R是>关系，R就不是整序的：

$$\ldots > n > \ldots > 1 > 0$$

同理≤关系也不是整序的，用整数2就可以构造这样一个常数序列：

$$\ldots \leq 2 \leq \ldots \leq 2 \leq 2$$

(a) 若B是A的子集，我们定义当且仅当B中没有比$b \in B$更小的元素时，b是B中的R-minimal。证明，当且仅当A的每个非空子集都有R-minimal元素时，$R: A \to A$是整序的。

集合论的逻辑公式（logic formula）只包含"$x \in y$"形式的断言、量词和逻辑运算符，其中x, y的取值范围是全部集合。

举一个例子

$$\text{isempty}(x) ::= \forall w. \text{NOT}(w \in x)$$

就是表示"x为空"的集合论公式。

(b) 请写出 member-minimal(u, v)的公式，member-minimal(u, v)表示u是v中的$\in$-minimal元素。

(c) 集合论的基础公理表明$\in$是整序的关系。用集合论公式表示这一公理。你可以在公式中用"member-minimal"和"isempty"作为相应公式的缩写。

(d) 解释为什么这一基础公理意味着没有集合是其本身的元素。

课后作业

习题 8.32

在日常应用中使用集合论公式时，使用之前定义的公式缩写是没有问题的（所以我们也可以用"="）。

(a) 请写出 $\text{Subset}_n(x, y_1, y_2, \ldots, y_n)$ 对应的公式，其中 $\text{Subset}_n(x, y_1, y_2, \ldots, y_n)$ 表示 $x \subseteq (y_1, y_2, \ldots, y_n)$。①

(b) 请基于 Subset_n 的公式写出 $\text{Atmost}_n(x)$ 的公式，其中 Atmost_n 表示 x 最多有 n 个元素。

(c) 请写出 Exactly_n 对应的公式，其中 Exactly_n 表示 x 恰好有 n 个元素。这个公式的长度应该不超过 Atmost_n 的两倍。

(d) 我们现在需要写出 $D_n(y_1, \ldots, y_n)$ 的公式，$D_n(y_1, \ldots, y_n)$ 表示 $y_1, \ldots, y_n$ 互不相同。我们自然可以想到一个很直接的写法——用 AND 把一串 $y_i \neq y_j$ 子公式连起来，其中 $1 \leq i < j \leq n$。这种写法里子公式一共有 $n(n-1)/2$ 个，这太多了，子公式数目的增长速度是 n^2。请写出一个子公式增长速度是 n 的 $D_n(y_1, \ldots, y_n)$ 公式。

提示：可以使用 Subset_n 和 Exactly_n。

测试题

习题 8.33

(a) 请写出表示 $\text{Members}(p, a, b)$ 的公式 ②，$\text{Members}(p, a, b)$ 表示 $p = \{a, b\}$。

提示：也就是说，p 中的每个元素要么属于 a 要么属于 b。可以使用子公式 "$x = y$"。由 $x = y$ 表示集合相等，我们可以在公式中使用 $x = y$ 的形式。

$\text{pair}(a, b)$ 是一个长度为 2 的序列，第一个元素是 a，第二个元素是 b。当然序列也是一个非常基础的数学数据类型，但当我们想展示如何用集合论表示整个数学时，就需要一种方法来把有序对 $\text{pair}(a, b)$ 表示成集合。其中一个方法 ③是把 (a, b) 表示成

$$\text{pair}(a, b) ::= \{a, \{a, b\}\}$$

---

① 参见 8.3.2 节。
② 参见 8.3.2 节。
③ 习题 8.29 中的方法类似但无用。

(b) 请写出表示Pair(p,a,b)的公式，Pair(p,a,b)表示p =pair(a,b)。提示：现在，我们可以在公式中使用Members(p,a,b)形式了。

(c) 请写出表示Second(p,b)的公式，Second(p,b)表示第二个元素是b。

8.4 节习题

课后作业

习题 8.34

在这个问题中我们将用结构归纳法和集合论的基础公理去证明一些绝对无限的东西。

定义．"recursive-set-like"类简称 Recs，Recs 可以递归定义如下。

基本情形：空集$\emptyset$是 Recs。

构造步骤：若我们用P表示 Recs 的不恒为假这一性质，则

$$\{s \in \text{Recs} | P(s)\}$$

是 Recs。

(a) 证明 Recs 满足集合论基础公理：不存在 Recs 的无限序列$r_0, r_1, \ldots, r_{n-1}, r_n, \ldots$使得

$$\ldots r_n \in r_{n-1} \in \ldots r_1 \in r_0 \qquad (8.13)$$

提示：结构归纳法。

(b) 证明每个集合都是Recs。[①]

提示：可使用集合论的基础公理。

(c) 每个 Recs R都定义了一种完全信息下的双人游戏，我们称之为一致（uniform）游戏。游戏的初始配置就是R本身。而每个玩家需要在自己回合选一个R中的元素。两个玩家轮流行动，当前要行动的玩家被称作 Next player，另一个玩家被称作 Previous player。

这一游戏之所以被称作"一致"，原因是两个玩家有相同的目的，都是要让对方无路可走。即，谁行动之后集合变成了空集谁就赢了。

[①] 请记住在集合论里，每个数学数据都是集合。举一个例子，非负整数可以被认为是一种基本的数学数据类型，但从集合论的角度而言，非负整数可以被认为是集合$\emptyset, \{\emptyset\}, \{\{\emptyset\}\}, \ldots$。

证明，在一致游戏中，哪位玩家有必胜策略。

习题 8.35

对任意集合x，定义$\text{next}(x)$为包含x所有元素和x本身的集合：

$$\text{next}(x) ::= x \cup \{x\}$$

所以基于定义有，

$$x \in \text{next}(x) \text{ AND } x \subset \text{next}(x) \tag{8.14}$$

现在我们给出一个集合的簇 Ord 的递归定义，进而提供一种对无限集合计数的方式，我们称 Ord 中的元素为序数（ordinal）。

定义.

$$\emptyset \in \text{Ord}$$
$$\text{如果 } v \in \text{Ord}, \text{ 则 } \text{next}(v) \in \text{Ord}$$
$$\text{如果 } S \subset \text{Ord}, \text{ 则 } \bigcup_{v \in S} v \in \text{Ord}$$

我们可以从这一定义中直接找到一种证明序数性质的方法。即，设$P(x)$是集合的某些性质。在序数归纳规则中，如果要证明$P(v)$对所有序数为真，只需要证明两件事：

- 若P对 $\text{next}(x)$中的所有元素都为真，则P对 $\text{next}(x)$也为真。
- 若P对一些集合S的所有元素都为真，则P对它们的并也为真。

即

规则. 序数归纳

$$\frac{\forall x. (\forall y \in \text{next}(x). P(y)) \text{ IMPLIES } P(\text{next}(x)) \quad \forall S. (\forall x \in S. P(x)) \text{ IMPLIES } P(\bigcup_{x \in S} x)}{\forall v \in \text{Ord}. P(v)}$$

直观来说，序数归纳规则的原理和强归纳法类似，看起来都是对的。这里，我们也把序数归纳规则的正确性作为一个基本的公理。

(a) 若集合x中的每个元素同时是x的子集，则称x是成员闭合的（closed under membership），即，

$$\forall y \in x. y \subset x$$

证明每个序数 v 都是成员闭合的。

(b) 起始于 v_0，由序数组成的序列

$$\ldots \in v_{n+1} \in v_n \in \ldots \in v_1 \in v_0 \qquad (8.15)$$

被称作成员降序（member-decreasing）序列。请用序数归纳法证明不存在无限长的成员降序序列。①

---

① 不要使用 ZFC 基础公理（8.3.2 节）进行证明。即使在 ZFC 基础公理不为真时，也不存在由序数组成的无限成员降序序列。

第Ⅱ部分 结构

引言

数论（Number Theory）研究的是整数集合的性质。这一部分首先讨论数论，因为整数是一种广为熟悉的数学结构，具有很多简单、有趣的性质。因此，继第 I 部分介绍完数学证明之后，数论是关于方法实践的很好的开始。不仅如此，数论在计算机科学领域也有很多应用。例如，大多数现代数据加密方法都是基于数论的。

我们将数字当作一种"结构"，这种结构由若干不同部分构成。当然，一个部分是所有整数的集合，第二个部分是基础的整数操作集合：加法、乘法、指数……其他部分包括整数的重要子集——例如质数——集合中所有的整数都可以通过乘法构造。

在计算机科学中，结构化对象是更为普遍的概念。无论是编写代码，求解优化问题，抑或设计一个网络，都要处理结构。

图（graph），也称为网络（network），是计算机科学中的基础结构。两两对象之间的关联可以通过图来建模；例如，两个考试不可能在同一时间举行，两个人彼此喜欢，或者两个子程序彼此独立运行。在第 10 章中，我们将学习有向图（directed graph）对单向（one-way）关系进行建模，比如，大于、爱（遗憾的是，爱往往不是相互的），以及需求关系。需要注意的一个特例是，有向无环图（Acyclic Digraphs，DAG）对偏序（partial order）关系进行建模。偏序经常出现在调度和并发研究中。第 11 章探讨了数据通信和路由问题的有向图建模。

第 12 章重点介绍简单图（simple graph），用于表示相互或对称（symmetric）关系，比如冲突、兼容、独立、并行运行。平面图（planar graph）——能够在平面中绘制的简单图——将在第 II 部分的最后一章即第 13 章进行介绍。其结论之一是，50 颗环绕地心的轨道卫星不可能均匀地覆盖整个地球。

第 9 章 数论

数论（number theory）是对整数的研究。关于为什么要研究整数，意义并不显而易见。首先，整数都有什么呢？有 0, 1, 2, 3, -1, -2…这有什么不好理解的呢？那么研究它们有什么实用价值呢？

数学家 G. H.哈迪曾为了数论的不实用性而感到高兴，他写道：

> [数论学家们] 可以心安理得地为这样一个事实而感到庆幸，即从来没有一门学科及其研究者，能够在任何时候保持其与人们日常生活的距离，而这种距离恰恰保证了这门学科的优雅和纯净。

作为一名和平主义者，哈迪由衷地希望数论不会被应用到战争领域。你可以赞扬他的情怀，但现实是残酷的：数论奠定了现代密码学的基础，从而使安全的在线通信成为可能，而安全通信显然在战争中有着重要作用——哈迪估计被气得在地底下跳脚了。安全通信在电子商务中也有着重要的应用。当你在亚马逊网站上买一本书，使用安全证书访问网页，或者使用贝宝（PayPal）账户的时候，你都在使用基于数论的算法。

数论还提供了一个优秀的环境，使我们可以演练和应用在前面的章节中研究出来的理论证明技巧。我们将探索最大公约数（greatest common divisor，gcd）的各项性质，并利用这些性质来证明每个整数都可以被唯一地分解成质数的乘积。然后，我们将介绍模运算，并充分利用其各项性质来解释 RSA 公钥密码系统。

由于本章只讨论整数的各项性质，所有的变量（variables）都默认属于整数集合$\mathbb{Z}$。

9.1 整除

当考虑整除关系时，我们就触碰到了数论的本质。

定义 9.1.1 a 整除 b（表示为 $a|b$），当且仅当存在整数 k，使得

$$ak = b$$

由于整除关系在文献中出现得过于频繁，人们经常使用多种不同的方式来表示它，下面这些短语说的都是一回事：

- $a|b$
- a 整除 b
- a 是 b 的除数
- a 是 b 的因数
- b 可以被 a 整除
- b 是 a 的倍数

根据定义 9.1.1 可以直接得到以下结论。

对任意整数 n：

$$n \,|\, 0, \quad n \,|\, n, \text{ 以及 } \pm 1 \,|\, n$$

同样，

$$0 \,|\, n \text{ IMPLIES } n = 0$$

既然整除的定义看起来如此简单，我们不妨加点有挑战性的内容。毕达哥拉斯学派（一个古老的数学神秘学派）的学者们认为，当一个数等于它的除自身以外的所有正整约数的和时，这个数是完美的。例如 $6 = 1 + 2 + 3$ 和 $28 = 1 + 2 + 4 + 7 + 14$ 是完美数。而 10 和 12 不是完美数，因为 $1 + 2 + 5 = 8$ 而 $1 + 2 + 3 + 4 + 6 = 16$。在公元 300 年左右，欧几里得描述了所有的偶完美数（见习题 9.2）。但是否存在奇完美数呢？这个问题直到 2000 多年后的今天仍然没有被解决。人们排除了所有小于大约 10^{300} 的奇数，但是我们仍然无法证明，不存在大于这个上界的奇完美数。

这才讲了半页数论，我们就跨越了人类的认知界限。其实这很常见，因为数论中充满了容易提出却极难回答的问题。后面将再次提到几个这样的问题。[①]

9.1.1 整除的性质

下面的引理罗列了整除的一些基本性质。

[①] 不要慌！我们将继续讨论数论的一些相对好的部分。这些超难的未解之题很少会出现在我们的讨论之列。

引理 9.1.2

1. 若 $a \mid b$ 且 $b \mid c$，则 $a \mid c$。

2. 若 $a \mid b$ 且 $a \mid c$，则对所有的 s 和 t，$a \mid sb + tc$。

3. 对所有 $c \neq 0$，$a \mid b$ 当且仅当 $ca \mid cb$。

证明. 这些性质都是直接从定义 9.1.1 得到的，我们通过证明引理的第 2 部分来进行说明。

给定 $a \mid b$，存在 $k_1 \in \mathbb{Z}$ 使得 $ak_1 = b$。类似地，$ak_2 = c$，因此

$$sb + tc = s(k_1 a) + t(k_2 a) = (sk_1 + tk_2)a$$

因此 $sb + tc = k_3 a$，其中 $k_3 ::= (sk_1 + tk_2)$，这说明

$$a \mid sb + tc$$

∎

像 $sb + tc$ 这样的数被称为 b 和 c 的整数线性组合，或者简称为线性组合，因为本章只讨论关于整数的问题。所以，引理 9.1.2.2 可以被改写为：

若 a 能整除 b 和 c，则 a 能整除 b 和 c 的所有线性组合。

后面我们将多次利用到线性组合，因此我们给出线性组合的一般定义作为备案。

定义 9.1.3 整数 n 是整数 $b_0, \ldots, b_k$ 的线性组合，当且仅当存在整数 $s_0, \ldots, s_k$，使得

$$n = s_0 b_0 + s_1 b_1 + \cdots + s_k b_k$$

9.1.2 不可整除问题

正如在小学里学到的那样，当一个数不能恰好整除另一个数时，会得到"商"（quotient）和一个剩下的"余数"（remainder）。更确切地说：

定理 9.1.4 [除法定理][①] 令 n 和 d 为整数，其中 $d \neq 0$。则存在唯一的整数对 q 和 r，使得

$$n = q \cdot d + r \text{ 且 } 0 \leq r < |d| \tag{9.1}$$

数 q 和数 r 分别被称为 n 除以 d 时的商和余数，用 $\mathrm{qcnt}(n, d)$ 表示商，用 $\mathrm{rem}(n, d)$ 表示余数。稍微接触过微积分的人可能对上面使用的绝对值表示 $|d|$ 很熟悉，但我们仍然给出其定义作

[①] 这个定理通常被称为"除法算法"，但我们更愿意称其为定理，因为它实际上并没有描述计算商和余数的除法过程。

为备案。

定义 9.1.5 对任意实数 r，r 的绝对值 $|r|$ 定义为：①

$$|r| ::= \begin{cases} r & \text{若 } r \geq 0 \\ -r & \text{若 } r < 0 \end{cases}$$

因此根据定义，不论 n 和 d 的符号是正还是负，余数 $\mathrm{rem}(n, d)$ 始终是非负的。例如，$\mathrm{rem}(-11, 7) = 3$，因为 $-11 = (-2) \cdot 7 + 3$。

在许多编程语言中，"取余"运算都可能带来误解。例如，Java、C 和 C++ 程序员对表达式"32%5"会很熟悉，它在三种语言中均等价于 $\mathrm{rem}(32, 5) = 2$。而另一方面，这些语言和其他语言在对待像 32% − 5 和 −32%5 这样的包含负数的求余运算时，会得到不一致的结果。因此，请不要被你们所熟悉的编程语言的特性所误导，并遵循数学惯例认为余数是非负的。

在以 d 为除数的除法中，余数被定义为由 0 到 $|d| - 1$ 的（整数）区间中的一个数。这样的整数区间很常见，用一个简单的符号来表示它们将会很有用。对 $k \leq n \in \mathbb{Z}$，

$(k..n) ::= \{i \mid k < i < n\}$

$(k..n] ::= (k, n) \cup \{n\}$

$[k..n) ::= \{k\} \cup (k, n)$

$[k..n] ::= \{k\} \cup (k, n) \cup \{n\} = \{i \mid k \leq i \leq n\}$

9.1.3 虎胆龙威

虽然《虎胆龙威 3》是一部 B 级动作电影，但我们认为它传递了这样一个内在信息：每个人都应该至少学一点数论。在 6.2.3 节中，我们形式化定义了《虎胆龙威》中的水壶填充问题的状态机。电影中的水壶填充问题，是利用 3 加仑和 5 加仑的水壶，以及 3 加仑和 9 加仑的水壶，来得到不同体积的水，从而阻止炸弹爆炸。一般情况是怎么样的呢？例如，能不能用 12 加仑和 18 加仑的水壶来得到 4 加仑水，用 899 加仑和 1147 加仑的水壶得到 32 加仑水，或者只用 21 加仑和 26 加仑的水壶来将 3 加仑水倒入壶中？

如果我们能一次性解决所有这些愚蠢的水壶问题就好了，而这正好是数论拿手的地方。

---

① r 的绝对值可以被定义为 $\sqrt{r^2}$，因为按照惯例平方根通常指的是非负平方根（参见习题 1.3）。推广到复数领域，绝对值被称为模（norm）。对 $a, b \in \mathbb{R}$，

$$|a + bi| ::= \sqrt{a^2 + b^2}$$

水壶不变量

假设我们有容量为 a 和 b 的两个水壶，其中 $b \geq a$。假设 b 壶足够大，让我们执行状态机的几个操作样例，来看看会发生什么：

$$(0,0) \to (a,0) \qquad\qquad 倒满壶 1$$
$$\to (0,a) \qquad\qquad 壶 1 倒入壶 2$$
$$\to (a,a) \qquad\qquad 倒满壶 1$$
$$\to (2a-b, b) \qquad\qquad 壶 1 倒入壶 2（假设 2a \geq b）$$
$$\to (2a-b, 0) \qquad\qquad 倒空壶 2$$
$$\to (0, 2a-b) \qquad\qquad 壶 1 倒入壶 2$$
$$\to (a, 2a-b) \qquad\qquad 倒满壶 1$$
$$\to (3a-2b, b) \qquad\qquad 壶 1 倒入壶 2（假设 3a \geq 2b）$$

可以发现在每一步中，每一个壶中的水的总量都是 a 和 b 的线性组合。通过对状态转移上的数进行归纳，可以很容易地证明这一点。

引理 9.1.6（水壶问题）在 6.2.3 节介绍的《虎胆龙威》状态机中，若水壶的容积分别为 a 和 b，则每一个壶中的水的总量总是 a 和 b 的线性组合。

证明。归纳假设 $P(n)$ 是这样一个命题，即经过 n 次转移，每一个壶中的水的总量是 a 和 b 的线性组合。

基本情形（$n = 0$）：$P(0)$ 为真，因为初始状态下两个壶都是空的，且有 $0 \cdot a + 0 \cdot b = 0$。

归纳步骤：假设状态机在经过 n 次转移后的状态为 (x, y)，即小壶盛了 x 加仑的水，而大壶盛了 y 加仑的水。则有以下两种情况，

- 若我们在喷泉中将一个壶装满或者将一个壶中的水倒入喷泉，则该壶要么是空的，要么是满的。而另一个壶仍然是 a 和 b 的线性组合。因此 $P(n+1)$ 成立。

- 另一方面，我们也可以将一个壶中的水倒入另一个壶中，直到这个壶空了或者另一个壶满了。根据我们的假设，在倒水之前，每个壶中的水的总量 x 和 y 都是 a 和 b 的线性组合。而在倒水之后，这个壶中要么是空的（盛了 0 加仑），要么是满的（盛了 a 或 b 加仑）。所以另一个壶中盛了要么是 $x + y$ 加仑水，要么是 $x + y - a$ 或者 $x + y - b$ 加仑水，因为 x 和 y 是 a 和 b 的线性组合，则这三个数也都是 a 和 b 的线性组合。因此 $P(n+1)$ 在这种情况下也成立。

既然 $P(n+1)$ 在两种情况下都成立，则整个归纳步骤成立，证毕。∎

这样我们就建立了水壶问题中的一个保持不变的条件，即每一个壶中的水的总量始终是水

壶的容量的线性组合。引理 9.1.6 有一个重要的推论。

推论. 如果试图用12加仑和18加仑的水壶来得到4加仑水，或者用899和1147加仑的水壶得到32加仑水，

布鲁斯会被炸死！

证明. 根据水壶引理 9.1.6，使用12加仑和18加仑的壶，每个壶中水的总量始终是12和18的线性组合。而根据引理 9.1.2.2，这些数总是6的倍数，因此布鲁斯无法得到4加仑水。同理，当使用899和1147加仑的壶时，每个壶中水的总量始终是31的倍数，因此他也得不到32加仑水。

但是水壶引理并没有把故事讲完。例如，它并没有断定是否能用21加仑和26加仑的壶来往一个壶中倒入3加仑水的问题。21和26唯一的正公约数是1，显然1可以整除3，因此引理既没有否认也没有确认得到3加仑水的可能性。

更大的问题是，我们刚刚成功地将一个很容易理解的水壶问题，变成了一个关于线性组合的技术问题。这看起来并不是多大的进步。幸运的是，线性组合与一些人们更熟悉的概念是紧密相关的，如最大公约数，并且能够帮助我们解决一般性的水壶问题。

9.2 最大公约数

a和b的公约数是指能够同时整除它们的数。a和b的最大公约数（greatest common divisor）写作$\gcd(a,b)$，如$\gcd(18,24) = 6$。

只要a和b不同时为0，它们就必然有一个最大公约数。最大公约数被证实在a和b之间的关系推理，以及在广义的整数间关系的推理中有着重要价值。接下来我们将大量使用最大公约数的相关理论。

对$n > 0$，由最大公约数的定义可以直接得到：

$$\gcd(n,n) = n, \quad \gcd(n,1) = 1, \quad \gcd(n,0) = n$$

其中最后一个等式源于任何数都能整除 0 这一事实。

9.2.1 欧几里得算法

首先要弄明白的是，如何求最大公约数。一个好方法是采用流传了上千年的欧几里得算法（Euclid's Algorithm）。欧几里得算法是基于以下的初步观察的：

引理 9.2.1 若$b \neq 0$

$$\gcd(a,b) = \gcd(b; \operatorname{rem}(a,b))$$

证明. 根据除法定理 9.1.4，

$$a = qb + r \tag{9.2}$$

其中 $r = \text{rem}(a,b)$。因此，a 是 b 和 r 的线性组合，而根据引理 9.1.2.2，这说明 b 和 r 的任意公约数都是 a 的约数。同样，r 是 a 和 b 的线性组合 $a - qb$，因此 a 和 b 的任意公约数也是 r 的约数。这说明，a 和 b 以及 b 和 r 的公约数相同，所以他们有相同的最大公约数。

引理 9.2.1 在快速计算两个数的最大公约数时很有用。例如，我们能够重复使用它来计算 1147 和 899 的最大公约数：

$$\gcd(1147, 899) = \gcd(899, \underbrace{\text{rem}(1147,899)}_{=248})$$
$$= \gcd(248, \text{rem}(899,248) = 155)$$
$$= \gcd(155, \text{rem}(248,155) = 93)$$
$$= \gcd(93, \text{rem}(155,93) = 62)$$
$$= \gcd(62, \text{rem}(93,62) = 31)$$
$$= \gcd(31, \text{rem}(62,31) = 0)$$
$$= 31$$

这个计算结果 $\gcd(1147, 899)=31$ 让我们知道，当只有容量为 1147 和 899 的水壶时，布鲁斯会在尝试得到 32 加仑水的过程中死去。

另一方面，对 26 和 21 使用欧几里得算法得到

$$\gcd(26, 21) = \gcd(21, 5) = \gcd(5, 1) = 1$$

因此，我们无法使用上面的推理来排除布鲁斯在大壶中灌入 3 加仑水的可能性。事实上，由于最大公约数是 1，布鲁斯能够向大罐子中灌入不超过其容量的任意加仑的水。我们需要更多的数论知识来解释这一点。

欧几里得算法状态机

欧几里得算法可以很容易地被形式化为一个状态机，其状态集合是 $\mathbb{N}^2$ 并存在一条转移规则：

$$(x, y) \to (y, \text{rem}(x, y)) \tag{9.3}$$

其中 $y > 0$。根据引理 9.2.1，最大公约数在一个状态到另一个状态的转移过程中保持不变。这意味着断言

$$\gcd(x, y) = \gcd(a, b)$$

是状态(x,y)上的一个保持不变的量。当然，这个不变量在状态(a,b)上也为真。所以根据不变性原理，如果y变成0，不变量仍为真，且有

$$x = \gcd(x,0) = \gcd(a,b)$$

即x的值就是我们想要的最大公约数。

更重要的是，x和y能够很快地变成0。为了明白这一点，注意从状态(x,y)开始，经过两次转移之后会到达这样一个状态，其第一个坐标是$\mathrm{rem}(x,y)$，这最多是x的一半那么大。[1]因为x从a开始，并在每两步之后值被减半或变得更小，x在经过最多$2\log a$次转移后会达到最小值$\gcd(a,b)$。在此之后，算法经过最多一次转移就能终止。换句话说，欧几里得算法在最多$1 + 2\log a$次转移后就会终止。[2]

9.2.2 粉碎机

以下的重要定理会使我们受益良多。

定理 9.2.2 a和b的最大公约数是a和b的线性组合，即存在整数s和t使得 [3]

$$\gcd(a,b) = sa + tb$$

从引理 9.1.2.2 可知，a和b的每一个线性组合都可以被a和b的任意公约数整除，显然它们也可以被a和b的最大公约数整除。因为线性组合的任意常数倍仍然是一个线性组合，定理 9.2.2 表明最大公约数的倍数也是一个线性组合，即给出：

推论 9.2.3 一个整数是a和b的线性组合，当且仅当它是$\gcd(a,b)$的倍数。

我们将在解释如何求解s和t的过程中来直接证明定理 9.2.2。这项任务可以用数学工具 *kuttaka* 来解决，*kuttaka* 能够追溯到 6 世纪的印度，其字面含义是"粉碎机"。因为与欧几里得算法十分相似，粉碎机现在通常被称为"扩展欧氏最大公约数算法"。

例如，我们可以用下面的欧几里得算法来计算259和70的最大公约数：

---

[1] 换句话说，当$0 < y \leqslant x$时

$$\mathrm{rem}(x,y) \leqslant x/2 \tag{9.4}$$

当$y \leqslant x/2$时，上式是不言而喻的，因为根据定义，x除以y的余数小于y。另外，若$y > x/2$，则$\mathrm{rem}(x,y) = x - y < x/2$。
[2] 更严格的分析显示，最多可能有$\log_\varphi(a)$次转移，其中φ是黄金分割比$(1+\sqrt{5})/2$，参见习题 9.14。
[3] 这个结果通常被称为贝祖定理（Bezout's lemma），而其实是张冠李戴了，因为它在150年前就已经由西方的某位学者首次正式发表，并曾在1000多年前由印度数学家阿里亚哈塔和巴斯卡拉所描述。

$$\begin{aligned}
\gcd(259, 70) &= \gcd(70, 49) &\quad \text{因为} \quad & \mathrm{rem}(259, 70) = 49\\
&= \gcd(49, 21) &\quad \text{因为} \quad & \mathrm{rem}(70, 49) = 21\\
&= \gcd(21, 7) &\quad \text{因为} \quad & \mathrm{rem}(49, 21) = 7\\
&= \gcd(7, 0) &\quad \text{因为} \quad & \mathrm{rem}(21, 7) = 0\\
&= 7
\end{aligned}$$

粉碎机会经历相同的步骤，但是需要在过程中做一些额外的记录：当计算 $\gcd(a,b)$ 时，我们记录如何将每一个余数（如例子中的 49、21 和 7）写作 a 和 b 的线性组合。这么做是值得的，因为我们的目标是将最后的非零余数，即最大公约数，写成一个这样的线性组合。例如，此处需要额外记录的信息如下：

x	y	$(\mathrm{rem}(x, y))$	$=$	$x - q \cdot y$
259	70	49	$=$	$a - 3 \cdot b$
70	49	21	$=$	$b - 1 \cdot 49$
			$=$	$b - 1 \cdot (a - 3 \cdot b)$
			$=$	$-1 \cdot a + 4 \cdot b$
49	21	7	$=$	$49 - 2 \cdot 21$
			$=$	$(a - 3 \cdot b) - 2 \cdot (-1 \cdot a + 4 \cdot b)$
			$=$	$\boxed{3 \cdot a - 11 \cdot b}$
21	7	0		

开始的时候，初始化两个变量 $x = a$ 和 $y = b$。在上面的前两列中，我们执行欧几里得算法。在每一步中，计算 $\mathrm{rem}(x, y) = x - \mathrm{qcnt}(x, y) \cdot y$。然后，在这个 x 和 y 的线性组合中，将 x 和 y 替换为等价的、已经计算过的 a 和 b 的线性组合。经过化简，可以得到我们想要的等价于 $\mathrm{rem}(x, y)$ 的 a 和 b 的线性组合。方框中是最终解。

上面的分析将粉碎机的过程和原理解释得很清楚。如果你仍然有疑问，可以尝试求解习题 9.13，其中粉碎机被形式化为一个状态机，并利用欧几里得算法中的不变量的扩展来进行验证。

因为粉碎机只需要比欧几里得算法多一点计算，所以可以用这个算法来很快地"粉碎"大数。很快我们会发现，粉碎机的速度使其成为密码学领域中的一个非常有用的工具。

现在，我们可以根据最大公约数来重申引理 9.1.6 中的水壶问题。

推论 9.2.4 假设我们有容量为 a 和 b 的水壶，则每一个壶中的水的总量始终是 $\gcd(a,b)$ 的倍数。

例如，不存在使用3加仑和6加仑的水壶来得到4加仑水的方法，因为4不是 $\gcd(3,6) = 3$ 的倍数。

9.2.3 水壶问题的通解

推论 9.2.3 说明3可以被写作21和26的线性组合，因为3是gcd(21,26) = 1的倍数。因此，粉碎机能够提供满足如下条件的s和t：

$$3 = s \cdot 21 + t \cdot 26 \tag{9.5}$$

系数s既可能是正数也可能是负数。然而，我们可以容易地将这个线性组合转变为如下等价的线性组合

$$3 = s' \cdot 21 + t' \cdot 26 \tag{9.6}$$

其中s'是正数。这其中的技巧在于，如果我们将公式 9.5 中的s加上26的同时将t减去21，则表达式$s \cdot 21 + t \cdot 26$整体上的值保持不变。因此，通过不断增加s的值（每次加26）和降低t的值（每次减去21），可以得到线性组合$s' \cdot 21 + t' \cdot 26 = 3$，其中$s'$是正数。（当然，此时$t'$必须是负数，否则表达式的值将会远大于3。）

现在，我们可以利用容量为21加仑和26加仑的水壶来得到3加仑的水了，只需要简单地重复s'次下面的步骤：

1. 装满21加仑的壶。
2. 将21加仑的壶中的水全部倒入26加仑的壶中。每当26加仑的壶被装满时，将其倒空，然后继续将21加仑的壶中的水倒入26 加仑的壶中。

在这个过程结束时，我们一定已经将26加仑的壶倒空了刚好$-t'$次。这是因为：我们从喷泉中取了$s' \cdot 21$加仑的水，并且倒掉了26加仑的整数倍的水。如果我们将大壶倒空的次数少于$-t'$，则根据公式 9.6，大壶中将留有至少$3 + 26$加仑的水，显然盛不下。如果我们倒空它的次数大于$-t'$，则大壶中将留有最多$3 - 26$加仑的水，显然没有意义。但是，只要我们刚好将26加仑的壶倒空$-t'$次，根据公式 9.6 可以知道，壶中刚好还留有3加仑的水。

值得注意的是，我们甚至根本不需要知道系数s'和t'，就可以使用这项策略！不用重复执行外层循环s'次，只需要重复执行到我们得到3加仑水即可，因为这最终必然会发生。当然，我们必须记录下两个壶中的水量，这样才能知道是否已经完成迭代。下面是使用这个方法得到的解决方案，从空壶即(0,0)开始：

$\xrightarrow{\text{装满21}}$ (21, 0) $\xrightarrow{\text{21倒入26}}$ (0, 21)

$\xrightarrow{\text{装满21}}$ (21, 21) $\xrightarrow{\text{21倒入26}}$ (16, 26) $\xrightarrow{\text{倒空26}}$ (16, 0) $\xrightarrow{\text{21倒入26}}$ (0, 16)

$\xrightarrow{\text{装满21}}$ (21, 16) $\xrightarrow{\text{21倒入26}}$ (11, 26) $\xrightarrow{\text{倒空26}}$ (11, 0) $\xrightarrow{\text{21倒入26}}$ (0, 11)

$\xrightarrow{\text{装满21}}$ (21, 11) $\xrightarrow{\text{21倒入26}}$ (6, 26) $\xrightarrow{\text{倒空26}}$ (6, 0) $\xrightarrow{\text{21倒入26}}$ (0, 6)

$\xrightarrow{\text{装满21}}$ (21, 6) $\xrightarrow{\text{21倒入26}}$ (1, 26) $\xrightarrow{\text{倒空26}}$ (1, 0) $\xrightarrow{\text{21倒入26}}$ (0, 1)

$\xrightarrow{\text{装满21}}$ (21, 1) $\xrightarrow{\text{21倒入26}}$ (0, 22)

$\xrightarrow{\text{装满21}}$ (21, 22) $\xrightarrow{\text{21倒入26}}$ (17, 26) $\xrightarrow{\text{倒空26}}$ (17, 0) $\xrightarrow{\text{21倒入26}}$ (0, 17)

$\xrightarrow{\text{装满21}}$ (21, 17) $\xrightarrow{\text{21倒入26}}$ (12, 26) $\xrightarrow{\text{倒空26}}$ (12, 0) $\xrightarrow{\text{21倒入26}}$ (0, 12)

$\xrightarrow{\text{装满21}}$ (21, 12) $\xrightarrow{\text{21倒入26}}$ (7, 26) $\xrightarrow{\text{倒空26}}$ (7, 0) $\xrightarrow{\text{21倒入26}}$ (0, 7)

$\xrightarrow{\text{装满21}}$ (21, 7) $\xrightarrow{\text{21倒入26}}$ (2, 26) $\xrightarrow{\text{倒空26}}$ (2, 0) $\xrightarrow{\text{21倒入26}}$ (0, 2)

$\xrightarrow{\text{装满21}}$ (21, 2) $\xrightarrow{\text{21倒入26}}$ (0, 23)

$\xrightarrow{\text{装满21}}$ (21, 23) $\xrightarrow{\text{21倒入26}}$ (18, 26) $\xrightarrow{\text{倒空26}}$ (18, 0) $\xrightarrow{\text{21倒入26}}$ (0, 18)

$\xrightarrow{\text{装满21}}$ (21, 18) $\xrightarrow{\text{21倒入26}}$ (13, 26) $\xrightarrow{\text{倒空26}}$ (13, 0) $\xrightarrow{\text{21倒入26}}$ (0, 13)

$\xrightarrow{\text{装满21}}$ (21, 13) $\xrightarrow{\text{21倒入26}}$ (8, 26) $\xrightarrow{\text{倒空26}}$ (8, 0) $\xrightarrow{\text{21倒入26}}$ (0, 8)

$\xrightarrow{\text{装满21}}$ (21, 8) $\xrightarrow{\text{21倒入26}}$ (3, 26) $\xrightarrow{\text{倒空26}}$ (3, 0) $\xrightarrow{\text{21倒入26}}$ (0, 3)

不论水壶的容量是多少，甚至不管我们要得到多少水，相同的方法总是能起作用的！我们只需要简单地重复以下两步，直到得到想要的数量的水：

1. 装满较小的水壶。

2. 将小壶中的所有水倒入大壶中。每当大壶被装满时，将其倒空，并继续将小壶中的水倒入大壶中。

利用和上面相同的推理，这个方法最终会得到所有小于大壶的容量、且为两个壶的最大公约数的倍数的水，即所有我们可能得到的数量的水。根本不需要聪明才智！

如此，我们现在可以将水壶问题的故事讲完整了。

定理 9.2.5 假设我们有容量为 a 和 b 的水壶。对任意 $c \in [0..a]$，当且仅当 c 是 a 和 b 的最大公约数的倍数时，才可能得到 c 加仑的水。

9.2.4 最大公约数的性质

掌握一些关于最大公约数的基本性质对我们是有益的：

引理 9.2.6

a) 对所有 $k > 0$，$\gcd(ka, kb) = k \cdot \gcd(a, b)$。

b) ($d \mid a$ 且 $d \mid b$) 当且仅当 $d \mid \gcd(a, b)$。

c) 若 $\gcd(a, b) = 1$ 并且 $\gcd(a, c) = 1$，则 $\gcd(a, bc) = 1$。

d) 若 $a \mid bc$ 并且 $\gcd(a, b) = 1$，则 $a \mid c$。

作为练习，习题 9.11 演示了如何从定理 9.2.2，即最大公约数是原数的线性组合，来得到这些性质。

这些性质也是这样一个事实的简单延伸，即整数可以被唯一地分解为质数的乘积（定理 9.4.1）。但是，我们需要上面的一些性质来证明 9.4 节中分解的唯一性，因此使用分解的唯一性来证明这些性质会形成循环依赖。

9.3 质数的奥秘

数论中一些伟大的奥秘和见解都涉及质数的性质。

定义 9.3.1 质数（prime）是大于 1，且只能被其本身和 1 所整除的数。除 0、1 和 −1 之外的非质数称为合数（composite）。①

下面是三个著名的谜题。

孪生质数猜想（Twin Prime Conjecture） 存在无数个质数 p，使得 $p + 2$ 也是质数。

陈景润在 1966 年的研究显示，存在无数个质数 p，使得 $p + 2$ 是不超过两个质数的乘积。因此，这个猜想被认为几乎是真的。

低效分解猜想（Conjectured Inefficiency of Factoring） 给定两个大质数的乘积 $n = pq$，不存在能够求 p 和 q 的高效过程。也就是说，不存在多项式时间的过程（见 3.5 节），能够保证求解 p 和 q 所需的步数的上界为，与 n 的二进制表示（不是 n）等长的多项式。二进制表示的位数最长为 $1 + \log_2 n$。

已知的最优算法称为"数域筛选法"，其运行时间正比于：

$$e^{1.9(\ln n)^{1/3}(\ln \ln n)^{2/3}}$$

这个数的增长速度高于任何长度为 $\log n$ 的多项式，并且在 n 的数位超过 300 时是不可行的。

---

① 因此，只有 0、1 和 −1 既非质数也非合数。

高效的分解算法是计算机科学中的一个特别重要的谜团，我们会在本章的后续部分进行解释。

哥德巴赫猜想（Goldbach's Conjecture）前面我们已经提到过几次哥德巴赫猜想，即每一个大于2的偶数等于两个质数的和。例如：$4 = 2 + 2$、$6 = 3 + 3$、$8 = 3 + 5$，等等。

一开始，史尼尔曼在1939年证明了每一个偶数都能被写为不超过300 000个质数的和。今天，我们知道每个偶数都是最多6个质数的和。

质数不规则地出现在整数序列中。实际上，它们的分布似乎是完全随机的：

$$2, 3, 5, 7, 11, 13, 17, 19, 23, 29, 31, 37, 41, 43, \ldots$$

质数在整数中的密度是有精确的上界的，这是关于质数的最重要的认识之一。也就是说，令$\pi(n)$表示直到n的质数的个数，

定义 9.3.2

$$\pi(n) ::= |\{p \in [2..n] \mid p \text{是质数}\}|$$

例如，$\pi(1) = 0$，$\pi(2) = 1$并且$\pi(10) = 4$，因为2, 3, 5和7是小于或等于10的质数。一步一步地，π随着两个质数间的不规则间隔而不规律地增长，但它的总体增长率被认为在经过平滑后，与函数$n/\ln n$的增长率一致。

定理 9.3.3（质数定理）

$$\lim_{n \to \infty} \frac{\pi(n)}{n/\ln n} = 1$$

因此，质数是逐渐减少的。根据经验法则，在n附近区域的$\ln n$个整数中大约会有1个质数。

1798年，勒让德推测出了质数定理，约一个世纪后的1896年，德·拉·瓦莱·普桑和阿达马证明了该定理。然而，在勒让德去世之后，人们在高斯的一本笔记中发现了相同的猜想，显然高斯在1791年他15岁的时候就做出了它。（不得不为与高斯同时代的数学家感到悲哀，如果不与高斯同时代，或许他们也能成为伟大的数学家。）

对质数定理的证明不在本书的讨论范围内，但是存在一个对相关结果的简单可行的证明（参见习题 9.22），这对我们的应用来说已经足够了。

定理 9.3.4（契比雪夫质数密度定理）对$n > 1$，

$$\pi(n) > \frac{n}{3\ln n}$$

9.4 算术基本定理

可能你已经知道了关于质数的一个重要事实：每一个正整数都有一个唯一的质数分解。所以每一个正整数都能用唯一的方法建立在质数上。这些古怪的质数就是建立整数大厦的积木。

在改变数的出现顺序时，数的乘积保持不变，因此将一个数表示成质数乘积的方法通常并不唯一。例如，有三种方法将12表示成质数的乘积：

$$12 = 2 \cdot 2 \cdot 3 = 2 \cdot 3 \cdot 2 = 3 \cdot 2 \cdot 2$$

在12的质数分解中保持不变的是，任何等于12的质数乘积将恰好包含一个3和两个2。这意味着，如果我们将质数按大小排序，乘积将确实是唯一的。

让我们更仔细地说明这一点。当数列中的每一个数至少与其后面的数一样大时，这个数列是弱递减的。注意，根据这个定义，只包含一个数的数列，以及不包含数的序列（空数列）都是弱递减的。

定理 9.4.1 [算术基本定理] 每一个正整数都是一个唯一的弱递减质数序列的乘积。

谷歌质数

在 2004 年的下半年，全美国不同的地方都出现了这样一块广告牌：

$$\left\{ \begin{array}{c} \text{在 e 的连续数位中出} \\ \text{现的首个 10 位质数} \end{array} \right\}.com$$

提交大括号中表达式的正确答案就会生成谷歌招聘网页的 URL。这个创意在于，谷歌有兴趣雇佣任何能够并且愿意解决这个问题的人。

这个问题有多难呢？你是否需要浏览数以千计或者百万计甚至十亿计的 e 的数位，来寻找一个 10 位的质数呢？质数定理的经验法则表明，在所有的 10 位数中，大约每

$$\ln 10^{10} \approx 23$$

个数中就有 1 个质数。这意味着这个问题并不是真的这么难！果然，在 e 的连续数位中第一个 10 位质数出现得相当早：

e =2.71828182845904523536028747135266249775724709369995957496696762772407663035354759457138217852516642**7427466391**9320030599218174135966290435729003342952605956307381323286279434...

例如，75237393是下面这个弱递减质数序列的乘积：23,17,17,11,7,7,7,3，并且没有任何其他弱递减质数序列能够得到75237393。①

注意，当1被认为是质数时，定理为假。例如，15可以被写作$5 \cdot 3$，或$5 \cdot 3 \cdot 1$，或$5 \cdot 3 \cdot 1 \cdot 1$等。

在唯一分解中存在一定的疑问，特别是从我们已经提到的关于质数的奥秘的角度来看。即使你在襁褓中就已经知道它了，想当然地认为它为真也会是一个错误。事实上，唯一分解在很多类似整数的数集上是行不通的，例如像$n + m\sqrt{-5}$这种形式的复数集合，其中$m, n \in \mathbb{Z}$（参见习题 9.25）。

这个基本定理也被称为唯一分解定理（Unique Factorization Theorem），一个更具描述性而不那么浮夸的名称，但是我们确实是想引起你对唯一分解的重要性和非显著性的注意。

9.4.1 唯一分解定理的证明

基本定理的证明并不难，但是我们首先需要几个初步的事实。

引理 9.4.2 若p是质数且$p \mid ab$，则$p \mid a$或$p \mid b$。

引理 9.4.2 是紧随唯一分解而得到的，因为乘积ab的分解中包含的质数恰好是a和b的分解中所包含的。但是像这样来证明引理是在作弊：我们需要这个引理来证明唯一分解，因此这样会造成死循环。取而代之，我们将利用最大公约数和线性组合的性质，来给出一个简单的、非循环的方法来证明引理 9.4.2。

证明. 一种情况是，若$\gcd(a, p) = p$，则引理成立，因为a是p的倍数。

除此之外，$\gcd(a, p) \neq p$。在这种情况下，$\gcd(a, p)$必须为1，因为只有1和p是p的正约数。又因为$\gcd(a, p)$是a和p的线性组合，我们有$1 = sa + tp$对某些s和t成立。那么$b = s(ab) + (tb)p$，也就是说，b是ab和p的线性组合。既然p同时能整除ab和p，它也能够整除它们的线性组合b。∎

上面的陈述可以扩展为一个常规的归纳论点。

引理 9.4.3 令p为质数。若$p \mid a_1 a_2 \cdots a_n$，则$p$能整除某些$a_i$。

现在我们就做好了证明算术基本定理的准备了。

证明. 利用良序原则，定理 2.3.1 表明每一个正整数都能被表示为质数的乘积。因此我们只需要证明这个表达式是唯一的。我们同样使用良序原则来证明这一点。

---

① 一个数的"乘积"被定义为这个数本身，零个数的乘积按照惯例被定义为1。因此，每一个质数p都能唯一地表示成，仅包含p的长为1的质数序列的乘积。而1，你应该记得它不是质数，通常被唯一地表示成空序列的乘积。

使用反证法来进行证明：假设，与定理相反，存在可以用不止一种方式来写成质数乘积的整数。根据良序原则，存在一个满足这一性质的最小的整数。称这个整数为 n，并令：

$$n = p_1 \cdot p_2 \cdots p_j$$
$$= q_1 \cdot q_2 \cdots q_k$$

其中两个乘积都是弱递减顺序的，并且 $p_1 \leqslant q_1$。

若 $q_1 = p_1$，则 n/q_1 也可以被表示成不同的弱递减质数序列的乘积，即：

$$p_2 \cdots p_j$$
$$q_2 \cdots q_k$$

既然 $n/q_1 < n$，这不可能为真，因此我们可以得到结论 $p_1 < q_1$。

因为 p_i 是弱递减的，所有的 p_i 都小于 q_1。但是，

$$q_1 \mid n = p_1 \cdot p_2 \cdots p_j$$

因此根据引理 9.4.3，q_1 整除某个 p_i，这与 q_1 大于它们这一事实相矛盾。 ∎

9.5 阿兰·图灵

图 9.1 所示的男子就是阿兰·图灵（Alan Turing），他是计算机科学史上重要的人物。几十年来，他那迷人的人生经历笼罩着政府机密、社会禁忌，甚至是他自己的刻意隐瞒。

图 9.1　阿兰·图灵

图灵在 24 岁的时候写了题为 *On Computable Numbers, with an Application to the*

Entscheidungsproblem 的论文。这篇论文的核心是，使用一种优雅的方法，从数学角度对计算机进行建模。这是一项突破，因为它使数学工具对计算问题产生影响。例如，图灵直接证明，利用他的模型，不论程序员多么聪明，总会存在计算机解决不了的问题。

论文标题中的"Entscheidungsproblem"（可判断性问题）是指1900年大卫·希尔伯特提出的，作为20世纪数学家的挑战的28个数学问题之一。在同一篇论文里，图灵攻破了这个问题。也许你听说过 *Church-Turing thesis*？那也是这篇论文。所以，图灵是一个才华横溢的人，他提出了许多惊人的想法。但是本篇要讲述的是图灵的一个不那么惊人的想法、一个涉及密码与数论，甚至还有点傻的想法。

让我们回到1937年的秋天，震惊世界的战争迫在眉睫，而跟我们一样，阿兰·图灵正在思考数论的作用。他预见到，保护军事机密在即将来临的冲突中是至关重要的，并提出一种用数论来加密通信的方法。这是一个已经跨越到如今这个时代的想法。今天，数论是无数的公钥密码系统、数字签名方案、加密散列函数以及电子支付系统的基础。此外，军事融资机构也是加密研究中最大的投资者之一。对不住了，哈迪！

在设计出他的编码系统后不久，图灵就从公众视野中消失了。并且，直到半个世纪以后，世人才完全了解他到底去了哪里，以及他在那里做了什么。我们一会儿再来讨论图灵的一生。现在，让我们一起讨论图灵留下的编码。细节是不确定的，因为他从来没有正式发表过这个想法，所以我们会考虑一些可能性。

9.5.1 图灵编码（1.0 版）

图灵编码的第一个挑战是，将一条文本消息转换成一个整数，这样我们就可以对它进行数学运算。这一步并不是想让信息变得难以理解，所以细节也不太重要。比如这种方法：将消息中的每一个字母替换为两位数字（$A = 01, B = 02, C = 03$等）并将所有的数字串联起来形成一个庞大的数字。例如，消息"victory"能够被这样翻译：

$$\begin{array}{ccccccc} v & i & c & t & o & r & y \\ \rightarrow \ 22 & 09 & 03 & 20 & 15 & 18 & 25 \end{array}$$

图灵编码要求消息是质数，因此我们可能需要用一些数字来填充这个结果，从而得到一个质数。质数定理表明，使用较少的几个数字来填充就可以了。在这种情况下，附加数字 13 就会得到质数 2209032015182513。

下面就是加密过程的工作原理。在下面的描述中，m 是我们想保密的未加密的消息，$\hat{m}$ 是纳粹军队可能拦截的加密后的消息，而 k 是密钥。

事先 发送方和接收方对密钥达成一致，密钥是一个大质数 k。

加密 发送方加密消息 m 时计算：

$$\hat{m} = m \cdot k$$

解密 接收方解密 $\hat{m}$ 时计算：

$$\frac{\hat{m}}{k} = m$$

例如，假设密钥是质数 $k = 22801763489$ 并且消息 m 是 "victory"。那么加密消息是：

$$\hat{m} = m \cdot k$$
$$= 2209032015182513 \cdot 22801763489$$
$$= 50369825549820718594667857$$

对于图灵编码，我们需要问几个基本问题。

1. 按照要求，发送方和接收方如何保证 m 和 k 是质数？

   确定一个大数是质数还是合数的一般性问题已经被研究几个世纪了。即使在图灵时代，人们也掌握了在实际应用中运行良好的测试质数的方法。在过去的几十年中，人们发现了如下面文本框中所描述的，高效质性测试方法。

质性测试

显而易见，整数 n 是质数，当且仅当它不能被 2 到 $\lfloor \sqrt{n} \rfloor$ 之间的任何数整除（参见习题 1.14）。显然，这种朴素的测试 n 是否为质数的方法，需要最多 $\sqrt{n}$ 步。当 n 表示为十进制数或二进制数时，$\sqrt{n}$ 随 n 的位数呈指数变化。一直到 20 世纪 70 年代初，没有任何已知的质数测试程序，能够超过这个方法。

在 1974 年，沃尔克·斯特拉森发明了一种简单快速的概率质性测试方法。当应用于质数时，斯特拉森测试会给出正确答案，但是应用到一个非质数上时，则有可能给出错误答案。然而，在任何给定数字上得到错误答案的概率是如此之小，以至于信任这个结果将是你能做出的最好的赌注。

然而，理论上出现错误答案的可能性仍然是让人烦恼的，哪怕出错的概率远低于未检测到的、计算机硬件错误所导致的错误答案的概率。最终在 2002 年，在一篇以引用高斯强调质性测试的古老性和重要性开头的突破性论文中，Manindra Agrawal、Neeraj Kayal 和 Nitin Saxena 提出了一种惊人的、只有十三行描述的多项式时间的质性测试。

这明确地将 SAT 和类似问题中明显需要的质性测试方法的复杂度降低到了指数以

> 下。在 Agrawal 等人的论文中，测试的复杂度上界是 12 阶多项式，并且后续研究将其降低为 5 阶，但对于实际应用来说这仍然很高，因此，概率质性测试仍然是目前实践中所使用的方法。阶数上界仍然可以合理地降低一点点，但若与已知的概率测试的速度相提并论，仍然是一项艰巨的挑战。

2. 图灵编码安全吗？

拦截方只能看到加密后的消息 $\hat{m} = m \cdot k$，因此恢复原始消息需要分解 $\hat{m}$。尽管付出了巨大的努力，人们还没有发现真正高效的分解算法。这看起来像是一个基础性的难题。因此，虽说某天有突破性的进展并不是不可能，但不存在有效分解方法这个猜想却广为人们接受。实际上，图灵编码应用了他自己的一项发现，即计算能力是有限的。因此，当 m 和 k 足够大时，拦截方似乎就没那么好运了！

这些听起来都很有前景的样子，但图灵编码其实有一个重大缺陷。

9.5.2 破解图灵编码（1.0 版）

让我们想想，当发送方使用相同密钥的图灵编码，传递第二条消息时会发生什么。这会让拦截方看到两条加密消息：

$$\hat{m}_1 = m_1 \cdot k \quad \text{与} \quad \hat{m}_2 = m_2 \cdot k$$

两条加密消息 $\hat{m}_1$ 和 $\hat{m}_2$ 的最大公约数就是密钥 k。并且，正如我们所见，两个数的最大公约数可以非常高效地计算出来。因此，在发送第二条消息之后，拦截方就能恢复出密钥并读取每一条消息！

像图灵那样聪明的数学家，是不可能忽视这样突出的问题的，我们可以猜测，他脑海里有一个稍微不同的系统，一个基于模运算的系统。

9.6 模运算

在高斯的数论杰作 *Disquisitiones Arithmeticae* 的首页，他提出了同余的概念。高斯是另一个，能够不时地咳嗽一下就蹦出一个像样的想法的人，让我们来看看这个概念。高斯认为，a 和 b 是模 n（mod n）同余的，当且仅当 $n \mid (a - b)$。这可写作：

$$a \equiv b \pmod{n}$$

例如：

$$29 \equiv 15 \pmod{7} \qquad 7 \mid (29 - 15)$$

允许模数$n \leq 1$是无意义的，因此我们将从现在开始认为模数大于1。

同余和余数之间有着密切联系。

引理 9.6.1（余数）

$$a \equiv b \pmod{n} \quad \text{当且仅当} \quad \text{rem}(a, n) = \text{rem}(b, n)$$

证明. 根据除法定理 9.1.4，存在唯一的整数对q_1、r_1以及q_2、r_2，使得：

$$a = q_1 n + r_1$$
$$b = q_2 n + r_2$$

其中$r_1, r_2 \in [0..n)$。用第一个等式减去第二个会得到：

$$a - b = (q_1 - q_2)n + (r_1 - r_2)$$

其中$r_1 - r_2$属于区间$(-n, n)$。现在$a \equiv b \pmod{n}$，当且仅当n整除这个等式的左边。当且仅当n整除等式的右边时，命题为真。而当且仅当$r_1 - r_2$是n的倍数时，这一点成立。但是在区间$(-n, n)$中唯一的n的倍数是0，所以$r_1 - r_2$事实上必须等于0，也就是说，$r_1 ::= \text{rem}(a, n) = r_2 ::= \text{rem}(b, n)$。

因此我们也能发现

$$29 \equiv 15 \pmod{7} \qquad \text{因为 rem}(29, 7) = 1 = \text{rem}(15, 7)$$

注意，即使"(mod 7)"出现在末尾，"≡"符号与15之间的关联也并不强于29。例如，写成 $29 \equiv_{\text{mod } 7} 15$，可能会更加清晰，但是将模运算放在末尾的这种标记法已经根深蒂固了，所以我们只能接受它。

余数引理 9.6.1 解释了为什么同余关系有着和相等关系一样的性质。特别是，下面这些性质[①]是直接可得的。

引理 9.6.2

$$a \equiv a \pmod{n} \qquad \text{（自反性）}$$
$$a \equiv b \quad \text{当且仅当} \quad b \equiv a \pmod{n} \qquad \text{（对称性）}$$
$$(a \equiv b \rightarrow b \equiv c) \text{ 表明 } a \equiv c \pmod{n} \qquad \text{（传递性）}$$

我们将经常用到余数定理 9.6.1 的另一个直接推论：

[①] 拥有这些性质的二元关系被称为等价关系，见 10.10 节。

推论 9.6.3

$$a \equiv \text{rem}(a, n) \pmod{n}$$

另一种考虑模 n 同余的方法是，它定义了一种将整数划分为 n 个集合的方式，使得所有同余的数都在相同的集合里。例如，假设我们在研究模 3 同余，可以根据整数除以 3 的余数是 0、1 还是 2，像下面这样将它们划分为 3 个集合：

$$\{\ldots -6, -3, 0, 3, 6, 9, \ldots\}$$
$$\{\ldots -5, -2, 1, 4, 7, 10, \ldots\}$$
$$\{\ldots -4, -1, 2, 5, 8, 11, \ldots\}$$

结果是，当完成模 n 运算时，确实只需要考虑 n 种不同的数，因为只存在 n 个可能的余数。在这个意义上，模运算是对普通运算的简化。

下一个关于同余的最有用的事实是，它们在加法和乘法中保持不变。

引理 9.6.4（同余）若 $a \equiv b \pmod{n}$ 且 $c \equiv d \pmod{n}$，则

$$a + c \equiv b + d \pmod{n} \tag{9.7}$$
$$ac \equiv bd \pmod{n} \tag{9.8}$$

证明. 让我们从式 9.7 开始。由于 $a \equiv b \pmod{n}$，根据定义有 $n \mid (b-a) = (b+c) - (a+c)$，因此

$$a + c \equiv b + c \pmod{n}$$

因为 $c \equiv d \pmod{n}$，用相同的理由可以推导出

$$b + c \equiv b + d \pmod{n}$$

现在根据传递性（引理 9.6.2）可以给出

$$a + c \equiv b + d \pmod{n}$$

若 n 整除 $(b-a)$，则 n 必然也整除 $(bc - ac)$，利用这一事实，对式 9.8 的证明将是几乎相同的。∎

9.7 余运算

按同余引理 9.6.1 所说的，两个数是同余的，当且仅当它们的余数是相等的，所以我们可以通过余数运算来理解同余。并且如果我们想要的，是对一些数进行加法、乘法、减法之后，再

进行模n的余数，可以在计算的每一步中都求余数，使整个计算过程中只涉及$[0..n)$范围内的数。

余数运算的通用法则

为了得到对某些整数进行一系列加法和乘法操作之后，再除以n的余数。

- 将每一个操作数替换为它除以n的余数；
- 在每一次加法或乘法运算中，将超出$[0..n)$范围的运算结果替换为除以n的余数，使其始终保持在$[0..n)$范围内。

例如，假设我们想要计算：

$$\mathrm{rem}((44427^{3456789} + 15555858^{5555})403^{6666666}, 36) \tag{9.9}$$

如果你在考虑先计算大型幂运算，然后再求余的话，这个式子看起来实在是吓人。例如，十进制数$44427^{3456789}$需要超过 2000 万个数字来表示，所以我们肯定不想这么干。但请记住，整型指数给出的是一系列的乘法，根据通用法则，我们可以将这些相乘的数替换为它们的余数。由于$\mathrm{rem}(44427, 36) = 3$，$\mathrm{rem}(15555858, 36) = 6$，以及$\mathrm{rem}(403, 36) = 7$，我们发现式 9.9 等价于下式除以36的余数

$$(3^{3456789} + 6^{5555})7^{6666666} \tag{9.10}$$

情况好了一点点，但十进制数$3^{3456789}$需要大约 100 万个数字来表示，所以我们还是不想计算它。但是，让我们来看看3的前几次幂的余数：

$$\mathrm{rem}(3, 36) = 3$$
$$\mathrm{rem}(3^2, 36) = 9$$
$$\mathrm{rem}(3^3, 36) = 27$$
$$\mathrm{rem}(3^4, 36) = 9$$

在仅仅两步之后，我们就得到了第二步$\mathrm{rem}(3^2, 36)$的一次重复。这意味着从3^2开始，3的连续幂运算的余数序列将保持每两步就重复。所以超过3个的奇数个3的乘积，将与3个3的乘积在除以36时有相同的余数。因此

$$\mathrm{rem}(3^{3456789}, 36) = \mathrm{rem}(3^3, 36) = 27$$

简直是一场胜利！

6的指数甚至更简单，因为$\mathrm{rem}(6^2, 36) = 0$，所以每两步就会重复出现0。7的指数每六步重

复一次，但是在第五步的时候你会得到1，即$\text{rem}(7^6, 36) = 1$，因此式 9.10 成功地化简为下式的余数：

$$(3^{3456789} + 6^{5555})7^{6666666}$$
$$(3^3 + 6^2 \cdot 6^{5553})\,(7^6)^{1111111}$$
$$(3^3 + 0 \cdot 6^{5553})\,(1)^{1111111}$$
$$= 27$$

注意，用余数来代替指数将会是一个灾难性的错误。通用法则适用于加法和乘法的操作数，而指数是用来控制进行多少次乘法运算的。一定要当心这一点。

9.7.1 环$\mathbb{Z}_n$

是时候更精确地描述通用法则和它的工作原理了。首先，让我们来介绍$+_n$符号。根据通用法则，它被用来先计算一次加法，再计算加法的和除以n的余数。对乘法也有类似的定义：

$$i +_n j ::= \text{rem}(i + j, n)$$
$$i \cdot_n j ::= \text{rem}(ij, n)$$

现在，通用法则变成了对下面的引理的简单重复。

引理 9.7.1

$$\text{rem}(i + j, n) = \text{rem}(i, n) +_n \text{rem}(j, n) \qquad (9.11)$$
$$\text{rem}(ij, n) = \text{rem}(i, n) \cdot_n \text{rem}(j, n) \qquad (9.12)$$

证明. 根据引理 9.6.3，$i \equiv \text{rem}(i, n)$且$j \equiv \text{rem}(j, n)$，所以根据同余引理 9.6.4

$$i + j \equiv \text{rem}(i, n) + \text{rem}(j, n) \pmod{n}$$

再次根据引理 9.6.3，同余式两边的余数相等，则可以得到式 9.11。相同的证明同样适用于式 9.12。 ∎

在$[0..n)$范围内的整数以及$+_n$和$\cdot_n$运算被称为模n整数环，表示为$\mathbb{Z}_n$。作为引理 9.7.1 的延伸，熟悉的运算规则在$\mathbb{Z}_n$中成立，例如：

$$(i \cdot_n j) \cdot_n k = i \cdot_n (j \cdot_n k)$$

算术运算上面的下标n确实是一个障碍，为了得到一个看起来更简洁的等式，我们只在旁边写上"$\mathbb{Z}_n$"来代替它们：

$$(i \cdot j) \cdot k = i \cdot (j \cdot k)\,(\mathbb{Z}_n)$$

特别地，下面所有的等式 ①在 $\mathbb{Z}_n$ 中为真：

$$(i \cdot j) \cdot k = i \cdot (j \cdot k) \qquad (\cdot 结合律)$$
$$(i + j) + k = i + (j + k) \qquad (+结合律)$$
$$1 \cdot k = k \qquad (\cdot 恒等律)$$
$$0 + k = k \qquad (+恒等律)$$
$$k + (-k) = 0 \qquad (+相反律)$$
$$i + j = j + i \qquad (+交换律)$$
$$i \cdot (j + k) = (i \cdot j) + (i \cdot k) \qquad (分配律)$$
$$i \cdot j = j \cdot i \qquad (\cdot 交换律)$$

结合律意味着一个熟悉的性质，在乘积中可以安全地省略括号：

$$k_1 \cdot k_2 \cdot \cdots \cdot k_m$$

在 $\mathbb{Z}_n$ 中，不论怎样打括号，得到的结果都是一样的。

总的主题是，余数运算和普通运算很像。但我们将会检查几个意外情况。

9.8　图灵编码（2.0 版）

1940 年，法国在德国的军队面前倒下了，而英国则在欧洲西部与纳粹单独作战。英国的抵抗依赖于，由美国船队横跨北大西洋，源源不断地运送物资。这些船队与德国潜艇进行了一场猫捉老鼠的游戏，徘徊在大西洋的德国 U 型潜艇试图击沉补给船，并将英国饿到出局。这场斗争的结果依赖于信息平衡：是德国能够更好地定位船队呢，还是盟军能够更好地定位 U 型潜艇？

德国输了。

直到 1974 年，德国失败的一个关键原因才被公开：德国海军密码恩尼格玛被波兰密码局 ② 破解了，而在 1939 年纳粹入侵波兰之前，这个秘密就被移交给了英国。在战争的大部分时间里，盟军能够通过侦听德国的通信，将船队护送到德国潜艇外围。直到 1996 年，英国政府才解释恩尼格玛是如何被破解的。当故事最终由美国公布时，人们才知道阿兰·图灵于 1939 年在布莱彻利公园加入了英国的秘密破译工作。在那里，他带领研发人员研发出了对德国恩尼格玛消息进行快速、大量破译的方法。图灵的恩尼格码破译工作，对盟军战胜希特勒做出了重要

---

① 加法和乘法运算满足这些等式的集合，被称为可换环。除了 $\mathbb{Z}_n$，整数、有理数、实数以及整系数的多项式都是可换环。另一方面，以或运算为加法、以与运算为乘法的真值集合$\{\mathbf{T}, \mathbf{F}\}$ 不是可换环，因为它无法满足这些等式中的某一个。$n \times n$ 的整数矩阵不是可换环，因为他们无法满足等式中的另一个。

② 见 http://www.bletchleypark.org.uk/content/hist/history/polish.rhtm。

的贡献。政府对密码总是守口如瓶，但是半个世纪以来，官方对图灵在破解恩尼格码和拯救英国上的沉默，则与战后的一些令人不安的事件有关。让我们回到数论，并考虑图灵编码的另一种解读。也许我们已经有了正确的基本想法（将消息乘以密钥），但错在使用了传统的运算而不是模运算。也许，这才是图灵的本意。

事先 发送方和接收方对一个大数 n 取得一致，这个数可以公开。（这将是我们所有运算中的模数。） 与 1.0 版一样，它们也对一个质数 $k < n$ 取得一致，即密钥。

加密 与 1.0 版本一样，消息 m 必须是 $[0..n)$ 中的另一个质数。发送方通过计算 mk 来将消息 m 加密，得到 $\hat{m}$，但这一次还需要模 n：

$$\hat{m} ::= m \cdot k \ (\mathbb{Z}_n) \tag{9.13}$$

解密 （Uh-oh.）

解密步骤是一个难点。我们可能还希望和之前一样，通过将加密消息 $\hat{m}$ 除以密钥 k 来解密。而难点在于，$\hat{m}$ 是 mk 除以 n 的余数。所以将 $\hat{m}$ 除以 k，可能甚至得不到一个整数！

更好地理解什么时候可以在模运算中除以 k，才能克服这个解密难点。

9.9 倒数与约去

一个数 x 的乘法逆（multiplicative inverse），是 x^{-1}，使得

$$x^{-1} \cdot x = 1$$

从现在起，我们用"倒数"（inverse）指代乘法逆（而不是关系逆）。

例如，在有理数范围中，$1/3$ 显然是 3 的倒数，因为

$$\frac{1}{3} \cdot 3 = 1$$

事实上，除了唯一的例外 0，每一个有理数 n/m 都有一个倒数，即 m/n。而另一方面，在整数范围中，只有 1 和 -1 有倒数。而在环 $\mathbb{Z}_n$ 内，事情就变得有点复杂了。例如，2 是 8 在 $\mathbb{Z}_{15}$ 上的倒数，因为

$$2 \cdot 8 = 1 \ (\mathbb{Z}_{15})$$

另一方面，3 在 $\mathbb{Z}_{15}$ 上没有倒数。我们可以用反证法来证明这一点：假设存在 3 的倒数 j，即

$$1 = 3 \cdot j \ (\mathbb{Z}_{15})$$

那么在等式的两边乘以 5，就会直接得到矛盾结果 $5=0$：

$$5 = 5 \cdot (3 \cdot j)$$
$$= (5 \cdot 3) \cdot j$$
$$= 0 \cdot j = 0 \ (\mathbb{Z}_{15})$$

所以不存在任何这样的倒数 j。

所以一些数有模15的倒数，而另一些没有。这可能初看起来有点不明白，但有一个简单的解释来说明这是怎么回事。

9.9.1 互质

没有共同的质约数的整数被称为互质（relatively prime）。①这与没有大于1的公约数（不论是否为质数）等价。这也相当于说 $\gcd(a,b) = 1$。

例如，8和15互质，因为 $\gcd(8,15) = 1$。另一方面，3和15不互质，因为 $\gcd(3,15) = 3 \neq 1$。这也就解释了为什么8拥有 $\mathbb{Z}_{15}$ 上的倒数，而3没有。

引理 9.9.1 若 $k \in [0..n)$ 与 n 互质，则 k 有 $\mathbb{Z}_n$ 上的倒数。

证明. 如果 k 与 n 互质，则根据最大公约数的定义有 $\gcd(k,n) = 1$。这意味着我们可以利用9.2.2节中的粉碎机来找到 n 和 k 的一个等于1的线性组合：

$$sn + tk = 1$$

因此，利用余数运算的通用法则（引理9.7.1），我们得到

$$(\text{rem}(s,n) \cdot \text{rem}(n,n)) + (\text{rem}(t,n) \cdot \text{rem}(k,n)) = 1 (\mathbb{Z}_n)$$

但是因为 $k \in [0..n)$，$\text{rem}(n,n) = 0$ 且 $\text{rem}(k,n) = k$，所以我们得到

$$\text{rem}(t,n) \cdot k = 1 (\mathbb{Z}_n)$$

因此，$\text{rem}(k,n)$ 是 k 的倒数。

顺便说一下，要知道当存在倒数时，它们是唯一的。也就是，

引理 9.9.2 若 i 和 j 都是 k 在 $\mathbb{Z}_n$ 上的倒数，则 $i = j$。

证明.

$$i = i \cdot 1 = i \cdot (k \cdot j) = (i \cdot k) \cdot j = 1 \cdot j = j (\mathbb{Z}_n)$$

∎

对引理9.9.1的证明过程表明，对任何与 n 互质的 k，k 在 $\mathbb{Z}_n$ 上的倒数是系数的余数。而这个

---

① 其他文章中称它们为相对质数（coprime）。

系数可以很容易地利用粉碎机来求得。

在这里使用质数的模是很有吸引力的，因为和有理数与实数一样，当 p 是质数时，每一个非零数都有一个在 $\mathbb{Z}_p$ 上的倒数。但是，计算合数的模真的是只比计算质数的模痛苦那么一点点。虽然你可能觉得,这有点像医生在将一根大针头插入你胳膊之前,会对你说"这可能会有点疼"。

9.9.2 约去

另一种意义上，实数的美在于它可以约去公共因子。换句话说，如果我们知道，对于实数 r、s、t 有 $tr = ts$，则只要 $t \neq 0$，我们可以约去 t 并得出结论 $r = s$。一般而言，约去（cancellation）在 $\mathbb{Z}_n$ 上不是永真的（valid）。例如，

$$3 \cdot 10 = 3 \cdot 5 \; (\mathbb{Z}_{15}) \tag{9.14}$$

而约去3会得出10等于5这样荒谬的结论。

不能约去乘法项，是 $\mathbb{Z}_n$ 运算与一般整数运算之间最显著的差异。

定义 9.9.3 一个数 k 在 $\mathbb{Z}_n$ 上是可约的（cancellable），当且仅当，对所有 $a, b \in [0..n)$，

$$k \cdot a = k \cdot b \quad \text{IMPLIES} \quad a = b \; (\mathbb{Z}_n)$$

若一个数与15互质，则它可以通过乘以它的倒数来约去。因此，有倒数的数可以被约去：

引理 9.9.4 若 k 在 $\mathbb{Z}_n$ 中有一个倒数，则它是可约的。

但3与15不互质，这就是为什么它不是可约的。更一般地，如果 k 与 n 不互质，我们可以表明它是不可约的，正如我们在式 9.14 中表明3是不可约的那样。

总而言之，我们有：

定理 9.9.5 对 $k \in [0..n)$，下面的式子等价：

$$\gcd(k, n) = 1$$
$$k \text{ 在 } \mathbb{Z}_n \text{ 上有一个倒数}$$
$$k \text{ 在 } \mathbb{Z}_n \text{ 上是可约的}$$

9.9.3 解密（2.0 版）

倒数是破解图灵编码的关键。具体来说就是，将加密消息乘以密钥的 $\mathbb{Z}_n$ 倒数 j，可以恢复出原始消息：

$$\hat{m} \cdot j = (m \cdot k) \cdot j = m \cdot (k \cdot j) = m \cdot 1 = m \; (\mathbb{Z}_n)$$

因此，我们只需要找到密钥 k 的一个倒数，就可以破解这个消息。而当 k 有倒数时，可以很

容易地利用粉碎机来得到它。由于k是小于模数n的正数，简单地确保k与模数互质的方法，就是令n为质数。

9.9.4 破解图灵编码（2.0 版）

德国人并没有费心地将天气报告也用高度安全的恩尼格码系统进行加密。毕竟，即使盟军得知冰岛南部海岸有雨，那又会怎样呢？但令人惊讶的是，这种做法为英国在 1941 年的大西洋海战提供了关键性优势。

问题在于，这些天气报告，最初被大西洋中的 U 型潜艇用恩尼格玛加密传出去了。这样，英国人同时得到了相同报告的未加密版本，和使用恩尼格码加密后的版本。通过对两者进行对比，英国人能够确定，德国人在那一天使用的是哪一个密钥，并读取所有恩尼格码加密后的通信。今天，这被称为已知明文攻击。

我们来看看已知明文攻击是怎样破解图灵编码的。假设纳粹同时得知了明文m和它的密文：

$$\hat{m} = m \cdot k (\mathbb{Z}_n)$$

并且由于m是小于质数n的正数，纳粹可以利用粉碎机找到m的$\mathbb{Z}_n$倒数j。于是

$$j \cdot \hat{m} = j \cdot (m \cdot k) = (j \cdot m) \cdot k = 1 \cdot k = k(\mathbb{Z}_n)$$

因此纳粹可以通过计算$j \cdot \hat{m} = k(\mathbb{Z}_n)$来得到密钥，并破解任何消息！

这是一个巨大的漏洞，所以假设的图灵编码 2.0 版本没有实用价值。幸运的是，图灵在设计出这个编码之后，又想出了更好的加密方法。他后续的对恩尼格码消息的解密工作，就算没有拯救全英国，也拯救了成千上万人的生命。

9.9.5 图灵后记

战争结束几年后，图灵的家被抢劫了。警察们很快确定，图灵的一个前同性恋人密谋了这次抢劫。因此他们逮捕了图灵，因为同性恋在那个时候的英国是犯罪行为，最高可判处入狱两年。图灵因同性恋被判接受"激素治疗"，并被注射了雌激素。于是他的乳房开始发育。

三年后，计算机科学的创始人阿兰·图灵去世了。他母亲在儿子的传记里解释了发生的事。图灵不顾她的一再警告，在自己家里进行化学实验。显然，她最害怕的事情成为现实：他在使用氰化钾做实验的时候吃了一个苹果，从而中毒死亡。

然而，图灵仍然是一个谜。他的母亲是一个虔诚的女人，并认为自杀是一种罪过。而且其他传记作家指出，图灵之前与人讨论过用吃毒苹果自杀的事情。显然，创立了计算机科学，并拯救了他的祖国的阿兰·图灵，用这样一种方式结束了自己的生命，并令他母亲相信这是一场意外。

在他于 1939 年从公众视野消失之前，图灵的最后一个项目涉及构建一个精密机械装置，来测试黎曼假设这一数学猜想。这个猜想最初是由波恩哈德·黎曼在一篇论文草稿中提出的，现在仍是数学领域中最著名的未解决问题之一。

黎曼假设

无穷几何级数的求和公式说明：

$$1 + x + x^2 + x^3 + \cdots = \frac{1}{1-x}$$

对每一个质数，代入 $x = \frac{1}{2^s}$、$x = \frac{1}{3^s}$、$x = \frac{1}{5^s}$ 等，会得到一个等式序列：

$$1 + \frac{1}{2^s} + \frac{1}{2^{2s}} + \frac{1}{2^{3s}} + \cdots = \frac{1}{1-1/2^s}$$

$$1 + \frac{1}{3^s} + \frac{1}{3^{2s}} + \frac{1}{3^{3s}} + \cdots = \frac{1}{1-1/3^s}$$

$$1 + \frac{1}{5^s} + \frac{1}{5^{2s}} + \frac{1}{5^{3s}} + \cdots = \frac{1}{1-1/5^s}$$

……

将等式左边的所有项乘到一起，并将右边的所有项也乘到一起，可以得到：

$$\sum_{n=1}^{\infty} \frac{1}{n^s} = \prod_{p\text{为质数}} \left(\frac{1}{1-1/p^s}\right)$$

将所有的无穷级数乘起来，并利用算术基本定理，就可以得到等式左边的项。例如，求和式中的 $1/300^s$ 这一项，可以利用第一个等式中的 $1/2^{2s}$，乘以第二个等式中的 $1/3^s$ 和第三个等式中的 $1/5^{2s}$ 来得到。黎曼发现，每一个质数都会出现在右边的表达式中。因此，他建议通过研究等价的、但简单的左边的表达式来研究质数。特别地，他将 s 当作复数，并将左边的式子当作一个函数 $\zeta(s)$ 来研究。黎曼发现质数的分布与令 $\zeta(s) = 0$ 的 s 的值有关，由此得到了他的著名猜想。

定义 9.9.6 黎曼假设（Riemann Hypothesis）：Zeta 函数 $\zeta(s)$ 的每一个非平凡的零，都出现在复数平面中的直线 $s = 1/2 + ci$ 上。

不论其他，对黎曼假设的证明将直接意味着一种强形式的质数定理。

如同一个多世纪以来那样，研究人员依然致力于解决这一猜想，这也是另一个千年问题，解决了它就能从克雷数学研究所赢取 1 000 000 美金。

9.10 欧拉定理

下一节介绍 RSA 加密系统和其他现有的消息加密方案,包括计算消息的高次幂余数的方法。从欧拉关于同余的定理中,可以推导出一个关于幂的余数性质。

定义 9.10.1 对 $n > 0$,定义 ①

$$\phi(n) ::= [0..n) \text{中与} n \text{互质的数的个数}$$

函数 ϕ 被称为欧拉 ϕ 函数。②

例如,$\phi(7) = 6$,因为 $[0..7)$ 中的所有 6 个正数都与 7 互质。只有 0 不与 7 互质。同样,$\phi(12) = 4$,因为在 $[0..12)$ 中只有 1、5、7 和 11 与 12 互质。

更一般地,若 p 是质数,则 $\phi(p) = p - 1$,因为 $[0..p)$ 中的每个正数都与 p 互质。然而,当 n 是合数时,情况就变得有点复杂。下一节我们将继续讨论这个问题。

传统上,欧拉定理采用同余的方式进行陈述。

定理(欧拉定理,Euler's Theorem). 若 n 与 k 互质,则

$$k^{\phi(n)} \equiv 1 \pmod{n} \tag{9.15}$$

当我们用 $\mathbb{Z}_n$ 来重述欧拉定理时,事情就变得简单了。

定义 9.10.2. 令 $\mathbb{Z}_n^*$ 为 $(0..n)$ 中与 n 互质的整数:③

$$\mathbb{Z}_n^* ::= \{k \in (0..n) \mid \gcd(k, n) = 1\} \tag{9.16}$$

则有

$$\phi(n) = |\mathbb{Z}_n^*|$$

定理 9.10.3($\mathbb{Z}_n$ 上的欧拉定理). 对所有 $k \in \mathbb{Z}_n^*$,

$$k^{\phi(n)} = 1 \; (\mathbb{Z}_n) \tag{9.17}$$

根据定理 9.10.3 可以得出两个非常简单的引理。

首先,我们观察到,$\mathbb{Z}_n^*$ 对 $\mathbb{Z}_n$ 中的乘法是封闭的。

---

① 既然 0 不与任何数互质,$\phi(n)$ 可以等价地用区间 $(0..n)$ 代替 $[0..n)$ 来定义。
② 有些文献称之为欧拉函数(Euler's totient function)。
③ 在其他一些文献中,用 n^* 来表示 $\mathbb{Z}_n^*$。

引理 9.10.4 若 $j, k \in \mathbb{Z}_n^*$，则 $j \cdot_n k \in \mathbb{Z}_n^*$。

有很多简单方法来证明这一点（参见习题 9.67）。

定义 9.10.5 对 $\mathbb{Z}_n$ 的任意元素 k 和子集 S，令

$$kS ::= \{k \cdot_n s \mid s \in S\}$$

引理 9.10.6 若 $k \in \mathbb{Z}_n^*$ 且 $S \subseteq \mathbb{Z}_n^*$，则

$$|kS| = |S|$$

证明. 由于 $k \in \mathbb{Z}_n^*$，根据定理 9.9.5 它是可约去的。因此

$$[ks = kt\ (\mathbb{Z}_n)] \quad \text{IMPLIES} \quad s = t$$

所以在 $\mathbb{Z}_n$ 中，乘以 k 会将 S 中的所有元素映射为 kS 中的不同元素，也就是说，S 和 kS 大小相同。 ∎

推论 9.10.7 若 $k \in \mathbb{Z}_n^*$，则

$$k\mathbb{Z}_n^* = \mathbb{Z}_n^*$$

证明. 根据引理 9.10.4，$\mathbb{Z}_n^*$ 中元素的乘积仍属于 $\mathbb{Z}_n^*$。因此若 $k \in \mathbb{Z}_n^*$，则 $k\mathbb{Z}_n^* \subseteq \mathbb{Z}_n^*$。但是根据引理 9.10.6，$k\mathbb{Z}_n^*$ 和 $\mathbb{Z}_n^*$ 大小相同，所以它们必须相等。

现在，我们可以完成对欧拉 $\mathbb{Z}_n$ 定理 9.10.3 的证明。

证明. 令

$$P ::= k_1 \cdot k_2 \ldots k_{\phi(n)}\ (\mathbb{Z}_n)$$

为 $\mathbb{Z}_n^*$ 中所有数在 $\mathbb{Z}_n$ 上的乘积。令

$$Q ::= (k \cdot k_1) \cdot (k \cdot k_2) \ldots (k \cdot k_{\phi(n)})(\mathbb{Z}_n)$$

其中 $k \in \mathbb{Z}_n^*$。将所有的 k 乘开即可得到

$$Q ::= k^{\phi(n)}\ P(\mathbb{Z}_n)$$

但是 Q 与 $k\mathbb{Z}_n^*$ 中数的乘积相同，并且 $k\mathbb{Z}_n^* = \mathbb{Z}_n^*$，所以我们发现，$Q$ 和 P 是相同的数的乘积，只不过顺序不同。总而言之，我们有

$$P = Q = k^{\phi(n)}\ P(\mathbb{Z}_n)$$

此外，根据引理 9.10.4 有 $P \in \mathbb{Z}_n^*$，于是它可以从等式的两边消去，从而给出

$$1 = k^{\phi(n)}\ P(\mathbb{Z}_n)$$

∎

欧拉定理提供了另一种求模n倒数的方法：若k与n互质，则$k^{\phi(n)-1}$是k的$\mathbb{Z}_n$倒数。并且，我们可以利用快速指数算法来有效地计算k的幂。然而，这个方法需要计算$\phi(n)$。在下一节中我们会看到，如果知道了n的质数分解，则$\phi(n)$是容易计算的。但是我们知道，当n很大时，通常很难找到n的约数，因此粉碎机仍然是计算模n倒数的最佳方法。

费马小定理

作为备案，我们提一下欧拉定理的一个著名的特例，它是由费马在比欧拉早一个世纪前提出的。

推论 9.10.8（费马小定理，Fermat's Little Theorem）假设p是质数并且k不是p的倍数。则

$$k^{p-1} \equiv 1 \pmod{p}$$

9.10.1 计算欧拉ϕ函数

RSA 的工作原理是基于两个大质数的模运算的。因此，我们先简单解释怎样计算质数p和q的$\phi(pq)$：

引理 9.10.9

$$\phi(pq) = (p-1)(q-1)$$

对质数$p \neq q$成立。

证明．由于p和q是质数，任何不与pq互质的数必须是p或q的倍数。在$[0..pq)$上的所有pq个数中，恰好存在q个p的倍数和p个q的倍数。因为p和q互质，$[0..pq)$上唯一的p和q的公倍数是0。因此在$[0..pq)$上，有$p+q-1$个数不与n互质。这意味着

$$\phi(pq) = pq - (p+q-1)$$
$$= (p-1)(q-1)$$

如上所述。① ■

下面的定理提供了一种为任意n计算$\phi(n)$的方法。

定理 9.10.10

(a) 若p是质数，则对$k \geq 1$有$\phi(p^k) = p^k - p^{k-1}$。

(b) 若a和b互质，则$\phi(ab) = \phi(a)\phi(b)$。

下面是利用定理 9.10.10 计算$\phi(300)$的一个例子：

---

① 这个证明介绍了一种计数的证明方式，我们将在第Ⅲ部分进行更充分的探讨。

$$\begin{aligned}
\phi(300) &= \phi(2^2 \cdot 3 \cdot 5^2) \\
&= \phi(2^2) \cdot \phi(3) \cdot \phi(5^2) \quad &&\text{（根据定理 9.10.10 中的(b)）} \\
&= (2^2 - 2^1)(3^1 - 3^0)(5^2 - 5^1) \quad &&\text{（根据定理 9.10.10 中的(a)）} \\
&= 80
\end{aligned}$$

注意，引理 9.10.9 也可以看作是定理 9.10.10 中的(b)的一个特例，因为我们知道对任意质数 p，$\phi(p) = p - 1$。

为了证明定理 9.10.10 中的(a)，注意在 $[0..p^k]$ 上的 p^k 个数中，每第 p 个数是可以被 p 整除的，且只有这些数可以被 p 整除。因此，这些数中有 $1/p$ 可以被 p 整除，而余下的数不行。也就是说，

$$\phi(p^k) = p^k - (1/p)p^k = p^k - p^{k-1}$$

我们将定理 9.10.10 中的(b)的证明留到习题 9.61 中。

根据定理 9.10.10，我们有

推论 9.10.11 对任意数 n，若 $p_1, p_2, \ldots, p_j$ 是 n 的（不同的）质数约数，则

$$\phi(n) = n\left(1 - \frac{1}{p_1}\right)\left(1 - \frac{1}{p_2}\right)\ldots\left(1 - \frac{1}{p_j}\right)$$

我们将在 15.9.5 节中给出对推论 9.10.11 的基于计数规则的证明。

9.11 RSA 公钥加密

图灵编码并没有如他希望的那样起作用。然而，他以数论为基础的密码学思想，在他去世后的几十年里取得了惊人的成就。

1977 年，麻省理工学院的罗纳德·李维斯特、阿迪·沙米尔和伦纳德·阿德曼提出了基于数论的高度安全的 **RSA** 加密系统。RSA 方法的主要目的，是在公共通信频道上传输加密消息。与图灵编码一样，传输的消息是一些固定大小的非负整数。

此外，相比于传统的加密方法，RSA 有一个主要的优势：加密消息的发送方和接收方不必提前接触，来对密钥取得一致。相反，接收方既有一个他们密切守护的私钥（private key），也有一个他们尽可能广泛分发出去的公钥（private key）。希望向接收方发送秘密消息的发送方，利用接收方广泛分发的公钥来加密他们的消息。然后，接收方可以用他们秘密持有的私钥来解密收到的消息。拿你和亚马逊来说，使用这样一个公钥加密系统，可以让你们进行一笔安全的交易，而不需要事先在黑巷里见面来交换密钥。

有趣的是，RSA 并没有像假定的图灵编码 2.0 版那样进行质数的模运算，而是进行两个大质数的乘积的模运算，通常这两个质数得有几百个数位那么长。此外，RSA 并不是用乘以密钥的方式来加密，而是计算一个秘密指数的次幂，这也是为什么欧拉定理是理解 RSA 的核心。

下面文本框中介绍的就是 RSA 公钥加密方案。

RSA 加密系统

想要接收秘密数值消息的接收方（Receiver），需要创建一个保密的私钥，和一个公开的公钥。任何持有公钥的人，都能成为发送方（Sender），并向接收方公开发送加密消息，哪怕除公钥之外，他们以前从未交流或分享过任何信息。

他们是这么做的：

事先 接收方像下面这样创建公钥和私钥。

1. 生成两个不同的质数，p 和 q。这是用来生成私钥的，所以它们必须被隐藏起来。（在目前的实践中，p 和 q 被选为几百位那么长。）

2. 令 $n ::= pq$。

3. 选择一个整数 $e \in [0..n)$，使得 $\gcd(e, (p-1)(q-1)) = 1$。公钥就是二元组 (e, n)。这应当被广泛分发出去。

4. 令私钥 $d \in [0..n)$ 为 e 在环 $\mathbb{Z}_{(p-1)(q-1)}$ 上的倒数。私钥可以用粉碎机来得到。私钥 d 应当被隐藏起来！

加密 为了向**接收方**发送一个消息 $m \in [0..n)$，**发送方**用公钥将 m 加密成数值

$$\hat{m} ::= m^e \ (\mathbb{Z}_n)$$

然后，**发送方**可以公开地发送 $\hat{m}$ 给**接收方**。

解密 接收方利用私钥将消息 $\hat{m}$ 解密为消息 m：

$$\hat{\hat{m}} ::= \hat{m}^d \ (\mathbb{Z}_n)$$

如果消息 m 与 n 互质，那么欧拉定理的一个简单应用证明，这种加密消息的解码方式，确实恢复出了原来的加密消息。事实上解码总是有效的，哪怕是在某些（极不可能的）m 与 n 不互质的情况下。习题 9.81 给出了具体细节。

为什么认为 RSA 是安全的呢？如果你知道了 p 和 q，可以像接收方那样，很容易地利用粉碎机找到私钥 d。但是假如这样一个猜想成立，即分解两个几百位的质数的乘积是困难到令人绝

望的，那么靠分解n是不能破解 RSA 的。

是否存在另一种不用分解n的方法，就能够从公钥逆向工程得到私钥d呢？不见得。事实证明，给定私钥和公钥，分解n是容易的①（习题 9.83 草拟了这一点的一个证明）。因此，如果我们相信分解是令人绝望的，那么我们同样可以相信，仅从公钥来找到私钥也是令人绝望的。

但是，即使我们相信 RSA 的私钥不会被发现，也不排除绕过私钥来解码 RSA 消息的可能性。这是密码学中一个重要的未经证实的猜想，即任何破解 RSA 的方法（不只是通过寻找私钥），都意味着分解n。这将是一个比目前已知的那些，更为强大的 RSA 安全性的理论保证。

但对 RSA 有足够信心的真正原因是，近 40 年来，RSA 经受住了世界上最富经验的密码学家们的所有攻击。尽管进行了几十年的攻击，人们并没有发现 RSA 的明显缺陷。这就是为什么数学界、金融界和情报界的技术人员，把全部身家押在 RSA 加密的安全性上的原因。

你可以希望通过对数论的更多研究，成为所有人中第一个想出快速分解并破解 RSA 方法的人。但是需要进一步提醒你的是，即使是高斯，在分解上花了很多年的时间之后，也没有得出许多能展现他才华的成果。而且如果你真的想出来了，你可能突然得跟某些一本正经的、在联邦某安全机构工作的人见见面……

9.12 SAT 与 RSA 有什么关系

那么，为什么当如 3.5 节中所述的有效的可满足性（Satisfiability，SAT）测试存在时，整个社会或者至少是个人的密码系统会土崩瓦解？为了解释这一点，请记住 RSA 在计算上可行的原因是，两个质数的相乘很快，但分解两个质数的乘积似乎是极其吃力的。

让我们从 3.2 节的观察开始，一个数字电路可以被描述为一系列与电路大小相仿的命题公式。所以测试电路的可满足性，与命题公式的 SAT 问题是等价的（参见习题 3.21）。

现在，设计数字乘法电路完全是家常便饭了。只需要1条输出线和$4n$条数字输入线，我们可以很容易地利用与、或、非门来建立一个数字"乘积校验"电路。前n个输入是整数i的二进制数表示，接下来的n个输入是整数j的二进制数表示，剩下的$2n$个输入是整数k的二进制数表示。当且仅当$ij = k$且$i,j > 1$时，电路的输出为1。直接设计一个这样的乘法检查器，需要的门的数量与n^2成正比。

下面是如何利用 SAT 求解器分解任意二进制长度为$2n$的整数m的介绍。首先，固定最后的$2n$个数字输入，也就是k的二进制数表示，使得k等于m。

---

① 在实践中，出于这个原因，公钥和私钥应该是随机选择的，使两者都不会"太小"。

接下来，将表示i的n个数字输入的第一位设为1。为剩下的表示i和j的$2n-1$个输入进行一次 SAT 测试，看是否存在一个满足性赋值。也就是说，看是否能通过补充i和j余下的输入，来使得电路输出1。若存在这样一个赋值，设定i的第一个输入为1，否则将其设为0。所以，现在我们已经将i的第一个输入设为，使$ij=m$成立的i的二进制数表示的第一位。

现在，同样地将表示i的n个数字输入的第二位设为1，然后是第三位，像这样处理所有表示i的n个输入。此时，我们有了一个$i>1$的完整的n位二进制数表示，使得$ij=m$对某些$j>1$成立。换句话说，我们找到了m的一个约数i。现在，我们可以用m除以i来得到j。

因此经过n次 SAT 测试，我们就已经分解了m。这意味着，如果存在耗费步数的上界为n的d阶多项式的程序，来确定拥有$4n$个输入、大约n^2个门的数字电路的 SAT 测试，那么分解$2n$位的数所耗费的步骤，为这些步骤的n倍，即步数上界为n的$d+1$阶多项式。因此，如果 SAT 可以在多项式时间内解决，那么质数分解也一样，于是 RSA 将很"容易"破解。

9.13 参考文献

[2]，[42]

9.1 节习题

练习题

习题 9.1

证明整数$a_0,\cdots,a_n$的线性组合的线性组合，是$a_0,\cdots,a_n$的线性组合。

随堂练习

习题 9.2

若一个数等于除它本身外的所有正约数的和，那么称这个数是完美的。例如6是完美的，因为$6=1+2+3$。相似地，28是完美的，因为$28=1+2+4+7+14$。请解释，为什么当2^k-1是质数时，$2^{k-1}(2^k-1)$是完美的。[1]

---

[1] 欧几里得在 2300 年前就证明了这一点。大约 250 年前，欧拉证明了这个论述：每一个偶完美数都是这种形式的（简单的证明见 http://primes.utm.edu/notes/proofs/EvenPerfect.html）。目前还不知道，是否存在任何奇完美数。是否存在无穷多个偶完美数也是未知的。数论的魅力之一就在于，像这个问题中给出的简单结果，却位于未知的边缘。

9.2 节习题

练习题

习题 9.3

令

$$x ::= 21212121$$
$$y ::= 12121212$$

使用欧几里得算法求 x 和 y 的最大公约数。提示：看起来吓人，其实不难。

习题 9.4

令

$$x ::= 17^{88} \cdot 31^5 \cdot 37^2 \cdot 59^{1000}$$
$$y ::= 19^{922} \cdot 37^{12} \cdot 53^{3678} \cdot 59^{29}$$

(a) $\gcd(x, y)$ 是多少？

(b) $\mathrm{lcm}(x, y)$ 是多少？（lcm 指最小公倍数。）

习题 9.5

说明存在整数 x 使得

$$ax \equiv b \pmod{n}$$

当且仅当

$$\gcd(a, n) \mid b$$

习题 9.6

证明对所有 $a, b \in \mathbb{Z}$

$$\gcd(a^5, b^5) = \gcd(a, b)^5$$

随堂练习

习题 9.7

使用欧几里得算法证明

$$\gcd(13a + 8b, 5a + 3b) = \gcd(a, b)$$

习题 9.8

(a) 使用粉碎机求整数 x 和 y，使得
$$x30 + y22 = \gcd(30,22)$$

(b) 现在求整数 x' 和 y'，其中 $0 \leqslant y' < 30$，使得
$$x'30 + y'22 = \gcd(30,22)$$

习题 9.9

(a) 使用粉碎机求 $\gcd(84,108)$。

(b) 求整数 x 和 y，其中 $0 \leqslant y < 84$，使得
$$x \cdot 84 + y \cdot 108 = \gcd(84;108)$$

(c) 在 $\mathbb{Z}_{108}$ 上是否存在 84 的倒数？若不存在，简要解释为什么，否则求之。

习题 9.10

指出下列关于最大公约数的语句是真是假，并为那些为假的语句提供反例。

(a) 若 $\gcd(a,b) \neq 1$ 并且 $\gcd(b,c) \neq 1$，则 $\gcd(a,c) \neq 1$。 真 假

(b) 若 $a \mid bc$ 且 $\gcd(a,b) = 1$，则 $a \mid c$。 真 假

(c) $\gcd(a^n, b^n) = (\gcd(a,b))^n$ 真 假

(d) $\gcd(ab, ac) = a \gcd(b,c)$ 真 假

(e) $\gcd(1+a, 1+b) = 1 + \gcd(a,b)$ 真 假

(f) 若存在 a 和 b 的整数线性组合等于 1，则也存在 a 和 b^2 的线性组合等于 1。 真 假

(g) 若不存在 a 和 b 的整数线性组合等于 2，则也不存在 a^2 和 b^2 的线性组合等于 2。 真 假

习题 9.11

对非零整数 a 和 b，证明下列整除和最大公约数的性质。你可以使用定理 9.2.2，即 $\gcd(a,b)$ 是 a 和 b 的整数线性组合。但不能使用质数的唯一分解定理 9.4.1，因为这些性质中的某些是用来证明唯一分解的。

(a) a 和 b 的每一个公约数都能整除 $\gcd(a,b)$。

(b) 对所有 $k > 0$，$\gcd(ka, kb) = k \cdot \gcd(a,b)$。

(c) 若 $a \mid bc$ 且 $\gcd(a,b) = 1$，则 $a \mid c$。

(d) 若 $p \mid bc$ 且 p 为质数，则 $p \mid b$ 或 $p \mid c$。

(e) 若m为a和b的整数线性组合且为正，则说明$m = \gcd(a,b)$。

课后作业

习题 9.12

这里有一个游戏，你可以用它来分析数论，并能够总是赢我。开始的时候，我们在黑板上写下两个不同的正整数，称它们为a和b。现在我们轮流（我会让你决定谁先开始。）在每个回合，玩家必须在黑板上写下一个新的正整数，这个数是黑板上两个已有的数的差。如果一个玩家写不出来，则他输。

例如，假设黑板上最开始写的数是12和15。你的第一个数必须是3，即15 − 12。然后我可能会写9，即12 − 3。然后，你可能写6，即15 − 9。然后我写不出来，所以我输。

(a) 证明在游戏结束时，黑板上的每个数都是$\gcd(a,b)$的倍数。

(b) 证明在游戏结束时，$\gcd(a,b)$的每一个正的倍数都会出现在黑板上。

(c) 描述一个让你每次都能赢得这个游戏的策略。

习题 9.13

定义粉碎机的状态机：

状态集合 ::= $\mathbb{N}^6$

起始状态 ::= $(a,b,0,1,1,0)$ （其中$a \geq b > 0$）

转移集合 ::= $(x,y,s,t,u,v) \rightarrow$
$(y, \text{rem}(x,y), u - sq, v - tq, s, t)$ （其中$q = \text{qcnt}(x,y)$，$y > 0$）

(a) 表明下列性质是状态机的保留不变量：

$$\gcd(x,y) = \gcd(a,b) \quad \text{(Inv1)}$$
$$sa + tb = y, \text{以及} \quad \text{(Inv2)}$$
$$ua + vb = x \quad \text{(Inv3)}$$

(b) 推断出，为什么粉碎机是部分正确的。

(c) 解释为什么状态机最多经过与欧几里得算法相同次数的转移后，就会终止。

习题 9.14

证明，令欧几里得状态机从状态(a,b)开始，执行n次转移的最小的正整数$a \geq b$为$F(n+1)$和$F(n)$，其中$F(n)$是第n个斐波那契数。

提示：归纳法。

在后面一章中，我们会说明$F(n) \leqslant \varphi^n$，其中ϕ是黄金分割比$(1+\sqrt{5})/2$。这说明欧几里得算法在经过最多$\log_\varphi a$次转移后就会终止。这是一个比从公式 9.4 中得到的$2\log_2 a$稍小的数。

习题 9.15

让我们将 9.1.3 节中的水壶填充问题扩展为，三个水壶和一个容器。假设水壶分别可以盛a, b和c加仑水。

容器可以用来存无限量的水，但是没有测量标记。多余的水可以倒入下水道中。在所有可能的操作中有：

1. 用水管将桶装满。
2. 从容器中向一个桶中倒水，直到桶满了或者容器空了，不论哪个先发生。
3. 将一个桶中的水倒入下水道。
4. 将一个桶中的水倒入容器，以及
5. 从一个桶向另一个桶倒水，直到前者空了或者后者满了。

(a) 将这个场景建模为状态机。（状态是什么？一个状态怎样根据一个动作变化？）

(b) 证明当$\gcd(a,b,c) \mid k$时，布鲁斯可以利用上面的操作，在容器中得到$k \in \mathbb{N}$加仑的水。

习题 9.16

二进制最大公约数状态机只使用除以2和减法，来计算整数$a, b > 0$的最大公约数，这使得它能够在使用二进制数表示的硬件上有效地运行。实际上，它比 9.2.1 节中介绍著名的欧几里得算法运行得还要快。

$$
\begin{aligned}
&\text{状态集合} ::= \mathbb{N}^3 \\
&\text{起始状态} ::= (a, b, 1) \\
&\text{转移集合} ::= \text{若 } \min(x, y) > 0，\text{则 } (x, y, e) \to \\
&\qquad (x/2, y/2, 2e) \qquad\qquad\qquad\qquad （若 $2 \mid x$ 且 $2 \mid y$）\text{(i1)} \\
&\qquad (x/2, y, e) \qquad\qquad\qquad\qquad\quad （若 $2 \mid x$）\text{(i2)} \\
&\qquad (x, y/2, e) \qquad\qquad\qquad\qquad\quad （若 $2 \mid y$）\text{(i3)} \\
&\qquad (x-y, y, e) \qquad\qquad\qquad\qquad\quad （若 $x > y$）\text{(i4)} \\
&\qquad (y-x, x, e) \qquad\qquad\qquad\qquad\quad （若 $y > x$）\text{(i5)} \\
&\qquad (1, 0, ex) \qquad\qquad\qquad\qquad\qquad （否则 $x = y$）\text{(i6)}
\end{aligned}
$$

(a) 使用不变性原理证明，当状态机停止时，即到达一个无法转移的状态(x, y, e)时，$e = \gcd(a, b)$。

(b) 证明规则（i1）

$$(x, y, e) \to (x/2, y/2, 2e)$$

在执行过任何其他规则之后，永远不会被执行。

(c) 证明状态机在经过最多 $1 + 3(\log a + \log b)$ 次转移之后，就会到达最终状态。（这只是一个粗糙的上界，你也许能找到一个更好的。）

习题 9.17

扩展习题 9.16 中求二进制最大公约数的程序，得到一个新的只使用除以2和减法的粉碎机。

提示：在求二进制最大公约数的程序分解出了所有的2之后，它开始计算 $\gcd(a, b)$，a 和 b 中至少有一个是奇数。通过依次更新数对 (x, y)，使得 $\gcd(x, y) = \gcd(a, b)$ 来做到这一点。扩展这个程序，找到并更新系数 u_x, v_x, u_y, v_y 使得

$$u_x a + v_x b = x \text{ 且 } u_y a + v_y b = y$$

为了弄清楚当 a 和 b 中至少有一个是奇数且 $ua + vb$ 是偶数时，怎样更新系数，请表明此时要么 u 和 v 都是偶数，要么 $u - b$ 和 $v + a$ 都是偶数。

习题 9.18

对任意整数集合 A

$$\gcd(A) ::= A \text{ 中元素的最大公约数}$$

下面的关于集合的最大公约数的性质是理所当然的。

定理.

对任意有限集合 $A, B \subset \mathbb{Z}$,

$$\gcd(A \cup B) = \gcd(\gcd(A), \gcd(B)) \tag{AuB}$$

定理可以当作唯一分解定理的一个推论，来进行简单的证明。在这个问题中，我们通过重复利用引理 9.2.6.b 来设计一个基于归纳法的、对定理（AuB）的证明：

$$(d \mid a \text{ 且 } d \mid b) \text{ 当且仅当 } d \mid \gcd(a, b) \tag{gcddiv}$$

证明式（AuB）的关键在于将式（gcddiv）扩展到有限集合。

定义. 对任意子集 $A \subseteq \mathbb{Z}$,

$$d \mid A ::= \forall a \in A. d \mid a \tag{divdef}$$

引理.

对所有 $d \in \mathbb{Z}$ 和有限集合 $A \subset \mathbb{Z}$，

$$d \mid A \quad \text{当且仅当} \quad d \mid \gcd(A) \qquad \text{(dAdgA)}$$

(a) 证明对所有整数 a, b 和 c

$$\gcd(a, \gcd(b, c)) = \gcd(\gcd(a, b), v) \qquad （最大公约数结合律）$$

从现在起，用 $a \cup A$ 表示 $\{a\} \cup A$ 的缩写。

(b) 证明对所有 $a, b, d \in \mathbb{Z}$ 和 $C \subseteq \mathbb{Z}$，

$$d \mid (a \cup b \cup C) \quad \text{当且仅当} \quad d \mid (\gcd(a, b) \cup C) \qquad \text{(abCgcd)}$$

证明.

$$d \mid (a \cup b \cup C) \quad \text{当且仅当} \quad (d \mid a) \text{ 且 } (d \mid b) \text{ 且 } (d \mid C) \qquad （除法定义(divdef)）$$

$$\text{当且仅当} \quad (d \mid \gcd(a, b)) \text{ 且 } (d \mid C) \qquad 根据（gcddiv）$$

$$\text{当且仅当} \quad d \mid (\gcd(a, b) \cup C) \qquad （除法定义(divdef)）$$

(c) 利用(a)和(b)部分，使用归纳法在 A 上证明

$$d \mid (a \cup A) \quad \text{当且仅当} \quad d \mid \gcd(a, \gcd(A)) \qquad \text{(divauA)}$$

(d) 证明定理（AuB）。

(e) 推断出，$\gcd(A)$ 是 A 中元素的整数线性组合。

测试题

习题 9.19

证明对所有整数 m, b, r，$\gcd(mb + r, b) = \gcd(b, r)$。

习题 9.20

史塔特中心的微秒的平衡取决于藏在一间密室中的两桶水。大桶有25加仑的容量，小桶有10加仑的容量。如果在任何时刻，有一个桶中恰好盛了 13 加仑的水，史塔克中心就会崩塌。根据一定的规则，游客可以通过一个交互显示器来远程地将桶装满和清空。我们将这些桶表示成一个状态机。

状态机的状态是一个数对 (b, l)，其中 b 是大桶中的水的容积，l 是小桶中的水的容积。

(a) 下面我们非正式地描述一些游客可以执行的合法操作。将下列每一个操作表示成状态机的一个转移。第一个已经完成了，供你参考。

1. 将大桶装满。

$$(b, l) \to (25, l)$$

2. 将小桶清空。

3. 将大桶中的水倒入小桶。对状态 (b, l)，你应当定义两种情况：若大桶中的所有水都能倒入小桶，则把水倒进去。如不行，则将小桶倒满，剩下的水留在大桶中。

(b) 使用不变性原理来证明，从空桶开始，史塔特中心永远不会崩塌，即状态 $(13, x)$ 是不可达的。（在验证你的不变性被保留这一论断时，你可以只限于 (a) 部分中的代表性的转移。）

习题 9.21

令

$$m = 2^9 5^{24} 7^4 11^7$$
$$n = 2^3 7^{22} 11^{211} 19^7$$
$$p = 2^5 3^4 7^{6042} 19^{30}$$

(a) $\gcd(m, n, p)$ 是多少？

(b) 最小公倍数 $\text{lcm}(m, n, p)$ 是多少？

令 $v_k(n)$ 为 k 的最大的可以整除 n 的指数，其中 $k > 1$。即

$$v_k(n) ::= \max\{i \mid k^i \text{ 整除 } n\}$$

若 A 是非空的非负整数集合，定义

$$v_k(A) ::= \{v_k(a) \mid a \in A\}$$

(c) 用 $v_k(A)$ 来表示 $v_k(\gcd(A))$。

(d) 令 p 为质数，用 $v_p(A)$ 来表示 $v_p(\text{lcm}(A))$。

(e) 举出使 $v_6(\text{lcm}(a, b)) > \max(v_6(a), v_6(b))$ 成立的整数 a 和 b。

(f) 令 ΠA 为 A 中元素的乘积，用 $v_p(A)$ 来表示 $v_p(n)(\Pi A)$。

(g) 令 B 也为非空的非负整数集合。推导出

$$\gcd(A \cup B) = \gcd(\gcd(A), \gcd(B)) \tag{9.18}$$

提示：在式 9.18 的左边和右边分别考虑 $v_p()$。你可以假设

$$\min(A \cup B) = \min(\min(A), \min(B)) \tag{9.19}$$

9.3 节习题

课后作业

习题 9.22

即将公布：基于 Shoup 中 75-76 页的切比雪夫质数密度下界。

9.4 节习题

练习题

习题 9.23

令 p 为质数，$a_1, \cdots, a_n$ 为整数。使用归纳法证明下面的引理。

引理.

$$\text{若 } p \text{ 整除 } a_1 \cdot a_2 \cdots \cdot a_n, \text{ 则 } p \text{ 整除某个 } a_i。 \tag{*}$$

你可以假设在引理 9.4.2 中给出 $n = 2$ 这种情况。

一定要清楚地陈述你的归纳假设、基本情况和归纳步骤。

随堂练习

习题 9.24

(a) 令 $m = 2^9 5^{24} 11^7 17^{12}$ 和 $n = 2^3 7^{22} 11^{211} 13^1 17^9 19^2$。$\gcd(m,n)$ 是多少？m 和 n 的最小公倍数 $\text{lcm}(m,n)$ 是多少？证明

$$\gcd(m,n) \cdot \text{lcm}(m,n) = mn \tag{9.20}$$

(b) 概述怎样从 m 和 n 的质数分解中求 $\gcd(m,n)$ 和 $\text{lcm}(m,n)$。证明公式 9.20 对所有正整数 m 和 n 成立。

课后作业

习题 9.25

所有等于 $m + n\sqrt{-5}$ 的复数集合称为 $\mathbb{Z}[\sqrt{-5}]$，其中 m 和 n 为整数。可以证明，并不是所有在 $\mathbb{Z}[\sqrt{-5}]$ 上的数都有唯一分解。

在 $\mathbb{Z}[\sqrt{-5}]$ 上的和与乘积仍在 $\mathbb{Z}[\sqrt{-5}]$ 上，且由于 $\mathbb{Z}[\sqrt{-5}]$ 是复数集合的子集，常见的关于加法和乘法的规则在它之上仍然为真。但还是有一些奇怪的事情发生。例如，质数29的分解：

(a) 求 $x, y \in \mathbb{Z}[\sqrt{-5}]$，使得 $xy = 29$ 且 $x \neq \pm 1 \neq y$。

另一方面，数3在 $\mathbb{Z}[\sqrt{-5}]$ 上仍然是质数。更准确地说，一个数 $p \in \mathbb{Z}[\sqrt{-5}]$ 被称作在 $\mathbb{Z}[\sqrt{-5}]$ 上是不可约的，当且仅当若 $xy = p$ 对某些 $x, y \in \mathbb{Z}[\sqrt{-5}]$ 成立，则要么 $x = \pm 1$ 要么 $y = \pm 1$。

声明. 数3，$2+\sqrt{-5}$ 和 $2-\sqrt{-5}$ 在 $\mathbb{Z}[\sqrt{-5}]$ 上是不可约的。

特别地，这个声明意味着数9可以在 $\mathbb{Z}[\sqrt{-5}]$ 上用两种不同的方式分解为不可约的数的乘积：

$$3 \cdot 3 = 9 = (2+\sqrt{-5})(2-\sqrt{-5})$$

所以 $\mathbb{Z}[\sqrt{-5}]$ 是所谓的非唯一分解域的一个例子。

为了证明这个声明，我们将诉诸于（没有证明）下面引理中给出的，一个熟悉的复数的技术性质。

定义. 对复数 $c = r + si$，其中 $r, s \in \mathbb{R}$，i 为 $\sqrt{-1}$，c 的模 $|c|$ 定义为 $\sqrt{r^2 + s^2}$。

引理. 对所有 $c, d \in \mathbb{C}$

$$|cd| = |c||d|$$

(b) 证明对所有 $x \in \mathbb{Z}[\sqrt{-5}]$，$|x|^2 \neq 3$。

(c) 证明若 $x \in \mathbb{Z}[\sqrt{-5}]$ 且 $|x| = 1$，则 $x = \pm 1$。

(d) 证明若对某些 $x, y \in \mathbb{Z}[\sqrt{-5}]$，有 $|xy| = 3$，则 $x = \pm 1$ 或 $y = \pm 1$。

(e) 完成对声明的证明。

9.6 节习题

练习题

习题 9.26

证明若 $a \equiv b \pmod{14}$ 且 $a \equiv b \pmod 5$，则 $a \equiv b \pmod{70}$。

随堂练习

习题 9.27

(a) 证明若 n 不能被3整除，则 $n^2 \equiv 1 \pmod 3$。

(b) 证明若 n 是奇数，则 $n^2 \equiv 1 \pmod 8$。

(c) 证明若 p 是大于3的质数，则 $p^2 - 1$ 可以被24整除。

习题 9.28

对所有从0到39的整数，多项式 $p(n) ::= n^2 + n + 41$ 的值是质数（见 1.1 节）。虽然 p 不是，但是是否存在其他的，值始终为质数的多项式呢？根本不存在！事实上，我们会证明一个更强的声明。

定义. 整数多项式集合 P 可以被递归地定义，如下所示。

基本情形：

- 恒等函数 $\mathrm{Id}_{\mathbb{Z}}(x) ::= x$ 属于 P。
- 对任意整数 m，常数函数 $c_m(x) ::= m$ 属于 P。

构造情形：若 $r, s \in P$，则 $r + s$ 和 $r \cdot s \in P$。

(a) 利用上面给出的整数多项式的递归定义，采用结构归纳法证明，对所有 $q \in P$，和所有整数 j, k, n，其中 $n > 1$，有

$$j \equiv k \pmod{n} \text{ IMPLIES } q(j) \equiv q(k) \pmod{n}$$

一定要清楚地陈述并标出你的归纳假设、基础情形和构造情形。

(b) 若对 q 的值域中每一个大于 1 的整数，域中存在该数的无数多个不同的倍数，我们说 q 是产生倍数的。例如，若 $q(4) = 7$ 且 q 产生倍数，则 q 的值域中存在无数多个不同的7的倍数。当然，除了7本身，这些倍数都不是质数。

证明若 q 的阶和主要系数均为正数，则 q 是产生倍数的。你可以假设，对大参数而言，每一个这样的多项式都是严格递增的。

(b) 部分表明，对每一个主要参数和阶均为正数的整数多项式，其值域中都有无数多个非质数。这个事实对多变量多项式并不成立。在 Matiyasevich 的文献[32]中对希尔伯特第十问题的解决方案中，一个惊人的结论是，多变量多项式可以被理解为通用的整数集合生成程序。若一个非负整数集合可以被任何程序生成，那么在多变量多项式域中，这个程序等价于非负整数集合！特别地，存在一个整数多项式 $p(x_1, \cdots, x_7)$，当 $x_1, \cdots, x_7$ 取值范围为 $\mathbb{N}$ 时，它的值恰好是所有质数的集合。

9.7 节习题

练习题

习题 9.29

列出所有与

$$a \equiv b \pmod{n}$$

等价的语句的编号，其中 $n>1$，且 a 和 b 是整数。简单解释原因。

i) $2a \equiv 2b \pmod{n}$

ii) $2a \equiv 2b \pmod{2n}$

iii) $a^3 \equiv b^3 \pmod{n}$

iv) $\text{rem}(a, n) = \text{rem}(b, n)$

v) $\text{rem}(n, a) = \text{rem}(n, b)$

vi) $\gcd(a, n) = \gcd(b, n)$

vii) $\gcd(n, a-b) = n$

viii) $a-b$ 是 n 的倍数

ix) $\exists k \in \mathbb{Z}, \; a = b + nk$

习题 9.30

余数 $\text{rem}(3^{101}, 21)$ 是多少？

课后作业

习题 9.31

证明同余关系是被算术表达式保留的。即证明，若

$$a \equiv b \pmod{n} \tag{9.21}$$

则

$$\text{eval}(e, a) \equiv \text{eval}(e, b) \pmod{n} \tag{9.22}$$

对所有 $e \in \text{Aexp}$（见 7.4 节）成立。

习题 9.32

一个可换环是一个元素集合 R，和两个从 $R \times R$ 到 R 的二值运算 $\oplus$ 和 $\otimes$。R 中有一个元素被称为零元素，$\mathbf{0}$，一个元素被称为单位元素，$\mathbf{1}$。对 $r, s, t \in R$，可换环中的运算满足下列环公理：

$(r \otimes s) \otimes t = r \otimes (s \otimes t)$	（$\otimes$ 结合律）
$(r \oplus s) \oplus t = r \oplus (s \oplus t)$	（$\oplus$ 结合律）
$r \oplus s = s \oplus r$	（$\oplus$ 交换律）
$r \otimes s = s \otimes r$	（$\otimes$ 交换律）
$\mathbf{0} \oplus r = r$	（$\oplus$ 恒等律）
$\mathbf{1} \otimes r = r$	（$\otimes$ 恒等律）
$\exists r' \in R. r \oplus r' = \mathbf{0}$	（$\oplus$ 相反数）
$r \otimes (s \oplus t) = (r \otimes s) \oplus (r \otimes t)$	（分配律）

(a) 证明零元素是唯一的，也就是说，证明若 $z \in R$ 有如下性质

$$z \oplus r = r \tag{9.23}$$

则 $z = \mathbf{0}$。

(b) 表明相反数是唯一的，也就是说，表明

$$r \oplus r_1 = \mathbf{0} \text{ 且} \tag{9.24}$$

$$r \oplus r_2 = \mathbf{0} \tag{9.25}$$

说明 $r_1 = r_2$。

(c) 表明倒数是唯一的，也就是说，表明
$$r \otimes r_1 = 1$$
$$r \otimes r_2 = 1$$

说明 $r_1 = r_2$。

习题 9.33

本题将使用同余的基本性质来证明，每一个正整数都可以整除无数个斐波那契数。

对 $c_i \in \mathbb{N}$ 和所有 $n \geq d$，满足

$$f(n) = c_1 f(n-1) + c_2 f(n-2) + \cdots + c_d f(n-d) \quad (9.26)$$

的函数 $f: \mathbb{N} \to \mathbb{N}$ 被称为 d 阶线性递归。

当函数 $f: \mathbb{N} \to \mathbb{N}$ 对 $k > n \geq d-1$ 满足下列重复同余时，函数在 n 和 k 上有 d 阶重复模：

$$f(n) \equiv f(k) \quad (\bmod\ m)$$
$$f(n-1) \equiv f(k-1) \quad (\bmod\ m)$$
$$\vdots$$
$$f(n-(d-1)) \equiv f(k-(d-1)) \quad (\bmod\ m)$$

在这个问题的余下部分，假设线性递归和重复的阶为 $d > 0$。

(a) 证明若一个线性递归函数在 n 和 k 上有重复模 m，那么它在 $n+1$ 和 $k+1$ 上也有重复模。

(b) 证明对所有 $m > 1$，每一个线性递归函数都在 n 和 k 上有重复模 m，其中 $n, k \in [d-1, d+m^d]$。

(c) 若一个线性递归函数的第 d 个系数 $c_d = \pm 1$，则它是反线性的。证明若对某些 $n \geq d$，反线性函数在 n 和 k 上重复模 m，则它在 $n-1$ 和 $k-1$ 上重复模 m。

(d) 推断出对某些 $j > 0$，每一个反线性函数必须在 $d-1$ 和 $(d-1)+j$ 上重复模 m。

(e) 推断出若 f 是一个反线性函数，且对某些 $k \in [0, d)$ 有 $f(k) = 0$，则对无穷多个 m，每一个正整数都是 $f(n)$ 的约数。

(f) 推断出每一个正整数都是无穷多个斐波那契数的约数。

提示：从 0,1 而不是 1,1 开始的斐波那契数列。

随堂练习

习题 9.34

求

$$\text{remainder}(9876^{345678}(9^{99})^{5555} - 6789^{3414259}, 14) \quad (9.27)$$

习题 9.35

下列 mod n 的等价性质，直接由 mod n 的定义和简单的除法的性质推导而来。看你能不能不参考课本中的证明，直接去证明它们。

(a) 若 $a \equiv b \pmod{n}$，则 $ac \equiv bc \pmod{n}$。

(b) 若 $a \equiv b \pmod{n}$ 且 $b \equiv c \pmod{n}$，则 $a \equiv c \pmod{n}$。

(c) 若 $a \equiv b \pmod{n}$ 且 $c \equiv d \pmod{n}$，则 $ac \equiv bd \pmod{n}$。

(d) $\text{rem}(a, n) \equiv a \pmod{n}$。

习题 9.36

(a) 为什么用十进制表示的数可以刚好被9整除，当且仅当它的数位之和是9的倍数？提示：$10 \equiv 1 \pmod 9$。

(b) 取一个大数，如37273761261。将数位求和，其中每隔一个加负号：

$$3 + (-7) + 2 + (-7) + 3 + (-7) + 6 + (-1) + 2 + (-6) + 1 = -11$$

解释为什么原数是 11 的倍数，当且仅当这个和是 11 的倍数。

习题 9.37

曾经，《吉尼斯世界纪录》报道的"最强人体计算器"，是一个能够计算100位数开13次方根的人，而这些数都是某些数的13次方。多么有趣的任务选择……

这一题中，我们证明对所有 n

$$n^{13} \equiv n \pmod{10} \quad (9.28)$$

(a) 解释为什么式 9.28 不能直接由欧拉定理推导而来。

(b) 证明对所有 $0 \le d < 10$

$$d^{13} \equiv d \pmod{10} \quad (9.29)$$

(c) 现在证明同余关系（式 9.28）。

习题 9.38

(a) 10个海盗发现了一个装满金银币的箱子。箱子中的银币数量是金币的两倍。他们用这样一种方式分金币，使得给任何两个海盗的硬币数量的差不可被10整除。只有当能用相同的方式来分银币时，他们才能拿走它们。这可能吗，或者他们会留下银币吗？证明你的答案。

(b) 箱子中还有3个袋子，分别装有5、49和51颗红宝石。海盗船上的会计很无聊，决定用下面的规则来玩一个游戏：

- 他可以将任意两堆合为一堆，并且
- 他可以将包含偶数颗宝石的一堆分为等量的两堆。

他每天进行一步，并且当他将宝石划分为105个只含一颗的堆时，他就结束游戏。他可能完成这个游戏吗？

测试题

习题 9.39

一个整型数的十进制表示（以 10 为底）的各位数字之和，与这个整型数关于模数 9 的余数相同，那么我们可以说 "9 是基数 10 的好模数"。例如

$$763 \equiv 7 + 6 + 3 \pmod 9$$

更一般地，我们可以说 "k 是基数 b 的好模数"，当对任何非负整数 n，n 的基数为 b 的表示的数位之和与 n 模 k 同余。所以2不是基数10的好模数，因为

$$763 \not\equiv 7 + 6 + 3 \pmod 2$$

(a) 哪些整数 $k > 1$ 是基数10的好模数？

(b) 表明若 $b \equiv 1 \pmod k$，则 k 是 b 的好模数。

(c) 反向证明，若 k 是 b 的好模数，且模数 $b \geqslant 2$，则 $b \equiv 1 \pmod k$。

提示：b 的基数为 b 的表示。

(d) 哪些整数 $k > 1$ 恰好是基数106的好模数？

习题 9.40

我们定义数列

$$a_n = \begin{cases} 1 & n \leqslant 3 \\ a_{n-1} + a_{n-2} + a_{n-3} + a_{n-4} & n > 3 \end{cases}$$

使用强归纳法证明对所有 $n \geq 0$，remainder$(a_n, 3) = 1$。

9.8 节习题

测试题

习题 9.41

定义. 单变量整数多项式集合 P 可以被递归地定义，如下所示。

基本情形：
- 恒等函数 $\mathrm{Id}_{\mathbb{Z}}(x) ::= x$ 属于 P。
- 对任意整数 m，常数函数 $c_m(x) ::= m$ 属于 P。

构造情形： 若 $r, s \in P$，则 $r + s$ 和 $r \cdot s \in P$。

采用结构归纳法证明，对所有 $q \in P$ 和所有整数 j, k, n，其中 $n > 1$，有
$$j \equiv k \pmod{n} \quad \text{IMPLIES} \quad q(j) \equiv q(k) \pmod{n}$$

一定要清楚地陈述并标出你的归纳假设、基础情形和构造情形。

9.9 节习题

练习题

习题 9.42

(a) 给定输入 $m, n \in \mathbb{Z}^+$，粉碎机会生成 $x, y \in \mathbb{Z}$，使得 [1]

(b) 假设 $n > 1$。如果倒数存在的话，解释怎样使用数 x, y 来找到 m 的模 n 倒数。

习题 9.43

2 的 (mod 7) 倒数是什么？提醒：根据定义，你的答案必须是一个 0 到 6 之间的整数。

习题 9.44

(a) 求整数系数 x, y，使得 $25x + 32y = \gcd(25, 32)$。

---

[1] 此处原文缺失，题干不完整。——译者注

(b) 32的(mod 25)倒数是多少?

习题 9.45

(a) 用粉碎机求整数 s, t,使得

$$40s + 7t = \gcd(40,7)$$

(b) 调整(a)部分的答案,在[1,40)中求一个7的模40倒数。

随堂练习

习题 9.46

实平面上的两条非平行线交于一点。从代数上来说,这意味着方程

$$y = m_1 x + b_1$$
$$y = m_2 x + b_2$$

在 $m_1 \neq m_2$ 时有唯一解 (x, y)。若我们限制 x 和 y 为整数,这个陈述就会是错的,因为两条线可能交于一个非整数点。

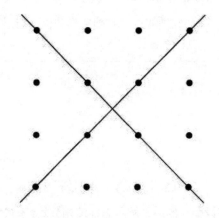

然而,当我们处理模一个质数 p 的整数时,一个类似的陈述为真。当 $m_1 \neq m_2 \pmod{p}$ 时,求解同余式

$$y \equiv m_1 x + b_1 \pmod{p}$$
$$y \equiv m_2 x + b_2 \pmod{p}$$

用 $x \equiv ? \pmod{p}$ 和 $y \equiv ? \pmod{p}$ 这种形式来表示你的解,其中?表示包含 m_1, m_2, b_1 和 b_2 的表达式。你会发现,先在实数上求解原来的等式是有用的。

9.10 节习题

练习题

习题 9.47

证明 $k \in [0, n)$ 有一个模 n 倒数，当且仅当它有一个 $\mathbb{Z}_n$ 上的倒数。

习题 9.48

$\text{rem}(24^{79}, 79)$ 是多少？

提示：你不需要计算任何乘法运算！

习题 9.49

(a) 证明 22^{12001} 有一个模 175 倒数。

(b) $\phi(175)$ 的值是多少？其中 ϕ 是欧拉函数。

(c) 22^{12001} 除以 175 的余数是多少？

习题 9.50

有多少个 1 到 6042（不包括）之间的数与 3780 互质？

提示：53 是一个约数。

习题 9.51

有多少个 1 到 3780（不包括）之间的数与 3780 互质？

习题 9.52

(a) 用均匀概率从 1 到 360 之间选一个整数，这个数与 360 互质的概率是多少？

(b) $\text{rem}(7^{98}, 360)$ 的值是多少？

随堂练习

习题 9.53

求 $26^{1818181}$ 除以 297 的余数。

提示：$1818181 = (180 \cdot 10101) + 1$，使用欧拉定理。

习题 9.54

求 $7^{7^{7^7}}$ 的最后一位。

习题 9.55

证明 n 和 n^5 的最后一位相同。例如

$$2^{\underline{5}} = 3\underline{2} \qquad 7\underline{9}^5 = 307705639\underline{9}$$

习题 9.56

使用费马定理求 13 模 23 的倒数 i，其中 $1 \leq i < 23$。

习题 9.57

令 ϕ 为欧拉函数

(a) $\phi(2)$ 的值是多少？

(b) 使 $\phi(k) = 2$ 的 3 个非负整数 $k > 1$ 是多少？

(c) 证明对 $k > 2$，$\phi(k)$ 是偶数。

提示：考虑 k 是否有一个奇的质数约数。

(d) 简单解释为什么 $\phi(k) = 2$ 对恰好 3 个 k 值成立？

习题 9.58

假设 a, b 互质且大于 1。在这一题中，你将证明中国余数定理(Chinese Remainder Theorem)，即对所有 m, n，存在一个 x 使得

$$x \equiv m \bmod a \qquad (9.30)$$

$$x \equiv n \bmod b \qquad (9.31)$$

此外，x 在模 ab 同余上是唯一的，也就是说，若 x' 也满足式 9.30 和式 9.31，那么

$$x' \equiv x \bmod ab$$

(a) 证明对任何 m, n，存在某些 x 满足式 9.30 和式 9.31。

提示：令 b^{-1} 为 b 的模 a 倒数，并定义 $e_a := b^{-1}b$。相似地定义 e_b。令 $x = me_a + ne_b$。

(b) 证明

$$[x \equiv 0 \bmod a \text{ AND } x \equiv 0 \bmod b]) \text{ IMPLIES } x \equiv 0 \bmod ab$$

(c) 推断出

$$[x \equiv x' \bmod a \text{ AND } x \equiv x' \bmod b] \text{ IMPLIES } x \equiv 0 \bmod ab$$

(d) 推断出中国余数定理为真。

(e) (c)部分的逆命题是什么呢？

习题 9.59

$k \in \mathbb{Z}_n$ 的阶是使得 $k^m = 1\ (\mathbb{Z}_n)$ 的最小的正 m。

(a) 证明

$$k^m = 1\ (\mathbb{Z}_n)) \text{ IMPLIES } \operatorname{ord}(k, n) \mid m$$

提示：使用 m 除以阶的余数。

现在假设 $p > 2$ 是形如 $2^s + 1$ 的质数。例如，$2^1 + 1$，$2^2 + 1$，$2^4 + 1$ 是这样的质数。

(b) 从(a)部分推断出，若 $0 < k < p$，则 $\operatorname{ord}(k, p)$ 是 2 的幂。

(c) 证明 $\operatorname{ord}(2, p) = 2s$，并推断出 s 是 2 的幂。①

提示：对 $k \in [1..r]$，$2^k - 1$ 是正的，但太小了以至于不等于 $0\ (\mathbb{Z}_p)$。

课后作业

习题 9.60

本题是关于求解模一个质数 p 的平方根的。

(a) 证明 $x^2 \equiv y^2 \pmod{p}$，当且仅当 $x \equiv y \pmod{p}$ 或 $x \equiv -y \pmod{p}$。提示：$x^2 - y^2 = (x+y)(x-y)$。

当

$$x^2 \equiv n \pmod{p}$$

一个整数 x 被称为 n 的模 p 平方根，有平方根的整数被称为模 p 平方数。例如，若 n 与 0 或 0 模 p 同余，那么 n 是一个平方数且是其本身的平方根。

因此，让我们假设 p 是一个奇质数，以及 $n \not\equiv 0 \pmod{p}$。结果发现，可以用一个简单的测

---

① 形如 $2^{2^k} + 1$ 的数被称为费马数，因此我们可以将这个结论改述为，任何形如 $2^s + 1$ 的质数必须是费马数。费马数在 $k = 1,2,3,4$ 时是质数，但是在 $k = 5$ 时不是。事实上，我们不知道是否有任何 $k > 4$ 的费马数为质数。

试来看 n 是不是模 p 平方数：

欧拉准则（Euler's Criterion）

i. 若 n 是模 p 平方数，则 $n^{(p-1)/2} \equiv 1 \pmod{p}$。

ii. 若 n 不是模 p 平方数，则 $n^{(p-1)/2} \equiv -1 \pmod{p}$。

(b) 证明欧拉准则的案例(i)。提示：使用费马定理。

(c) 证明欧拉准则的案例(ii)。提示：使用(a)部分。

(d) 假设 $p \equiv 3 \pmod{4}$，以及 n 是模 p 平方数。求一个用 n 和 p 表示的，n 的平方根的简答表达式。提示：将 p 写为 $p = 4k + 3$ 并使用欧拉准则。在某些时候，你可能不得不在某个等式的两边同时乘以 n。

习题 9.61

假设 a 和 b 是大于 1 的互质的数。你将在本题中证明欧拉函数是相乘的，也就是说

$$\phi(ab) = \phi(a)\phi(b)$$

证明过程是中国余数定理的一个简单推导（见习题 9.58）。

(a) 从中国余数定理推导出定义为

$$f(x) ::= (\text{rem}(x, a); \text{rem}(x, b))$$

的函数 $f : [0..ab) \to [0..a) \times [0..b)$ 是一个双射。

(b) 对任何正整数 k，令 $\mathbb{Z}_k^*$ 为 $[0..k)$ 中与 k 互质的整数集合。证明(a)中的函数 f 也定义了一个从 $\mathbb{Z}_{ab}^*$ 到 $\mathbb{Z}_a^* \times \mathbb{Z}_b^*$ 的双射。

(c) 从本题前面的部分推导出

$$\phi(ab) = \phi(a)\phi(b) \qquad (9.32)$$

(d) 证明推论 9.10.11：对任何数 $n > 1$，若 $p_1, p_2, \ldots, p_j$ 是 n 的（不同的）质约数，则

$$\phi(n) = n\left(1 - \frac{1}{p_1}\right)\left(1 - \frac{1}{p_2}\right)\cdots\left(1 - \frac{1}{p_j}\right)$$

习题 9.62

定义. 定义 k 在 $\mathbb{Z}_n$ 上的阶（order）为

$$\text{ord}(k, n) ::= \min\{m > 0 \mid k^m = 1(\mathbb{Z}_n)\}$$

若在 $\mathbb{Z}_n$ 上没有 k 的等于1的正次幂，则 $\text{ord}(k, n) ::= \infty$。

(a) 表明当且仅当 k 在 $\mathbb{Z}_n$ 上有无穷阶时，$k \in \mathbb{Z}_n^*$。

(b) 证明对每一个 $k \in \mathbb{Z}_n^*$，k 在 $\mathbb{Z}_n$ 上的阶整除 $\phi(n)$。

提示：令 $m = \text{ord}(k, n)$。考虑 $\phi(n)$ 除以 m 的商和余数。

习题 9.63

中国余数定理（见习题 9.58）的一般版本扩展到了多于两个的互质的模数。即，

定理（一般中国余数定理）．假设 $a_1, \cdots, a_k$ 是大于1的整数，且相互间是互质的。令 $n ::= a_1 \cdot a_2 \cdot \cdots \cdot a_k$。那么对任何整数 $m_1, m_2, \cdots, m_k$，存在一个唯一的 $x \in [0..n)$，使得对 $1 \leq i \leq k$

$$x \equiv m_i \pmod{a_i}$$

利用一个从唯一分解直接导出的事实，证明过程是对 k 的常规归纳。这个事实是，若一个数与一些数互质，则它也与它们的乘积互质。

存在一个方法，能有效计算一长串"大"数的加法和乘法，而一般中国余数定理就是这个方法的基础。

即，假设 n 很大，但是它的每一个约数 a_i 都足够小，小到可以由廉价可用的算术硬件单元来处理。假设有一个包含很多加法和乘法的运算要被处理。在这种设置下，计算两个大数 x 和 y 的一次加法或乘法通常包括：将 x 和 y 分解为足够小的、可以被计算单元处理的片段，使用计算单元在（许多）片段对上进行加法或乘法，然后将片段组合成答案。此外，在不同片段上进行运算的顺序，还会受到各个片段之间的依赖关系的约束——比如，因为传输原因。而且对每一个需要在大数上进行的加法和乘法，这个分解和组合的过程都要进行一遍。

相比于上面描述的常用的方法，解释为什么一般中国余数定理可以被用来更有效地进行一长串"大"数的加法和乘法。

习题 9.64

在本题中，我们要证明对所有整数 a 和 m，

$$a^m \equiv a^{m-\phi(m)} \pmod{m} \tag{9.33}$$

其中 $m > 1$。注意，a 和 m 不必互质。

假设 $m = p_1^{k_1} \cdots p_n^{k_n}$，其中 $p_1, \cdots, p_n$ 为不同的质数，$k_1, \cdots, k_n$ 为整数。

(a) 表明若 p_i 不能整除 a，则

$$a^{\phi(m)} \equiv 1 \pmod{p_i^{k_i}}$$

(b) 表明若 $p_i \mid a$，则

$$a^{m-\phi(m)} \equiv 0 \pmod{p_i^{k_i}} \tag{9.34}$$

(c) 根据上面的事实，推断出式 9.33。

提示：$a^m - a^{m-\phi(m)} = a^{m-\phi(m)}(a^{\phi(m)} - 1)$。

习题 9.65

一般邮资问题

其他几个习题（2.7、2.1、5.32）都在计算使用两种给定面额的邮票，可以组成多少邮资。在本题中，我们将这个问题扩展到任意正整数面额的两种邮票上，面额分别为 a 分和 b 分。我们将可以由 a 分和 b 分的邮票组成的邮资总量称为可组成量。

引理.（一般邮资）若 a 和 b 是互质的正整数，则任何大于 $ab - a - b$ 的正整数都是可组成的。

为了证明引理，考虑下面包含 a 个无穷行的数组：

$$
\begin{array}{ccccc}
0 & a & 2a & 3a & \dots \\
b & b+a & b+2a & b+3a & \dots \\
2b & 2b+a & 2b+2a & 2b+3a & \dots \\
3b & 3b+a & 3b+2a & 3b+3a & \dots \\
\vdots & \vdots & \vdots & \vdots & \\
(a-1)b & (a-1)b+a & (a-1)b+2a & (a-1)b+3a & \dots
\end{array}
$$

注意数组中的每一个元素都是明显可组成的。

(a) 假设 n 至少与数组中某一行的第一个元素一样大，且与之模 a 同余。请解释为什么 n 一定会出现在数组中。

(b) 证明每一个从 0 到 $a-1$ 的整数，都与数组第一列中的某个元素模 a 同余。

(c) 利用(a)和(b)部分来完成对一般邮资引理的证明。推断出每个整数 $n > ab - a - b$ 都出现在数组中，因此是可组成的。

(d) （可选）更重要的是，$ab - a - b$ 是不可组成的。请证明之。

(e) 解释为什么下面这个更一般化的引理，可以由一般引理和(d)部分直接推导出来。

引理.（一般邮资 2）若 m 和 n 是正整数且 $g ::= \gcd(m, n) > 1$，则使用 m 分和 n 分的邮票，你只能组成 g 的倍数的邮资总量。实际上，你可以组成任何大于 $(mn/g) - m - n$，且为 g 的倍数的邮资总量，但是你不能组成 $(mn/g) - m - n$ 分的邮资。

(f) **选做题**。假设你有三种面额的邮票，a,b,c，且$\gcd(a,b,c) = 1$。用公式表示最小的数n_{abc}，使得你可以组成所有大于n_{abc}的邮资总量。

测试题

习题 9.66

63^{9601}除以220的余数是多少？

习题 9.67

证明，若k_1和k_2与n互质，则$k_1 \cdot_n k_2$也是

(a) ……k与n互质，当且仅当k有模n倒数，使用这个事实来证明。

提示：记住$k_1 k_2 \equiv k_1 \cdot_n k_2 \pmod{n}$。

(b) ……k与n互质，当且仅当k是模n可消去的，使用这个事实来证明。

(c) ……使用唯一分解定理和最大公约数的基本性质，如引理 9.21 来证明。

习题 9.68

对下面的语句，圈出**真**或**假**，并为**假**的**提供反例**。变量a,b,c,m,n为整数，且$m,n > 1$。

(a) $\gcd(1 + a, 1 + b) = 1 + \gcd(a, b)$ 真 假

(b) 对任意整系数多项式$p(x)$，若$a \equiv b \pmod{n}$，则$p(a) \equiv p(b) \pmod{n}$。 真 假

(c) 若$a \mid bc$且$\gcd(a,b) = 1$，则$a \mid c$。 真 假

(d) $\gcd(a^n, b^n) = (\gcd(a,b))^n$ 真 假

(e) 若$\gcd(a,b) \neq 1$且$\gcd(b,c) \neq 1$，则$\gcd(a,c) \neq 1$。 真 假

(f) 若a和b的一个整数线性组合等于1，则a^2和b^2的某个线性组合也等于1。 真 假

(g) 若不存在a和b的等于2的整数线性组合，则也不存在a^2和b^2的等于2的整数线性组合。

真 假

(h) 若$ac \equiv bc \pmod{n}$且n不整除c，则$a \equiv b \pmod{n}$。 真 假

(i) 假设a,b有模n倒数，若$a^{-1} \equiv b^{-1} \pmod{n}$，则$a \equiv b \pmod{n}$。 真 假

(j) 若$ac \equiv bc \pmod{n}$且n不整除c，则$a \equiv b \pmod{n}$。 真 假

(k) 若对$a,b > 0$有$a \equiv b \pmod{\phi(n)}$，则$c^a \equiv c^b \pmod{n}$。 真 假

(l) 若 $a \equiv b \pmod{nm}$，则 $a \equiv b \pmod{n}$。 真 假

(m) 若 $\gcd(m, n) = 1$，则 $[a \equiv b \pmod{m}$ 且 $a \equiv b \pmod{n}]$ 当且仅当 $a \equiv b \pmod{mn}$。

真 假

(n) 若 $\gcd(a, n) = 1$，则 $a^{n-1} \equiv 1 \pmod{n}$。 真 假

(o) 若 $a, b > 1$，则 $[a$ 有模 b 倒数，当且仅当 b 有模 a 倒数$]$。 真 假

习题 9.69

求整数 $k > 1$，使得当 n 既不能被2也不能被5整除时，n 和 n^k 的后三位数相同。

提示：欧拉定理。

习题 9.70

(a) 解释为什么 $(-12)^{482}$ 有一个模175倒数。

(b) $\phi(175)$ 的值是多少？其中 ϕ 是欧拉函数。

(c) 称一个从0到174之间的数是幂乘的，当且仅当这个数的某个正次幂与1模175同余。从0到174中随机选一个数是幂乘的概率是多少？

(d) $(-12)^{482}$ 除以175的余数是多少？

习题 9.71

(a) 计算 35^{86} 除以29的余数。

(b) (a)部分表明，35^{86} 除以29的余数不等于1。因此下面的证明中一定存在一个错误，其中所有的同余都是模29的：

$$
\begin{aligned}
1 &\not\equiv 35^{86} & \text{（根据(a)部分）} & \quad (9.35) \\
&\equiv 6^{86} & \text{（因为 } 35 \equiv 6 \pmod{29}\text{）} & \quad (9.36) \\
&\equiv 6^{28} & \text{（因为 } 86 \equiv 28 \pmod{29}\text{）} & \quad (9.37) \\
&\equiv 1() & \text{（根据费马小定理）} & \quad (9.38)
\end{aligned}
$$

识别出确切的包含错误的行，并解释其中的逻辑错误。

习题 9.72

指出下面的语句是**真**或**假**。并对为**假**的语句**给出反例**。所有的变量都来自整数集 $\mathbb{Z}$。

(a) 对所有的 a 和 b，存在 x 和 y，使得：$ax + by = 1$。

(b) 对所有的m, r和b，$\gcd(mb+r, b) = \gcd(r, b)$。

(c) 对每个质数p和整数k，$k^{p-1} \equiv 1 \pmod{p}$。

(d) 对质数$p \neq q$，$\phi(pq) = (p-1)(q-1)$，其中ϕ是欧拉函数。

(e) 若a和b是d的相对质数，则

$$[ac \equiv bc \bmod d]) \text{ IMPLIES } a \equiv b \bmod d]$$

习题 9.73

(a) 表明若$p \mid n$对某个质数p和整数$n > 0$成立，则$(p-1) \mid \phi(n)$。

(b) 推断出所有偶数$\phi(n)$，其中$n > 2$。

习题 9.74

(a) 计算$\phi(6042)$的值。

提示：53是6042的一个约数。

(b) 考虑与6042互质的一个整数$k > 0$。解释为什么$k^{9361} \equiv k \pmod{6042}$。

提示：使用你对(a)部分的解答。

习题 9.75

令

$$S_k = 1^k + 2^k + \cdots + p^k$$

其中p是奇质数且k是$p-1$的正倍数。求$a \in [0..p)$和$b \in (-p..0]$，使得

$$S_k \equiv a \equiv b \pmod{p}$$

9.11 节习题

练习题

习题 9.76

假设一个解密高手知道怎样将 RSA 的模n分解为不同的质数p和q的乘积。解释这个高手可以怎样利用公钥对(e, n)来求一个私钥对(d, n)，使得他能读取所有用公钥加密的消息。

习题 9.77

假设 RSA 的模 $n = pq$ 是不同的200位质数 p 和 q 的乘积。当 $\gcd(m,n) = p$ 时，消息 $m \in [0..n)$ 被称为是危险的，因为这样的 m 可以用来分解 n，从而破解 RSA。圈出对 $[0..n)$ 中危险消息的比例的最优估计。

$$\frac{1}{200} \quad \frac{1}{400} \quad \frac{1}{200^{10}} \quad \frac{1}{10^{200}} \quad \frac{1}{400^{10}} \quad \frac{1}{10^{400}}$$

习题 9.78

Ben Bitdiddle 决定用 RSA 加密他所有的数据。不幸的是，他遗失了他的私钥。他已经找了一整晚，突然从他的灯里出来了一个精灵。他给 Ben 提供了一台量子计算机，它能够在大数 e, d, n 上精确地执行一个程序。Ben 应该选择执行下面的哪一个程序，从而恢复他的数据？

- 求 $\gcd(e, d)$。
- 求 n 的质数分解。
- 确定 n 是否为质数。
- 求 $\mathrm{rem}(e^d, n)$。
- 求 e 的模 n 倒数（e 在 $\mathbb{Z}_n$ 上的倒数）。
- 求 e 的模 $\phi(n)$ 倒数

随堂练习

习题 9.79

让我们试试执行 RSA！

(a) 完成**事前**的步骤。

- 选择相对小的质数 p 和 q，比如在 10~40 的范围内。实际上，p 和 q 可能包含几百个数位，但是用铅笔和纸更容易处理较小的数。
- 尝试 $e = 3, 5, 7, \ldots$ 直到你找到一个能用的。用欧几里得算法来计算最大公约数。
- 求 d（使用粉碎机）。

当你完成这些步骤后，将你的公钥突出地写在黑板上，并标上"公钥"。这让其他小队可以给你发消息。

(b) 现在使用公钥向其他小队发送一个加密消息。从下面的密码本中选择你的消息 m：

- 2 =问候和致意!

- 3 =哟，最近怎样?

- 4 =你们好慢!

- 5 =你们的基数都归我们了。

- 6 =我们队有人认为，你们队有人很可爱。

- 7 =你们是最弱的一环。再见。

(c) 解密发送给你的消息，并验证你已经收到了别的小队发给你的消息!

习题 9.80

(a) 就好像知道了公钥里的 n 被分解为哪两个质数，RSA 就很容易破解了，解释为什么知道了 $\phi(n)$ 之后，RSA 也会很容易破解。

(b) 表明若你知道了 n、$\phi(n)$，以及 n 是两个质数的乘积，然后就可以很容易地分解 n。

习题 9.81

显然，关于 RSA 的一个重要事实是，破解一个加密消息总是能返回原始消息 m。即，若 $n = pq$，其中 p 和 q 是不同的质数，$m \in [0..pq)$，以及

$$d \cdot e \equiv 1 \quad (\mathrm{mod}\,(p-1)(q-1))$$

则

$$\hat{m}^d ::= (m^e)^d = m(\mathbb{Z}_n) \qquad (9.39)$$

我们现在证明这一点。

(a) 解释为什么当 m 与 n 互质时，式 9.39 能非常简单地由欧拉定理导出。

这个问题的其余部分都是关于去除 m 与 n 互质这个约束条件的。也就是说，我们计划证明公式 9.39 对所有 $m \in [0..n)$ 都成立。

在使用 RSA 发送消息 m 之前，并没有实际理由去担心或者费心去检查这个互质条件，认识到这一点是很重要的。这是因为整个 RSA 项目是建立在分解的难度上的。如果真的出现了不与 n 互质的 m，我们就可以通过计算 $\gcd(m, n)$ 来分解 n。所以相信 RSA 的安全性意味着，相信出现不与 n 互质的消息 m 的概率是可以忽略的。

但是让我们成为纯粹的和不切实际的数学家，并试着消除这种技术上不必要的互质边缘条件，哪怕它是无害的。这样做的一个好处是，没有边缘条件之后，关于 RSA 的陈述会更简单。

更重要的是，下面的证明说明了一种通用方法，可以通过分别对n的质数约数来证明某些性质，从而实现对n的证明。

(b) 证明若p是质数，且$a \equiv 1 \pmod{p-1}$，则
$$m^a = m \ (\mathbb{Z}_p) \tag{9.40}$$

(c) 简单地证明①，若对不同的质数p_i有$a \equiv b \pmod{p_i}$，则在模这些质数的乘积上，有$a \equiv b$。

(d) 注意，式 9.39 是下面的声明的一个特例。

声明. 若n是不同质数的乘积，且$a \equiv 1 \pmod{\phi(n)}$，则
$$m^a = m \ (\mathbb{Z}_n)$$

使用前面的部分来证明这个声明。

课后作业

习题 9.82

虽然 RSA 已经成功地经受住了超过四分之一世纪的密码攻击，但人们不知道的是，破解 RSA 就意味着可以容易地进行质数分解。

在这道题中，我们将研究有这样的安全保证的 Rabin 密码系统。也就是说，如果有人能够破解 Rabin 密码系统，那么他们也有能力去分解两个质数的乘积。

为什么这会让我们相信，有效地破解密码系统会很难呢？其实，好几个世纪以来，数学家们一直在努力研究有效的质数分解方法，但他们至今也没弄清楚该怎么做。

什么是Rabin密码系统？公钥将是一个数N，它是两个非常大的质数p和q的乘积，使得$p \equiv q \equiv 3 \pmod{4}$。而在发送消息$m$时，发送$\text{rem}(m^2, N)$。②

私钥是N的分解，即质数p和q。我们必须表明，若被发送了消息的人知道了p和q，那么他们能够解码消息。另一方面，如果不知道p和q的窃听者侦听到了消息，那么我们必须表明他们很可能弄不清楚这个消息。

若存在$m \in [0, N)$，使得$s \equiv m^2 \pmod{N}$，称s为模N平方数，这样的m是s的模N平方根。

(a) 模5平方数有哪些？对每一个区间[0,5)内的平方数，它有几个平方根？

---

① 没必要使用中国余数定理。

② 马上就能看到，存在其他的用$\text{rem}(m^2, N)$来加密的数，因此我们不得不禁止其他的数成为可能的消息，从而使得密码系统有可能被破解。但是现在，让我们忽略这一点。

(b) 对每一个[1,15)中的与15互质的整数，它有几个模15平方根？注意所有的平方根也与15互质。我们不在这里检查为什么会这样，但请记住，这是一个普遍现象！

(c) 假设p是使得$p \equiv 3 \pmod{4}$的质数。结果证明模p平方数恰好有2个平方根。首先表明$(p+1)/4$是一个整数。接下来指出1的两个模p平方根。然后表明，你可以通过把一个数提升到$(p+1)/4$次方，来求它的"模质数p平方根"。也就是说，给定s，你可以通过计算$\text{rem}(s^{(p+1)/4}, p)$来求$m$，使得$s \equiv m^2 \pmod{p}$。

(d) 中国余数定理说明（见习题 9.58），若p和q是不同的质数，那么s是一个模pq平方数，当且仅当s既是模p平方数，也是模q平方数。特别地，若$s \equiv x^2 \equiv (x')^2 \pmod{p}$，其中$x \neq x'$，和同样的$s \equiv y^2 \equiv (y')^2 \pmod{p}$，那么$s$正好有 4 个模$N$平方根，即

$$s \equiv (xy)^2 \equiv (x'y)^2 \equiv (xy')^2 \equiv (x'y')^2 \pmod{pq}$$

所以，当你知道了p和q，使用(c)部分的解决方案，就可以有效地求s的平方根！因此，有了私钥后，破解就很容易了。

但是如果你不知道p和q呢？

让我们假设，消息拦截者声称有一个程序能够找到任何数的所有 4 个模N平方根。那么，除非这个消息拦截者极度聪明，并想出了一些其他科学界研究多年也无结果的内容，否则这个有效的平方根程序是不可能存在的。

提示：从$[1, N)$中任意选择r。若$\gcd(N, r) > 1$，那么你已经完成了（为什么），因此你可以停止。否则，使用这个程序求r的所有 4 个平方根，$r, -r, r', -r'$。注意，$r^2 \equiv r'^2 \pmod{N}$。你如何使用这些根来分解N？

(e) 若这个消息拦截者知道，消息是由两个可能的候选消息中的一个加密而来的（要么是"黄昏时，屋顶见"，要么是"黎明时，屋顶见"），并尝试着弄清楚是其中的哪一个。那么他能够破解这个密码系统吗？

习题 9.83

你已经看到了RSA加密方案的工作原理，但是为什么它很难破解呢？在本题中，你会看到求解私钥和求整数的质数分解一样难。在加密领域有一个普遍的共识（例如，足以说服许多大型金融机构），分解几百位的数需要天文级别的计算资源。因此我们可以肯定，求解几百位数的RSA私钥，将需要同样巨大的努力。这意味着，我们可以肯定RSA的公钥不会以某种方式泄露私钥。①

对于本题，假设$n = p \cdot q$，其中p和q均为奇质数，而e是 RSA 协议的公钥，d是私钥。令

---

① 这是一种很弱的"安全"属性。因为它甚至没有排除，使用某些不需要知道私钥的方法，来破解 RSA 加密消息的可能性。然而，超过 20 年的应用经验支持了 RSA 在实践中的安全性。

$c ::= e \cdot d - 1$。

(a) 表明$\phi(n)$能整除c。

(b) 推导出4能整除c。

(c) 表明若$\gcd(r,n) = 1$，则$r^c \equiv 1 \pmod{n}$。

m模n的平方根是一个整数$s \in [0..n)$，其使得$s^2 \equiv m \pmod{n}$。这里有一个有趣的事实，当n是两个奇质数的乘积时，那么每一个使得$\gcd(m,n) = 1$的数m都有4个模n平方根。

特别地，数1有 4 个模n平方根。其中两个平凡的平方根是1和$n - 1$（即$\equiv -1 \pmod{n}$）。另外两个平方根被称为1的非平凡平方根。

(d) 既然你知道了c，那么对任意整数r，也可以计算$r^{c/2}$除以n的余数y。所以$y^2 \equiv r^c \pmod{n}$。现在若r与n互质，那么根据(c)部分，y也会是1的模n平方根。

请表明，若y被证明是一个1模n的非平凡根，那么可以分解n。提示：根据$y^2 - 1 = (y+1)(y-1)$这个事实，表明$y + 1$必须恰好被q和p中的一个整除。

(e) 原来，在与n互质的正整数$r < n$中，至少有一半会生成(d)中的1的非平凡根y。请推断出，若除了n和公钥e之外，你也知道私钥d，那么你一定能够分解n。

测试题

习题 9.84

假设 Alice 和 Bob 正在使用 RSA 加密系统发送安全消息。他们每个人都有一个人人可见的公钥，和一个只有他们自己知道的私钥。只要按一般的方式使用 RSA，他们就可以在公共频道相互发送秘密消息。

但是 Bob 担忧的是，他怎样才能知道他收到的消息确实是来自 Alice 的，而不是某个自称是 Alice 的骗子。使用 RSA 在消息中添加无法伪造的"签名"，就可以消除这个忧虑。为了向 Bob 发送一个无法伪造的签名消息m，Alice 使用 RSA 加密消息m。这里 Alice 不使用 Bob 的公钥，而是用她自己的私钥对m进行加密得到消息m_1。然后，Alice 将$m1$作为她的签名消息发送给 Bob。

(a) 解释 Bob 怎样才能从 Alice 的签名消息m_1中读取原始消息m。（令(n_A, e_A)为 Alice 的公钥，d_A为她的私钥。假设$m \in [0..n_A)$。）

(b) 假设 RSA 是安全的，简单解释为什么 Bob 能够相信m_1来自于 Alice，而不是某个骗子。

(c) 注意不只是 Bob，任何人都可以使用 Alice 的公钥从消息m的签名版本m_1来重构它。因此，Alice 怎样才能在公共频道向 Bob 发送私密的签名消息？

第 10 章 有向图和偏序

有向图（directed graph，简称 digraph）提供了一种便捷的手段来表示事物是如何相连接的，以及如何沿着连接从一个事物转移到另一个事物。它们通常被绘制为一堆点或圆，并且某些点之间存在着箭头，如图 10.1 所示。这些点称为节点或顶点，这些线称为有向边或箭头；图 10.1 所示的有向图中包含了 4 个节点和 6 条有向边。

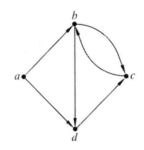

图 10.1　一个有 4 个节点和 6 条边的有向图

有向图在计算机科学中随处可见。例如，图 10.2 所示的有向图表示了一个通信网络，这是我们在第 11 章将要深入探究的主题。图 10.2 中有三个表示数据包到达网络位置的"入"节点（以小方框图示），有三个表示数据包目的位置的"出"节点，其余的六个节点（图示为小圆圈）表示交换机。其中的 16 条边表示数据包通过路由器的可能路径。

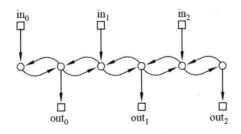

图 10.2　6 交换分组路由图

在计算机科学领域中，有向图出现的另一个地方是万维网的超链接结构。令顶点 $x_1, \ldots, x_n$ 对应于网页，用箭头表示一个网页拥有指向另一个网页的超链接，便可形成类似图 10.3 所示的有向图——尽管真正的万维网所形成的图会有一个几十亿乃至几万亿那么大的n。乍看上去，这个图似乎并不那么有趣。但是在 1995 年，斯坦福大学的两名学生，拉里·佩奇和谢尔盖·布林意识到这个图的结构对于构建搜索引擎至关重要，并因此最终成为亿万富豪。所以关注图论吧，谁知道会发生什么！

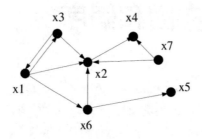

图 10.3　网页之间的链接

定义 10.0.1　一个有向图G包含有非空集合$V(G)$，称为G的顶点，集合$E(G)$称为G的边。$V(G)$中的元素称为顶点。顶点也称节点，顶点和节点两个词可以替换使用。$E(G)$中的元素称为有向边。有向边也称作"箭头"或者简称为"边"。如图 10.4 所示，一条有向边所开始的顶点u称作边的尾（tail），边所结束的顶点v称作边的头（head）。这样的边可以通过有序对(u,v)来表示。符号$\langle u \rightarrow v \rangle$用来作为边的表示。

图 10.4　一条有向边$e = \langle u \rightarrow v \rangle$。边$e$起始于尾部顶点$u$，终止于头部顶点$v$

除了大量的词汇，定义 10.0.1 中并没有什么新意。形式上，有向图G与集合上的二值关系相同，$V = V(G)$，也就是说，一个有向图就是一个二值关系，它的定义域和陪域都是集合V。实际上，我们已经将关系G中的箭头称为G的"图"。例如，区间$[1..12]$中整数之间的整除关系可以表示成图 10.5 所示的有向图。

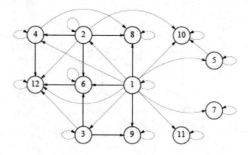

图 10.5　集合$\{1,2,\ldots,12\}$上的整除关系有向图

10.1 顶点的度

有向图中顶点的入度（in-degree）是指到达该顶点的箭头的个数，出度（out-degree）是指从该顶点发出的箭头的个数。更精确地说，

定义 10.1.1 如果 G 是一个有向图，且 $v \in V(G)$，那么

$$\text{indeg}(v) ::= |\{e \in E(G) | \text{head}(e) = v\}|$$
$$\text{outdeg}(v) ::= |\{e \in E(G) | \text{tail}(e) = v\}|$$

由这个定义可以直接导出，

引理 10.1.2

$$\sum_{v \in V(G)} \text{indeg}(v) = \sum_{v \in V(G)} \text{outdeg}(v)$$

证明．入度、出度的和都等于 $|E(G)|$。

∎

10.2 路和通路

用点和箭头来绘制有向图使得我们可以自然地讨论沿着连续边在图上通过的问题。例如，在图 10.5 所示的有向图中，你可以从顶点 1 出发，连续地沿着顶点 1 到 2、顶点 2 到 4、顶点 4 到 12，和两次（或任意多次）顶点 12 到 12 的这些边移动。以这种方式形成的边的序列称作图上的一条路（walk）。一条通路（path）是指访问一个顶点不多于一次的路。所以，沿着 1 到 2 到 4 到 12 的边是一条通路，但是如果你再次走到 12 的话，它就不再是一条通路了。

用所通过的连续节点序列来表示一条路是比较自然的方式，对于这个例子有：

$$1\ 2\ 4\ 12\ 12\ 12$$

然而，路的常规表达方式是采用交替的连续节点和边的序列，因此这条路可以形式化地表示为

$$1 \langle 1 \to 2 \rangle 2 \langle 2 \to 4 \rangle 4 \langle 4 \to 12 \rangle 12 \langle 12 \to 12 \rangle 12 \langle 12 \to 12 \rangle 12 \quad (10.1)$$

这个定义的冗余足以让计算机科学家感到畏缩，但是它的确让讨论一条路中顶点和边出现了几次变得更容易。下面是一个正式的定义。

定义 10.2.1 有向图中的路是一个顶点和边交替构成的序列，始于顶点并终于顶点，对于

路中的每一条边$\langle u \to v \rangle$，顶点u是该边之前的一个元素，顶点v是该边之后的下一个元素。

所以一条路**v**是一个如下形式的序列：

$$\mathbf{v} ::= v_0 \langle v_0 \to v_1 \rangle v_1 \langle v_1 \to v_2 \rangle v_2 \ldots \langle v_{k-1} \to v_k \rangle v_k$$

其中$\langle v_i \to v_{i+1} \rangle \in E(G), i \in [0..k]$。这条路可描述为开始于$v_0$，结束于$v_k$，且该条路的长度$|\mathbf{v}|$定义为$k$。

路可成为一条通路，当且仅当所有的v_i都是不同的，即，如果$i \neq j$，那么$v_i \neq v_j$。

回路（closed walk）是指出发和结束都在同一个顶点的路。一个圈（cycle）是一个除了起始和终止的顶点之外，所有顶点都不重复的长度为正的回路。

一个单一节点可当作一个长度为零的通路，起始并终止于它自身。并且，它还是一个回路，但是不能算作一个圈，因为根据定义要求，圈的长度必须为正。长度为 1 的圈是存在的，即一个节点具有一个指回它自身的箭头时。图 10.1 中没有这种圈，但是图 10.5 整除关系图中的每一个顶点都存在于一个长度为 1 的圈中。长度为 1 的圈有时被称为自循环（self-loop）。

虽然一条路的正式描述是一个节点和边的交替序列，但是实际上它完全是由所经过的连续节点序列或边序列所决定的。因此，方便的时候，我们会采用这种方式来描述路。例如，对于图 10.1 所示的图，

- (a, b, d)，或简写作 abd，是一条（顶点序列表述的）长度为 2 的通路。
- $(\langle a \to b \rangle, \langle b \to d \rangle)$，或者简写为$\langle a \to b \rangle \langle b \to d \rangle$，是一条（边序列描述的）相同的长度为 2 的通路。
- $abcbd$ 是一条长度为 4 的路。
- $dcbcbd$ 是一条长度为 5 的回路。
- $bdcb$ 是一个长度为 3 的圈。
- $\langle b \to c \rangle \langle c \to b \rangle$ 是一个长度为 2 的圈，且
- $\langle c \to b \rangle \langle b \leftarrow a \rangle \langle a \to d \rangle$ 不是一条路。路不允许存在错误指向的边。

如果你在图上走了一会儿后停在某个顶点休息一下，然后继续行走，这个行走的路就被你分成了两个部分。例如，走完整除关系图中的路（式 10.1）的两条边之后停下来休息，可将这条路分割为从节点 1 到 4 的部分

$$1 \langle 1 \to 2 \rangle 2 \langle 2 \to 4 \rangle 4 \tag{10.2}$$

以及该路节点 4 到 12 所对应的剩余部分

$$4 \langle 4 \to 12 \rangle 12 \langle 12 \to 12 \rangle 12 \langle 12 \to 12 \rangle 12 \tag{10.3}$$

我们将整条路（式 10.1）称为路（式 10.2）和路（式 10.3）的合并。通常，如果一条路 **f** 结束于顶点 v，且路 **r** 开始于同一顶点 v，那么我们说它们的合并 $\mathbf{f}\frown\mathbf{r}$ 是一条从 **f** 开始并延续到 **r** 的路。[①] 只有第一条路终止于顶点 v，且第二条路开始于同一顶点 v 的时候，两条路才能够合并。有时，标记路的合并位置节点 v 会很有用。我们将用符号 $\mathbf{f}\widehat{v}\mathbf{r}$ 来表述终点为 v 的路 **f** 和起点为 v 的路 **r** 合并。

依据这样的定义，我们可得：

引理 10.2.2

$$|\mathbf{f}\frown\mathbf{r}| = |\mathbf{f}| + |\mathbf{r}|$$

在下一节中，我们将通过这种方式在路上行走来得到里程。

10.2.1 查找通路

当你试图尽快走到某个地方的时候，如果来到同一个地方两次，那么你就会意识到遇上麻烦了。这实际上就是图论的基本理论。

定理 10.2.3 从一个顶点到另一个顶点最短的路是一条通路。

证明. 如果存在一条从顶点 u 到顶点 $v \neq u$ 的路，那么根据良序原理，从 u 到 v 一定存在一条最短长度的路 **w**。我们断言 **w** 是一条通路。

为了证明这一断言，假设相反的情况——**w** 不是一条通路，那么就意味着某个顶点 x 在这条路上出现了两次。也就是说，对于某些路 **e, f, g** 有，

$$\mathbf{w} = \mathbf{e}\,\hat{x}\,\mathbf{f}\,\hat{x}\,\mathbf{g}$$

其中 **f** 的长度为正值。但是"删除" **f** 会产生一个从 u 到 v 的严格更短路径

$$\mathbf{e}\,\hat{x}\,\mathbf{g}$$

这是与 **w** 最短相矛盾的。

定义 10.2.4 一个图中顶点 u 到顶点 v 的距离，$\text{dist}(u,v)$，是从 u 到 v 最短通路的长度。

正如所料，这个距离的定义满足，

引理 10.2.5 [三角不等式] 对于所有的顶点 u, v, x，

$$\text{dist}(u,v) \leq \text{dist}(u,x) + \text{dist}(x,v)$$

当且仅当 x 位于由 u 到 v 的最短通路上时，等号成立。

[①] 这句话想要表达的是合并是指对两条路的拼接，但是这种表述并不是太准确，因为如果对路进行拼接的话，那么顶点 v 就会在路汇合的位置出现两次。

当然，你或许预料到这一属性的成立，但是距离有一个技术性的定义，且它的属性并不是想当然的。例如，与空间中的普通距离不同，从 u 到 v 的距离通常与从 v 到 u 的距离是不等的。那么，我们来证明这个三角不等式。

证明. 为了证明这一不等式，设 **f** 是一个从 u 到 x 的最短通路，且 **r** 是从 x 到 v 的最短通路。那么依据引理 10.2.2，**f** $\hat{x}$ **r** 是一条从 u 到 v 长度为 $dist(u, x) + dist(x, v)$ 的路，因此根据定理 10.2.3，这个和是从 u 到 v 最短通路长度的上界。习题 10.3 中对"当且仅当"做了证明。

最后，路和通路的关系扩展到回路和圈。∎

引理 10.2.6 经过一个顶点的最短正长度的回路就是经过该顶点的一个圈。

引理 10.2.6 的证明实质上与定理 10.2.3 的证明相同，参见习题 10.4。

10.3 邻接矩阵

如果一个图 G 有 n 个顶点 $v_0, v_1, \ldots, v_{n-1}$，那么对其进行表示的有效方法是用一个 $n \times n$ 的零一矩阵，称为该图的邻接矩阵（adjacency matrix）$\boldsymbol{A}_G$。如果从顶点 v_i 到顶点 v_j 存在一条边，那么邻接矩阵的第 ij 个元素，$(\boldsymbol{A}_G)_{ij}$，取值为 1，否则取值为 0。也就是，

$$(\boldsymbol{A}_G)_{ij} ::= \begin{cases} 1 & \text{如果} \langle v_i \to v_j \rangle \in E(G) \\ 0 & \text{其他} \end{cases}$$

例如，令 H 为一个 4 节点的图，如图 10.1 所示。它的邻接矩阵 $\boldsymbol{A}_H$ 是一个 4×4 的矩阵：

$$A_H = \begin{array}{c|cccc} & a & b & c & d \\ \hline a & 0 & 1 & 0 & 1 \\ b & 0 & 0 & 1 & 1 \\ c & 0 & 1 & 0 & 0 \\ d & 0 & 0 & 1 & 0 \end{array}$$

这种表达的一个好处是，我们可以利用矩阵的幂来计算顶点之间路的条数。例如，图 H 中顶点 a 到 c 有两条长度为 2 的路：

$$a \quad \langle a \to b \rangle \quad b \quad \langle b \to c \rangle \quad c$$
$$a \quad \langle a \to d \rangle \quad d \quad \langle d \to c \rangle \quad c$$

并且这是由 a 到 c 的仅有的两条路。并且，由 b 到 c 之间有一条长度为 2 的路，c 到 c 和 d 到 b 均有一条长度为 2 的路，这是图 H 中仅有两条长度为 2 的路。看起来我们可以从矩阵 $(\boldsymbol{A}_H)^2$ 的元素中读取这些计数：

$$(A_H)^2 = \begin{array}{c|cccc} & a & b & c & d \\ \hline a & 0 & 0 & 2 & 1 \\ b & 0 & 1 & 1 & 0 \\ c & 0 & 0 & 1 & 1 \\ d & 0 & 1 & 0 & 0 \end{array}$$

更一般地说，矩阵$(A_G)^k$提供了任意有向图G中顶点之间长度为k的路的条数，我们现在就来解释这个问题。

定义 10.3.1 一个有n个顶点的图G，其中长度为k（也称为k长度）的路（walk）的计数矩阵是一个$n \times n$的矩阵C

$$C_{uv} ::= \text{由}u\text{到}v\text{的长度为}k\text{的路的条数} \tag{10.4}$$

要注意邻接矩阵A_G是图G中 1 长度路的计数矩阵，且$(A_G)^0$是 0 长度路的计数矩阵，按惯例是一个单位矩阵。

定理 10.3.2 如果C是图G的k长度路的计数矩阵，且D是m长度路的计数矩阵，那么CD是图G的$k+m$长度路的计数矩阵。

根据这个定理，邻接矩阵的平方$(A_G)^2$是图G的长度为 2 的路的计数矩阵。再次应用这个定理，$(A_G)^2 A_G$表明长度为 3 的路的计数矩阵就是$(A_G)^3$。更为一般地，可做如下归纳。

推论 10.3.3 有向图G的k长度计数矩阵为$(A_G)^k$，$k \in \mathbb{N}$。

换句话说，通过计算邻接矩阵的k次方就可以确定任意两个顶点之间k长度的路的条数！

这似乎令人惊讶，但是通过证明可以揭示矩阵乘法与路的条数之间的简单联系。

定理 10.3.2 的证明。顶点u和v之间任意长度为$(k+m)$的路，是一条从u到w的长度为k的路，之后是一条从w到v的长度为m的路。所以，从u到v，且在第k步经过w的$(k+m)$长度的路，等于从u到w长度为k的路的条数C_{uw}，乘以从w到v之间m长度的路的条数D_{wv}。对于所有可能的w，我们只要对所有在第k步经过w的路的条数进行求和，就可以得到从u到v之间长度为$(k+m)$的路的总条数。换言之，

$$\#\text{由}u\text{到}v\text{的}(k+m)\text{长度的路的条数} = \sum_{w \in V(G)} C_{uv} \cdot D_{wv} \tag{10.5}$$

等式 10.5 右边是$(CD)_{uv}$的精确定义。这样，CD就是长度为$(k+m)$的路的计数矩阵。∎

10.3.1 最短路径

至少对我们这些数学书呆子来说，邻接矩阵的幂与路的条数之间的关系非常酷，但是一个更为重要的问题是寻找节点对之间的最短路径。例如，当你要开车回家度假的时候，你通常想

走时间最短的路线。

在一个 n 顶点的图 G 中找到所有最短路径的一个简单方法是一个接一个地对 A_G 做连续的幂计算，直到第 $n-1$ 次，观察使得每一个元素首次变为正值的幂计算。这是因为定理 10.3.2 揭示了，如果 u 到 v 之间存在最短路径，那么它的长度（也就是 u 和 v 之间的距离）就是使 $(A_G)_{uv}^k$ 非零的最小的 k。并且如果存在最短路径，它的长度会小于或等于 $n-1$。对这一想法的改进可以给出查找最短路径的合理有效的方法。这些方法同样可以应用于加权图。加权图上的边被标注了权重或者代价，目标是找到最少权重、代价最小的路径。在介绍性的算法课程中通常会涵盖这些改进方法，我们在此不对这些内容做进一步介绍。

10.4　路关系

有向图中的一个基本问题是，是否存在从一个特定的顶点到另一个顶点的一条路径。所以，对于任意的有向图 G，我们感兴趣的是一个二值关系 G^*，称作 $V(G)$ 上的路关系（walk relation），其中

$$u \ G^* \ v ::= \text{在} G \text{中存在一条由} u \text{到} v \text{的路} \quad (10.6)$$

类似地，存在正路关系（positive walk relation）

$$u \ G^+ \ v ::= \text{在} G \text{中存在一条长度值为正的由} u \text{到} v \text{路} \quad (10.7)$$

定义 10.4.1　当由顶点 v 到顶点 w 存在一条路时，我们说 w 是由 v 可达的（reachable），或者等价的说法是，v 到 w 是连通（connected）的。

10.4.1　复合关系

有一种简单的方法可把函数的复合扩展为关系的复合，并且这也为我们讨论有向图中的路和通路提供了另外一种方法。

定义 10.4.2　令 $R: B \to C$ 且 $S: A \to B$ 为二值关系。那么 R 和 S 的复合为二值关系 $(R \circ S): A \to C$，由如下规则定义

$$a \ (R \circ S) \ c ::= \exists b \in B. (a \ S \ b) \ \text{AND} \ (b \ R \ c) \quad (10.8)$$

如果 R 和 S 均为函数，在这种特例的情况下①，复合关系即为定义 4.3.1 中的复合函数。

---

①　式 10.8 中 R 和 S 顺序的颠倒并不是笔误。这是为了使得复合关系能够扩展复合函数。函数 f 与函数 g 关于参数 x 的复合函数值为 $f(g(x))$。所以在复合函数 $f \circ g$ 中，函数 g 先进行计算。

还记得有向图是关于顶点的二值关系吗？那么有向图G与自己进行复合也就合乎情理了。如果我们用G^n表示G与自己的n次复合，那么就很容易检验（参见习题 10.11）G^n就是n长度的路关系：

$$a\ G^n\ b\ 当且仅当在G\ 中由a\ 到b\ 存在一条长度值为n\ 的路$$

这甚至对于$n = 0$的情况也是成立的，根据惯例，G^0是顶点集上的恒等关系（identity relation）$\text{Id}_{V(G)}$。① 由于当且仅当存在通路时才存在路，且通路的最大长度为$|V(G)| - 1$，那么我们现在就有 ②

$$G^* = G^0 \cup G^1 \cup G^2 \cup \ldots \cup G^{|V(G)|-1} = (G \cup G^0)^{|V(G)|-1} \tag{10.9}$$

等式最后的等号指出，重复使用平方来作为计算G^*的方法，只包含$\log n$而不是$n - 1$次关系的组合。

10.5 有向无环图&调度

图 10.6 展示了一些 MIT 计算机科学学科的前导课程。从课程s到课程t的一条边表明在课程目录中s是t的一个直接前导课程。当然，在学习课程t之前，你不仅要学习课程s，而且包括s的所有前导课程，以及这些前导课程的所有前导课程，依次类推。我们可以通过正路关系对此进行精确的阐述：如果D是课程的直接前导关系，那么在学习课程v之前必须先完成课程u，当且仅当 $u\ D^+ v$。

当然，如果直接前导关系图中存在长度为正数的回路的话，就会使得毕业遥遥无期。我们需要禁止这样的回路，根据引理 10.2.6，这与禁止圈是一样的。所以，直接前导课程图最好是无环图（acyclic）。

定义 10.5.1 有向无环图（directed acyclic graph, DAG）是不包含圈的有向图。

DAG 在计算机科学中尤其重要。它们捕获了用于分析任务调度和并发控制的关键概念。当在多个处理器上进行程序分发时，如果程序的某部分所需要的来自另一个部分的输出还没完成，我们就会遇到麻烦！所以，让我们更深入地研究一下 DAG，及其与调度之间的联系。

---

① 集合A上的恒等关系就是相等关系：

$$a\ \text{Id}_A\ b\ 当且仅当\ \ a = b$$

对于任意的$a, b \in A$。

② 等式 10.9 包含了一个无害的符号滥用：我们本应这样写

$$\text{graph}(G^*) = \text{graph}(G^0) \cup \text{graph}(G^1) \ldots$$

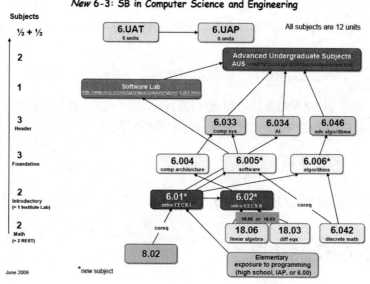

图 10.6　MIT 计算机科学（6-3）专业的课程前导关系

10.5.1　调度

在一个调度问题中，有一个任务集合，和一个约束集合，用于说明启动某个任务所需要事先完成的其他任务。我们可以把这些集合映射到有向图中，以任务为节点，直接先决约束作为边。

例如，图 10.7 所示的 DAG 描述了一名男士为了参加一个正式场合的活动会如何进行穿戴。正如我们前面所述，顶点对应于衣物，边对应于哪件衣服要在哪些其他衣物之前穿戴。

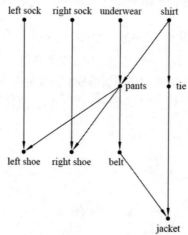

图 10.7　描述衣物穿戴先后顺序的 DAG

当面对这类先决条件集合时，最基本的任务就是找到一个执行所有任务的顺序，一次执行一个，同时遵守依赖约束。这种对任务进行排序的方式也称为拓扑排序（topological sorting）。

定义 10.5.2 有限 DAG 的拓扑排序是一个所有顶点的列表，使得每个顶点 v 在列表中的出现早于其他每一个由 v 可达的顶点。

有很多每次穿一件且满足图 10.7 所示约束的穿衣方法。我们在图 10.8 中列出了两个这样的拓扑排序。实际上，我们能够证明每一个有限 DAG 都有拓扑排序。你可以将此作为你早上确实能把衣服穿好的数学依据。

```
    underwear        left sock
      shirt            shirt
      pants             tie
      belt           underwear
       tie           right sock
     jacket            pants
    left sock        right shoe
    right sock          belt
    left shoe          jacket
   right shoe         left shoe
      (a)               (b)
```

图 10.8 图 10.7 中先决条件下的两个可能的拓扑排序

有限 DAG 拓扑排序可以很容易地从极小（minimal）元素开始构造出来。

定义 10.5.3 DAG D 中的一个顶点 v 是最小（minimum）的，当且仅当每个其他的顶点都是由 v 可达的。

顶点 v 为极小的，当且仅当 v 从任何顶点都不可达。

用"最小"和"极小"这样的词来讨论通路的起始顶点看起来有些奇怪。一个顶点比被它连接的任何顶点都要"小"，这就是使用这些词的视角。我们在下一节会探索这种思考 DAG 的方式，但是现在我们就会用到这些术语，因为这是习惯用法。

这个术语的一个特点就在于一个 DAG 可能没有最小元素，但是有很多极小元素。特别地，在穿衣例子中有 4 个极小元素：leftsock，rightsock，underwear 以及 shirt。

为了建立一个穿衣的顺序，我们选择一个极小元素，比如 shirt。现在就有了一个新的极小元素集合：在步骤 1 中我们没有选择的三个元素仍然是极小的，而且如果去掉 shirt，tie 就会成为极小元素。选择另一个极小元素，并以此方式继续直到所有的元素都被挑选完。以挑选先后为顺序的元素序列就是一个拓扑排序。这就是拓扑排序的构造方法。

所以我们的构造表明：

定理 10.5.4 每一个有限 DAG 都有拓扑排序。

还有很多其他的拓扑排序构造方法。例如，我们可以从通路末端的最大（maximal）元素开始构造拓扑排序，而不是从通路起始位置的极小元素开始。事实上，拓扑排序可以通过从有限DAG中任意选择一个顶点，然后把它们插入列表的合适位置的方式来构造。[①]

10.5.2 并行任务调度

对于任务依赖，拓扑排序提供了一种遵守依赖关系的同时逐个执行任务的方法。但是如果我们具有在同一时刻执行多于一个任务的能力呢？例如,任务是程序,DAG 表明数据依赖关系，并且我们有一台具有很多处理器的并行机器，而不是一台单一处理器的串行机器。应该如何调度这些任务呢？我们的目标应该是最小化完成所有任务的总时间。简单起见，我们假设所有任务要花费同样的时间，且所有处理器都相同。

那么给定一个有限的任务集合，在一个最优的并行调度中完成所有任务的时间是多少？我们可以用无环图上的路关系来分析这个问题。

在第一个时间单元，我们应该做所有的极小项，所以我们会穿上左袜子、右袜子、内衣和衬衣。[②] 在第二个时间单元，应该穿裤子和打领带。注意，还不能穿上左脚或右脚的鞋，因为还没有穿上裤子。在第三个时间单元，我们应该穿上左脚鞋子、右脚鞋子、系上腰带。在最后的时间单元中，我们可以穿上外套。这个调度如图 10.9 所示。

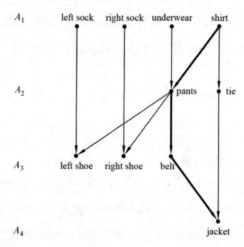

图 10.9　图 10.7 中穿衣任务的一个并行调度。A_i 中的任务可以在步骤 i 中执行，$1 \leqslant i \leqslant 4$。加粗的边显示的是包含 4 个任务的链（本例中的关键通路）

[①] 事实上，DAG 甚至不需要是有限的，但是你大可放心我们不会深入探究这一点。
[②] 是的，我们知道你实际上不能同时穿上两只袜子，但是想象一群机器人给你穿衣服，并且你非常赶时间。对你还是不适用？好吧，忘掉穿衣服的事，想象图 10.7 中所示的具有先决约束的课程安排。

完成这些任务的总时间是 4 个时间单元。我们不能比 4 个时间单元做得再好了，因为有一个 4 个任务的序列，必须是先做完一个再做下一个。我们必须系腰带前穿裤子，穿夹克前系上腰带。这些项构成的序列称为链（chain）。

定义 10.5.5 DAG 中的两个顶点是可比较的，当其中一个是从另一个可达的。DAG 中的一个链是一个顶点的集合，使得其中任意两个顶点都是可比较的。由链中的所有其他顶点均可达的顶点是该链的最大元素（maximum element）。一个有限的链结束于它的最大元素。

即使有不限个数的处理器，调度任务所花费的时间至少也要和任意链中的顶点个数一样多。这是因为，如果我们使用的时间少于某个链的大小，那么该链中的两项任务就不得不在同一步骤中完成，这是与优先约束相违背的。因此，最大（largest）的链也称作关键通路（critical path）。例如，图 10.9 展示了穿衣问题有向图的关键通路。

在这个例子中，我们能够通过 t 步来调度所有的任务，其中 t 是最大链的大小。DAG 的一个优点就是这总是可行的！换言之，对于任意 DAG，存在一个合法的并行调度，总共运行 t 步。

一般来说，用于任务执行的调度说明了在连续的步骤中分别执行哪些任务。每一个任务 a 都必须在某一步安排执行，并且所有需要在任务 a 之前完成的任务都必须安排在更早的步骤中。下面是调度的一个更严谨的定义。

定义 10.5.6 集合 A 的划分（partition）是 A 的非空子集的集合——这些非空子集被称作划分的块（block）[①]——使得 A 中的每个元素都恰好在一个块中。

例如，把集合 $\{a,b,c,d,e\}$ 分为三个块的一种可能划分是

$$\{a,c\} \quad \{b,e\} \quad \{d\}$$

定义 10.5.7 对于 DAG D 的一个并行调度（parallel schedule）是对 $V(D)$ 的一个划分，得到块 $A_0, A_1, \ldots$，使得当 $j < k$ 时，A_k 中的任意顶点到 A_j 中的任意顶点都是不可达的。块 A_k 称作调度步骤 k 的元素集合，且调度的时间是块的个数。任意调度步骤上的最大元素个数称为调度所需的处理器个数。

一个结束于元素 a 处的最大链称作到达 a 的关键通路，并且在此链中小于节点 a 的元素个数称为 a 的深度。因此在任意可能的并行调度中，在启动任务 a 之前，至少有 depth(a) 个步骤。特别地，极小元素就是那些深度为 0 的元素。

存在一个使得每个任务都以最少步骤数来完成的简单调度：使用"贪心"策略来尽早地执行任务。在步骤 k 安排执行所有深度为 k 的元素。这就是我们为穿衣问题找到的调度方法。

[①] 我们认为把这些划分称为部分更好一些，但是"块"是标准的术语。

定理 10.5.8 有限 DAG D 的最短时间调度包含集合 $A_0, A_1, \ldots$，其中

$$A_k ::= \{a \in V(D) \mid \text{depth}(a) = k\}$$

根据定义 10.5.7 可证明这样一组集合 A_k 就是一个并行调度，我们把这个证明留到习题 10.24 中。可以把上面的事情做如下总结：使用无限个数的处理器，完成所有任务的并行时间就是关键通路的大小：

推论 10.5.9 并行时间=关键通路的大小

当处理器的个数是有界的时候，情况会更加复杂一些，参见习题 10.25。

10.5.3 Dilworth 引理

定义 10.5.10 DAG 中的一个反链（antichain）是一个不存在可比较的两个元素的顶点集合——集合中任意两个不同的顶点之间不存在路。

关于调度的一些结论也告诉了我们关于反链的一些事情。

推论 10.5.11 在 DAG D 中，如果最大链的大小为 t，那么 $V(D)$ 可以被划分为 t 个反链。

证明. 令反链为集合 $A_k ::= \{a \in V(D) \mid \text{depth}(a) = k\}$，练习证明每一个 A_k 都是一个反链是很简单的（见习题 10.24）。

推论 10.5.11 暗示 [①] 了关于有向无环图的一个著名结论：

引理 10.5.12（Dilworth） 对于所有的 $t > 0$，每个有 n 个顶点的 DAG 要么有一个大于 t 的链，要么有一个大小至少为 n/t 的反链。

证明. 假设没有大小大于 t 的链。令 ℓ 为最大反链的大小。如果根据推论 10.5.11 的证明来制订并行调度，建一些和最大链一样大小的反链，它们的数量小于等于 t。每个元素只属于一个反链，每个反链都不大于 ℓ。所以总的元素个数最多为 ℓ 乘以 t，也就是，$\ell t \geq n$。应用简单的除法可得到 $\ell \geq n/t$。 ∎

推论 10.5.13 每一个有 n 个顶点的 DAG 都有长度大于 $\sqrt{n}$ 的链或者长度至少为 $\sqrt{n}$ 的反链。

证明. 令引理 10.5.12 中的 $t = n$。 ∎

例 10.5.14 当我们例子中的男士穿好衣服时，$n = 10$。

尝试 $t = 3$。有一个大小为 4 的链。

尝试 $t = 4$。没有大小为 5 的链，但是有一个大小为 $4 \geq 10/4$ 的反链。

[①] 引理 10.5.2 还来自于一个称作 Dilworth 定理的更一般的结论。此处我们不予讨论。

10.6 偏序

将"直接先决条件"关系映射到有向图上之后，我们就可以利用这一工具来理解计算机科学家的图，用以推导穿衣服这样一般的问题。这或许会让你印象深刻，也许不会，不过我们还可以做得更好。在本章的引言中，我们提及了一个有用的事实，在此值得再次强调：形式化地说，任何有向图都等同于二值关系，它的域和陪域都是其顶点。这意味着任何域和陪域相同的二值关系都可以变换成有向图！谈论二值关系的边或者有向图下的集合像乍看上去似乎有些奇怪，但是这样做使我们能够获得不同类型关系之间的重要联系。例如，我们可以将 Dilworth 引理应用到穿衣问题的"直接先决条件"关系中，因为这个关系的图是一个 DAG。

但是我们怎么分辨一个二值关系图是否是一个 DAG 呢？并且一旦我们知道一个关系是 DAG，能够得出什么结论呢？在这一节，我们将提炼出一些二值关系可能具有的性质，并利用这些性质来定义关系的类型。特别地，我们将解释这一节的标题，偏序（partial orders）。

10.6.1 DAG 中路关系的性质

首先，我们讨论一下所有有向图共有的一些特性。既然合并 u 到 v 的路与 v 到 w 的路可得到一条由 u 到 w 的路，那么路和正路关系都具有一个关系性质，称作传递性（transitivity）。

定义 10.6.1 集合 A 上的关系 R 是传递的（transitive），当且仅当对于每个 $a, b, c \in A$，有

$$(a \, R \, b \text{ AND } b \, R \, c) \Rightarrow a \, R \, c$$

因此我们有

引理 10.6.2 对任意有向图 G，路关系 G^+ 和 G^* 是传递的。

由于每个顶点都有一个长度为零的路通往自身，路关系还有另一个关系性质，称作自反性。

定义 10.6.3 集合 A 上的一个二值关系 R 是自反的（reflexive），当且仅当对于所有的 $a \in A$ 有 $a \, R \, a$。

现在我们有

引理 10.6.4 对于任意有向图 G，路关系 G^* 是自反的。

我们知道，当且仅当一个有向图没有长度为正的回路时，这个有向图为 DAG。既然回路上的任意顶点可以作为路的起点和终点，说一个图是 DAG 等同于说图中任何顶点都没有返回到自身的正长度通路。这意味着，DAG 的正的路关系 D^+ 具有称为非自反（irreflexivity）的性质。

定义 10.6.5 集合 A 上的二值关系 R 是非自反的，当且仅当对于所有的 $a \in A$ 有

$$\text{NOT}(a \, R \, a)$$

所以我们有

引理 10.6.6 R 是一个 DAG，当且仅当 R^+ 是非自反的。

10.6.2 严格偏序

在此我们开始定义有意思的关系类型。

定义 10.6.7 具有传递性的且非自反的关系称作**严格偏序关系**（strict partial order）。

一个严格偏序关系和 DAG 之间的联系延续自引理 10.6.6。

定理 10.6.8 关系 R 是严格偏序关系，当且仅当 R 是一个 DAG 中的正路关系。

严格偏序关系来自很多表面上看起来和有向图没有关系的情形。例如，数字的小于顺序 $<$ 是一个严格偏序：

- 如果 $x < y$ 且 $y < z$，那么 $x < z$，所以小于是传递的，且
- $\text{NOT}(x < x)$，所以小于是非自反的。

真包含关系 $\subset$ 也是一个偏序：

- 如果 $A \subset B$ 且 $B \subset C$，那么 $A \subset C$，所以包含是传递的，且
- $\text{NOT}(A \subset A)$，所以真包含关系是非自反的。

如果两个顶点是互相可达的，那么就存在一个长度为正值的回路，从一个顶点出发，到达另外一个，然后再返回。所以 DAG 是没有两个顶点相互可达的有向图。这对应于称为非对称性（asymmetry）的关系性质。

定义 10.6.9 集合 A 上的二值关系 R 是**非对称的**，当且仅当对于所有的 $a, b \in A$

$$a\ R\ b \text{ IMPLIES NOT}(b\ R\ a)$$

所以我们也可以用不对称来表征 DAG：

推论 10.6.10 有向图 D 是一个 DAG，当且仅当 D^+ 是非对称的。

推论 10.6.10 和定理 10.6.8 相结合可得出以下推论。

推论 10.6.11 集合 A 上的二值关系 R 是严格偏序关系，当且仅当它是传递的和非对称的。[①]

严格偏序可能是不同 DAG 的正路关系。这就引发了如何查找能确定给定严格偏序关系的最小边数的 DAG 的问题。对于有限的严格偏序，这样的最小 DAG 是唯一且容易找到的（参见习题 10.30）。

[①] 一些课本用这个推论来定义严格偏序。

10.6.3 弱偏序

小于等于关系≤和小于关系的严格偏序一样为人熟知，并且包含关系⊆甚至比真包含关系⊂更为常见。这些是弱偏序（weak partial order）的实例，就是在严格偏序上增加每个元素都与自身相关的附加条件。如需更精确地阐述，我们要放松非对称属性，使之不适用于顶点与自身的比较，这个放松性质称作反对称性（antisymmetry）。

定义 10.6.12 集合A上的二值关系R是反对称的，当且仅当对于所有的$a \neq b \in A$

$$a\ R\ b\ \text{IMPLIES NOT}(b\ R\ a)$$

现在我们可以给出一个与严格偏序定义相对应的弱偏序关系的公理定义。

定义 10.6.13 一个集合上的一个二值关系是弱偏序，当且仅当它是传递的、自反的和反对称的。

根据这个定义，下面的引理给出了弱偏序的另外一个描述。

引理 10.6.14 集合A上的关系R是弱偏序，当且仅当A上的严格偏序S使得对于所有的$a, b \in A$，有

$$a\ R\ b\quad \text{当且仅当}\quad (a\ S\ b\ \text{OR}\ a = b)$$

由于长度为零的路是从顶点回到自身，这个引理与定理10.6.8可得到如下推论。

推论 10.6.15 一个关系是弱偏序，当且仅当该关系是一个DAG的路关系。

对于弱偏序，我们常常采用序风格的符号≼或者⊑，而不是R这样的字母符号。① 同样地，我们通常使用≺或⊏来表示严格偏序。

再举两个值得提及的偏序例子。

例 10.6.16 令A为一族集合，并定义$a\ R\ b$当且仅当$a \supset b$，那么R是一个严格偏序。

例 10.6.17 整除关系在非负整数上是弱偏序关系。

为了练习使用这些定义，你可以检验另两个例子是集合D上的无意义偏序：恒等关系Id_D是弱偏序，空关系（empty relation）——没有箭头的关系——是严格偏序。

注意，一些作者把"偏序"定义为我们所称的弱偏序。然而，我们用"偏序"这个词来表示弱的或者严格偏序关系。

---

① 通常的关系一般用R这样的字母表示，而不是神秘的波纹符号，所以≼有点像音乐表演家/作曲家Prince，他为他的名字的拼写重新定义了自己的波纹符号。几年后，他就弃用了新的拼写，转回使用拼写Prince。

10.7 用集合包含表示偏序

公理可以是抽象和理解对象重要属性的好方法，但是清楚地了解满足公理的事物也是有益的。DAG 提供了一个了解偏序的方法，但是用其他我们所熟悉的数学对象来描述偏序也是有帮助的。在这一节中，我们会介绍每个偏序可以用由包含关系联系在一起的一个集合族来描绘。也就是说，每个偏序都与这样的由集合构成的族具有"相同形状"。与"相同形状"对应的技术性词汇是"同构"。

定义 10.7.1 集合A上的二进制关系R与集合B上的关系S是同构的，当且仅当存在由A到B的关系保持的双射。也就是说，存在一个双射$f: A \to B$使得对于所有的$a, a' \in A$，

$$a \, R \, a' \quad 当且仅当 \quad f(a) \, S \, f(a')$$

为了将集合A上的偏序$\leqslant$描绘为集合族，我们把每个元素A表示为所有$\leqslant$该元素的元素集合，即 $a \longleftrightarrow \{b \in A | b \leqslant a\}$。例如，如果$\leqslant$是整数集合$\{1,3,4,6,8,12\}$上的整除关系，那么我们就将每个整数用$A$中的能够将其整除的整数集合来表示，因此有

$$\begin{aligned}
1 &\longleftrightarrow \{1\} \\
3 &\longleftrightarrow \{1, 3\} \\
4 &\longleftrightarrow \{1, 4\} \\
6 &\longleftrightarrow \{1, 3, 6\} \\
8 &\longleftrightarrow \{1, 4, 8\} \\
12 &\longleftrightarrow \{1, 3, 4, 6, 12\}
\end{aligned}$$

所以，$3 | 12$对应于$\{1,3\} \subseteq \{1,3,4,6,12\}$。

通过这种方法，我们利用对应集合之间的关系就完全捕捉到了弱偏序$\leqslant$。形式化地说，我们有如下引理。

引理 10.7.2 令$\leqslant$为集合A上的弱偏序，那么$\leqslant$与所有元素$a \in A$之间的$\leqslant$关系下的原像集上的子集关系$\subseteq$是同构的。

我们将证明留到习题 10.36 中。实际上，同样的构造表明严格偏序可以由集合的真子集关系$\subset$来表示（见习题 10.37）。总结如下，

定理 10.7.3 每个弱偏序$\leqslant$都与一个集合族上的子集关系$\subseteq$同构。

每个严格偏序$<$都与一个集合族的真子集关系$\subset$同构。

10.8 线性序

为人熟知的数字的序关系还有一个重要的附加性质：给定两个不同的数字，其中一个要大于另外一个，具有这种性质的偏序称作线性序（linear order）。你可以把线性序想象成所有元素都排成一队，队中每个元素都知道自己的前面和后面是谁。[①]

定义 10.8.1 令R为集合A上的二元关系，令a, b为A中的元素。那么a和b关于R是可比较的，当且仅当[$a R b$ OR $b R a$]。每两个不同元素都是可比较的偏序称作线性序。

所以<和≤是$\mathbb{R}$上的线性序。另一方面，子集关系不是线性的，因为，例如任意两个同样大小的不同有限集合在⊆下是不可比较的。课程6要求的前导课程关系也不是线性的，因为比如8.01和6.042都不是相互的前导课程。

10.9 乘积序

取两个关系的乘积是从旧的关系创建新的关系的一种有效办法。

定义 10.9.1 关系R_1与R_2的乘积$R_1 \times R_2$定义为具有如下性质的关系

$$\text{domain}(R_1 \times R_2) ::= \text{domain}(R_1) \times \text{domain}(R_2)$$
$$\text{codomain}(R_1 \times R_2) ::= \text{codomain}(R_1) \times \text{codomain}(R_2)$$
$$(a_1, a_2)(R_1 \times R_2)(b_1, b_2) \quad \text{当且仅当} \quad [a_1 R_1 b_1 \text{ and } a_2 R_2 b_2]$$

从定义可知，乘积保持了传递、自反、非自反，以及反对称性质（参见习题 10.50）。如果R_1和R_2都具有这些性质之一，那么$R_1 \times R_2$同样也具有该性质。这暗示了如果R_1和R_2都是偏序，那么$R_1 \times R_2$同样也是。

例 10.9.2 定义Y为年龄-身高对上的更年轻且更矮这一关系。这是(y, h)集合上的关系，其中y是以月为单位来表示年龄的非负整数，其≤2400，h是以英寸为单位表示身高的非负整数，其≤120。我们通过以下规则定义Y

$$(y_1, h_1) Y (y_2, h_2) \quad \text{当且仅当} \quad y_1 \leq y_2 \text{ AND } h_1 \leq h_2$$

也就是说，Y是年龄上的≤关系与身高上的≤关系之积。

既然年龄和身高是以数值排序的，那么年龄-身高关系Y就是一个偏序。现在我们假设一个

[①] 线性序常被称作"全"序，但是这个术语与"全关系"相冲突，常会令人们混淆。线性序是比全关系的偏序更强的条件。例如，任意弱偏序都是全关系，但通常不是线性序。

班上有 101 名学生，那么可以应用 Dilworth 引理 10.5.12 得出这样的结论，存在一个 11 个学生的链——即这 11 个学生越年长则越高，或者一个反链——即这 11 个学生越年轻则越高。这可以作为课堂上一个有趣的演示。

另一方面，线性序的性质是非保持的。例如，年龄-身高关系 Y 是两个线性关系的乘积，但是它却不是线性的：年龄为 240 个月，身高为 68 英寸这个对 (240,69)，和 (228,72) 这个对在关系 Y 上是不可比较的。

10.10　等价关系

定义 10.10.1 如果一个关系是自反的、对称的以及可传递的，那么这个关系是一个等价关系。

模 n 同余是等价关系的一个重要例子：

- 它是自反的，因为 $x \equiv x \pmod{n}$。
- 它是对称的，因为 $x \equiv y \pmod{n}$ IMPLIES $y \equiv x \pmod{n}$。
- 它是传递的，因为 $x \equiv y \pmod{n}$ 并且 $y \equiv z \pmod{n}$ IMPLIES $x \equiv z \pmod{n}$。

这里还有一个等价关系的更著名的例子：相等关系本身。

任何全函数在它定义域上定义了一个等价关系：

定义 10.10.2 如果 $f: A \rightarrow B$ 是一个全函数，通过下面的规则定义一个关系 $\equiv_f$：

$$a \equiv_f a' \quad \text{当且仅当} \quad f(a) = f(a')$$

从 $\equiv_f$ 的定义可以看出，$\equiv_f$ 是自反的、对称的以及可传递的，因为这些是相等关系的性质。也就是说，$\equiv_f$ 是一个等价关系。这个观察提供了另外一种方式去看待模 n 同余是一个等价关系：余数引理 9.6.1 暗含着模 n 同余与 $\equiv_r$ 是相同的，其中 $r(a)$ 是 a 除以 n 的余数。

实际上，一个关系是一个等价关系，当且仅当对于某个全函数 f，这个关系等价于 $\equiv_f$（参见习题 10.56），所以等价关系可以用定义 10.10.2 进行定义。

10.10.1　等价类

等价关系与划分有密切的联系，因为等价关系下的元素的像就是划分得到的块。

定义 10.10.3 给定一个等价关系 $R: A \rightarrow A$，元素 $a \in A$ 的等价类（equivalence class）$[a]_R$ 是 A 中与 a 以 R 关系相关的所有元素。即，

$$[a]_R ::= \{x \in A \mid a\, R\, x\}$$

换言之，$[a]_R$ 就是像 $R(a)$。

例如，假设 $A = \mathbb{Z}$，$a\ R\ b$ 表示 $a \equiv b \pmod 5$。那么，
$$[7]_R ::= \{\ldots, -3, 2, 7, 12, 22, \ldots\}$$
注意，7,12,17等都有同样的等价类；也就是，$[7]_R = [12]_R = [17]_R = \cdots$。

A上的等价关系和A的划分具有确切的对应关系。即，给定一个集合的任意划分，存在于同一个块内的关系明显就是一个等价关系。另一方面，我们有：

定理 10.10.4 集合A上的等价关系的等价类是A上划分的块。

我们把定理 10.10.4 的证明作为一个公理推理的基础练习（参见习题 10.55），但是我们先来看一个例子。模5同余关系把整数划分为 5 个等价类：

$$\{\ldots, -5, 0, 5, 10, 15, 20, \ldots\}$$
$$\{\ldots, -4, 1, 6, 11, 16, 21, \ldots\}$$
$$\{\ldots, -3, 2, 7, 12, 17, 22, \ldots\}$$
$$\{\ldots, -2, 3, 8, 13, 18, 23, \ldots\}$$
$$\{\ldots, -1, 4, 9, 14, 19, 24, \ldots\}$$

其中，$x \equiv y \pmod 5$等价于x与y属于划分的同一个块中的断言。例如，$6 \equiv 16 \pmod 5$，因为它们都在第二个块中，但是$2 \not\equiv 9 \pmod 5$，因为 2 是在第三个块中而 9 在最后一个块中。

在社交用语中，如果"喜欢"是一个等价关系，那么每个人会被分到不同的朋友圈中，朋友间相互喜欢而不喜欢其他人。

10.11 关系性质的总结

关系$R: A \to A$与A为顶点的有向图相同。

自反性 R是自反的，当
$$\forall x \in A.\ x\ R\ x$$
R中的每个顶点都有一个自循环。

非自反性 R是非自反的，当
$$\text{NOT}[\exists x \in A.\ x\ R\ x]$$
R中没有自循环。

对称性 R是对称的，当
$$\forall x, y \in A.\ x\ R\ y\ \text{IMPLIES}\ y\ R\ x$$

如果在 R 中存在由 x 到 y 的边，那么同样也存在从 y 回到 x 的边。

非对称性 R 是非对称的，当

$$\forall x, y \in A.\ x\ R\ y \text{ IMPLIES NOT } y\ R\ x$$

在 R 中的两个顶点之间最多存在一条有向边，且不存在自循环。

反对称性 R 是反对称的，当

$$\forall x \neq y \in A.\ x\ R\ y \text{ IMPLIES NOT}(y\ R\ x)$$

等价地，

$$\forall x, y \in A.\ (x\ R\ y \text{ AND } y\ R\ x) \text{ IMPLIES } x = y$$

两个不同的顶点之间至多有一条有向边，但可以存在自循环。

传递性 R 是传递的，当

$$\forall x, y, z \in A.\ (x\ R\ y \text{ AND } y\ R\ z) \text{ IMPLIES } x\ R\ z$$

如果由 u 到 v 存在一条正长度通路，那么从 u 到 v 就存在一条边。

线性 R 是线性的，当

$$\forall x \neq y \in A.\ (x\ R\ y \text{ OR } y\ R\ x)$$

给定 R 中的任意两个顶点，它们之间存在正向或反向的一条边。

严格偏序 R 是一个严格偏序，当且仅当 R 是传递的和非自反的，当且仅当 R 是传递的和非对称的，当且仅当它是一个 DAG 上的正长度路关系。

弱偏序 R 是一个弱偏序，当且仅当 R 是传递的、反对称的和自反的，当且仅当 R 是一个 DAG 上的路关系。

等价关系 R 是一个等价关系，当且仅当 R 是自反的、对称的和传递的，当且仅当 R 等于 domain(R) 的某个划分中的属于同一块关系。

10.1 节习题

练习题

习题 10.1

令 S 是一个大小为 n 的非空集合，$n \in \mathbb{Z}^+$，令 $f: S \to S$ 是一个全函数。令 D_f 是一个以 S 为顶点的有向图，它的边是 $\{\langle s \to f(s)\rangle\ |\ s \in S\}$。

(a) 图 D_f 顶点的出度的可能值有哪些？

(b) 顶点的入度可能的值有哪些？

(c) 假设 f 是满射，图顶点的入度可能的值有哪些？

测试题

习题 10.2

握手引理 10.1.2 的证明提及了一个"明显的"事实，即在任意有限有向图中，顶点的入度之和等于图中箭头的数量。

声明. 对任意有限有向图 G，

$$\sum_{v \in V(G)} \text{indeg}(v) = |\text{graph}(G)| \qquad (10.10)$$

但是这个声明不是对所有人都显而易见的。因此，请用对箭头数 $|\text{graph}(G)|$ 的归纳来证明它。

10.2 节习题

练习题

习题 10.3

引理 10.2.5 说明：$\text{dist}(u,v) \leq \text{dist}(u,x) + \text{dist}(x,v)$。它同时也说明，当且仅当 x 在 u 到 v 的一条最短通路上时，等号成立。

(a) 证明充分条件（从左至右证明"当且仅当"条件）。

(b) 证明必要条件（从右至左证明"当且仅当"条件）。

随堂练习

习题 10.4

(a) 给出一个有向图的例子，它有一条包含两个顶点的回路，但没有包含这些点的圈。

(b) 证明引理 10.2.6。

引理. 通过一个顶点的最短的正长度回路是一个圈。

习题 10.5

3 位字符串是一个由 3 个字符组成的字符串，每个字符为 0 或 1。假设你想以一个字符串的形式，以任何方便的顺序写出所有 8 个 3 位字符串。例如，如果以通常的顺序从 000 001 010... 开始写出 3 位字符串，你可以将它们连接在一起以获得长度为 $3 \cdot 8 = 24$ 的字符串，起始为 000001010...。

但是你可以从 00010... 开始，获得一个包含所有 8 个 3 位字符串并且相对较短的字符串。现在 000 存在于第 1 至 3 位中，001 存在于第 2 至 4 位中，010 存在于第 3 至 5 位中……

(a) 说一个字符串是 "3-好" 的，需要满足当它包含每一个 3 位字符串，作为某个位置上的连续 3 位的条件。找到长度为 10 的 3-好字符串，并解释为什么这是任何 "3-好" 字符串的最小长度。

(b) 解释为什么任何包含图 10.10 所示的每条边的路，都能确定一个 3-好字符串。在图中找出一条路，使它能够确定(a)部分中所述的 3-好字符串。

(c) 解释为什么一条包含图 10.10 所示的每条边恰好一次的路，提供了一个最小长度的 3-好字符串。[①]

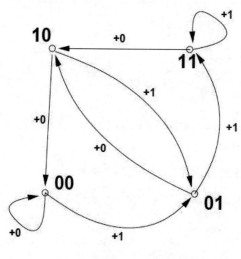

图 10.10 2 位图

(d) 从 2 位图推广到 k 位有向图 B_k 且 $k \geq 2$，$V(B_k) ::= \{0,1\}^k$，任意经过所有边恰好一次的路

---

① 这里解释的 3-好字符串可以扩展为 n-好字符串。它们被称为 de Bruijn 序列，伟大的荷兰数学家/逻辑学家 Nicolaas de Bruijn 曾研究过它们。de Bruijn 在 2012 年 2 月去世，享年 94 岁。

确定了一个最小长度的$(k+1)$-好字符串。①

这个最小长度是多少？

定义B_k的转移。验证每个顶点的入度是否与其出度相同，并且存在从任何顶点到任何其他顶点（包括其自身）至多k长度的正向路。

课后作业

习题 10.6

(a) 给出一个有向图的例子，其中一个顶点v在正偶数长度的回路上，但没有顶点在偶数长度的圈上。

(b) 给出一个有向图的例子，其中顶点v在奇数长度的回路上，但不在奇数长度的圈上。

(c) 证明每个奇数长度的闭合圈都包含一个顶点，此顶点在一个奇数长度的圈上。

习题 10.7

欧拉路②是一个包括每条边恰好一次的回路。这条路以著名的 17 世纪数学家Leonhard Euler命名（与研究出常数$e \approx 2.718$和欧拉函数ϕ的是同一个欧拉，他做出了很多的贡献。）

那么，一般来说，你怎样确定图中是否有欧拉路呢？乍看起来，这似乎是一个令人生畏的问题（找到一个经过每一个顶点一次的圈的类似问题，被称为哈密顿圈问题，是一个价值百万美元的 NP 完全问题之一）——但是其实它非常容易。

(a) 说明如果图具有欧拉路，则每个顶点的入度等于其出度。

如果任何两个顶点之间都有一条沿着边向后或向前的"路径"，有向图是弱连接的，③ 在剩下的部分中，我们将计算其逆问题。假设一个图是弱连接的，每个顶点的入度等于其出度，我们将说明该图具有欧拉路。

一条小径是一条路，其中每条边最多出现一次。

(b) 假设弱连接图中的一条小径不包括每条边。解释为什么必然存在一条不在小径上的边，且这条边以小径上的顶点开始或结束。

---

① 习题 10.7 解释了为什么存在这样的"欧拉"路。
② 在其他一些文章中，它也被称为欧拉回路（Euler circuit）。
③ 更准确地说，图G是弱连接的，当且仅当图H中存在从任何顶点到任何其他顶点的路径，其中
$$V(H) = V(G), \text{ 并且 } E(H) = E(G) \cup \{\langle v \to u\rangle | \langle u \to v\rangle \in E(G)\}$$
换言之，$H = G \cup G^{-1}$。

在余下的部分，我们假设图是弱连接的，每个顶点的入度等于其出度。令 w 为图中最长的小径。

(c) 说明，如果 w 是闭合的，则它必是欧拉路。

提示：见(b)部分。

(d) 解释为什么从 w 的结尾开始的所有边都必须在 w 上。

(e) 说明如果 w 不是闭合的，那么终点的入度将大于其出度。

提示：见(d)部分。

(f) 结论：在有限的弱连接有向图中，如果每个顶点的入度等于其出度，则有向图具有欧拉路。

10.3 节习题

练习题

习题 10.8

加权图中路的权重是路中连续边的权重之和。在一个 n-顶点图 G 中，长度为 k 的路的最小权重矩阵是 $n \times n$ 矩阵 W，使得对于 $u, v \in V(G)$，有

$$W_{uv} = \begin{cases} \omega & \text{若 } \omega \text{ 是 } u \text{ 到 } v \text{ 的长度为 } k \text{ 的路上的最小的权值,} \\ \infty & \text{若不存在 } u \text{ 到 } v \text{ 的长度为 } k \text{ 的路} \end{cases}$$

两个元素在 $\mathbb{R} \cup \{\infty\}$ 上的 $n \times n$ 矩阵 W 和 M，它们的 $\min +$ 操作产生一个 $n \times n$ 矩阵 $(W \cdot V)_{\min+}$，其第 ij 个元素是

$$(W \cdot V)_{\min+\,ij} ::= \min\{W_{ik} + V_{kj} \mid 1 \leq k \leq n\}$$

证明以下定理。

定理. 在一个加权图 G 中，当 W 是长度为 k 的路的最小权重矩阵，并且 V 是长度为 m 的路的最小权重矩阵时，则 $W \cdot V_{\min+}$ 是长度为 $k + m$ 的路的最小权重矩阵。

10.4 节习题

练习题

习题 10.9

令

$$A ::= \{1,2,3\}$$
$$B ::= \{4,5,6\}$$
$$R ::= \{(1,4),(1,5),(2,5),(3,6)\}$$
$$S ::= \{(4,5),(4,6),(5,4)\}$$

注意 R 是从 A 到 B 的二元关系，S 是从 B 到 B 的二元关系。

列出以下每个关系中的二元关系对。

(a) $S \circ R$

(b) $S \circ S$

(c) $S^{-1} \circ R$

习题 10.10

在一场循环赛中，每两个不同的选手只对抗一次。对于没有平局的循环赛，谁击败谁的记录可以用比赛有向图描述，其中顶点对应于选手，并且存在一条边 $\langle x \to y \rangle$ 当且仅当 x 在比赛中击败 y。

排名是一个包含所有玩家的路径。 所以在一个排名中，每个玩家都会赢得比赛中排名最低的玩家，但是也很可能曾输给排名较低的玩家——计算排名的人可能会有很大的空间来表现自己的偏好。

(a) 举一个有不止一个排名的比赛有向图的例子。

(b) 证明如果一个比赛图是 DAG，则它最多有一个排名。

(c) 证明每一个有限比赛有向图都有排名。

(d)（选做）证明在有理数集 $\mathbb{Q}$ 中的大于关系 > 是一个 DAG，并且是一个没有排名的比赛有向图。

课后作业

习题 10.11

令 R 为集合 A 的二进制关系。将 R 作为有向图，令 $W^{(n)}$ 表示有向图 R 中的 n-长度（长度为 n）路关系，也就是说，

$$a\,W^{(n)}\,b ::= \text{在 } R \text{ 中存在 } a \text{ 到 } b \text{ 的 } n\text{-长度的路}$$

(a) 证明，对所有 $m, n \in \mathbb{N}$

$$W^{(n)} \circ W^{(m)} = W^{(m+n)} \tag{10.11}$$

其中 $\circ$ 代表关系复合。

(b) 令 R^n 为 R 与自身的 n 次复合，$n \geq 0$。因此，$R^0 ::= \mathrm{Id}_A$，并且 $R^{n+1} ::= R \circ R^n$。

推导出，对所有 $n \in \mathbb{N}$，

$$R^n = W^{(n)} \tag{10.12}$$

(c) 推导出

$$R^+ = \bigcup_{i=1}^{|A|} R^i$$

其中 R^+ 是集合 A 上的由 R 决定的正长度的路。

习题 10.12

我们可以用一个 $n \times m$ 的 0-1 矩阵 $\boldsymbol{M}_S$ 表示两个集合 $A = \{a_1, \ldots a_n,\}$ 和 $B = \{b_1, \ldots, b_m\}$ 之间的二元关系 S。$\boldsymbol{M}_S$ 中的元素定义如下

$$\boldsymbol{M}_S(i, j) = 1 \quad \text{当且仅当} \quad a_i\,S\,b_j$$

如果我们以这种方式用矩阵表示关系，那么可以通过它们的矩阵的"布尔"矩阵乘法 $\otimes$ 来计算两个关系 R 和 S 的组合。布尔矩阵乘法与矩阵乘法相同，除了加法由 OR 替换，乘法由 AND 替代，0 和 1 用作布尔值 False 和 True。换言之，假设 $R: B \to C$ 是一个二元关系，其中 $C = \{c_1, \ldots, c_p\}$。因此 $\boldsymbol{M}_R$ 是一个 $m \times p$ 矩阵。那么 $\boldsymbol{M}_S \otimes \boldsymbol{M}_R$ 是一个 $n \times p$ 的矩阵，定义如下：

$$[\boldsymbol{M}_S \otimes \boldsymbol{M}_R](i,j) ::= \mathrm{OR}_{k=1}^{m}[\boldsymbol{M}_S(i,k) \text{ AND } \boldsymbol{M}_R(k,j)] \tag{10.13}$$

证明 $R \circ S$ 的矩阵表示 $\boldsymbol{M}_{R \circ S}$ 等于 $\boldsymbol{M}_S \otimes \boldsymbol{M}_R$（注意 R 和 S 的反转）。

习题 10.13

假设一个农庄里有n只鸡。鸡是一种很具有竞争意识的鸟类，它们通过啄咬来确定关系中的优势地位，因此有术语"啄序"。特别是，每对不同的鸡，只有可能是第一只啄第二只或者第二只啄第一只，不会出现互相啄的情形。当

- 鸡u直接啄鸡v，或者
- 鸡u啄某只鸡w，而鸡w啄鸡v。

我们称鸡u啄了鸡v。若一只鸡实际上啄所有其他鸡，则称其为鸡王。

我们可以用一个鸡群有向图来建模这种情况，该有向图的顶点是鸡，从鸡u到鸡v的边代表u啄v。在图 10.11 中，四只鸡中有三只是王者。鸡c在这个例子中不是王者，因为它没有啄鸡b，并且也没有啄其他可以啄鸡b的鸡。鸡a是一个王者，因为它可以啄鸡d，而d可以啄鸡b和c。

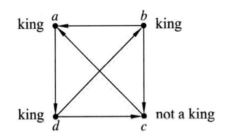

图 10.11 一个 4 只鸡的循环赛，其中鸡a,b和d是王者

一般情况下，一个循环赛有向图（tournament digraph）在任意两个不同的顶点之间都要有恰好一条边。

(a) 请定义一个 10 只鸡的循环赛图，其中有一只鸡王，且其出度为 1。

(b) 请描述一个 5 只鸡的循环赛图，其中每个选手都是王者。

(c) 请证明下面的定理。

定理（鸡王定理）. 在循环赛中，任意具有最大出度的鸡都是一个王者。

鸡王定理意味着如果胜利次数最多的选手被另一个选手x击败了，则至少他/她击败了某个击败x的选手。在这个意义上，胜利次数最多的选手相比于其他选手拥有某种炫耀的权利。不幸的是，如图 10.11 所示，可能有很多其他选手也拥有这种炫耀权利，有些甚至只获得很少的胜利。

10.5 节习题

练习题

习题 10.14

在任意 n 个元素的偏序集中，都能保证存在的最长的链是什么？最大反链又是什么？

习题 10.15

令 $\{A, \ldots, H\}$ 为一组我们必须完成的任务集合。下面的 DAG 描述了哪个任务必须在其他任务之前完成，其中，存在一个从 S 到 T 的箭头当且仅当 S 必须在 T 之前完成。

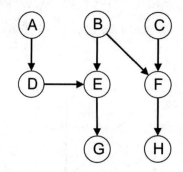

(a) 请写出最长链。

(b) 请写出最长反链。

(c) 如果允许并行调度，每个任务需要 1 分钟完成，那么完成所有任务所需的最短时间是多少？

习题 10.16

请描述一个由 1 到 10 000 的整数组成的序列，该序列以某种顺序排列，使得其中不存在一个大小为 101 的递增或递减的子序列。

习题 10.17

如果有无限数量的处理器，当可以存在不止一个的最短时间调度时，最小数量的偏序任务是什么？请解释你的答案。

习题 10.18

下面的 DAG 描述了任务 $\{1, \ldots, 9\}$ 之间的先决条件。

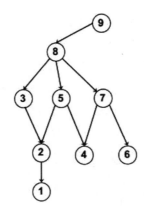

(a) 如果每个任务都需要单位时间来完成，那么完成所有任务的最短并行时间是多少？请简要说明。

(b) 如果可并行完成的任务不能超过两个，那么最短并行时间是多少？请简要说明。

习题 10.19

下面的 DAG 描述了任务 $\{1, ..., 9\}$ 之间的先决条件。

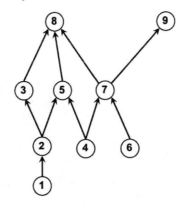

(a) 如果每个任务都需要单位时间来完成，那么完成所有任务的最短并行时间是多少？请简要说明。

(b) 如果可并行完成的任务不能超过两个，那么最短并行时间是多少？请简要说明。

随堂练习

习题 10.20

下面的表格列出了 MIT 计算机科学课程（2006 年）的一些前导信息。其定义了一个间接的前导关系，形成了一个以课程为顶点的 DAG。

$$18.01 \rightarrow 6.042 \qquad 18.01 \rightarrow 18.02$$
$$18.01 \rightarrow 18.03 \qquad 6.046 \rightarrow 6.840$$
$$8.01 \rightarrow 8.02 \qquad 6.001 \rightarrow 6.034$$
$$6.042 \rightarrow 6.046 \qquad 18.03, 8.02 \rightarrow 6.002$$
$$6.001, 6.002 \rightarrow 6.003 \qquad 6.001, 6.002 \rightarrow 6.004$$
$$6.004 \rightarrow 6.033 \qquad 6.033 \rightarrow 6.857$$

(a) 如果学生每个学期都可以上任意数量的课程，请解释为什么完成所有这些课程需要 6 个学期。使用一个贪心课程选择策略，则学生每个学期都必须尽可能多地选择课程。请展示你使用贪婪策略得到的每个学期完整的课程调度。

(b) 在贪婪调度的第二个学期中，某个学生选择了 5 门课程，其中包括 18.03。请确定一个不包含 18.03 的 5 门课程的集合，使其在任意学期都可以选择（使用某种非贪婪调度）。你能算出有多少个这样的集合吗？

(c) 请列出完成所有课程的一种调度，但是每学期只能选择一门课程。

(d) 假设你想完成所有课程，但是每学期只能处理两门。那么毕业需要多少个学期？请解释原因。

(e) 如果你每学期能修三门呢？

习题 10.21

计算机科学中的数学课程的两位助教 Lisa 和 Annie 决定用她们的业余时间来建立对整个银河系的统治。认识到这是一个很有野心的项目，因此她们在 Annie 的讲义副本后面制订了如下任务列表。

1. 设计一个标志以及一个很酷的庄严的主题曲——8 天。

2. 用从 Lobdell 那里拿的餐具建立一支超曲翘星际驱逐舰舰队——18 天。

3. 夺取对联合国的控制权——9 天，在任务 1 之后。

4. 为 Lisa 的猫 Tailspin 拍照——11 天，在任务 1 之后。

5. 为军队开一间星巴克连锁店来提供咖啡——10 天，在任务 3 之后。

6. 通过拉着人们看数十遍《星球大战》来训练一支精英星际战队——4 天，在任务 3、4 和 5 之后。

7. 发射星际驱逐舰舰队，镇压所有有感知能力的外星物种，建立银河帝国——6 天，在任务 2 和任务 6 之后。

8. 打败微软——8 天，在任务 2 和任务 6 之后。

我们将这些信息用下面的图 10.12 画出来，其中每个任务是一个点，并用任务的名字和权重标记。两点之间的边表示更高的点代表的任务必须在更低的点代表的任务开始之前完成。

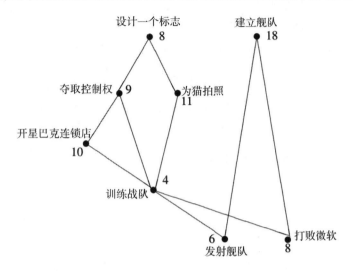

图 10.12　表示任务优先级约束的图

(a) 给出一个可能完成任务的有效次序。

Lisa 和 Annie 想尽可能地在最短时间内完成所有任务。然而她们已经同意了一些工作约束规则。

- 一个任务只能分配给一个人来完成，她们不能一起解决同一个任务。
- 一旦一个人被分配到一个任务，那么这个人必须专门解决这个任务直到完成。例如 Lisa 不能这几天建造舰队，然后又跑去给 Tailspin 拍照，之后再返回去建造舰队。

(b) Lisa 和 Annie 想知道征服银河系需要多长时间。Annie 建议将工作的整体天数除以工作人员的数量，即两个人。那么用这种方法给出的征服银河系的时间下限是什么，为什么实际需要的时间可能会更多？

(c) Lisa 提出了一种不同的方法来确定该项目的持续时间。她建议看关键路径的持续时间，也就是最耗时的任务顺序，其中每个任务都取决于前一个任务的完成情况。这种方法给出的时间下限是什么？为什么它也有可能过低？

(d) Lisa 和 Annie 征服银河系所需的最短时间是多少？不需要证明。

习题 10.22

对幂集 pow({1,2,3,4}) 根据严格子集关系⊂定义了偏序关系，请回答下列相关问题。

(a) 给出一个最大长度链的例子。

(b) 给出一个尺寸为 6 的反链的例子。

(c) 请描述一个关于 pow({1,2,3,4}) 的拓扑排序的例子。

(d) 假设该偏序关系描述了一个 16 个任务的调度约束。即，如果

$$A \subset B \subseteq \{1,2,3,4\}$$

则 A 必须在 B 开始之前完成。[①]若想在最短并行时间内完成所有任务，则最少需要多少个处理器？

请给出证明。

(e) 一个 3-处理器的调度的最短时间是多少？

请给出证明。

课后作业

习题 10.23

以下操作可应用于任意有向图 G：

1. 删除圈中的一条边。
2. 当存在一条从顶点 u 到顶点 v 的通路，并且该通路不包括 $\langle u \to v \rangle$，则删除边 $\langle u \to v \rangle$。
3. 当顶点 u 和顶点 v 之间在任意方向都不存在通路时，则添加边 $\langle u \to v \rangle$。

不断重复这些操作，直到所有操作都不再适用为止，该过程可以被建模为一个状态机。初始状态是 G，该状态机的状态是与 G 具有相同顶点的所有可能的有向图。

(a) 令 G 为一个图，其顶点为 $\{1, 2, 3, 4\}$，边为

$$\{\langle 1 \to 2 \rangle, \langle 2 \to 3 \rangle, \langle 3 \to 4 \rangle, \langle 3 \to 2 \rangle, \langle 1 \to 4 \rangle\}$$

从 G 开始，可以到达的可能的终止状态有哪些？

线图（line graph）是一种图，其所有边都在同一条通路上。在(a)中得到的所有终止状态图都是线图。

(b) 请证明如果该过程以有向图 H 终止，则 H 是与 G 具有相同顶点的线图。

提示：如果 H 不是一个线图，那么某些操作一定是适用的。

[①] 与之前一样，我们假设每个任务都需要单位时间来完成。

(c) 请证明 DAG 在这个过程中是保持不变的。

(d) 请证明如果 G 为一个 DAG，并且该过程已达到终止状态，则最终线图的路关系是 G 的一个拓扑排序。

提示：对 DAG 中任意两个顶点 u 和 v，验证谓词

$$P(u,v) ::= 存在一条从 u 到 v 的直接通路$$

对于该过程保持不变。

(e) 请证明如果 G 是有限的，则该过程会达到终止状态。

提示：设 s 为圈的数量，e 为边的数量，p 为有直接通路的（任意方向）顶点对的数量。请注意 $p \leq n^2$，其中 n 为 G 中的顶点数量。找到系数 a,b,c，使得 $as + bp + e + c$ 是一个非负整数值，并且在每次变换时递减。

习题 10.24

设 $<$ 是集合 A 上的一个严格偏序关系，令

$$A_k ::= \{a \mid \text{depth}(a) = k\}$$

其中 $k \in \mathbb{N}$。

(a) 根据定义 10.5.7，请证明 $A_0, A_1, \ldots$ 对于 $<$ 是一个并行调度。

(b) 请证明 A_k 是一个反链。

习题 10.25

我们想调度 n 个任务，任务之间的前导约束由一个 DAG 定义。

(a) 请解释为什么任何仅需要 p 个处理器的调度所花费的时间至少为 $\lceil n/p \rceil$。

(b) 设 $D_{n,t}$ 为一个具有 n 个元素的 DAG，其包含一个有 $t-1$ 个元素的链，链底部的元素是余下所有元素的前导条件，如下图所示：

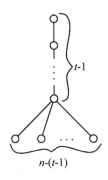

$D_{n,t}$ 的最短时间调度是什么？请解释为什么它是唯一的。它需要多少个处理器？

(c) 使用 p 个处理器来完成 $D_{n,t}$ 的调度，请写出其所需要的最短时间的一个简单公式 $M(n,t,p)$。

(d) 请说明每一个具有 n 个顶点，且最大链的大小为 t 的偏序关系，都存在一个 p-处理器的、时间为 $M(n,t,p)$ 的调度。

提示：对 t 使用归纳法。

10.6 节习题

练习题

习题 10.26

在这个 $\{1,\dots,12\}$ 上的整除关系 DAG（参见图 10.13）中，存在一个从 a 到 b 的向上的通路，当且仅当 $a \mid b$。如果 24 作为一个顶点被添加了上去，为了代表 $\{1,\dots,12,24\}$ 上的整除，必须要在这个 DAG 上添加一些边，这些边的最小数量是多少？这些边是哪些？

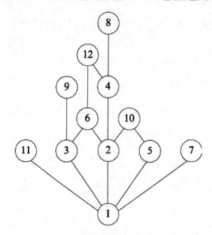

图 10.13　整除关系图

习题 10.27

(a) 证明每个严格偏序是一个 DAG。

(b) 给出 DAG 不是严格偏序的一个例子。

(c) 证明一个 DAG 的正路关系是一个严格偏序。

随堂练习

习题 10.28

(a) 在空关系下，幂集 pow({,1 ..., n}) 的极大和极小元素是什么？（如果存在的话）其中 n 是一个正整数。

(b) 在整除关系下，对于所有非负整数的集合 N，极大和极小元素是什么？（如果存在的话）是否存在一个最小或者最大元素？

(c) 在整除关系下，对于大于 1 的整数集合，极小和极大元素是什么？（如果存在的话）

(d) 描述一个没有极小或者极大元素的偏序集。

(e) 描述一个偏序集，其有唯一的极小元素，但是没有最小元素。提示：它必须是无限的。

习题 10.29

在 [1..6] 的子集上，也就是 pow([1..6]) 上，真子集关系 ⊂ 定义了一个严格偏序。

(a) 在这个偏序中一个极大链的大小是多少？描述一个。

(b) 描述在这个偏序中你能找到的最大反链。

(c) 极大和极小元素是什么？它们是最大和最小的吗？

(d) 对于集合 pow[1..6] − ∅ 上的偏序 ⊂，再次回答上一个问题。

习题 10.30

a 和 b 是一个有向图中不同的节点，如果从 a 到 b 有一条边并且每个从 a 到 b 的通路都包括这条边，那么称 a 覆盖 b。如果 a 覆盖 b，那么从 a 到 b 的边就称为一条覆盖边。

(a) 在图 10.14 中，这个 DAG 的覆盖边是什么？

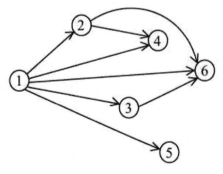

图 10.14　包含通路中不需要的边的 DAG

(b) 令 covering(D)是D的子图，并且只包含覆盖边。假定D是一个有限 DAG，解释为什么 covering(D)与D有相同的正路关系。

提示：在一对顶点间考虑最长的通路。

(c) 表明如果两个 DAG 有相同的正路关系，那么它们有相同的覆盖边集。

(d) 推断出在所有与D有相同正路关系的有向图中，covering(D)是唯一的边数最小的 DAG。

下面的例子表明对于有圈的有向图，上面的结果一般不起作用。

(e) 描述两个具有顶点{1,2}的图，它们有相同的覆盖边集，但是没有相同的正路关系。（提示：自循环。）

(f) (i) 对于在顶点 1, 2, 3 上没有自循环的完全有向图，其在每两个相异顶点间都有双向的边。它的覆盖边是什么？

(ii) 对于具有顶点 1, 2, 3 以及边⟨1 → 2⟩, ⟨2 → 3⟩, ⟨3 → 1⟩的图，其覆盖边是什么？

(iii) 它们的正路关系是怎样的？

测试题

习题 10.31

证明对于任意非空集合D，存在一个唯一的二值关系，它既是非对称的又是对称的。

习题 10.32.

令D是一个大小为$n > 0$的集合。证明在D上恰好有2^n个二值关系，它们既是对称的又是反对称的。

课后作业

习题 10.33

证明如果R是集合A上的一个传递的二值关系，那么$R = R^+$。

随堂练习

习题 10.34

令R是集合D上的一个二值关系。下面的每个等式和包含都在表达R有下面其中一个基本关系性质：自反的，非自反的，对称的，非对称的，反对称的，传递的。判断每一个公式所表达的性质是哪一个，并解释你的推理。

(a) $R \cap \text{Id}_D = \emptyset$

(b) $R \subseteq R^{-1}$

(c) $R = R^{-1}$

(d) $\text{Id}_D \subseteq R$

(e) $R \circ R \subseteq R$

(f) $R \cap R^{-1} = \emptyset$

(g) $R \cap R^{-1} \subseteq \text{Id}_D$

10.7 节习题

随堂练习

习题 10.35

直接先导	课程
18.01	6.042
18.01	18.02
18.01	18.03
8.01	8.02
8.01	6.01
6.042	6.046
18.02, 18.03, 8.02, 6.01	6.02
6.01, 6.042	6.006
6.01	6.034
6.02	6.004

(a) 对于上面的 MIT 课程先导表，画一个图表来展示课程号，并从每门课程的每一门（直接）先导课程到当前课程画一条线。

(b) 通过真子集关系⊂给出一个偏序集族的例子。该真子集关系与(a)部分 MIT 课程之间的先导关系是同构的（"形状相同"）。

(c) 解释为什么空关系是一个严格偏序，并且通过真子集关系描述一个偏序集族。该真子集关系同构于五个元素上的空关系——也就是说，在该空关系下五个元素没有一个与任何事物是相关的。

(d) 通过真子集关系描述一个简单的偏序集族。该真子集关系与 pow{1,2,3,4} 上的"真包含"关系 ⊃ 是同构的。

习题 10.36

本题要求引理 10.7.2 的一个证明，表明每个弱偏序都可以用集合包含关系（⊆）下的一个弱偏序集族来代表（同构于）。也就是，

引理. 令 ⩽ 是集合 A 上的一个弱偏序。对于任意元素 $a \in A$，令

$$L(a) ::= \{b \in A \mid b \leqslant a\}$$
$$\mathcal{L} ::= \{L(a) \mid a \in A\}$$

那么函数 $L: A \to \mathcal{L}$ 是一个从 A 上的 ⩽ 关系到 $\mathcal{L}$ 上的子集关系的同构。

(a) 证明函数 $L: A \to \mathcal{L}$ 是一个双射。

(b) 通过证明下面的式子来完成证明，对于所有的 $a, b \in A$，

$$a \leqslant b \quad \text{当且仅当} \quad L(a) \subseteq L(b) \tag{10.14}$$

课后作业

习题 10.37

每个偏序都同构于子集关系下的一个集族（参见 10.7 节）。特别地，如果 R 是集合 A 上的一个严格偏序，并且对于 $a \in A$，定义

$$L(a) ::= \{a\} \cup \{x \in A \mid x \, R \, a\} \tag{10.15}$$

然后

$$a \, R \, b \quad \text{当且仅当} \quad L(a) \subset L(b) \tag{10.16}$$

对于所有的 $a, b \in A$ 都成立。

(a) 从严格偏序和严格子集关系 ⊂ 的定义出发，仔细证明式 10.16 的陈述。

(b) 证明如果 $L(a) = L(b)$，那么 $a = b$。

(c) 给出一个例子表明，如果式 10.15 中 $L(a)$ 的定义有一个遗漏形式的表达 "$\{a\} \cup$"，那么(b)部分的结论将不成立。

10.8 节习题

练习题

习题 10.38

对于下面每个二值关系，声明它是一个严格偏序、一个弱偏序，还是都不是。如果不是偏序，表明违背了偏序的哪个公理。

(a) 在幂集 pow{1,2,3,4,5} 上的超集关系 $\supseteq$。

(b) 由 $a \equiv b \pmod 8$ 给出的任意两个非负整数 a, b 之间的关系。

(c) 由 G IMPLIES H 给出的命题公式 G, H 之间的关系是有效的。

(d) 石头、剪刀和布之间的"赢"关系（对于不知道"石头、剪刀、布"游戏的人：石头赢剪刀，剪刀赢布，布赢石头）。

(e) 实数集合上的空关系。

(f) 整数集合上的恒等关系。

习题 10.39

(a) 验证非负整数集合上的整除关系是一个弱偏序。

(b) 整数集合上的整除关系呢？

习题 10.40

直接从定义证明（不使用 DAG 的性质），如果集合 A 上的一个二值关系 R 是传递的和非自反的，那么它是非对称的。

随堂练习

习题 10.41

表明整除关系下的非负整数偏序集：

(a) 有一个最小元素。

(b) 有一个最大元素。

(c) 有一个无限的链。

(d) 有一个无限的反链。

(e) 对于大于 1 的整数上的整除关系，极小元素是什么？极大元素是什么？

习题 10.42

在集合{0,1}上有多少个二值关系？

有多少是传递的？非对称的？自反的？非自反的？有多少是严格偏序？弱偏序？

提示：有更简单的方法去得到这些数，而不是列出所有的二值关系并核对它们每一个都满足哪些性质。

习题 10.43

证明如果 R 是一个偏序，那么 R^{-1} 也是一个偏序。

习题 10.44

(a) 表明下面的哪些关系是等价关系（**Eq**）、严格偏序（**SPO**）、弱偏序（**WPO**）。对于偏序，同时表明它们是否是线性的（**Lin**）。

如果某个关系不是上面列出的任何一个，表明是否它是传递的（**Tr**）、对称的（**Sym**），或者非对称的（**Asym**）。

(i) 两个整数 a, b 之间的 $a = b + 1$ 关系。
(ii) 在整数的幂集上的超集关系 $\supseteq$。
(iii) 在有理数集上的空关系。
(iv) 在非负整数 $\mathbb{N}$ 上的整除关系。
(v) 所有整数 $\mathbb{Z}$ 上的整除关系。
(vi) 4 的正数次幂上的整除关系。
(vii) 非负整数上的互质关系。
(viii) 在整数上"拥有相同的质数因子"的关系。

(b) 通过 $\leq$ 关系，一个函数集 $f, g: D \to \mathbb{R}$ 可以是偏序的，其中

$$[f \leq g] ::= \forall d \in D.\ f(d) \leq g(d)$$

令 L 是函数集 $f: \mathbb{R} \to \mathbb{R}$，$f$ 的形式如下，

$$f(x) = ax + b$$

其中常数 $a, b \in \mathbb{R}$。

描述 L 中一个无限的链和一个无限的反链。

习题 10.45

在一个有 n 个选手的循环锦标赛中,每对不同的选手两两比赛。假设每局比赛都有一个赢家,没有平局。这样一个锦标赛的结果可以表示为一个锦标赛有向图,其中节点代表选手,若在比赛中选手 x 打败了选手 y,则有一条边 $\langle x \to y \rangle$ 存在。

(a) 解释为何锦标赛有向图中不能包含长度为 1 或 2 的环。

(b) 对于锦标赛图来说,打败关系是否总是:

- 非对称的?
- 自反的?
- 非自反的?
- 传递的?

试解释。

(c) 证明一个锦标赛图若没有长度为 3 的环,则其是一个线性偏序。

课后作业

习题 10.46

令 R 和 S 是同一集合 A 上的二元传递关系。下面哪些关系也是有传递性的? 若是,请简要论证你的结论,若不是请举出一个反例。

(a) R^{-1}
(b) $R \cap S$
(c) $R \circ R$
(d) $R \circ S$

测试题

习题 10.47

假设一个 32 单位时间任务集合的优先级限制,是与相应的幂集 pow{1,2,3,4,5} 的严格子集关系 $\subset$ 同构的。

例如,与集合 {2,4} 相关的任务必须在与集合 {1,2,4} 相关的任务之前完成,因为 $\{2,4\} \subset \{1,2,4\}$;与空集相关的任务必须第一个安排,因为对每个非空集合 $S \subseteq \{1,2,3,4,5\}$ 都有 $\emptyset \subset S$。

(a) 完成这些任务的最小并行时间是多少?

(b) 描述一个此偏序关系下的最大尺寸的反链。

(c) 简单解释为何在最小并行时间下完成这些任务所需的最少处理器的数目与最大反链的尺寸相同。

习题 10.48

令 R 是集合 A 上的一个弱偏序关系。假设 C 是一个有限链。[①]

(a) 证明 C 有一个最大元素。提示：在 C 的尺寸上进行归纳。

(b) 推断有且仅有一个包含 C 的所有元素的严格递增的序列。

提示：在 C 的尺寸上归纳，参考(a)部分。

10.9 节习题

练习题

习题 10.49

证明若 R_1 或 R_2 是非自反的，则 $R_1 \times R_2$ 也是非自反的。

随堂练习

习题 10.50

令 R_1, R_2 是同一集合 A 上的二元关系。若只要 R_1 和 R_2 都有某项属性，则 $R_1 \times R_2$ 也有某项属性，则称该属性是在笛卡儿积下保持的。

(a) 证明下面每个属性都是在笛卡儿积下保持的。

1. 自反性

2. 非对称性

3. 传递性

(b) 证明若 R_1, R_2 是偏序关系，且至少一个是严格的，则 $R_1 \times R_2$ 是一个严格的偏序关系。

[①] 当一个集合 C 非空，且所有元素 $c, d \in C$ 都是可比较的时候，它是一条链。元素 c 和 d 是可比较的，当且仅当 $[c\ R\ d$ OR $d\ R\ c]$。

习题 10.51

若集合A的每个非空子集都有一个极小元素，则A上一个偏序关系是整序的（well founded）。例如，一个良序的实数集合（见2.4节）上的小于关系就是一个整序的线性序。

证明若R和S都是整序的偏序关系，则它们的笛卡儿积$R \times S$同样是整序的偏序关系。

课后作业

习题 10.52

令S为有n个不同数字的序列。S的子序列为删除S的元素得到的序列。

例如，若S是

$$(6,4,7,9,1,2,5,3,8)$$

那么 647 和 7253 都是S的子序列（为了易读性，我们省略了序列中的括号和逗号，例如 647 是(6,4,7)的省略）。

S的递增子序列是指元素顺序增大的子序列。例如 1238 即是S的一个递增子序列。递减子序列的定义类似，例如 641 就是S的一个递减子序列。

(a) 列出S的所有最大长度的递增和递减子序列。

现在令A是S中数字的集合。（对上面的例子来说，A就是整数[1..9]。）对A来说有两个直接的线性序。第一个是A以<关系排序的数值序。第二个是以元素在S中出现的顺序进行的排序，称为$<_S$。则对上面的例子来说，我们有

$$6 <_S 4 <_S 7 <_S 9 <_S 1 <_S 2 <_S 5 <_S 3 <_S 8$$

令<表示线性序$<_S$和<的笛卡儿积关系。即<定义为

$$a < a' \; ::= \; a < a' \text{ AND } a <_S a'$$

则<是A上的一个偏序（参见10.9节）。

(b) 画一个A上偏序关系<的有向图。其中最大和最小的元素分别是什么？

(c) 解释S的递增和递减序列之间的关联，以及<关系下的链和反链之间的关联。

(d) 证明S的每个长度为n的序列都有一个长度大于$\sqrt{n}$的递增子序列或一个长度不小于$\sqrt{n}$的递减子序列。

10.10 节习题

练习题

习题 10.53

对下面每个关系，判断其是否是自反的、对称的、传递的或等价的。

(a) $\{(a,b) | a$ 和 b 年龄相同$\}$

(b) $\{(a,b) | a$ 和 b 有同样的父母$\}$

(c) $\{(a,b) | a$ 和 b 会说同一种语言$\}$

习题 10.54

对下面每个二元关系，说明它是否是一个严格的偏序关系、弱偏序关系、等价关系或者什么都不是。若它是偏序关系，说明它是否是一个线性序。若它什么都不是，说明它违反了偏序和等价关系的哪些公理。

(a) 幂集$\{1,2,3,4,5\}$上的超集关系$\supseteq$。

(b) 任意两个非负整数a和b之间的$a \equiv b \pmod{8}$的关系。

(c) 两个命题公式G和H之间使得G IMPLIES H成立的关系。

(d) 两个命题公式G和H之间使得[G IFF H]成立的关系。

(e) 石头、剪刀和布的"赢"关系（对于不知道石头剪刀布游戏的人：石头赢剪刀，剪刀赢布，布赢石头）。

(f) 实数集合上的空关系。

(g) 实数集合上的恒等关系。

(h) 整数集合$\mathbb{Z}$上的整除关系。

随堂练习

习题 10.55

证明定理 10.10.4：一个等价关系的等价类构成了域的一个划分。

即，令R是集合A上的一个等价关系，定义元素$a \in A$的等价类为：

$$[a]_R ::= \{b \in A \mid a\ R\ b\}$$

即，$[a]_R = R(a)$。

(a) 证明每个块都是非空的，且 A 的每个元素都属于某个块。

(b) 证明如果 $[a]_R \cap [b]_R \neq \emptyset$，则 $a\,R\,b$。推断出对 $a \in A$，集合 $[a]_R$ 是 A 的一个划分。

(c) 证明当且仅当 $[a]_R = [b]_R$ 时，有 $a\,R\,b$。

习题 10.56

对任意完全方程 $f: A \to B$ 定义一个关系 $\equiv_f$：
$$a \equiv_f a' \quad \text{当且仅当} \quad f(a) = f(a') \tag{10.17}$$

(a) 草拟一个证明，$\equiv_f$ 是 A 上的一个等价关系。

(b) 证明集合 A 上的每个等价关系 R 等价于函数 $f: A \to \text{pow}(A)$ 的 $\equiv_f$ 关系，函数定义为：
$$f(a) ::= \{a' \in A \mid a\,R\,a'\}$$

即，$f(a) = R(a)$。

习题 10.57

令 R 是集合 D 上的二元关系。下面每个公式都表达了 R 有熟悉的关系属性，如自反性、对称性、传递性等。断言公式标记有罗马数字 i., ii.,...，关系公式（等式和包含式）都标记有字母 (a), (b),...。

在每个关系等式旁边，写上所有与之等价的断言公式的罗马数字。没必要写上其所表达的性质的名字，不过若你写上会得到额外的加分。例如(a)相应的标记为"i."，它表示非自反性。

i. $\forall d.\quad \text{NOT}(d\,R\,d)$

ii. $\forall d.\quad d\,R\,d$

iii. $\forall c, d.\quad c\,R\,d \quad \text{IFF} \quad d\,R\,c$

iv. $\forall c, d.\quad c\,R\,d \quad \text{IMPLIES} \quad d\,R\,c$

v. $\forall c, d.\quad c\,R\,d \quad \text{IMPLIES} \quad \text{NOT}(d\,R\,c)$

vi. $\forall c \neq d.\quad c\,R\,d \quad \text{IMPLIES} \quad \text{NOT}(d\,R\,c)$

vii. $\forall c \neq d.\quad c\,R\,d \quad \text{IFF} \quad \text{NOT}(d\,R\,c)$

viii. $\forall b, c, d.\quad (b\,R\,c \quad \text{AND} \quad c\,R\,d) \quad \text{IMPLIES} \quad b\,R\,d$

ix. $\forall b, d.\quad [\exists c. (b\,R\,c \quad \text{AND} \quad c\,R\,d)] \quad \text{IMPLIES} \quad b\,R\,d$

x. $\forall b, d.\quad b\,R\,d \quad \text{IMPLIES} \quad [\exists c. (b\,R\,c \quad \text{AND} \quad c\,R\,d)]$

(a) $R \cap \text{Id}_D = \emptyset$

(b) $R \subseteq R^{-1}$

(c) $R = R^{-1}$

(d) $\text{Id}_D \subseteq R$

(e) $R \circ R \subseteq R$

(f) $R \subseteq R \circ R$

(g) $R \cap R^{-1} \subseteq \text{Id}_D$

(h) $\overline{R} \subseteq R^{-1}$

(i) $\overline{R} \cap \text{Id}_R = R^{-1} \cap \text{Id}_R$

(j) $R \cap R^{-1} = \emptyset$

课后作业

习题 10.58

令 R_1 和 R_2 是集合 A 上的两个等价关系，则下面的关系是否也是等价关系，若是则给出证明，否则给出反例：

(a) $R_1 \cap R_2$

(b) $R_1 \cup R_2$

习题 10.59

证明对任何非空集合 D 来说，D 上存在一个唯一的二元关系，既是弱偏序关系也是一个等价关系。

测试题

习题 10.60

令 A 是一个非空集合。

(a) 描述一个 A 上的关系，其既是一个等价关系，也是一个弱偏序关系。

(b) 证明 (a) 中的关系是 A 上唯一一个拥有这些性质的关系。

第 11 章 通信网络

在计算机科学中,通信网络建模是有向图的一项重要应用。在此类模型中,顶点代表计算机、处理器和交换机;边表示电缆、光纤或其他用于数据传输的线缆。对于一些通信网络,如互联网,其对应的图往往巨大而混乱。相比之下,高度结构化的网络在电话交换系统和并行计算机内的通信硬件中得到了广泛应用。在本章中,我们将介绍一些最好和最常用的结构化网络。

11.1 路由

我们在本章中讨论的,均是指用于在计算机、处理器、电话或者其他设备之间传输数据包的各种通信网络。数据包(packet)是指一些大致固定大小的数据——256 字节或 4096 字节或任意的固定字节数。

11.1.1 完全二叉树

我们从一棵完全二叉树(complete binary tree)开始。图 11.1 所示的是一个具有 4 个输入和 4 个输出的完全二叉树示例。

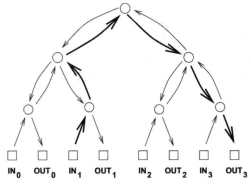

图 11.1 有 4 个输入和 4 个输出的完全二叉树

在这个有向图和之后的图中，正方形表示终端（terminal）——数据包的发射端或接收端。圆形表示引导数据包穿过网络的交换机（switch）。交换机从入边接收数据包，然后将数据包沿着出边的方向转发。所以，你可以想象一个数据包从输入端沿着网络传送，经过一系列通过有向边连接的交换机，到达输出终端。

在一棵树中，每对顶点之间都有一条唯一路径，所以只有一种方式可以将数据包从输入端路由到输出端。例如，图中用粗线显示了从输入 1 到输出 3 的路线。

11.1.2 路由问题

通信网络将数据包从输入端传输到输出端，每个数据包在自己的输入交换机进入网络，并到达自己的输出交换机。我们将考虑几种不同的通信网络设计，其中每个网络都有 N 个输入和 N 个输出。方便起见，我们假设 N 是 2 的幂。

数据包从哪一个输入端开始走到哪里，由 $[0..N-1]$ 的一个排列所指定。那么一个排列 π 就定义了一个路由问题（routing problem）：将从输入 i 处开始的数据包传输到输出 $\pi(i)$。解决路由问题 π 的路线是从每个输入到其指定输出的路径（path）集合 P。也就是说，P 是路径 P_i 的集合，其中 P_i 是从输入 i 到输出 $\pi(i)$ 的路径，$i \in [0..N-1]$。

11.2 路由的评价指标

11.2.1 网络直径

数据包从输入到指定输出所花的时间是通信网络中的关键问题。通常，该延迟与数据包所途经路径的长度成比例。假设穿过一条线路需要一个时间单位，那么数据包的延迟就可以由从输入到输出的电线数量来衡量。

数据包通常沿着可能的最短路径从输入被路由到输出。使用最短路径路由，最差情况下的延迟是距离最远的输入和输出之间的距离。这被称为网络 [①] 的直径（diameter）。换句话说，网络的直径是所有输入和输出之间最短路径的集合中，最长的那个值。例如，在图 11.1 所示的完全二叉树中，从输入 1 到输出 3 的距离是 6。没有其他的输入输出路径比 6 更长，所以该树的直径是 6。

更广泛地说，具有 N 个输入输出的完全二叉树的直径为 $2\log N+2$。这是一个良好的结构，

[①] 图直径（简单图或有向图）的定义通常是指，任意图中任意两个顶点间距离的最大值，但在本文中我们只关注通信网络的输入端和输出端的最大值，而不是任意两个顶点。

因为对数函数增长得非常慢。我们可以使用完全二叉树的网络结构连接 $2^{10}=1024$ 个输入和输出，任何数据包的最差输入输出延迟将为 $2\log(2^{10})+2=22$。

交换机的大小

降低网络直径的一种方法是使用较大的交换机。例如，在完全二叉树中，大多数交换机具有三个入边和三个出边，这使得它们成为 3×3 的交换机。如果用 4×4 的交换机，那么我们就可以构建一个更小直径的完全三叉（ternary）树。原则上，我们甚至可以通过单个巨大的 $N\times N$ 交换机来连接所有的输入和输出。

当然，这样并不会使效率更高。因为使用 $N\times N$ 的交换机将会把原始网络设计问题掩盖在这个抽象的巨型交换机内。最后我们还是得使用更简单的组件来设计这个巨型交换机的内部，这就又回到了最开始的问题上。因此，设计通信网络的挑战在于如何用固定大小的基本设备（如 3×3 交换机）设计获得 $N\times N$ 交换机的功能。

11.2.2　交换机的数量

设计通信网络的另一个目标是尽可能使用较少的交换机。在一棵完全二叉树中，顶部有一个"根"交换机，每低一级，交换机的数量加倍，所以在一棵有 N 个输入的完全二叉树中，交换机的数量是 $1+2+4+8+\cdots+N$。所以通过几何求和公式（参见习题 5.4），交换机的总数是 $2N-1$。这是 3×3 交换机下的最好情况。

11.2.3　网络时延

除了延迟之外，我们有时会选择能够同时优化其他数值的路由路径。例如，在下一节中，我们将尝试减少数据包的拥塞。当没有最小化延迟时，选择最短的路由通道并不总是最优的，并且一般来说，数据包的延迟取决于它是使用怎样的策略来路由的。对于任何路由，最大延迟的数据包将是路由中沿最长路径传输的数据包。路由中最长路径的长度称为时延（latency）。

网络的时延取决于要优化的目标。通过假设最优的路由路径总是从在输入到其指定输出的路径中选择，我们即可从这些路径中测得时延。也就是说，对于每个路由问题 π，我们选择一个解决 π 的最优路由。那么网络时延被定义为这些最佳路由之间最大的路由延迟。如果始终选择路由来优化延迟，则网络延迟将等于网络直径，但如果选择路由来优化其他任务，则网络时延可能会变得相当大。

对于我们下面要考虑的网络，从输入到输出的路径是被唯一确定的（在树的情况下），或者所有路径的长度都相同，因此网络延迟将始终等于网络直径。

11.2.4 拥塞

完全二叉树有一个致命的缺点：根交换机是瓶颈。最好的情况下，这个交换机正常处理数据包。让所有的数据包都通过单个交换机传递可能花费很长时间。但在最坏的情况下，这个交换机出现故障，网络将被分成大小相同的两部分。

如果路由问题由恒等排列 $Id(i) ::= i$ 给出，那么就有一个简单的路由 P 来解决问题：令 P_i 为从输入 i 经过一个交换机到达输出 i 的路径。另一方面，如果问题由 $\pi(i) ::= (N-1) - i$ 给出，那么在任何解决 π 的方案 Q 中，每条从输入 i 开始的路径 Q_i 最终都会经过根交换机然后再到达输出 $(N-1) - i$。图 11.2 说明了这两种情况。我们可以基于拥塞情况来区分"好"的路径和"坏"的路径。路由 P 的拥塞（congestion）等价于穿过单个交换机的最大路径数。比如，图中左边路由的拥塞值为 1，因为每个交换机至多只有 1 条路径穿过。不过右边路由的拥塞度为 4，因为有 4 条路线经过了根交换机（和根交换机下一级的两个交换机）。一般地，拥塞情况总是越低越好，因为过载的交换机上的数据包延迟会很严重。

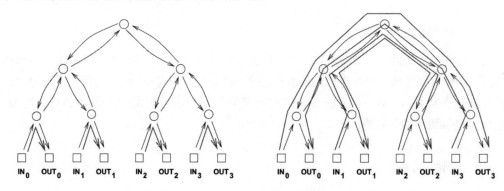

图 11.2 二叉树中的两类路由

通过将拥塞概念扩展到网络，我们还可以在瓶颈问题上区分网络的"好"和"坏"。对于网络的每个路由问题 π，我们假设选择最优化拥塞的路由，即在解决 π 的所有路由中具有最小拥塞。那么交换机将遭受的最大拥塞将是这些最佳路由中最大的拥塞。这个"最大"拥塞称为网络拥塞。

所以对于完全二叉树，最差的排列将是 $\pi(i) ::= (N-1) - i$。那么在问题 π 的每一个可能的解决方案中，每一个数据包都必须沿着经过根交换机的路径传输。那么，该完全二叉树的最大拥塞度就达到了惊人的 N。

我们来记录一下迄今为止的分析结果：

网络	直径	交换机类型	交换机数量	拥塞度
完全二叉树	$2\log N + 2$	3×3	$2N - 1$	N

11.3 网络设计

11.3.1 二维阵列

除了完全二叉树，通信网络也可以设计成二维阵列或网格。图 11.3 所示的是一个具有 4 个输入和 4 个输出的二维阵列。

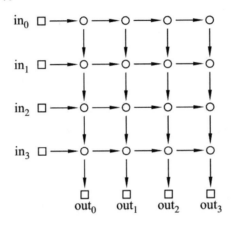

图 11.3 $N=4$ 的二维阵列

图中的网络直径是从输入 0 到输出 3 之间的边数，为 8。更一般地，具有 N 个输入和 N 个输出的阵列的直径为 $2N$，这比直径为 $2\log N + 2$ 的完全二叉树要差很多。但是同时，阵列几乎消除了完全二叉树中存在的拥塞问题。

定理 11.3.1 N 个输入的阵列网络的拥塞度为 2。

证明. 首先，我们证明拥塞最多为 2。令 π 为任意的排列。定义路由方案 P 为 π 的路径集合，其中 P_i 指从输入 i 向右到达 $\pi(i)$ 所在的列，接着向下到达输出 $\pi(i)$ 的这一路径。所以第 i 行第 j 列的交换机的同一个输入输出口最多传输 2 个数据包：从 i 输入出发的数据包和目的地为输出 j 的数据包。

接下来，我们来证明拥塞最少为 2。这是因为在任何一个路由问题 π 中，$\pi(0) = 0$ 和 $\pi(N-1) = N-1$，两个数据包必须穿过左下角的交换机。 ∎

与树一样，最小化拥塞时，网络的时延与直径相等。这是因为给定输入和输出之间的所有路径都是相同的长度。

现在我们可以记录二维阵列的特征：

网络	直径	交换机类型	交换机数量	拥塞度
完全二叉树	$2\log N + 2$	3×3	$2N - 1$	N
二维阵列	$2N$	2×2	N^2	2

表中有一个很关键的数值N^2，这是二维阵列的交换机数量。二维阵列的主要缺陷也在于此：大小$N = 1000$的网络将需要100万个2×2交换机！不过，对于N较小的应用，阵列的简单性和低拥塞仍然使其成为有吸引力的选择。

11.3.2 蝶形网络

交换网络界的"圣杯"应当是结合完全二叉树（直径短，交换机数量少）和阵列（低拥塞）的优良品质的。蝶形网络（butterfly）作为一种被广泛使用的网络结构，是这两者的一个折中。

一个好的理解蝶形网络的方法是把它看作递归数据类型。使用递归定义时，我们仅考虑交换机及其连接，忽略终端，这样会更方便。所以我们递归地将F_n定义为有$N ::= 2^n$个输入输出的蝶形网络中的交换机和连接的数量。

蝶形网络的基本形式是F_1，F_1有2个输入交换机和2个输出交换机互联，如图11.4所示。

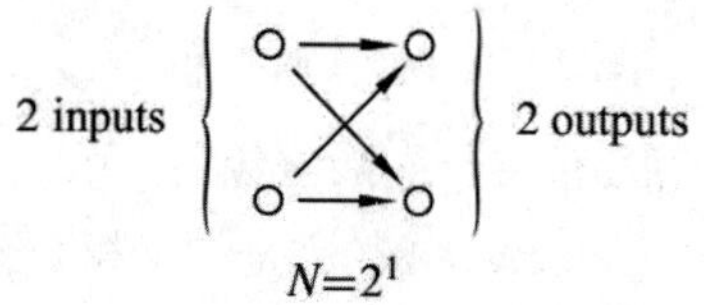

图 11.4 F_1, $N = 2^1$ 时的蝶形网络

在构造阶段，我们将2个F_n网络互联，就可以构造出一个F_{n+1}网络，如图11.5所示。也就是说，第i个和第$2^n + i$个新的输入交换机各自连接到相同的两个交换机上，即两个F_n部件各自的第i个交换机（$i = 1, \ldots, 2^n$）。F_{n+1}的输出交换机就是每个F_n的输出交换机的复本。

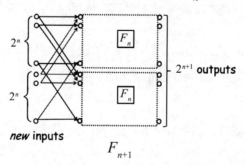

图 11.5 由两个F_n组成的2^{n+1}个输入的蝶形网络F_{n+1}

因此，通过向F_n的交换机排列上增加一列交换机，F_{n+1}被布置成高2^{n+1}的交换机排列。因为构造过程从$n=1$，即只有两列时开始，F_{n+1}的交换机就被布置成$n+1$列。交换机的总数是列的高度乘以列的数量$2^{n+1}(n+1)$。前文所述$n=\log N$，我们由此可以得出结论：N个输入的蝶形网络有$N(\log N+1)$个交换机。

F_{n+1}的每一条从输入到输出的路径长度都为$n+1$，有2^{n+1}个输入的蝶形网络的直径就是这个长度加上 2，因为有两条边连到终端（图中的正方形）上——从输入终端到输入交换机的一条边和从输出交换机到输出终端的一条边。

通过蝶形网络传输一个数据包有一种非常简单的递归步骤。在基础情形下，将数据包从两个输入之一传输到两个输出之一只有一种方法。现在假设我们想在F_{n+1}中，将一个数据包从输入交换机路由到输出交换机。如果输出交换机是F_{n+1}中上面的那个F_n的副本，那么这个路由过程的第一步就是，从输入交换机到达它所连接的那个唯一的上层副本中的交换机。剩下的路由通过在上面的F_n副本中递归地路由进行确定。同样，如果输出交换机在底部F_n的副本中，那么路由过程的第一步就是到达底部的F_n副本的交换机，然后剩下的路由就由下层这个F_n副本内部寻路过程递归地确定。事实上，这个论述过程说明了路由过程是唯一的：在蝶形网络中从一个输入到每一个输出，都只有一条路线，这意味着在最小化拥塞时，网络的延迟与网络的直径相等。

蝶形网络的拥塞约为$\sqrt{N}$。更准确地，当N是 2 的偶数次幂时拥塞是$\sqrt{N}$，N是 2 的奇数次幂时为$\sqrt{N/2}$。一个简单的证明可以参见习题 11.8。

把蝶形网络与前述的网络结构进行比较，我们得到下表：

网络	直径	交换机类型	交换机数量	拥塞度
完全二叉树	$2\log N+2$	3×3	$2N-1$	N
二维阵列	$2N$	2×2	N^2	2
蝶形网络	$\log N+2$	2×2	$N(\log(N)+1)$	$\sqrt{N}$或$\sqrt{N/2}$

蝶形网络具有比完全二叉树结构更低的网络拥塞，与阵列结构相比，它使用了更少的交换机，具有更小的网络直径。然而，蝶形网络不能达到每个网络结构的最佳性质，只是两者的一个折中。我们还将继续探索最佳的传输网络结构。

11.3.3 Beneš网络

20 世纪 60 年代，贝尔实验室一个名为 Václav E. Beneš的研究者提出了一个非常杰出的想法。他通过将两个蝶形网络"背靠背"，得到了拥塞度为 1 的通信网络。它相当于通过在每个递归构造的每个阶段同时添加一列输入和输出交换机，来扩展 Beneš网络。现在，我们用递归的方式来定义B_n，B_n为具有$N::=2^n$个输入和输出交换机的 Beneš网络中的交换机及其之间的互联（不包括终端）。

Beneš 网络的基础情形为 B_1，仅有 2 个输入交换机，2 个输出交换机，和图 11.4 所示的 F_1 是一样的。

在构造步骤，我们由两个 B_n 构造 B_{n+1}，将两个 B_n 连接到 2^{n+1} 个新的输入交换机，以及 2^{n+1} 个新的输出交换机。如图 11.6 所示。

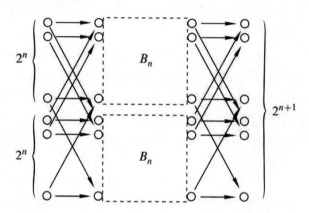

图 11.6 有 2^{n+1} 个输入的 Beneš 网络 B_{n+1}，由两个 B_n 构成

第 i 个和第 $2^n + i$ 个新的输入交换机分别被连到相同的两个交换机上：和蝶形网络一样，这两个交换机分别是两个 B_n 副本中的第 i 个输入交换机（$i = 1, \ldots, 2^n$）。另外，第 i 个和第 $2^n + i$ 个输出交换机分别被连到相同的两个交换机上，即两个 B_n 网络中的第 i 个输出交换机。

现在，通过在 B_n 原交换机列中增加 2 列交换机，就得到了列高度为 2^{n+1} 的 B_{n+1} 网络。所以，B_{n+1} 的交换机被排列成 $2(n+1)$ 列。交换机的数量是列数乘以高度，为 $2(n+1)2^{n+1}$。

B_{n+1} 中从输入交换机到输出交换机的所有路径的长度都是 $2(n+1) - 1$，具有 2^{n+1} 个输入的 Beneš 网络就是这个长度加上 2 —— 连接到输入和输出终端的两条边。

所以 Beneš 网络的交换机数量和直径相比于蝶形网络都加倍了，但是它也完全消除了拥塞问题！接下来我们就基于一个聪明的归纳方法来证明这个结论。首先我们将 Beneš 网络加到表中：

网络	直径	交换机类型	交换机数量	拥塞度
完全二叉树	$2\log N + 2$	3×3	$2N - 1$	N
二维阵列	$2N$	2×2	N^2	2
蝶形网络	$\log N + 2$	2×2	$N(\log(N) + 1)$	$\sqrt{N}$ 或 $\sqrt{N/2}$
Beneš 网络	$2 \log N + 1$	2×2	$2N \log N$	1

Beneš网络具有较小的大小和直径，也完全消除了拥塞。传说中的圣杯级网络就是它了！

定理 11.3.2 有N个输入的 Beneš网络的拥塞度为 1。

证明：通过对n进行归纳，$N = 2^n$。所以归纳假设为

$$P(n) ::= B_n \text{的拥塞度，这个值为 } 1$$

基本情形（$n = 1$）：$B_1 = F_1$，如图 11.4 所示。F_1中唯一的路由路线的拥塞度为1。

归纳步骤：我们假设$N = 2^n$个输入的 Beneš网络的拥塞度为 1，接下来证明$2N$个输入的 Beneš网络的拥塞度也为 1。

题外话. 时间紧张！我们先通过一个例子从直观上认识一下这个问题，然后再完成这个证明吧。在图 11.7 所示的 Beneš网络中，一共有$N = 8$个输入和输出，虚线框中是两个 4-输入输出的子网络。

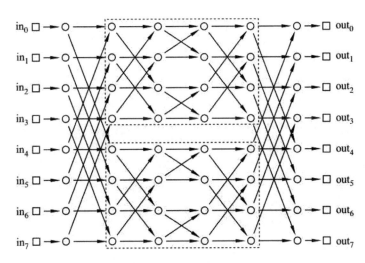

图 11.7 Beneš网络 B_3

通过归纳假设，每个子网可以用拥塞值为 1 的代价传输一个任意排列的数据包。所以，如果可以令数据包安全地通过第一层和最后一层，那么就可以使用归纳假设证明其余的！我们先来看本例，思考下面的路由问题：

$\pi(0) = 1 \qquad \pi(4) = 3$

$\pi(1) = 5 \qquad \pi(5) = 6$

$\pi(2) = 4 \qquad \pi(6) = 0$

$\pi(3) = 7 \qquad \pi(7) = 2$

我们可以通过上层或者下层的子网来路由每个数据包。但是，一个数据包的选择可能会限制另一个数据包的选择。比如，我们不能让 0 号和 4 号数据包通过同一个子网，因为这将导致两个数据包在单个交换机处相撞，导致拥塞。相反，必须一个数据包经过上层网络，而另一个数据包通过下层网络。相似地，数据包 1 和 5、2 和 6、3 和 7 必须通过不同的子网传输。我们用一个图记下这些限制。图中顶点是 8 个数据包。如果两个数据包必须通过不同的网络传输，那么它们之间就有一条边。所以，我们的限制图如下图所示：

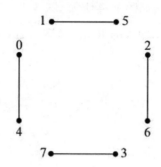

可以看到，每个顶点只有一条边相连。

输出端的子网施加了一些更深入的约束。比如，目的地为输出 0（6 号数据包）的数据包和目的地为 4 的数据包（2 号数据包）不能同时通过同一个网络，这将需要两个数据包从同一个交换机到达。相似地，目的地为 1 和 5、2 和 6、3 和 7 的数据包也必须穿过不同的交换机。我们的图以细线所示的边来记录这些附加约束：

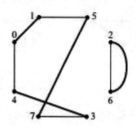

可以观察到，每个顶点最多只有一条新的边。顶点 2 和 6 之间绘制的两条线反映了这些数据包必须通过不同网络路由的两个不同原因。但是，我们希望这个图是一个简单图（simple graph），两条线仍然表示单边。

现在主要的问题就是：假设我们可以将每个顶点标为红色或蓝色，以使相邻顶点的颜色不同。那么当我们将着红色的数据包通过上层网络传输，而着蓝色的数据包通过下层网络传输时，所有的限制条件都可以被满足。这种图的 2-着色问题正好就对应于路由问题的一个解。那么现在唯一需要解决的就是，这个图能不能进行 2-着色，这个很好证明。

引理 11.3.3 证明，如果图的边可以分成两组，使得每个顶点只与每组中的一条边相连，那么这个图就是可 2-着色的。

证明. 容易证明，当且仅当图中的每个圈的长度均为偶数，则图形是可 2-着色的（见定理 12.8.3）。在此处，我们就直接使用该结论。

所以接下来我们需要做的事情就是证明每个圈的长度都是偶数。因为两组边可能有重合的，我们称重合的边为双重边（doubled edge）。

有以下两种情况。

情况 1：[圈包含双重边] 任意一个双重边的端点都不会与其他的边相连，因为不这样的话双重边的端点就会与同一组中的两条边相连。所以一个遍历双重边的环就只能在这条边上来回偶数次。

情况 2：[圈上没有双重边] 因为每个顶点最多和边集的一条边相连，所以任何没有双重边的路必须连续地从一个集合的边跳到另外一个集合的边。特别地，圈必须穿过一个起始边和结束边分属于不同边集的路径，且穿行过程也必须交替地经过不同边集的边。这意味着圈的长度必须为偶数。   ∎

比如，下图就是一个 2-着色的约束图。

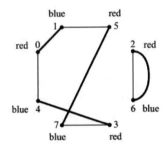

图着色问题的解决方法为数据包路由提供了一个开端。

通过归纳假设，我们可以完成在两个较小的 Beneš 网络中的路由问题。回到证明。**题外话结束**。

令 π 为一个 $[0..N-1]$ 的任意排列，令图 G 的顶点为数据包的编号 $0, 1, \ldots, N-1$，边来自下面两个集合的并集：

$$E_1 ::= \{\langle u - v \rangle \mid |u - v| = N/2\}，\text{以及}$$

$$E_2 ::= \{\langle u - w \rangle \mid |\pi(u) - \pi(w)| = N/2\}$$

现在任意一个顶点 u 最多与两条边相连：一条唯一边 $\langle u - v \rangle \in E_1$，一条唯一边 $\langle u - w \rangle \in E_2$。

据引理 11.3.3，图 G 的顶点存在一种 2-着色的方案。现在将一种颜色的数据包从上层的子网传送，另一种从下层的子网传输。因为 E_1 中的每一条边，一个顶点从上层子网传输，另一个从下层传输，在第一层中不会有任何冲突。在 E_2 中的每条边，一个顶点来自上层子网而另一个顶点来自下层子网，在最后一层也不会有任何冲突。我们可以通过归纳假设 $P(n)$ 完成在两个子网中的数据传输。■

11.2 节习题

测试题

习题 11.1

考虑下面的通信网络：

(a) 最大拥塞值是多少？

(b) 给出一个使网络拥塞值最大的输入输出排列 π_0。

(c) 给出一个使网络拥塞值最小的输入输出排列 π_1。

(d) π_1 的时延是多少？（如果无法找到 π_1，则选择一个排列然后计算其时延。）

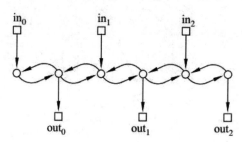

11.3 节习题

习题 11.2

Beneš 网络具有最大的网络拥塞值 1，每个排列都可以用单个包通过每个交换机的方式来路由。让我们看一个示例。图 11.7 展示了一个大小为 $N = 8$ 的 Beneš 网络 B_3。其中标记了两个大小为 $N = 4$ 的子网，分别称为上子网和下子网。

(a) 现在考虑下面的排列路由问题：

$$\pi(0) = 3 \qquad \pi(4) = 2$$
$$\pi(1) = 1 \qquad \pi(5) = 0$$
$$\pi(2) = 6 \qquad \pi(6) = 7$$
$$\pi(3) = 5 \qquad \pi(7) = 4$$

每个数据包都必须通过上子网或下子网进行路由。构造一个顶点编号为 0 到 7 的图，由于在第二列的交换机中会发生冲突，请在每对不能通过同一子网的数据包之间画一条虚线。

(b) 由于在倒数第二列交换机中会发生冲突，在你的图中每对不能通过同一子网的数据包间画一条实线。

(c) 为图中的顶点分别涂上红色和蓝色，使得被实线或虚线连接的点具有不同的颜色。为何不论排列 π 是怎样的，这样做一定是可行的？

(d) 假设红色顶点对应通过上子网路由的数据包，蓝色顶点对应通过下子网路由的数据包。参照图 11.6 所示的 Beneš 网络，指明每个数据包遍历的第一条边和最后一条边。

(e) 剩下的工作就是通过上子网和下子网对数据包进行路由，一种可行的方式是将上面描述的过程递归地应用到每个子网中。然而，由于剩下的问题规模较小，请尝试独立完成所有的路径。

习题 11.3

一个多二叉树网络有 N 个输入和 N 个输出，其中 N 是 2 的幂。每个输入都连接到一个带有 $N/2$ 个叶子，和若干向外发散的边的二叉树的根。同样，每个输出都连接到一个带有 $N/2$ 个叶子，和若干指向根部的边的二叉树的根。

每个输入树的叶子节点都有两条边发出，这些边都指向输出树的某个叶子节点。通过对叶子节点的匹配进行排序，使得对每棵输入和输出树来说，都有边从输入树的一个叶节点指向输出树的一个叶节点，且输出树的每个叶节点都恰好有两条指向它的边。

(a) 当 $N=4$ 时，画一个这样的多二叉树网络。

(b) 填完下表，并解释你的答案。

交换机数量	交换机类型	直径	最大拥塞度

习题 11.4

n 输入的二维阵列网络的拥塞度为 2。一个 n 输入的两层阵列网络由两个 n 输入的二维阵列互联组成，下图所示的是 $n=4$ 时的连接方式。

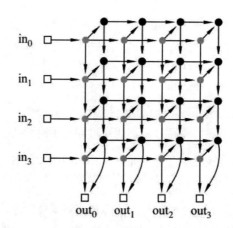

一般而言，n 输入的两层阵列有两层交换机，每层都是一个 n 输入的二维阵列。在第一层的每个交换机和相应的第二层的每个交换机之间也有一条边连接。两层阵列的输入从第一层的左侧进入，n 个输出从每一层的底部的行发出。

(a) 对于任何给定的输入输出的排列，都有一条拥塞度为 1 的数据包路由路径。描述怎样用这种方式进行路由。

(b) 对于一个用于最小化延迟的路由策略，它的延迟是多少？

(c) 解释为何数据包路由的最小延迟拥塞（CML）必然大于网络的拥塞度。

习题 11.5

图 11.8 展示了一个 5 路通信网络，从中可以看出所谓 n 路网络的定义。填写下面的网络属性表，并准备好证明你的答案。

网络	交换机	交换机类型	直径	最大拥塞度
5 路				
n 路				

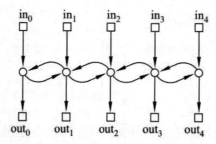

图 11.8　5 路通信网络

习题 11.6

Megumi 厌倦了助教生活，她决定通过设计一个新的更好的通信网络来出名。她设计的网络有如下特性：每个输入节点都被送到一个蝶形网络、一个 Beneš 网络和一个二维阵列网络中。最后，三个网络的输出汇总为新的输出。

在 Megumi 网络中，最小延迟路由并不具有最小的拥塞。网络的最小拥塞延迟（LMC, latency for min-congestion）指的是最小化拥塞的路由方式中所能取得的最优延迟下限。类似地，最小延迟拥塞（CML, congestion for min-latency）指的是最小化延迟的路由方式中所能取得的最优拥塞下限。填完下表并解释。

网络	直径	交换机数量	拥塞度	LMC	CML
Megumi 网络					

Megumi 网络如下图所示。

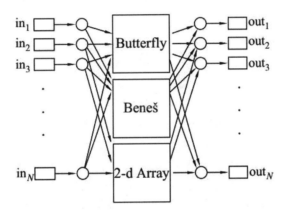

课后作业

习题 11.7

路易斯·雷森那指出，Beneš 网络很优秀，蝶形网络有以下优点：更少的交换机，更小的直径，更简单的数据包路由方式。因此为了结合蝶形网络和 Beneš 网络的优点，路易斯设计了一个具有 N 个输入输出的"雷森那网络"：

该网络中第 i 个输入交换机连接到 a_i 和 b_i 两个交换机上，同样的第 j 个输出交换机连接着 y_j 和 z_j 两个交换机。该网络包含一个以 a_i 交换机作为输入以及 y_j 交换机作为输出的 N 输入的 Beneš 网络，以及一个以 b_i 交换机作为输入以及 z_j 交换机作为输出的 N 输入的蝶形网络。

在雷森那网络中，最小延迟路由并不具有最小的拥塞。网络的最小拥塞延迟（LMC）指的是最小化拥塞的路由方式中所能取得的最优延迟下限。类似地，最小延迟拥塞（CML）指的是最小化延迟的路由方式中所能取得的最优拥塞下限。填完下表并简要解释你的答案。

直径	交换机类型	交换机数量	拥塞度	LMC	CML

习题 11.8

证明当 n 为奇数时，蝶形网络 F_n 的拥塞恰为 $\sqrt{N}$。

提示：

- 从每个输入到每个输出都有一条唯一的路径，因此拥塞的值即是任何路由情形下通过一个节点的最大信息量。
- 若 v 是蝶形网络第 i 列的一个节点，则存在从 2^i 个输入节点到 v 的路径以及从 v 到 2^{n-i} 个输出节点的路径。
- 蝶形网络的哪一列的拥塞一定是最差的？该列顶端的节点的拥塞是多少？

第 12 章　简单图

简单图（simple graph）考虑对称（symmetric）关系建模，这意味着这种关系是相互的。这种相互关系的例子有婚姻关系、语言相通、语言不通、在同一时间段发生某件事，或者通过导线相连等。它们出现在各种各样的应用中，包括调度、约束满足、计算机图形学以及通信等。但是为了引起你的注意，这里我们将从另一个应用展开论述：我们将对异性之间的交友行为进行专业调查。具体来说，我们将研究一些数据，并根据这些数据观察，在平均情况下，男性或者女性谁拥有更多的异性伴侣。

有关两性关系的人口学研究一直是许多研究工作的主题，为了得到这个问题的答案也进行了很多研究，其中规模最大的研究之一，来自芝加哥大学的研究人员在过去几年中随机抽样采访了 2500 人。他们在 1994 年发表了题为"性的社会组织性"的研究，该研究发现男性的异性伴侣比女性平均多 74%。

而其他研究发现，这种差距可能更加明显。特别是，ABC 新闻声称，男性一生平均会有 20 个伴侣，而女性一生平均会有 6 个，差距为 233%。ABC 新闻的这项研究在 2004 年的黄金时段播出，据说是所做过的最科学的研究之一，只有 2.5% 的误差。它被称为：美国性别调查：床单下的一瞥，也提出了一些关于该报告的严重性的问题。

然而在 2007 年 8 月，《纽约时报》报道了美国国家卫生统计中心的一项研究，研究显示男性一生平均有 7 个伴侣，而女性有 4 个。那么，你认为谁的数字更加准确？

请先不要急于回答——因为这是一个带有陷阱的问题。使用一个简单的图论，我们就会发现，以上这些理论都不是真理。

12.1　顶点邻接和度

简单图与有向图的定义方式几乎相同，除了简单图的边是无向的——它们连接两个顶点但是并不指向两个顶点的任何一方。如果用 $\langle v \to w \rangle$ 表示从顶点 v 起始，到顶点 w 结束的有向边，则简单图只用无向边⟨v—w⟩来连接v和w。

定义 12.1.1 简单图G包含非空集合V(G)以及集合E(G)，V(G)称为 G 的顶点集，而集合E(G)称为G的边集。V(G) 的一个元素称为一个顶点。一个顶点也可称为节点；"顶点"和"节点"这两个词可以替换使用。E(G)的一个元素为一条无向边，或简记为"边"。一条无向边有两个顶点$u \neq v$，称为它的端点。这样的一条边可以表示为两个元素的集合$\{u,v\}$。用符号⟨u—v⟩表示这条边。

⟨u—v⟩和⟨v—u⟩表示的是同一条无向边，它的端点为u和v。

假设图H如图 12.1 所示，则H的顶点集对应于图 12.1 中的 9 个点，即，

$$V(H) = \{a,b,c,d,e,f,g,h,i\}$$

边集对应于图 12.1 所示的 8 条线，即，

$$E(H) = \{⟨a—b⟩, ⟨a—c⟩, ⟨b—d⟩, ⟨d—c⟩, ⟨c—e⟩, ⟨e—f⟩, ⟨e—g⟩, ⟨h—i⟩\}$$

从数学角度看，这就是图H的全部内容。

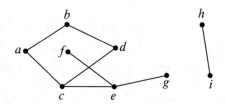

图 12.1　一个有 9 个节点和 8 条边的图

定义 12.1.2 一个简单图的两个顶点是邻接的（adjacent），当且仅当它们是同一条边的两个端点，并且称一条边与它的两个顶点相关联（incident）。与顶点v相关联的边的数量称为该顶点的度（degree），记为$\deg(v)$。同样，一个顶点的度也是与该顶点邻接的顶点的数量。

例如，图 12.1 所示的图H，顶点a与顶点b邻接，顶点b与顶点d邻接。边⟨a—c⟩与它的两个端点a和c相关联。顶点h的度是 1，顶点d的度是 2，而$\deg(e) = 3$。一个顶点的度有可能为 0，此时该顶点不与任何其他顶点邻接。一个简单图并不一定有边，$|E(G)|$可以为 0，这意味着每一个顶点的度都为 0。但是一个简单图必须至少包含一个顶点——$|V(G)|$至少为 1。

若一条边的两个端点是同一个，则称之为自环（self-loop）。在简单图中不允许出现自环。[①]
图的一个更一般化的类别称为多重图（multigraph），它允许任意条边具有两个相同的端点，但是这种情况不会出现在简单图中，因为在简单图中，每条边都由两个端点唯一定义。有时图容

[①] 你可能会尝试将顶点v和自身之间的一个自循环表示为$\{v,v\}$，但这等于$\{v\}$。它不会是一条边，因为边被定义为拥有两个顶点的集合。

易出现没有顶点，有自环，或者在两个相同端点之间有多条边的情况，但是我们并不需要它们，因此使用简单图将会更加简单。

在本章余下的部分，我们将"简单图"简记为"图"。

"顶点"的同义词为"节点"，我们将会交替使用这些词。简单图有时会被称为网络（network），边有时会被称为弧（arc）。我们在这里提到这些词是作为"注意事项"，以便于读者阅读其他图论相关文献，而我们并不会使用这些词。

12.2 美国异性伴侣统计

让我们用图论术语来建模异性伴侣的问题。为了做到这一点，我们让 G 表示图，其顶点 V 是所有的美国人。然后我们将 V 分成两个单独的子集：M 包含所有男性，F 包含所有女性。[1]我们将在一个男性和一个女性之间建立一条边，当且仅当他们是伴侣关系。该图如图 12.2 所示，男性在左边，女性在右边。

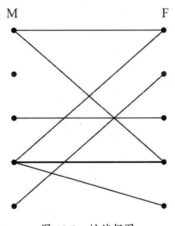

图 12.2　性伴侣图

实际上，这是一个很难弄明白的图，更不用说画出来了。这个图是巨大的：美国人口数约为 3 亿，所以 $|V| \approx 3$ 亿。其中约 50.8% 是女性，49.2% 是男性，所以 $|M| \approx 1.476$ 亿，$|F| \approx 1.524$ 亿。而且对于有多少边，我们甚至没有可靠的估计，更不用说确切地知道哪一对是邻接的。但事实证明，我们不需要知道以上任何一点，只需要弄清楚每个男性和每个女性的伴侣平均数量之间的关系。为了做到这一点，我们指出每条边在 M 中顶点上都恰有一个端点（记住，我们只考虑男女关系）；所以 M 中顶点的度之和等于边数。同理，F 中顶点的度之和也等于边数。所以下面

---

[1] 为了简单起见，我们将忽略某人既是男人也是女人或者两者都不是的可能性。

的求和是相等的：

$$\sum_{x \in M} \deg(x) = \sum_{y \in F} \deg(y)$$

现在假设我们将这个等式的两边都除以两个集合大小的乘积，$|M| \cdot |F|$：

$$\left(\frac{\sum_{x \in M} \deg(x)}{|M|}\right) \cdot \frac{1}{|F|} = \left(\frac{\sum_{y \in F} \deg(y)}{|F|}\right) \cdot \frac{1}{|M|}$$

上面括号中的术语是一个M中顶点的平均度和一个F中顶点的平均度。所以我们知道：

$$M\text{中顶点的平均度} = \frac{|F|}{|M|} \cdot F\text{中顶点的平均度} \qquad (12.1)$$

换句话说，我们已经证明，在人口中男性的女性伴侣平均数量与女性的男性伴侣平均数量之比，仅仅取决于男性和女性人口上的相对数量。

现在，人口普查局报告说，美国的女性比男性略多一些，特别是$|F|/|M|$大约为 1.035。所以我们知道，男性在平均水平上比女性的异性伴侣高出 3.5%，而与性滥交或者专一无关。相反，它只是与男性和女性的相对数量有关。男性和女性在总体上拥有相同数量的异性伴侣，因为每一个伴侣关系都需要从每一个集合中选一个，但是男性的数量较少，所以他们的平均异性伴侣数要高。这意味着芝加哥大学农业学院和联邦政府的研究工作错得很离谱。经过巨大的努力，他们却给出了一个完全错误的答案。

对于为什么这样的调查总是错误的，没有明确的解释。一个假设是，男性夸大了他们的伴侣数量或者也许是女性低估了她们自己，但这些解释都是推测性的。有趣的是，国家卫生统计研究中心的主要作者报告说，她知道结果是错误的，但那是收集到的数据的事情，而她的工作是报告。

同样的潜在问题也导致了对其他调查数据的严重误解。例如，几年前，波士顿环球报登载了一篇有关当地校园学生的学习习惯的调查报告。他们的调查显示，平均而言，少数族裔学生倾向于与非少数族裔学生学习，而不是相反。他们详细地解释了为什么这个"不平常的现象"可能是真的。但这个现象真的很平常。使用我们的图论公式，可以看到，所有的现象都只是说明，少数族裔的学生要比非少数族裔的学生少，当然这也就是"少数"的含义。

12.2.1 握手引理

前面介绍的论点立足于度之和与边数之间的关系。在任何图中它们之间都有一个简单的关系。

引理 12.2.1 在一个图中，顶点的度之和等于边数的两倍。

证明. 每个边为度之和贡献两个，边的每个端点各贡献一个。 ∎

我们将引理 12.2.1 称为握手引理（handshaking lemma）：如果我们将一个聚会上每个人与他人握手的次数加起来，总数将是发生握手次数的两倍。

12.3 一些常见的图

一些图出现得非常频繁，因此它们有了自己特殊的命名。完全图（complete graph）K_n 具有 n 个顶点，每两个顶点之间都有一条边，共有 $n(n-1)/2$ 条边。完全图 K_5 如图 12.3 所示。

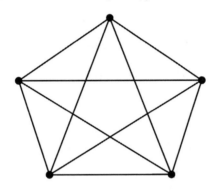

图 12.3　K_5 是有 5 个节点的完全图

空图（empty graph）不包含边。图 12.4 所示为一个有 5 个节点的空图。

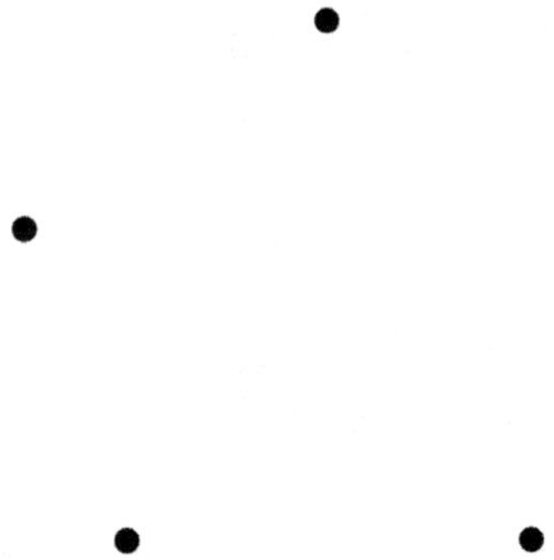

图 12.4　有 5 个节点的空图

一个包含有序的 $n-1$ 条边的 n 节点的图，被称为线图（line graph）L_n。更正式地说，L_n 具有如下性质：

$$V(L_n) = \{v_1, v_2, \ldots, v_n\}$$

且

$$E(L_n) = \{\langle v_1 - v_2\rangle, \langle v_2 - v_3\rangle, \ldots, \langle v_{n-1} - v_n\rangle\}$$

举一个例子，如图 12.5 所示为线图 L_5。

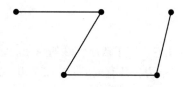

图 12.5　L_5：一个 5 节点线图

存在一种单向无穷线图 L_∞，其顶点为非负整数集 $\mathbb{N}$，边为 $\langle k - (k+1)\rangle$，其中 $k \in \mathbb{N}$。

如果我们在线图 L_n 上增加一条边 $\langle v_n - v_1\rangle$，则称得到的图为一个长度为 n 的圈（cycle）C_n。图 12.6 显示了一个长度为 5 的圈。

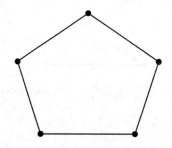

图 12.6　C_5：一个 5 节点的圈

12.4　同构

看起来不一样的两个图，可能真正意义上是一样的。例如，图 12.7 所示的两个图都是 4 个顶点和 5 条边，将图(a)顺时针旋转 90°就会得到图(b)。

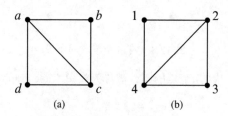

图 12.7　两个同构的图

严格来说，这些图是不同的数学对象，但这种不同并不体现在这两个图可以用相同的图片来描述（除了顶点上的标签）。通过改变有向图同构的定义 10.7.1 来处理简单图，"只需要重新标注"就会具有相同图片的想法就可以被一下子想到。两个图之间的同构，是它们顶点集合之间的一个保留边的双射。

定义 12.4.1 图 G 和图 H 之间的一个同构（isomorphism）是一个双射 $f: V(G) \to V(H)$，使得

$$\langle u\text{—}v\rangle \in E(G) \quad \text{当且仅当} \quad \langle f(u)\text{—}f(v)\rangle \in E(H)$$

对于所有的 $u,v \in V(G)$ 成立。当两个图之间存在一个同构时就称它们是同构的。

图 12.7 所示的两个图之间有一个同构 f：

$$f(a)::=2 \qquad f(b)::=3$$
$$f(c)::=4 \qquad f(d)::=1$$

你可以检验左边图中的两个顶点之间存在一条边，当且仅当右边图中相应的顶点之间存在一条边。

两个同构的图可能画得很不相同。比如，图 12.8 展示了 C_5 的两种不同的画法。

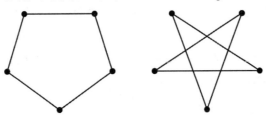

图 12.8　同构的两个 C_5 图

注意，如果 f 是 G 和 H 之间的同构，那么 f^{-1} 是 H 和 G 之间的同构。同构也是可传递的，因为同构的组合仍是一个同构。实际上，同构是一个等价关系。

同构保留一个图的连接属性，抽象出顶点的名称，它们是由什么组成的，或者它们在图中出现的位置。更准确地说，无论什么时候 G 拥有某一属性，则每个与 G 同构的图都有这一属性，那么图的这一属性被称为是同构保留的（preserved under isomorphism）。例如，由于同构是顶点集合之间的双射，所以同构图的顶点数必须相同。此外，如果 f 是一个图同构，其将一个图的顶点 v 映射到一个同构图的顶点 $f(v)$，则通过同构的定义，第一个图中与 v 邻接的每个顶点，将被 f 映射到同构图中与 $f(v)$ 邻接的顶点。因此，v 和 $f(v)$ 将会拥有相同的度。如果一个图有一个度为 4 的顶点，而另一个图没有，则它们不会是同构的。实际上，如果每个图中度为 4 的顶点数不一样，则它们不会是同构的。

寻找保留的属性，可以很容易地确定两个图是不是同构的，而当存在一个同构时，也可以用来指导寻找这个同构。在实践中，通常很容易确定两个图是否同构。然而，还没有人找到一个程序，能保证在所有图对上，以多项式的时间来确定它们是否同构。[①]

有这样一个程序将会是很有用的。例如，这将使得在给定分子键的数据库中，搜索特定分子变得容易。另一方面，知道没有这样有效的程序也将是有价值的：用于加密和远程认证的安全协议，可以建立在图同构是超出计算能力的这一假设上。

双射和同构的定义适用于无限图和有限图，本章余下部分的大部分结果也是如此。但是图论主要集中在有限图上，我们也将会这样。在本章的其余部分，我们将假设图是有限的。

实际上，在 12.3 节的开头，自从我们写到 "K_n 具有 n 个顶点……" 以来，就一直认为同构是理所当然的。

图论是关于同构保留的属性的理论。

12.5 二分图与匹配

在图 12.2 中有两类顶点，男性和女性，而边仅在这两种类型之间。这种类型的图出现得很频繁，它们被命名为二分图（bipartite graphs，在有些书籍中也被称为二部图）。

定义 12.5.1 当一个图的顶点可以划分为两个子集，$L(G)$ 和 $R(G)$，且每条边都有一个端点在 $L(G)$，另一个端点在 $R(G)$ 时，我们称这样的图为二分图。

因此每个二分图看起来都有些类似图 12.2。

12.5.1 二分匹配问题

二分匹配问题与我们之前研究的美国两性关系相关；此时，目标是令每个人都拥有幸福的婚姻。就像你想的那样，由于各种各样的原因这是不可能实现的，至少在美国，女性的数量多于男性，这个事实就会导致其不可能实现。所以，若令每个男性最多结婚一次，则不可能使每个女性都能嫁给一个男性。

但是，若是在每个女性最多结婚一次的情况下，为每个男性找一个配偶呢？这样做是否可以令每个男性都与一个他喜欢的女性成为伴侣？答案当然是取决于代表爱慕关系的二分图，但好消息是有可能找到一个关于这种爱慕关系的自然属性，从而得到该问题的一个完全确定的答案。

[①] 当一个程序需要的时间数量最多是 $P(n)$ 时，则称它是多项式时间的，其中 n 是顶点总数，$P()$ 是一个固定的多项式。

一般来说，假设我们有一组男性集合以及一组与之同等大小或更大的女性的集合，则存在一个图，它的边在男性和女性之间，代表这个男性喜欢这个女性。在这种情况下，"喜欢"关系不需要是对称的，因为我们暂时只考虑为每一个男性寻找他喜欢的伴侣的情况。[①]之后，我们也会从女性的角度考虑这种"喜欢"关系。例如，我们可能得到图 12.9 所示的图。

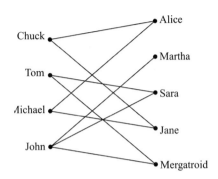

图 12.9　男性对女性的爱慕关系图

匹配是指，使得不同的男性被分配到不同的女性，且一个男性总是会分配给他喜欢的女性的一种分配。对于男性来说，一个可能的匹配如图 12.10 所示。

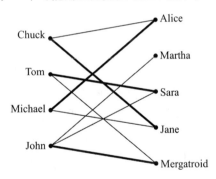

图 12.10　粗线条代表一个可能的匹配，例如 John 与 Mergatroid 匹配

12.5.2　匹配条件

一个著名的结果是霍尔匹配定理（Hall's Matching Theorem），它给出了二分图存在匹配的充分必要条件，它是一个非常有用的数学工具。

我们将用男性喜欢女性的说法来对霍尔定理进行陈述和证明。对给定男性集合所喜欢的女

---

① 顺便说一句，我们并不是说婚姻应该或者不应该是异性恋，也不是想说男性（而不是女性）应该得到他们的选择。只是因为美国的男性数量少于女性，因此不可能为所有女性匹配不同的男性。

性集合进行定义，该集合由至少被一个男性喜欢的女性组成。例如，图 12.9 中所示的 Tom 和 John 喜欢的女性集合包括 Martha, Sara 以及 Mergatroid。为了有机会能够对男性进行匹配，必须满足以下匹配条件：

男性的每个子集至少喜欢一个同样大小的女性集合。

例如，当一个具有 4 个男性的集合仅喜欢 3 个女性，则无法找到一个匹配。霍尔定理认为这个必要条件事实上也是充分的；如果匹配条件满足，则匹配存在。

定理 12.5.2 一个男性集合 M 和女性集合 W 存在匹配当且仅当匹配条件满足。

证明. 首先，假设存在匹配，证明匹配条件成立。对于男性的任意子集，每个男性至少喜欢一个与其匹配的女性，而一个女性至多与一个男性匹配。因此，每一个男性的子集至少喜欢一个与其同等大小的女性的集合。因此，匹配条件满足。

接下来，假设匹配条件满足，证明匹配存在。我们对于男性集合的大小 $|M|$ 使用强归纳法，基于谓词：

$$P(m) ::= 如果集合 M 满足匹配条件，$$
$$其中包含 m 个男性，则存在一个集合 M 的匹配$$

基本情形（$|M| = 1$）：如果 $|M| = 1$，则匹配条件意味着这一个男性至少喜欢一个女性，因此存在匹配。

归纳步骤：假设 $|M| = m + 1 \geq 2$。为了找到 M 的匹配，有以下两种情况。

情况 1：每一个至多包含 m 个男性的非空子集，喜欢一个严格大于它的女性集合。在这种情况下，我们做一些限制：随机将一个男性与其喜欢的女性配对，并将他们从集合中去除，剩余 m 个男性以及少了一个女性的女性集合，匹配条件仍然成立。因此归纳假设 $P(m)$ 意味着我们可以匹配剩余的 m 个男性。

情况 2：一些最多有 m 个男性的非空子集 X 喜欢一个与其同等大小的女性集合 Y。在 X 中匹配条件一定成立，因此强归纳假设意味着我们可以将 X 中的男性与 Y 中的女性匹配。因此问题就转化为将男性集合 $M - X$ 与女性集合 $W - Y$ 匹配。

但是匹配 $M - X$ 与 $W - Y$ 的问题依然满足匹配条件，因为若 $M - X$ 中的任意男性子集喜欢 $W - Y$ 中一个更小的女性子集，就意味着对于整个女性集合 W，存在一个男性集合喜欢一个比其更少的女性子集。即，如果一个男性子集 $M_0 \subseteq M - X$ 喜欢一个比其严格更小的女性子集 $W_0 \subseteq W - Y$，则 $M_0 \cup X$ 将会喜欢一个比其小的集合 $W_0 \cup Y$。因此强归纳假设意味着我们可以将 $M - X$ 中的男性与 $W - Y$ 中的女性匹配，从而完成了 M 的匹配。

因此在两种情况下，都存在对于男性的一个匹配，从而完成了对归纳步骤的证明。该定理遵循归纳法。∎

定理 12.5.2 的证明给出了一个在二分图中寻找一个匹配的算法，尽管不是非常高效。然而从二分图中寻找一个匹配的高效算法确实存在。因此，如果一个问题可以被简化为寻找一个匹配，那么该问题实例可以以相对高效的方式解决。

正式陈述

下面让我们以抽象的方式重新陈述定理 12.5.2，这样你就不会总是说着"现在这组男性喜欢至少同样多的女性……"

定义 12.5.3 图G中的一个匹配是G中边的一个集合M，在M中不存在一个顶点是多条边的端点的情况。一个匹配覆盖一组顶点S，当且仅当S中的每个顶点是匹配中一条边的一个端点。当一个匹配可以覆盖$V(G)$时则称之为完美匹配。对于任意图G，顶点集合S的邻域 $N(S)$指的是与S具有边连接关系的像，即

$$N(S)::= \{r | 存在 s \in S，使得 \langle s\!-\!r\rangle \in E(G)\}$$

S被称为瓶颈，当

$$|S| > |N(S)|$$

定理 12.5.4 （霍尔定理，Hall's Theorem）令G为一个二分图。G中存在一个覆盖$L(G)$的匹配，当且仅当$L(G)$的任意子集都不是瓶颈。

一个简单的匹配条件

二分匹配条件要求男性的每个子集都具有一定的性质。一般情况下，即使对于每一个特定的子集来说，检查它是否具备某个性质是很容易的，但要验证每一个子集是否都具备这个性质，这个任务很快就会变得庞大无比。这是由于即使是一个很小的集合，其子集的数量也是巨大的——一个大小为 30 的集合其子集的数量超过 10 亿。然而，存在一个关于二分图中顶点的度的简单属性可以保证匹配的存在。当左部分顶点的度大于或等于右部分顶点的度时，称该二分图为度约束（degree-constrained）的。更确切地说，

定义 12.5.5 对于任意$l \in L(G)$, $r \in R(G)$，当 $\deg(l) \geqslant \deg(r)$时，该二分图是度约束的。

例如，图 12.9 所示的图就是度约束的，因为左边的每个节点都至少与右边的两个节点邻接，同时右边的每个节点至多与左边的两个节点邻接。

定理 12.5.6 如果G是一个度约束二分图，则存在一个能够覆盖$L(G)$的匹配。

证明. 我们将说明G满足霍尔条件，即，如果S是$L(G)$的任意子集，则

$$|N(S)| \geq |S| \tag{12.2}$$

由于G是度约束的，则对于每一个$l \in L(G), r \in R(G)$，存在一个$d > 0$使得$\deg(l) \geq d \geq \deg(r)$。根据定义，每条端点在$S$内的边，其另一个端点都在$N(S)$中，$N(S)$中的每个节点至多与$d$条边相关联，我们知道

$$d|N(S)| \geq \text{\#一个顶点在}S\text{中的边}$$

此外，由于S中的每个顶点都至少是d条边的端点，

$$\text{\# 与}S\text{中顶点相关联的边} \geq d|S|$$

因此$d|N(S)| \geq d|S|$，消去d则完成了公式 12.2 的推导。∎

正则图（regular graph）是度约束图中的一大类，经常在实践中出现。因此我们可以使用定理 12.5.6 来证明每一个正则二分图都具有完美匹配。这是在计算机科学中一个非常有用的结果。

定义 12.5.7 若图中每个节点的度都相同，则这个图是正则（regular）的。

定理 12.5.8 每个正则二分图都具有一个完美匹配。

证明. 设G为一个正则二分图，由于正则图都是度约束的，根据定理 12.5.6 可知，G中一定存在一个匹配可以覆盖$L(G)$。这个匹配只有当$|L(G)| \leq |R(G)|$时才存在。但是当$L(G)$和$R(G)$角色切换时，G依然是度约束的，这意味着$|R(G)| \leq |L(G)|$。换句话说，$L(G)$和$R(G)$是同等大小的，每一个匹配覆盖$L(G)$时也会覆盖$R(G)$。因此G中的每个节点都是这个匹配中一条边的端点，G具有一个完美匹配。∎

12.6 着色

在 12.2 节中，我们使用边来表示一对节点之间的密切关系。但是有很多情况，边将对应于节点之间的冲突。考试安排是一个典型的例子。

12.6.1 一个考试安排问题

每个学期，麻省理工学院日程安排办公室必须为每门课的期末考试分配一个时间段。这并不容易，因为有些学生选了多门需要期末考试的课程，即便在麻省理工学院，学生在特定的时间段内都只能进行一次考试。办公室想要避免所有的冲突。当然，你可以将每个考试安排在不同的时间段，但是你将为了数百门课程安排数百个时间段，然后期末考试将会进行一年！所以，

日程安排办公室也想要缩短考试周期。

日程安排办公室的问题很容易描述为一个图。有期末考试的课程是顶点，当一些学生同时选了两门课程时，这两个顶点将会邻接。例如，假设我们需要安排 6.041, 6.042, 6.002, 6.003 和 6.170 课程的考试。调度图可能如图 12.11 所示。

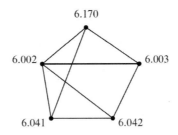

图 12.11 有 5 门考试的调度图，被边连接的考试不能在相同时间进行

6.002 和 6.042 不能同时进行考试，因为有学生同时在上这两门课，所以它们的节点之间有一条边。另一方面，如果 6.042 和 6.170 在同一时间上课（有些时候会），因为没有学生能够一起上这两门课程（也就是说，应该没有学生同时上两门有时间冲突的课程），所以这两门课的考试可以在相同时间进行。

接下来我们用颜色来标记每个时间段。例如，星期一上午是红色，星期一下午是蓝色，星期二上午是绿色等。为考试分配时间段等价于给相应的顶点着色。主要的约束条件是邻接的顶点必须有不同的颜色，否则一些学生会同时有两门考试。此外，为了缩短考试周期，我们应该尝试使用尽可能少的不同的颜色来对所有顶点进行着色。如图 12.12 所示，对于我们的例子三种颜色已足够。

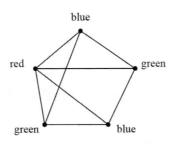

图 12.12 来自图 12.11 的一个 3-着色的考试图

图 12.12 所示的着色对应于星期一上午（红色）有一个考试，星期一下午（蓝色）有两个考试，星期二上午（绿色）也有两个考试。那么我们可以使用更少的颜色吗？不能！我们不能只使用两种颜色，因为图中有一个三角形，三角形中的三个顶点必须是不同的颜色。

以上是图着色问题的一个例子：给定图 G，为每个节点分配颜色，使得邻接节点具有不同的颜色。拥有这个性质的颜色分配称为图的有效着色（valid coloring），简称为"着色（coloring）"。如果图 G 有一个着色，且最多使用 k 种颜色，则称图 G 是 k-可着色的。

定义 12.6.1 可以使得图 G 有一个有效着色的 k 的最小值被称为色数（chromatic number），用 $\chi(G)$ 表示。

所以 G 是 k-可着色的，当且仅当 $\chi(G) \leq k$。

一般来说，试图弄清楚是否可以使用固定数量的颜色来为图着色，可能需要很长时间。这是一个没有已知快速算法问题的典型例子。事实上，很容易检查一个着色是否有效，但是似乎很难找到一个有效着色。（如果你能弄清楚，那么你可以得到 100 万美元的克雷奖。）

12.6.2 一些着色边界

图的一些简单的性质给出了可着色性的有用边界。

最简单的一个性质是成为一个圈：一个偶数长度的闭圈是 2-可着色的。按照习惯，简单图中的圈的长度是正数，所以不会是 1-可着色的。所以

$$\chi(C_{\text{even}}) = 2$$

另一方面，一个奇数长度的圈需要 3 种颜色，即

$$\chi(C_{\text{odd}}) = 3 \qquad (12.3)$$

你需要花一点时间去思考为什么这个等式成立。

另一个简单的例子是一个完全图 K_n：

$$\chi(K_n) = n$$

因为它不存在拥有相同颜色的两个顶点。

成为二分图是另一个与可着色性密切相关的性质。如果一个图是二分图，那么你可以用两个颜色对它着色，一个用于"左边"的节点，另一个用于"右边"的节点。相反，色数为 2 的图全部是二分图，一种颜色的节点在"左边"，另一种颜色的节点在右边。由于只有无边图（空图）的色数为 1，所以我们有，

引理 12.6.2 至少有一条边的图 G 是二分图，当且仅当 $\chi(G) = 2$。

如果图的顶点度小，则一个图的色数也会较少。特别是，如果我们在一个图中所有顶点的度上有一个上界，那么可以很容易地找到一个比这个上界只多 1 的着色。

定理 12.6.3 一个最大度至多为 k 的图是 $(k+1)$-可着色的。

由于 k 是定理中提到的唯一的非负整数值变量，所以你可能会被诱导去尝试在 k 上使用归纳

法来证明该定理。不幸的是，这种做法是灾难性的：我们不知道任何这样做的合理方法，并且如果你在一个问题集上尝试它，那么它将用掉你一周的时间。通常当你在图上用归纳法遇到这样的灾难时，最好改变你所归纳的东西。在图中，对于归纳参数，通常较好的选择是节点数n或者边数e。

定理 12.6.3 证明. 我们在图中顶点的数量上使用归纳法，用n表示顶点数量。令$P(n)$表示命题：一个最大度至多为k的n-顶点图是$(k+1)$-可着色的。

基本情形（$n=1$）：一个1-顶点图的最大度是0，并且是1-可着色的，所以$P(1)$为真。

归纳步骤：现在假设$P(n)$为真，并且令G是最大度至多为k的$(n+1)$-顶点的图。删除一个顶点v（和所有到它的边），将得到一个n-顶点的子图H。H的最大度至多为k，所以根据我们的假设$P(n)$，H是$(k+1)$-可着色的。现在加回顶点v。我们可以为v分配一个不同于其所有邻接顶点的颜色（从$k+1$种颜色中），由于与v邻接的顶点数至多是k，因此$k+1$种颜色中至少有一个可用。因此，G是$(k+1)$-可着色的。这样就完成了归纳步骤，定理也跟随着归纳过程被证明。

有时$k+1$个颜色是你能做到的最好的。例如，$\chi(K_n) = n$，并且K_n中的每个节点的度为$k = n-1$，所以这个例子是定理 12.6.3 给出的最佳可能的边界。通过类似的论证，我们可以看出，对于任何以k为度边界的，并且有K_{k+1}作为子图的图，定理 12.6.3 给出了最佳可能的边界。

但是有时$k+1$个颜色可能与你能做到的最好的选择差得很远。比如图 12.13 所示的星状图的最大度是$n-1$，但是用两个颜色就可以着色。

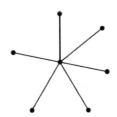

图 12.13　一个 7-节点的星状图

12.6.3　为什么着色

在实践中经常出现着色问题的一个原因是，调度冲突是十分常见的。例如，在 Leighton 创办的互联网公司 Akamai 里，每隔几天都会在其每个服务器（2016 年是 20 万台服务器）上部署一个新版本的软件。对于所有这些服务器，如果一次只更新一个，那么将需要超过 20 年的时间，所以必须同时对多台服务器进行部署。另一方面，具有共同关键功能的某些服务器对不能同时更新，因为服务器在更新时需要脱机。

这个问题可以通过制作一个 20 万个节点的冲突图，再用十几种颜色进行着色来解决，所以只需要进行十几批安装就行！

另一个例子来自为无线电台分配频率的需求。如果两个电台在广播区域有重叠，则不能给予相同的频率。频率是珍贵和高价的，最小化发放的数量是重要的。这个数量相当于找到一个图的最小着色数，这个图的顶点是电台，而它的边连接着具有重叠区域的电台。

在为程序变量分配寄存器时，也会出现着色。当变量正在使用时，数值需要保存在寄存器中。寄存器可以被不同的变量再利用，但如果在程序执行的重叠间隔内引用了两个变量，则这两个变量需要不同的寄存器。所以寄存器分配是一个图的着色问题，其顶点是变量；如果变量的间隔重叠，则顶点是邻接的，并且颜色代表寄存器。目标仍是尽可能减少图着色所需的颜色数量。

最后，是命题 1.1.4 提到的著名的地图着色问题。问题是为地图着色需要多少种颜色可使得邻接的地区得到不同的颜色？这和为一个图着色所需的颜色数量相同，并且这个图需要在没有边交叉的情况下，能够被画在平面上。当 40 年前证明了 4 种颜色足够用于平面图时，这个证明广受好评。该证明中隐含的是一个 4-着色程序，它需要与图中顶点数量（地图上的国家）成比例的运行时间。

令人惊讶的是，找到一个高效的程序，以说明是否任何特定的平面图真的需要 4 种颜色，或者是否 3 种颜色就可以达到效果，是另外一个百万美元奖金的问题。测试图的 3-可着色性与价值百万美元的可满足性（SAT）问题是同样困难的（即使对于平面图也是如此），习题 12.29 会给出证明。（就像 12.8.2 节所解释的那样，判断一个图是否是 2-可着色的是很容易的。）在第 13 章中，我们将发展足够的平面图理论来呈现一个简单的证明，也就是所有平面图都是 5-可着色的。

12.7 简单路

12.7.1 简单图中的路、通路和圈

简单图中的路和通路本质上与有向图相同。我们只是将有向图相关定义中的有向边修改为无向边。例如，简单图中路的正式定义几乎与定义 10.2.1 中有向图的路相同。

定义 12.7.1 简单图 G 中的路（walk）是一个顶点和边交替构成的序列，其始于一个顶点并终于一个顶点。对于路中每一条边 $\langle u\text{—}v \rangle$，端点 u 和 v 的其中一个是该边的之前的元素，另一个是该边的下一个元素。路的长度是其中出现的边的总数。

因此，一条路 v 为一个具有如下形式的序列：

$$\mathbf{v}::=v_0\langle v_0 \!-\! v_1\rangle v_1 \langle v_1 \!-\! v_2 \rangle \cdots \langle v_{k-1} \!-\! v_k \rangle v_k$$

其中$\langle v_i \!-\! v_{i+1} \rangle \in E(G)$, $i \in [0 \ldots k)$。这条路可描述为开始于v_0，结束于v_k，且路的长度$|\mathbf{v}|$为k。路可成为一条通路（path），当且仅当所有的v_i都是不同的，即，如果$i \neq j$，那么$v_i \neq v_j$。

开始和结束都在同一个顶点的路称为回路（closed walk）。一个单一的顶点看作一个长度为0的回路，也是一个长度为0的通路。

圈（cycle）是一个除了起始和终止的顶点之外，所有顶点都不重复的、长度大于或等于3的回路。

注意，在与有向图进行对比时，我们不将长度为2的回路算作简单图中的圈。这是因为在简单图中，在同一条边上的路的方向可以是向前的也可以是向后的，因此它并不重要。此外，不存在长度为1的回路，因为简单图没有自环。

与在有向图中相同，路的长度比其中顶点出现的次数少1。例如，图12.14所示的图中具有一个长度为6的通路，该通路经过7个连续的顶点$abcdefg$。这是该图中最长的通路。图12.14所示的图中还包含三个圈，分别经过连续顶点$bhecb$, $cdec$以及$bcdehb$。

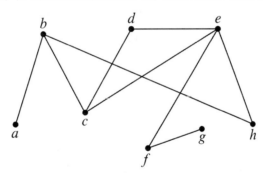

图12.14　具有3个圈的图：$bhecb$, $cdec$, $bcdehb$

12.7.2　圈作为子图

我们不认为圈具有一个起点或者终点，因此任何围绕整个圈的通路都可以代表这个圈。例如图12.14所示的图，从b开始经过顶点$bcdehb$的圈，也可以描述为从d开始经过$dcbhed$。此外，简单图中的圈不具有方向：$dcbhed$的起点和终点均为d，它所定义的圈与其反方向的圈是同一个。

为了精确地描述哪些回路代表相同的圈，可以将圈定义为一个子图。具体来说，我们可以将G中的一个圈定义为G的一个子图（subgraph），该圈的长度为n, $n \geqslant 3$。

定义 12.7.2 称图G为图H的一个子图，若$V(G) \subseteq V(H)$，且$E(G) \subseteq E(H)$。

例如，仅具有一条边的图G，其中

$$V(G) = \{g, h, i\} \quad 且 \quad E(G) = \{\langle h-i \rangle\}$$

则G为图 12.1 所示的图H的一个子图。另一方面，任何包含边$\langle g-h \rangle$的图都不是H的子图，因为这条边不在$E(H)$内。另外，一个有n个节点的空图是包含同样节点集的L_n的子图，同样，L_n是C_n的一个子图，而C_n又是K_n的一个子图。

定义 12.7.3 对$n \geq 3$，令图C_n的节点为$1, \ldots, n$，边为：

$$\langle 1-2 \rangle, \langle 2-3 \rangle, \ldots, \langle (n-1)-n \rangle, \langle n-1 \rangle$$

图G中的一个圈指的是G中与C_n同构的一个子图，其中$n \geq 3$。

这个定义在形式上表明圈没有方向或者起止点。

12.8 连通性

定义 12.8.1 在图中，当两个顶点之间存在一条起始于一个顶点而终止于另一个顶点的通路时，称这两个顶点是连通的。按照惯例，任何顶点都通过一条长度为 0 的通路与其本身连通。当图中的任意一对顶点都是连通的，则称这个图是连通的。

12.8.1 连通分量

连通对于图来说是一个很好的性质。例如，这意味着可以从任意一点到达任何其他节点，或者说它可以在任意一对节点之间进行通信，这些取决于具体的应用。

但是并不是所有的图都是连通的。例如，在一个节点代表城市，边代表高速公路的图中，也许对于北美的城市来说是连通的，但是若还包含澳大利亚的城市则它肯定不是连通的。对于互联网这样的通信网络也是如此——为了防止互联网中病毒的传播，一些政府网络是与互联网完全隔离的。

另一个例子如图 12.15 所示，它看起来像一张包含三个图的图片，但是它的本意是包含一个图的图片。这个图由三块组成，每一块是一个子图，其本身是连通的，但是在不同块的顶点之间不存在通路。图中这些连通的块称为连通分量（connected component）。

定义 12.8.2 一个图的连通分量为一个包含某个顶点的子图，其中每个节点和边都与该顶点连通。

因此，一个图是连通的当且仅当它只具有一个连通分量。而另一个极端情况是，一个n个顶点的空图具有n个连通分量，每个连通分量由一个单一的顶点构成。

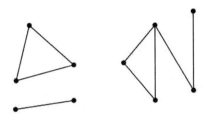

图 12.15　具有三个连通分量的图

12.8.2　奇数长度的圈和 2-着色性

我们已经看到，确定图的可着色数是一个具有挑战性的问题。但是在一个特殊的情况下，这个问题非常容易，即，当这个图是 2-可着色的时。

定理 12.8.3 以下几种图的属性是等价的：

1. 图包含一个奇数长度的圈。

2. 图不是 2-可着色的。

3. 图包含一个奇数长度的回路。

换句话说，如果一个图具有上述三种属性中的任何一个，那么它具有以上所有属性。

这些属性之间具有如下蕴涵关系：

$$1 \text{ IMPLIES } 2 \text{ IMPLIES } 3 \text{ IMPLIES } 1$$

因此具有每一个属性都意味着也具有另外两个，即它们都是等价的。

1 IMPLIES 2 证明. 这一点可根据公式 12.3 推导出来。　■

2 IMPLIES 3 如果我们为连通图证明了这一点，则它对任意图都成立，因为它对每个连通分量都成立。所以我们可以假设 G 是连通的。

证明. 取 G 的任意一个顶点 r，由于 G 是连通的，则对每个节点 $u \in V(G)$，一定存在一条路 $\mathbf{w}_u$ 从 u 开始，到 r 结束。按照如下方式为 G 的顶点分配颜色：

$$\text{color}(u) = \begin{cases} \text{黑色}, & \text{如果 } |\mathbf{w}_u| \text{ 是偶数} \\ \text{白色}, & \text{其他情况} \end{cases}$$

现在由于 G 是不可着色的，则这不可能是一个有效的着色。因此一定存在一条边，它的两个端点 u 和 v 的颜色相同。但是在这种情况下：

$$\mathbf{w}_u \frown \text{reverse}(\mathbf{w}_v) \frown \langle v\text{—}u \rangle$$

是一个起止点为u的回路，它的长度为

$$|\mathbf{w}_u| + |\mathbf{w}_v| + 1$$

这个数是一个奇数。∎

3 IMPLIES 1 证明：因为存在一个长度为奇数的回路，根据良序原则这意味着存在一个奇数长度的回路$\mathbf{w}$具有最小的长度。可以断定$\mathbf{w}$一定是一个圈。为了说明这一点，假设$\mathbf{w}$不是一个圈，则说明除了起止点之外还存在一个重复的顶点。这时根据这个额外的顶点是否与起始点相同可以分为两种情况。

第一种情况，起始点又额外出现一次，即对于某正数长度的路$\mathbf{f}$和$\mathbf{r}$，它们的起止点均为x。

$$\mathbf{w} = \mathbf{f}\,\hat{x}\,\mathbf{r}$$

由于

$$|\mathbf{w}| = |\mathbf{f}| + |\mathbf{r}|$$

为奇数，因此$\mathbf{f}$和$\mathbf{r}$必定恰好有一个的长度为奇数，而那一条路就是一个比$\mathbf{w}$短的奇数长度的回路，这与上文是矛盾的。

在另一种情况下，

$$\mathbf{w} = \mathbf{f}\,\hat{y}\,\mathbf{g}\,\hat{y}\,\mathbf{r}$$

这里$\mathbf{f}$为一条从x到y的路，且$y \neq x$，$\mathbf{r}$是一条从y到x的路，$|\mathbf{g}|>0$。现在$\mathbf{g}$不可以是奇数长度，否则它将是一个短于$\mathbf{w}$的奇数长度的回路。因此$\mathbf{g}$的长度为偶数。这意味着$\mathbf{f}\,\hat{y}\,\mathbf{r}$一定是一个奇数长度的回路，且比$\mathbf{w}$短，这依然与上文矛盾。

至此完成了对定理 12.8.3 的证明。∎

定理 12.8.3 很有用，因为二分图经常在实践中出现。[①]

12.8.3　k-连通图

如果将图看作电话网络、输油管道或者电力线中电缆的建模，则我们不仅需要连通性，还需要知道组件故障时的连通性。更一般地说，我们想定义两个顶点之间的连通性有多强。一个衡量连通性强度的方法是计算使连通性消失所需要去掉的链的数目。特别地，若至少需要有k个边失效才能使两个顶点变为非连通的，则称两个顶点是k-边连通的。更准确地说，

定义 12.8.4 在删除图的小于或等于$k-1$条边所得到的任何子图中，若两个顶点始终能保持连通，则称它们是k-边连通的。若一个图具有多于一个的顶点，且图中每一对不同的顶点都

[①] 关于路由网络的一个例子已经在引理 11.3.3 中提出。推论 13.5.4 用另一个例子揭示了定理在平面图理论中的重要性。

是 k-边连通的，则称该图是 k-边连通的。

从现在开始我们将去掉修饰语"边"，只说"k-连通"。[①]

注意，根据定义 12.8.4，如果一个图是 k-连通的，那么它也是 j 连通的，其中 $j \leq k$。这个规则意味着根据定义 12.8.1 和定义 12.8.4，两个顶点是连通的，当且仅当它们是 1-连通的。

例如，在图 12.14 所示的图中，顶点 c 和 e 是 3-连通的，b 和 e 是 2-连通的，g 和 e 是 1-连通的，没有顶点是 4-连通的。该图作为一个整体仅是 1-连通的。一个完全图 K_n 是 $(n-1)$-连通的。每个圈都是 2-连通的。

割边（cut edge）的思想是解释 2-连通性的有效方法。

定义 12.8.5 如果图 G 中的两个顶点是连通的，但是当去掉边 e 时就变为不连通了，那么称 e 为图 G 的割边。

因此一个具有多于一个顶点的图是 2-连通的，当且仅当该图是连通的且不具有割边。下面的引理是上述定义的另一个直接结果。

引理 12.8.6 一个边是割边，当且仅当它不在圈上。

更一般地，如果两个顶点通过一个 k 个边不相交的通路连通——即没有一条边出现在两条通路中，则它们一定是 k-连通的，这是因为若想使其不连通，则至少需要在每条通路上都去掉一条边。对于我们所遗漏的部分，用 Menger 定理刚好可以证明该结论反过来也是正确的：如果两个顶点是 k-连通的，则存在 k 个边不相交的通路来连接它们。仅仅对于 $k=2$ 的情况，证明它都需要一些技巧才行。

12.8.4 连通图的最小边数

下述定理说明，一个图若具有很少的边则它一定有很多连通分量。

定理 12.8.7 每个图 G 都具有至少 $|V(G)| - |E(G)|$ 个连通分量。

当然，定理 12.8.7 仅在边的数量少于顶点数量的情况下才有用。

证明. 我们对于边数 k 使用归纳法。令 $P(k)$ 为如下命题：

每个具有 k 个边的图 G 都至少有 $|V(G)| - k$ 个连通分量。

基本情形（$k=0$）：在一个具有 0 条边的图中，每个顶点本身就是一个连通分量，因此恰好有 $|V(G)| = |V(G)| - 0$ 个连通分量。因此 $P(0)$ 成立。

[①] 有一个关于 k-顶点连通性的对应的定义，它是删除顶点而不是边。图论中经常使用"k-连通"作为"k-顶点连通"的简写，但是边连通性对我们来说已经足够了。

归纳步骤：

用G_e表示移除一条边$e \in E$之后得到的图。因此G_e具有k条边，根据归纳假设$P(k)$，我们可以假设G_e有至少$|V(G)| - k$个连通分量。现在将边e重新加回去得到原始图G。如果e的端点在G_e的同一个连通分量里，则G连通的顶点数与G_e相同，所以G至少有$(|V(G)| - k) > (|V(G)| - (k+1))$个分量。另外，如果$e$的两个端点在$G_e$的不同的连通分量中，则这两个分量在$G$中被合并成一个分量，而其他分量没有改变，因此$G$的连通分量比$G_e$的少一个。也就是说，$G$至少有$(|V(G)| - k) - 1 = (|V(G)| - (k+1))$个连通分量。因此无论是哪种情况，$G$都至少有$|V(G)| - (k+1)$个分量，与假设相符。

至此完成了归纳步骤，并通过归纳法完成了整体的证明。■

推论 12.8.8 每一个具有n个顶点的连通图至少有$n-1$条边。

有几点关于定理 12.8.7 的证明值得注意。首先，我们是对于图中边的数量使用归纳法。这在涉及图的证明中非常常见，如同对顶点数目进行归纳一样。当你遇到一个关于图的问题时，这两种方法应该是首先要考虑的。

第二点更加巧妙。注意在归纳步骤，我们使用了一个任意的有$k+1$条边的图，将一条边去除之后就可以应用我们的归纳假设，之后再将这条边放回原位。你会发现这种减少和增加的过程在关于图的证明的归纳步骤中经常出现。这看起来是不必要的：为什么不从一个k条边的图出发，然后增加一条边得到$(k+1)$条边的图呢？在这种情况下这种方法看起来是可行的，但是却容易导致一种严重的逻辑错误，称为累积误差（buildup error），我们将在习题 12.40 中对其进行说明。

12.9 森林和树

我们已经很好地利用了没有圈的有向图，但没有圈的简单图可以说是计算机科学中最重要的图。

12.9.1 叶子、父母和孩子

定义 12.9.1 一个无圈图称为一个森林（forest）。一个连通的无圈图称为一棵树（tree）。

图 12.16 展示的是一个森林。根据定义，它的每一个连通分量都是一棵树。

图 12-16　包含 2 个分支树的 6-节点森林

首先要注意的是，树倾向于拥有大量度为 1 的节点。这样的节点被称为叶子（leaves）。

定义 12.9.2 在森林中一个度为 1 的节点被称为一个叶子。

图 12-16 所示的森林中有 4 个叶子，图 12-17 所示的树中有 5 个叶子。

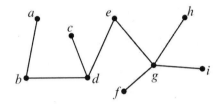

图 12-17　一个有 5 个叶子的 9-节点树

树是计算机科学中的一个基础数据结构。例如，信息通常存储在树形数据结构中，并且许多递归程序的执行可以被建模为树的遍历。在这种情况下，将节点以层次的方式排列，常常会很有用，其中顶层的节点被认为是根（root），并且每条边将父母（parent）连接到下一层的孩子（child）。图 12-18 显示了以这种方式重绘的图 12-17 所示的树。节点 d 是节点 e 的孩子，也是节点 b 和 c 的父母。

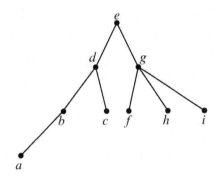

图 12-18　重新画图 12-17 中所示的树，以 e 作为根节点，其他节点按层次的方式排列

12.9.2　性质

树有许多独一无二的性质。我们在下面的定理中列出了一些。

定理 12.9.3 每棵树都有下面的性质：

1. 每个连通的子图是一棵树。
2. 每对顶点之间有一条唯一的通路。
3. 在树中没有邻接的节点间添加一条边，就会创建一个拥有一个圈的图。
4. 删除任何一条边后都会使图不连通。也就是说，每一条边都是割边。
5. 如果一棵树至少有两个顶点，那么它至少有两个叶子。
6. 树中的顶点数比边数大 1。

证明.

1. 子图中的圈也是整个图中的圈，因此一个无圈图的任何子图一定也没有圈。如果子图也是连通的，那么根据定义，该子图是一棵树。

2. 由于树是连通的，所以每对顶点之间至少有一条通路。为了得到矛盾，假设在某对顶点之间有两条不同的通路。那么在这相同的一对顶点之间有两条完全不同的通路 $\mathbf{p} \neq \mathbf{q}$，并且具有最小的总长度 $|\mathbf{p}| + |\mathbf{q}|$。如果这两条通路除了首尾顶点还共享一个顶点 w，那么两条通路 $\mathbf{p}$ 和 $\mathbf{q}$ 从起始到 w 的部分，或者 $\mathbf{p}$ 和 $\mathbf{q}$ 从 w 到结束的部分，一定是相同的一对顶点间总长度小于 $|\mathbf{p}| + |\mathbf{q}|$ 的完全不同的通路，与该和是最小值相矛盾。因此，$\mathbf{p}$ 和 $\mathbf{q}$ 除了它们的端点之外没有共同的顶点，所以 $\mathbf{p} \frown \mathrm{reverse}(\mathbf{q})$ 是一个圈。

3. 一条添加的边 $\langle u\!-\!v \rangle$ 和 u、v 之间唯一的通路形成一个圈。

4. 假设我们删除边 $\langle u\!-\!v \rangle$。由于树在 u 和 v 之间包含一条唯一的通路，这条通路一定是 $\langle u\!-\!v \rangle$。因此当这条边被删除时，两个顶点间不存在其他通路，所以这个图就不连通了。

5. 由于树至少有两个顶点，所以树中最长的通路将具有不同的端点 u 和 v。我们断言 u 是叶子。这是因为，通过端点的定义，在这条通路上与 u 关联的边至多有一条。另外，如果 u 关联了一条不在该通路上的边，那么可以通过加上这条边来延长通路，这与该通路尽可能长的事实相矛盾。因此，u 只关联一条边，也就是说 u 是一个叶子。对于 v 来说同样成立。

6. 我们在这个命题上运用归纳法

$$P(n)::=\text{在任何} n\text{-顶点的树中都有} n-1 \text{条边}$$

基本情形（$n=1$）：$P(1)$ 是真的，由于有 1 个节点的树有 0 条边，所以 $1-1=0$。

归纳步骤：现在假设 $P(n)$ 是真的，并且考虑一个 $(n+1)$-顶点的树 T。令 v 是这棵树的叶子。你可以验证从任何连通图中删除一个度为 1 的顶点（以及关联的边）将会得到一个连通子图。所以根据定理 12.9.3.1，删除 v 和它关联的边会得到一棵更小的树，根据归纳法它有 $n-1$ 条边。如果我们重新连接上顶点 v 和它关联的边，会发现 T 有 $n=(n+1)-1$ 条边。因此，$P(n+1)$ 是真的，并且归纳证明完成了。∎

定理 12.9.3 中性质的不同子集可以得到树的其他的特征。比如，

引理 12.9.4 一个图 G 是一棵树，当且仅当图 G 是一个森林并且 $|V(G)| = |E(G)| + 1$。

引理的证明是定理 12.9.3.6 的一个简单结果（参见习题 12.47）。

12.9.3　生成树

树无处不在。事实上，每个连通图都包含一个子图，该子图是与这个连通图具有相同顶点的树，称作它的一棵生成树（spanning tree）。例如，图 12.19 所示的是一个连通图，并且有一棵突出显示的生成树。

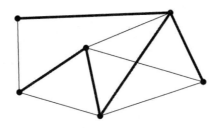

图 12.19　一棵生成树的边被加粗的图

定义 12.9.5 定义图 G 的一个生成子图（spanning subgraph），它是包含图 G 所有顶点的一个子图。

定理 12.9.6 每个连通图都包含一棵生成树。

证明. 假设 G 是一个连通图，所以图 G 本身就是一个连通的生成子图。所以根据良序原则（WOP），图 G 一定有一个最少边连通的生成子图 T。我们断言 T 是一棵生成树。由于根据定义，T 是一个连通的生成子图，所以我们只需要证明 T 是无圈的。

但是假设相反的情况，也就是 T 包含一个圈 C。根据引理 12.8.6，C 的一个边 e 不会是割边，所以删除它会得到一个比 T 更小的连通生成子图，这与 T 的最小性相矛盾。∎

12.9.4　最小生成树

生成树是有趣的，因为它用尽可能少的边，连通了一个图的所有节点。比如图 12.19 所示的 6-节点图的生成树有 5 条边。

在许多应用中，图的边上会伴有数值表示的成本或者权重。比如，假设图的节点代表建筑物，边代表它们之间的连接。连接的成本可能在不同的建筑物对或者城镇对之间差别很大。另一个例子是节点代表城市，边的权重代表城市之间的距离：洛杉矶和纽约之间边的权重要比纽

约和波士顿之间边的权重高很多。一个图的权重简单地定义为其全部边的权重和。比如，图 12.20 展示的生成树的权重为 19。

定义 12.9.7 边加权的图 G，其最小生成树（minimum weight spanning tree，MST）是 G 的一棵生成树，该生成树拥有最小可能的边权重和。

图 12.20(a) 中所示的生成树是否是图 12.20(b) 中加权图的一个 MST 呢？实际上不是，因为图 12.21 所示的树也是图 12.20(b) 所示的图的生成树，并且这棵生成树的权重是 17。

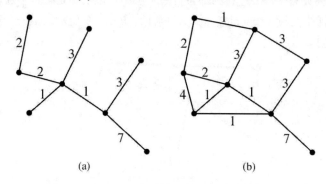

图 12.20　图(b)的一棵权重为 19 的生成树(a)

那图 12.21 展示的树呢？它似乎是一棵最小生成树，但怎样去证明它呢？一般的情况，我们如何找到连通图 G 的一个 MST 呢？可以尝试枚举图 G 的所有子树，但是这种方法对于大型的图是无望的。

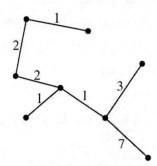

图 12.21　图 12.20(b) 中图的一个权重为 17 的 MST

基于图 G 的一些子图的一个性质，有许多好的方法去寻找 MST，这些子图称为 pre-MST。

定义 12.9.8 图 G 的一个 pre-MST 是它的一个生成子图，同时也是图 G 某个 MST 的子图。

所以一个 pre-MST 一定是一个森林。

比如，与 G 有相同顶点的空图确定是图 G 的一个 pre-MST，以及图 G 的任何真正的 MST 也是图G的 pre-MST。

如果e是G的一条边，S是一个生成子图，我们将会用$S + e$表示边为$E(S) \cup \{e\}$的生成子图。

定义 12.9.9 如果F是一个 pre-MST，e是一条新边，即$e \in E(G) - E(F)$，那么当$F + e$仍然是一个 pre-MST 时，就称e扩展F。

所以根据扩展的定义，pre-MST 被设计为在添加扩展边之后，仍然是一个 pre-MST。

标准的寻找 MST 的方法都从空的生成森林开始，并通过一个接一个地添加扩展边来建成一个 MST。由于空的生成森林是一个 pre-MST，并且根据定义，pre-MST 在扩展后仍是 pre-MST，所以用这种方式建立的每个森林都是一个 pre-MST。但是没有生成树可以是另一个生成树的子图。所以当 pre-MST 最终成长为一棵树时，它将会是一个 MST。根据引理 12.9.4，这恰好发生在$|V(G)| - 1$次边扩展后。

所以寻找 MST 的问题就简化为，如何判断一条边是否为扩展边的问题。下面是这样做的。

定义 12.9.10 令F是一个 pre-MST，并将F每个连通分量的顶点全部着色为黑色或者白色。每个颜色至少需要给一个分支着色，称这样的着色为F的一个纯着色。纯着色的一条灰边是G的一条具有不同着色端点的边。

很明显，G中从白色顶点到黑色顶点的任意路径一定包括一条灰边，所以对于任意的纯着色，都保证至少有一条灰边。实际上，肯定至少有和相同颜色的分支数一样多的灰边数。下面是重点。

引理 12.9.11 如果一条边在一个 pre-MST F的某个纯着色中是权重最小的一条灰边，那么这条边扩展F。

为了扩展一个 pre-MST，选择一个任意的纯着色，找到所有的灰边，并在它们之间选择权重最小的一个。这些步骤的每一个都很容易实现，所以很容易保持扩展，并得到一个 MST。例如，这里有三个用定理 12.9.11 解释的已知算法。

算法 1 [Prim]每次通过从只有一个端点在树中的边里，添加权重最小的一个，来拓展一棵树。

这个算法来自，将正在拓展的树着色为白色，所有不在树中的顶点着色为黑色。然后灰边是只有一个端点在树中的那些边。

算法 2 [Kruskal]每次通过从端点在不同的连通分量中的边里，添加权重最小的一个，来拓展一个森林。

一条边不会创建一个圈，当且仅当它连通了不同的分支。当 Kruskal 算法选择的边所连通的分量被赋予不同颜色时，那么这条边将会是权重最小的灰边。

例如，在我们一直考虑的加权图中，有可能以如下的方式运行算法 1。因为 1 是图中最小的权重，所以首先选择权重为 1 的一条边。假设我们在图中从边权重都为 1 的三角形的底部，选择了一条权重为 1 的边。这条边关联了与之有相同顶点的两条权重为 1 的边、一条权重为 4 的边、一条权重为 7 的边，以及一条权重为 3 的边。然后我们会选择权重最小的关联边。在这种情况下，会从两条权重为 1 的边中选择一个。此时，我们不能选择第三条权重为 1 的边了：因为它的端点都在树中，所以端点都是白色的，这条边也不会是灰边。但是我们可以通过选择权重为 2 的边来继续。我们最终可能会得到如图 12.22 所示的生成树，其权值为 17，这是目前为止我们看到的最小的权重。

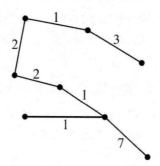

图 12.22　算法 1 发现的一棵生成树

现在假设在我们的图上运行算法 2。我们可能会再次从图中边权重都为 1 的三角形底部，选择权重为 1 的边。现在，我们可能在图顶部选择权重为 1 的边，而不是选择其紧挨着的权重为 1 的边。这条边仍然具有最小的权重，如果我们简单地对其端点进行不同的着色，它也将会是灰边，所以算法 2 可以选择它。然后我们将从剩余的两个权重为 1 的边中选择一个。请注意，这两个都不会导致形成一个圈。继续该算法，我们可能以得到与图 12.22 所示相同的生成树而结束，尽管这将取决于平分决胜规则，这些规则用于选择具有相同最小权重的灰边。例如，如果 G 中每条边的权重都为 1，那么所有生成树都是权重为 $|V(G)| - 1$ 的 MST，并且所述的这两种算法都可以通过合适的平分决胜，来得到每一棵生成树。

解释算法 1 的着色也验证了一个更灵活的算法，它使算法 1 成为其一个特殊情况。

算法 3　每次通过选择任意的分支，并从离开这个分支的边中添加一个权重最小的边，来发展一个森林。

这个算法允许不太接近的分支并行和独立地增长，这对"分布式"计算是非常有用的，在这种计算中单独的处理器利用处理器之间有限的通信来共享工作。①

---

① （参考 TBA）逐步发展树的想法似乎首先由 Borůvka 提出（1926 年）。（参考 TBA）以并行时间 $O(\log|V|)$ 运行的有效 MST 算法是由 Karger, Klein 和 Tarjan 所描述的（1995 年）。

这些是用贪心方法去优化的例子。有时贪心方法会起作用，有时却不会。好消息是，它对找到 MST 确实有效。因此，我们可以肯定，示例图中的 MST 权重为 17，因为它是由算法 2 产生的。此外，我们有一个用来找到任何图最小生成树的快速算法。

好的，为了整理这个故事，剩下的只是证明最小灰边是扩展边。这个听起来是一个烦琐的工作，但是对于它的推理，我们曾用相同的方式来确定当你需要灰边时就会有一条灰边。

证明.（引理 12.9.11）

令 F 是一个 pre-MST，它是图 G 的某个 MST M 的子图，并假设 e 是 F 的某个纯着色下权值最小的灰边。我们想要证明 $F+e$ 仍然是一个 pre-MST。

如果 e 恰好是 M 的一条边，那么 $F+e$ 仍然是 M 的子图，所以也仍是一个 pre-MST。

另一种情况是，当 e 不是 M 的边时。在这种情况下，$M+e$ 将会是一个连通的生成子图。M 在 e 的不同着色端点之间还有一条通路 p，所以 $M+e$ 有一个包括 e 和 p 的圈。现在 p 有一个黑色端点和一个白色端点，所以它一定包含某个灰边 $g\neq e$。诀窍是从 $M+e$ 中删除 g 来得到子图 $M+e-g$。由于根据定义，灰边不是 F 的边，所以图 $M+e-g$ 包含 $F+e$。我们断言 $M+e-g$ 是一个 MST，这样就证明 e 扩展了 F。

为了证明这个断言，注意到 $M+e$ 是一个连通的生成子图，并且 g 在 $M+e$ 的一个圈上，所以根据引理 12.8.6，删除 g 并不会打乱连通性。因此，$M+e-g$ 仍是一个连通的生成子图。另外，$M+e-g$ 和 M 有相同的边数，所以引理 12.9.4 暗含着它一定是一棵生成树。最后，由于 e 是灰边中权重最小的，

$$w(M+e-g) = w(M) + w(e) - w(g) \leq w(M)$$

这个表明 $M+e-g$ 是一棵生成树，其权重最大为一个 MST 的权重，这就意味着 $M+e-g$ 也是一个 MST。∎

从引理 12.9.11 的证明中可以得出另一个有趣的事实。

推论 12.9.12 如果在一个赋权图中所有的边都有不同的权重，那么这个图有一个独一无二的 MST。

推论 12.9.12 的证明留给习题 12.63。

12.10 参考文献

[8], [13], [22], [25], [27]

12.2 节习题

练习题

习题 12.1

在一个 n-顶点的图中，顶点的平均度是每个顶点平均边数的两倍。请解释为什么。

习题 12.2

在顶点度的和为 20 的连通简单图中：

(a) 最大可能的顶点数是多少？

(b) 最小可能的顶点数是多少？

随堂练习

习题 12.3

(a) 证明对每一个简单图，其有偶数个奇度点。

(b) 请推断出在一场聚会上，一些人相互握手时，发生奇数次握手的人数是一个偶数。

(c) 在聚会中对于人的一个序列，如果序列中的每个人都和下一个人（如果有的话）握了手，那么就称该序列为一个握手序列。

假设 George 曾在聚会上与奇数的人进行了握手。请解释为什么从 George 开始，一定存在一个握手序列，使得该序列以另一个进行了奇数次握手的人结束。

测试题

习题 12.4

在一个有 m 个男性和 f 个女性的组里，一个分析异性交往行为数据的研究员发现，在组内，男性的女性伴侣平均数，要比女性的男性伴侣平均数大 10%。

(a) 对下面的断言做出评论。"由于我们假定每次相遇只涉及一男一女，平均数应该是相同的，所以男性肯定在夸大其词。"

(b) 求常数 c，使得 $m = c \cdot f$。

(c) 数据显示大概 20% 的女性是单身，然而只有 5% 的男性是单身。研究人员想要知道，从组内排除单身的人，平均数将会如何改变。如果他知道图论知识，就会意识到非单身男性的伴侣平均数，将会是非单身女性伴侣平均数的$x(f/m)$倍。请问x是多少呢？

(d) 出于进一步研究的目的，在组内为每个女性配对一个唯一的男性，这将会是有帮助的。请解释为什么这样做是不可能的。

12.4 节习题

练习题

习题 12.5

对于下面简单图的性质，哪些是同构保留的？

(a) 有一个包含全部顶点的圈。

(b) 顶点从 1 到 7 编号。

(c) 顶点可以被从 1 到 7 编号。

(d) 有两个度为 8 的顶点。

(e) 两条边的长度相同。

(f) 无论删除哪条边，任意两个顶点间都有一条通路。

(g) 有两个不含相同顶点的圈。

(h) 所有的顶点是一个集合。

(i) 可以以一种方式画出图，使得所有的边长度相同。

(j) 没有相交的边。

(k) 两个性质的或操作是同构保留的。

(l) 一个性质的非操作是同构保留的。

随堂练习

习题 12.6

对于下面每个简单图对，在它们之间定义一个同构或者证明不存在同构。（ab是$\langle a\!-\!b\rangle$的简写。）

(a)
$$G1: V1 = \{1,2,3,4,5,6\}, E_1 = \{12,23,34,14,15,35,45\}$$
$$G2: V2 = \{1,2,3,4,5,6\}, E_2 = \{12,23,34,45,51,24,25\}$$

(b)
$$G3: V3 = \{1,2,3,4,5,6\}, E_3 = \{12,23,34,14,45,56,26\}$$
$$G4: V4 = \{a,b,c,d,e,f\}, E_4 = \{ab,bc,cd,de,ae,ef,cf\}$$

习题 12.7

对于图 12.23 所示的两个图，列出它们之间所有的同构映射，并解释为什么没有其他的了。

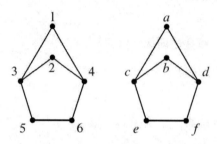

图 12.23 存在几个同构映射的两个图

课后作业

习题 12.8

判断图 12.24 画出的 4 个图中，哪些是同构的。对于每一对同构的图，说出它们之间的一个同构映射。对于每一对不同构的图，给出一个同构保留的性质，使得一个图有这个性质，而另一个图没有。对于你选择的至少一个性质，证明它确实是同构保留的（只需要证明它们当中的一个）。

习题 12.9

(a) 在一个图中对于任意一个顶点 v，令 $N(v)$ 是 v 邻居的集合，也就是与 v 邻接的顶点：

$$N(v) ::= \{u | \langle u\text{—}v\rangle \text{是图的一条边}\}$$

假设 f 是从图 G 到图 H 的一个同构映射。证明 $f(N(v)) = N(f(v))$。

你的证明应该用同构和邻居的定义进行简单的推理，不能用图片或者手绘。

提示：通过一连串的当且仅当来证明，即对每一个 $h \in V_H$，

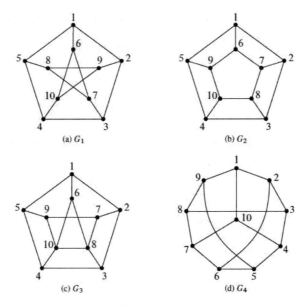

图 12.24 哪些图是同构的

$$h \in N(f(v)) \quad \text{当且仅当} \quad h \in f(N(v))$$

对于某个 $u \in V_G$，利用 $h = f(u)$。

(b) 请推断，如果 G 和 H 是同构的图，那么对于每个 $k \in \mathbb{N}$，它们有相同数量的度为 k 的顶点。

习题 12.10

如果一个图恰好有两个度为 1 的顶点，并且所有其他顶点的度都为 2，我们称这个图有"两个端点"。比如，这里有这样一个图：

(a) 线图是顶点可以被列成一个序列的图，这个序列可使得只有连续顶点间才会有边存在。所以上面两端点的图也是一个长度为 4 的线图。

通过举出一个反例，证明下面的定理是错误的。

假定理. 每个两端点的图都是一个线图。

(b) 指出下面假定理的伪证明中第一个错误的陈述，并描述这个错误。

伪证明. 我们用归纳法。归纳假设是，每个 n 条边的两端点图是一个线图。

基本情形（$n = 1$）：唯一的一个只有一条边的两端点图由一条边连接的两个顶点组成：

的确，这是一个线图。

归纳步骤：我们假定归纳假设对于 $n \geq 1$ 的情况是成立的，然后我们证明在 $n+1$ 时也是成立的。令 G_n 是任意一个 n 条边的两端点图。根据归纳假设，G_n 是一个线图。现在假定我们通过在 G_n 上添加一条边，创建一个两端点的图 G_{n+1}。只有一种方法可以做到：新边必须要将 G_n 两个端点中的一个连接到一个新的顶点；否则，G_{n+1} 将不会是两端点的。

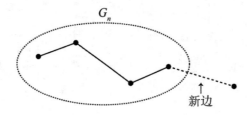

显然，G_{n+1} 也是一个线图。因此，归纳假设对于所有 $n+1$ 条边的图都成立，这样就完成了归纳证明。∎

12.5 节习题

练习题

习题 12.11

设 B 为一个二分图，其顶点集为 $L(B)$ 和 $R(B)$。请解释为什么 $L(B)$ 中顶点的度的和与 $R(B)$ 中顶点的度的和相等。

随堂练习

习题 12.12

某理工学院有很多学生俱乐部，这些都是由学生会松散监管的。每个合格的俱乐部都要委派一名成员向院长申请拨款，但院长不允许一个学生担任多个俱乐部的代表。幸运的是，学生会副主席上了计算机科学中的数学这门课，她识别出该问题是一个匹配的问题。

(a) 说明应该如何将这个委托选择问题建模为一个二分匹配问题（这是一个建模问题：我们并不想得到一个解决问题的算法描述）。

(b) 副主席的记录显示，没有一个学生是 9 个以上俱乐部的成员。同时她也知道，俱乐部必须至少有 13 个成员才有资格获得院长办公室的支持。因此这足以保证她能得到一个适当的委托选择。请解释原因。（如果副主席上过算法课，她将很容易得到一个委托选择。）

习题 12.13

当一个简单图中的每一个顶点都具有相同的度时，称它是*正则的*。若一个图是正则的，且是一个两端具有相同顶点数量的二分图，则称该图是*平衡的*。

请证明如果图 G 是平衡的，则 G 的边可以划分成块，使得每个块都是一个完美匹配。

例如，如果 G 是平衡的图，顶点数量为 $2k$，每个顶点的度为 j，则 G 的边可以被分成 j 个块，每个块包含 k 条边，且每个块都是一个完美匹配。

测试题

习题 12.14

由于讲师过度工作和过度使用咖啡因，需要助教为学生安排习题课。他们将在同一个房间的不同时间进行 4 次习题课，每次习题课有 20 把椅子供学生使用，每个学生都向助教提供一个有时间上习题课的表单，每个学生的时间表至多有两个课程冲突。如果这样一个安排是可行的，助教必须在每次上课时把每位学生都安排到相应的座位上。

(a) 请描述如何将这种情况建模为一个匹配问题。一定要指定顶点和边都是什么，并简述一个匹配将如何决定每个学生在习题课上的座位分配，并保证他的时间不冲突。（这是一个建模问题：我们并不是要得到一个解决问题的算法描述。）

(b) 假设有 41 个学生，鉴于上述信息，是否能保证具有匹配？请简要说明。

习题 12.15

由于计算机科学中的数学这门课程非常受欢迎，助教 Mike 要安排每个学生加入一些学习小组，每个小组必须选择一名代表与工作人员沟通，但是有一条规定就是一个学生只能代表一组。问题就是按照规定，为每个组找到一名代表。

(a) 请说明如何将这个代表选择问题建模为一个二分匹配问题。（这是一个建模问题：我们并不是要得到一个解决问题的算法描述。）

(b) 工作人员的记录显示，每个学生最多是 4 个小组的成员，每个小组至少有 4 名成员，这是否足够保证存在一个合适的代表选择？请解释原因。

习题 12.16

令 $\hat{R}$ 为公式命题中的"蕴涵"二元关系，其定义如下：

$$F \hat{R} G \text{ IFF } [(F \text{ IMPLIES } G)\text{是一个有效公式}] \quad (12.4)$$

例如，$(P \text{ AND } Q) \hat{R} P$，因为公式$(P \text{ AND } Q) \text{ IMPLIES } P$是有效的。而且$(P \text{ OR } Q) \hat{R} P$不是真的，因为$(P \text{ OR } Q) \text{ IMPLIES } P$是无效的。

(a) 令A和B为下列公式集合，请解释为什么$\hat{R}$在集合$A \cup B$上不是一个弱偏序。

(b) 填入从A到B的$\hat{R}$箭头。

A	arrows	B
		Q
$P \text{ XOR } Q$		
		$\overline{P} \text{ OR } \overline{Q}$
$P \text{ AND } Q$		
		$\overline{P} \text{ OR } \overline{Q} \text{ OR } (\overline{P} \text{ AND } \overline{Q})$
$\text{NOT}(P \text{ AND } Q)$		
		P

(c) 问题(b)中的图表定义了一个二分图G，其$L(G) = A$，$R(G) = B$，F和G之间存在边当且仅当$F \hat{R} G$。请写出A的一个子集S，使得S和$A - S$都非空，并且S的邻域$N(S)$与S的大小相同，即$|N(S)| = |S|$。

(d) 设G为任意一个有限的二分图。对于所有子集$S \subseteq L(G)$，令$\overline{S} ::= L(G) - S$，同样地，对任何$M \subseteq R(G)$，令$\overline{M} ::= R(G) - M$。假设$S$是$L(G)$的一个子集，使得$|N(S)| = |S|$，且$S$和$\overline{S}$都非空。**圈出能正确完成下列表述的公式**：

存在一个从$L(G)$到$R(G)$的匹配，当且仅当同时存在一个从S到其邻域$N(S)$的匹配以及一个从$\overline{S}$到

$$N(\overline{S}) \quad \overline{N(S)} \quad N^{-1}(N(S)) \quad N^{-1}(\overline{N(S)}) \quad N(\overline{S}) - \overline{N(S)} \quad N(S) - N(\overline{S})$$

的匹配。提示：霍尔瓶颈定理的证明。

习题 12.17

(a) 请说明在图 12.25 所示的二分图中不存在能够覆盖$L(G)$的匹配。

(b) 图 12.26 所示的二分图 H 具有一个很容易验证的属性，该属性意味着它具有一个覆盖 $L(H)$ 的匹配，该属性是什么？

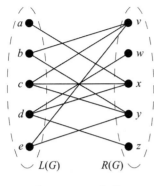

图 12.25　二分图 G

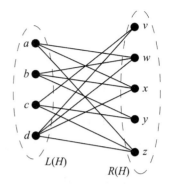

图 12.26　二分图 H

课后作业

习题 12.18

拉丁方（Latin square）是一个 $n \times n$ 的数组，其条目为数字 $1, \dots, n$。这些条目满足两个约束：每一行以一定的顺序包含所有的 n 个整数，每一列也以一定的顺序包含所有的 n 个整数。拉丁方经常在科学实验的设计中出现，脚注中的小故事说明了其原因。①

例如，有一个 4×4 的拉丁方：

1	2	3	4
3	4	2	1
2	1	4	3
4	3	1	2

---

① 20 世纪早期，在爱尔兰啤酒厂，W.S. Gosset（化学家）和 E.S. Beavan（老板）正在试图改良用于酿酒的大麦。根据价格和可用性，酿酒厂使用不同品种的大麦，他们的农业顾问为每个品种提供不同的肥料搭配方案和最佳种植月份的建议。
因为有点怀疑这些花大价钱定制的肥料，Gosset 和 Beavan 计划对肥料以及种植月份对大麦产量的影响进行长达一个季度的测试。因为每个月都有不同的大麦品种，每个品种他们都会种植一个样品，并使用不同种的肥料。因此每个月他们都会种植所有品种的大麦并使用所有类型的肥料，从而使他们能够判断该种植月份的整体质量。但他们也想判断肥料的作用，所以他们希望在整个测试过程中，每种肥料在每个品种上都有使用。现在他们这个小的数学问题，可以抽象如下。
假设有 n 个大麦品种和同等数量的推荐肥料。可以形成一个 $n \times n$ 的数组，其中列代表每种肥料，行代表每个种植月份。我们希望能为数组中的每个条目都填入整数 $1, \dots, n$，用来为大麦品种编号，使得每一行以一定的顺序包含所有的 n 个整数（因此每个月都种植了所有品种，并使用了所有肥料），而且每一列也包含了所有 n 个整数（因此在整个生长季节中，每种肥料在所有品种上都有使用）。

(a) 这里有一个5×5的拉丁方的其中三行：

2	4	5	3	1
4	1	3	2	5
3	2	1	5	4

请补全余下的两行，使这个"拉丁矩形"扩展成一个完整的拉丁方。

(b) 请说明，为一个$n \times n$的拉丁矩形补充下一行相当于在$2n$个顶点的二分图中找到一个匹配。

(c) 请证明在这个二分图中一定存在一个匹配，因此，一个拉丁矩形总是可以扩展到拉丁方。

习题 12.19

取一副 52 张的普通扑克牌，每张牌都有一个花色和一个数值，花色为以下四种之一：红桃、方块、梅花以及黑桃。数值有 13 种取值：$A, 2, 3, \ldots, 10, J, Q, K$。对于花色和数值的$4 \times 13$种组合中的每一种都有一张牌与其对应。

让你的朋友将这些牌放到一个 4 行 13 列的网格中，他们可以以任何方式来放这些牌。在这个问题中，你会发现，你总是可以挑出 13 张牌，每一列挑一张，那么你可以使这些牌包含所有 13 个可能的值。

(a) 请解释如何将这个技巧建模为一个 13 个列顶点与 13 个数值顶点之间的二分匹配问题。这个图必须是度约束的吗？

(b) 请说明任意n列一定包含至少n个不同的值，并证明匹配一定存在。

习题 12.20

历代学者已经确定了 20 个人类基本美德：诚实，慷慨，忠诚，谨慎，完成每周的阅读反馈课程等。在学期开始，每一个计算机科学中的数学课程的学生都拥有其中 8 个美德。此外，每个学生都是独一无二的，也就是说，没有两个学生拥有完全相同的美德。计算机科学中的数学课程的工作人员必须在学期结束前选择一个额外的美德授予每个学生。请证明有一种方法来为每个学生选择一个额外的美德，使每一个学生在学期结束时也是独一无二的。

建议：使用霍尔定理。尝试对你的二分图左右两边的顶点进行不同的解释。

12.6 节习题

随堂练习

习题 12.21

令 G 是下面的一个图。①请仔细地解释为什么 $\chi(G) = 4$。

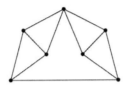

习题 12.22

电脑程序的一部分由一系列的计算组成,在计算过程中结果被保存在变量里,如下:

$$
\begin{aligned}
\text{输入}: \quad & a, b \\
\text{步骤 1.} \quad c &= a + b \\
2. \quad d &= a * c \\
3. \quad e &= c + 3 \\
4. \quad f &= c - e \\
5. \quad g &= a + f \\
6. \quad h &= f + 1 \\
\text{输出}: \quad & d, g, h
\end{aligned}
$$

如果每个变量的值被存储在一个寄存器(微处理器中一个速度非常快的存储块)中,那么一台计算机可以最快地运行这些计算。编程语言的编译器面临将程序中的每个变量分配给寄存器的问题。然而计算机通常只有很少的寄存器,所以必须要明智地使用寄存器,以及经常重复使用它们。这被称为寄存器分配问题。

在上面的例子中,变量 a 和 b 必须分配给不同的寄存器,因为它们有不同的输入值。另外,c 和 d 必须分配给不同的寄存器;如果它们用相同的寄存器,那么 c 的值将会在第二步被重写,我们将会在第三步得到错误的答案。另一方面,变量 b 和 d 可以用相同的寄存器,因为在第一步之后,我们不再需要 b,也就可以重写保存它的值的寄存器。同样,f 和 h 可以使用相同的寄存器,因为一旦 $f + 1$ 在最后一步被计算后,保存 f 值的寄存器就可以被重写。

(a) 将寄存器分配问题改造成一个关于图着色的问题。顶点对应什么?在什么情况下两个顶点间应该有一条边?构建符合上面例子的图。

---

① 来自文献[30]中的练习 13.3.1。

(b) 用尽量少的颜色给你的图着色。将计算机的寄存器称为 $R1, R2$ 等。请描述你的着色所隐含的寄存器变量分配。你需要多少个寄存器？

(c) 假定一个变量不止被赋值一次，如下面代码段所示：

$$\ldots$$
$$t = r + s$$
$$u = t * 3$$
$$t = m - k$$
$$v = t + u$$
$$\ldots$$

如何应对这种复杂情形呢？

习题 12.23

假定一个 n-顶点的二分图恰好有 k 个连通分支，每个连通分支有两个或者更多的顶点。用包含两种颜色的一个给定集合，可以有多少种方式为该图着色？

课后作业

习题 12.24

6.042 课程经常用上习题课的方式来上课。假定刚好需要 8 节习题课，每节需要两个或三个教员来上。在使用教员秘密代号的情况下，习题课的分配如下所示。

- R1: Maverick, Goose, Iceman
- R2: Maverick, Stinger, Viper
- R3: Goose, Merlin
- R4: Slider, Stinger, Cougar
- R5: Slider, Jester, Viper
- R6: Jester, Merlin
- R7: Jester, Stinger
- R8: Goose, Merlin, Viper

如果某个教员分配到两个习题课，那么这两个习题课不可以在相同的 90 分钟时间段。问题是判断完成全部习题课所需要的最小时间段数。

(a) 将这个问题转化成一个特定图的顶点着色问题。画出这个图，并解释顶点、边、颜色分别代表什么。

(b) 用最少可能的颜色，展示这个图的一个着色。并解释这个着色意味着习题课的时间安排是怎样的？

习题 12.25

下面的问题推广了定理 12.6.3 证明的结论（任何最大度至多为k的图都是$(k+1)$-可着色的）。

一个简单图G被称为具有宽度w，当且仅当它的顶点可以被安排在一个序列中，使得每个顶点与序列中较先出现最多w个顶点相连。如果每个顶点的度都至多为w，那么很明显这个图具有至多w的宽度。（只需以任意的顺序列出顶点。）

(a) 证明每个宽度至多为w的图是$(w+1)$-可着色的。

(b) 请描述一个 2-可着色的，并且最小宽度为n的图。

(c) 证明一个宽度为w的图的平均度至多为$2w$。

(d) 描述图的一个示例，这个图的顶点数为 100，宽度为 3，但是平均度却大于 5。

习题 12.26

图顶点的一个序列具有宽度w，当且仅当每个顶点与序列中先出现的至多w个顶点邻接。如果简单图G有一个包含它所有顶点的宽度为w的序列存在，那么图G具有宽度w。

(a) 解释为什么一个图的宽度至少是其顶点度的最小值。

(b) 证明如果一个有限图具有宽度w，那么有一个包含其所有顶点的宽度为w的序列存在，该序列以一个度最小的顶点结束。

(c) 描述一个简单的算法来寻找一个图的最小宽度。

习题 12.27

令G是一个简单图，其所有顶点的度都$\leq k$。在顶点数上进行归纳证明：如果G的每个连通分支都有一个度严格小于k的顶点，那么G是k-可着色的。

习题 12.28

色数为n的简单图的一个基本例子是n个顶点上的完全图，也就是$\chi(K_n) = n$。这意味着任何以K_n作为子图的图，其色数至少为n。相反，认为高色数的图一定包含一个大的完全子图，是一个常见的误解。在本题中，我们展示了一个简单的例子来反驳这种误解，即一个色数为 4、不包含三角形（长度为 3 的圈）的图，因此，没有该图的哪个子图与K_n（$n \geq 3$时）同构。即，令G是图 12.27 所示的 11-顶点的图。读者可以验证，G是无三角形的。

图 12.27　没有三角形的图 G，并且 $\chi(G) = 4$

(a) 表明 G 是 4-可着色的。

(b) 证明 G 不能用 3 种颜色来着色。

习题 12.29

这道题将会展示，为一个图 3-着色，与寻找一个命题公式合适的真值分配是一样困难的。所考虑的图都会有三个指定的颜色顶点，这三个顶点在图中相互连接形成一个三角形，这样可以迫使它们在图的任何着色中都有不同的颜色。分配到颜色顶点的颜色被称为 T，F 和 N。

假定 f 是一个 n-参数的真值函数。也就是，

$$f: \{T, F\}^n \to \{T, F\}$$

一个图 G 被称为一个 3-色 f-门，当且仅当 G 有 n 个指定的输入顶点和一个指定的输出顶点，使得

- 只有当 G 的输入顶点用 T 和 F 着色时，G 才可以被 3-着色。
- 对于每个序列 $b_1, b_2, \ldots, b_n \in \{T, F\}$，都存在 G 的一个 3-着色，使得输入顶点 $v_1, v_2, \ldots, v_n \in V(G)$ 具有颜色 $b_1, b_2, \ldots, b_n \in \{T, F\}$。
- 在 G 的任意 3-着色中，输入顶点 $v_1, v_2, \ldots, v_n \in V(G)$ 具有颜色 $b_1, b_2, \ldots, b_n \in \{T, F\}$，输出顶点具有颜色 $f(b_1, b_2, \ldots, b_n)$。

例如，一个 3-色非-门仅仅包含两个邻接的顶点。一个顶点被指定是输入顶点 P，另一个被指定为输出顶点。两个顶点都必须被约束，以使它们在任何合适的 3-着色中，只能被 T 或 F 着色。可以通过使它们与颜色顶点 N 邻接来施加该约束，如图 12.28 所示。

(a) 证明图 12.29 所示的图中是一个 3-色或门。（虚线表示到颜色顶点 N 的边；这些边约束着 P 顶点、Q 顶点和 P 或 Q 顶点，使得它们在任意合适的 3-着色中只能被着色为 T 或者 F。）

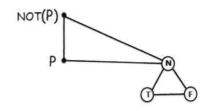

[h]

图 12.28 一个 3-色非-门

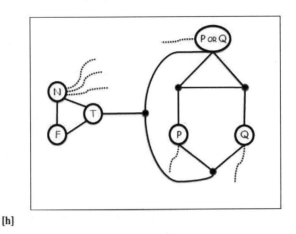

[h]

图 12.29 一个 3-色或-门

(b) 令 E 是一个 n-变量的命题公式,并假定 E 定义了一个真值函数 $f:\{T,F\}^n \to \{T,F\}$。请阐述一个简单的方法,以构建一个 3 色 f-门的图。

(c) 请解释为什么判断一个图是否是 3-可着色的程序,也会得到有效解决可满足性问题(SAT)的程序。

习题 12.30

平面图的 3-着色问题不比任意图的 3-着色问题更容易。一个"3-色交叉小配件"的存在可以很容易地说明这一点。这个小配件是一个平面图,其外表面是一个圈,该圈以 4 个指定的顶点 u,v,w,x 按顺时针方向依次出现,使得

1. 完成顶点 u 和 v 的任何颜色分配,都可以得到该小配件的一个 3-着色。

2. 在小配件的每个 3-着色中,u 和 w 的颜色相同,v 和 x 的颜色也相同。

图 12.30 展示了这样的一个 3-色交叉小配件。①

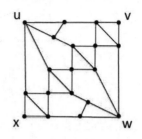

图 12.30　一个 3-色交叉小配件

所以对于任何的简单图，为了找到一个 3-着色，只是将它画在平面上，并进行必要的边交叉，然后用小配件来替换每一个边交叉，如图 12.31 所示。这样就会得到一个平面图，平面图有一个 3-着色，当且仅当原始图有一个。

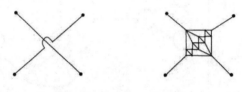

图 12.31　用一个平面小配件来替换一个边交叉

(a) 通过呈现所要求的 3-着色，来证明图 12.30 所示的图满足条件 1。

提示：只需要两种着色，一种使得 u 和 v 颜色相同，另一种使得它们颜色不相同。

(b) 证明图 12.30 所示的图满足条件 2。

提示：(a)部分的着色几乎完全由 u 和 v 的着色来驱动。

测试题

习题 12.31

假命题. 令 G 是一个所有顶点的度都 $\leq k$ 的图。如果 G 有一个顶点的度严格小于 k，那么 G 是 k-可着色的。

(a) 当 $k = 2$ 时给出假命题的一个反例。

---

① 这个小配件，以及 3-可着色性到平面图的 3-可着色性的简化，都来自 Larry Stockmeyer 的文献[43]。

(b) 画出下面假命题的伪证明中，第一个不合理步骤的确切句子或者句子的一部分。

伪证明. 在顶点数n上进行归纳证明。

归纳假设$P(n)$是：

令G是n-顶点的图，其顶点的度都$\leq k$。如果G有一个顶点的度严格小于k，那么G是k-可着色的。

基本情形（$n=1$）：G有一个顶点，度为 0。因为G是 1-可着色的，所以$P(1)$成立。

归纳步骤：我们可以假定$P(n)$成立。为了证明$P(n+1)$，令G_{n+1}是有$n+1$个顶点的图，其顶点的度都为k或小于k。同样，假定G_{n+1}有一个顶点v，该顶点的度严格小于k。现在我们只需要证明G_{n+1}是k-可着色的。

为了做到这一点，首先删除顶点v来产生一个n个顶点的图G_n。令u是在G_{n+1}中与v邻接的一个顶点。删除v使得u的度减少 1。所以在G_n中，顶点u的度严格小于k。由于没有添加边，所以G_n顶点的度仍$\leq k$。所以G_n满足归纳假设$P(n)$的条件，那么我们可以得出结论G_n是k-可着色的。

现在除了顶点v，G_n的一个k-着色给出了G_{n+1}所有顶点的一个着色。因为v的度小于k，所以会有小于k的颜色数分配到与v邻接的节点。所以在k种可能的颜色中，会有一种颜色不用于这些邻接节点的着色，那么这个颜色可以分配到v来形成G_{n+1}的一个k-着色。 ∎

(c) 用一个稍微加强的条件，可使得之前假命题的证明成为下面命题的合理证明。

命题. 令G是一个顶点度都$\leq k$的图。如果(从下面插入的声明)有一个顶点的度严格小于k，那么G是k-可着色的。

证明下面的每个声明都可以插入到命题中，以使得上面的证明正确。

- G是连通的并且
- G没有度为 0 的顶点并且
- G不包含在k个顶点上的完全图并且
- G的每个连通分支
- G的某个连通分支

习题 12.32

在图 12.32 所示的图中，左边三角形中相互连接的顶点被称为**颜色顶点**；由于它们形成了一个三角形，所以它们在图的任何着色中必须有不同的颜色。分配到颜色顶点的颜色被称为 **T**，

F 和 N。虚线表示连接到颜色顶点 N 的边。

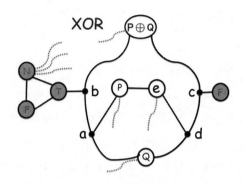

图 12.32　一个 3-色异或门

(a) 解释为什么对于任何一个 P 和 Q 不同的真值-颜色分配，都会有该图唯一的一个 3-着色。

(b) 证明在整个图的任何一个 3- 着色中，标记为 P 异或 Q 的顶点，是用顶点 P 和 Q 颜色的异或运算来着色的。

12.7 节习题

测试题

习题 12.33

由于在简单图中的边上既可以向前走也可以向后走，因此每个顶点都在一个长度为偶数的回路中。因此长度为偶数的回路并不能令你得到很多关于偶数长度圈的信息。而回路长度为奇数的情况更为有趣。

(a) 请给出一个简单图的例子，其中每个顶点都在一个唯一的奇数长度的圈中，同时也在一个唯一的偶数长度的圈中。

提示：4 个顶点。

(b) 请给出一个简单图的例子，其中每个顶点都在一个唯一的奇数长度的圈中，并且不存在长度为偶数的圈。

(c) 请证明在有向图中，最小的奇数长度的回路一定是一个圈。请注意，总是会有很多偶数长度的回路比最小的奇数长度的回路短。

提示：令 e 为一个最小的奇数长度的回路，假设它的起止点为 a。如果它不是一个圈，则它一定包含一个重复的顶点 $b \neq a$。也就是说，**e** 首先从一条从 a 到 b 的路 **f** 开始，接下来是从 b 再到 b 的路 **g**，最后是从 b 到 a 的路 **h**。①

课后作业

习题 12.34

(a) 请给出一个简单图的例子，使得其中有两个顶点 $u \neq v$，在 u 和 v 之间存在两条不同的通路，但是 u 和 v 都不在圈中。

(b) 请证明如果简单图的两个顶点之间有不同的通路，则这个图中存在圈。

习题 12.35

图论的整个领域起源于欧拉的一个问题：是否存在一条通过他的家乡柯尼斯堡的路，使得七座著名的桥中的每座都仅穿过一次。抽象地说，我们可以用被河流划分开的城市作为顶点，将桥梁看作顶点之间的边。那么欧拉的问题就是，图中是否存在一条回路，这条回路包含图中的每条边并且每条边只出现一次。为了纪念他，我们将这样的路称为欧拉环游。

那么你如何知道一个图是否具有一个欧拉环游呢？乍一看这似乎是一个令人生畏的问题。这听起来类似于寻找一个每个顶点都经过一次的圈，这是百万奖金 NP 完全问题之一，称为哈密顿圈问题。但是事实证明，描述哪些图具有欧拉环游是更容易的。

定理. 一个连通图具有欧拉环游，当且仅当每个顶点的度都为偶数。

(a) 请说明如果一个图具有欧拉环游，那么它每个顶点的度都是偶数。

在余下的部分我们将解决它相反的方面：如果有限连通图中每个顶点的度都为偶数，那么它具有欧拉环游。为了做到这一点，我们将定义欧拉路为一条最多包含每条边一次的路。

(b) 假设在连通图中有一个欧拉路，它并没有包含所有的边。请解释为什么一定有一个未被包含的边连接到路中的一个顶点。

在余下的部分，令 **w** 为有限连通图中最长的欧拉路。

(c) 请说明如果 **w** 是一个回路，则它一定是一个欧拉环游。

提示：参考 (b) 部分。

(d) 请解释为什么所有连入 **w** 终点的边都是 **w** 中的边。

---

① 在本文的符号中
$$e = a f \hat{b} g \hat{b} h a$$

(e) 请说明如果 w 的终点与 w 的起点不同，则它终点的度一定是奇数。

提示：参考(d)部分。

(f) 请总结如果一个有限连通图中每个顶点的度均为偶数，那么它有一个欧拉环游。

12.8 节习题

随堂练习

习题 12.36

一个简单图 G 是 2-可移除的，当且仅当它包含两个点 $v \neq w$，使得若 $G - v$ 是连通的，则 $G - w$ 也是连通的。请证明每个至少拥有两个顶点的连通图都是 2-可移除的。

提示：考虑一个最大长度通路。

习题 12.37

n 维超立方体 H_n 是一个图，它的顶点是长度为 n 的二进制字符串。两个顶点是邻接的当且仅当它们仅有一位不同。例如，在 H_3 中，顶点 111 和 011 是邻接的，因为它们只有第一位不同，而顶点 101 和 011 不是邻接的，因为它们在第一位和第二位都不相同。

(a) 请证明在 H_3 中不可能找到不共享边的两棵生成树。

(b) 请证明对于 H_3 的任意两点 $x \neq y$，从 x 到 y 有 3 条通路，这样，除了 x 和 y 之外，这些通路中的任意两条都没有相同的顶点。

(c) 请得出如下结论：H_3 的连通性是 3。

(d) 尝试将你的推理扩展到 H_4。（事实上，对于任意 $n \geq 1$，H_n 的连通性为 n，其证明在问题答案中。）

习题 12.38

如果图的顶点集合 M 中的每一对顶点都是连通的，而任意完全包含 M 的顶点集合都会包含两个不连通的顶点，则称顶点集合 M 是一个最大连通集。

(a) 以下（非连通）图中，最大连通子集是什么？

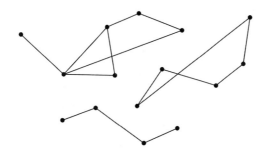

(b) 请解释最大连通集与连通分量之间的联系，并证明。

习题 12.39

(a) 请证明对于 $n > 1$，K_n 是 $(n-1)$-边连通的。

令图 M_n 的定义如下：取 n 个不含有重合顶点集的图，这 n 个图中的每一个都是 $(n-1)$-边连通的（例如它们可以是几个不相交的 K_n）。这些是 M_n 的子图。之后取 n 个顶点，每个顶点来自一个子图，为选取的这些顶点之间添加足够多的边，那么挑选出的这 n 个顶点所构成的子图也是 $(n-1)$-边连通的。

(b) 请画出 M_3（… M_4）。

(c) 请解释为什么 M_n 是 $(n-1)$-边连通的。

习题 12.40

假命题. 如果图中的每一个顶点的度都是正的，那么该图是连通的。

(a) 通过提供一个反例来证明这个命题是假的。

(b) 由于该命题是假命题，那么在下面的伪证明中一定存在逻辑错误。请指出证明过程中的第一个逻辑错误（不合理步骤）。

错误证明：使用归纳法证明上述命题。令 $P(n)$ 表示命题：如果一个 n-顶点图的每一个顶点的度（degree）都是正数，那么这个图是连通图（connected）。

基本情形：($n \leqslant 2$) 在只有一个顶点的图中，顶点的度不可能是正数，因此 $P(1)$ 显然满足。

$P(2)$ 也满足，因为两个顶点的度都为正的图只有一个，即，在两点之间有一条边的图，这个图也是连通的。

归纳步骤：我们必须表明，对于所有 $n \geqslant 2$，$P(n)$ 满足意味着 $P(n+1)$ 也满足。考虑一个有 n 个顶点的图，其中每个顶点的度均为正数。由于假设 $P(n)$ 满足，因此该图是连通的。也就是说，在任意一对顶点之间都存在一条通路。现在我们再添加一个顶点x，得到$(n + 1)$-顶点图：

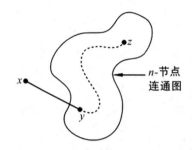

剩下的就是检查x对每一个顶点z都存在一条通路。由于x的度为正数，那么一定存在一条从x到其他某个顶点y的边。因此我们可以得到一条从x到z的通路，这条通路是从x到y再从y到z的。这就证明了$P(n + 1)$。

根据归纳原理，对于所有$n \geqslant 0$，$P(n)$是正确的，从而证明了该命题。∎

课后作业

习题 12.41

若一条边的一个端点在顶点集内，另一个端点不在，则称这条边离开该顶点集。

(a) 如果有一条边离开了所有小于或等于$\lfloor n/2 \rfloor$的顶点集，一个n-节点图被称为是错位的（mangled）。请证明如下命题。

命题. 每一个错位的图都是连通的。

如果有一条边离开了所有小于或等于$\lfloor n/3 \rfloor$的顶点集，一个n-节点图是扭结的（tangled）。

(b) 请画出一个非连通的扭结的图。

(c) 找出下面伪证明中的错误。

假命题. 每一个扭结的图都是连通的。

伪证明. 证明是通过对图中顶点的数量使用强归纳法得到的。令$P(n)$为如下命题，如果一个n-节点图是扭结的，那么它是连通的。在基本情形中，$P(1)$是真的，因为只有一个顶点的图一定是连通的。

对于归纳情形，假设$n \geqslant 1$，且$P(1), \ldots, P(n)$都成立。我们必须证明$P(n + 1)$，即如果一个$(n + 1)$-节点图是扭结的，那么它是连通的。

因此令G是一个扭结的、$(n + 1)$-节点的图。选择$\lfloor n/3 \rfloor$个顶点，并令G_1为包含这些顶点的G的扭结子图，G_2为余下顶点的扭结子图。注意由于$n \geqslant 1$，图G至少有两个顶点，因此G_1和G_2都至少包含一个顶点。由于 G_1 和 G_2 都是扭结的，我们可以根据强归纳法假设它们都是连通的。此外由于 G 是扭结的，因此存在一条边离开顶点集 G_1 且必然与 G_2 的一个顶点连通。这意味着 G 的任意两个顶点之间都存在一条通路：如果两个顶点是在同一个子图中，则这条通路也在这个子图中，如果两个顶点在不同的子图中，则通路穿过那条连通的边。因此整个图 G 是连通的。至此根据强归纳法完成了归纳情形以及该命题的证明。 ∎

习题 12.42

在长度为 $2n$ 的圈 C_{2n} 中，如果两个顶点在圈的对面，即它们在圈 C_{2n} 中的距离是 n，我们称这两个顶点是相对的。令 G 为一个图，它是在 C_{2n} 的基础上，在相对的顶点对之间增加一条边，我们称之为交叉边。因此 G 有 n 条交叉边。

(a) 请给出一个关于 G 中两个顶点之间最短通路的简单描述。

提示：表明 G 的两个顶点之间的最短通路至多使用一条交叉边。

(b) G 的直径是什么，即，两个顶点之间的最大距离是多少？

(c) 请证明这个图不是 4-连通的。

(d) 请证明这个图是 3-连通的。

测试题

习题 12.43

我们将以下操作应用于简单图 G：取两个顶点 $u \neq v$，那么

1. 在图 G 中，u 和 v 之间存在一条边，同时也存在一条从 u 到 v 的通路，且该通路不包含这条边；在这种情况下，去掉边 $\langle u\text{—}v \rangle$。

2. u 和 v 之间不存在通路；这种情况下，添加一条边 $\langle u\text{—}v \rangle$。

不断重复这些操作，直到任意两点 $u \neq v$ 都无法再进行操作为止。

假设 G 的顶点是整数 $1, 2, \ldots, n$，其中 $n \geq 2$。这个过程可以被建模为一个状态机，其状态是所有可能的简单图，顶点为 $1, 2, \ldots, n$。G 是初始状态，终止状态是无法再进行操作的图。

(a) 令 G 为一个图，其顶点为 $\{1,2,3,4\}$，边为

$$\{\{1,2\},\{3,4\}\}$$

对于初始状态 G 来说，有多少种可以达到的终止状态？

(b) 在下述每个派生状态变量的旁边，从下面的列表中选出最强的属性，使得不管起始图 G

是什么，变量都能够保证满足。这些属性有：

　　　　　常量　　　　　递增　　　　　　递减
　　　非递增　　　非递减　　　这些都不是

对于任意状态，令 e 为其中边的数量，c 为其具有的连通分量的数量。由于 e 在转换的过程中可能增加或减少，因此它不具有前 4 个属性。派生的变量有：

0) e 　　　　　　　　　　　　　　　　　　　　　　　　　　　　　这些都不是

i) c

ii) $c + e$

iii) $2c + e$

iv) $c + \frac{e}{e+1}$

(c) 请解释为什么从任意状态 G 开始，程序都会终止。如果你的解释是基于你在 (b) 部分给出的答案，请必须证明这些答案。

(d) 请证明任何终止状态都是一个顶点集上的无序树，即，生成树。

习题 12.44

如果一个简单图有 e 条边，v 个顶点，k 个连通分量，那么它至少有 $e - v + k$ 个圈。

请通过对边的数量 e 进行归纳来证明上述结论。

12.9 节习题

练习题

习题 12.45

(a) 证明一棵树的平均度小于 2。

(b) 假设一个图中每个顶点的度都至少为 k。请解释为什么这个图有一条长度为 k 的通路。

提示：考虑一个最长的通路。

习题 12.46

图 12.33 所示的图 G 中有多少棵生成树？

(a) 对于 $G - e$，即图 G 删除了顶点 e，请说出两棵没有共同边的生成树。

(b) 对于删除边⟨a—d⟩后的 $G-e$，请解释为什么不存在两棵生成树，使得它们的边不相交。

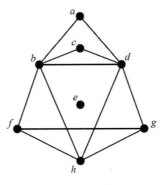

图 12.33　图 G

提示：计算顶点和边的数量。

习题 12.47

证明如果 G 是一个森林，并且

$$|V(G)| = |E(G)| + 1 \tag{12.5}$$

那么 G 是一棵树。

习题 12.48

令 H_3 表示图 12.34 所示的图。请解释为什么不可能找到 H_3 的两棵生成树，使得它们之间没有共同的边。

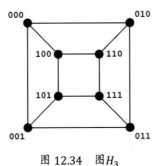

图 12.34　图 H_3

测试题

习题 12.49

(a) 令 T 是一棵树，e 是 T 的两个顶点之间的一条新边。请解释为什么 $T+e$ 一定包含一个圈。

(b) 请推断出，除了 T，$T + e$ 还存在另一棵生成树。

习题 12.50

一个连通图的直径是其任意两个顶点之间的最长距离。

(a) 对于任何 n 个顶点的连通图，可能的最大直径是多少？请说出一个具有此最大直径的图。

(b) 对于一棵 n-顶点的树，$n > 2$，可能的最小直径是多少？请说出一个具有此最小直径的 n-顶点树。

习题 12.51

(a) 指出下面所有的图同构保留的性质。

- 有一个包含所有顶点的圈。
- 两条边是相同的长度。
- 如果删除任意两条边，图仍是连通的。
- 存在一条边，使得它是每棵生成树的边。
- 一个性质的否命题，并且这个性质是同构保留的。

(b) 下面关于**有限树**的陈述，指出它们是**真**或者**假**，并对**假**的陈述提供反例。

- 任何连通的子图都是一棵树。　　　　　　　　　　　　　　　　真　假
- 在两个不邻接的顶点之间添加一条边，会创建一个圈。　　　　　真　假
- 顶点的数量比叶子数量的 2 倍少 1。　　　　　　　　　　　　　真　假
- 顶点的数量比边的数量少 1。　　　　　　　　　　　　　　　　真　假
- 对于每个有限图（未必是一棵树），都有一棵有限树可以生成它。　真　假

习题 12.52

对下面关于有限简单图 G 的陈述，圈出真或者假。

(a) G 有一棵生成树。　　　　　　　　　　　　　　　　　　　　真　假

(b) 对于连通的 G，有 $|V(G)| = O(|E(G)|)$。　　　　　　　　　　真　假

(c) $\chi(G) \leq \max\{\deg(v) | v \in V(G)\}$。[1]　　　　　　　　　　真　假

(d) $|V(G)| = O(\chi(G))$。　　　　　　　　　　　　　　　　　　真　假

---

[1] $\chi(G)$ 表示 G 的色数。

习题 12.53

一个简单图 G 被称为具有宽度 1，当且仅当存在一个方法将所有顶点列出，使得每个顶点与列表中较早出现的最多一个顶点邻接。下面提到的所有图都被假设是有限的。

(a) 证明每个具有宽度 1 的图是一个森林。

提示：根据归纳，删除列表中最后的顶点。

(b) 证明每个有限树具有宽度 1。并推断出一个图为一个森林，当且仅当它具有宽度 1。

习题 12.54

通过归纳法，并利用 $n > 1$ 种颜色的一个固定集合，证明对于 m 个顶点的任何一棵树，恰好有 $n \cdot (n-1)^{m-1}$ 种不同的着色。

习题 12.55

令 G 是一个连通的加权简单图，令 v 是 G 的一个顶点。假设 $e ::= \langle v - w \rangle$ 是 G 的一条边，并且其权重严格小于关联于 v 的其他边的权重。令 T 是 G 的一棵最小生成树。证明 e 是 T 的一条边。提示：利用矛盾。

习题 12.56

令 G 是一个连通的简单图，T 是 G 的一棵生成树，e 是 G 的一条边。

(a) 证明如果 e 没在 G 的一个圈上，那么 e 是 T 的一条边。

(b) 证明如果 e 在 G 的一个圈上，并且 e 也在 T 中，那么会有一条边 $f \neq e$ 使得 $T - e + f$ 仍是一棵生成树。

(c) 假设 G 是边赋权的，e 的权重比其他的边都要大，e 在 G 的一个圈上，并且 e 是 T 的一条边。请推断出 T 不是 G 的一棵最小生成树。

随堂练习

习题 12.57

程序 $Mark$ 从一个连通的简单图开始，这时所有的边都没有被标记，之后会标记一些边。在程序的任何点上，一个只包含标记过的边的通路被称为一个完全标记的通路。并且当一条边的端点之间没有完全标记的通路时，这条边就被称为是合格的。

程序 $Mark$ 只是会继续标记合格的边，并且当没有合格的边时终止。

证明 $Mark$ 会终止，并且当它终止时，被标记的边会形成原始图的一棵生成树。

习题 12.58

一个用于连通一个（有可能不连通）简单图以及创建一棵生成树的程序，可以被建模为一个状态机，其中，状态是有限简单图。当没有进一步的转变时，一个状态就会是最终的。状态转移由下面的规则决定。

创建生成树程序

1. 如果有一条边$\langle u - v\rangle$在一个圈上，那么删除$\langle u - v\rangle$。
2. 如果顶点u和v是不连通的，那么加上边$\langle u - v\rangle$。

(a) 从顶点为$\{1,2,3,4\}$的图开始，画出所有可能到达的最终状态，这个图的边为

$$\{\langle 1-2\rangle, \langle 3-4\rangle\}$$

(b) 证明如果状态机到达了一个最终状态，那么最终状态将是一棵在起始图顶点上的树。

(c) 对于任意的图G'，令e是G'的边数，c是其含有的连通分支数，s是其圈的个数。对于下面每个数，请表明无论一开始的图是什么，它们被保证可以满足的最强的性质是哪个。

这些性质的选择是：常数，严格递增，严格递减，弱递增，弱递减，这些都不是。

(i) e

(ii) c

(iii) s

(iv) $e - s$

(v) $c + e$

(vi) $3c + 2e$

(vii) $c + s$

(d) 证明(c)中某个数在每次转移中都严格递减。并请推断出对于每个起始状态，状态机都会到达一个最终的状态。

习题 12.59

令G是一个加权图，并假设$e \in E(G)$是唯一一条权重最小的边，也就是对所有的边$f \in E(G) - \{e\}$，都有$w(e) < w(f)$。证明G的任何最小生成树（MST）必须包括e。

习题 12.60

令G是在邻居顶点之间具有垂直的和水平的边，并带有边权重的4×4网格，如图12.35所示。

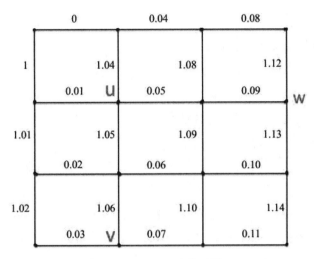

图 12.35 4 × 4 的阵列图 G

在这个问题中,你将练习几种构建最小生成树的方法。对于每个部分,按照给定规则选择边的顺序,列出这些边的权重。

(a) 通过一开始选择权重最小的边,然后依次选择不与先前选择的边构成圈的权重最小的边,来构建一棵最小生成树(MST)。当选择的边形成 G 的一棵生成树时,就停止。(Kruskal 的 MST 算法。)

对于 Kruskal 程序的每一步,请描述所有分支的一个黑白着色,使得根据引理 12.9.11,Kruskal 选择的边是权重最小的"灰边"。

(b) 通过从包含单个顶点 u 的树开始,然后依次添加只有一个端点在树中的权重最小的边。当树可以生成 G 时,就停止。(这是 Prim 的 MST 算法。)

对于 Prim 程序的任何一步,请描述所有分支的一个黑白着色,使得根据引理 12.9.11,Prim 选择的边是权重最小的"灰边"。

(c) 通过从左上角的顶点和标记为 v 和 w 的顶点开始,6.042 "并行" MST 算法能够发展 G 的一个 MST。将这三个顶点分别视作只有一个顶点的树。对于并行的每棵树,依次从只有一个端点在树中的边里,添加权重最小的一个。当一棵树与另外一棵树的距离在 2 之内时,就停止在它上面工作。继续直到不再有合格的树,也就是每棵树与另外某棵树的距离在 2 之内,然后再应用基本的灰边方法,直到并行的树融合形成 G 的一棵生成树。

(d) 验证你每次都会得到相同的 MST。习题 12.63 解释了对于任何有限连通的赋权图,当没有相同权重的边时,为什么会有唯一的一个 MST。

习题 12.61

在这个问题当中你将证明如下定理。

定理. 图 G 是 2-可着色的，当且仅当它不包含奇数长度的回路。

像往常有"当且仅当"的断言一样，证明可以分为两个部分：(a)部分要求你去证明"当且仅当"的左边蕴涵着右边。另一部分是要证明右边蕴涵着左边。

(a) 假设左边成立，证明右边。三到五句话应该就足够了。

(b) 现在假设右边成立。作为证明左边的第一步，请解释为什么我们可以专注于 G 中一个单连通的分支 H。

(c) 作为第二步，解释如何对任意的树实现 2-着色。

(d) 对于 H 的一棵生成树 T，选择任意的一个 2-着色。通过展示任意一条不在 T 中的边，必须也连接着不同着色的顶点，来证明 H 是 2-可着色的。

课后作业

习题 12.62

对于 $n \geqslant 2$，假设 $D = (d_1, d_2, \ldots, d_n)$ 是某个 n-顶点树 T 顶点度的一个列表。也就是说，我们假设 T 的顶点是被编号的，并且 $d_i > 0$ 是 T 的第 i 个顶点的度。

(a) 解释为什么

$$\sum_{i=1}^{n} d_i = 2(n-1) \qquad (12.6)$$

(b) 反向证明，如果 D 是一个满足公式 12.6 的正整数序列，那么 D 是某个 n-顶点树顶点度的一个列表。

提示：归纳法。

(c) 假设 D 满足公式 12.6。证明这是可能的，即将 D 划分为两个子集 S_1、S_2，可以使得这两个子集的元素和是相同的。

提示：树是二分图。

习题 12.63

证明推论 12.9.12：如果在一个有限加权图中所有的边都有不同的权重，那么这个图有一个唯一的 MST。

提示：假设 M 和 N 是同一个图的两个不同的 MST。令 e 是一个 MST 当中的最小边，并且 e 不在另一个 MST 当中，比如 $e \in M - N$，并观察 $N + e$ 一定有一个圈。

第13章 平面图

13.1 在平面上绘制图形

假设有三个狗屋和三间民宅,如图 13.1 所示。你能从每个狗屋到每个民宅找到一条路线,使得此路线不会与任何其他路线交叉吗?

图 13.1　三个狗屋和三间民宅。是否存在从每个狗屋到每个民宅的路线,使得路线之间不交叉?

类似的问题出现在一个鲜为人知的名为方肌(quadrapus)的动物身上,它看起来像是一只拥有 4 个而非 8 个伸缩性手臂的章鱼。如果有 5 只方肌在海底休息,如图 13.2 所示,那么会出现每一只方肌都和对方握手时，双臂之间不存在交叉的情况吗？

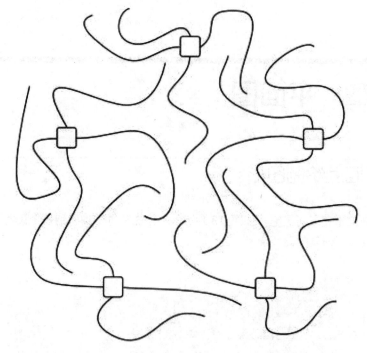

图 13.2　5 只方肌（一种有 4 只手臂的生物）

这些都可以理解为是如何在平面上绘图的问题。用节点取代狗和房子，狗屋问题能够被替换为问是否有这样的一个平面图形（planar drawing），它有 6 个节点并且前 3 个节点与后 3 个节点之间可以形成边。这种图被称为完全二分图（complete bipartite graph）$k_{3,3}$，如图 13.3(a) 所示。方肌问题转化为询问是否存在一个完全图 K_5 的平面图形，如图 13.3(b) 所示。

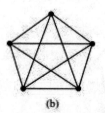

图 13.3　$K_{3,3}$(a)和 K_5(b)，你可以重新画出这些图，使得边不交叉吗

在每种情形下，答案都是"没有，但几乎有！"事实上，如果你从这些图中的任何一个当中移除一条边，那么得到的图就可以重新画在平面上，且没有交叉边，如图 13.4 所示。

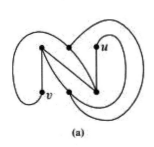 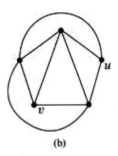

图 13.4　(a)$k_{3,3}$去掉$\langle u \to v\rangle$和(b)k_5去掉$\langle u \to v\rangle$后的平面图形

平面图形已经应用于电路设计中，对于显示图形数据，如程序流程图、组织结构图和行程安排冲突也很有帮助。在这些应用中，我们的目标是在平面上绘图时尽可能地避免边与边之间的交叉。（在本章后面你会在文本框中看到这样一个例子。）

13.2　平面图的定义

我们在上一节中提出了平面图形的思想，但是如果要证明平面图的性质，最好有精确的定义。

定义 13.2.1　在平面上绘制一幅图，就是将每个节点（node）指定为一个独特的点（point），将每条边指定为一条平滑的曲线，其端点对应于与这条边相连的节点。如果没有曲线与自己或其他曲线交叉，则图形是平面（planar）的。换句话说，在任何曲线上出现不止一次的点，必须是节点。当图有平面图形时，它就是平面的。

史蒂夫·沃兹尼亚克以及平面电路设计

当电线被放置在一个表面上时，如电路板或微芯片，交叉口处需要麻烦的三维结构。根据下面摘录的、引用了弗赖贝格和斯温的《山谷之火》的 apple2history.org，当史蒂夫·沃兹尼亚克设计早期的苹果 II 计算机的磁盘驱动器时，他努力去实现一个近似平面的设计：

为了做出令人满意的设计，连续两周，他每天晚上都工作到深夜。当他完成后，他发现如果他移动一个连接器，可以减少引线并使电路板更可靠。然而，要实现那样的变动，他不得不重新开始设计。这次他仅仅花了 20 个小时。然后他看到了另一根可以移除的引线，于是他又开始重新设计。最终的设计被计算机工程师普遍认为是一大成就，是工程美学的体现。沃兹后来说，如果你同时是工程师和 PC 板的设计者，你也只能这么做。那是一个艺术性的设计。电路板上几乎没有引线。

定理 13.2.1 是准确的，但它依赖于深层的概念："光滑平面曲线"和在它们上面"出现不止一次的点"。我们还没有定义这些概念，只是在图 13.4 中展示了简单的图片，希望你能够理解。

图片是一种很好的获得新想法的方式，但是用图片代替精确的数学语言并不是一个好主意。无论如何，仅仅依靠图片有时会导致灾难或伪证。基于误导性图片在平面图上进行的伪证有着悠久的历史。

坏消息是，定义 13.2.1 中使用了平面图形来定义平面图，为了证明平面图的一些性质，我们不得不用整章的数学语言，从平面几何和点集拓扑中，发展出所需要的概念。好消息是，有另一种只使用离散数学的方式来定义平面图。特别是，我们可以把平面图定义为递归数据类型。为了理解它的原理，我们首先需要了解平面图中面（face）的概念。

13.2.1 面

平面图形中的曲线将平面分割为连通区域，称其为**连续面**（continuous face）。[①]例如，图 13.5 所示的图形有 4 个连续面。无限延伸到各个方向的面Ⅳ被称为**外表面**（outside face）。

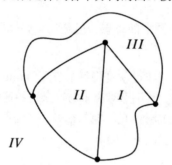

图 13.5　有 4 个连续面的平面图形

在图 13.5 中，每个连续面的边界上的顶点形成一个圈。例如，像图 13.6 中那样标记顶点，每个面边界的圈可以由顶点序列描述

$$abca \quad abda \quad bcdb \quad acda \tag{13.1}$$

这 4 个圈很好地对应于图 13.6 中的 4 个连续的面，事实上，我们可以通过圈来识别图 13.6 中的每个面。例如，圈 *abca* 对应于面Ⅲ。在上文所示的行（13.1）中的圈被称为图 13.6 中的**离散面**。我们使用术语"离散"是因为图中的圈是一个离散的数据类型，与平面上的区域即一个

[①] 大多数文章从作为连通区域的面的定义中省略了形容词连续。而我们需要用这个形容词来区分连续面和我们即将要定义的**离散面**（discrete face）。

连续的数据类型相对。

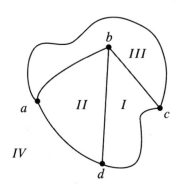

图 13.6　顶点有标记的图形

不幸的是，平面图形中的连续面不总是被图中的圈所限制，事情可能变得有点复杂。例如，图 13.7 所示的平面图形有我们称之为桥（bridge）的那部分，即一个割边$(c-e)$。沿着图形外部区域边界的顶点序列是：

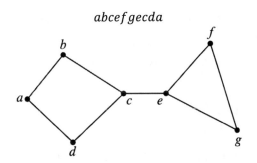

$$abcefgecda$$

图 13.7　带有桥的平面图

此序列定义了一个回路，但没有定义一个圈，这是因为桥$(c-e)$和它的端点在路中出现了两次。

图 13.8 所示的平面图形展示了另外一个问题，即这幅图中的节点 v, x, y, w 和与之相连的边，我们称之为连接线。沿着内部区域边界的顶点序列是：

$$rstvxyxvwvtur$$

这个序列定义了一个回路，但也没有定义一个圈，这是因为每个连接线上的边都经过了两次——一次"来"和一次"回"。

至少对于连通图来说，我们发现桥和连接线是唯一的问题。特别是，在平面图形中每一个连续面在图中都对应于一个回路。这些回路被称为图形的离散面，接下来，我们要给它们下一个定义。

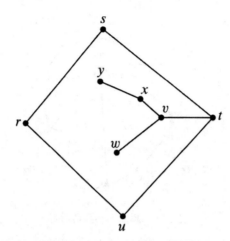

图 13.8 带有连接线的平面图形

13.2.2 平面嵌入的递归定义

平面图形中连续面和回路之间的关联关系提供了一种离散的数据类型，我们可以用它来替代连续图形。我们将连通图的平面嵌入（planar embedding）定义为回路的集合，回路的集合是它的面边界。因为我们所关心的是图中顶点之间的连接——而不是图的实际样子——平面嵌入恰好满足我们的需要。

问题是，在没有连续图形的情况下如何定义平面嵌入。基于任何连续图形都可以逐步绘制这一想法，有一个简单的方法来进行定义：

- 要么在平面上的某个地方画一个新的点来表示一个顶点。
- 要么在已画出的两个顶点之间绘制一条曲线，并确保新的曲线不会与任何先前绘制的曲线交叉。

当一条新曲线处于一个连续面上时，它就不与任何其他曲线交叉了。另外，如果一条新的曲线可以处在两个不同的图形的外表面之间，那么它不必跨越任何其他曲线。因此为了确保一条新曲线是没问题的，我们只需要检查它的端点是否位于同一个面的边界上，或者位于不同图形的外表面上。当然，绘制新的曲线会稍微改变已有的面，所以一旦绘制了新曲线，面边界就必须进行更新。这就是下面的递归定义背后的思想。

定义 13.2.2 连通图的平面嵌入包含图的一个非空回路集合，称这些回路为平面嵌入的离散面。平面嵌入的递归定义如下。

基本情形：如果 G 是由单个顶点 v 组成的图，那么 G 的平面嵌入有一个离散面，即长度为零的回路 v。

构造情形（分割一个面）：假设G是一个有平面嵌入的连通图，并假设a和b是G的平面嵌入的某个离散面γ上的、不同且不相邻的顶点。也就是说，γ是下面这种形式的回路

$$\gamma = \alpha \frown \beta$$

此处α是从a到b的路，β是从b到a的路。通过添加边$\langle a-b \rangle$到G的边上，除了面γ被替换为两个离散面这一点之外，[1]

$$\alpha \langle b-a \rangle \text{和} \langle a-b \rangle \frown \beta \qquad (13.2)$$

得到的图的平面嵌入与G具有相同的离散面，如图 13.9 所示。[2]

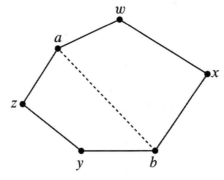

图 13.9　"分割面"情形：将 $awxbyza$ 分成 $awxba$ 和 $abyza$

构造情形（增加一个桥）：假设G和H是有平面嵌入和不相交的顶点集合的连通图。令γ为G的嵌入的离散面，并假设γ开始并结束于顶点a。

同样地，令δ为H的嵌入的离散面，并假设δ开始并结束于顶点b。

那么用新边$\langle a-b \rangle$连接G和H所形成的图有一个平面嵌入，这个平面嵌入的离散面是G和H的离散面的并集，但是面γ和δ被一个新面所代替

$$\gamma \frown \langle a-b \rangle \frown \delta \frown \langle b-a \rangle$$

如图 13.10 所示，G和H的面的顶点序列是

$$G: \{axyza, axya, ayza\} \qquad H: \{btuvwb, btvwb, tuvt\},$$

---

[1] 在G是一个开始于a而结束于b的线图这个特殊例子中，对于嵌入的定义有一个小例外。在这种情况下，γ实际上被划分为相同的圈。那是因为增加的边$\langle a-b \rangle$形成了一个圈，圈将平面分成"内部"和"外部"两个连续面，这些面都被这个圈所划定。在这个案例中，为了保持连续面和离散面之间的对应关系，我们将嵌入的两个离散面定义为相同圈的两个副本。

[2] 正常情况下，合并是路中的一个操作，并不是路和边之间的操作，因此在式 13.2 中，我们应该使用路$a\langle a-b \rangle b$，而不是边$\langle a-b \rangle$，并写成

$$\alpha \frown (b\langle b-a \rangle a) \text{ 和 } (a\langle a-b \rangle b) \frown \beta$$

在增加了桥⟨a − b⟩之后，就只有一个连通图了，其面上有顶点序列为

{*axyzabtuvwba, axya, ayza, btvwb, tuvt*}

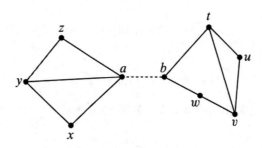

图 13.10　"增加桥"的情形

一个桥是一个简单的切割边，但在平面嵌入的环境下，这些桥恰好是在同一个离散面上出现两次的边，而不是分别在两个面上各出现一次。连接线是由桥组成的树状图，我们只在示意图中使用连接线，因此没有必要更准确地定义它。

13.2.3　这个定义行吗

是的！一般来说，根据定义 13.2.1，一个图是平面的，当且仅当它有一个平面图形，且平面图形的每一个连通分量有一个如定义 13.2.2 所述的平面嵌入。当然，在没有深入了解我们试图去避免的连续数学的情况下，我们不能证明这一点。但是既然平面图的递归定义已经给出，我们就不再需要回到连续性问题上了，这是一个好消息。

坏消息是，相比于直觉上简单的不存在交叉边的图形概念，定义 13.2.2 更偏向于技术性描述。在许多情形下，坚持平面图形的想法，并在那些方面给出证明是更容易的。例如，从平面图中去除一些边仍会得到平面图。另一方面，从平面嵌入中删除一条边，你仍能得到一个平面嵌入（参见习题 13.9），虽然这是真的，但它并不是那么明显。

在专家的手中，也许是在你的手中，通过使用更多的经验，关于平面图的证明将会变得更加令人信服和可靠。但鉴于这些证明中出现错误的悠久历史，从平面嵌入的精确定义着手会更安全。更一般地来讲，知道平面曲线图的抽象属性是如何使用离散数据类型来成功建模的，这一点也是很重要的。

13.2.4　外表面在哪里呢

每一个平面图都有一个可立即识别的外表面，就是向四面八方无限延伸的那一个。但平面嵌入的外表面在哪里呢？

一个也没有！那是因为真的没有必要去区分一个面和另一个面。事实上，一个平面嵌入的任何面都能被画在外面。一个直观的解释是考虑将平面嵌入绘制在一个球体上，而不是在平面上。那么任何一个面都可以通过"刺破"球体的面来形成外表面，将穿刺孔拉伸到其他面的周围，并将圆形图形压扁到这个平面上。

因此，显示不同的"外部"边界的图片可能实际上是有相同平面嵌入的图。例如，图 13.11 所示的两个嵌入是相同的——观察一下它们：它们有同样的边界圈。

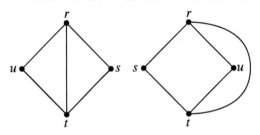

图 13.11　两个相同的嵌入图

下述是证明定理 13.2.2 中"增加桥"的情形：无论如何选择每个不相交平面图的嵌入的面，我们都可以在它们之间画一个桥，而不需要跨越图形中的任何其他边，因为我们可以假设桥连接两个外表面。

13.3　欧拉公式

递归定义的价值在于，它提供证明平面图性质的强大技术，即结构归纳。例如，我们现在用定义 13.2.2 结合结构归纳法，来建立连通平面图的一个最基本的性质，即顶点和边的数量完全确定了图的每一个可能的嵌入中的平面的数量。

定理 13.3.1（欧拉公式，Euler's Formula）。如果一个连通图有一个平面嵌入，那么

$$v - e + f = 2$$

这里，v 代表顶点数量，e 代表边的数量，f 代表面的数量。

例如，在图 13.5 中，$v = 4, e = 6, f = 4$。毫无疑问，$4 - 6 + 4 = 2$，满足欧拉公式要求。

证明. 证明是对平面嵌入的定义做结构归纳法。令 $P(\varepsilon)$ 为嵌入 ε 能够满足 $v - e + f = 2$ 的命题。

基本情形（ε 是单个顶点的平面嵌入）：根据定义，$v = 1, e = 0, f = 1$，并且 $1 - 0 + 1 = 2$，所以 $P(\varepsilon)$ 确实成立。

归纳步骤（分割一个面）：假设 G 是一个存在平面嵌入的连通图，并且假设 a 和 b 是 G 图中不

同的、不相邻的顶点，且出现在平面嵌入的离散面$\gamma = a\dots b\dots a$上。

通过加入边$\langle a - b\rangle$到G的边中所得到的图，它的平面嵌入比G多一个面和一条边。所以两个图$v - e + f$的值保持不变，由于根据结构归纳法，对G的嵌入这个值是2，那么对G加一条边的嵌入也是2。所以P在新构造的嵌入中适用。

归纳步骤（增加一个桥）：假设G和H是有平面嵌入和不相交的顶点集合的连通图。那么用一个桥连接这两个图，会将这两个被桥接的面融合为一个面，并保持其他面不变。所以，桥接操作会生成一个连通图的平面嵌入，它有$v_G + v_H$个顶点，$e_G + e_H + 1$条边，$f_G + f_H - 1$个面。因为：

$$
\begin{aligned}
&(v_G + v_H) - (e_G + e_H + 1) + (f_G + f_H - 1) \\
&= (v_G - e_G + f_G) + (v_H - e_H + f_H) - 2 \\
&= (2) + (2) - 2 \qquad\qquad\text{（依据结构归纳假设）}\\
&= 2
\end{aligned}
$$

对构造的嵌入，$(v - e + f)$恒等于2。也就是说，$P(\varepsilon)$在这种情况下也成立。

这就完成了归纳步骤的证明，并且定理遵循结构归纳法。 ∎

13.4 平面图中边的数量限制

与欧拉公式相似，定理13.2.2的引理直接遵循结构归纳法。

引理13.4.1 在一个连通图的平面嵌入中，每条边在每两个不同的面上出现一次，或者恰好在一个面上出现两次。

引理13.4.2 在至少有3个顶点的连通图的平面嵌入中，每个面的长度至少为3。

结合引理13.4.1、13.4.2和欧拉公式，我们可以证明平面图中边的数量有一个限制，

引理13.4.3 假设一个连通平面图有$v \geqslant 3$个顶点和e条边。那么

$$e \leqslant 3v - 6 \tag{13.3}$$

证明. 根据定义，一个连通图是平面的当且仅当它有一个平面嵌入。所以假设一个连通图有v个顶点和e条边，以及一个有f个面的平面嵌入。根据引理13.4.1，每条边恰好在面边界上出现两次。所以面边界的长度之和恰好是$2e$。同样根据引理13.4.2，当$v \geqslant 3$时，每个面边界的长度至少为3，所以总和至少为$3f$。这意味着：

$$3f \leqslant 2e \qquad (13.4)$$

但是根据欧拉公式 $f = e - v + 2$，代入式 13.4 中给出

$$3(e - v + 2) \leqslant 2e$$
$$e - 3v + 6 \leqslant 0$$
$$e \leqslant 3v - 6$$

∎

13.5 返回到 K_5 和 $K_{3,3}$

最后，我们用一个简单的方式来回答本章开头的方肌问题：5 只方肌不能在没有双臂交叉的情况下互相握手。原因在于，我们知道方肌问题等价于问一个完全图 K_5 是否是平面图，而通过定理 13.4.3 可以直接得出如下推论。

推论 13.5.1 K_5 不是平面图。

证明. K_5 是有 5 个顶点和 10 条边的连通图。但是因为 $10 > 3 \cdot 5 - 6$，所以 K_5 不满足所有平面图应该满足的不等式 13.3。

我们也可以用欧拉公式来证明 $K_{3,3}$ 不是平面图。除了我们使用的另外一个事实，即 $K_{3,3}$ 是二分图，证明过程类似于定理 13.3 的证明。

引理 13.5.2 在至少有 3 个顶点的连通二分图的平面嵌入中，每个面的长度至少为 4。

证明. 由引理 13.4.2 可得，图的平面嵌入的每个面的长度至少为 3。但是根据引理 12.6.2 和定理 12.8.3.3，二分图不可能有奇数长度的回路。因为平面嵌入的面是回路，所以二分图的嵌入中任何一个面的长度都不可能是 3，所以每一个面的长度至少为 4。

定理 13.5.3 假设一个顶点数 $v \geqslant 3$、边数为 e 的连通二分图是平面的。那么

$$e \leqslant 2v - 4 \qquad (13.5)$$

证明. 引理 13.5.2 表明图的嵌入的所有面的长度至少是 4。现在按照定理 13.4.3 的证明来论证，我们发现面的边界长度之和正好是 $2e$，而且至少是 $4f$。因此，对于任意平面二分图的嵌入，

$$4f \leqslant 2e \qquad (13.6)$$

由欧拉公式可得，$f = 2 - v + e$。用 $2 - v + e$ 代替式 13.6 中的 f，我们得到：

$$4(2-v+e) \leq 2e$$

化简得到式 13.5。

推论 13.5.4 $K_{3,3}$ 不是平面的。

证明. $K_{3,3}$ 是连通二分图，有 6 个顶点和 9 条边。但是由于 $9 > 2 \cdot 6 - 4$，所以 $K_{3,3}$ 不满足所有二分平面图应该满足的不等式 13.3。∎

13.6 平面图的着色

我们介绍了平面图的很多方面，但这不足以证明著名的 4-色定理，不过已经非常接近了。事实上，我们已经做了足够多的工作来证明每个平面图可以只用 5 个颜色着色。

我们会用到两个熟悉的关于平面性的事实。

引理 13.6.1 平面图的每一个子图都是平面图。

引理 13.6.2 合并平面图的相邻顶点可得到另一个平面图。

合并图的两个相邻顶点，n_1 和 n_2，意味着删除这两个顶点，然后用一个新的"合并"顶点 m 代替它们，并将它连接到所有与 n_1 或 n_2 相邻的顶点，如图 13.12 所示。

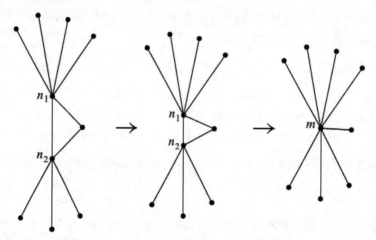

图 13.12 合并相邻的顶点 n_1 和 n_2 为新的顶点 m

对于定义 13.2.1 所描述的平面图形的连续绘制，许多作者将引理 13.6.1 和 13.6.2 视为理所应当的。根据递归定义 13.2.2，确实可以使用结构归纳来证明引理（见习题 13.9）。

我们只需要再多一个引理。

引理 13.6.3 每个平面图都有一个度不大于 5 的顶点。

证明. 假设引理不成立，一些平面图的每个顶点的度至少为 6，则顶点度的和至少为$6v$。但是根据握手引理 12.2.1，顶点度数的和为$2e$，所以我们得到结论$e \geq 3v$，与定理 13.4.3 的事实$e \leq 3v - 6 < 3v$矛盾。∎

定理 13.6.4 任意一个平面图是可以 5-着色的。

证明. 证明过程将通过对顶点个数V的强归纳法进行，使用归纳假设：

$\qquad$ 任意一个顶点数为v的平面图是 5-着色的。

基本情形（$v \leq 5$）：显然成立。

归纳步骤：假设G是一个顶点数为$v+1$的平面图。我们描述一个 5-着色的G。

首先，选择图G中一个度数不超过 5 的顶点g，引理 13.6.3 确保会有这样的顶点。

情形 1（$\deg(g) < 5$）：从G中删除g，根据引理 13.6.1 会得到一个平面图H，并且由于H具有v个顶点，通过归纳假设，它是可以 5-着色的。现在定义图G的 5-着色如下，对H的除了顶点g之外的所有顶点进行 5-着色，并将 5 种颜色之一且不与g的相邻点相同的颜色分配给g。因为g的邻居少于 5，所以总会有满足条件的颜色。

情形 2（$\deg(g) = 5$）：如果图G中g的 5 个邻居是互相邻接的，则这 5 个顶点将构成与K_5同构的非平面子图，与引理 13.6.1 矛盾（因为K_5不是平面的）。所以一定有g的两个邻居节点，n_1和n_2，是不相邻的。现在将n_1和g合并成一个新的顶点m。在这个新图中，n_2与点m是相邻的，由引理 13.6.2 可知，这个图是平面的。所以我们可以将m和n_2合并为另一个新的顶点m'，从而产生一个新的图G'，由引理 13.6.2 可得，它也是平面的。由于G'有$v-1$个顶点，从归纳假设可知它是 5-着色的。现在定义一个图G的 5-着色如下，对图G'的除了顶点g, n_1和n_2之外的所有顶点进行 5-着色，然后将G'中的顶点m'的颜色分配给g的邻居n_1和n_2。因为在图G中，n_1和n_2不是相邻的，这定义了图G的一个除了点g之外的合理的 5-着色。但是因为顶点g的两个邻居具有相同的颜色，g的邻居已经使用少于 5 种颜色进行着色，所以通过将 5 种颜色中不与顶点g的邻居相同的另外一种颜色分配给顶点g，就完成了图G的 5-着色。∎

13.7 多面体的分类

毕达哥拉斯学派有两个伟大的数学秘密，包括$\sqrt{2}$的无理性以及我们即将重新发掘的几何结构。

一个多面体（polyhedron）是由有限个多边形面所界定的、凸的三维区域。如果这些面是相同的正多边形，并且在每个角处有相同数量的多边形汇聚，则称多面体是正的（regular）。图 13.13 显示了三个正多面体的例子，分别是：四面体、立方体和正八面体。

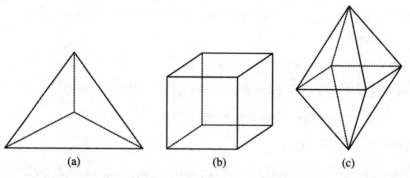

图 13.13　四面体（a）、立方体（b）和正八面体（c）

我们可以通过考虑可平面性来确定有多少正多面体。假设我们把球体放到任意一个多面体里，然后可以把多面体的边投影到球体上，这将给出一个平面图嵌入到球体上的像，多面体的角的像对应于图的顶点。通过实验观察得出，球面上的嵌入与平面上是相同的，因此，平面图上的欧拉公式可以指导我们找到正多面体。

例如，图 13.14 展示了图 13.13 中的三个多面体的平面嵌入。

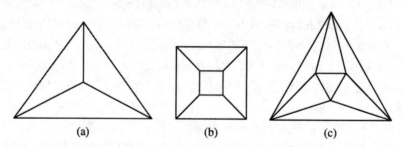

图 13.14　四面体（a）、立方体（b）和正八面体（c）的平面嵌入

设 m 为多面体每个角处汇聚的面的数目，n 为每个面的边数。在相应的平面图中，有 m 条边分别连接到 v 个顶点。根据握手引理 12.2.1，我们可得出：

$$mv = 2e$$

并且，每个面都包括 n 条边。又因为每条边都与两个面相邻，就有 $nf = 2e$，求解等式中的 v 和 f，再带入欧拉公式可得

$$\frac{2e}{m} - e + \frac{2e}{n} = 2$$

简化得

$$\frac{1}{m}+\frac{1}{n}=\frac{1}{e}+\frac{1}{2} \qquad (13.7)$$

公式 13.7 对多面体的结构有很强的限制。每一个非退化多边形至少有 3 个面，因此有 $n \geq 3$。而且每个角至少由 3 个多边形面构成，因此有 $m \geq 3$。另一方面，不论 n 或 m 大于等于 6 时，等式左边最多为 $1/3 + 1/6 = 1/2$，小于等式右边。检验有限多的情况，最后只剩下 5 种解决方案，如图 13.15 所示。对于每个有效的 n 和 m 的组合，我们可以计算相关的顶点数 v、边数 e 以及面数 f。而且包含这些属性的多面体确实存在，最大的多面体，即十二面体，是毕达哥拉斯派的另一个伟大的数学秘密。

n	m	v	e	f	多面体
3	3	4	6	4	四面体
4	3	8	12	6	正方体
3	4	6	12	8	正八面体
3	5	12	30	20	二十面体
5	3	20	30	12	十二面体

图 13.15　唯一可能的正多面体

图 13.15 中所示的 5 个多面体是唯一存在的正多面体。因此，如果你想把超过 20 个近地卫星放置在轨道上，使得它们均匀覆盖地球，那真的太难了！

13.8　平面图的另一个特征

我们选择 K_5 和 $K_{3,3}$ 为例，并不是因为它们在狗屋和方肌握手中的应用。我们选择它们的真正原因是，它们提供了平面图的另一个著名的离散结构。

定理 13.8.1（Kuratowski）　一个图是非平面的当且仅当它以 K_5 和 $K_{3,3}$ 为最小集。

定义 13.8.2　一个图 G 的最小集依然是一个图，它可通过重复删除顶点、删除边，以及合并图 G 的相邻顶点来获得。①

例如，图 13.16 阐述了 C_3 为什么是图 13.16(a) 的最小集。事实上，C_3 是连通图 G 的最小集，当且仅当图 G 不是一棵树。

已知的 Kuratowski 定理 13.8.1 的证明对于一本介绍性的书来说还是太长了，因此我们不再给出。

---

① 三个操作可以按任意顺序执行任意次数。

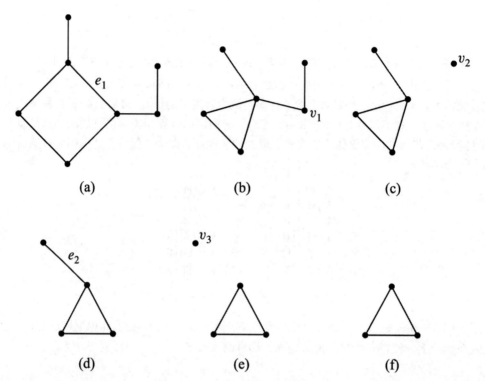

图 13.16 一种将(a)中的图简化为C_3(f)的方法，从而表明C_3是一个图的最小集。其步骤是：合并与e_1相邻的节点(b)，删除v_1和所有与之相邻的边(c)，删除v_2(d)，删除e_2，再删除v_3(f)

13.2 节习题

练习题

习题 13.1

以下两张图的离散面是什么？

将每一个圈写为不包含空格的字母序列，从字母表中最先出现的字母开始，按顺时针方向写出，例如，adbfa。将序列用空格分开。

(a)

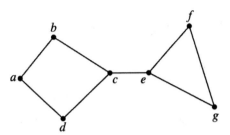

(b)

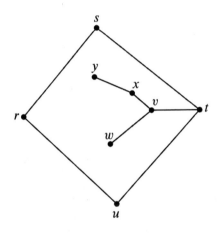

13.8 节习题

测试题

习题 13.2

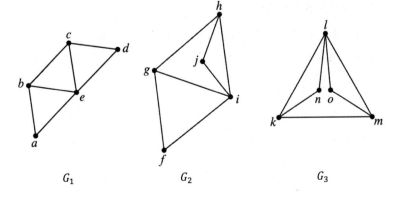

(a) 描述图 G_1 和 G_2 之间的一种同构，以及 G_2 和 G_3 之间的另一种同构。

(b) 为什么(a)部分说明 G_1 和 G_3 是同构关系？

设 G 和 H 为平面图，G 的一个嵌入 E_G 与 H 的一个嵌入 E_H 是同构的，当且仅当存在一个从 G 到 H 的同构，这个同构也将 E_G 的每个面映射到 E_H 的每个面。

(c) 以上图片所显示的嵌入中，有一个与其他的都不是同构的。是哪个呢？简要说明理由。

(d) 试阐述为什么两个同构平面图的嵌入必须有相同数量的面。

习题 13.3

(a) 试举出一个具有两个平面嵌入的平面图，要求第一个嵌入中有一个面的长度与第二个嵌入中的任何面都不相等。画出这两个嵌入，并进行说明。

(b) 定义平面嵌入 ε 的长度为 ε 的所有面的长度总和，证明相同平面图的所有嵌入都有相同的长度。

习题 13.4

平面图的嵌入的定义 13.2.2 仅适用于连通平面图。通过将以下的构造情形添加到定义中，该定义可扩展到不连通的平面图。

- **构造情形**：（合并分离图）假设 ε_1 和 ε_2 是没有公共顶点的平面嵌入，那么 $\varepsilon_1 \cup \varepsilon_2$ 也是平面嵌入。

现在像下面这样，将欧拉平面图定理推广到非连通图：如果一个平面嵌入 ε 有 v 个顶点、e 条边、f 个面以及 c 个连通分量，则有：

$$v - e + f - 2c = 0 \qquad (13.8)$$

可在平面嵌入的定义上通过结构归纳法来证明。

(a) 阐述并证明结构归纳法的基本情形。

(b) 在嵌入面中，以 v_i, e_i, f_i, c_i 分别表示嵌入 ε_i 的顶点、边、面和连通分量的数目，并以 v, e, f, c 表示构造情形（合并分离图）中的嵌入的相应数目。用 v_i, e_i, f_i, c_i 来表示 v, e, f, c。

(c) 证明结构归纳法中的（合并分离图）情形。

习题 13.5

(a) 一个简单图有 8 个顶点、24 条边，那么每个顶点的平均度是多少？

(b) 如果一个连通平面简单图的边数比顶点数多 5，那么它有多少个平面？

(c) 如果一个简单图的顶点数比边数大 1，阐述它为什么还是一个平面图。

(d) (c)部分中的平面图有多少个面？

(e) 图 13.17 给出的图与它自身之间有多少个不同的同构（包括恒等同构）？

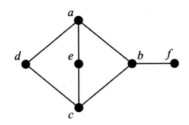

图 13.17　与它自身之间有多少个不同的同构

随堂练习

习题　13.6

图 13.18 显示了 4 幅不同的平面图的图片。

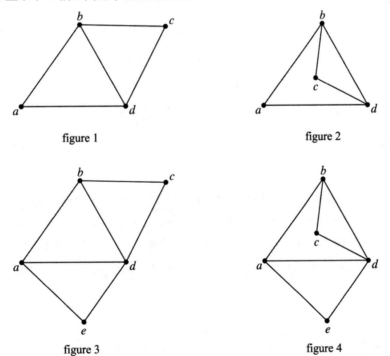

图 13.18　平面图的图片

(a) 描述每幅图片的离散面（定义了区域边界的回路）。

(b) 哪些平面图是同构的？哪些图片能表示相同的平面嵌入？即它们有相同的离散面。

(c) 根据对平面嵌入的递归定义 13.2.2，描述一种图 4 中的嵌入的构造方法。对每个构造规则的每次应用，都要明确指明这些面（圈）应用了哪种规则，以及这些规则的应用会生成哪些圈。

习题 13.7

通过平面嵌入的定义上的结构归纳法，证明以下断言。

(a) 在一个图的平面嵌入中，每条边恰好在嵌入的面上出现两次。

(b) 在有至少三个顶点的连通图的平面嵌入中，每个面的边数至少为 3。

课后作业

习题 13.8

当一个简单图没有长度为 3 的圈时，则称它为不包含三角形的。

(a) 证明对任意包含 v 个顶点（$v>2$）和 e 条边的、不包含三角形的连通平面图，有如下关系：

$$e \leqslant 2v - 4 \tag{13.9}$$

(b) 证明任意不包含三角形的连通平面图，至少有一个顶点的度为 3 或更小。

(c) 证明任意不包含三角形的连通平面图都是 4-可着色的。

习题 13.9

(a) 证明

引理（互换边）。假设从平面图的某些顶点不相交的平面嵌入开始，连续执行两次构造操作，先添加边 e，再添加边 f，从而得到一个平面嵌入 $\mathcal{F}$，这么做是可能的。然后从相同的平面嵌入开始，连续执行两次构造操作，先添加边 f，再添加边 e，这么做也是可能得到 $\mathcal{F}$ 的。

提示：有 4 个可供分析的案例，这取决于应用了哪两个构造操作来先添加 e 再添加 f。不需要结构归纳法。

(b) 证明

推论（置换边）。假设从平面图的某些顶点不相交的平面嵌入开始，连续执行构造操作来添加一个边的序列 $e_0, e_1, \ldots, e_n$，从而得到一个平面嵌入 $\mathcal{F}$，这么做是可能的。然后从相同的平面嵌入开始，连续执行构造操作来添加一个对 $e_0, e_1, \ldots, e_n$ 进行任何置换[①]之后的边序列，这么做也是可能得到 F 的。

提示：从序列 $0, 1, \ldots, n$ 转换为序列 $\pi(0), \pi(1), \ldots, \pi(n)$，对相邻元素之间需要进行的互换次数进行归纳。

(c) 证明

推论（删除边）。从平面图中删除一条边，剩下的还是平面图。

(d) 推断出所有平面图的子图仍然是平面图。

[①] 若 $\pi: \{0, 1, \ldots, n\} \to \{0, 1, \ldots, n\}$ 是一个双射，那么序列 $e_{\pi(0)}, e_{\pi(1)}, \ldots, e_{\pi(n)}$ 被称为序列 $e_0, e_1, \ldots, e_n$ 的一个置换。

第Ⅲ部分 计数

引言

计数似乎很简单：1,2,3,4…。如果数简单的数（比如你的手指），这种直接的方式当然可以。在统计一些没有明显特征的复杂事物时，它也可能是唯一的方法。可是，更精妙的计数方法能帮助你统计一些大量处于中间地带的事物，例如：

- 有五种面包圈，在一打面包圈中有多少种不同的组合方式。
- 在 16 位的数字中，有多少个恰好有 4 个 1 的数。

这可能令人吃惊，但绝不是巧合，上面两道题的答案是一样的：1820。

计数在计算机科学中很有用，原因如下：

- 估算解决一个计数问题所需的时间和存储空间，这是计算机科学的一个主要问题，在解决这类问题时经常没有太多好的办法。
- 密码和加密的安全性依赖于对大量可能的密码和密钥计数。
- 计数是概率论的基础，在包括计算机科学在内的众多科学领域中，概率论都有重要作用。

第 14 章介绍计数涉及的数学表达式的书写规则，包括求和符号和乘积符号等，例如 $\sum_{i=0}^{n} x^i$ 和 $\prod_{i=1}^{n} i$。我们也会介绍渐近标记例如 $\sim$、O 和 Θ，它们在计算机科学中，经常用来表达程序的运行时间如何随着输入数据的增加而增长。

第 15 章描述了决定集合基数的简单规则。这些规则实际上是一些定理，但是我们不过多介绍证明过程，重点介绍它们在一些简单计数中的实际应用，比如积分。

计数有时会变得十分诡异，人们总是犯一些简单的计数错误，因此，核对计算的参数是很重要的技巧。有些时候可以通过另外一种方式来计算结果，再和先前的结果进行对比。但是最基本的计数思路可以归纳为，在未知数目和一些容易计算的序列之间，寻找双向映射（bijection，也简称为双射）。第 15 章介绍了如何准确地定义这些双射，并且确定它们是双射。这是另一种有效的计数思路。这一章的内容简单明了又功能强大，对读者未来在计算机行业的工作也有很大帮助。

最后，第 16 章介绍了母函数，通过简单的代数公式简化，许多计数问题都可以得到解决。

第 14 章 求和与渐近性

求和与乘积经常出现在算法分析、金融应用、物理问题和概率系统中。例如，根据定理 2.2.1，有

$$1 + 2 + 3 + \cdots + n = \frac{n(n+1)}{2} \quad (14.1)$$

当然，等式左边的求和可以简写成一个带上下标的求和符号

$$\sum_{i=1}^{n} i$$

但是等式右边的表达方式不仅简明，而且更容易计算。此外，它还明确地显示了诸如总和增长率之类的属性。像 $n(n+1)/2$ 这样的表达式叫作闭型（closed form），不仅没有带上下标的求和或者乘积符号，也没有那些虽然方便但有时也会带来麻烦的省略号。

另一个例子是几何和（geometric sum）的闭型。

$$1 + x + x^2 + x^3 + \cdots + x^n = \frac{1 - x^{n+1}}{1 - x} \quad (14.2)$$

这个等式在习题 5.4 中曾给出。等式左边的求和牵涉到 n 项的加法和 $1 + 2 + 3 + \cdots + (n-1) = (n-1)n/2$ 项的乘法，但是通过至多 $2\log n$ 次的乘法，一次除法和几次减法，它在等式右边的闭型就可以被算出来了。并且，闭型让 n 项求和的增长和极限性质更加明了。

等式 14.1 和 14.2 用归纳法很容易证明。但是经常出现的情况是，归纳法的过程不会展现等式推导的思路。发现它们需要数学知识和奇思妙想，我们将在本章开始研究它们。

第一个好玩的例子是一个金融领域的概念，养老金/年金（annuity）。它的值是一个又大又难看的求和算式。我们将会介绍几种方法，来找到几种求和算式的闭型，可用于年金计数。在某些情况下，一个求和算式的闭型可能不存在，因此我们会提供一个大致的方法，用来寻找求和算式的上限和下限。

我们对求和算式给出的方法也可以应用于乘积，因为通过取对数的方式，乘积都可以转换

成求和。比如稍后我们会使用这个方法来找出阶乘函数（factorial function）的闭型的近似值。

$$n!::=1\cdot 2\cdot 3\cdots n$$

本章结尾是对渐近标记的讨论，尤其是大O符号。在乘法和加法算式没有一个确切的闭型形式时，渐近标记常用来界定误差项。此外，渐近标记也便于表述增长率或者加法/乘法算式的数量级。

14.1 年金的值

你愿意现在得到 100 万美元，还是余生每年得到 5 万美元？一方面，及时行乐当然很爽。另一方面，如果你很长寿的话，每年 5 万美元的方式得到的总数（total dollar）会比 100 万美元多很多。

言归正传，这是一个关于年金价值的问题。年金（annuity）是一种金融工具，它在每年年初发放固定数量的钱。具体来说，假设年金发放n年，在每年年初发放m美元。在部分情况下，n没有上限，但是并不总是这样。类似的例子像彩票支出、学生贷款或者住房抵押贷款。甚至有华尔街的一些公司专营交易年金的业务。[①]

关键的问题在于"年金价值究竟是多少？"比如，彩票经常会有累积头奖的情况，例如美国强力球 power ball 曾经积累了多年的奖金。直观上看，20 年时间每年领 5 万美元，到手上的钱肯定不如一次拿 100 万美元价值高。如果你现在有现金，你可以拿去投资并且开始获得收益。但是如果让你在 5 万美元领 20 年和一次性领 50 万美元之间选呢？现在，哪个选择更好就不是那么明显了。

14.1.1 钱未来的价值

为了回答上述问题，我们现在就需要知道将来付给我们的 1 美元究竟值多少。我们假设钱可以以年利为p的方式投资出去。在接下来的推导中，我们会假设利率大小为 8%[②]，那么就是$p=0.08$。

下面讲一下利率p很重要的原因。今天以利率p投资的 10 美元，在一年的时间内会变成$(1+p)*10=10.80$美元，两年内拿到$(1+p)^2*10\approx 11.66$美元，以此类推。换个角度看的话，我们一年前得到的 10 美元现在只值$1/(1+p)*10\approx 9.26$美元，因为如果我们现在有 9.26 美元

[①] 这种交易方式最终导致了 2008 年至 2009 年的次贷危机。我们稍后会在本章讨论这个问题。

[②] 美国的利率近几年一直在逐渐下降，正常的银行存款利率（ordiary bank deposits）现在约在 1.0%左右，但是几年前这个比率为 8%；这个比率让我们的一些例子更加富有戏剧性。这个比率在过去三十年里一直是 17%。

的话，我们会把它投资出去，最后不管做什么都能在 1 年内变成 10.00 美元。因此，p 决定了未来得到的钱的价值。

因此对于一个 n 年，每年 m 元的年金，第一次得到的 m 美元确实就值 m 美元。但是一年之后的第二次的钱就只值 $m/(1+p)$ 美元了。与此类似，第三次支付价值为 $m/(1+p)^2$，第 n 次支付就只值 $m/(1+p)^{n-1}$ 了。年金的总价值 V 相当于所有领到的钱的价值总和。下面给出等式：

$$\begin{aligned} V &= \sum_{i=1}^{n} \frac{m}{(1+p)^{i-1}} \\ &= m \cdot \sum_{j=0}^{n-1} \left(\frac{1}{1+p}\right)^j \quad (\text{令 } j = i-1) \\ &= m \cdot \sum_{j=0}^{n-1} x^j \quad (\text{令 } x = 1/(1+p)) \end{aligned}$$

（14.3）

换成字母表示是为了让等式看着更简洁。这样的话，通过使用扰动法（perturbation method），可更容易一眼看出它是否有闭型（式 14.2）。

14.1.2 扰动法

如果闭型的形式十分整洁，对求和式做一些"扰动"，可以帮助我们更快地找到求和式的内在规律。比如，假设

$$S = 1 + x + x^2 + \ldots + x^n$$

那么扰动一下，就会变成

$$xS = x + x^2 + \ldots + x^{n+1}$$

x 和 xS 之间的区别没有那么大。因此，如果我们要从 S 中减去 xS，需要消除很多项。

$$S = 1 + x + x^2 + x^3 + \cdots + x^n$$
$$-xS = -x - x^2 - x^3 - \ldots - x^n - x^{n+1}$$

上述两式相减：

$$S - xS = 1 - x^{n+1}$$

再解出 S 等于多少，就是式 14.2 所示的那个闭型

$$S = \frac{1 - x^{n+1}}{1 - x}$$

我们在第 16 章讲母函数（generating functions）的时候，会见到更多使用这种方法的例子。

14.1.3 年金价值的闭型

使用等式 14.2，我们可以得到关于 V 的简洁的等式。每年年初付 m 美元，付了 n 年的年金的价值。

$$V = m\left(\frac{1-x^n}{1-x}\right) \quad \text{（通过等式14.3和14.2得出）} \quad (14.4)$$

$$= m\left(\frac{1+p-(1/(1+p))^{n-1}}{p}\right) \quad \text{（用 }x = 1/(1+p)\text{ 替换）} \quad (14.5)$$

等式 14.5 与若干数的求和相比更容易计算。比如，20 年间每年领取 5 万美元的彩票，它的真实价值究竟是多少？将 $m = 50\,000$，$n = 20$ 和 $p = 0.08$ 代入计算，最终得到 $V \approx 530\,180$。由此可知，如果钱都是延期获得的话，百万美元的彩票会贬值一半！对于广告商而言，这是一个很好的把戏。

14.1.4 无限长的等比数列

我们在本章开头问了一个问题，你愿意现在一次拿 100 万美元，还是余生每年拿 5 万美元。当然，它取决于你活多久，那么就假设第二个选项是你能永远地拿 5 万美元，没有截止时间。听起来像是有花不完的钱！但是尽管我们的等比数列的和的数值没有上限，计算它的上限，就可以算出年金的大致价值。

定理 14.1.1 如果 $|x| < 1$，那么

$$\sum_{i=0}^{\infty} x^i = \frac{1}{1-x}$$

证明：

$$\sum_{i=0}^{\infty} x^i ::= \lim_{n\to\infty} \sum_{i=0}^{n} x^i$$

$$= \lim_{n\to\infty} \frac{1-x^{n+1}}{1-x} \quad \text{（通过等式 14.2）}$$

$$= \frac{1}{1-x}$$

因为当 $|x| < 1$ 时，$\lim_{n\to\infty} x^{n+1} = 0$，所以能得出最后一行的结果。

在我们的年金问题中，$x = \frac{1}{1+p} < 1$，所以应用定理 14.1.1，我们得到

$$V = m \cdot \sum_{j=0}^{\infty} x^j \qquad \text{（通过等式 14.3）}$$

$$= m \cdot \frac{1}{1-x} \qquad \text{（通过定理 14.1.1）}$$

$$= m \cdot \frac{1+p}{p} \qquad (x = 1/(1+p))$$

将 $m = 50\,000$ 和 $p = 0.08$ 代入，我们得出 V 的值只有 675 000 美元。现在拿 100 万美元比一直每年拿 5 万美元划算得多，这看起来很疯狂！但是仔细审视一下，如果我们现在在银行里存着 100 万美元，年利率为 8%，我们会拿出一部分，每年花掉 8 万美元，一直花下去。所以事实证明，情况其实没那么疯狂。

14.1.5 示例

等式 14.2 和定理 14.1.1 在计算机科学中十分有用。

通过等式 14.2 和定理 14.1.1，我们还能求出一些其他的求和算式的闭型。

$$1 + 1/2 + 1/4 + \cdots = \sum_{i=0}^{\infty} \left(\frac{1}{2}\right)^i = \frac{1}{1-(1/2)} = 2 \qquad (14.6)$$

$$0.99999\cdots = 0.9 \sum_{i=0}^{\infty} \left(\frac{1}{10}\right)^i = 0.9 \left(\frac{1}{1-1/10}\right) = 0.9 \left(\frac{10}{9}\right) = 1 \qquad (14.7)$$

$$1 - 1/2 + 1/4 - \cdots = \sum_{i=0}^{\infty} \left(\frac{-1}{2}\right)^i = \frac{1}{1-(-1/2)} = \frac{2}{3} \qquad (14.8)$$

$$1 + 2 + 4 + \cdots + 2^{n-1} = \sum_{i=0}^{n-1} 2^i = \frac{1-2^n}{1-2} = 2^n - 1 \qquad (14.9)$$

$$1 + 3 + 9 + \cdots + 3^{n-1} = \sum_{i=0}^{n-1} 3^i = \frac{1-3^n}{1-3} = \frac{3^n - 1}{2} \qquad (14.10)$$

像等式 14.6 那样，如果等比数列每一项越来越小的话，我们称这个求和式子就是等比递减（geometrically decreasing）的。如果等比数列每一项越来越大，像等式 14.9 和 14.10 那样的话，这个求和式子就是等比递增（geometrically increasing）的。在这两类式子中，最后的和通常约等于式子里绝对值最大的那项。比如，在等式 14.6 和 14.8 中，最大的那项是 1，最后求和等于 2 和 2/3，都很接近 1。在等式 14.9 中，求出的和是最大项的两倍。在等式 14.10 中，最大项是 3^{n-1}，最后的和是 $(3^n - 1)/2$，大约是最大项的 1.5 倍。你可以通过仔细观察等式 14.2 和定理 14.1.1，看懂这个"拇指规则（rule of thumb）"是怎样运作的。

14.1.6　等比数列求和的变化

我们现在知道了等比数列求和的全部知识。如果你需要求解，过程很轻松。但是实际上你经常会遇见一些不能简写成$\sum x^i$的求和式子。对x进行求导或者积分这个办法，不明显但是很有用。比如下面的求和：

$$\sum_{i=1}^{n-1} i\, x^i = x + 2x^2 + 3x^3 + \ldots + (n-1)x^{n-1}$$

这不是等比数列求和。每项之间增大的倍数不是固定的，因此我们的等比数列求和公式不能直接应用到这里。但是对式 14.2 求导，会变成

$$\frac{d}{dx}\left(\sum_{i=0}^{n-1} x^i\right) = \frac{d}{dx}\left(\frac{1-x^n}{1-x}\right) \tag{14.11}$$

等式 14.11 的左边可以写成

$$\sum_{i=0}^{n-1} \frac{d}{dx}(x^i) = \sum_{i=0}^{n-1} i\, x^{i-1}$$

等式 14.11 的右边可以写成

$$\frac{-nx^{n-1}(1-x) - (-1)(1-x^n)}{(1-x)^2} = \frac{-nx^{n-1} + nx^n + 1 - x^n}{(1-x)^2}$$

$$= \frac{1 - nx^{n-1} + (n-1)x^n}{(1-x)^2}$$

因此，等式 14.11 可以写成

$$\sum_{i=1}^{n-1} i\, x^{i-1} = \frac{1 - nx^{n-1} + (n-1)x^n}{(1-x)^2}$$

顺便提一下，习题 14.2 表明了扰动法也可以应用到这个式子中。

通常来说，求导或者积分会弄乱每一项中 x 的指数。已经有了对 $\sum i x^{i-1}$ 的计算公式，现在我们还想求出 $\sum i x^i$ 的公式。这很容易办到，左右两边同时乘以 x，解得：

$$\sum_{i=0}^{n-1} i\, x^i = \frac{x - nx^n + (n-1)x^{n+1}}{(1-x)^2} \qquad (14.12)$$

从而得到了求和式的闭型表达。看起来似乎有点复杂，但其实它比求和式更简单。注意，如果 $|x|<1$，而项的个数接近于无穷时，这个级数就会收敛到一个有限的数值。对公式 14.12 求极限，即 n 趋于无穷大，得到以下定理：

定理 14.1.2 如果 $|x|<1$，那么

$$\sum_{i=1}^{\infty} i\, x^i = \frac{x}{(1-x)^2} \qquad (14.13)$$

作为结果，假设年金永远会在每年年末发放 im 美元。这样的话，如果 $m = 50\,000$ 美元，那么第一年领 50 000 美元，接下来 100 000，再接下来 150 000，以此类推。很难相信年金的价值会变成无限大！但是我们可以使用定理 14.1.2 来计算它的价值：

$$\begin{aligned} V &= \sum_{i=1}^{\infty} \frac{im}{(1+p)^i} \\ &= m \cdot \frac{1/(1+p)}{(1-\frac{1}{1+p})^2} \\ &= m \cdot \frac{1+p}{p^2} \end{aligned}$$

应用定理 14.1.2，可以得到第二行。分子分母同乘以 $(1+p)^2$ 得到第三行。

这样的话，如果像原来那样 $m = 50\,000$，$p = 0.08$，那么年金的价值就是 $V = 8\,437\,500$。尽管得到的钱每年都在增长，但是增长是线性的、一次函数的；相比之下，未来领取的美元的价值，以指数形式随着时间下降。等比下降的幅度最后会超出线性下降。在遥远的未来，领到的钱几乎一文不值，因此年金的值是有限的。

有一个重要的知识点一定要记住，那就是计算求和公式的导数和积分的技巧。当然，这个技巧要求你算对导数，但是这至少在理论上是可行的。

14.2 幂和

在第 5 章中，我们证明了等式 14.1，但是这个等式的出处还是一个谜。当然，我们可以通

过正确的排序或者归纳法来证明，但是等式右面最初究竟出自哪里？更令人无法解释的是，连续自然数平方和的闭型：

$$\sum_{i=1}^{n} i^2 = \frac{(2n+1)(n+1)n}{6}$$ （14.14）

这表明肯定有某种方法来得到这些表达式，这个过程一定会很有趣，下面展示少年时期的高斯是怎么证明等式 14.1 的。

高斯的想法和 14.1.2 节中的扰动法有些关系。让

$$S = \sum_{i=1}^{n} i$$

然后我们可以用两种顺序来写这个求和式子：

$$S = 1 + 2 + \cdots + (n-1) + n$$
$$S = n + (n-1) + \ldots + 2 + 1$$

两式相加，我们得到

$$2S = (n+1) + (n+1) + \cdots + (n+1) + (n+1)$$
$$= n(n+1)$$

因此，

$$S = \frac{n(n+1)}{2}$$

少年时期的高斯已经显露出了极高的数学天赋。

不幸的是，相同的把戏无法应用到连续的平方项的求和上。不过，我们可以观察出，最后的结果可能是一个 n 的三次多项式，因为式子包含了 n 项，这 n 项平均下来是以二次方的速度增长的。因此，我们可能会猜测

$$\sum_{i=1}^{n} i^2 = an^3 + bn^2 + cn + d$$

如果我们的猜想是正确的，那么可以假设 n 为几个不同的值，求出参数 a, b, c 和 d。如果我们假设了足够多的值，可能会得到一个有唯一解的线性系统。把这个方法应用到我们的例子上，得到：

$$n = 0 \quad \text{IMPLIES} \quad 0 = d$$
$$n = 1 \quad \text{IMPLIES} \quad 1 = a + b + c + d$$

$$n = 2 \quad \text{IMPLIES} \quad 5 = 8a + 4b + 2c + d$$
$$n = 3 \quad \text{IMPLIES} \quad 14 = 27a + 9b + 3c + d$$

求解，得 $a = 1/3$，$b = 1/2$，$c = 1/6$，$d = 0$。因此，如果这个解的初始猜想是正确的，那么最后的和就应该等于 $n^3/3 + n^2/2 + n/6$，符合等式 14.14。

问题的关键在于，如果要求解的式子是一个多项式，那么一旦你估计出了多项式的度（degree），那么多项式的所有系数也就自动确定了。

要当心！这个方程引导你发现公式，但是它不能保证答案是对的！你这样获得方程后，需要再用归纳法之类的办法证明一下。如果对答案的猜想不是正确的形式，那么得出的等式就会完全错误！下一章我们会讨论一个基于母函数，并且不需要任何猜想的办法。

14.3 估算求和式子

不幸的是，并不是每个求和式子都能找到一个闭型。比如，这个求和式子就没有对应的闭型

$$S = \sum_{i=1}^{n} \sqrt{i}$$

在这种情况下，如果我们想得出闭型，就需要估计一个近似值。好消息是有算出求和式子的上限和下限的常规方法。更棒的是，这个方法好记又简单。它用积分式了来代替求和式子，然后在求和式子中添加第一项或者最后一项。

定义 14.3.1 函数 $f: \mathbb{R}^+ \to \mathbb{R}^+$ 满足下面的条件时是严格递增/单调递增/绝对递增（strictly increasing）的，

$$x < y \text{时}, f(x) < f(y)$$

满足下面的条件时是弱递增/弱增加（weakly increasing）的，[1]

$$x < y \text{时}, f(x) \leqslant f(y)$$

与上面类似，满足下面的条件时是严格递减/单调递减（strictly decreasing）的，

$$x < y \text{时}, f(x) > f(y)$$

满足下面的条件时是弱递减/弱减少（weakly decreasing）的，[2]

---

[1] 弱递增函数通常叫作非减函数（nondecreasing functions）。为了避免把"非减函数"和"不是减函数"弄混，我们在后面会避开这个术语。
[2] 弱递减函数通常叫作非递增（nonincreasing）函数。

$x < y$ 时，$f(x) \geqslant f(y)$

比如，2^x 和 $\sqrt{x}$ 都是单调递增的函数，但是 $\max\{x, 2\}$ 和 $\lceil x \rceil$ 是弱递增的函数。函数 $1/x$ 和 2^{-x} 是严格递增的，但是 $\min\{1/x, 1/2\}$ 和 $\lfloor 1/x \rfloor$ 是弱递减的。

定理 14.3.2 $f: \mathbb{R}^+ \to \mathbb{R}^+$ 是一个弱递增函数。定义

$$S ::= \sum_{i=1}^{n} f(i) \tag{14.15}$$

和

$$I ::= \int_{1}^{n} f(x) \mathrm{d}x$$

那么

$$I + f(1) \leqslant S \leqslant I + f(n) \tag{14.16}$$

相似地，如果 f 是弱递增的，那么

$$I + f(n) \leqslant S \leqslant I + f(1)$$

证明：假设 $f: \mathbb{R}^+ \to \mathbb{R}^+$ 是弱递增的。式 14.15 中 S 的值是图 14.1 所示这些长方形阴影 $f(1), f(2), \ldots, f(n)$ 的总和。等式

$$I = \int_{1}^{n} f(x) \mathrm{d}x$$

的值就是图 14.2 所示阴影部分 $f(x)$ 从 1 到 n 的面积。

比较图 14.1 和图 14.2 所示的阴影区域，可以看出 S 至少是 I 加上最左边的长方形。得到，

$$S \geqslant I + f(1) \tag{14.17}$$

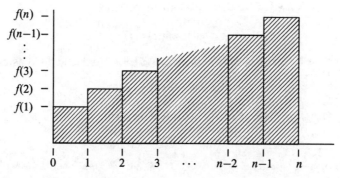

图 14.1　第 i 个长方形的面积是 $f(i)$，阴影部分的总面积是 $\sum_{i=1}^{n} f(i)$

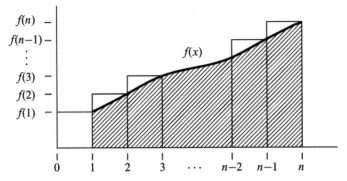

图 14.2　$f(x)$ 从 1 到 n 的曲线（加粗）下面是阴影区域 $I = \int_1^n f(x)\mathrm{d}x$

这是 S 的下界。为了获得式 14.16 中 S 的上界，我们把 $f(x)$ 从 1 到 n 的曲线左移一个单位长度，如图 14.3 所示。比较图 14.1 和图 14.3，可以得到 S 至多是 I 加上最右边的长方形。得到，

$$S \leqslant I + f(n)$$

这是式 14.16 中 S 的上界。

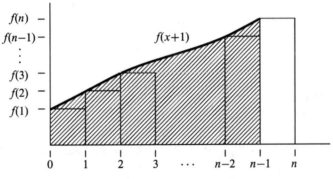

图 14.3　图 14.2 中的曲线左移一个单位后的样子

习题 14.10 中弱递减的情况跟这个类似。∎

定理 14.3.2 为大多数的求和式子提供了不错的边界。最差的情况是，最大项会让边界消失。比如，我们可以使用定理 14.3.2 来确定求和式子的上下界

$$S = \sum_{i=1}^{n} \sqrt{i}$$

我们开始计算

$$I = \int_1^n \sqrt{x}\,dx$$
$$= \left.\frac{x^{3/2}}{3/2}\right|_1^n$$
$$= \frac{2}{3}(n^{3/2} - 1)$$

然后应用定理 14.3.2，得到

$$\frac{2}{3}(n^{3/2} - 1) + 1 \leqslant S \leqslant \frac{2}{3}(n^{3/2} - 1) + \sqrt{n}$$

由此得到

$$\frac{2}{3}n^{3/2} + \frac{1}{3} \leqslant S \leqslant \frac{2}{3}n^{3/2} + \sqrt{n} - \frac{2}{3}$$

换句话说，最后的和很接近 $\frac{2}{3}n^{3/2}$。我们会在这章结束处介绍几种方式，证明一样东西可以和另一样东西非常接近。

我们会在下一节解释它是如何解决一个结构工程领域的经典悖论的，这是定理 14.3.2 的第一次应用。

14.4 超出边界

假设你有一捆书，并且你想把它们一本摞一本地堆起来，最上面那本书比你之前放的书都要靠外，也不会掉下来。如果你把这一摞书移到了桌边，你觉得你要想拿到最上面那本书需要走多远？你不能使用胶水或者任何类似的办法来让这一摞书的位置固定。

大多数人对图书堆放问题（book stacking problem）的第一反应——有时候也是第二和第三反应——是"不，最上面的书永远也不会超过桌子的边沿。"但是实际上，你可以让最上面的书伸出任意远：一本书的长度、两本书的长度、任意大小的长度！

14.4.1 问题陈述

我们将会用递归的方式来解决这个问题。一本书往桌子外面伸的话最远能伸多远？只要物品的重心在桌面上，就不会掉下去。因此我们可以让它伸出一半长度，如图 14.4 所示。

第 14 章　求和与渐近性 | 469

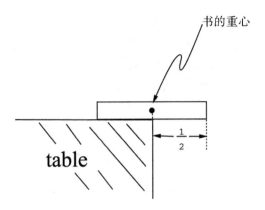

图 14.4　一本书可以伸出半本到桌子外面

现在我们假设如果底部的书在桌子上，书就不会翻倒，称它为稳定堆（stable stack）。我们把整摞书的总重心到最上面一本书的最远书边的距离，称作突出部分/悬垂部分（overhang）。所以突出部分是这摞书的一部分，不论它放在哪。如果我们把整个稳定堆的总重心调到桌子边缘，如图 14.5，突出部分就是我们能让这摞书伸出桌面的长度。

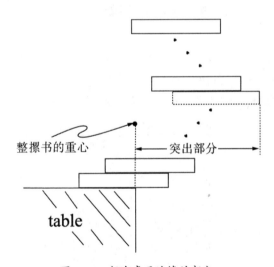

图 14.5　超出桌面边缘的部分

总体而言，设一摞书有 n 本，i 依次取 $1, 2, \ldots, n-1$，只要上面的 i 本书的总重心在第 $(i+1)$ 本书的上面，这摞书就是稳定的。

所以我们想列出一个方程，去求得 n 本书时，最大的突出部分长度 B_n。

我们已经注意到一本书的突出部分是 $1/2$ 的书长，写成式子为 $B_1 = \dfrac{1}{2}$。

现在假设我们有一个$(n+1)$本书的稳定堆，突出部分是最大的。如果n本书的突出部分不是最大值，我们可以把最上面那本书换成n本往外伸的书。通过把n本书放到原来那摞书上面，我们可以得到$n+1$本书最大的突出部分长度，B_{n+1}。正如图 14.6 所示，我们把n本书的总重心放到最下面那本书的边上，这样就能得到$(n+1)$本书最大的突出部分。

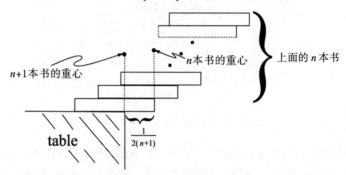

图 14.6　有$(n+1)$本书时，额外的突出部分

所以我们明白了为了得到最大的突出部分长度，需要把第$(n+1)$本书放到哪里。实际上，上面的推理想要说明的是，想让一摞书伸展得尽可能长，这种放置第$(n+1)$本书的方式，是一种独特的办法。

把上面n本书的总重心当作坐标原点，可能是做这件事最简单的办法。以这样的方式，$(n+1)$本书的总重心的坐标就会和突出部分长度的增长相等。但是现在最下面那本书的重心的水平坐标是$1/2$，所以$(n+1)$本书的总重心的水平坐标是

$$\frac{0 \cdot n + (1/2) \cdot 1}{n+1} = \frac{1}{2(n+1)}$$

换句话说，

$$B_{n+1} = B_n + \frac{1}{2(n+1)} \tag{14.18}$$

正如图 14.6 所示。展开等式 14.18，我们有

$$B_{n+1} = B_{n-1} + \frac{1}{2n} + \frac{1}{2(n+1)}$$

$$= B_1 + \frac{1}{2 \cdot 2} + \cdots + \frac{1}{2n} + \frac{1}{2(n+1)}$$

$$= 12 \sum_{i=1}^{n=1} \frac{1}{i} \tag{14.19}$$

所以我们的下一项任务是观察随着n变大，B_n如何变化。

14.4.2 调和数

定义 14.4.1 第 n 个调和数（harmonic number）H_n 是

$$H_n ::= \sum_{i=1}^{n} \frac{1}{i}$$

因此等式 14.19 可以写成

$$B_n = \frac{H_n}{2}$$

前几项调和数很好算。比如，$H_4 = 1 + \frac{1}{2} + \frac{1}{3} + \frac{1}{4} = \frac{25}{12} > 2$，其实，$H_4$ 大于 2 有很重要的作用：它表明 4 本书摞一块儿伸出去的长度可以超过一整本书的书长！图 14.7 演示了这种情况。

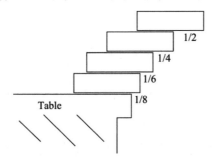

图 14.7 4 本书最长伸出的情况

关于调和数，有好消息也有坏消息。坏消息是调和数目前还没有闭型表达式。好消息是我们可以用定理 14.3.2 来得到 H_n 的上界和下界。尤其是，因为

$$\int_1^n \frac{1}{x}\,\mathrm{d}x = \ln(x)\Big|_1^n = \ln(n)$$

定理 14.3.2 意味着

$$\ln(n) + \frac{1}{n} \leqslant H_n \leqslant \ln(n) + 1 \tag{14.20}$$

换句话说，第 n 个调和数非常接近 $\ln(n)$。

因为调和数在实际使用中经常出现，数学家为了找到更近似的表达式，已经足够努力了。实际上，现在已知

$$H_n = \ln(n) + \gamma + \frac{1}{2n} + \frac{1}{12n^2} + \frac{\varepsilon(n)}{120n^4} \tag{14.21}$$

这里 γ 为 0.577215664，叫作欧拉常数（Eulers constant），并且对于所有的 n，$\varepsilon(n)$ 都在 0 到 1 之间。我们不会给出这个式子的证明。

我们终于讲完了堆书问题。将 H_n 的值代入式 14.19，我们发现最大的突出部分长度非常接近 $1/2\ln(n)$。因为 $\ln(n)$ 随着 n 的增长趋于无限大，这意味着如果我们有了足够多的书，就能想往外面伸多远就伸多远。当然，书的数量将会随着突出部分长度以指数趋势增长。为了伸出 3 本书的书长，我们要用 227 本书，更别提想要伸出 100 本书的长度了。

从桌子边缘伸出更远

之前讨论的内容都是在想办法让最上面那本书伸得尽量远。这就留下了一个问题，不让最上面那本书伸得最远，让下面的书伸得最远效果会不会更好？比如，图 14.8 就展示了两本书，其中最下面那本书伸出了 3/4 个书长。而且，最下面那本书伸出的长度，和最上面那本书的最大伸出长度一样。

因为图 14.8(a) 和图 14.8(b) 的最大突出距离一样，我们就可以用上面最远的 n 本书，把它们最上面两本调换位置，就像 14.8(a) 那样。这样我们就有了从上面数第二本书伸得最远的一个 n 本书的稳定堆，并且和调换之前的最大突出部分长度一样。所以对于 $n > 1$，至少有两种方法来构造有 n 本书的稳定堆——一种方法是最上面那本伸得最远，另外一种是从上面数第二本最远。

好像没有其他办法比这两种方式伸得更远了。其实，要证明这是得到最长突出距离仅有的两种方式也不是很难。

但是事情还没完。上面的所有推理都是围绕着一本摞一本的书堆进行的。如果一本书上面可以放多于一本的书——想象一下上下颠倒的倒金字塔—— n 本书的话，是有可能伸出 $\sqrt[3]{n}$ 远的——比 $\ln n$ 高到不知道哪里去了——不掉下去的情况下的突出部分长度，详见 Paterson 的文献 [1]。

---

[1] Michael Paterson: et al., Maximum overhang. MAA Monthly, 116:763-787,2009.

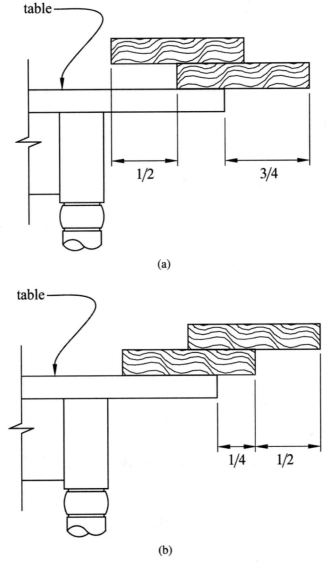

图 14.8 图(a)中最下面那本书伸出的长度和图(b)的最大突出部分长度一样

14.4.3 渐近等式

对于像等式 14.21 这样的情况,我们清楚 H_n 的式子里有一些(不重要的)误差项。可以用一个特殊的符号~,来描述对式子的值影响非常大的那一项。举个例子,$H_n \sim \ln(n)$ 表示 H_n 中影响最大的那一项是 $\ln(n)$。更准确地说:

定义 14.4.2 对于函数 $f, g: \mathbb{R} \to \mathbb{R}$，我们说 f 渐近相等（asymptotically equal）于 g，写成，

$$f(x) \sim g(x)$$

当且仅当

$$\lim_{x \to \infty} f(x)/g(x) = 1$$

$H_n \sim \ln(n) + \gamma$，尽管这么表示前两个数值大的项看着还不错，但是这么写不对。根据定义 14.4.2，$H_n \sim \ln(n) + c$，c 必须是任意常数。表达 γ 是第二大的项的正确方式是 $H_n - \ln(n) \sim \gamma$。

符号 ~ 有用的原因是，我们不太关心数值太小的项。举个例子，如果 $n = 100$，那么我们只使用前两个数值最大的项就可以算出精确度很高的一个 $H(n)$ 的近似值：

$$|H_n - \ln(n) - \gamma| \leq \left| \frac{1}{200} - \frac{1}{120000} + \frac{1}{120 \times 100^4} \right| < \frac{1}{200}$$

我们会在这章末尾花更多时间讨论渐近符号。但是现在，让我们回到使用求和式子中吧。

14.5 乘积

我们已经介绍了寻找求和式子的闭型的几种办法，但是没有任何一种处理乘积（product）的办法。幸运的是，我们不需要为了处理乘积再开发出一整套新工具。例如

$$n! ::= \prod_{i=1}^{n} i \qquad (14.22)$$

这是因为我们通过取对数，可以把任何乘积的式子转换成求和的式子。例如，如果

$$P = \prod_{i=1}^{n} f(i)$$

那么

$$\ln(P) = \sum_{i=1}^{n} \ln(f(i))$$

我们可以用求和工具来找到 $\ln(P)$ 的闭型（或者近似的闭型），最后再取幂，把式子变回来。

举个例子，让我们看一下它是如何应用到阶乘函数 $n!$ 中的。我们从取对数开始。

$$\ln(n!) = \ln(1 \cdot 2 \cdot 3 \ldots (n-1) \cdot n)$$
$$= \ln(1) + \ln(2) + \ln(3) + \cdots + \ln(n-1) + \ln(n)$$
$$= \sum_{i=1}^{n} \ln(i)$$

不幸的是，这个式子的闭型还没有人算出来。但是，我们可以应用定理 14.3.2 找到这个式子合适的上下限。为了做到这件事，我们首先计算

$$\int_1^n \ln(x)\,dx = x\ln(x) - x\big|_1^n$$
$$= n\ln(n) - n + 1$$

带入定理 14.3.2，得到

$$n\ln(n) - n + 1 \leqslant \sum_{i=1}^{n} \ln(i) \leqslant n\ln(n) - n + 1 + \ln(n)$$

将其指数化，得到

$$\frac{n^m}{e^{n-1}} \leqslant n! \leqslant \frac{n^{n+1}}{e^{n-1}} \qquad (14.23)$$

即 $n!$ 不大于 n^n/e^{n-1} 的 n 倍。

14.5.1 斯特林公式

离散数学中最常用的乘积也许是 $n!$，数学家们一直在努力地找更靠近它原值的上下限。定理 14.5.1 是最有用的上下限。

定理 14.5.1（斯特林公式，Stirling's Formula）。对于所有 $n \geqslant 1$，满足

$$n! = \sqrt{2\pi n}\left(\frac{n}{e}\right)^n e^{\epsilon(n)}$$

其中

$$\frac{1}{12n+1} \leqslant \epsilon(n) \leqslant \frac{1}{12n}$$

定理 14.5.1 可以被归纳法证明（过程复杂），有许多种证明方法只涉及初等微积分，但是我们不会介绍。

关于斯特林公式，需要注意几点。首先，$\epsilon(n)$ 通常为正。这意味着

$$n! > \sqrt{2\pi n}\left(\frac{n}{e}\right)^n \qquad (14.24)$$

对于任意 $n \in \mathbb{N}^+$。

第二，$\epsilon(n)$ 随着 n 的增大趋向于零。这意味着

$$n! \sim \sqrt{2\pi n}\left(\frac{n}{e}\right)^n \qquad (14.25)$$

这很让人震惊。毕竟，谁能想到 π 和 e 会出现在 $n!$ 近似的表达式中。

第三，$\epsilon(n)$ 就算对很小的 n 值而言也影响不大。这意味着斯特林公式对 $n!$ 的大多数取值，提供了很棒的估计。比如，如果我们把

$$\sqrt{2\pi n}\left(\frac{n}{e}\right)^n$$

当成 $n!$ 的近似值，就像许多人做的那样，我们确定它是在

$$e^{\epsilon(n)} \leqslant e^{\frac{1}{12n}}$$

以内的。当 $n \geqslant 10$ 时，这意味着这一项将会只占正确值的 1%。当 $n \geqslant 100$ 时，误差将会少于 0.1%。

如果我们需要 $n!$ 更精确的近似值，可以使用

$$\sqrt{2\pi n}\left(\frac{n}{e}\right)^n e^{1/12n}$$

或者

$$\sqrt{2\pi n}\left(\frac{n}{e}\right)^n e^{1/(12n+1)}$$

这取决于你想用上限还是下限。通过定理 14.5.1，我们可以得知上下限会将真值限定在

$$e^{\frac{1}{12n} - \frac{1}{12n+1}} = e^{\frac{1}{144n^2+12n}}$$

内。当 $n \geqslant 10$ 时，上下限与真值相差 0.01%。当 $n \geqslant 100$ 时，误差将会小于 0.0001%。

想看一下后面大致会讲些什么的话，内容都总结在推论 14.5.2 和表 14.1 中。

表 14.1　由定理 14.5.1 得到的 $n!$ 近似值的误差

近似	$n \geqslant 1$	$n \geqslant 10$	$n \geqslant 100$	$n \geqslant 1000$
$\sqrt{2\pi n}\left(\frac{n}{e}\right)^n$	< 10%	< 1%	< 0.1%	< 0.01%
$\sqrt{2\pi n}\left(\frac{n}{e}\right)^n e^{1/12n}$	< 1%	< 0.01%	< 0.0001%	< 0.000001%

推论 14.5.2

$$n! < \sqrt{2\pi n}\left(\frac{n}{e}\right)^n \cdot \begin{cases} 1.09 & n \geq 1 \\ 1.009 & n \geq 10 \\ 1.0009 & n \geq 100 \end{cases}$$

14.6 双倍的麻烦

有时候我们不得不去算一堆求和式子的和，这叫作二重求和（double sum）。这听起来很难对付，有些时候确实是这样的。但是通常来说，这很直接了当——只要算一下内部的和，把它用闭型替换掉，再计算一下外部的和（这时候内部已经没有求和符号了）。比如①，

$$\sum_{n=0}^{\infty}(y^n\sum_{i=0}^{n}x^i) = \sum_{n=0}^{\infty}(y^n\frac{1-x^{n+1}}{1-x}) \qquad \text{等式 14.2}$$

$$= \left(\frac{1}{1-x}\right)\sum_{n=0}^{\infty}(y^n - \left(\frac{1}{1-x}\right)\sum_{n=0}^{\infty}y^n x^{n+1}$$

$$= \frac{1}{(1-x)(1-y)} - \left(\frac{x}{1-x}\right)\sum_{n=0}^{\infty}(xy)^n \qquad \text{定理 14.1.1}$$

$$= \frac{1}{(1-x)(1-y)} - \frac{x}{(1-x)(1-xy)} \qquad \text{定理 14.1.1}$$

$$= \frac{(1-xy)-x(1-y)}{(1-x)(1-y)(1-xy)}$$

$$= \frac{1-x}{(1-x)(1-y)(1-xy)}$$

$$= \frac{1}{(1-y)(1-xy)}$$

当内部的和没有明显的闭型时，试着变换一下加法式子的先后顺序，总会有些效果。比如，如果我们想要计算前 n 个调和数的和

$$\sum_{k=1}^{n}H_k = \sum_{k=1}^{n}\sum_{j=1}^{k}\frac{1}{j} \qquad (14.26)$$

出于对这个求和式子的直觉，我们可以应用定理 14.3.2 到等式 14.20 中，来推断出求和式

---

① 好的，这一个可能有些麻烦，但是它也很直截了当。等着看下一个吧！

子近似于

$$\int_1^n \ln(x)\,dx = x\ln(x) - x\,\Big|_1^n = n\ln(n) - n + 1$$

现在让我们找一个直截了当的答案吧。如果我们考虑这一对数(k,j)的话，它们形成了一个三角形

	j					
	1	2	3	4	5 ...	n
k 1	1					
2	1	1/2				
3	1	1/2	1/3			
4	1	1/2	1/3	1/4		
...						
n	1	1/2		...		$1/n$

等式 14.26 中的加和就是求每一行的和，之后再把每行的和加到一起。相应地，我们可以求每一列的和，再把每列的和加起来。观察这个表格，我们注意到二重求和可以写成

$$\begin{aligned}
\sum_{k=1}^{n} H_k &= \sum_{j=1}^{n}\sum_{k=j}^{k}\frac{1}{j} \\
&= \sum_{j=1}^{n}\sum_{k=j}^{n}\frac{1}{j} \\
&= \sum_{j=1}^{n}\frac{1}{j}\sum_{k=j}^{n}1 \\
&= \sum_{j=1}^{n}\frac{1}{j}(n-j+1) \\
&= \sum_{j=1}^{n}\frac{n+1}{j} - \sum_{k=j}^{n}\frac{j}{j} \\
&= (n+1)\sum_{j=1}^{n}\frac{1}{j} - \sum_{j=1}^{n}1 \\
&= (n+1)H_n - n
\end{aligned} \qquad (14.27)$$

14.7 渐近符号

渐近符号是随着n的增长的函数$f(n)$的简写。举一个例子，定义 14.4.2 中的渐近符号~是一种二元关系符，表明两个函数以相同的速率增长。还有一个二元关系符号，小o，表明一个函数的增长明显比另一个慢，"大O"表明一个函数的增长比另一个函数快得多。

14.7.1 小 o

定义 14.7.1 对于函数$f, g: \mathbb{R} \to \mathbb{R}$，并且$g$是非负函数，我们称$f$渐近小于（asymptotically smaller）g，用符号表示，

$$f(x) = o(g(x))$$

当且仅当

$$\lim_{x \to \infty} f(x)/g(x) = 0$$

举一个例子，$1000x^{1.9} = o(x^2)$，因为$1000x^{1.9}/x^2 = 1000/x^{0.1}$，$x^{0.1}$因为$x$趋向无穷，并且 1000 是常量，我们有$\lim_{x \to \infty} 1000x^{1.9}/x^2 = 0$。这个过程可以写成下面的内容。

引理 14.7.2 对于所有的非负常数$a < b$，满足$x^a = o(x^b)$，对于任意$x > 1$，$\log x < x$。

使用相似的思路，我们可以证明下面的引理。

引理 14.7.3 对于任意$\epsilon > 0$，$\log x = o(x^\epsilon)$。

证明：设$\epsilon > \theta > 0$，用$x = z^\delta$替换不等式$\log x < x$中的x。这表明

$$\log z < \frac{z^\delta}{\delta} = o(z^\epsilon) \qquad \text{通过引理 14.7.2} \qquad (14.28)$$

推论 14.7.4 对于任意的$a, b \in \mathbb{R}$，$a > 1$，$x^b = o(a^x)$。∎

引理 14.7.3 和推论 14.7.4 的$\log x$和e^x，通过洛必达法则或者麦克劳林级数也可以证明。大多数的微积分教材里都能找到证明。

14.7.2 大 O

"大O"是最常使用的渐近符号，它被用来给增长的函数设置上限，例如算法的运行时间。后面的定义 14.7.9 给出了大O的标准定义，但是我们会先介绍一个能让你理解大O的属性的定义。

定义 14.7.5 设函数$f, g: \mathbb{R} \to \mathbb{R}$，$g$是非负函数，我们说

$$f = O(g)$$

当且仅当
$$\lim_{n\to\infty} \sup |f(x)|/g(x) < \infty$$

我们在这里使用符号上极限（limit superior）[①]，而不仅仅是极限。因为当极限存在时，极限和上极限是一样的，这个公式让检查大O的基本属性变得容易。我们认为下面的引理是理所当然的。

引理 14.7.6 如果函数$f: \mathbb{R} \to \mathbb{R}$，当它的参数趋向无限时，存在有穷或无穷的上极限和下极限时，那么它的极限和上极限是相同的。

现在定义 14.7.5 就变成了：

引理 14.7.7 如果$f = o(g)$或者$f \sim g$，那么$f = O(g)$。

证明：$\lim f/g = 0$或者 $\lim f/g = 1$表明了$\lim f/g < \infty$，那么通过引理 14.7.6 可得，$\lim \sup f/g < \infty$。

注意，引理 14.7.7 的逆命题不对。比如，$2x = O(x)$，但是$2x \nsim x, 2x \neq o(x)$。

我们也有：

引理 14.7.8 如果$f = o(g)$，那么$g = O(f)$是错误的。

证明：

$$\lim_{x\to\infty} \frac{g(x)}{f(x)} = \frac{1}{\lim_{x\to\infty} f(x)/g(x)} = 1/0 = \infty$$

所以通过引理 14.7.6 可得，$g \neq O(f)$。

当极限不存在时，我们需要定义 14.7.5 中的上极限来解决问题。例如，如果$f(x)/g(x)$随着x的增加在 3 和 5 之间摆动，那么$\lim_{x\to\infty} f(x)/g(x)$就不会存在，但是$f = O(g)$，因为$\lim \sup_{x\to\infty} f(x)/g(x) = 5$。

更常见的大O的表达式中，并没有提及 lim sup。

定义 14.7.9 设函数$f, g: \mathbb{R} \to \mathbb{R}$，$g$是非负函数，那么
$$f = O(g)$$
当且仅当常量$c \geq 0$，并且存在这样的x_0，对于任意的$x \geq x_0$，满足$|f(x)| \leq cg(x)$。

[①] 上极限的准确定义是
$$\lim_{x\to\infty} \sup h(x) ::= \lim_{x\to\infty} \text{lub}_{y \geq x} h(y)$$
lub 是 "最小上限（least upper bound）" 的简写。

这个定义有些复杂，但是意思很简单：如果我们愿意忽视常量因子c并且允许$x < x_0$的例外情况，$f(x) = O(g(x))$意味着$f(x)$小于等于$g(x)$。在$f(x)/g(x)$在 3 到 5 之间波动的情况下，根据定义 14.7.9，因为$f \leq 5g$，所以$f = O(g)$。

命题 14.7.10 $100x^2 = O(x^2)$

证明：令$c = 100$，$x_0 = 1$，这个命题就成立了，因为只要$x \geq 1$就满足$|100x^2| \leq 100x^2$。

命题 14.7.11 $x^2 + 100x + 10 = O(x^2)$

证明：$(x^2 + 100x + 10)/x^2 = 1 + 100/x + 10/x^2$，因此随着$x$趋向于无穷大，它的极限是 1。所以实际上，$x^2 + 100x + 10 \sim x^2$，因此$x^2 + 100x + 10 = O(x^2)$。确实，它的逆命题也成立，$x^2 = O(x^2 + 100x + 10)$。命题 14.7.11 可以一般化为下面的多项式。

命题 14.7.12 $a_k x^k + a_{k-1} x^{k-1} + \ldots + a_1 x + a_0 = O(x^k)$

证明略。

大O符号在描述算法的运行时间时非常有用。比如，乘以$n \times n$的矩阵的一般算法，在最差的情况下花费的时间和n^3成比例。这其实可以清楚地表示成，运行时间是$O(n^3)$。因此这个渐近符号允许你在讨论算法速度的时候不用说明一些常量和低阶的项。如果说有算法的运行时间是$O(n^{2.55})$，在渐近性上比$O(n^3)$的算法快，说明它采用了一些新的思路来实现整个过程。

当然，渐近性足够大的方法在处理足够大的矩阵时效率更高，但是渐近性上更好不意味着它就是更好的选择。实际工作中几乎不会用到$O(n^{2.55})$的运算方法，因为它只有在矩阵的尺寸大得离奇时，才会比$O(n^3)$的算法效率高。①

14.7.3 θ

有时候我们想要说明运行时间$T(n)$正好是常数因子的二次方（上限和下限都是）。我们想要做到，可以写$T(n) = O(n^2)$和$n^2 = O(T(n))$，但是不用写这两句话，数学家已经设计了另外一个符号$\theta(theta)$来表示。

定义 14.7.13

$$f = \theta(g) \quad \text{当且仅当} \quad f = O(g) \text{并且} g = O(f)$$

语句$f = \theta(g)$可以被描述为"f和g的差值是一个常数"。

这个大写的θ符号能突出增长率，隐藏不重要的因子和低阶的项。例如，如果算法的运行时间是

---

① 有可能有$O(n^2)$的矩阵乘法，但是没人知道。

$$T(n) = 10n^3 - 20n^2 + 1$$

那么我们就可以写

$$T(n) = \Theta(n^3)$$

在这种情况下，我们可以说T是n^3量级的，或者$T(n)$以三次方的速度增长，这才是我们真正想知道的。另一个这样的例子是

$$\pi^2 3^{x-7} + \frac{(2.7x^{113} + x^9 - 86)^4}{\sqrt{x}} - 1.08^{3x} = \Theta(3^x)$$

知道算法的运行时间是$\Theta(n^3)$就够了，因为如果n翻倍了，我们就可以预测运行时间总的来说会增长 8 倍。[1]这样，Θ符号就表示了算法或者系统的可伸缩性。可伸缩性，当然是算法和系统设计中的重要问题。

14.7.4 渐近符号的误区

在使用渐近符号的时候会出现很多错误。这一节的内容是一些使用大O符号出了问题的情况，它在使用过程中可能出现的错误和其他符号一样多。

指数惨败

有些时候用大O符号表示的关系不是那么明显。例如，可能有人认为$4^x = O(2^x)$，因为常量 4 比 2 大。这个理由不对，不过，4^x确实是2^x的平方。

常量困惑

每个常量都是$O(1)$。比如，$17 = O(1)$。这是正确的，因为如果我们让$f(x) = 17, g(x) = 1$，那么存在$c > 0$和x_0满足$|f(x)| \leq cg(x)$。尤其，我们可以选择$c = 17$，$x_0 = 1$，因为只要$x \geq 1$ 就满足$|17| \leq 17 \cdot 1$。我们可以利用这一点编造一个假的定理。

假定理 14.7.14

$$\sum_{i=1}^{n} i = O(n)$$

假证明：设$f(n) = \sum_{i=1}^{n} i = 1 + 2 + 3 + \ldots + n$。因为我们已经说明了每个常量都是$O(1)$，则$f(n) = O(1) + O(1) + \ldots + O(1) = O(n)$。∎

---

[1] 因为$\Theta(n^3)$只表示当$0 < c < d$时，运行时间$T(n)$在cn^3和dn^3之间。时间$T(2n)$会超过$T(n)$ $8d/c$倍。倍数对于$T(n) \sim n^3$而言当然会接近 8。

实际情况当然不是这样的，$\sum_{i=1}^{n} i = n(n+1)/2 \neq O(n)$。

假定理源于对 $i = O(1)$ 的错误理解。对任意常量 $i \in \mathbb{N}$，$i = O(1)$ 是正确的。更准确地说，如果 f 是任意的常数方程，那么 $f = O(1)$。但是在这个假定理中，i 不是常数——它随着 n 在不停改变值的大小，$0, 1, \ldots, n$。

无论如何，我们不能因为看着像是数字就将其当成 $O(1)$。我们甚至没有定义过 $O(g)$ 自身的含义；它只能被用在 "$f = O(g)$" 的语境中，来表示函数 f 和 g 的关系。

等号的误用

$f = O(g)$ 标记根深蒂固，但却会忽略 "=" 的使用。比如，如果 $f = O(g)$，那么好像 $O(g) = f$ 也很合理。但是这么做很容易让我们犯和下面一样的错误：因为 $2n = O(n)$，我们可以说 $O(n) = 2n$。但是 $n = O(n)$，所以我们可以推导出 $n = O(n) = 2n$，因此 $n = 2n$。为了避免这样的情况，我们从来不写 "$O(f) = g$"。

与此类似，你会经常看见像下像这样的声明

$$H_n = \ln(n) + \gamma + O\left(\frac{1}{n}\right)$$

或者

$$n! = (1 + o(1))\sqrt{2\pi n}\left(\frac{n}{e}\right)^n$$

这样的情况下，真正的含义是，对于 $f(n) = O\left(\frac{1}{n}\right)$

$$H_n = \ln(n) + \gamma + f(n)$$

并且

$$n! = (1 + g(n))\sqrt{2\pi n}\left(\frac{e}{n}\right)^n$$

其中，$g(n) = o(1)$。这些情况都可以，只要你（和你的读者）明白你的意思。

运算符适用之错

假设有一个熟悉的运算符可以表达渐近关系，虽然它原本不一定是这个意思。例如，$f \sim g$ 通常没有 $3^f = \Theta(3^g)$ 的意思。然而，某些运算符保持甚至增强了渐近关系。比如，

$$f = \Theta(g) \text{ IMPLIES } \ln f \sim \ln g$$

习题 14.25 对此有所涉及。

14.7.5 Ω（选学）

有时人们在描述下限的过程中错误地使用了大 O。比如，他们可能说，"运行时间 $T(n)$ 至少是 $O(n^2)$。"这又是另一个错误！大 O 只能被用作上界（upper bounds）。表示下界的合适方法是

$$n^2 = O(T(n))$$

下界也可以被说成另外一个符号"大 Ω"。

定义 14.7.15 设函数 $f, g: \mathbb{R} \to \mathbb{R}$，并且 f 是非负的函数，定义

$$f = \Omega(g)$$

来表示

$$g = O(f)$$

例如，$x^2 = \Omega(x)$、$2^x = \Omega(x^2)$ 并且 $x/100 = \Omega(100x + \sqrt{x})$。

假设输入的数据大小是 n，所以如果你的算法的运行时间是 $T(n)$，并且你想标示出它至少是二次的话，那么可以写成

$$T(n) = \Omega(n^2)$$

类比小 o，还有一个描述下限的"小 ω"符号。

定义 14.7.16 设函数 $f, g: \mathbb{R} \to \mathbb{R}$，且 f 是非负函数，定义

$$f = \omega(g)$$

来表示

$$g = o(f)$$

例如，$x^{1.5} = \omega(x)$ 和 $\sqrt{x} = \omega(\ln^2 x)$。

小 ω 符号不像其他渐近符号那样被广泛地使用。

14.1 节习题

随堂练习

习题 14.1

我们以两个大玻璃杯开始。第一个杯子包含一品脱的水，第二个杯子中有一品脱的酒。我们从第一个杯子倒 1/3 的水到第二个杯子里，搅拌一下让水和酒混匀，重复上面的步骤 n 次。

(a) 写出倒完 n 次后，第一个杯子里剩下的酒的闭型公式。

(b) 随着 n 趋近于无穷，每个杯子里的酒的上限是多少？

习题 14.2

你已经见过求等比数列的和的技巧了：

$$S = 1 + z + z^2 + \cdots + z^n$$
$$zS = z + z^2 + \cdots + z^n + zn + 1$$
$$S - zS = 1 - z^{n+1}$$
$$S = \frac{1 - z^{n+1}}{1 - z} \text{（其中} z \neq 1\text{）}$$

使用相同的方式来找到这个求和式子的闭型表达式：

$$T = 1z + 2z^2 + 3z^3 + \ldots + nz^n$$

习题 14.3

奸商萨米通过下列方式给别人放贷款。

- 萨米早上给一个客户放了 m 美元。客户现在欠了萨米 m 美元。
- 每天晚上，萨米首先收取服务费 f 美元，接着收利息，利息是债务总额乘以利率 p。例如，萨米可能每天收取"少量的" 10 美分服务费和 1% 的利率，之后 f 会变成 0.1，p 会变成 1.01。

(a) 客户在第一天结束时的债务是多少钱？

(b) 客户在第二天结束时的债务是多少钱？

(c) 写出一个客户在 d 天之后的债务的函数，找到相应的闭型。

(d) 如果你从萨米那里借了 10 美元欠了一年没还，你将会欠他多少钱？

课后作业

习题 14.4

哈佛大学的学位真比麻省理工学院的学位值钱？我们说一个哈佛大学的毕业生起薪为 40 000 美元，毕业后，每年年薪涨 20 000；一个麻省理工学院毕业生的起薪为 30 000 美元，但是每年年薪涨 20%。假设每年通货膨胀率是 8%。也就是说，一年前的 1.08 美元相当于现在的 1 美元。

(a) 如果哈佛大学的毕业生毕业后一直工作了 n 年，那么他的文凭现在值多少钱？

(b) 在这种情况下，麻省理工学院的文凭值多少钱？

(c) 如果你打算 20 年后退休，哪个学校的学位更值钱？

习题 14.5

如果你现在存了 100 美元到麻省理工学院的储蓄互助社,一个月后又往里存了 99 美元,两个月后又存了 98,以此类推。每月利率只有 0.3%,存款达到 5 000 美元需要多久?

14.2 节习题

随堂练习

习题 14.6

找到下面每一个式子的闭型:

(a)

$$\sum_{i=1}^{n}\left(\frac{1}{i+2012}-\frac{1}{i+2013}\right)$$

(b) 假设下面的求和式子等于一个用 n 表示的多项式,找到这个多项式,然后用归纳法证明求和式子等于你找到的多项式。

$$\sum_{i=1}^{n} i^3$$

14.3 节习题

练习题

习题 14.7

令

$$S ::= \sum_{n=1}^{5} \sqrt{3}\, n$$

使用 14.3 节中介绍的积分法,我们可以找到整数 a, b, c, d 和一个实数 e,满足

$$\int_{a}^{b} x^e \, dx \le S \le \int_{c}^{d} x^e \, dx$$

$a, \ldots, e$ 的合适取值分别是多少?

随堂练习

习题 14.8

已知 $f: \mathbb{R} \to \mathbb{R}$ 是连续的、弱递增的函数。当

$$f(n) = o\left(\int_1^n f(x)\,\mathrm{d}x\right)$$

时，我们说 f "增长缓慢"。

(a) 证明对于任意 $a > 0$，函数 $f_a(n) ::= n^a$ "增长缓慢"。

(b) 证明函数 e^n 不 "增长缓慢"。

(c) 证明如果 f "增长缓慢"，那么

$$\int_1^n f(x)\,\mathrm{d}x \sim \sum_{i=1}^n f(i)$$

测试题

习题 14.9

假设 n 是比 1 大的整数。圈出下面所有正确的不等式。

- $\sum_{i=1}^n \ln(i+1) \leq \ln 2 + \int_1^n \ln(x+1)\,\mathrm{d}x$

- $\sum_{i=1}^n \ln(i+1) \leq \int_0^n \ln(x+2)\,\mathrm{d}x$

- $\sum_{i=1}^n \frac{1}{i} \geq \int_0^n \frac{1}{x+1}\,\mathrm{d}x$

不要求解释原因，但是答错了会按步骤给分。提示：你可能会发现图 14.9 有帮助。

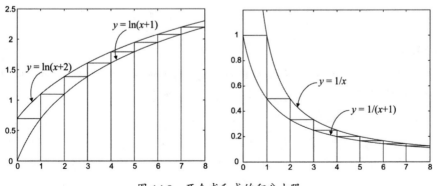

图 14.9 两个求和式的积分上限

课后作业

习题 14.10

$f: \mathbb{R}^+ \to \mathbb{R}^+$ 是一个弱递增的函数。定义

$$S ::= \sum_{i=1}^{n} f(i)$$

并且

$$I ::= \int_{1}^{n} f(x)\,\mathrm{d}x$$

证明

$$I + f(n) \leq S \leq I + f(1)$$

（画一幅清楚的图证明也行。）

习题 14.11

使用积分找到下面求和式子的上界和下界，上下界的差最多为 0.1。（你可能需要手动计算前几项的和，接着使用积分来计算余下项的和。）

$$\sum_{i=1}^{\infty} \frac{1}{(2i+1)^2}$$

14.4 节习题

随堂练习

习题 14.12

一个探险者试图拿到圣杯，她相信圣杯就在离最近的绿洲有 d 天路程的沙漠神殿里。在沙漠的酷暑中，探险者必须不停地喝水。她可以带至多 1 加仑水，这够她喝一天。但是，她也可以多次出行，在沙漠中设置储水点，存一些水。

举一个例子，如果到神殿需要走 2/3 天，那么她通过下面的策略，可以在两天之后获得圣杯。她带着 1 加仑水离开绿洲，在沙漠里走了 1/3 天，留下 1/3 加仑，然后回到绿洲——水喝完的时候刚好回来。然后她从绿洲带另外 1 加仑水，在沙漠里走 1/3 天，把在储水点放着的水

拿走，正好带满水。走剩下 1/3 天的路程，拿到圣杯，然后走 2/3 天回到绿洲——再一次刚好喝完水又回到绿洲。

但是如果神殿更远了呢？

(a) 如果她只能带 1 加仑的水，并且不能提前在沙漠里存水，那么她能到达的最远距离是多远？

(b) 如果最多能拿 2 加仑水，探险者在能回到绿洲的情况下，最远能走到哪里？不需要证明过程，尽你所能吧。

(c) 探险者会使用一种递归的方式走进沙漠深处再走回来，从沙漠中带出n加仑水。她的策略是设立一个存了$(n-1)$加仑水的储水点，再加上足够回去的水，储水点和绿洲的距离必须在一天的路程内。最后一次往储水点送水后，她不回绿洲，而是每次返回储水点，继续用$(n-1)$加仑的策略递归地向沙漠走。此时，储水点已经有了足够她回到绿洲的水。

有了n加仑的水，这个进出沙漠的策略会花费$H_n/2$天，式中的H_n是第n个调和数：

$$H_n ::= \frac{1}{1} + \frac{1}{2} + \frac{1}{3} + \ldots + \frac{1}{n}$$

结论是她能到神殿，不管有多远。

(d) 假设 10 天的路程到神殿。使用渐近近似$H_n \sim \ln n$来表示探险者要用多于 100 万年的时间拿到圣杯。

习题 14.13

存在数字a，满足$\sum_{i=1}^{\infty} i^p$收敛，当且仅当$p < a$，那么a的值是多少？

提示：找到一个你认为正确的a值，之后应用这个积分界限。

课后作业

习题 14.14

1 米的毯子的边上有 1 只虫子，这只虫子想横穿到毯子的另一边。它以 1 厘米每秒的速度爬着。但是，在每一秒的末尾，一年级的熊孩子米尔德·安德森就会把毯子展开 1 米。假设她瞬间完成拽毯子的动作，并均匀伸展毯子。因此，这是刚开始几秒钟发生的事情：

- 这只虫子第一秒走了 1 厘米，所以前面还有 99 厘米。
- 米尔德又把毯子伸展了 1 米，距离加倍了。所以现在虫子走了 2 厘米，还有 198 厘米。
- 下一秒，虫子又走了 1 厘米，这时后面距离为 3 厘米，前面还剩 197 厘米。

- 接着，米尔德把毯子从 2 米拽成了 3 米。那么，这时虫子后面的距离为 3·(3/2)=4.5 厘米，前面还剩 197·(3/2)=295.5 厘米。
- 虫子在第 3 秒走了另外 1 厘米，以此类推。

你的任务是搞清楚可怜虫子的劫难。

(a) 在第 i 秒时，虫子走了几分之几？

(b) 在前 n 秒内，虫子一共走了几分之几？用调和数 H_n 来表示你的答案。

(c) 我们已知的宇宙直径大约有 $3 \cdot 10^{10}$ 光年。为了到达毯子的终点，虫子需要走多少个宇宙直径？（不是毯子扯长之后的距离，而是虫子实际上走了多远）。

测试题

习题 14.15

证明

$$\sum_{i=1}^{\infty} i^p$$

当且仅当 $p < -1$ 时，收敛于一个确定的值。

14.7 节习题

练习题

习题 14.16

找到最小的非负整数 n，满足当 f 为以下定义时，是 $O(x^n)$ 的。

(a) $2x^3 + (\log x)x^2$

(b) $2x^2 + (\log x)x^3$

(c) $(1.1)^x$

(d) $(0.1)^x$

(e) $\dfrac{x^4 + x^2 + 1}{x^3 + 1}$

(f) $\dfrac{(x^4 + 5\log x)}{x^4 + 1}$

(g) $2^{(3\log_2 x^2)}$

习题 14.17

$f(n) = n^3$，标出下面表格中每个$g(n)$对应的渐近关系。

$g(n)$	$f = O(g)$	$f = o(g)$	$g = O(f)$	$g = o(f)$
$6 - 5n - 4n^2 + 3n^3$				
$n^3 \log n$				
$(\sin(\pi n/2) + 2)n^3$				
$n^{\sin(\pi n/2)+2}$				
$\log n!$				
$e^{0.2n} - 100n^3$				

习题 14.18

圈出下面正确的语句。

不要求证明过程，但是如果答错了会按步骤给分。

- $n^2 \sim n^2 + n$
- $3^n = O(2^n)$
- $n^{\sin(n\pi/2)+1} = o(n^2)$
- $n = \Theta\left(\dfrac{3n^3}{(n+1)(n-1)}\right)$

习题 14.19

证明

$$\ln(n^2!) = \Theta(n^2 \ln n)$$

提示：$(n^2)!$用斯特林公式。

习题 14.20

$$\dfrac{(2n)!}{2^{2n}(n!)^2} \qquad (14.29)$$

本书后面会再次提到这个等式。（这其实是掷$2n$次硬币，刚好n次正面朝上的概率。）证明它渐近等于$\dfrac{1}{\sqrt{\pi n}}$。

习题 14.21

假设 f 和 g 都是实值函数。

(a) 给出一个函数 f, g 的例子，满足

$$\limsup fg < \limsup f \cdot \limsup g$$

并且所有的 $\limsup$ 都是有限的。

(b) 给出一个函数 f, g 的例子，满足

$$\limsup fg > \limsup f \cdot \limsup g$$

并且所有的 $\limsup$ 都是有限的。

课后作业

习题 14.22

(a) 证明只要 $x > 1$，就满足 $\log x < x$（需要基本的证明。）

(b) 证明函数间的 R 关系满足，$f\ R\ g$，当且仅当 $g = o(f)$ 是一个严格偏序。

(c) 证明对于 $h = o(g)$ 而言，$f \sim g$ 当且仅当 $g = o(f)$。

习题 14.23

选出下表中哪个选项是 $(f(n), g(n))$ 间的关系。假设 $k \geq 1, \epsilon > 0$ 和 $c > 1$，它们三个都是常量。选出你认为最难的或者最有意思的 4 行，给出证明过程。

$f(n)$	$g(n)$	$f = O(g)$	$f = o(g)$	$g = O(f)$	$g = o(f)$	$f = \Theta(g)$	$f \sim g$
2^n	$2^{n/2}$						
$\sqrt{n}$	$n^{\sin(n\pi/2)}$						
$\log(n!)$	$\log(n^n)$						
n^k	c^n						
$\log^k n$	n^ϵ						

习题 14.24

给下列函数 $f_1, f_2, \ldots f_{24}$ 的排序，满足 $f_i = O(f_{i+1})$。另外，$f_i = \Theta(f_{i+1})$ 也要算：

1. $n \log n$

2. $2^{100} n$

3. n^{-1}

4. $n^{-\frac{1}{2}}$

5. $\dfrac{\log n}{n}$

6. $\binom{n}{64}$

7. $n!$

8. $2^{2^{100}}$

9. 2^{2^n}

10. 2^n

11. 3^n

12. $n2^n$

13. 2^{n+1}

14. $2n$

15. $3n$

16. $\log(n!)$

17. $\log_2 n$

18. $\log_{10} n$

19. $2.1^{\sqrt{n}}$

20. 2^{2n}

21. 4^n

22. n^{64}

23. n^{65}

24. n^n

习题 14.25

设 f, g 是非负的实值函数，满足 $\lim_{x \to \infty} f(x) = \infty$ 和 $f \sim g$：

(a) 给出一个 f, g 的例子，使之不符合 $(2^f \sim 2^g)$。

(b) 证明 $\log f \sim \log g$。

(c) 使用斯特林公式证明

$$\log(n!) \sim n\log n$$

习题 14.26

观察下面这些表达式,

$$\Theta(n), \quad \Theta(n^2 \log n), \quad \Theta(n^2), \quad \Theta(1), \Theta(2^n), \quad \Theta(2^{n\ln n}),$$

这当中没有任何一个表达式能够描述所有函数的渐近特性。不需要完全的证明,但是要简要解释你的答案。

(a)
$$n + \ln(n) + (\ln n)^2$$

(b)
$$\frac{n^2 + 2n - 3}{n^2 - 7}$$

(c)
$$\sum_{i=0}^{n} 2^{2i+1}$$

(d)
$$\ln(n^2!)$$

(e)
$$\sum_{k=1}^{n} k\left(1 - \frac{1}{2^k}\right)$$

习题 14.27

(a) 证明或证伪下面的声明。

- $n! = O((n+1)!)$
- $(n+1)! = O(n!)$
- $n! = \Theta((n+1)!)$
- $n! = o((n+1)!)$
- $(n+1)! = o(n!)$

(b) 证明 $\left(\frac{n}{3}\right)^{n+e} = o(n!)$

习题 14.28

证明

$$\sum_{k=1}^{n} k^6 = \Theta(n^7)$$

随堂练习

习题 14.29

对 $\log(n!) = \Theta(n \log n)$ 给出一个简单的证明（不用斯特林公式）。

习题 14.30

假设 $f, g: \mathbb{N}^+ \to \mathbb{N}^+$ 且 $f \sim g$。

(a) 证明 $2f \sim 2g$。

(b) 证明 $f^2 \sim g^2$。

(c) 给出 f 和 g 的例子，使 $2^f \nsim 2^g$。

习题 14.31

我们学过对于非负整数范围内的函数 f, g，$f = O(g)$ 当且仅当

$$\exists c \in \mathbb{N} \, \exists n_0 \in \mathbb{N} \, \forall n \geqslant n_0 \quad c \cdot g(n) \geqslant |f(n)| \tag{14.30}$$

对于下面的每一对函数，判断是否 $f = O(g)$，是否 $g = O(f)$。在一个函数是另一个函数的 $O()$ 的情况下，找出最小的非负整数 c，最小的非负整数 n_0，能够让条件（式 14.30）应用。

(a) $f(n) = n_2$, $g(n) = 3n$

$f = O(g)$　　是　　否　　如果是，$c=$_____, $n_0 =$_____

$g = O(f)$　　是　　否　　如果是，$c=$_____, $n_0 =$_____

(b) $f(n) = (3n - 7)/(n + 4)$, $g(n) = 4$

$f = O(g)$　　是　　否　　如果是，$c=$_____, $n_0 =$_____

$g = O(f)$　　是　　否　　如果是，$c=$_____, $n_0 =$_____

(c) $f(n) = 1 + (n \sin(n\pi/2))^2$, $g(n) = 3n$

$f = O(g)$　　是　　否　　如果是，$c=$_____, $n_0 =$_____

$g = O(f)$　　是　　否　　如果是，$c=$_____, $n_0 =$_____

习题 14.32

假声明

$$2^n = O(1) \tag{14.31}$$

解释为什么这个声明是错误的。然后观察和解释下面的假证明。

假证明：证明通过对 n 进行归纳，$P(n)$ 就是归纳法对式 14.31 的假设。

初始情况：$P(0)$ 值很小。

归纳过程：我们可能假设 $P(n)$，所以有一个常数 $c > 0$，使 $2^n \leq c \cdot 1$。因此，

$$2^{n+1} = 2 \cdot 2^n \leq (2c) \cdot 1$$

表明 $2^{n+1} = O(1)$。也就是说，$P(n+1)$ 在范围内，这样就完成了归纳过程。我们得出结论，对于所有的 n，满足 $2^n = O(1)$。也就是说，指数函数被一个常数约束。 ∎

习题 14.33

(a) 证明函数的关系 R，使 $f\,R\,g$ 当且仅当 $f = o(g)$ 是严格偏序。

(b) 描述两个函数 f, g，无法用大 O 比较：

$$f \neq O(g) \text{ 并且 } g \neq O(f)$$

测试题

习题 14.34

给出一组严格增长的全函数 $f: \mathbb{N}^+ \to \mathbb{N}^+$ 和 $g: \mathbb{N}^+ \to \mathbb{N}^+$，可以满足 $f \sim g$ 但是不满足 $3^f = O(3^g)$。

习题 14.35

令 f, g 是实值函数，使得 $f = \Theta(g)$ 并且 $\lim_{x \to \infty} f(x) = \infty$。证明

$$\ln f \sim \ln g$$

习题 14.36

(a) 证明

$$(an)^{b/n} \sim 1$$

a, b 都是正的常数，并且 $\sim$ 表示渐近相等。提示：$an = a2^{\log_2 n}$。

(b) 你可能假设如果对于所有的 n，满足 $f(n) \geqslant 1$ 并且 $g(n) \geqslant 1$，那么 $f \sim g \to f^{\frac{1}{n}} \sim g^{\frac{1}{n}}$。证明

$$\sqrt[n]{n!} = \Theta(n)$$

习题 14.37

(a) 定义一个函数 $f(n)$，使 $f = \Theta(n^2)$ 并且不满足 $f \sim n^2$。

$$f(n) =$$

(b) 定义一个函数 $g(n)$，使得 $g = O(n^2)$，或者使得 $g \neq \Theta(n^2)$，或者使得 $g \neq o(n^2)$，或者使得 $n = O(g)$。

$$g(n) =$$

习题 14.38

(a) 证明

$$(an)^{b/n} \sim 1$$

其中，a, b 都是正的常数，并且 $\sim$ 表示渐近相等。提示：$an = a2^{\log_2 n}$。

(b) 证明

$$\sqrt[n]{n!} = \Theta(n).$$

习题 14.39

(a) 标出下面非负实值函数的渐近关系的种类。渐近关系（equivalence relation）（E）、严格偏序关系（strict partial orders）（S）、弱偏序关系（weak partial orders）（W），或者以上皆不是（none of the above）（N）。

- $f \sim g$，"渐近相等"关系。
- $f = o(g)$，"小 o"关系。
- $f = O(g)$，"大 O"关系。
- $f = \Theta(g)$，"Θ"关系。
- $f = O(g)$ 并且不符合 $g = O(f)$。

(b) 指明(a)部分断言的含义。比如，

$$f = o(g) \quad \text{IMPLIES} \quad f = O(g)$$

习题 14.40

我们学过，如果 f 和 g 是在 $\mathbb{Z}^+$ 内的非负实值函数，那么 $f = O(g)$ 当且仅当存在 $c, n_0 \in \mathbb{Z}^+$，使

$$\forall \geq n_0. f(n) \leq cg(n)$$

对于下面的每一对 f 和 g 函数，找出**最小的** $c \in \mathbb{Z}^+$，并且对于那个最小的 c，**相对应的最小的** $n_0 \in \mathbb{Z}^+$，n_0 需要通过上面的定义符合 $f = O(g)$。如果没有这样的 c，就写 ∞。

(a) $f(n) = \dfrac{1}{2}\ln n^2, g(n) = n$ $c = \underline{\qquad}$, $n_0 = \underline{\qquad}$

(b) $f(n) = n, g(n) = n\ln n$ $c = \underline{\qquad}$, $n_0 = \underline{\qquad}$

(c) $f(n) = 2^n, g(n) = n^4 \ln n$ $c = \underline{\qquad}$, $n_0 = \underline{\qquad}$

(d) $f(n) = 3\sin\left(\dfrac{\pi(n-1)}{100}\right) + 2, g(n) = 0.2$ $c = \underline{\qquad}$, $n_0 = \underline{\qquad}$

习题 14.41

令 f, g 都是有限的正实值函数，联通的、简单的图形。我们将扩展 $O()$ 符号的定义到下面的图形函数：$f = O(g)$，当且仅当有常数 c 使得对于所有联通的多于一个顶点的简单图形 G，满足 $f(G) \leq c \cdot g(G)$。

对于下面所有的断言，说明它是真或假，并且简短地解释你的答案。不用提供严谨的证明或者详细的范例。

提醒：$V(G)$ 是 G 的顶点的集合，$E(G)$ 是边的集合，G 是联通的。

(a) $|V(G)| = O(|E(G)|)$。

(b) $|E(G)| = O(|V(G)|)$。

(c) $|V(G)| = O(\chi(G))$，其中 $\chi(G)$ 是 G 的色数。

(d) $\chi V(G) = O(|V(G)|)$。

第 15 章 基数法则

15.1 通过其他计数来计算当前计数

如何计算拥挤的房间里有多少人？你可以数人头，因为一个人就只有一个头。或者，也可以数耳朵，然后除以 2。当然，你可能需要调整计算结果，比如有的人在大战海盗的时候丢了一只耳朵，或者有的人生下来就是三只耳朵。关键在于，我们往往可以通过对其他事物计数进而计算当前计数，尽管这可能有点含混不清。这是计数的一个核心主题，涉及最简单乃至最难的问题。实际上在定理 4.5.5 中我们已经应用了这个技巧，通过描述子集和比特字符串的双射关系，证明 n-元素集合的子集个数等于长度为 n 的比特字符串的数目。

最直截了当的通过查找一种事物来确定另一种事物的方式，是发现它们之间的双射。因为如果它们之间有双射的关系，那么数目肯定是一样的。这个重要的现象叫作双射规则/双射法则（Bijection Rule）。我们已经在式 4.7 中以映射规则（mapping rule）的形式见到过了。

15.1.1 双射规则

双射规则就像是计算能力的放大器；如果你弄明白了一个集合的数目，那么就能通过双射的方式立刻测定出其他集合的大小。举个例子，我们看一下在第 III 部分开头提到的两个集合：

A = 当 5 种类型的甜甜圈都能挑的情况下，挑出 12 个甜甜圈的所有方式。

B = 所有正好有 4 个 1 的 16-bit 序列。

假设集合 A 的元素是：

$$\underbrace{00}_{\text{chocolate}} \quad \underbrace{}_{\text{lemon-filled}} \quad \underbrace{000000}_{\text{sugar}} \quad \underbrace{00}_{\text{glazed}} \quad \underbrace{00}_{\text{plain}}$$

如上图，我们用 0 来表示一个甜甜圈，不同的类别间会有空白。因此，上面的选项包含了 2 个巧克力圈，没有柠檬圈，6 个糖圈，2 个涂层的和 2 个原味的。现在让我们把 1 放到下面每一个类别的空白中：

$$\underbrace{00}_{\text{chocolate}}\ 1\ \underbrace{}_{\text{lemon-filled}}\ 1\ \underbrace{000000}_{\text{sugar}}\ 1\ \underbrace{00}_{\text{glazed}}\ 1\ \underbrace{00}_{\text{plain}}$$

最后消去这些空白：

$$0011000000100100$$

我们刚刚列出了有 4 个 1 的 16-bit 数字——集合 B 的一个元素！

这个例子表明了从集合 A 到集合 B 的一个双射：画出 12 个甜甜圈，分别是，

c 个巧克力圈，l 个柠檬圈，s 个糖圈，g 个涂层圈，p 个原味圈

写成序列：

$$\underbrace{0\ldots0}_{c}\ 1\ \underbrace{0\ldots0}_{l}\ 1\ \underbrace{0\ldots0}_{s}\ 1\ \underbrace{0\ldots0}_{g}\ 1\ \underbrace{0\ldots0}_{p}$$

得出的序列是 16 位的，恰好有 4 个 1，因此是集合 B 的一个元素。此外，这个映射是一个双射：每一个这样的 16 位序列正好对应 12 个甜甜圈的一种情况。因此，由双射法则可得，$|A| = |B|$。通常来说，

引理 15.1.1 有 k 种口味，选出 n 个甜甜圈的方式的数目，和 n 个 0，$(k-1)$ 个 1 的序列的数目一样。

这个例子展示了双射法则的威力。我们设法来证明两个不同的集合实际上有相同的数量——尽管我们还不知道其中任何一个的数量究竟是多少。但是只要我们能算出其中一个集合的数量，就能立刻知道另一个的数量。

你如果之前没接触过这方面的内容的话，这个双射可能看起来非常灵巧。但是你会一遍又一遍地使用相同的参数，不久你就会觉得这很平常了。

15.2 序列计数

双射法则能够从一个计数得到另一个计数。这表明了一个常规的策略：首先仅对几样东西进行计数，然后用双射来得出所有东西的数目！我们接下来会按这个思路办。这里我们首先对序列（sequence）进行计数。如果想知道集合 T 的大小，要找到一个从 T 到序列集合 S 的双射。然后，使用我们的"超级忍者序列计数技巧"来确定 $|S|$，就能知道 $|T|$ 了。我们将会不断地使用这种思路，这很值得！

15.2.1 乘积法则

乘积法则为我们提供了乘积的大小的集合。我们学过，如果 $P_1, P_2, \ldots, P_n$ 是集合，那么

$$P_1 \times P_2 \times \ldots \times P_n$$

就是第一项取自 P_1、第二项取自 P_2、第 n 项取自 P_n 的所有可能情况的集合。

法则 15.2.1（乘积法则，product rule）如果 $P_1, P_2, \ldots, P_n$ 是无限集，那么：

$$|P_1 \times P_2 \times \ldots \times P_n| = |P_1| \cdot |P_2| \cdots |P_n|$$

举一个例子，假设一日三餐由集合 B 的早餐、集合 L 的午餐、集合 D 的晚餐组成：

$$B = \{薄煎饼, 培根加蛋, 硬面包圈, 多力多滋玉米片\}$$

$$L = \{汉堡配薯条, 田园沙拉, 多力多滋玉米片\}$$

$$D = \{通心粉, 比萨, 冷冻墨西哥卷饼, 意大利面, 多力多滋玉米片\}$$

$B \times L \times D$ 就是所有可能的每日饮食搭配的集合。下面举一些例子：

（薄煎饼, 汉堡配薯条, 比萨）

（培根加蛋, 田园沙拉, 意大利面）

（多力多滋玉米片, 多力多滋玉米片, 冷冻墨西哥卷饼）

乘积法则告诉我们有多少种可能的饮食搭配：

$$\begin{aligned}|B \times L \times D| &= |B| \cdot |L| \cdot |D| \\ &= 4 \cdot 3 \cdot 5 \\ &= 60\end{aligned}$$

15.2.2 n-元素集合的子集

定理 4.5.5 通过构建一个子集到长度为 n 的比特字符串之间的双射，证明了一个 n-元素集合一共有 2^n 个子集。因此，原来的子集问题便转换成一个关于序列的问题——这恰恰就是我们的计划！现在我们可以解释为什么会有 2^n 个长度为 n 的比特字符串了，将所有 n 比特序列的集合写作集合的积：

$$\{0,1\}^n ::= \underbrace{\{0,1\} \times \{0,1\} \times \cdots \times \{0,1\}}_{n\text{ 项}}$$

然后，乘积法则给了我们答案：

$$|\{0,1\}^n| = |\{0,1\}|^n = 2^n$$

15.2.3 加和法则

巴特为他的小妹妹丽萨分配了 20 天暴躁日，40 天易怒日，还有 60 天日常脾气不好。那么丽萨因为这样或那样的原因而心情不好的日子有多少天呢？设 C 是她烦躁的日子，I 是她易怒的日子，以及 S 是她脾气不好的日子。那么问题的答案就是 $|C \cup I \cup S|$。现在假设她每天最多只能有一种坏心情，则可以通过加和法则（sum rule）来计算这个并集的大小。

法则 15.2.2（加和法则）如果 $A_1, A_2 \ldots A_n$ 是不相交的集合，则：

$$|A_1 \cup A_2 \cup \ldots \cup A_n| = |A_1| + |A_2| + \ldots + |A_3|$$

因此，根据巴特的估计，丽萨心情不好的日子是：

$$|C \cup I \cup S| = |C| + |I| + |S|$$
$$= 20 + 40 + 60$$
$$= 120 \text{ 天}$$

注意，加和法则只适用于不相交集合的并集。而寻找重叠集合的并集是一个更为复杂的问题，关于这个问题我们会在 15.9 节详细说明。

15.2.4 密码计数

很少有计数问题只通过单一法则即可解决。通常，解决方案需要混合使用加和、乘积、双射及其他方法。

对于涉及密码、电话号码、车牌号的问题，将加和法则和乘积法则一起使用非常有效。例如，在某个计算机系统中，有效密码是 6 到 8 个字符的序列，第一个符号必须是一个字母（可以是小写或大写），其他的符号必须要么是字母要么是数字。那么有多少种不同的密码组合呢？

我们定义两个集合，分别表示第一个有效字符以及后续位置的有效字符：

$$F = \{a, b, \ldots, z, A, B, \ldots, Z\}$$
$$S = \{a, b, \ldots, z, A, B, \ldots, Z, 0, 1, \ldots, 9\}$$

那么，所有可能的密码的集合是：[①]

$$(F \times S^5) \cup (F \times S^6) \cup (F \times S^7)$$

因此，六位密码是 $F \times S^5$，七位密码是 $F \times S^6$，八位密码是 $F \times S^7$。由于这些集合是不相交的，我们可以用加和法则来计算所有密码可能性的总数，如下：

---

① 标记 $S^5 = S \times S \times S \times S \times S$。

$$|(F \times S^5)(F \times S^6)(F \times S^7)|$$
$$= |F \times S^5| \times |F \times S^6| \times |F \times S^7| \qquad \text{加和法则}$$
$$= |F| \cdot |S|^5 \times |F| \cdot |S|^6 \times |F| \cdot |S|^7 \qquad \text{乘积法则}$$
$$= 52 \cdot 62^5 \times 52 \cdot 62^6 \times 52 \cdot 62^7$$
$$\approx 1.8 \cdot 10^{14} \text{个不同的密码}$$

15.3 广义乘积法则

要把诺贝尔奖、日本奖和普利策奖颁给n个人，有多少种颁法？如果我们把这个问题转换成一个序列问题，非常容易给出答案。设P表示n个人拿到一个奖。然后，从颁三个奖到集合$P^3 ::= P \times P \times P$之间有一个双映射。举例来讲，这个奖项颁法：

"巴拉克赢得了诺贝尔奖，乔治赢得了日本奖，比尔获得了普利策奖"

对应序列(巴拉克，乔治，比尔)。通过乘积法则，我们可以得到$|P^3| = |P|^3 = n^3$，所以有n^3种方式来给这n个人颁奖。注意，P^3还包括三元组，比如（巴拉克，乔治，比尔）其中有人获得不止一个奖。

但是，如果这三个奖项必须颁发给不同的学者呢？同样，我们将颁奖分配映射到三元组(巴拉克，乔治，比尔)$\in P^3$，但这个函数不再是一个双射了。例如，现在我们不允许巴拉克获得两项奖项，那么三元组(巴拉克，乔治，巴拉克)对应的分配就是无效的。尽管如此，从奖项分配到集合之间仍然存在一个双射：

$$S = \{(x, y, z) \in P^3 \mid x, y \text{ 和 } z \text{ 是不同的人}\}$$

这样，原始问题就简化为一个序列计数问题。但是，应用乘积法则不能直接对这种类型的序列进行计数，因为这些项之间是相互依赖的，它们必须各不相同。不过有一个巧妙的工具可以解决这个问题。

杰出课业奖

鉴于大家对这本书的辛勤付出，老师决定颁发一些杰出课业奖，包含以下三个奖项。

最佳行政批判　我们断言测验是未知的。比如"没有"在封面上出现的人很有可能获得这个奖项。

尴尬问题奖　"左脚袜子、右脚袜子，以及裤子，是一个反链（antichain），但是——即便有人帮忙——怎样才能把这三件一次穿上呢？"

最佳合作声明　这个灵感来源于测验1中写道"我独立完成工作"的那个学生。

法则 15.3.1（广义乘积法则，Generalized Product Rule）设 S 是长度为 k 的序列构成的集合。如果存在：

- n_1 个可能的第一个项，
- 对每一个第一项来说，有 n_2 个可能的第二项，
  $\vdots$
- 对于每一个前 $k-1$ 项构成的序列来说，有 n_k 个可能的第 k 项，那么：

$$|S| = n_1 \cdot n_2 \cdot n_3 \cdots n_k$$

在奖项的例子中，S 由序列 (x, y, z) 构成，有 n 种方法选择 x，即奖项 1 的获得者。对每一个给定的 x，都有 $n-1$ 种方式选出 y，即奖项 2 的获得者，因为除了 x 其他每一个人都有资格。对于每一个给定的 x 和 y 对，有 $n-2$ 种方式选出 z 作为奖项 3 的获得者，因为除了 x 和 y 其他每一个人都有资格。因此，根据广义乘积法则，有：

$$|S| = n \cdot (n-1) \cdot (n-2)$$

种方式来颁发 3 个奖项给不同的人。

15.3.1　有缺陷的美元钞票

如果美元钞票的 8 位序列号中出现重复数字，那么它是有缺陷的（defective）。检查一下钱包，你会沮丧地发现，这种有缺陷的钞票太常见了。事实上，没有缺陷的钞票有多常见呢？假设序列号中的数字以相等的概率出现，那么通过以下计算可以回答这个问题：

$$钞票的合格率 = \frac{|\{所有数字各不相同的序列号\}|}{|\{序列号\}|} \tag{15.1}$$

让我们首先考虑分母。分母没有限制，第一个数字有 10 种可能，第二个数字有 10 种可能，第三个数字有 10 种可能，等等。因此，根据乘积法则可知 8 位序列号的总数是 10^8 个。

下面来看分子，分子不允许任意数字出现两次。因此，第一个数字仍然有 10 种可能，但第二个数字只有 9 种可能，第三个数字有 8 种可能，依此类推。因此，根据广义乘积法则，共有：

$$10 \cdot 9 \cdot 8 \cdot 7 \cdot 6 \cdot 5 \cdot 4 \cdot 3 = \frac{10!}{2} = 1\,814\,400$$

个所有数字各不相同的序列号。将上述结果代入式 15.1，可得：

$$钞票的合格率 = \frac{1\,814\,400}{100\,000\,000} = 1.8144\%$$

15.3.2 一个象棋问题

在象棋棋盘上摆放士兵（P）、骑士（N）和主教（B），使任意两个棋子都不在同一行或同一列，一共有多少种不同的摆法？图 15.1(a)给出了一种有效的摆放配置，而图 15.1(b)所示则是一个无效的摆放。

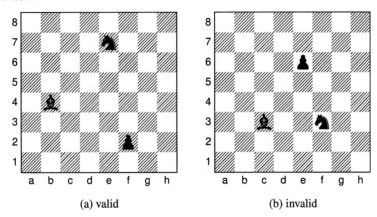

图 15.1 在棋盘上放置士兵、骑士和主教的两种摆放配置。
其中(b)是无效的，因为主教和骑士在同一行

首先，我们将这个棋子问题映射成一个序列问题。从摆放配置到序列存在一个双射：

$$(r_P, c_P, r_N, c_N, r_B, c_B)$$

其中，r_P, r_N, r_B 表示不同的行，c_P, c_N, c_B 表示不同的列。即，r_P 是士兵所在的行，c_P 是士兵所在的列，r_N 是骑士所在的行，等等。现在通过广义乘积法则来统计这些序列的数目：

- r_P 是 8 行中的一行
- c_P 是 8 列中的一列
- r_N 是 7 行中的一行（除了r_P外的任意一行）
- c_N 是 7 列中的一列（除了c_P外的任意一列）
- r_B 是 6 行中的一行（除了r_P或者r_N外的任意一行）
- c_B 是 6 行中的一行（除了c_P或者c_N外的任意一列）

因此，摆放方法的总数是$(8 \cdot 7 \cdot 6)^2$。

15.3.3 排列

集合S的排列（permutations）是指S中的每一个元素刚好出现一次而构成的序列。例如，

集合$\{a,b,c\}$的所有排列如下：

$$(a,b,c)(a,c,b)(b,a,c)$$
$$(b,c,a)(c,a,b)(c,b,a)$$

一个n-元素集合有多少种排列呢？首先，第一个元素有n种可能；对于每一个给定的第一元素，第二个元素有$n-1$种选择；给定前两个元素的组合，第三个元素会有$n-2$种选择，等等。因此，一个n-元素集合共有

$$n\cdot(n-1)\cdot(n-2)\cdots 3\cdot 2\cdot 1=n!$$

个排列。根据这个公式，三元素集合$\{a,c,b\}$共有 3!=6 种排列，如上所示。

这门课会重复出现排列，约 1.6 亿次。事实上，排列涉及阶乘和斯特林公式（Stirling's approximation）：

$$n!\sim\sqrt{2\pi n}\left(\frac{n}{e}\right)^n$$

15.4 除法法则

数耳朵然后除以 2 从而统计出屋子里的人数，是一个愚蠢的办法，但这是一种典型的计数方法。

k对 1 函数将域（domain）中的k个元素映射到各个元素的陪域（codomain）。例如，将每只耳朵映射到它的主人的函数是 2 对 1 的。同理，将每根手指映射到主人的函数是 10 对 1 的，将手指和脚趾映射到主人的函数是 20 对 1 的。一般规则是：

法则 15.4.1（除法法则，Division Rule）如果$f:A\to B$是k对 1 的，那么$|A|=k\cdot|B|$。

例如，令A表示房间中耳朵的集合，B表示人的集合。从耳朵到人存在一个 2 对 1 的映射，所以根据除法法则，$|A|=2\cdot|B|$。或者说，$|B|=|A|/2$，这与常识相符：人的数量是耳朵数量的一半。虽然看上去不太可能，但其实很多计数问题都是先对单个项进行多次计数，然后使用除法法则更正答案，从而简化问题。我们来看一些例子。

15.4.1 另一个象棋问题

在棋盘上摆放两辆相同的车确保它们不在同一行或同一列，有多少种不同的摆放配置？例如，正确的配置方法如图 15.2(a)所示，而图 15.2(b)所示为无效摆放配置。

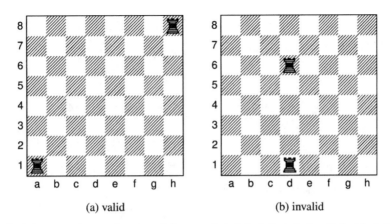

(a) valid (b) invalid

图 15.2 在棋盘上放置车的两种方法。其中，(b)的放置方法是无效的，因为两辆车处于同一列

设 A 表示序列

$$(r_1, c_1, r_2, c_2)$$

的集合，其中 r_1 和 r_2 是不同的行，c_1 和 c_2 是不同的列。设 B 表示有效的车位置配置集合。从集合 A 到集合 B 存在一个自然函数 f，即 f 将序列 (r_1, c_1, r_2, c_2) 映射到这种摆放配置：一辆车在 r_1 行、c_1 列，另一辆车在 r_2 行、c_2 列。

但现在有一个问题。考虑序列：

$$(1, a, 8, h) 和 (8, h, 1, a)$$

第一个序列对应以下放置配置：一辆车在左上角、另一辆车在右下角。第二个序列对应另一种配置：一辆车在右上角、另一辆车在左下角。问题是这两个序列描述的是相同的配置！其实这正是图 15.2(a)所示的摆放方法。

更一般地来说，函数 f 精确地将两个序列映射到一个棋盘摆放配置，即 f 是一个 2 对 1 的函数。因此，根据除法法则，$|A| = 2 \cdot |B|$，调整可得：

$$|B| = \frac{|A|}{2} = \frac{(8 \cdot 7)^2}{2}$$

在第二个等号中，我们使用广义乘积法则计算 A 的大小，这与前面的象棋问题一样。

15.4.2 圆桌骑士

亚瑟王要将 n 个不同的骑士安排在圆桌就座，一共有多少种坐法呢？一次排座定义了谁坐在哪。对任意一个骑士来说，如果他两次排座都坐在相同两个骑士的中间，那么这两次排座是同一个安排(arrangement)。等价的表述方式是，如果两次排座对应的序列——从序号为 1 的骑士开始,沿桌子顺时针方向得到的骑士序列——相同,那么这两次排座是同一个安排。例如,以下两个排座是相同的安排。

将排座定义为:从正上方的骑士开始,沿桌子顺时针方向得到的骑士序列。因此,排座对应骑士的排列(permutation),共有$n!$种排列。例如,

$$(k_2, k_4, k_1, k_3) \longrightarrow$$

将序号为 1 的骑士旋转至正上方,如果两次排座旋转后一样,那么它们是相同的安排。例如,如果$n = 4$,那么以下 4 个不同的序列对应同一种安排。

$$(k_2, k_4, k_1, k_3)$$
$$(k_4, k_1, k_3, k_2)$$
$$(k_1, k_3, k_2, k_4) \longrightarrow$$
$$(k_3, k_2, k_4, k_1)$$

实际上,从排座到安排的映射是一个n对 1 的函数,因为座位图上的所有骑士按顺序进行n次循环位移,得到同一种安排方式。因此,根据除法法则,圆桌就座安排方法的个数是:

$$\frac{\#座位}{n} = \frac{n!}{n} = (n-1)!$$

15.5 子集计数

一个n-元素集合包含多少个k-元素子集呢?很多场合都涉及这个问题:

- 从 100 本书中挑选出 5 本书,有多少种方案?
- 从 52 张牌中挑出 13 张不同的牌,有多少种挑法?
- 假定一共有 14 种可用的馅料,那么有多少种方法从中选择 5 种馅料制作比萨?

由于这类数字经常出现，所以它有一个特殊的标记：

$$\binom{n}{k} ::= n\text{-元素集合包含的}k\text{-元素子集的个数}$$

这个表达式$\binom{n}{k}$读作"n选k"。现在，用这个标记描述以上问题的答案：

- 有$\binom{100}{5}$种方式从 100 本书中选出 5 本书。
- 有$\binom{52}{13}$种不同的挑牌方法。
- 如果有 14 种可用的馅料，那么有$\binom{14}{5}$种方式选择 5 种馅料制作比萨。

15.5.1 子集法则

我们可以使用除法法则为n选k的计数问题推导出一个简单的公式。方法是：对n-元素集合$\{a_1,\ldots,a_n\}$任意排列，取其前k个元素，可得到一个k-元素子集。即，将排列$a_1,a_2\ldots a_n$映射到集合$\{a_1,a_2\ldots a_k\}$。

注意，对任意排列来说，只要前k个元素$a_1,\ldots,a_k$相同，不论元素顺序如何，也不论其他$n-k$个元素的顺序如何，都会映射到这个集合。而且，如果一个排列的前k个元素是$a_1,\ldots,a_k$，那么它只能映射到$\{a_1,a_2\ldots a_k\}$。前k个元素有$k!$种排列，剩余元素有$(n-k)!$种排列，因此根据乘法法则，从n-元素集合到特定子集S共有$k!(n-k)!$种排列。换句话说，这个到k-元素子集的映射是$k!(n-k)!$对 1 的。

我们知道，一个n-元素集合有$n!$种排列，因此根据除法法则，得出

$$n! = k!(n-k)!\binom{n}{k}$$

从而证明了：

法则 15.5.1（子集法则，Subset Rule）一个n-元素集合包含

$$\binom{n}{k} = \frac{n!}{k!(n-k)!}$$

个k-元素子集。

注意，这个式子对 0-元素子集同样适用，即$n!/0!n! = 1$。其中，$0!$是 0 个项的乘积，按约定惯例[①]，$0! = 1$。

---

① 虽然这里没有用到，不过注意 0 个项的和等于 0。

15.5.2 比特序列

恰好包含k个1的n-比特序列有多少个？我们已经知道，n-元素集合与n-比特序列之间存在双射关系。例如，下面是集合$\{x_1, x_2, ..., x_8\}$的其中一个3-元素子集及其相应的8-比特序列：

$$\begin{array}{cccccccc} \{\ x_1, & & & x_4, & x_5 & & & \} \\ (\ 1, & 0, & 0, & 1, & 1, & 0, & 0, & 0\ ) \end{array}$$

注意，这个序列恰好有3个1，每个1对应3-元素子集中的一个元素。通常，一个k-元素子集与恰好含有k个1的n-比特序列相对应。因此，根据双射法则，

推论 15.5.2 恰好包含k个1的n-比特序列的数目是$\binom{n}{k}$。

此外，由引理15.1.1 风味甜甜圈与比特序列之间的双射关系可知，

推论 15.5.3 假定有k种口味，选择n个甜甜圈的方案个数是

$$\binom{n+(k-1)}{n}$$

15.6 重复序列

15.6.1 子集序列

从一个n-元素集合中挑选出一个k-元素子集，相当于把这个集合分割成两个子集：一个k-元素子集、一个$(n-k)$元素子集。所以，子集法则可以理解为对子集分割进行计数。

我们将这个泛化成对两个以上的子集分割进行计数。设A是一个n-元素集合，$k_1, k_2, ..., k_m$都是非负整数且和为n。A的$(k_1, k_2, ..., k_m)$-分割由以下序列表示：

$$(A_1, A_2, ..., A_m)$$

其中A_i是A的互不相交的子集，且$|A_i|=k_i$，$i=1,...,m$。

与子集法则一样，我们采用同样的方法对分割进行计数。即，将n-元素集合A的任一排列$a_1, a_2...a_n$映射到$(k_1, k_2, ..., k_m)$-分割。具体方法是：分割中的第一个子集是排列的前k_1个元素，第二个子集是之后的第k_2个元素，以此类推，第m个子集是排列的最后第k_m个元素。这是一个从$n!$个排列到$(k_1, k_2, ..., k_m)$-分割的映射，是一个$k_1! k_2! ... k_m!$对1的函数，因此根据除法法则，可得子集分割法则（Subset Split Rule）。

定义 15.6.1 对于n，$k_1...k_m \in \mathbb{N}$，有$k_1+k_2+...+k_m = n$，定义多项式系数为

$$\binom{n}{k1, k2, \ldots, k_m} ::= \frac{n!}{k1! \, k2! \ldots k_m!}$$

法则 15.6.2（子集分割法则）给定一个n-元素集合，它的$(k_1, k_2, \ldots, k_m)$-分割数目是

$$\binom{n}{k1, \ldots, k_m}$$

15.6.2 Bookkeeper 法则

将包含k个 1 的n-比特序列计数问题，推广至给定字母表，对长度为$n(n > 2)$的字母序列进行计数。例如，给定一个长度为 10 的单词 BOOKKEEPER，通过字母排列可以生成多少个序列？

BOOKKEEPER 中有一个 B，两个 O，两个 K，三个 E，一个 P 和一个 R。所以，BOOKKEEPER 的排列与集合$\{1,2,\ldots,10\}$的$(1,2,2,3,1,1)$-分割之间存在双射关系。即，将排列映射成这样的序列：序列的每个元素表示不同字母在排列中出现的位置。

例如，在排列 BOOKKEEPER 中，B 在第 1 个位置，O 出现在第 2、3 个位置，K 在第 4、5 个位置，E 在第 6、7、9 个位置，P 在第 8 个位置，以及 R 在第 10 个位置。所以 BOOKKEEPER 的映射是

$$(\{1\}, \{23\}, \{45\}, \{679\}, \{8\}, \{10\})$$

由子集分割法则，我们可以推断出单词 BOOKKEEPER 的字母重排总数为：

$$\frac{\overbrace{10!}^{\text{总字母数}}}{\underbrace{1!}_{\text{B的}} \underbrace{2!}_{\text{O的}} \underbrace{2!}_{\text{K的}} \underbrace{3!}_{\text{E的}} \underbrace{1!}_{\text{P的}} \underbrace{1!}_{\text{R的}}}$$

从这个例子可以直接得出一个非常有用的计数原理，如下所示。

法则 15.6.3（Bookkeeper 法则）设$l_1, \ldots, l_m$是不同的元素，l_1出现k_1次，l_2出现k_2次，……，l_m出现k_m次，对应的序列个数是：

$$\binom{k_1, k_2, \ldots, k_m}{k_1, \ldots, k_m}$$

例如，假设你准备走 20 英里，其中 5 英里向北，5 英里向东，5 英里向南，5 英里向西。那么有多少种可能的不同的行走方案呢？

行走（即 5N, 5E, 5S 和 5W）可以双射到序列。根据 Bookkeeper 法则，序列的总数是：

$$\frac{20!}{(5!)^4}$$

关于措辞

有一天当你说起"子集分割法则"或"Bookkeeper 法则"的时候，同事们或许会一脸茫然地看着你。并不是他们笨，而是因为"Bookkeeper 法则"这个名字是我们编造的。不过这个法则非常好，名字也很适合，所以我们建议你可以去戏弄人家："这你都不知道吗？Bookkeeper 规则啊？难道你这家伙什么都不知道吗？"

Bookkeeper 规则有时也称作"不可区分对象的排列公式"。给定一个 n-元素集合，其中大小为 k 的子集被称为 k-组合（k-combinations）。或者也可以说重复组合（combinations with repetition），重复排列（permutations with repetition），r-排列，不可区分对象的排列（permutations with indistinguishable objects），等等。不过，即使不知道这个术语，目前我们学过的计数规则也足以解决各种类型的问题，所以这一节我们不做要求。

15.6.3 二项式定理

计数让我们看到了代数的基本定理。二项式（binomial）是指两项的和，例如 $a+b$。现在我们考虑它的 4 次方 $(a+b)^4$。

反复应用乘法分配律，把 4 次方表达式转化为和的形式：

$$(a+b)^4 = aaaa + aaab + aaba + aabb$$
$$+ abaa + abab + abba + abbb$$
$$+ baaa + baab + baba + babb$$
$$+ bbaa + bbab + bbba + bbbb$$

注意每一项都是 a 和 b 构成的序列，所以共有 2^4 项，根据 Bookkeeper 法则，其中含有 k 个 b、$n-k$ 个 a 的项有

$$\frac{n!}{k!(n-k)!} = \binom{n}{k}$$

个。因此，$a^{n-k}b^k$ 的系数是 $\binom{n}{k}$。因此，若 $n=4$，则：

$$(a+b)^4 = \binom{4}{0} \cdot a^4 b^0 + \binom{4}{1} \cdot a^3 b^1 + \binom{4}{2} \cdot a^2 b^2 + \binom{4}{3} \cdot a^1 b^3 + \binom{4}{4} \cdot a^0 b^4$$

一般来说，从这个推理过程可得如下二项式定理。

定理 15.6.4（二项式定理，Binomial Theorem）。对于所有 $n \in \mathbb{N}$ 和 $a,b \in \mathbb{R}$：

$$(a+b)^n = \sum_{k=0}^{n} \binom{n}{k} a^{n-k} b^k$$

二项式定理解释了为什么n选k的个数称为二项式系数（binomial coefficient）。

关于二项式的推理很容易扩展到多项式（multinomial），即两个或更多项的和。例如，求多项式$(b+o+k+e+p+r)^{10}$展开项

$$bo^2k^2e^3pr$$

的系数。这个多项式展开的每一项是b, o, k, e, p或r中的一个或多个构成的 10 个变量的乘积。$bo^2k^2e^3pr$中有 1 个b，2 个o，2 个k，3 个e，1 个p和 1 个r。因此，这项的系数是这些变量的 BOOKKEEPER 重排数目：

$$\binom{10}{1,2,2,3,1,1} = \frac{10!}{1!\,2!\,2!\,3!\,1!\,1!}$$

可将这个推理延伸到一般定理。

定理 15.6.5（多项式定理，Multinomial Theorem），对于所有$n \in \mathbb{N}$，

$$(z_1 + z_2 + \cdots + z_m)^n = \sum_{\substack{k_1,\ldots,k_m \in \mathbb{N} \\ k_1 + \cdots + k_m = n}} \binom{n}{k_1, k_2, \ldots, k_m} z_1^{k_1} z_2^{k_2} \cdots z_m^{k_m}$$

但是，最好记住多项式定理背后的原理，而不是这些烦琐的公式。

15.7 计数练习：扑克手牌

玩一个抽五张牌的纸牌游戏，每个玩家从一副 52 张牌的纸牌中抽取 5 张。[①]五张牌的数目等于从一个 52-元素集合中挑选一个 5-元素子集，即：

$$\binom{52}{5} = 2\,598\,960$$

下面我们做几个计数练习，指定手牌的不同属性进行 5 张牌计数。

[①] 一副标准的纸牌有 52 张，每张牌分花色（suit）和点数（rank）。有 4 种花色：

♠（黑桃） ♡（红桃） ♣（梅花） ♢（方块）

以及 13 个点数，从小到大依次是：

$A, 2, 3, 4, 5, 6, 7, 8, 9, 10, J, Q, K$

因此，举一个例子，8♡是红桃 8，A♠是黑桃 A。

15.7.1 四条相同点数的手牌

四条是指其中四张是相同点数但不同花色的手牌。带四条的五张手牌有多少个？例如下面这两个：

$$\{8\spadesuit, 8\diamondsuit, Q\heartsuit, 8\heartsuit, 8\clubsuit\}$$
$$\{A\clubsuit, 2\clubsuit, 2\heartsuit, 2\diamondsuit, 2\spadesuit\}$$

同样，第一步是将这个问题映射到序列计数问题。四张相同点数的五张牌计数可以描述为以下序列：

1. 四张牌的点数
2. 第五张牌的点数
3. 第五张牌的花色

因此，这个问题可以映射为两个点数和一个花色构成的序列。例如，刚才的例子可以表示成以下序列：

$$(8, Q, \heartsuit) \leftrightarrow \{8\spadesuit, 8\diamondsuit, 8\heartsuit, 8\clubsuit, Q\heartsuit\}$$
$$(2, A, \clubsuit) \leftrightarrow \{2\clubsuit, 2\heartsuit, 2\diamondsuit, 2\spadesuit, A\clubsuit\}$$

现在我们只需要对序列进行计数即可。第一个点数有 13 种选择,第二个点数有 12 种选择，花色有 4 种选择。因此，根据广义乘法法则，四张相同点数的五张牌有 13·12·4=624 种。这意味着，每 4165 种手牌中只有一种符合四张相同点数。不用惊讶，这确实是一种非常好的扑克手牌！

15.7.2 葫芦手牌

葫芦（Full House）是指三张牌是一个点数、其他两张牌是另一个点数。例如：

$$\{2\spadesuit, 2\clubsuit, 2\diamondsuit, J\clubsuit, J\diamondsuit\}$$
$$\{5\diamondsuit, 5\clubsuit, 5\heartsuit, 7\heartsuit, 7\clubsuit\}$$

再次将这个问题转换成序列问题。葫芦与序列之间存在以下双射关系：

1. 三张牌的点数有 13 种选择。
2. 三张牌的花色有 $\binom{4}{3}$ 种选择。
3. 两张牌的点数有 12 种选择。
4. 两张牌的花色有 $\binom{4}{2}$ 种选择。

上面的手牌示例对应如下序列：

$$(2, \{\spadesuit, \clubsuit, \diamondsuit\}, J, \{\clubsuit, \diamondsuit\}) \leftrightarrow \{2\spadesuit, 2\clubsuit, 2\diamondsuit, J\clubsuit, J\diamondsuit\}$$
$$(5, \{\diamondsuit, \clubsuit, \heartsuit\}, 7, \{\heartsuit, \clubsuit\}) \leftrightarrow \{5\diamondsuit, 5\clubsuit, 5\heartsuit, 7\heartsuit, 7\clubsuit\}$$

根据广义乘积法则,葫芦的数量是:

$$13 \cdot \binom{4}{3} \cdot 12 \cdot \binom{4}{2}$$

目前一切顺利,不过很快我们就要遇到一点挫折了。

15.7.3 两个对子的手牌

含有两个对子的手牌有多少种?即,两张牌是一个点数(即对子),两张牌是另一个点数,还有一张牌是第三种点数。例如:

$$\{3\diamondsuit, 3\spadesuit, Q\diamondsuit, Q\heartsuit, A\clubsuit\}$$
$$\{9\heartsuit, 9\diamondsuit, 5\heartsuit, 5\clubsuit, K\spadesuit\}$$

两个对子的手牌可以描述成以下序列:

1. 第一个对子的点数有 13 种选择。
2. 第一个对子的花色有 $\binom{4}{2}$ 种选择。
3. 第二个对子的点数有 12 种选择。
4. 第二个对子的花色有 $\binom{4}{2}$ 种选择。
5. 最后一张手牌的点数有 11 种选择。
6. 最后一张手牌的花色有 $\binom{4}{1}=4$ 种选择。

也就是说,可能出现两个对子手牌的个数是:

$$13 \cdot \binom{4}{2} \cdot 12 \cdot \binom{4}{2} \cdot 11 \cdot 4$$

这是错误的答案!问题出在两个对子手牌与上述序列之间不是双射关系。实际上这是一个二对一的映射。举个例子,对于上面的手牌示例,分别存在两个映射序列:

$(3, \{\diamondsuit, \spadesuit\}, Q, \{\diamondsuit, \heartsuit\}, A, \clubsuit) \searrow$
$\qquad\qquad\qquad\qquad\qquad\qquad \{3\diamondsuit, 3\spadesuit, Q\diamondsuit, Q\heartsuit, A\clubsuit\}$
$(Q, \{\diamondsuit, \heartsuit\}, 3, \{\diamondsuit, \spadesuit\}, A, \clubsuit) \nearrow$

$(9, \{\heartsuit, \diamondsuit\}, 5, \{\heartsuit, \clubsuit\}, K, \spadesuit) \searrow$
$\qquad\qquad\qquad\qquad\qquad\qquad \{9\heartsuit, 9\diamondsuit, 5\heartsuit, 5\clubsuit, K\spadesuit\}$
$(5, \{\heartsuit, \clubsuit\}, 9, \{\heartsuit, \diamondsuit\}, K, \spadesuit) \nearrow$

问题是,这两个对子的序列顺序没有区别。一对 5、一对 9 与一对 9、一对 5 是一样的。

而我们在葫芦手牌计数的时候没有这个问题，举一个例子，一对 6、三张 K 与一张 K、三张 6 是不同的。

前面我们做棋盘上棋子摆放计数的时候也遇到过这个问题。上次我们用到了除法法则，这次也同样如此。这里，序列数量是手牌的两倍，所以根据除法法则，实际上两个对子的手牌数量是：

$$\frac{13 \cdot \binom{4}{3} \cdot 12 \cdot \binom{4}{2} \cdot 11 \cdot 4}{2}$$

另一种方法

刚才的例子令人焦虑！大家很容易在考试的时候忽略这种 2 对 1 映射，我们有两种应对方法：

1. 凡是采用映射 $f: A \rightarrow B$ 将一个计数问题转换成另一个计数问题的时候，就要检查 A 中多少个（相同数量）元素映射到 B 的每个元素。假设 A 中的 k 个元素映射到 B 的每一个元素，那么根据除法法则除以常数 k。

2. 除此之外，尝试采用不同的方法来解决同样的问题。通常来说，方法不止一种，而且所有方法都可以得出相同的答案！（有时不同的方法给出的答案看起来不一样，但进行代数运算之后其实是相同的。）

我们已经用了第一种方法，现在尝试一下第二种。两个对子手牌和序列之间存在一个双射关系：

1. 两个对子的点数有 $\binom{13}{2}$ 种选择。
2. 点数较小的对子的花色有 $\binom{4}{2}$ 种选择。
3. 点数较大的对子的花色有 $\binom{4}{2}$ 种选择。
4. 第 5 张牌的点数有 11 种选择。
5. 第 5 张牌的花色有 $\binom{4}{1}=4$ 种选择。

例如以下序列及其对应的手牌：

$$(\{3, Q\}, \{\diamondsuit, \spadesuit\}, \{\diamondsuit, \heartsuit\}, A, \clubsuit) \leftrightarrow \{3\diamondsuit, 3\spadesuit, Q\diamondsuit, Q\heartsuit, A\clubsuit\}$$
$$(\{9, 5\}, \{\heartsuit, \clubsuit\}, \{\heartsuit, \diamondsuit\}, K, \spadesuit) \leftrightarrow \{9\heartsuit, 9\diamondsuit, 5\heartsuit, 5\clubsuit, K\spadesuit\}$$

因此，两个对子的手牌的数量是：

$$13 \cdot \binom{4}{3} \cdot 12 \cdot \binom{4}{2} \cdot 11 \cdot 4$$

这就是我们前面得到的答案，虽然形式略有不同。

15.7.4　花色齐全的手牌

每种花色都有的手牌有多少个？比如：

$$\{7\diamond, K\clubsuit, 3\diamond, A\heartsuit, 2\spadesuit\}$$

这种手牌可以描述成以下序列：

1. 方块、梅花、红桃、黑桃的点数有 $13 \cdot 13 \cdot 13 \cdot 13 = 13^4$ 种选择。
2. 第 5 张牌的花色有 4 种选择。
3. 第 5 张牌的点数有 12 种选择。

举个例子，上面的手牌对应序列：

$$(7, K, A, 2, \diamond, 3) \leftrightarrow \{7\diamond, K\clubsuit, A\heartsuit, 2\spadesuit, 3\diamond\}.$$

还有没有别的序列对应这副手牌？还有一个！我们可以把 3 或 7 看作第 5 张牌，所以这实际上是一个 2 对 1 的映射。即两个序列对应这副手牌：

$$(7, K, A, 2, \diamond, 3) \searrow$$
$$ \{7\diamond, K\clubsuit, A\heartsuit, 2\spadesuit, 3\diamond\}$$
$$(3, K, A, 2, \diamond, 7) \nearrow$$

因此，花色齐全的手牌总数是：

$$\frac{13^4 \cdot 4 \cdot 12}{2}$$

15.8　鸽子洞原理

这是一个古老的难题：

> 在一个黑漆漆的房间里，抽屉里有红色袜子、绿色袜子和蓝色袜子。那么，你需要拿几次才能保证袜子配成双？

比方说，三只袜子是不够的，你可能拿到的是一红一绿一蓝。这个问题取决于鸽子洞原理。

> **鸽子洞原理**
>
> 如果鸽子比洞多，那么至少有两只鸽子一定在同一个洞里。

鸽子跟光线不好的条件下选袜子好像没什么关系，但如果我们把袜子看成鸽子、袜子的颜色看成鸽子洞，那么假设选了 4 只袜子，就一定有两只在同一个洞，即颜色相同。因此，4 只袜子足以保证配成一双袜子。例如，图 15.3 展示了一种从 4 只袜子到 3 种颜色的映射。

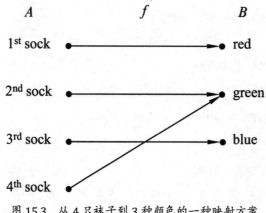

图 15.3　从 4 只袜子到 3 种颜色的一种映射方案

下面给出这个原理的严格定义。

法则 15.8.1（鸽子洞原理）如果 $|A| > |B|$，则对于全函数 $f: A \to B$，A 一定存在两个不同元素通过 f 映射到 B 的同一个元素。

以上叙述可能不够直观，这么说应该听起来更熟悉些：映射规则中单射情形（式 4.6）的反例。令鸽子集合为 A，鸽子洞集合为 B，f 表示每一只鸽子所在的洞。

数学家已经想出了鸽子洞原理的很多巧妙应用。如果有一套成熟的程序，我们会教给大家的。可惜并没有。尽管如此，有一个有用的技巧：应用鸽子洞原理解决问题的时候，关键是要搞清楚三件事：

1. 集合 A（鸽子）
2. 集合 B（鸽子洞）
3. 函数 f（将鸽子分配到鸽子洞的方法）

15.8.1　头上的头发

鸽子洞原理有很多推广。

法则 15.8.2（广义鸽子洞原理）如果 $|A| > k \cdot |B|$，则对于全函数 $f: A \to B$，A 存在至少 $k+1$ 个不同元素通过 f 映射到 B 的同一个元素。

例如，随机挑选两个人，他们头上的头发数量肯定不会完全相同。但在马萨诸塞州波士顿，存在三个人的头发数量完全相同！当然，波士顿有很多人秃顶，他们的头发数量是 0。不过这里我们讨论不秃顶的人；如果头上有 1 万根以上的头发，那么我们说这个人不秃头。

波士顿大约有 50 万人不秃头，而且最多的有 20 万根头发。设 A 是波士顿不秃头的人，$B = \{10\,000, 10\,001, \ldots, 200\,000\}$，$f$ 是这个人到他的发量的映射。由于 $|A| > 2|B|$，根据广义鸽子洞原理，至少有三人拥有相同数量的头发。虽然我们不知道这三个人是谁，但我们知道他们是存在的！

15.8.2 具有相同和的子集

为了增加阅读乐趣，图 15.4 给出了 90 个 25 位数。在这些 25 位数中，是否存在具有相同和的两个不同子集？比方说，第一列最后 10 个数的和等于第二列前 11 个数的和？

```
0020480135385502964448038    3171004832173501394113017
5763257331083479647409398    8247331000042995311646021
0489445991866915676240992    3208234421597368647019265
5800949123548989122628663    8496243997123475922766310
1082662032430379651370981    3437254656355157864869113
6042900801199280218026001    8518399140676002660747477
1178480894769706178994993    3574883393058653923711365
6116171789137737896701405    8543691283470191452333763
1253127351683239693851327    3644909946040480189969149
6144868973001582369723512    8675309258374137092461352
1301505129234077811069011    3790044132737084094417246
6247314593851169234746152    8694321112363996867296665
1311567111143866433882194    3870332127437971355322815
6814428944266874963488274    8772321203608477245851154
1470029452721203587686214    4080505804577801451363100
6870852945543886849147881    8791422161722582546341091
1578271047286257494338886    4167283461025702348124920
6914955508120950093732397    9062628024592126283973285
1638243921852176243192354    4235996831123777788211249
6949632451365987152423541    9137845566925526349897794
1763580219131985963102365    4670939445749439042111220
7128211143631619828415650    9153762966803189291934419
1826227795601842231029694    4815379351865384279613427
7173920083651862307925394    9270880194077636406984249
1843971862675102037201420    4837052948212922604442190
7215654874211755676220587    9324301480722103490379204
2396951193722134526177237    5106389423855018550671530
7256932847164391040233050    9436090832146695147140581
2781394568268599801096354    5142368192004769218069910
7332822657075253431620317    9475308159734538249013238
2796605196713610405408019    5181234096130144084041856
7426441829541573444964139    9492376623917486974923202
2931016394761975263190347    5198267398125617994391348
7632198126531809327186321    9511972558779880288252979
2933458058294405155197296    5317592940316231219758372
7712154432211912882310511    9602413424619187112552264
3075514410490975920315348    5384358126771794128356947
7858918664240262356610010    9631217114906129219461111
8149436716871371161932035    3157693105325111284321993
3111474985252793452860017    5439211712248901995423441
7898156786763212963178679    9908189853102753335981319
3145621587936120118438701    5610379826092838192760458
8147591017037537337848616    9913237476341764299813987
3148901255628881103198549    5632317555465228677676044
5692168374637019617423712    8176063831682536571306791
```

图 15.4 90 个 25 位数。你能找到有相同和的两个不同的子集吗

找到两个有相同和的子集，看起来像是一个愚蠢的难题，但其实这类问题在不同的应用中十分有用，例如将软件包封装到容器，以及破解加密消息。

事实上，找到相同和的不同子集是很困难的，这也是密码学需要解决的问题。不过，证明存在这样的两个子集还是很容易的。这就是鸽子洞原理的由来。

设 A 表示 90 个数的所有子集构成的集合。由于一共只有 90 个数，而且任一 25 位数小于 10^{25}，因此任意一个子集的和最多是 $90 \cdot 10^{25}$。设 B 是整数集合 $\{0,1,\ldots,90 \cdot 10^{25}\}$，$f$ 将每一个子集（A）映射到它的和（B）。

我们已经在 15.2 节证明了 n-元素集合共有 2^n 个不同的子集，因此：

$$|A| = 2^{90} \geq 1.237 \times 10^{27}$$

另一方面：

$$|B| = 90 \cdot 10^{25} + 1 \leq 0.901 \times 10^{27}$$

这两个数量都很庞大，但 $|A|$ 略大于 $|B|$。这意味着 f 将 A 的至少两个元素映射到了 B 的同一个元素。换句话说，根据鸽子洞原理，两个不同的子集一定具有相同的和！

注意，这个证明并没有指出哪两个集合具有相同的和，这称为非构造性证明（nonconstructive proof）。

悬赏 100 美元：寻找具有相同和的两个子集

看看是否有可能从这 90 个 25 位数中找到具有相同和的两个不同子集，为此我们向第一名完成这项工作的学生提供 100 美元奖金。我们原本并没有打算支付这笔奖金，我们低估了学生的独创性和主动性。计算机科学专业的一个学生写了一个巧妙的程序，只在一个"看似合理的"小范围集合进行搜索，然后对它们的和进行排序，最后找到了具有相同和的两个集合。他赢得了奖金。几天后，一个数学专业的学生想出了如何将这个和问题转化为"格基归约"（lattice basis reduction）问题；后来他还找到了实现这种规约的软件包，然后很快找到了很多具有相同和的子集。虽然他没有赢得奖金，但却赢得了全班同学包括老师的起立鼓掌。

> **悬赏 500 美元：具有不同和的子集**
>
> 如何构造一个由 n 个正整数构成的集合，使得它所有子集的和都不相同？其中一个方法是采用 2 的幂次：
>
> $$\{1, 2, 4, 8, 16\}$$
>
> 有人会想，其他符合条件的集合肯定会涉及更大的数字。（例如，我们可以安全地用 17 取代 16，但不能用 15。）值得注意的是，存在更小数字的集合，比如：
>
> $$\{6, 9, 11, 12, 13\}$$
>
> 20 世纪著名数学家 Paul Erdos，曾在 1931 年推测，不存在显著小的数字构成的这样的集合。更确切地说，即如果一个集合的所有子集的和各不相同，那么这个集合中的最大数必定大于 $c2^n$，其中常数 $c > 0$。他悬赏 500 美元给任何能够证明或反驳这个猜想的人，但这个问题至今没有解决。

15.8.3 魔术

魔术师让助手给观众一副 52 张牌的扑克，而魔术师自己不看。

5 名观众每人从中选择一张牌。然后，助手收集这 5 张牌，将其中的 4 张牌展示给魔术师。然后，魔术师很快就正确地猜出了第 5 张牌！

我们不相信魔术师真能读心，我们知道助手通过某种方式把底牌透露给了魔术师。事实上，魔术师和助手都是不能相信的，我们猜测助手使用加密语言或肢体语言偷偷向魔术师发出了信号，但这个魔术他们还犯不上作弊。事实上，直到助手将观众抽取的 4 张牌展示给魔术师，助手跟魔术师之间并没有眼神上的交流。

当然，即便不作弊，助手依然可以和魔术师沟通。助手可以选择 4! = 24 的任意 4 张牌展示。光是这样并不够：还剩 48 张牌，助手并不能确切地暗示第 5 张牌是什么（尽管他可以把范围缩小至两张牌）。

15.8.4 秘密

助手能够准确地透露第 5 张牌，应用的方法正是计数和匹配。

第二种合理的沟通方式是：助手可以选择隐藏哪一张牌。我们并不清楚魔术师是如何通过看 4 张牌来确定第 5 张牌的，但方法是有的，下面给出解释。

魔术师和助手面临的实际上是一个二分匹配（bipartite matching）的问题。左边的每一个顶点对应助手的信息，即 5 张牌的集合。因此，左边顶点的集合 X 包含 $\binom{52}{5}$ 个元素。

右边的每个顶点对应魔术师的信息，即 4 张牌的序列。所以右边顶点的集合 Y 有 $52 \cdot 51 \cdot 50 \cdot 49$ 个元素。当观众选出了 5 张牌的集合，助手必须从中得出一个 4 张牌序列。这个约束表现为：左边是 5 张牌集合，右边是 4 张牌序列，如果序列中的每一张牌同时也在集合中，则存在一条边，这就是二分图（bipartite graph），如图 15.5 所示。

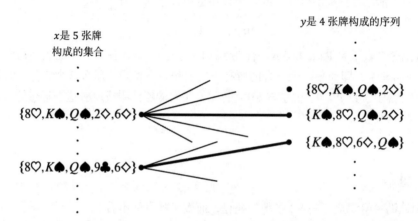

图 15.5　在二分图中，左侧节点对应 5 张牌的集合，右侧节点对应 4 张牌的序列。当序列中的所有牌同时包含在集合中时，则集合和序列之间存在一条边

举一个例子

$$\{8\heartsuit, K\spadesuit, Q\spadesuit, 2\diamondsuit, 6\diamondsuit\} \tag{15.2}$$

是左侧 X 的一个元素。如果观众选了这 5 张牌，对应右侧集合 Y 有许多不同的 4 张牌序列可供助手选择，比如 $(8\heartsuit, K\spadesuit, Q\spadesuit, 2\diamondsuit)$，$(K\spadesuit, 8\heartsuit, Q\spadesuit, 2\diamondsuit)$，$(K\spadesuit, 8\heartsuit, 6\diamondsuit, Q\spadesuit)$。

魔术师和他的助手需要表演的是找到 X 顶点的匹配。如果他们事先达成某种匹配共识，当观众选择 5 张牌的集合，助手展示出 4 张牌序列，然后魔术师根据这个匹配确定观众所选择的 5 张牌集合，从而就可以说出最后一张没有透露的牌。

比方说，假设助手和魔术师商量的匹配关系如图 15.5 加粗的边所示。如果观众选择的是

$$\{8\heartsuit, K\spadesuit, Q\spadesuit, 9\clubsuit, 6\diamondsuit\} \tag{15.3}$$

然后助手展示的序列是：

$$(K\spadesuit, 8\heartsuit, 6\diamondsuit, Q\spadesuit) \tag{15.4}$$

根据匹配关系，魔术师知道手牌（15.3）与序列（15.4）相匹配，所以他可以说出最后一张没有透露的牌，即9♣。注意，集合是配对的，即不同的集合与不同的序列相匹配，这一点非常重要。例如，如果观众的选择是（15.2）所示的集合，那么助手可以展示序列（15.4），但他最好不要这样做；否则，魔术师无法确定剩下的牌是9♣还是2♦。

何以确定能找到所需匹配？选择隐藏一张牌有 5 个方案，剩余 4 张牌有4!种排列，因此左侧每个顶点的度（degree）为5·4! = 120。另一方面，第 5 张牌有 48 种选择，因此右侧每个顶点的度为 48。根据定义 12.5.5，这个图是带有度约束的（degree-constrained），因此根据定理 12.5.6 存在匹配。

事实上，这个推理表明，如果剩下 120 张牌，魔术师仍然可以实现这个技巧，也就是说，这个技巧对 124 张牌同样适用——不需要任何魔法！

15.8.5 真正的秘密

但是等一下！魔术师和他的助手需要商量一种匹配方式，这听起来是非常好的，但他们怎样才能记住$\binom{52}{5}$ = 2 598 960条边的匹配关系呢？这个技巧要想在实践中发挥作用，必须要有一种快速匹配手牌和序列的方法。

这里我们介绍一种方法。例如，假设观众选择：

$$10\heartsuit \quad 9\diamondsuit \quad 3\heartsuit \quad Q\spadesuit \quad J\diamondsuit$$

- 助手选择同样花色的 2 张牌。假设助手选择3♥和10♥。根据鸽子洞原理——从 4 种花色的 5 张牌中选择 2 张，它们必定是同一种花色。
- 助手确定这两张牌的点数，如图 15.6 所示。对于环上任意两个不同的点数，它们之间的距离总是在 1 和 6 之间（按顺时针方向计跳数）。例如，从10♥顺时针跳 6 步，得到3♥。

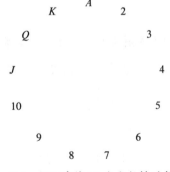

图 15.6　按顺序将 13 个点数排列成环

- 逆时针方向最远位置的牌最先展示，那么另一张则成为秘密牌。在这个例子中，展示10♥，则 3♡ 成为秘密牌。因此：

- 秘密牌的花色与第 1 张展示的牌的花色相同。
- 秘密牌的点数与第 1 张展示的牌的点数距离是 1 到 6 之间。

- 接下来需要确定 1 到 6 之间的一个数字。魔术师和助手事先商量好一种排序，比如从小到大顺序为：

$$A♣ A♢ A♡ A♠ 2♣ 2♢ 2♡ 2♠ ... K♡ K♠$$

后三张牌的展示顺序按如下方式定义：

$$(小, 中, 大) = 1$$
$$(小, 大, 中) = 2$$
$$(中, 小, 大) = 3$$
$$(中, 大, 小) = 4$$
$$(大, 小, 中) = 5$$
$$(大, 中, 小) = 6$$

在这个例子中，助手想告诉魔术师数字 6，因此将后三张牌按大、中、小的顺序排列。因此魔术师看到的完整序列是：

$$10♡ \quad Q♠ \quad J♢ \quad 9♢$$

- 魔术师从第 1 张牌 10♡ 开始，顺时针跳 6 步得到 3♡，这就是秘密牌！

以上就是如何用一副 52 张标准牌实现这个技巧的过程。另一方面，根据霍尔定理（Hall's Theorem），理论上说魔术师和助手可以用最多 124 张牌实现这个技巧。124 张牌的具体方法确实存在，但这里不做解释。[①]

15.8.6 如果是 4 张牌呢

假设观众只选择 4 张牌，助手向魔术师展示 3 张牌。魔术师能知道第 4 张牌是什么吗？

设 X 表示观众选择的四张牌集合，Y 表示助手展示的三张牌序列。一方面，根据子集法则，有

$$|X| = \binom{52}{4} = 270\,725$$

另一方面，根据广义乘积法则，有：

$$|Y| = 52 \cdot 51 \cdot 50 = 132\,600$$

[①] 更多信息请参考 Michael Kleber 的《最佳扑克牌技巧》(*The Best Card Trick*)。

因此，根据鸽子洞原理，展示相同的 3 张牌序列至少需要

$$\left\lceil \frac{270\,725}{132\,600} \right\rceil = 3$$

种不同的四张牌手牌。这对魔术师来说是一个坏消息：如果他看到了 3 张牌序列，那么第 4 张牌至少存在 3 种无法区分的情形。所以不存在合法的方式使助手能够准确地透露第 4 张牌是什么！

15.9 容斥原理

集合的并集有多大？例如，假设有 60 个数学系学生，200 个 EECS 系学生和 40 个物理系学生。那么这三个系一共有多少学生？设 M 是数学系学生的集合，E 是 EECS 系学生的集合，P 是物理系学生的集合。那么，我们要求的是 $|M \cup E \cup P|$。

根据加和法则，如果 M,E 和 P 不相交，那么它们的和是

$$|M \cup E \cup P| = |M| + |E| + |P|$$

然而，集合 M,E 和 P 可能不是不相交的。例如，可能有学生同时修数学和物理学。这个公式右边部分把这个学生算了两次，一次作为 M 的元素，一次作为 P 的元素。更糟糕的是，如果有学生同时修三个专业[①]，则会被计算三次！

最复杂的计数规则可以确定集合并集的大小，对集合不相交不做要求。在介绍规则之前，我们先考虑简单的特殊情况：两个或三个集合的并集，来建立一些大概的印象。

15.9.1 两个集合的并集

给定两个集合 S_1 和 S_2，容斥原理（Inclusion-Exclusion Rule）是指它们的并集的大小是：

$$|S_1 \cup S_2| = |S_1| + |S_2| - |S_1 \cap S_2| \qquad (15.5)$$

直觉上说，第一项考虑了 S_1 的每个元素，第二项考虑了 S_2 的每个元素。同时属于 S_1 和 S_2 的元素被考虑了两次——分别是第一项和第二项。最后一项用于更正这种双重计数。

15.9.2 三个集合的并集

那么数学、EECS 和物理系一共有多少学生？也就是说，如果：

[①] MIT 已经没有这种学生了。

$$|M| = 60$$
$$|E| = 200$$
$$|P| = 40$$

那么$|M \cup E \cup P|$等于多少？

三个集合的并集大小可由更复杂的容斥原理计算：

$$|S_1 \cup S_2 \cup S_3| = |S_1| + |S_2| + |S_3|$$
$$- |S_1 \cap S_2| - |S_1 \cap S_3| - |S_2 \cap S_3|$$
$$+ |S_1 \cap S_2 \cap S_3|$$

注意，这个表达式为S_1,S_2和S_3的并集中的每个元素准确地计数一次。假设x是三个集合之中的一个元素。x被计数了三次（即S_1,S_2和S_3项），减了三次（即$|S_1 \cap S_2|,|S_1 \cap S_3|,|S_2 \cap S_3|$），然后又计数一次（即$|S_1 \cap S_2 \cap S_3|$）。最后结果是$x$刚好被计数一次。

如果x在两个集合（比如S_1和S_2）中，那么x被计算了两次（即$|S_1|$和$|S_2|$项），然后减了一次（即$|S_1 \cap S_2|$项）。这里，x对其他项没有贡献，因为$x \notin S_3$。

因此，如果不知道各个交集的大小，我们无法给出答案。假设：

- 4　数学、EECS 双专业
- 3　数学、物理双专业
- 11　EECS、物理双专业
- 2　三专业

那么，$|M \cap E| = 4 + 2, |M \cap P| = 3 + 2, |E \cap P| = 11 + 2$，且$|M \cap E \cap P| = 2$。

把这些代入公式得：

$$|M \cup E \cup P| = |M| + |E| + |P| - |M \cap E| - |M \cap P| - |E \cap P| + |M \cap E \cap P|$$
$$= 60 + 200 + 40 - 6 - 5 - 13 + 2$$
$$= 278$$

15.9.3　42 序列、04 序列或 60 序列

在集合$\{0,1,2,...,9\}$中，有多少种排列是 4、2，或 0、4，或 6、0 连续出现的？例如这个排列不包含符合条件的对：

$$(7,2,9,5,4,1,3,8,0,6)$$

注意最后的 06 不算，我们要的是 60。而以下排列连续出现了 04 和 60：

$$(7,2,5,\underline{6},\underline{0},\underline{4},3,8,1,9)$$

设 P_{42} 表示出现 42 的所有排列的集合，同理定义 P_{60} 和 P_{04}。那么，以上排列包含了 P_{60} 和 P_{04}，但不包含 P_{42}。现在，我们要求解集合 $P_{42} \cup P_{04} \cup P_{60}$ 的大小。

首先，必须确定单个集合（如 P_{60}）的大小。我们可以用一个小技巧：将 6 和 0 组合在一起看成单个符号。那么，连续包含 6 和 0 的 $\{0,1,2,...,9\}$ 排列与

$$\{60,1,2,3,4,5,7,8,9\}$$

的排列之间存在双射关系。

例如，以下两个序列是对应的：

$$(7,2,5,\underline{6},\underline{0},4,3,8,1,9) \leftrightarrow (7,2,5,\underline{60},4,3,8,1,9)$$

包含 60 的集合有 9! 种排列方式，所以根据双射法则，$|P_{60}| = 9!$。同理，$|P_{04}| = |P_{42}| = 9!$。

然后，确定两个集合交集（如 $|P_{42}| \cap |P_{60}|$）的大小。再次使用刚才的组合技巧，双射到以下集合的排列：

$$\{40,60,1,3,5,7,8,9\}$$

因此，$|P_{42}| \cap |P_{60}| = 8!$。同样地，双射到以下集合：

$$\{604,1,2,3,5,7,8,9\}$$

则有 $|P_{60}| \cap |P_{04}| = 8!$。同理可得，$|P_{42}| \cap |P_{04}| = 8!$。最后，双射到以下集合：

$$\{6042,1,3,5,7,8,9\}$$

可得 $|P_{60}| \cap |P_{04}| \cap |P_{42}| = 7!$。

把上述结果代入公式，得：

$$|P_{42} \cup P_{04} \cup P_{60}| = 9! + 9! + 9! - 8! - 8! - 8! + 7!$$

15.9.4 n 个集合的并集

n 个集合的并集，根据以下法则可计算其大小。

法则 15.9.1（容斥原理，Inclusion-Exclusion）

$$|S_1 \cup S_2 \cup ... \cup S_n| =$$

   单个集合的大小之和
  减 所有两个集合交集的大小
  加 所有三个集合交集的大小

减 所有四个集合交集的大小

加 所有五个集合交集的大小，等等

两个集合的并集与三个集合的并集，是这个法则的特殊情形。

这种容斥原理的表达方式易于理解且表述清晰，但我们需要给出数学符号的表达。

单个集合大小的和，有一个简洁的标记表示，即，

$$\sum_{i=1}^{n} |S_i|$$

"两个集合的交集"表示为 $S_i \cap S_j$，其中 $i \neq j$。我们认为 $S_j \cap S_i$ 与 $S_i \cap S_j$ 一样，所以可以假设 $i < j$。因此两个集合交集的大小可以表示为：

$$\sum_{1 \leq i < j \leq n} |S_i \cap S_j|$$

同理，三个集合交集的大小是：

$$\sum_{1 \leq i < j < k \leq n} |S_i \cap S_j \cap S_k|$$

在容斥原理中，这些和项的正负符号是交替出现的，k 个集合交集的符号是 $(-1)^{k-1}$。因此，容斥原理的公式表达为：

法则（容斥原理）

$$\left| \bigcup_{i=1}^{n} S_i \right| = \sum_{i=1}^{n} |S_i| - \sum_{1 \leq i < j \leq n} |S_i \cap S_j| + \sum_{1 \leq i < j < k \leq n} |S_i \cap S_j \cap S_k| + \cdots + (-1)^{n-1} \left| \bigcap_{i=1}^{n} S_i \right|$$

虽然这种和项的和形式很方便地表述了容斥原理，但其实没有必要把多少个集合的交集逐个列出来。另一种写法是：

法则（容斥原理-Ⅱ）

$$\left| \bigcup_{i=1}^{n} S_i \right| = \sum_{\emptyset \neq I \subseteq \{1,\ldots,n\}} (-1)^{|I|+1} \left| \bigcap_{i \in I} S_i \right| \tag{15.6}$$

只需要高中代数就可以证明这些法则，详见习题 5.58。

15.9.5　计算欧拉函数

利用容斥原理可以证明推论 9.10.11 的欧拉函数公式：如果 n 的质数因子分解是 $p_1^{e_1} \cdots p_m^{e_m}$，其中 p_i 是不同的质数，则：

$$\phi(n) = n \prod_{i=1}^{m} \left(1 - \frac{1}{p_i}\right) \tag{15.7}$$

首先，设 S 表示 $[0..n)$ 中不与 n 互质（relatively prime）的整数集合。所以 $\phi(n) = n - |S|$。然后，设 C_a 是 $[0..n)$ 中能被 a 整除的整数集合，即：

$$C_a ::= \{k \in [0..n) \mid a \mid k\}$$

所以，S 中的整数刚好就是 $[0..n)$ 中能被至少一个 p_i 整除的整数。也就是说，

$$S = \bigcup_{i=1}^{m} C_{p_i} \tag{15.8}$$

通过容斥原理，我们能够计算这个并集的大小，因为 C_{p_i} 的个数很容易确定。举一个例子，$C_p \cap C_q \cap C_r$ 是 $[0..n)$ 中能同时被 p,q,r 整除的整数集合。但由于 p,q,r 是互不相同的质数，同时被它们整除就等于被它们的乘积整除。如果 k 是 n 的正除数，那么 $[0..n)$ 中有 n/k 个 k。所以，$[0..n)$ 中有 n/pqr 个能同时被质数 p,q,r 整除的整数。换句话说，

$$|C_p \cap C_q \cap C_r| = \frac{n}{pqr}$$

推广到任意个 C_p 相交，即

$$\left| \bigcap_{j \in I} C_{p_j} \right| = \frac{n}{\prod_{j \in I} p_j} \tag{15.9}$$

对任意非空集合 $I \in [1..m]$ 成立。从而：

$$|S| = \left|\bigcup_{i=1}^{m} C_{p_i}\right| \qquad \text{(通过公式 15.8)}$$

$$= \sum_{\emptyset \neq I \subseteq [1..m]} (-1)^{|I|+1} \left|\bigcap_{i \in I} C_{p_i}\right| \qquad \text{(通过公式 15.6)}$$

$$= \sum_{\emptyset \neq I \subseteq [1..m]} (-1)^{|I|+1} \frac{n}{\prod_{j \in I} p_j} \qquad \text{(通过公式 15.9)}$$

$$= -n \sum_{\emptyset \neq I \subseteq [1..m]} \frac{1}{\prod_{j \in I} (-p_j)}$$

$$= -n \left(\prod_{i=1}^{m} \left(1 - \frac{1}{p_i}\right)\right) + n$$

所以

$$\phi(n) = n - |S| = n \prod_{i=1}^{m} \left(1 - \frac{1}{p_i}\right)$$

从而公式 15.7 得证。

哎，还真是挺复杂的。你是不是开始厌倦这些讨厌的代数了？如果是，那么好消息就要来了。下一节我们将展示在不使用任何代数的情况下，如何证明一些重要的公式。只需要几句话就能做到，不开玩笑。

15.10 组合证明

假设现在有 n 件不同的 T 恤，只保留 k 件。你可以同等地选择 k 件留下，或选择补集 $n-k$ 件丢掉。因此，从 n 件 T 恤中选择 k 件的方法数量，一定等于从 n 中选择 $n-k$ 件的方法数量。因此：

$$\binom{n}{k} = \binom{n}{n-k}$$

这在代数上很容易证明，因为等式两边都等于：

$$\frac{n!}{k!(n-k)!}$$

但是我们并没有真的用到代数，不过是采用了计数原理。

15.10.1 帕斯卡三角恒等式

计算机科学中的数学这门课的助教 Bob，决定尝试参加美国奥运拳击队，毕竟他看过洛奇

（Rocky）的所有电影。有 n 个人（包括他自己）竞争队伍中的位置，只有 k 个人能被选上。要想成为队伍中的一员，首先他需要弄清楚有多少种可能的队伍。有以下两种情况：

- Bob 被选上，他的 $k-1$ 个队友是从其他 $n-1$ 个竞争对手中挑选出来的。这样组建的队伍数量是：

$$\binom{n-1}{k-1}$$

- Bob 没有被选中，所有 k 个队员都是从其他 $n-1$ 个竞争对手中选出来的。这时组建的队伍数量是：

$$\binom{n-1}{k}$$

第一种类型的队伍中都有 Bob，而第二种类型的队伍中都没有 Bob；因此，这两个球队集合是不相交的。那么，根据加和法则，所有可能的奥运拳击队数量是：

$$\binom{n-1}{k-1}+\binom{n-1}{k}$$

助教 Ted 也想尝试进拳击队。他的推理是，n 个人（包括他自己）竞争 k 个位置，那么选择队伍的可能是：

$$\binom{n}{k}$$

Ted 和 Bob 都正确地计算了可能的拳击队数量。因此他们的答案必须相等。所以，

引理 15.10.1（帕斯卡三角恒等式，Pascal's Triangle Identity）

$$\binom{n}{k}=\binom{n-1}{k-1}+\binom{n-1}{k} \tag{15.10}$$

我们已经证明了帕斯卡三角恒等式，而且没有使用任何代数，仅仅采用的是计数方法。

15.10.2 给出组合证明

组合证明（combinatorial proof）是一种依靠计数原理构建代数事实的证明方法。这种证明大多遵循以下基本框架：

1. 定义一个集合 S。
2. 通过一种计数方式得出 $|S|=n$。
3. 通过另一种计数方式得出 $|S|=m$。

4. 得出结论：$n = m$。

在刚才的例子中，S就是所有可能的奥运拳击队集合。Bob 通过一种计数方式得出

$$S = \binom{n-1}{k-1} + \binom{n-1}{k}$$

Ted 通过另一种计数方式得出

$$|S| = \binom{n}{k}$$

这两个式子相等，就是帕斯卡三角恒等式。

检查组合证明

组合证明通过不同的方式对同一件事进行计数。如果已经熟练掌握了不同的计数方法，当然没什么问题；如果还有疑问，可以通过双射和序列计数对组合证明进行检查。

例如，我们来仔细看一下帕斯卡三角恒等式（式 15.10），集合S是区间$[1..n]$上大小为k的整数子集的总和。

我们已经用一种方法计算了S，通过 Bookkeeper 法则，得出$|S| = \binom{n}{k}$。另一种方法是，定义一个S到集合A、B的并集之间的双射关系，其中

$$A ::= \{(1, X) | X \subseteq [2, n] \text{ AND } |X| = k - 1\}$$
$$B ::= \{(0, Y) | Y \subseteq [2, n] \text{ AND } |Y| = k\}$$

显然，A和B是不相交的，因为它们的第一坐标不同，所以$|A \cup B| = |A| + |B|$。而且，

$$|A| = \text{指定集合}X\text{的数目} = \binom{n-1}{k-1}$$

$$|B| = \text{指定集合}Y\text{的数目} = \binom{n-1}{k}$$

确定一个双射关系$f: (A \cup B) \to S$，即可证明式 15.10。特别地，定义

$$f(c) ::= \begin{cases} X \cup \{1\} & \text{若}c = (1, X) \\ Y & \text{若}c = (0, Y) \end{cases}$$

显然，f是一个双射。

15.10.3 有趣的组合证明

组合证明中的其他计数方式通常是基于简单的序列或集合定义的，而不是类似助教这样的故事叙述。这里我们给出一个有趣的组合证明例子。

定理 15.10.2

$$\sum_{r=0}^{n} \binom{n}{r}\binom{2n}{n-r} = \binom{3n}{n}$$

证明. 我们给出组合证明。设 S 是从 n 张不同的红牌、$2n$ 张不同的黑牌中选出 n 张牌的所有手牌集合。首先注意，一个 $3n$-元素集合有

$$|S| = \binom{3n}{n}$$

个 n-元素子集。

另一方面，刚好有 r 张红牌的手牌数量是

$$\binom{n}{r}\binom{2n}{n-r}$$

因为 r 张红牌有 $\binom{n}{r}$ 种选择，$n-r$ 张黑牌有 $\binom{2n}{n-r}$ 种选择。因为红牌的数量可以是 0 到 n 的任意一个，因此 n 张手牌的总数是：

$$|S| = \sum_{r=0}^{n} \binom{n}{r}\binom{2n}{n-r}$$

两个 $|S|$ 相等，证毕。 ∎

确定组合证明

组合证明可以说是很神奇的。定理 15.10.2 看起来相当可怕，但我们在证明它的过程中并没有使用任何代数运算。构建组合证明的关键是正确地选择集合 S，这可能比较难。一般来说，公式中较简单的那一边可能提供一些提示。例如，定理 15.10.2 的右边是 $\binom{3n}{n}$，这提示我们可以选择 $3n$-元素集合的所有 n-元素子集作为 S。

15.11 参考文献

[5],[15]

15.2 节习题

练习题

习题 15.1

Alice 正在思考一个 1 到 1000 的数字。

最少问几个问题（Alice 只能回答是或不是），就可以知道这个数字是什么？（Alice 总是如实回答。）

习题 15.2

如果：

- 首先，有 4 个是或不是的问题；
- 其次，从 4 个问题中选一个问题；
- 第三，我们知道这个数是不是 ≥15 且 ≤20 的整数。

那么，请问上一题有多少种可能的解决方案？

习题 15.3

如果 $|A| = 3, |B| = 7$，那么从集合 A 到集合 B 一共有多少个全映射？

习题 15.4

令 X 表示一个 6-元素集合 $\{x_1, x_2, x_3, x_4, x_5, x_6\}$。

(a) X 中有多少个包含元素 x_1 的子集？

(b) X 中有多少个包含 x_2, x_3 但不包含 x_6 的子集？

随堂练习

习题 15.5

车牌号可以是：

- 3 个数字加 3 个字母（标准车牌）。
- 5 个字母（个性车牌）。
- 2 个字符，可以是字母或者数字（明星车牌）。

令 L 表示所有车牌号的集合。

(a) 基于
$$A = \{A, B, C, \ldots, Z\}$$
$$D = \{0, 1, 2, \ldots, 9\}$$
以及并集符号∪和乘积符号×，来表示 L。

(b) 利用加和法则和乘积法则，计算不同车牌号的总数 $|L|$。

习题 15.6

(a) 在1到 10^9 之间的数包含数字1的有多少个？（提示：不含1的有多少？）

(b) 书架上有20本书排成一排。从中选择6本书，并且不会同时选择任意两本相邻位置的书，请给出与这种挑选方案形成双射关系的、刚好包含6个1的15-位比特字符串。

习题 15.7

(a) 设 $S_{n,k}$ 表示以下不等式的所有非负整数解
$$x_1 + x_2 + \cdots + x_k \leq n \tag{15.11}$$
即，$S_{n,k} ::= \left\{(x_1, x_2, \ldots, x_k) \in \mathbb{N}^k \mid （\text{式 } 15.11）\text{为真}\right\}$。
请给出一个 $S_{n,k}$ 到 n 个 0、k 个 1 的二进制字符串集合之间的双射。

(b) 设 $L_{n,k}$ 表示 $\leq n$ 的非负整数构成的长度为 k 的递增序列，即
$$L_{n,k} ::= \{(y_1, y_2, \ldots, y_k) \in \mathbb{N}^k \mid y_1 \leq y_2 \leq \cdots \leq y_k \leq n\}$$
建立关于 $L_{n,k}$ 和 $S_{n,k}$ 的双射。

习题 15.8

n 个节点的编号树，其节点集合为 $\{1, 2, \ldots, n\}$，其中 $n > 2$。我们按如下递归过程定义编号树的编码（code）：①

> 如果剩余两个以上的节点，记下最大叶节点的父节点，并删除这个叶节点，然后在得到的更小树上重复这个过程。如果只剩下两个节点，则终止，编码完成。

图 15.7 给出了编号树的编码示例。

---

① 与叶节点（leaf）唯一相邻的节点称为它的父节点（father）。

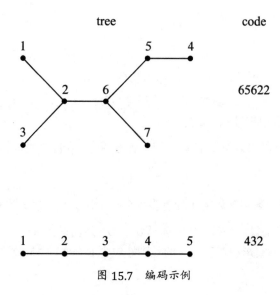

图 15.7 编码示例

(a) 给出如何从编码重构树的过程。

(b) 证明 n 个节点的编号树与 $\{1,\ldots,n\}^{n-2}$ 之间存在双射，并说明存在多少个这样的 n 节点编号树。

习题 15.9

令 X 和 Y 表示有限集合。

(a) 从集合 X 到集合 Y 有多少种二元关系？

(b) 定义 X 到 Y 的全函数集合 $[X \rightarrow Y]$ 与集合 $Y^{|X|}$ 之间的双射。（回想一下，Y^n 是 Y 与它自己的 n 次笛卡儿积）。基于这个定义，$|[X \rightarrow Y]|$ 是什么含义？

(c) 根据上述结论，从集合 X 到 Y 一共存在多少种函数关系（不一定是全函数）？随着 X 的规模增加，全函数占函数总数的比例如何增长？是 $O(1), O(|X|), O(2^{|X|})$ 还是其他？

(d) 请给出一个幂集 pow(X) 与集合 $[X \rightarrow \{0,1\}]$ 之间的双射。

(e) X 是规模为 n 的集合，B_X 表示从 X 到 X 的所有双射构成的集合。描述一个从 B_X 到 X 的排列集合的双射。[1] 那么，从 X 到 X 的的双射一共有多少个？

---

[1] 集合 X 的所有元素出现且仅出现一次，这样构成的序列称为 X 的一个排列（permutation）（参考 15.3.3 小节）。

15.4 节习题

随堂练习

习题 15.10

使用归纳法证明：一个 n-元素集合有 2^n 个子集（定理 4.5.5）。

课后作业

习题 15.11

费马小定理 9.10.8① 断言

$$a^p \equiv a \pmod{p} \qquad (15.12)$$

对所有质数 p 和非负整数 a 成立。从而当 a 等于 0 或 1 时上式亦成立，因此我们假定 $a \geqslant 2$。

这道题基于 a 个字符构成的字母表上的字符串计数，对公式 15.12 给出证明。

(a) 在 a 个字符构成的字母表中，有多少个长度为 k 的字符串？其中，包含不止一个字符的字符串有多少个？

设 z 是一个长度为 k 的字符串。z 旋转 n 步后得到字符串 yx，即 $z = xy$，且 x 的长度 $|x|$ 等于 remainder(n, k)。

(b) 证明：如果 z 旋转 n 步后得到 u，u 旋转 m 步后得到 v，那么 z 旋转 $m + n$ 步后得到 v。

(c) 设符号 $\approx$ 为字符串的"旋转"关系，则存在 $n \in \mathbb{N}$，

$$v \approx z \text{ 当且仅当 } z \text{ 旋转 } n \text{ 步后得到 } v$$

证明 $\approx$ 是一种等价关系。

(d) 证明：如果 $xy = yx$，那么 x, y 都是由某个字符串 u 的多次重复组成的。即，如果 $xy = yx$，那么存在某个字符串 u 使得 $x, y \in u^*$。提示：采用归纳法，基于 xy 的长度 $|xy|$。

(e) 证明：如果 p 是质数，z 是长度为 p 的字符串且至少包含两个不同的字符，那么 $z \approx$ 等价于 p 个字符串（对字符串本身进行计数）。

(f) 基于 (a) ~ (e)，证明 $p \mid (a^p - a)$，这恰好证明了费马小定理公式 15.12。

---

① 通常，这个定理可以写成

$$a^{p-1} \equiv 1 \pmod{p}$$

对所有质数 p 和不能被 p 整除的非负整数 a 成立。上式由公式 15.12 约去 a 而得。

15.5 节习题

练习题

习题 15.12

8 个学生——安娜、布雷恩、凯恩，等等——在圆桌前围坐。对两次排座来说，如果每个学生的右手边都是同一个人，那么我们认为这两次排座是同一种安排；而与脸朝哪个方向无关。我们想对这 8 个学生的安排数进行计数，并给出以下规则限制：

(a) 一开始，在没有任何限制条件的情况下，这 8 名同学有多少种不同的安排？

(b) 要求安娜与布雷恩相邻而坐，则有多少种不同的安排？

(c) 要求布雷恩坐在安娜和凯恩的中间，则有多少种不同的安排？

(d) 要求布雷恩坐在安娜或凯恩旁边，则有多少种不同的安排？

习题 15.13

假定有红、黄、粉、白、紫、橙色的玫瑰花可供选择，那么挑选三打不同颜色的玫瑰花有多少种组合方式？

习题 15.14

假定书架上有 n 本书排成一排。从中选择 m 本书，保证选中的书至少被三本未选中的书分隔开来，这样的选择方案数量等于刚好包含 m 个 1、长度为 k 的二进制字符串的数目。

(a) 求 k 的值。

(b) 给出一个刚好包含 m 个 1、长度为 k 的二进制字符串集合与选书方案之间的双射关系。

习题 15.15

某大学电力工程和计算机服务系（EECS）有 6 名女老师和 9 名男老师，他们每个人都是各不相同的。从中选出 5 个人组成学科委员会，要求至少有 1 名女老师被选中有多少种方案？

随堂练习

习题 15.16

辅导班上有 12 名同学，现在要将他们分成 4 组，每组 3 名同学。助教（TA）观察到学生们浪费了太多时间做分组，所以他决定对学生进行预分组，并以邮件的形式通知学生具体的分组安排。

(a) 助教有这 12 名同学的名单，按照名单顺序依次每 3 人组成一组。例如，如果学生名单是 ABCDEFGHIJKL，那么助教分配的 4 个组分别是 ({A,B,C},{D,E,F},{G,H,I},{J,K,L})。这样，就形成了一个 12 个学生名单到 4 个组的序列的映射关系。这是一种 k 对 1 的映射，那么请问 k 是多少？

(b) 分组方式指明了哪些学生在同一组，但并没有给出各个组的顺序。那么，将 4 个组的序列

$$({A,B,C},{D,E,F},{G,H,I},{J,K,L})$$

映射到分组方式

$$(\{A,B,C\},\{D,E,F\},\{G,H,I\},\{J,K,L\})$$

是一种 j 对 1 的映射，请问 j 是多少？

(c) 有多少种分组方式？

(d) 将 $3n$ 个学生分成 n 个小组、每组 3 人，有多少种分组方式？

习题 15.17

一家比萨店正在打折促销，他们的广告这样写道：

> 我们推出 9 种不同馅料口味的比萨！正价购买 3 份大号比萨，即可免费挑选馅料口味，每一份比萨的馅料均可任意选择。那么，你就有 22 369 621 种不同的比萨可以选择了！

这个广告创意来自前哈佛大学学生，他通过计算公式 $(2^9)^3/3!$ 得出结果约为 22 369 621。遗憾的是，$(2^9)^3/3!$ 不可能是整数，所以显然这是错误的。这个公式推理哪里不对呢？试着解决这个错误并给出正确的公式。

习题 15.18

使用广义乘积法则回答下列问题：

(a) 从下周开始我要健身啦！第一天，锻炼 5 分钟。然后接下来的每一天，都会比前一天多锻炼 0、1、2 或 3 分钟。例如，下周 7 天我锻炼的时间可能是 5,6,6,9,9,9,11,12 分钟。像这样的序列有多少个？

(b) 集合的 r-排列（r-permutation）是指，集合中 r 个不同元素构成的一个序列，例如，集合 $\{a,b,c,d\}$ 的 2-排列是：

(a,b) (a,c) (a,d)
(b,a) (b,c) (b,d)

$$(c,a) \quad (c,b) \quad (c,d)$$
$$(d,a) \quad (d,b) \quad (d,c)$$

那么，n-元素集合中有多少种r-排列？请使用阶乘符号表示。

(c) 若$p \geq n^2$，从集合$\{1,\ldots,p\}$中能产生多少个不同的$n \times n$矩阵？

习题 15.19

(a) 有30本书在书架上排成一列，从中选择8本书，使得至少2本未选中的书位于被选中的书之间，有多少种选择？

(b) 如下等式有多少个非负整数解？

$$x_1 + x_2 + \cdots + x_m = k \tag{15.13}$$

(c) 如下不等式有多少个非负整数解？

$$x_1 + x_2 + \cdots + x_m \leq k \tag{15.14}$$

(d) 有多少个$\leq k$的长度为m的非负整数弱增长序列？

课后作业

习题 15.20

这道题是关于区间$[1..n]$上的整数集合，与顶点集为$[1..n]$的有向图之间的二元关系的。

(a) 有多少个有向图？

(b) 有多少个简单图？

(c) 有多少个非对称二元关系？

(d) 有多少个线性严格偏序？

习题 15.21

用数字或关于阶乘和二项式系数的简单公式来回答以下问题，简要地解释你的答案。

(a) 对字母表中的 26 个字母进行排序，使得任两个元音字母（即 a,e,i,o,u）不连续出现，并且最后一个字母不是元音字母，这样的排序有多少个？

提示：元音字母总是出现在辅音字母的左边。

(b) 对字母表中的 26 个字母进行排序，使得每个元音字母后面至少有两个辅音字母，这样的排序有多少个？

(c) $2n$ 个学生两两配对，有多少种方式？

(d) 数字 0,1,...,9 构成长度为 n 的序列，如果一个数字序列是另一个数字序列的排列（permutation），则这两个序列类型相同。例如当 $n=8$ 时，数列 03088929 和 00238899 是相同类型的序列。那么，长度为 n 的序列一共有多少种类型？

习题 15.22

在标准的 52 张扑克牌中，用集合 R 表示 13 个点数，集合 S 表示 4 种花色，即

$$R ::= \{A, 2, \ldots, 10, J, Q, K\},$$
$$S ::= \{\clubsuit, \diamondsuit, \heartsuit, \spadesuit\}$$

从中抽取 5 张不同的牌构成一副手牌。

针对以下情况，根据乘积法则和加和法则而得的集合，与相应的手牌集合之间存在一个双射。请指出双射关系，不必提供数字型答案。

例如，假设 5 张手牌包含全部 4 种花色，因此至少有两张牌花色相同。与这种手牌构成双射关系的集合是 $S \times R_2 \times R^3$，其中 R_2 表示 R 的 2-元素子集，即

$$(s, \{r_1, r_2\}, (r_3, r_4, r_5)) \in S \times R_2 \times R^3$$

其中

1. 重复的花色 $s \in S$。
2. $\{r_1, r_2\} \in R_2$ 是花色 s 的不同点数。
3. 剩下三张牌的点数 (r_3, r_4, r_5)，其花色顺序按以下方式递增

$$\clubsuit \prec \diamondsuit \prec \heartsuit \prec \spadesuit$$

例如，

$$(\clubsuit, \{10, A\}, (J, J, 2)) \longleftrightarrow \{A\clubsuit, 10\clubsuit, J\diamondsuit, J\heartsuit, 2\spadesuit\}$$

(a) 只有两张牌点数相同（不存在 3 张或 4 张牌点数相同，也不存在两对点数相同的牌）。

(b) 三张或更多 A。

习题 15.23

假定有 7 个骰子，分别是彩虹的 7 种颜色；骰子是标准骰子，各个面分别标有数字 1 到 6。

按照彩虹颜色"红橙黄绿蓝靛紫"（ROYGBIV）的顺序给出每一个骰子的点数，构成一个掷骰子序列。比如，投掷骰子序列(3,1,6,1,4,5,2)表示红色骰子投掷出了点数 3，橙色筛子投掷出了点数 1，以此类推。

针对以下问题，分别给出掷骰子序列与计数集合之间的双射关系。然后用简单的算术公式表示掷骰子序列集合的大小，可能会用到阶乘及二项式系数。不需要证明双射关系，也不需要对公式进行简化。

例如，令A表示 4 个骰子点数相同、另外 3 个骰子点数相同、共有两种点数的掷骰子序列集合。R表示 7 个彩虹色集合，$S::=[1,6]$表示骰子的点数集合。

定义$B::=P_{S,2}\times R_3$，其中$P_{S,2}$表示S的 2-元素排列，R_3表示R的 3-元素子集。那么，定义从A到B的双射为：A中的掷骰子序列对应到B是，第一个元素是两个数字构成的对，其中第一个数字是出现 3 次的点数值，第二个数字是出现 4 次的点数值；第二个元素是点数相同的 3 个骰子对应的颜色。

例如，掷骰子序列

$$(4,4,2,2,4,2,4) \in A$$

对应于

$$((2,4),\{黄，绿，靛\}) \in B$$

根据双射法则，$|A|=|B|$。根据广义乘积法则和子集法则，

$$|B| = 6 \cdot 5 \cdot \binom{7}{3}$$

(a) 2 个骰子点数为 6、其他 5 个骰子点数各不相同，这样的掷骰子序列有多少个？描述双射关系，并写出简单的算术公式。

例如：(6,2,6,1,3,4,5)是符合条件的序列，而(1,1,2,6,3,4,5)和(6,6,2,4,3,4)不是。

(b) 2 个骰子点数相同、其他 5 个骰子点数各不相同，这样的掷骰子序列有多少个？描述双射关系，并写出简单的算术公式。

例如：(4,2,4,1,3,6,5)是符合条件的序列，而(1,1,2,6,1,4,5)和(6,6,1,2,4,3,4)不是。

(c) 2 个骰子点数为一个数字、2 个骰子点数为另一个数字、其他 3 个骰子点数为第三个数字，这样的掷骰子序列有多少个？描述双射关系，并写出简单的算术公式。

例如：(6,1,2,1,2,6,6)是符合条件的序列，而(4,4,4,4,1,3,5)和(5,5,5,6,6,1,2)不是。

习题 15.24（对树进行计数）

n个不同顶点构成的集合可以形成多少棵不同的树？①对此，凯利公式给出了答案。

$$T_n = n^{n-2}$$

由习题 15.8 可以推导出以上公式。艾格纳和齐格勒（1998 年）给出了这个以及另外三种推导方法，并认为吉米·佩特曼提出的方法是"最优美的数学证明"。接下来我们介绍吉米·佩特曼的方法。

佩特曼采用两种方法计算：从n个顶点构成的空图开始，通过添加边形成有根树（rooted tree），对添加边的序列进行计数。第一种方法是：从其中一个可能的无根树（unrooted tree）出发，从n个顶点中选择一个作为根，然后向$(n-1)!$个可能的序列添加$n-1$条边。因此，这种边序列的总数等于

$$T_n n(n-1)! = T_n n!$$

另一种方法是：从空图开始，逐个添加边序列中的边，构建一个有根树生成森林（spanning forest）。添加$n-k$条边后，得到一个由k个有根树组成的生成森林。接着下一条边的添加方式是：任意选择一个顶点作为新树的根，在这个新根与其他$k-1$个不包含这个顶点的任意一棵子树的根之间，添加一条边。所以下一条边有$n(k-1)$种选择，构成一个由$k-1$棵有根树组成的生成森林。

因此，从第一步开始，将每一步的选择数相乘，可得选择方案总数等于

$$\prod_{k=2}^{n} n(k-1) = n^{n-1}(n-1)! = n^{n-2}n!$$

上述两个边序列数目相等，得到$T_n n! = n^{n-2} n!$，两边同时消去$n!$，可得凯利公式

$$T_n = n^{n-2}$$

将佩特曼的方法推广至n个顶点、k棵有根树的生成森林计数问题。

测试题

习题 15.25

假定将两副完全相同的标准 52 张扑克牌混在一起。试写出这 104 张牌不同排列数的简单公式。

---

① 来自维基百科"重复计算"，2014 年 8 月 30 日。另外可参考 Prüfer 序列。

15.6 节习题

随堂练习

习题 15.26

BOOKKEEPER 之道：我们通过解读单词 BOOKKEEPER 来获得启发。

(a) 单词 $POKE$ 中有多少种字母排列？

(b) 单词 BO_1O_2K 有多少种字母排列？注意我们用下标标记两个 O 以表示它们是不同的符号。

(c) 将单词 BO_1O_2K 的字母排列映射成 $BOOK$ 的字母排列。用箭头画出左边到右边的映射。

O_2BO_1K
KO_2BO_1
O_1BO_2K $BOOK$
KO_1BO_2 $OBOK$
BO_1O_2K $KOBO$
BO_2O_1K ...
...

(d) 这是什么类型的映射呢，年轻人？

(e) 根据除法法则，单词 $BOOK$ 有多少种字母排列？

(f) 干得不错，小伙子！那么单词 $KE_1E_2PE_3R$ 有多少种字母排列呢？

(g) 将单词 $KE_1E_2PE_3R$ 的字母排列映射成 $KEEPER$ 的字母排列。列出所有从 $KE_1E_2PE_3R$ 到 $KEEPER$ 的映射。

(h) 这是什么类型的映射？

(i) 单词 $KEEPER$ 有多少种字母排列？

   准备，我们要考虑 $BOOKKEEPER$ 了！

(j) 单词 $BO_1O_2K_1K_2E_1E_2PE_3R$ 有多少种字母排列？

(k) 单词 $BOOK_1K_2E_1E_2PE_3R$ 有多少种字母排列？

(l) 单词 $BOOKKE_1E_2PE_3R$ 有多少种字母排列？

(m) 单词 $BOOKKEEPER$ 有多少种字母排列？

   记住刚才所学的：添加下标，去掉下标。这就是 BOOKKEEPER 之道。

(n) 单词 $VOODOODOLL$ 有多少种字母排列？

(o) 一个长度为 52 的数字序列，包含 17 个 2，23 个 5、12 个 9，那么它有多少种排列？

练习题

习题 15.27

"MISSISSIPPI"有多少种字母排列？

随堂练习

习题 15.28

请找出：

(a) $(1+x)^{11}$ 中 x^5 的系数

(b) $(3x+2y)^{17}$ 中 $x^8 y^9$ 的系数

(c) $(a^2+b^3)^5$ 中 $a^6 b^6$ 的系数

习题 15.29

设 p 是一个质数。

(a) 解释为什么多项式系数

$$\binom{p}{k_1, k_2, \ldots, k_n}$$

能被 p 整除，其中 k_i 是非负整数，且 $k_i < p$，$i = 1, 2, \ldots, n$。

(b) 基于(a)证明：

$$(x_1 + x_2 + \cdots x_n)^p \equiv x_1^p + x_2^p + \cdots + x_n^p \pmod{p} \qquad (15.15)$$

（不要使用"费马小定理"证明。本题的关键是提供一个独立于费马定理的证明。）

(c) 解释为什么由公式 15.15 容易证明费马小定理 9.10.18

$$n^{p-1} \equiv 1 \pmod{p}$$

其中 n 不是 p 的倍数。

课后作业

习题 15.30

简单图的度序列（degree sequence）是所有顶点的度（degree）的弱递减序列。例如，在习题 15.8 的图 15.7 中，其中 5 个顶点的树的度序列是(2,2,2,1,1)，7 个顶点的树的度序列是(3,3,2,1,1,1,1)。

给定一个度序列，我们计算树的数目。方法是利用习题 15.8 中定义的 n-顶点树与整数 1 到 n 构成的、长度为 $n-2$ 的码字（code word）之间的双射关系。

其中，字符的出现频数（occurrence number）就是指该字符在字中出现的次数。例如，给定字65622，数字 6 的出现频数是 2，而数字 5 的出现频数是 1。字的频数序列（occurrence sequence）是指所有字符的出现频数构成的弱递减序列。例如，字65622的频数序列是(2,2,1)，因为字符 6 和 2 出现了 2 次，字符 5 出现了 1 次。

(a) n-顶点树的度序列与码字的频数序列之间存在一种简单的关系。请描述这种关系，并解释原因。证明：n-顶点树的度序列数目，与长度为 $n-2$ 的码字的频数序列数目相同。

提示：顶点的度数 d 在码字中的出现频数是多少？

为了简化问题，我们考虑 9 个顶点树的度序列计数问题。根据(a)，这个问题相当于长度为 7 的码字的频数序列的数目。

任意长度为 7 的码字都有一个模式（pattern），即具有相同频数序列的字母 a,b,c,d,e,f,g,h 上的长度为 7 的字。

(b) a出现 3 次，b出现 2 次，c和d出现 1 次，这样长度为 7 的模式有多少个？

(c) 若码字的频数序列为3,2,1,1,0,0,0,0，那么整数 1 到 9 有多少种出现频数的可能性？

一般来说，确定码字模式的方法是：按照出现频数的降序顺序列出码字的字符，然后用字母 a,b,c,d,e,f,g 替换相应的字符。例如，码字2468751，按出现频数降序的字符列表为 8,7,6,5,4,2,1，分别用 a,b,c,d,e,f,g 替换，可得模式为 $fecabdg$。又如，码字2449249，字符列表为4,9,2，用 a,b,c 替换后得到模式为 $caabcab$。

(d) 求一个长度为 7 的码字，要求 7 出现 3 次，8 出现 2 次，2 和 9 各出现 1 次，并且其模式为 $abacbad$？

(e) 一棵 9-顶点树，其度序列为(4,3,2,2,1,1,1,1,1)，解释为什么从(b)和(c)可以得出这棵树？

习题 15.31

简单图 G 包含 6 个顶点，且两两顶点之间都有一条边（也就是说，G 是完整图）。G 中长度为

3 的环（cycle）称为三角形（triangle）。

同一个顶点的两条边构成的集合称为关联对（incident pair, i.p.）；这个公共的顶点称为 i.p. 的中心（center）。也就是说，i.p.是一个集合，即

$$\{\langle u - v\rangle, \langle v - w\rangle\}$$

其中 u, v, w 是不同的顶点，中心是 v。

(a) 有多少个三角形？

(b) 有多少个事件对？

现在，假设 G 中的每条边要么是红色，要么是蓝色。如果一个三角形或 i.p.的所有边不是同一种颜色，我们说它是彩色的。

(c) 将 i.p.

$$\{\langle u - v\rangle, \langle v - w\rangle\}$$

映射到三角形

$$\{\langle u - v\rangle, \langle v - w\rangle, \langle u - w\rangle\}$$

注意，彩色 i.p.映射到彩色三角形。解释为什么这个映射在彩色对象上是 2 比 1 映射。

(d) 解释最多 6 个彩色 i.p.具有相同的中心。证明：彩色 i.p.最多有 36 个。

提示：与 r 条红边和 b 条蓝边关联的顶点是 $r \cdot b$ 个不同的彩色 i.p.的中心。

(e) 如果两个人不是朋友，我们说他们是陌生人。如果一组人中两两都是朋友，或两两都是陌生人，则这个组是一致的（uniform）。解释：从(a)、(c)和(d)可得

任意一个六人组包含两个一致的三人组。

测试题

习题 15.32

假定机器人在三维空间中的整数位置之间移动。机器人的每次移动在一个坐标上加 1，而另外两个坐标不变。

(a) 从 $(0,0,0)$ 到 $(3,4,5)$ 有多少种路径？

(b) 从 (i, j, k) 到 (m, n, p) 有多少种路径？

15.7 节习题

练习题

习题 15.33

对以下问题，指出有多少种 5 张手牌方案。

(a) **序列**（sequence）是指 5 张任意花色的连续的手牌，例如

$$5\heartsuit - 6\heartsuit - 7\spadesuit - 8\diamondsuit - 9\clubsuit$$

注意，A 可以是最大（如 10-J-Q-K-A），或者最小（如 A-2-3-4-5），但是不能用于中间（也就是说，Q-K-A-2-3 不是一个序列）。

有多少种不同的序列手牌？

(b) **同色**（matching suit）是指手牌中所有的牌具有同一花色，不论次序。

有多少种不同的同色手牌？

(c) **同花顺**（straight flush）是指既是序列同时又同色的手牌。

那么有多少种不同的同花顺手牌？

(d) **顺子**（straight）是指是序列但不是同花色的手牌。

那么有多少种顺子手牌？

(e) **同花**（flush）是指同花色但不是序列的手牌。

有多少可能的同花手牌呢？

随堂练习

习题 15.34

下面以打乱顺序的方式给出了 7 个问题的答案。请分别指出它们是哪个问题的答案，并简要说明原因。

1. $\dfrac{n!}{(n-m)!}$ 2. $\dbinom{n+m}{m}$ 3. $(n-m)!$ 4. m^n

5. $\dbinom{n-1+m}{m}$ 6. $\dbinom{n-1+m}{n}$ 7. 2^{mn} 8. n^m

(a) 从 n-字母的字母表生成 m 个单词，如果所有字母至多被使用一次，有多少个单词？

(b) 从 n-字母的字母表生成 m 个单词，如果字母可以重复使用，有多少个单词？

(c) 当 $|A| = m, |B| = n$，从集合 A 到集合 B 有多少个二元关系？

(d) 当 $|A| = m, |B| = n \geq m$，从集合 A 到集合 B 有多少个全单射函数？

(e) 将 m 个各不相同的球放入 n 个各不相同的瓮，如果允许瓮为空或放多个球，有多少种放法？

(f) 将 m 个相同的球放入 n 个各不相同的瓮，如果允许瓮为空或放多个球，有多少种放法？

(g) 将 m 个各不相同的球放入 n 个各不相同的瓮，如果每个瓮最多只能放一个球，有多少种放法？

测试题

习题 15.35

(a) 如下不等式中有多少个正整数解：

$$x_1 + x_2 + \cdots x_{10} \leq 100$$

(b) 格兰伯森先生和夫人在圣诞节将 13 块相同的煤块分给三个孩子，使每个孩子至少获得 1 块煤，有多少种方式？

习题 15.36

以下是关于**有限简单图**的问题。可以使用指数、二项式系数和阶乘的公式来回答。

(a) 完全图 K_{41} 中有多少条边？

(b) 生成树 K_{41} 中有多少条边？

(c) 色数（chromatic number）$\chi(K_{41})$ 是多少？

(d) 在长度为 41 的环中，色数 $\chi(C_{41})$ 是多少？

(e) 令图 H 如图 15.8 所示。从 H 到 H 有多少个不同的同构体（isomorphisms）？

图 15.8　图 H

(f) 向具有 41 个顶点的树添加一条边，得到图 G。G 有多少个环？

(g) 在 41 个顶点的树中，最少有多少个叶子节点？

(h) 在 41 个顶点的树中，最多有多少个叶子节点？

(i) 在 K_{41} 中有多少个长度为 10 的路径（path）？

(j) 设 s 是 K_{41} 中长度为 10 的路径数目，也就是说，s 是(i)的正确答案。就 s 而言，在 K_{41} 中有多少个长度为 11 的环？

提示：例如，对顶点 a,b,c,d,e，序列 $abcde, bcdea$ 和 $edcba$ 描述的是同一个长度为 5 的环。

15.8 节习题

练习题

习题 15.37

一组人可能具备下列属性。

对每个属性，计算为确保属性成立这个组最少需要多少人，或指出无论组中有多少人这个属性都不一定成立。

（假设每年有 365 天，不考虑闰年）。

(a) 至少 2 人出生在同一天（不考虑年份）。

(b) 至少 2 人出生在 1 月 1 日。

(c) 至少有 3 人出生在一周的同一天。

(d) 至少有 4 人出生于同一个月。

(e) 至少 2 人出生日期刚好相隔一周。

随堂练习

习题 15.38

利用鸽子洞原理解决以下问题。对于每个问题，试着找出鸽子、鸽子洞和将鸽子分配到鸽子洞的规则。

(a) 在某技术学院，ID 学号均以 9 开头。现有一个有 75 名学生的班，将每个人的 ID 的 9 位数字相加，则一定有两个学生具有相同的加和，请解释原因。

(b) 100 个整数构成的任一集合，都存在两个不同的数，它们都是 37 的倍数。

(c) 一个单位正方形内的 5 个点（不在边界上），存在两个点的距离小于 $1/\sqrt{2}$。

(d) 从 $\{1,2,3,\ldots,2n\}$ 中选出 $n+1$ 个数，那么一定存在两个连续的数，也就是说，存在 k，这两个数等于 k 和 $k+1$。

习题 15.39

(a) 证明：每一个正整数都能整除一个数，这个数的十进制数表示由一个或多个 7、后面跟一个或多个 0 组成，如 $70, 700, 7770, 77000$。

提示：$7, 77, 777, 7777$ 等。

(b) 证明：如果一个正整数不能被 2 或 5 整除，那么它能够整除十进制表示全是 7 的数字。

习题 15.40

这道题旨在证明存在自然数 n，使得 3^n 的十进制数表示至少有 2013 个连续的零。

(a) 证明存在一个非负整数 n，满足

$$3^n \equiv 1 \pmod{10^{1024}}$$

提示：使用鸽子洞原理或欧拉定理。

(b) 证明：存在一个自然数 n，使得 3^n 至少有 2013 个连续的零。

习题 15.41

(a) 证明：如果有超过 124 张牌，则魔术师无法施展伎俩。

提示：比较从 n 张牌中选择 5 张手牌，与 4 张序列牌的选择数。

(b) 证明：如果有 124 张牌，魔术师可以实现这个把戏。

提示：霍尔定理和带有度约束的图（参见定义 12.5.5）。

习题 15.42

如果助理展示了其他 4 张牌，那么魔术师可以确定第 5 张牌。同理，简单描述：现有 9 张手牌，如果助理展示了其他 7 张牌，那么魔术师可以确定隐藏的两张牌。

习题 15.43

假设从 $\{1,2,3,\ldots,4n\}$ 中选择 $2n+1$ 个数字。使用鸽子洞原理证明：选择的数字之中一定存在差为 2 的数。请明确指出鸽子、鸽子洞以及将鸽子分配到鸽子洞的规则。

习题 15.44

设 $k_1, k_2, \ldots, k_{101}$ 是 101 个整数构成的序列。序列 $k_{m+1}, k_{m+1}, \ldots, k_n$，其中 $0 \leq m < n \leq 101$，称为子序列（subsequence）。证明：存在一个子序列，它的元素之和能被 100 整除。

课后作业

习题 15.45

(a) 证明：奇数整数 x，$10^9 < x < 2 \cdot 10^9$，且 x 包含 $0, 1, \ldots, 9$ 全部 10 个数字，那么 x 一定包含连续的偶数数字。提示：你能推导出第一个和最后一个数字的奇偶性吗？

(b) 证明：在包含 $n \geq 2$ 个顶点的任意有限无向图中，存在两个顶点的度相等。提示：根据是否存在度数为 0 的顶点分情况讨论。

习题 15.46

假设从 $\{1, 2, 3, \ldots, 2n\}$ 中选择 $n+1$ 个数字。使用鸽子洞原理证明：在选择的数字中一定存在两个数，它们的商为 2 的幂。请明确指出鸽子、鸽子洞以及将鸽子分配到鸽子洞的规则。

提示：每个数字都可以分解成奇数与 2 的幂的乘积。

习题 15.47

(a) 设 R 为 82×4 的矩阵，每一行是红色、白色或蓝色。解释为什么这 82 行中至少有 2 行颜色相同。

(b) 证明：R 中存在 4 个颜色相同的点，它们刚好能够构成一个矩形。

(c) 假设 R 只有 19 行，证明(b)依然成立。

提示：在一行选择两个颜色相同的位置，有多少种选择？

习题 15.48

15.8.6 小节解释了为什么 4 张手牌隐藏 1 张，这个魔术无法实现。但魔术师和她的助理决心寻找一种方式完成这个魔术。他们决定稍微改变一下规则：不是助理向魔术师展示 3 张牌，而是助理把全部 4 张牌排成一排，其中 3 张牌可见、1 张隐藏牌面朝下。我们称之为面朝下 4 张牌技巧。

例如，假设观众选择了 9♡, 10♢, A♣, 5♣。然后，助理可以选择按任意顺序排列的 4 张牌，其中 1 张面朝下，其他牌可见。比如：

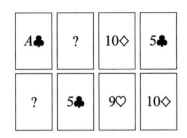

(a) 如何将这个面朝下 4 张牌技巧建模成一个匹配问题。并证明：理论上说一定存在一个二分匹配，使得魔术师和助手能够实现这个魔术。

(b) 事实上，面朝下 4 张牌技巧有一种简单的实现方法。①

> **第一种情况**：有两张相同花色的牌。比如有两张♠牌。助理按照原来的规则进行，把其中 1 张♠牌面朝上作为第 1 张牌，把第 2 张♠牌面朝下。然后，将剩余 3 张牌 1 张面朝下、2 张面朝上，并且根据面朝上的牌与第 1 张牌的距离排列剩余的 3 张牌。
>
> **第二种情况**：所有 4 张牌花色各不相同。按照某种约定的方式将数字 0,1,2,3 分配给 4 种花色。助理计算 s 等于 4 张牌点数的和模 4，将花色等于 s 的牌面朝下作为第 1 张牌。然后，将剩下 3 张牌面朝上，并且根据面朝下的那张牌的点数排列剩余的 3 张牌。

在第二种情况下，解释魔术师是如何确定面朝下的牌的。

(c) 如何将面朝下 4 张牌技巧应用于常规的（5 张手牌，展示 4 张牌）52 张牌，通常 52 张牌还有一张小丑牌共计 53 张牌。

习题 15.49

假设从 $\{1,2,3,\ldots,4n\}$ 中选择 $2n+1$ 个数字。使用鸽子洞定理证明，对于任意能够整除 $2n$ 的正整数 j，一定有两个选中的数字，它们的差为 j。请明确指出鸽子、鸽子洞以及将鸽子分配到鸽子洞的规则。

习题 15.50

在周长为 1 的圆上标记一个点。然后，在圆上沿着顺时针方向距离 $\sqrt{2}$ 处再标记一个点。也就是说，绕着圆一周，标记距离起点顺时针方向 $\sqrt{2}-1$ 的位置。接着，将刚刚标记的点作为新的起点。换句话说，标记的点是顺时针方向距离起始点

$$0, \sqrt{2}, 2\sqrt{2}, 3\sqrt{2}, \ldots, n\sqrt{2}, \ldots,$$

---

① 这个优雅的方法源自 2009 年秋季入学的学生 Katie E Everett。

的点。

我们将使用鸽子洞方法证明这些标记点在圆上是密集的(dense)：对圆上的任意点 p，以及任何 $\epsilon > 0$，存在一个与 p 距离为 ϵ 的标记点。

(a) 证明：不存在标记两次的点。也就是说，顺时针方向标记的两个点 $k\sqrt{2}$ 和 $m\sqrt{2}$ 是相同的点，当且仅当 $k = m$。

(b) 证明：在前 $n > 1$ 个标记点中，一定存在两个点，它们之间的距离最多为 $1/n$。

(c) 证明：圆上任意两点之间的距离不超过 $1/n$。所以，圆上的标记点是密集的。

测试题

习题 15.51

一副标准的、有 52 张牌的纸牌，每种花色有 13 张。从一副牌中选出 k 张牌，使得其中包含 5 张花色相同的牌（称为同花），利用鸽子洞原理确定最小的 k。请明确指出鸽子、鸽子洞以及将鸽子分配到鸽子洞的规则。

习题 15.52

使用鸽子洞定理来确定最小的非负整数 n，使得 n 个整数中包含 3 个能够全等模（congruent mod）211 的整数。请明确指出鸽子、鸽子洞以及将鸽子分配到鸽子洞的规则，并给出 n 的值。

15.9 节习题

练习题

习题 15.53

设 A_1, A_2, A_3 表示集合，且 $|A_1| = 100, |A_2| = 1\,000, |A_3| = 10\,000$。

分别针对以下情形，确定 $|A_1| \cup |A_2| \cup |A_3|$：

(a) $A_1 \subset A_2 \subset A_3$。

(b) 集合两两不相交。

(c) 对任意两个集合，存在一个元素同时属于这两个集合。

(d) 存在两个元素同时属于任意两个集合，并且存在一个元素同时属于三个集合。

习题 15.54

将明年的工作日编号为1,2,3,…,300。我想尽量避免工作：

- 在偶数天，我说我病了。
- 在 3 的倍数那些天，我说我遇到交通堵塞了。
- 在 5 的倍数那些天，我拒绝离开被子。

那么，未来一年我一共可以躲避多少个工作日？

习题 15.55

CantorCorp 有 20 名员工，这是一个不太成功的小型创业公司。公司将成立一个六人的委员会，负责证明连续统假设（Continuum Hypothesis）。对雇员来说，委员会成员任命是平等的，不存在职位职称上的差异。

(a) 设 D 为所有可能的委员会集合，求 $|D|$。

(b) 有两名员工，Aleph 和 Beth，如果他们在一起工作，会不开心。

令 P 表示 Aleph 和 Beth 一起工作的委员会集合。求 $|P|$。

(c) 如果 Beth 必须同 Ferdinand 和 Georg 一起工作，她也不高兴。

令 Q 表示 Beth、Ferdinand 和 Georg 一起工作的委员会集合。求 $|Q|$。

(d) 求 $|P \cap Q|$。

(e) 令 S 表示至少有一个员工不高兴的委员会集合。只使用 P 和 Q 表示 S。

(f) 求 $|S|$。

(g) 如果我们想组建一个没有不愉快的委员会，有多少种选择？

(h) 突然我们意识到最好有两个六人委员会，而不是一个。（一个委员会用于证明连续统假设，另一个委员会用于反驳它！）每个员工最多可以加入一个委员会。如果不考虑员工的心情，有多少种方式组建两个委员会？

随堂练习

习题 15.56

为确保密码安全，公司要求员工按要求选择密码。长度为 10、包含以下所有字符：

a, d, e, f, i, l, o, p, r, s

的词称为 cword。不包含任何 "fails" "failed" "drop" 的 cword，是密码。

例如，这两个是密码：adefiloprs，srpolifeda。

但这三个 cword 不是密码：a**drop**eflis，**failedrop**s，**drop**e**fails**。

(a) 有多少个包含 "drop" 的 cword？

(b) 有多少个同时包含 "drop" 和 "fails" 的 cword？

(c) 利用容斥原理给出关于密码数目的简单阶乘公式。

习题 15.57

计算在平面整数坐标系中，从一个点到另一个点的路径数目。只允许两种操作：往右增加 x 坐标，以及往上增加 y 坐标。

(a) 从 (0,0) 到 (20,30) 有多少种路径？

(b) 从 (0,0) 到 (20,30) 有多少种经过 (10,10) 的路径？

(c) 从 (0,0) 到 (20,30) 有多少种不经过 (10,10) 和 (15,20) 的路径？

提示：设 P 是从 (0,0) 到 (20,30) 的路径集合，N_1 是 P 中经过 (10,10) 的路径，N_2 是 P 中经过 (15,20) 的路径。

习题 15.58

利用高中代数证明容斥原理。

(a) 大多数高中生看到下面这个公式就害怕，哪怕他们实际上知道它的含义。如何向高中生解释这个公式？

$$\prod_{i=1}^{n}(1-x_i) = \sum_{I \subseteq \{1,\ldots,n\}} (-1)^{|I|} \prod_{j \in I} x_j \qquad (15.16)$$

提示：给他们一个例子。

现在我们证明式 15.16。设 M_S 表示任意集合 S 的隶属函数：

$$M_S(x) = \begin{cases} 1 & \text{如果 } x \in S \\ 0 & \text{如果 } x \notin S \end{cases}$$

设 $S_1,\ldots,S_n$ 是一个有限集合的序列，将 M_{S_i} 缩写作 M_i。设 D 的值域是 S_i 的并集，即

$$D ::= \bigcup_{i=1}^{n} S_i$$

对 $T \subseteq D$，求 D 上的补集，即，

$$\overline{T} ::= D - T$$

(b) 对 $T \subseteq D$ 和 $I \subseteq \{1, \ldots, n\}$，证明

$$M_{\overline{T}} = 1 - M_T \tag{15.17}$$

$$M_{(\bigcap_{i \in I} S_i)} = \prod_{i \in I} M_i \tag{15.18}$$

$$M_{(\bigcup_{i \in I} S_i)} = 1 - \prod_{i \in I}(1 - M_i) \tag{15.19}$$

（注意：当 I 为空集时，公式 15.18 成立，因为空集的乘积等于 1，空集的交集等于 D。）

(c) 利用式 15.16 和式 15.19 证明：

$$M_D = \sum_{\emptyset \neq I \subseteq \{1, \ldots, n\}} (-1)^{|I|+1} \prod_{j \in I} M_j \tag{15.20}$$

(d) 证明：

$$|T| = \sum_{u \in D} M_T(u) \tag{15.21}$$

(e) 利用前面的结论证明：

$$|D| = \sum_{\emptyset \neq I \subseteq \{1, \ldots, n\}} (-1)^{|I|+1} \left| \bigcap_{i \in I} S_i \right| \tag{15.22}$$

(f) 最后，解释为什么由式 15.22 可直接推导出容斥原理：

$$|D| = \sum_{i=1}^{n} (-1)^{i+1} \sum_{\substack{I \subseteq \{1, \ldots, n\} \\ |I| = i}} \left| \bigcap_{j \in I} S_j \right| \tag{15.23}$$

课后作业

习题 15.59

集合 $\{1, 2, \ldots, n\}$ 的错位排列（derangement）是指排列 $(x_1, x_2, \ldots, x_n)$ 满足 $x_i \neq i$ 对所有 i 成立。

例如，(2,3,4,5,1)是一个错位排列，但(2,1,3,5,4)不是，因为 3 出现在了第 3 个位置。这道题考察的是错位排列的数目。

$$\bigcup_{i=1}^{n} S_i$$

(a) $|S_i|$是多少？

(b) $|S_i \cap S_j|$，$i \neq j$是多少？

(c) $|S_{i_1} \cap S_{i_2} \cap \ldots \cap S_{i_k}|$是多少，其中$i_1, i_2, \ldots, i_k$各不相同？

(d) 利用容斥原理，使用集合$S_1, \ldots, S_n$之间的交集大小表示非错位排列的数目。

(e) 在(d)的表达式中，以下式子$|S_{i_1} \cap S_{i_2} \cap \ldots \cap S_{i_k}|$有多少个？

(f) 结合以上答案，证明非错位排列的数目是：

$$n!\left(\frac{1}{1!} - \frac{1}{2!} + \frac{1}{3!} - \cdots \pm \frac{1}{n!}\right)$$

因此错位排列的数目是：

$$n!\left(1 - \frac{1}{1!} + \frac{1}{2!} - \frac{1}{3!} + \cdots \pm \frac{1}{n!}\right)$$

(g) 如果n取无穷大，错位排列的数目趋于一个常数。请问这个常数是什么？提示：

$$e^x = 1 + x + \frac{x^2}{2!} + \frac{x^3}{3!} + \cdots$$

习题 15.60

数字$2, \ldots, n$中有多少个质数？如果n很大，容斥原理能够很方便地得出答案。实际上，我们将使用容斥原理来计算 2 到n的合数（非质数）的数量，即$n-1$减去合数的数目就等于质数的数目。

设C_n是 2 到n的合数集合，A_m是$m+1, \ldots, n$中能够被m整除的数字集合。注意，由定义可知，对于$m \geq n$，$A_m = \emptyset$。所以

$$C_n = \bigcup_{i=2}^{n-1} A_i \qquad (15.24)$$

(a) 证明：若$m \mid k$，则$A_m \supseteq A_K$。

(b) 解释为什么式 15.24 的右边等于：

$$\bigcup_{\text{质数}p \leq \sqrt{n}} A_p \qquad (15.25)$$

(c) 对于 $m \geq 2$，解释为什么 $|A_m| = \lfloor n/m \rfloor - 1$。

(d) 考虑任意两个互质的数 $p, q \leq n$。求 $(A_p \cap A_q) - A_{p \cdot q}$ 中的一个数字。

(e) 设 $\mathcal{P}$ 表示至少包含两个质数的有限集合。给出描述以下式子

$$\left| \bigcap_{p \in \mathcal{P}} A_p \right|$$

的简单公式。

(f) 使用容斥原理，基于集合 $A_2, A_3, A_5, A_7, A_{11}$ 的交集大小给出 $|C_{150}|$ 的公式表达。（忽略等于空集的交集情况，例如，超过三个集合的交集一定是空集。）

(g) 给出 150 以内的质数数目的公式。

测试题

习题 15.61

求包含子字符串 011（位置不限）、长度为 n 的二进制字符串的数量。例如，以下长度为 14 的字符串

00100110011101

在第 4 个位置和第 8 个位置有 011。（注意，按照惯例，长度为 n 的字符串第一个位置是 0，最后一个位置是 $n-1$。）假设 $n \geq 7$。

(a) 令 r 表示从第 4 位出现 011、长度为 n 的二进制字符串的数量。请用 n 表示 r。

(b) 令 A_i 是第 i 个位置出现 011、长度为 n 的二进制字符串集合。（对于 $i > n-3$，A_i 为空。）若 $i \neq j$，交集 $A_i \cap A_j$ 可能是空集，也可能大小为 s。请用 n 表示 s。

(c) 令 t 表示满足 $A_i \cap A_j$ 不为空时 (i, j) 的数量，其中 $0 \leq i < j$。请用 n 表示 t。

(d) 包含子字符串 011、长度为 9 的二进制字符串有多少个？答案应该是当 $n = 9$ 时由常数 r, s, t 构成的整数或简单表达式。

提示：$\left|\bigcup_0^8 A_i\right|$ 的容斥原理。

习题 15.62

根据下列规则，将 10 名学生 $A, B, \ldots, J$ 从左到右排成一排。

规则 I：学生 A 不能站在最右边。

规则 II：学生 B 必须与 C 相邻（恰好站在 C 的左侧或右侧）。

规则 III：学生 D 总是第二个。

用阶乘数值公式回答以下问题。

(a) 同时满足上述三条规则，有多少种排列方式？

(b) 至少满足一条规则，有多少种排列方式？

习题 15.63

机器人在三维整数网格上移动，一次沿一个方向正向移动一个单位距离。也就是说，从位置 (x, y, z) 可以移动到 $(x+1, y, z)$、$(x, y+1, z)$ 或 $(x, y, z+1)$。对空间中的任意两个点 P 和 Q，令 $n(P, Q)$ 表示从 P 到 Q 的不同路径的数量。

令

$$A = (0, 10, 20), B = (30, 50, 70), C = (80, 90, 100), D = (200, 300, 400).$$

(a) 将 $n(A, B)$ 表示成一元多项式系数（single multinomial coefficient）。

对于 $P, Q \in \{A, B, C, D\}$，使用 $n(P, Q)$ 的算术表达式回答以下问题。不要用数字。

(b) 从 A 到 C、经过 B 有多少条路径？

(c) 从 B 到 D、不经过 C 有多少条路径？

(d) 从 A 到 D、不经过 B 也不经过 C 有多少条路径？

习题 15.64

给定一副标准的 52 张牌（13 个点数、4 种花色），5 张手牌是指从 52 张牌的集合中挑选一个 5 张牌的子集。使用阶乘、二项式或多项式公式给出以下问题的答案。

(a) 设 H 是所有手牌的集合，那么 $|H|$ 是多少？

(b) 设 H_{NP} 表示不含对子的手牌集合，即手牌中不存在任意点数相同的牌，那么 $|H_{NP}|$ 是多少？

(c) 设 H_S 表示所有顺子的手牌集合，即 5 张牌的点数是连续的。点数顺序是

$(A,2,3,4,5,6,7,8,9,10,J,Q,K,A)$，注意$A$出现了两次。那么$|H_S|$是多少？

(d) 设H_F表示所有同花色的手牌集合，即 5 张牌的花色相同。那么$|H_F|$是多少？

(e) 设H_{SF}表示所有同花顺的手牌集合，即 5 张牌的花色相同且点数连续。那么$|H_{SF}|$是多少？

(f) 设H_{HC}是所有高牌（high-card）的手牌集合，即 5 张牌既不含对子，也不是顺子，也不是同花色。请用$|H_{NP}|,|H_S|,|H_F|,|H_{SF}|$表示$|H_{HC}|$。

15.10 节习题

练习题

习题 15.65

使用代数操作和组合参数证明：

$$\binom{n}{r}\binom{r}{k} = \binom{n}{k}\binom{n-k}{r-k}$$

习题 15.66

给出这个等式的组合证明：

$$\sum_{\substack{i+j+k=n \\ i,j,k \geq 0}} \binom{n}{i,j,k} = 3^n$$

随堂练习

习题 15.67

根据多项式定理，$(w+x+y+z)^n$可以表示为如下项的和

$$\binom{n}{r_1,r_2,r_3,r_4} w^{r_1} x^{r_2} y^{r_3} z^{r_4}$$

(a) 在这个和中共有多少项？

(b) 这个多项式和等于多少？

$$\sum_{\substack{r_1+r_2+r_3+r_4=n, \\ r_i \in \mathbb{N}}} \binom{n}{r_1,r_2,r_3,r_4} = ? \quad\quad (15.26)$$

提示：在$(w+x+y+z)^n$的和形式中，w,x,y,z单项式有多少个？

习题 15.68

(a) 令S表示字母a,b以及一个c构成的长度为n的序列的集合，使用组合证明证明以下等式，并且用两种不同的方式计算$|S|$。

$$n2^{n-1} = \sum_{k=1}^{n} k \binom{n}{k} \tag{15.27}$$

(b) 对$(1+x)^n$应用二项式定理并求导，证明等式 15.27。

习题 15.69

下面两个表达式相等吗？给出代数及组合证明。

(a)
$$\sum_{i=0}^{n} \binom{n}{i}$$

(b)
$$\sum_{i=0}^{n} \binom{n}{i}(-1)^i$$

提示：考虑包含偶数和奇数个 1 的二进制字符串。

习题 15.70

如果整数k出现在序列的第k位，我们说它在序列上"各居其位"。例如，在序列

$$12453678$$

中，只有 1,2,6,7 和 8 各居其位。根据那些整数不满足各居其位的情况，我们将序列分类成 1 到 n之间的整数，即$[1..n]$的排列。然后据此证明组合等式 [1]

$$n! = 1 + \sum_{k=1}^{n}(k-1)\cdot(k-1)! \tag{15.28}$$

如果π是$[1..n]$的一个排列，设 $\mathrm{mnp}(\pi)$是π中不满足各居其位的$[1..n]$上的最大整数。例如，对于$n=8$,

---

[1] 源于"发散母函数的使用"，mathoverflow，8147 个回答，作者 Aaron Meyerowitz，2010 年 11 月 12 日。

$$\text{mnp}(12345687) = 8$$
$$\text{mnp}(21345678) = 2$$
$$\text{mnp}(23145678) = 3$$

(a) $[1..n]$ 上所有元素都各具其位，这样的排列有多少个？

(b) $[1..n]$ 上满足 $\text{mnp}(\pi) = 1$，这样的 π 有多少个？

(c) $[1..n]$ 上满足 $\text{mnp}(\pi) = k$，这样的 π 有多少个？

(d) 证明等式 15.28。

习题 15.71

MIT 学生的一日三餐：早餐有 b 种选择，午餐有 l 种选择，晚餐有 d 种选择。三餐中各有一项选择是多力多滋玉米片。一个合理的日常菜单应当最多包含一顿多力多滋玉米片。使用组合证明（而不是代数证明）解释合理的日常菜单数目是

$$bld - [(b-1) + (l-1) + (d-1) + 1]$$
$$= b(l-1)(d-1) + (b-1)l(d-1) + (b-1)(l-1)d$$
$$-3(b-1)(l-1)(d-1) + (b-1)(l-1)(d-1)$$

提示：令 M_b 表示多力多滋玉米片只可能出现在早餐的菜单数量；同样，对于 M_l, M_d 分别表示多力多滋玉米片只可能出现在午餐和晚餐的菜单数量。

课后作业

习题 15.72

(a) 使用组合证明（不是代数证明）

$$\sum_{i=0}^{n} \binom{n}{i}(2)^n$$

(b) 以下是某个等式的组合证明。请问这个等式是什么？

证明. Stinky Peterson 有 n 只蟾蜍，t 只蝾螈和 s 只蛞蝓。他与其他 $n + t + s$ 个同学住在一个宿舍。（学生是可区别的，但同一个生物物种是不可区别的）。他想在每个同学的床头放一只生物。令 W 表示所有可行方案的集合。

一方面，首先他要确定蛞蝓放谁那。然后，在剩下的同学中确定蝾螈放谁那。因此，$|W|$ 等于左侧部分。

另一方面，Stinky 首先决定蝶螈和蛞蝓给谁，然后从中确定蝶螈给谁。因此，$|W|$ 等于右侧部分。

以上两个表达式都等于 $|W|$，因此它们一定相等。∎

（组合证明是实实在在的证明方法，它不但严谨，而且传达了纯粹的代数论证难以揭示的直观理解。不过，组合证明通常不像这个证明这么有趣。）

习题 15.73

给出这个恒等式的组合证明：

$$\sum_{i=0}^{n}\binom{k+i}{k}=\binom{k+n+1}{k+1}$$

提示：令 S_i 是由 n 个 0、$k+1$ 个 1 构成的，并且最右侧的 1 前面恰好有 i 个 0 的二进制序列集合。

习题 15.74

根据多项定理 15.6.5，$(x_1+x_2+\cdots+x_k)^n$ 可以表示为以下项的和

$$\binom{n}{r_1,r_2,\ldots,r_k}x_1^{r_1}x_2^{r_2}\cdots x_k^{r_k}$$

(a) 这个和有多少项？

(b) 这些多项式系数的和可以表示为：

$$\sum_{\substack{r_1+r_2+\cdots+r_k=n,\\r_i\in\mathbb{N}}}\binom{n}{r_1,r_2,\ldots,r_k}=k^n \tag{15.29}$$

给出这个等式的组合证明。

提示：如果 $(x_1+x_2+\cdots+x_k)^n$ 表示为 x_i 单项式及一元系数项的和，那么有多少项？

习题 15.75

从 n 个申请者中选择 m 个人组建创业团队，并且从这 m 个人中选择 k 个人作为管理者。你学过计算机科学中的数学这门课，所以你知道有

$$\binom{n}{m}\binom{m}{k}$$

种方法。但是哈佛商学院毕业的首席财务官，却提出了公式

$$\binom{n}{k}\binom{n-k}{m-k}$$

在我们否定首席财务官或哈佛商学院之前，我们要检查这两个答案。

(a) 使用组合证明方法证明，这两个答案是一致的。

(b) 使用代数证明验证这个组合证明。

测试题

习题 15.76

每天，麻省理工学院的学生从 b 种可能性中选择一顿早餐，从 l 种可能性之中选出午餐，从 d 种可能性中选出晚餐。在每种情况下其中一个可能是多力多滋玉米片。然而，一个合理的日常菜单可能最多包括一顿多力多滋玉米片。给出组合（非代数）证明每天的合理菜单的数量。

$$bld - [(b-1) + (l-1) + (d-1) + 1]$$
$$= (l-1)(d-1) + (b-1)(d-1) + (b-1)(l-1) + (b-1)(l-1)(d-1)$$

习题 15.77

提供组合证明

$$1 \cdot 2 + 2 \cdot 3 + 3 \cdot 4 + \cdots + (n-1) \cdot n = 2\binom{n+1}{3}$$

提示：对整数区间 $[0..n]$ 上的三个数按其最大元素进行分类。

第 16 章 母函数

母函数（Generating Function）是离散数学领域最意外、最有用的发明之一。粗略来讲，母函数将序列问题转化为代数问题。因此在我们掌握大量代数运算规则的前提下，母函数将带来极大的便利。借助母函数，我们可以通过检查代数表达式以简化序列问题。这样一来，通过母函数可以解决各类计数问题。

组合数学中常常出现普通型母函数、指数型母函数、狄利克雷型母函数等。此外，与普通型母函数密切相关的 Z-转换，在控制理论和信号处理领域也十分重要。由于普通型母函数足以阐述母函数的思想，所以我们重点讲述普通型母函数。因此，从现在开始，当我们提到"母函数"时指的是"普通型母函数"。同时我们介绍了如何使用母函数解决特定的计数问题，以及如何利用母函数推导线性递归（linear-recursive）函数的简化公式。

16.1 无穷级数

通俗地说，母函数 $F(x)$ 就是无穷级数（infinite series）

$$F(x) = f_0 + f_1 x + f_2 x^2 + f_3 x^3 + \cdots \qquad (16.1)$$

符号 $[x^n]F(x)$ 表示母函数 $F(x)$ 中 x^n 的系数，即 $[x^n]F(x) ::= f_n$。

将数列 $f_0, f_1, \ldots, f_n, \ldots$ 中的元素看成母函数的各项系数，分析这个数列的行为。我们发现，将序列看成母函数，很容易解释计数、递归定义以及程序设计中的复杂序列问题。

即便系数序列很简单，母函数也能够提供有价值的见解。例如，$G(x)$ 表示无穷序列 $1, 1, \ldots$ 的母函数，即为几何级数（geometric series）。

$$G(x) ::= 1 + x + x^2 + \cdots + x^n + \cdots \qquad (16.2)$$

我们采用母函数推导 $G(x)$ 的简化公式。实际上，这个方法是 14.1.2 节扰动法的简化版。即

$$G(x) = 1 + x + x^2 + x^3 + \cdots + x^n + \cdots$$
$$\underline{-xG(x) = \quad -x - x^2 - x^3 - \cdots - x^n - \cdots}$$
$$G(x) - xG(x) = 1$$

解得

$$\frac{1}{1-x} = G(x) ::= \sum_{n=0}^{\infty} x^n \qquad (16.3)$$

即

$$[x^n]\left(\frac{1}{1-x}\right) = 1$$

继续采用这个方法，可以得到以下漂亮的等式

$$N(x) ::= 1 + 2x + 3x^2 + \cdots + (n+1)x^n + \cdots \qquad (16.4)$$

具体来说，即

$$N(x) = 1 + 2x + 3x^2 + 4x^3 + \cdots + (n+1)x^n + \cdots$$
$$\underline{-xN(x) = \quad -x - 2x^2 - 3x^3 - \cdots - \quad nx^n \quad -\cdots}$$
$$N(x) - xN(x) = 1 + x + x^2 + x^3 + \cdots + \quad x^n \quad + \cdots$$
$$= G(x)$$

求解得

$$\frac{1}{(1-x)^2} = \frac{G(x)}{1-x} = N(x) ::= \sum_{n=0}^{\infty} (n+1)x^n \qquad (16.5)$$

变形为

$$[x^n]\left(\frac{1}{(1-x)^2}\right) = n+1$$

16.1.1 不收敛性

等式 16.3 和 16.5 仅当 $|x| < 1$ 时成立，因为它们的母函数在 $|x| \geqslant 1$ 时发散。在母函数中，我们将无穷级数看作代数对象。诸如等式 16.3 和 16.5 定义的数理恒等式适用于纯代数理论。实际上，任意时候（$x = 0$ 处除外）都不收敛的无穷级数确定的母函数十分有用。我们将在本章最后 16.5 节进一步解释这一点，现在暂时不考虑收敛性问题。

16.2 使用母函数计数

母函数尤其适用于表达和计算选择 n 个事物有多少种方法时。例如，假定有两种口味的甜甜圈，巧克力味和原味。设 d_n 为挑选 n 个甜甜圈的方法个数，那么 $d_n = n + 1$，即共有 $n + 1$ 种甜甜圈选择方法，即全部选择巧克力味，选择 1 个原味和 $n - 1$ 个巧克力味，2 个原味和 $n - 2$ 个巧克力味，以此类推直到全部选择原味。于是我们定义一个母函数 $D(x)$ 表示甜甜圈选择数，其中系数 $x^n = d_n$。可得

$$D(x) = \frac{1}{(1-x)^2} \tag{16.6}$$

16.2.1 苹果和香蕉

假定我们有两件物品，比如苹果和香蕉，还有一些关于选择物品的约束条件。假设选择 n 个苹果共有 a_n 种选法，而选择 n 个香蕉共有 b_n 种选法。那么对苹果计数的母函数就可以表示成

$$A(x) ::= \sum_{n=0}^{\infty} a_n x^n$$

同理，香蕉对应的母函数则表示为

$$B(x) ::= \sum_{n=0}^{\infty} b_n x^n$$

现在，假定苹果放在篮子里，每个篮子中有 6 个苹果，那么不可能选择 1 到 5 个苹果，选择 6 个苹果有 1 个方法，不可能选择 7 个苹果，以此类推。换言之，

$$a_n = \begin{cases} 1 & \text{如果 } n \text{ 是 6 的倍数} \\ 0 & \text{否则} \end{cases}$$

在这种情况下，我们将得到，

$$A(x) = 1 + x^6 + x^{12} + \cdots + x^{6n} + \cdots$$
$$= 1 + y + y^2 + \cdots + y^n + \cdots \quad \text{其中 } y = x^6$$
$$= \frac{1}{1-y} = \frac{1}{1-x^6}$$

接下来，我们假定香蕉有两种，红香蕉和黄香蕉。令 $b_n = n + 1$，与刚才甜甜圈的两种口味选择同理，根据等式 16.6，我们可以得到

$$B(x) = \frac{1}{(1-x)^2}$$

那么，苹果和香蕉混合在一起总共选择n个水果，有多少种选择呢？首先我们要确定选多少个苹果。苹果的数量k可以是 0 到n的任意一个数字。那么根据定义，苹果的选取方式共有a_k种。从而香蕉的数量为$n-k$，同样根据定义，香蕉的选取方式共有b_{n-k}种。因此，k个苹果、$n-k$个香蕉总共有$a_k b_{n-k}$种选择。也就是说，n个苹果香蕉混合选择的数目等于

$$a_0 b_n + a_1 b_{n-1} + a_2 b_{n-2} + \cdots + a_n b_0 \qquad (16.7)$$

16.2.2 母函数的积

计数和母函数之间存在一个很酷的关系：表达式 16.7 等于乘积$A(x)B(x)$中x^n的系数。

换言之，我们可以这样表述，

法则（乘积）

$$[x_n](A(x) \cdot B(x)) = a_0 b_n + a_1 b_{n-1} + a_2 b_{n-2} + \cdots + a_n b_0 \qquad (16.8)$$

为了解释母函数的乘积法则，我们用表格列出乘积$A(x) \cdot B(X)$的值：

	$b_0 x^0$	$b_1 x^1$	$b_2 x^2$	$b_3 x^3$	$\cdots$
$a_0 x^0$	$a_0 b_0 x^0$	$a_0 b_1 x^1$	$a_0 b_2 x^2$	$a_0 b_3 x^3$	$\cdots$
$a_1 x^1$	$a_1 b_0 x^1$	$a_1 b_1 x^2$	$a_1 b_2 x^3$	$\cdots$	
$a_2 x^2$	$a_2 b_0 x^2$	$a_2 b_1 x^3$	$\cdots$		
$a_3 x^3$	$a_3 b_0 x^3$	$\cdots$			
$\vdots$	$\cdots$				

可以看出，x的幂次相同的项都位于 45° 的对角线上。第n个对角线上全是x^n项，并且乘积$A(x) \cdot B(x)$中x^n的系数等于这些对角线项的系数之和，即等式 16.7。其中乘积$A(x) \cdot B(x)$的系数序列称为序列$(a_0, a_1, a_2, \cdots)$和$(b_0, b_1, b_2, \cdots)$的卷积（convolution）。序列的卷积不仅具有代数含义，还在信号处理和控制理论中扮演着重要的角色。

乘积法则从代数上证明了无论是否收敛，几何级数都等于 $1/(1-x)$这一事实。特别地，常数 1 描述了如下母函数

$$1 = 1 + 0x + 0x^2 + \cdots + 0x^n + \cdots$$

同理，$1-x$描述了以下母函数

$$1 - x = 1 + (-1)x + 0x^2 + \cdots + 0x^n + \cdots$$

所以，对于系数全部等于 1 的级数 $G(x)$，乘积法则实际上就是

$$(1-x) \cdot G(x) = 1 + 0x + 0x^2 + \cdots + 0x^n + \cdots = 1$$

换言之，在乘积法则下，几何级数 $G(x)$ 就是 $1-x$ 的乘法倒数（multiplicative inverse）$1/(1-x)$。

同理，通过常数项乘以母函数进行推导，可得乘法法则的特例

法则（常量）：对于任一常量 c 和母函数 $F(x)$，都有

$$[x^n](c \cdot F(x)) = c \cdot [x^n] F(x) \tag{16.9}$$

16.2.3　卷积法则

根据以上讨论，我们得出

法则（卷积）：令 $A(x)$ 表示来自集合 $\mathcal{A}$ 的母函数，$B(x)$ 表示来自集合 $\mathcal{B}$ 的母函数，并且集合 $\mathcal{A}$ 与集合 $\mathcal{B}$ 不存在交集。故从并集 $\mathcal{A} \cup \mathcal{B}$ 中选择元素项构成的母函数即为乘积 $A(x) \cdot B(x)$。

这一法则需要准确定义如何"从并集 $\mathcal{A} \cup \mathcal{B}$ 中选择元素项"。通俗地说，从集合 $\mathcal{A}$ 和集合 $\mathcal{B}$ 选择元素项的限制条件适用于从并集 $\mathcal{A} \cup \mathcal{B}$ 中选择元素项。①

16.2.4　利用卷积法则数甜甜圈

利用卷积法则可推理前文等式 16.6 挑选巧克力和原味甜甜圈的方法数的母函数 $D(x)$。首先，挑选刚好 n 个巧克力甜甜圈，只有一种方法。也就是说，选择 n 个巧克力甜甜圈对应的母函数系数等于 1。因此，巧克力甜甜圈对应的母函数是 $1/(1-x)$。同理，只选择原味甜甜圈的情况亦是如此。因此，根据卷积法则，从巧克力和原味两种口味的甜甜圈中选择 n 个甜甜圈，其选择方法数目的母函数为

$$D(x) = \frac{1}{1-x} \cdot \frac{1}{1-x} = \frac{1}{(1-x)^2}$$

这样我们没有用到公式 16.5 而推导出公式 16.6。

我们将利用卷积法则选择两种口味的问题推广至一般情况即选择 k 种口味。当有 k 种口味的甜甜圈可供选择时，相应的母函数为 $1/(1-x)^k$。我们推导出从 k 种口味的甜甜圈中选择 n 个，选择方法数对应的母函数，即推论 15.5.3 所示的 $\binom{n+(k-1)}{n}$，

---

① 正规地说，从 $\mathcal{A} \cup \mathcal{B}$ 选择 n 个元素，与分别从集合 $\mathcal{A}$ 和 $\mathcal{B}$ 成对地选择总共 n 个元素，这两者之间存在双射关系，此时卷积法则适用。不过我们认为这种通俗的阐述已经足够清晰。

$$[x^n]\left(\frac{1}{(1-x)^k}\right) = \binom{n+(k-1)}{n} \quad (16.10)$$

麦克劳林定理的系数展开

我们已经利用数甜甜圈的方法推导了 $1/(1-x)^k$ 的系数，但是采用代数方法进行系数推导才更具说服力，这里我们采用麦克劳林定理（Maclaurin's Theorem）。

定理 16.2.1（麦克劳林定理）

$$f(x) = f(0) + f'(0)x + \frac{f''(0)}{2!}x^2 + \frac{f'''(0)}{3!}x^3 + \cdots + \frac{f^{(n)}(0)}{n!}x^n + \cdots$$

这一定理阐明了 $1/(1-x)^k$ 的第 n 个系数等于它在 $x=0$ 处进行 n 次求导然后除以 $n!$。计算 n 次求导并不难

$$\frac{d^n}{d^n x}\frac{1}{(1-x)^k} = k(k+1)\cdots(k+n-1)(1-x)^{-(k+n)}$$

（参考习题 16.5），因此

$$\begin{aligned}
[x^n]\left(\frac{1}{(1-x)^k}\right) &= \left(\frac{d^n}{d^n x}\frac{1}{(1-x)^k}\right)(0)\frac{1}{n!} \\
&= \frac{k(k+1)\cdots(k+n-1)(1-0)^{-(k+n)}}{n!} \\
&= \binom{n+(k-1)}{n}
\end{aligned}$$

也就是说，我们不再使用数甜甜圈的方式即公式 16.10 来求 x^n 的系数，而是通过这种代数推理以及卷积法则进行公式推导。

16.2.5　卷积法则中的二项式定理

此外，卷积法则为二项式定理 15.6.4 提供了新的视角。首先考虑单元素集合 $\{a_1\}$。从该集合选择 n 个不同的元素对应的母函数为 $1+x$：即选择 0 个元素有 1 种方式，选择一个元素有一种方式，选择多于一个元素有 0 种方式。同样地，从任意单元素集合 $\{a_i\}$ 选择 n 个元素都有相同的母函数 $1+x$。那么，根据卷积法则，从集合 $\{a_1, a_2, \ldots, a_m\}$ 选择一个 n-元素子集对应的母函数，等于从这 m 个单元素集合分别选择元素的母函数的乘积 $(1+x)^m$。我们知道，从 m 个元素中选择 n 个元素的方法数为 $\binom{m}{n}$，所以

$$[x^n](1+x)^m = \binom{m}{n}$$

这是对定理 15.6.4 的重新阐述。因此，我们不必展开 $(1+x)^m$ 即可证明二项式定理。

这些关于数甜甜圈和推导二项式系数的例子，说明了母函数的优势：

> 母函数能够通过代数手段解决计数问题，反之，使用计数技术同样也能够推导代数等式。

16.2.6　一个荒唐的计数问题

到目前为止，所有母函数问题都可以从另一个角度进行分析。但现在有一个荒唐的计数问题——真的很过分！即在以下约束条件下，将袋子装满 n 个水果有多少种方式？

- 苹果的个数必须为偶数。
- 香蕉的个数必须是 5 的倍数。
- 最多只能有 4 个橘子。
- 最多只能有 1 个梨。

例如，将袋子装满 6 个水果有 7 种方式：

苹果	6	4	4	2	2	0	0
香蕉	0	0	0	0	0	5	5
橘子	0	2	1	4	3	1	0
梨	0	0	1	0	1	0	1

这些约束条件十分复杂，想要得到一种完美的解决方案看起来很困难。让我们看看利用母函数是否能获得一些启发。

首先，构造一个选择苹果的母函数。选择 0 个苹果有 1 种方式，选择 1 个苹果有 0 种方式（因为苹果的个数必须是偶数），选择 2 个苹果有 1 种方式，选择 3 个苹果有 0 种方式，以此类推。所以：

$$A(x) = 1 + x^2 + x^4 + x^6 + \cdots = \frac{1}{1-x^2}$$

同理，选择香蕉的母函数是：

$$B(x) = 1 + x^5 + x^{10} + x^{15} + \cdots = \frac{1}{1-x^5}$$

然后，选择 0 个橘子有 1 种方式，选择 1 个橘子有 1 种方式，以此类推。但是，选择橘子的数量不能超过 4 个，所以我们得到的母函数是：

$$O(x) = 1 + x + x^2 + x^3 + x^4 = \frac{1-x^5}{1-x}$$

这里，右侧表达式其实是公式 14.2 的有限几何和。最后，选择 0 个或 1 个梨。因此

$$P(x) = 1 + x$$

根据卷积法则，从这 4 类水果得出的母函数为：

$$\begin{aligned}A(x)B(x)O(x)P(x) &= \frac{1}{1-x^2}\frac{1}{1-x^5}\frac{1-x^5}{1-x}(1+x)\\ &= \frac{1}{(1-x)^2}\\ &= 1 + 2x + 3x^2 + 4x^3 + \cdots\end{aligned}$$

其他项都被约掉了，只剩下 $1/(1-x)^2$，进一步简化我们发现，这就是之前的幂级数：x^n 的系数等于 $n+1$。因此，用 n 个水果装满一个袋子的方法数为 $n+1$。这与刚才将袋子装满 6 个水果有 7 种方式的例子相吻合。太神奇了！

这个例子乍看起来很复杂，刚好说明了母函数解决计数问题的优势。不过还应该存在比用母函数更简单的初级方法，事实上的确有（参考习题 16.8）。

16.3 部分分式

16.2.6 节中看似复杂的计数问题实际上有着简单的解决方案，其母函数可以简化成 $1/(1-x)^2$，这是幂级数系数（power series coefficient）。这个问题的答案很巧妙，但其他问题就不一定了。为了使用母函数解决更多一般性的问题，我们需要确定母函数的幂级数系数的公式表达。麦克劳林定理（定理 16.2.1）是确定系数的常用方法之一，但该定理仅适用于存在多重导数的情况，然而往往并非如此。不过，有一种比较灵活的方法可确定任意公式的幂级数系数：多项式的商，即初级微分运算中的部分分式（partial fraction）方法。

部分分式方法的基本思想是多项式的商能够表示为幂级数系数项之和。例如，当分母多项式存在不同的非零根，那么部分分式方法依赖于如下引理。

引理 16.3.1 令 $P(x)$ 表示小于 n 次的多项式，$\alpha_1, \ldots, \alpha_n$ 表示各不相等的非零数字，于是存在常量 $c_1, \ldots, c_n$ 使得如下等式成立

$$\frac{p(x)}{(1-\alpha_1 x)(1-\alpha_2 x)\cdots(1-\alpha_n x)} = \frac{c_1}{1-\alpha_1 x} + \frac{c_2}{1-\alpha_2 x} + \cdots + \frac{c_n}{1-\alpha_n x}$$

让我们找出以下函数的幂级数系数，以展示如何使用引理 16.3.1：

$$R(x) ::= \frac{x}{1 - x - x^2}$$

我们利用解二次方程的方法来确定分母$1-x-x^2$的根r_1和r_2。

$$r_1 = \frac{-1-\sqrt{5}}{2}, \ r_2 = \frac{-1+\sqrt{5}}{2}$$

故

$$1-x-x^2 = (x-r_1)(x-r_2) = r_1 r_2 (1-x/r_1)(1-x/r_2)$$

经过简单的代数处理，可得

$$R(x) = \frac{x}{(1-\alpha_1 x)(1-\alpha_2 x)}$$

其中

$$\alpha_1 = \frac{1+\sqrt{5}}{2}$$

$$\alpha_2 = \frac{1-\sqrt{5}}{2}$$

接下来我们确定常量c_1, c_2满足：

$$\frac{x}{(1-\alpha_1 x)(1-\alpha_2 x)} = \frac{c_1}{1-\alpha_1 x} + \frac{c_2}{1-\alpha_2 x} \qquad (16.11)$$

通常，我们可以代入两个x的取值，得到关于c_1, c_2的线性方程组，从而求解c_1和c_2。这里，更加简单的方法是将等式 16.11 两边同时乘以左边的分母项，得

$$x = c_1(1-\alpha_2 x) + c_2(1-\alpha_1 x)$$

现在令$x = 1/\alpha_2$，可得

$$c_2 = \frac{1/\alpha_2}{1-\alpha_1/\alpha_2} = \frac{1}{\alpha_2 - \alpha_1} = -\frac{1}{\sqrt{5}}$$

同理，令$x = 1/\alpha_1$，可得

$$c_1 = \frac{1}{\sqrt{5}}$$

将c_1, c_2的值代入方程 16.11，最终得到部分分式的展开式

$$R(x) = \frac{x}{1-x-x^2} = \frac{1}{\sqrt{5}}\left(\frac{1}{1-\alpha_2 x} - \frac{1}{1-\alpha_2 x}\right)$$

其中每一项都有一个简单的幂级数，其几何和公式为：

$$\frac{1}{1-\alpha_1 x} = 1 + \alpha_1 x + \alpha_1^2 x^2 + \cdots$$

$$\frac{1}{1-\alpha_2 x} = 1 + \alpha_2 x + \alpha_2^2 x^2 + \cdots$$

将以上幂级数代入母函数：

$$R(x) = \frac{1}{\sqrt{5}}((1 + \alpha_1 x + \alpha_1^2 x^2 + \cdots) - (1 + \alpha_2 x + \alpha_2^2 x^2 + \cdots))$$

所以，

$$\begin{aligned}[][x^n]R(x) &= \frac{\alpha_1^n - \alpha_2^n}{\sqrt{5}} \\ &= \frac{1}{\sqrt{5}}\left(\left(\frac{1+\sqrt{5}}{2}\right)^n - \left(\frac{1-\sqrt{5}}{2}\right)^n\right)\end{aligned} \qquad (16.12)$$

16.3.1 带有重根的部分分式

由引理 16.3.1 推导分母多项式存在带有 m 个非零重根（repeated nonzero root）的情况，即将商扩展为以下项的和

$$\frac{c}{(1-\alpha x)^k}$$

其中 α 是根的倒数且 $k \leqslant m$。这个项的系数公式符合"甜甜圈公式"（式 16.10），即

$$[x^n]\left(\frac{c}{(1-\alpha x)^k}\right) = c\alpha^n \binom{n+(k-1)}{n} \qquad (16.13)$$

当 $\alpha = 1$ 时，上式就是"甜甜圈公式"（式 16.10）两边同时乘以常量 c。对任意 α，将幂级数中的 αx 替换为 x，从而 x^n 变为 $(\alpha x)^n$，相当于将 x^n 的系数乘以 α^n。[①]

16.4 求解线性递推

16.4.1 斐波那契数的母函数

斐波那契数（Fibonacci numbers）$f_0, f_1, \ldots, f_n, \ldots$ 的递归定义如下：

$$\begin{aligned} f_0 &::= 1 \\ f_1 &::= 1 \\ f_n &::= f_{n-1} + f_{n-2} \qquad (n \geqslant 2) \end{aligned}$$

---

① 换句话说，$[x^n]F(\alpha x) = \alpha^n \cdot [x^n]F(x)$。

现在，我们用母函数推导一个 f_n 的闭型公式。

令 $F(x)$ 为斐波那契数的母函数，即

$$F(x) ::= f_0 + f_1 x + f_2 x^2 + \cdots + f_n x^n + \cdots$$

按照本章开头部分推导几何级数公式的过程，我们再进行一次类似的推导，即

$$
\begin{aligned}
F(x) &= f_0 + & f_1 x & + f_2 x^2 & + \cdots & + f_n x^n + \cdots \\
-xF(x) &= & - f_0 x & - f_1 x^2 & - \cdots & - f_{n-1} x^n + \cdots \\
-x^2 F(x) &= & & - f_0 x^2 & - \cdots & - f_{n-2} x^n + \cdots \\
\hline
F(x)(1 - x - x^2) &= f_0 + & (f_1 - f_0)x & + 0 x^2 & + \cdots & + 0 x^n + \cdots \\
&= 0 + & 1 x & + 0 x^2 & = x
\end{aligned}
$$

故

$$F(x) = \frac{x}{1 - x - x^2}$$

而函数 $F(x)$ 与我们之前在 16.3 节采用部分分式推导系数的方法相同。因此根据等式 16.12，我们推导出比内公式（Binet's formula）：

$$f_n = \frac{1}{\sqrt{5}} \left(\left(\frac{1 + \sqrt{5}}{2} \right)^n - \left(\frac{1 - \sqrt{5}}{2} \right)^n \right) \qquad (16.14)$$

斐波那契数的比内公式令人惊讶甚至有点可怕。等式 16.14 右侧的表达式其实是一个整数，这一点并不明显。但这个公式十分有用。例如，比内公式提供重复平方法（repeated squaring method）计算斐波那契数，这比反复应用递推有效得多。此外，从比内公式可以明确看出斐波那契数呈指数级增长。

16.4.2 汉诺塔

相传，汉诺神庙有 3 根柱子和 64 个大小不同的金盘，每个盘子中间有一个洞可以套在柱子上。起初，64 个盘子全部套在第一根柱子上，最小的盘子在顶端、最大的盘子在底端按顺序排放，如图 16.1 所示。

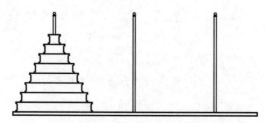

图 16.1　汉诺塔问题中初始盘子的摆放方式

庙里的和尚们年复一年地将所有金盘搬到其他两根柱子上，搬运规则如下：

- 只能将一根柱子上顶端的盘子移动到另一根柱子上。
- 小盘子永远在大盘子的上面。

例如，将一根柱子上的所有盘子一次性全部移动到另一根柱子上，这个操作是违规的。这样很好，因为传言和尚们搬运完成之时，就是世界末日！

为了便于描述，我们先将问题简化为 3 个盘子而不是 64 个。这样一来我们就可以按照图 16.2 所示的 7 个步骤来解决这一问题。

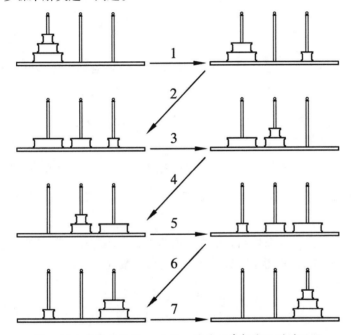

图 16.2　当盘子数为 $n=3$ 时，需要 7 步解决汉诺塔问题

我们要回答的问题是："假设有足够的时间，这些和尚能完成这项工作吗？"如果能，"世界末日还有多久？"还有，最重要的是，"世界末日会不会在期末考试之前到来？"

递归方案

"汉诺塔问题"可以采用递归的方法解决。正如我们先前描述的一样，我们要分析搬运 n 个盘子所需的最少步骤 t_n。比如，经试验验证可知，$t_1 = 1, t_2 = 3$。根据前面的例子，3 个盘子需要 7 步来完成，即 $t_3 = 7$。

递归过程有 3 个阶段，如图 16.3 所示。下面分别阐述。

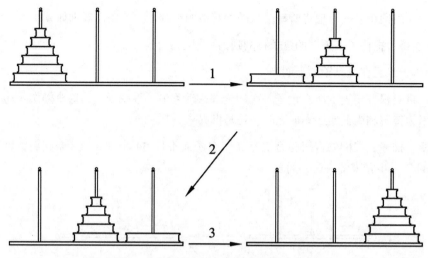

图 16.3 采用递归方法解决汉诺塔问题

第一阶段 将上方的 $n-1$ 个盘子从第一根柱子移到第二根柱子,这个问题是 $n-1$ 个盘子的移动问题。这一过程需要 t_{n-1} 个步骤。

第二阶段 将最大的盘子从第一根柱子移到第三根柱子。这一过程仅需要 1 步就可完成。

第三阶段 将第二根柱子上的 $n-1$ 个盘子全部移到第三根柱子上。这一过程同样需要 t_{n-1} 个步骤。

由上可知,将 n 个盘子全部移到其他柱子所需的最少步骤 t_n,至多等于 $t_{n-1} + 1 + t_{n-1} = 2t_{n-1} + 1$。据此,我们可以求得不同数量盘子的汉诺塔搬运问题所需步数的上限:

$$t_3 \leq 2 \cdot t_2 + 1 = 7$$
$$t_4 \leq 2 \cdot t_3 + 1 \leq 15$$

像这样一直计算到 t_{64},就可得到移动 64 个盘子需要多少步了。所以,这解决了我们前面的第一个问题,即:如果时间足够长,和尚们可以完成这项任务,而且世界也会毁灭。真可惜啊。经过那么多努力,他们或许想要击掌庆祝,然后相约出去吃汉堡和冰淇淋,但是不行——世界末日来了。

确定递推

我们还不能准确地计算出移动 64 个盘子到底需要多少步,而只是提供了一个上限。和尚们可能在一开始考虑问题的时候,就已经有了一套更好的算法。

幸运的是,不存在更好的算法。原因是:和尚们必定会在某一步,将第一根柱子上最大的盘子移到另一根柱子上。这时,其他 $n-1$ 个小盘子必须成堆地移到剩下的那根柱子上。移动

$n-1$个小盘子，至少需要t_{n-1}步。移动完最大的盘子之后，至少还需要t_{n-1}步将$n-1$个小盘子重新堆叠到大盘子上面。

从上述讨论中可以得知，完成整个盘子的移动任务需要$2t_{n-1}+1$步。现在我们写出t_n的表达式，即汉诺塔问题中移动n个盘子需要的步数为：

$$t_0 = 0$$
$$t_n = 2t_{n-1} + 1 \ (n \geqslant 1)$$

求解递推

借助母函数我们可以推导出t_n的公式。令$T(x)$为t_n的母函数，即

$$T(x) ::= t_0 + t_1 x + t_2 x^2 + \cdots + t_n x^n + \cdots$$

类似之前的斐波那契数递推推导，可得

$$\begin{array}{rcccccccc}
T(x) &=& t_0 &+& t_1 x &+& \cdots &+& t_n x^n + \cdots \\
-2xT(x) &=& & & -2t_0 x &-& \cdots &-& 2t_{n-1} x^n + \cdots \\
-1/(1-x) &=& -1 &-& 1x &-& \cdots &-& 1x^n + \cdots \\
\hline
T(x)(1-2x) - 1/(1-x) &=& t_0 - 1 &+& 0x &+& \cdots &+& 0x^n + \cdots \\
&=& -1 & & & & & &
\end{array}$$

故

$$T(x)(1-2x) = \frac{1}{1-x} - 1 = \frac{x}{1-x}$$

即

$$T(x) = \frac{x}{(1-2x)(1-x)}$$

部分分式展开得

$$\frac{x}{(1-2x)(1-x)} = \frac{c_1}{1-2x} + \frac{c_2}{1-x}$$

其中c_1, c_2是常数。两边同时乘以左边的分母，得

$$x = c_1(1-x) + c_2(1-2x)$$

令$x = 1/2$可得$c_1 = 1$，令$x = 1$可得$c_2 = -1$，则

$$T(x) = \frac{1}{1-2x} - \frac{1}{1-x}$$

最后，我们可以得到移动n个盘子所需步数的简单公式：

$$t_n = [x^n]T(x) = [x^n]\left(\frac{1}{1-2x}\right) - [x^n]\left(\frac{1}{1-x}\right) = 2^n - 1$$

16.4.3 求解一般线性递推

形如

$$f(n) = c_1 f(n-1) + c_2 f(n-2) + \cdots + c_d f(n-d) + h(n) \quad (16.15)$$

其中$c_i \in \mathbb{C}$，称为d阶线性非齐次递推方程（degree d linear recurrence），其中$h(n)$为非齐次项。

上述方法可以用来解决线性非齐次递推问题。特别地，如果非齐次项本身存在一个可以表示为多项式商的母函数，那么以上斐波那契数和汉诺塔问题的推导方法就会得到一个多项式的商，得到母函数为$f(0) + f(1)x + f(2)x^2 + \cdots$。然后应用部分分式展开，可得$f(n)$等于$n^k \alpha^n$的线性组合，其中$k$是$\leq d$的非负整数，$\alpha$是分母多项式的根的倒数。详细案例可参考习题 16.14, 16.15, 16.18 和 16.19。

16.5 形式幂级数

16.5.1 发散母函数

令$F(x)$为$n!$的母函数，即

$$F(x) ::= 1 + 1x + 2x^2 + \cdots + n!x^n + \cdots$$

当$x \neq 0$时$x^n = o(n!)$，因此该母函数仅在$x = 0$处收敛。[1]

现在，令$H(x)$为$n \cdot n!$的母函数，即

$$H(x) ::= 0 + 1x + 4x^2 + \cdots + n \cdot n! x^n + \cdots$$

同样，函数$H(x)$仅在$x = 0$处收敛，所以$H(x)$和$F(x)$描述的是同样的实数上的偏函数。

另一方面，对于大于 1 次的x幂项，函数$H(x)$和$F(x)$的系数不同，我们可以据此区分形式对象和符号对象。

为了进一步阐明这一点，将函数$F(x)$减 1，然后除以x，就可以得到x^n项的系数为$(n+1)!$的级数，即

$$[x^n]\left(\frac{F(x) - 1}{x}\right) = (n+1)! \quad (16.16)$$

接下来，进一步推导函数$F(x)$和$H(x)$，可以得出$n!$的恒等式：[2]

---

[1] 这一节的例子主要基于 mathoverflow 上的帖子"发散母函数的使用"，提问者为 Aaron Meyerowitz, 2010 年 11 月 12 日，8147 个回应。
[2] 公式 16.17 的组合证明见习题 15.70。

$$n! = 1 + \sum_{i=1}^{n} (i-1) \cdot (i-1)! \qquad (16.17)$$

下面我们证明这个恒等式。根据公式 16.16，我们可以得出

$$[x^n]H(x)::= n \cdot n! = (n+1)! - n! = [x^n]\left(\frac{F(x)-1}{x}\right) - [x^n]F(x)$$

即

$$H(x) = \frac{F(x)-1}{x} - F(x) \qquad (16.18)$$

对式 16.18 求 $F(x)$，可得

$$F(x) = \frac{xH(x)+1}{1-x} \qquad (16.19)$$

而当 $n \geq 1$ 时，$[x^n](xH(x)+1) = (n-1)(n-1)!$；当 $n=0$ 时，则等于 1，所以根据卷积公式

$$[x^n]\left(\frac{xH(x)+1}{1-x}\right) = 1 + \sum_{i=1}^{n}(i-1) \cdot (i-1)!$$

所以公式 16.17 成立。

16.5.2 幂级数环

那么，为什么我们不关心收敛半径等于 0 的级数呢？如何证明推导出公式 16.19 的正确性？要回答这些问题，我们需要对无穷数列及其操作进行抽象思考。

例如，连接两个无穷数列的一个基本操作是将它们按坐标相加。假设

$$G ::= (g_0, g_1, g_2, \cdots)$$
$$H ::= (h_0, h_1, h_2, \cdots)$$

那么序列的和 $\oplus$ 定义如下：

$$G \oplus H ::= (g_0 + h_0, g_1 + h_1, \ldots, g_n + h_n, \ldots)$$

另一基本操作，序列相乘 $\otimes$，根据卷积法则（不是按坐标相乘）：

$$G \otimes H ::= (g_0 + h_0, g_0 h_1 + g_1 h_0, \ldots, \sum_{i=0}^{n} g_i h_{n-i}, \ldots).$$

这些无穷数列运算具有很多不错的特性。例如，容易证明数列加法和数列乘法的交换律性质：

$$H \oplus G = G \oplus H$$
$$H \otimes G = G \otimes H$$

假设
$$Z ::= (0,0,0,\ldots)$$
$$I ::= (1,0,0,\ldots,0,\ldots)$$

则不难发现 Z 好比 0，I 好比 1：
$$\begin{aligned} Z \oplus G &= G \\ Z \otimes G &= Z \\ I \otimes G &= G \end{aligned} \tag{16.20}$$

现在我们定义
$$-G ::= (-g_0, -g_1, -g_2, \ldots)$$

那么
$$G \oplus (-G) = Z$$

实际上，$\oplus$ 和 $\otimes$ 操作满足 9.7.1 节介绍的交换环（commutative ring）公理。支持这种操作的无穷数列集合称为形式幂级数环（ring of formal power series）。[1]

如果
$$G \otimes H = I$$

那么数列 H 是数列 G 的倒数列（reciprocal）。数列 G 的倒数列又称 G 的乘法逆（multiplicative inverse）或简称"逆"（inverse）。环公理表明，如果存在倒数列，那么这个倒数列唯一存在（参见习题 9.32），所以我们使用符号 $1/G$ 无歧义地表示倒序列（如果存在的话）。例如，令
$$J ::= (1, -1, 0, 0, \ldots, 0, \ldots)$$
$$K ::= (1, 1, 1, 1, \ldots, 0, \ldots)$$

根据 $\otimes$ 的定义可知，$J \otimes K = I$，则 $K = 1/J$，$J = K/1$。

在形式幂级数环中，由等式 16.20 可知，零数列 Z 不存在倒数列，所以 $1/Z$ 是未定义的——就像实数上不存在 $1/0$ 的定义一样。不难证明，一个级数存在逆当且仅当它的第一个元素非零（参见习题 16.25）。

现在我们换一种方式解释母函数
$$G(x) ::= \sum_{n=0}^{\infty} g_n x^n$$

简单来说，$G(x)$ 就是形式幂级数环中系数 $(g_0, g_1, \ldots)$ 构成的无穷数列。x 可以理解成数列

---

[1] 数列中的元素可以是实数、复数，或者更一般地，可以是来自交换环的任意元素。

$$X::= (0,1,0,0,\ldots,0,\ldots)$$

同样，用$1-x$表示数列J，即可得到熟悉的方程

$$\frac{1}{1-x} = 1 + x + x^2 + x^3 + \cdots \qquad (16.21)$$

这可以理解成$K = 1/J$的另一种描述。换句话说，变量x的幂次像是占位符——或者说是卷积定义。等式 16.21 没有涉及x的值或者级数的收敛性，而是说明了形式幂级数环的性质。前面关于分散级数的推理完全适用于形式幂级数。

16.6 参考文献

[47],[23],[9][18]

16.1 节习题

练习题

习题 16.1

符号$[x^n]F(x)$表示母函数$F(x)$中x^n的系数。下列表达式中哪些等于$[x^n]4xG(x)$(不止一个)。

$$4[x^n]xG(x) \qquad 4x[x^n]G(x) \qquad [x^{n-1}]4G(x)$$

$$([x^n]4x) \cdot [x^n]G(x) \qquad ([x]4x) \cdot [x^n]xG(x) \qquad [x^{n+1}]4x^2G(x)$$

习题 16.2

母函数$\frac{1+x}{(1-x)^2}$中x^n的系数是什么？

16.2 节习题

练习题

习题 16.3

假定你要买一束花。你找到了一家在线订花服务，一束花可以包含百合、玫瑰和郁金香，

满足以下限制条件：

- 百合最多一枝。
- 郁金香的数目必须是奇数。
- 玫瑰至少两枝。

举例：0 枝百合、3 枝郁金香、5 枝玫瑰的一束花符合上述条件。

求 $B(x)$，即选择 n 枝花组成花束的方案数目对应的母函数，它是多项式的商（或多项式的乘积）。表达式不需要进行简化。

习题 16.4

分别对以下系数序列给出它们的母函数公式

(a) 0,0,1,1,1,...

(b) 1,1,0,0,0,...

(c) 1,0,1,0,1,0,1,...

(d) 1,4,6,4,1,0,0,0,...

(e) 1,2,3,4,5,...

(f) 1,4,9,16,25,...

(g) 1,1,1/2,1/6,1/24,1/120,...

随堂练习

习题 16.5

令 $A(x) = \sum_{n=0}^{\infty} a_n x^n$，则容易证明

$$a_n = \frac{A^{(n)}(0)}{n!}$$

其中，$A^{(n)}$ 是 A 的 n 次求导。利用这个事实（不必证明）而不是 16.2.3 节的卷积法则，证明

$$\frac{1}{(1-x)^k} = \sum_{n=0}^{\infty} \binom{n+k-1}{k-1} x^n$$

因此，如果我们不了解 15.6 节的 Bookkeeper 法则，可以用这个计算方法以及母函数的卷积法则来证明它。

习题 16.6

(a) 假定

$$S(x)::=\frac{x^2+x}{(1-x)^3}$$

那么 $S(x)$ 的母函数级数中 x^n 的系数是什么？

(b) 解释 $S(x)/(1-x)$ 为什么是平方和的母函数。即，$S(x)/(1-x)$ 级数中 x^n 的系数是 $\sum_{k=1}^{n} k^2$。

(c) 用以上结论证明

$$\sum_{k=1}^{n} k^2 = \frac{n(n+1)(2n+1)}{6}$$

课后作业

习题 16.7

现有面值分别为 1 分、5 分、10 分、25 分、50 分的硬币，使用母函数确定有多少种方式凑到 n 分零钱。

(a) 写出仅使用 1 分硬币凑到 n 美分的母函数 $P(x)$。

(b) 写出仅使用 5 分硬币凑到 n 美分的母函数 $N(x)$。

(c) 写出仅使用 1 分和 5 分硬币凑到 n 美分的母函数。

(d) 写出使用 1 分、5 分、10 分、25 分、50 分硬币凑到 n 美分的母函数。

(e) 解释如何使用这个函数确定凑 50 美分有多少种方法；不必给出具体答案，只要提供实际分析过程即可。

习题 16.8

对于 16.2.6 节中"荒唐的"计数问题，由母函数推导出的答案不见得就不复杂。尝试在不使用母函数的前提下描述一个直接简单的计数方法。

16.3 节习题

随堂练习

习题 16.9

考虑在各种限制条件下将 n 个甜甜圈装进一个袋子有多少种方法对应的母函数。以下(a)到(e)是限制条件，请确定相应母函数的闭型（closed form）。

(a) 所有甜甜圈都是巧克力味的，至少有 3 个甜甜圈。

(b) 所有甜甜圈都是蜜糖味的，至多有 2 个甜甜圈。

(c) 所有甜甜圈都是椰子味的，恰好有 2 个甜甜圈或者一个都没有。

(d) 所有甜甜圈都是原味的，而且甜甜圈的个数是 4 的倍数。

(e) 甜甜圈的口味有巧克力、蜜糖、椰子以及原味，每一种口味的甜甜圈数量必须分别符合以上 4 个条件。

(f) 确定满足以上条件选择 n 个甜甜圈的方法数的闭型。

课后练习

习题 16.10

麦吉利卡迪女士出门向来都要带着宠物。具体来说：

- 一定会带八哥，并且是偶数只。
- 可能带也可能不带鳄鱼弗雷迪。
- 至少会带两只猫。
- 带两只或者更多的吉娃娃和拉布拉多，把它们绑在一起。

设 P_n 表示带 n 只宠物出门的方案数，注意绑在一起的吉娃娃和拉布拉多，由于它们颜色不同我们将它们看作不同的宠物。

例如，选择 6 只宠物有 4 种方式，故 $P_6 = 4$：

- 2 只八哥，2 只猫，2 只绑在一起的吉娃娃。
- 2 只八哥，2 只猫，2 只绑在一起的拉布拉多。
- 2 只八哥，2 只猫，1 只吉娃娃，1 只拉布拉多，吉娃娃绑在拉布拉多前面。
- 2 只八哥，2 只猫，1 只吉娃娃，1 只拉布拉多，拉布拉多绑在吉娃娃前面。

(a) 令
$$P(x) ::= P(0) + P_1 x + P_2 x^2 + P_3 x^3 + \cdots$$
为麦吉利卡迪女士出门外带的宠物数量的母函数。证明
$$P(x) = \frac{4x^6}{(1-x)^2(1-2x)}$$
(b) 求P_n的闭型表达公式。

测试题

习题 16.11

T-Pain 计划进行一次游船旅行，需要决定出游所携带的东西。

- 他一定得带一些汉堡，只有 6 个装的汉堡。
- 他和两个随行的朋友还未决定穿正装还是休闲装，所以他要么带 3 双人字拖，要么一双也不带。
- 他的行李箱空间所剩不多，因此他最多只能带 2 条毛巾。
- 为了让这次游船旅行看上去很高级，他至少会带一条航海主题风格的阿富汗披肩。

(a) 令$B(x)$为带n个汉堡的母函数，$F(x)$为带n双人字拖的母函数，$T(x)$为带毛巾的母函数，$A(x)$代表带阿富汗披肩的母函数。分别写出每个母函数的公式。

(b) 令g_n为T-Pain挑选n件随船携带物品（汉堡、人字拖、毛巾以及阿富汗披肩）的母函数。令$G(x)$是母函数$\sum_{n=0}^{\infty} g_n x^n$。证明：
$$G(x) = \frac{x^7}{(1-x)^2}$$

(c) 对$g(n)$进行化简。

习题 16.12

对"危险的"丹来说，每一天都可能是场灾难：

- 丹可能会或可能不会把早餐麦片洒在电脑键盘上。
- 丹可能会或可能不会出门摔倒在台阶上。
- 丹的脚趾撞过 0 次或者更多次。
- 丹偶数次说一些愚蠢的话。

设 $T(n)$ 为一天之内丹所经历的倒霉事组合的母函数。例如，丹一天之内经历 3 件倒霉事有 7 种不同的组合，故 $T_3 = 7$：

$$洒早餐\ 0\ 1\ 0\ 1\ 1\ 0\ 0$$
$$出门摔\ 0\ 0\ 1\ 1\ 0\ 1\ 0$$
$$撞脚趾\ 3\ 2\ 2\ 1\ 0\ 0\ 1$$
$$说蠢话\ 0\ 0\ 0\ 0\ 2\ 2\ 2$$

(a) 将母函数

$$T(x) ::= T_0 + T_1 x + T_2 x^2 + \cdots$$

表示为多项式的商。

(b) 在下方的空白括号中填入适当的整数使等式成立：

$$g(x) = \frac{(\quad)}{1-x} + \frac{(\quad)}{(1-x)^2}$$

(c) 写出 T_n 的封闭型表达式。

16.4 节习题

练习题

习题 16.13

令 $b, c, a_0, a_1, a_2, \ldots$ 为实数，且满足

$$a_n = b(a_{n-1}) + c$$

对 $n \geq 1$ 成立。

设 $G(x)$ 是这个数列的母函数。

(a) 当 $n \geq 1$ 时，请用 b 和适当的 a_i 表示 $bxG(x)$ 级数展开中 x^n 的系数。

(b) 当 $n \geq 1$ 时，$cx/(1-x)$ 的级数展开中 x^n 的系数是什么？

(c) 根据上述结论给出 $G(x) - bxG(x) - cx/(1-x)$ 的公式表达式。

(d) 使用部分分式法，可以确定实数 d, e 满足

$$G(x) = d/L(x) + e/M(x)$$

试求函数 $L(x)$、$M(x)$。

随堂练习

习题 16.14

著名数学家斐波那契原本想创办一个兔子养殖场来消磨时间，而不是构造那个令大学生们怨声载道的数列。作为一个数学家，他从零开始创办这个养殖场（第 0 个月），最初的第一个月他得到了第一对兔子。每对兔子需要一个月的时间成熟发育，然后每个月可以繁殖出一对新生兔子。为了避免兔子不够或者钱不够，斐波那契决定，每当一批兔子出生，他就卖掉一定数量的新生兔，而卖掉的兔子数量等于他三个月前拥有的兔子对数量的总数。斐波那契坚信这样他永远都不会破产。

(a) 请使用递推关系定义在第 n 个月斐波那契拥有 r_n 对兔子。即，用 r_i 定义 r_n，其中 $i < n$。

(b) 令 $R(x)$ 是兔子对的母函数

$$R(x) ::= r_0 + r_1 x + r_2 x^2 + \cdots$$

将 $R(x)$ 表示为多项式的商。

(c) 确定 $R(x)$ 的部分分式分解。

(d) 最后，使用部分分式分解求第 n 个月斐波那契农场中的兔子对数目的闭型表达式。

习题 16.15

虽然不如汉诺塔有名，但同样有趣的——希博伊根塔（Towers of Sheboygan），其类似于汉诺塔。希博伊根塔也有 3 根柱子和 n 个尺寸大小不同的环，这些环按照最小的在顶端、最大的在底端的顺序套在第一根柱子上。

目标是将所有 n 个环全部移到第二根柱子上。在汉诺塔问题中，将环从一根柱子移到另一根柱子上的过程中，要遵循小环必须在大环上面的限制要求。与汉诺塔不同的是，这里还要求：**一个环只能从第一根柱子移动到第二根，从第二根移动到第三根，从第三根移动到第一根**。比如，将一个环从第一根柱子直接移动到第三根柱子，这个操作是违规的。

(a) 解决希博伊根塔问题的一个方法是递归定义：为了将 n 个环移到第二根柱子，现将上面 $n-1$ 个环移到第三根柱子，方法是进行两次移到相邻柱子的操作，然后再将最大的即第 n 个环移到第二根柱子，最后，对上面 $n-1$ 个环再进行两次移动操作，使它们落在最大环的上面。设 s_n 为这个过程所需的总移动次数，试写出 s_n 的线性递推过程。

(b) 设 $S(x)$ 为数列 $\langle s_0, s_1, s_2, \ldots \rangle$ 的母函数。证明

$$S(x) = \frac{x}{(1-x)(1-4x)}$$

(c) 求 s_n 的简化公式。

(d) 用两个递归过程可以更好地（事实上更优，不过我们不证明这一点）定义希博伊根塔问题的解决方案：过程 $P_1(n)$ 表示将 n 个环向前移动一根柱子，$P_2(n)$ 表示将 n 个环向前移动两根柱子。当 $n = 0$ 时，问题很简单。当 $n > 0$ 时，如下定义。

$P_1(n)$：对上面 $n-1$ 个环执行 $P_2(n-1)$，将向前移动两根柱子落到第三根柱子。然后将剩下那个最大的环移动到第二根柱子。接着，对上面 $n-1$ 个环再次执行 $P_2(n-1)$，将 $n-1$ 个环从第三根柱子移到第二根柱子的最大环之上。

$P_2(n)$：对上面 $n-1$ 个环执行 $P_2(n-1)$，将向前移动两根柱子落到第三根柱子。然后将剩下那个最大的环移动到第二根柱子。接着，对上面 $n-1$ 个环执行 $P_1(n-1)$，将 $n-1$ 个环从第三根柱子移到第一根柱子。现在，将最大环再一次移动到第三根柱子。最后，对上面 $n-1$ 个环再次执行 $P_2(n-1)$，将 $n-1$ 个环移动到最大环之上。

设 t_n 为过程 $P_1(n)$ 所需的移动次数。证明

$$t_n = 2t_{n-1} + 2t_{n-2} + 3 \tag{16.22}$$

其中 $n > 1$。

提示：设 u_n 为 $P_2(n)$ 所需的移动次数。试用 $t_{n-1}, u_{n-1}, t_n, u_n$ 的线性组合表示 t_n。

(e) 试确定

$$t_n = a\alpha^n + b\beta^n + c$$

中 a, b, c, α, β 的值。求证 $t_n = o(s_n)$。

课后作业

习题 16.16

对母函数进行求导是很实用的操作，可通过逐项求导实现。即，如果，

$$F(x) = f_0 + f_1 x + f_2 x^2 + f_3 x^3 + \cdots$$

那么

$$F'(x) ::= f_1 + 2f_2 x + 3f_3 x^2 + \cdots$$

例如

$$\frac{1}{(1-x)^2} = \left(\frac{1}{1-x}\right)' = 1 + 2x + 3x^2 + \cdots$$

所以

$$H(x)::=\frac{x}{(1-x)^2}=0+1x+2x^2+3x^2+\cdots$$

是非负整数数列的母函数，因此

$$\frac{1+x}{(1-x)^3}=H'(x)=1+2^2x+3^2x^2+4^2x^3+\cdots$$

所以

$$\frac{x^2+x}{(1-x)^3}=xH'(x)=0+1x+2^2x^2+3^2x^3+\cdots+n^2x^n+\cdots$$

是非负整数平方的母函数。

(a) 证明：当 $k \in \mathbb{N}$ 时，非负整数 k 次方的母函数是一个关于 x 的多项式的商。即当 $k \in \mathbb{N}$ 时，存在多项式 $R_k(x)$ 和 $S_k(x)$，使得

$$[x^n]\left(\frac{R_k(x)}{S_k(x)}\right)=n^k \qquad (16.23)$$

提示：注意，一个多项式商的导数也是一个多项式商，所以不需要给出 R_k 和 S_k 的具体公式。

(b) 证明：如果 $f(n)$ 是非负整数上的函数，其递归定义如下

$$f(n)=af(n-1)+bf(n-2)+cf(n-3)+p(n)\alpha^n$$

其中 $a,b,c,\alpha \in \mathbb{C}$，$p$ 是复数系数多项式，那么，数列 $f(0), f(1), f(2), \ldots$ 的母函数是关于 x 的多项式的商，因此存在 $f(n)$ 的闭型表达式。

提示：考虑

$$\frac{R_k(\alpha x)}{S_k(\alpha x)}$$

习题 16.17

对括号字符串的匹配计数问题，母函数提供了非常有趣的思路。下面我们以 GoodCount 字符串集合为例进行具体描述。[①]

顾名思义，括号匹配的一个有效方法是：自左向右读入一个字符串，从 0 开始标记，每遇到一个左括号则加 1，每遇到一个右括号则减 1。例如现在有两个字符串：

[①] 习题 7.20 同样是以这些字符串为例。

$$[\ ]\ ]\ [\ [\ [\ [\ [\ ]\ ]\ ]$$
$$0\ 1\ 0\ -1\ 0\ 1\ 2\ 3\ 4\ 3\ 2\ 1\ 0$$

$$[\ [\ \ [\ ]\ ]\ [\ ]\ ]\ [\ ]$$
$$0\ 1\ 2\ \ 3\ 2\ 1\ 2\ 1\ 0\ 1\ 0$$

如果计数过程中不出现负数，且最后以 0 结束，我们说这个字符串是合理计数的（good count）。因此，第二个字符串是合理计数的，而第一个不是，因为它的第三位出现了负数。

定义. 令

$$\text{GoodCount} ::= \{s \in \{],[\}^* | s\text{是合理计数的}\}$$

那么，括号匹配字符串就是合理计数字符串的集合。

令c_n表示包含n个左括号的 GoodCount 字符串的数目，$C(x)$是这些数目的母函数：

$$C(x) ::= c_0 + c_1 x + c_2 x^2 + \cdots$$

(a) $[s]$，即将s以左括号开始、以右括号结束包裹起来，称为字符串s的包。试解释合理计数字符串的包对应的母函数是$xC(x)$。

提示：合理计数字符串的包也是合理计数的，即从 0 开始、以 0 结束且其他计数一直为正数。

(b) 试解释：对任一合理计数字符串s，存在一个唯一的字符串序列$s_1,\ldots,s_k$，其中s_i是合理计数字符串的包，且$s = s_1 \cdots s_k$。例如，$r ::= [\,[\,]\,]\,[\,]\,[\,[\,]\,[\,]\,] \in \text{GoodCount}$ 等于$s_1 s_2 s_3$，其中$s_1 ::= [\,[\,]\,], s_2 ::= [\,], s_3 ::= [\,[\,]\,[\,]\,]$，而且使用合理计数字符串包的序列表示$r$，有且只有一种形式。

(c) 证明

$$C = 1 + xC + (xC)^2 + \cdots + (xC)^n + \cdots \quad (i)$$

故

$$C = \frac{1}{1-xC} \quad (ii)$$

因此

$$C = \frac{1 \pm \sqrt{1-4x}}{2x} \quad (iii)$$

令$D(x) ::= 2xC(x)$。将D以幂级数展开

$$D(x) = d_0 + d_1 x + d_2 x^2 + \cdots$$

可以得到

$$C_n = \frac{d_{n+1}}{2} \quad (iv)$$

(d) 根据等式(iii)和(iv)，可以求得
$$D(x) = 1 - \sqrt{1-4x}$$
(e) 证明
$$d_n = \frac{(2n-3) \cdot (2n-5) \cdot \cdots \cdot 5 \cdot 3 \cdot 1 \cdot 2^n}{n!}$$
提示：$d_n = D^{(n)}(0)/n!$

(f) 求证
$$c_n = \frac{1}{n+1}\binom{2n}{n}$$

测试题

习题 16.18

以递归的方式定义数列$r_0, r_1, r_2, \ldots$。即$r_0 ::= 1$，且
$$r_0 ::= 7r_{n-1} + (n+1) \qquad (n > 0)$$

令$R(x) ::= \sum_{n=0}^{\infty} r_n x^n$是这个数列的母函数。请用多项式商或多项式积的形式表示$R(x)$。不必推导r_n的闭型公式。

习题 16.19

艾丽莎·哈克尔在UToob网站上发布了一个很火的视频。上传视频的当天——我们称之为第 0 天，以及紧接着后一天称作第 1 天，在网络上并没有引起太大的轰动。然而，从第 2 天开始，网络日点击量r_n可以表示为前一天点击量的 7 倍、前前一天的 4 倍，以及自视频上传起的天数加 1。例如，第 2 天的点击数等于$7 \times 0 + 4 \times 0 + 3 = 3$。

(a) 请给出r_n的线性递推。

(b) 将母函数$R(x) ::= \sum_0^\infty r_n x^n$表示为多项式商或多项式积的形式。不必推导$r_n$的闭型公式。

习题 16.20

考虑谓词序列：

$$
\begin{aligned}
Q_1(x_1) &::= x_1 \\
Q_2(x_1, x_2) &::= x_1 \text{ IMPLIES } x_2 \\
Q_3(x_1, x_2, x_3) &::= (x_1 \text{ IMPLIES } x_2) \text{ IMPLIES } x_3 \\
Q_4(x_1, x_2, x_3, x_4) &::= ((x_1 \text{ IMPLIES } x_2) \text{ IMPLIES } x_3) \text{ IMPLIES } x_4 \\
Q_5(x_1, x_2, x_3, x_4, x_5) &::= (((x_1 \text{ IMPLIES } x_2) \text{ IMPLIES } x_3) \text{ IMPLIES } x_4) \text{ IMPLIES } x_5 \\
&\vdots
\end{aligned}
$$

令 T_n 表示使 $Q_n(x_1, x_2, \ldots, x_n)$ 为真时变量 $x_1, x_2, \ldots, x_n$ 的真假值组合个数。例如，由于 $Q_2(x_1, x_2)$ 为真时，x_1, x_2 有 3 种不同的取值组合，所以 $T_2 = 3$：

x_1	x_2	$Q_2(x_1, x_2)$
T	T	T
T	F	F
F	T	T
F	F	T

依照惯例，我们令 $T_0 = 1$。

(a) 假定 $n \geq 0$，用 T_n 和 n 表示 T_{n+1}。

(b) 用母函数证明

$$T_n = \frac{2^{n+1} + (-1)^n}{3}$$

其中 $n \geq 1$。

习题 16.21

以递归的方式定义三重斐波那契数 $T_0, T_1, \ldots$，规则如下

$$
\begin{aligned}
T_0 = T_1 &::= 3 \\
T_n &::= T_{n-1} + T_{n-2} \quad (n \geq 2)
\end{aligned}
\tag{16.24}
$$

(a) 证明三重斐波那契数都能被 3 整除。

(b) 证明每两个连续的三重斐波那契数的最大公约数是 3。

(c) 用多项式商的形式表示三重斐波那契数的母函数 $T(x)$。（不必求 $[x^n]T(x)$ 的公式。）

习题 16.22

以递归的方式定义双重斐波那契数 $D_0, D_1, \ldots$，规则如下

$$
\begin{aligned}
D_0 = D_1 &::= 1 \\
D_n &::= 2D_{n-1} + D_{n-2} \quad (n \geq 2)
\end{aligned}
\tag{16.25}
$$

(a) 证明双重斐波那契数都是奇数。
(b) 证明每两个连续的双重斐波那契数都互质。
(c) 用多项式商的形式表示双重斐波那契数的母函数 $D(x)$。(不必求 $[x^n]D(x)$ 的公式。)

16.5 节习题

练习题

习题 16.23

在形式级数中，数字 r 通常表示数列

$$(r, 0, 0, \ldots, 0, \ldots)$$

例如，数字 1 表示恒等级数 I，数字 0 表示零级数 Z。根据上下文应当可以确定 r 代表的是数字还是数列。

证明形式幂级数环

$$r \otimes (g_0, g_1, g_2, \ldots) = (rg_0, rg_1, rg_2, \ldots)$$

特别地，

$$-(g_0, g_1, g_2, \ldots) = -1 \otimes (g_0, g_1, g_2, \ldots)$$

习题 16.24

定义形式幂级数

$$X ::= (0, 1, 0, 0, \ldots, 0, \ldots)$$

(a) 解释为什么 X 没有倒数。

提示：想一想 $x \cdot (g_0 + g_1 x + g_2 x^2 + \cdots)$？

(b) 利用幂级数乘法定义证明

$$X \otimes (g_0, g_1, g_2, \ldots) = (0, g_0, g_1, g_2, \ldots)$$

(c) 用递归的方式定义 X^n，其中 $n \in \mathbb{N}$，如下

$$X^0 ::= I ::= (1, 0, 0, \ldots, 0, \ldots)$$
$$X^{n+1} ::= X \otimes X^n$$

证明单项式 x^n 就是幂级数 X^n。

随堂练习

习题 16.25

证明序列 $G ::= (g_0, g_1, \dots)$ 在幂级数环中存在乘法逆元,当且仅当 $g_0 \neq 0$。

第Ⅳ部分　概率论

引言

概率论（Probability）是所有科学中最重要的学科之一，同时也是最难以理解的一个学科。

概率论在计算机科学中尤其重要——它出现在计算机领域的所有分支中。例如，在算法设计和博弈论中，在特定步骤中随机做出选择的算法和策略常常胜过确定性算法和策略；在信息论和信号处理中，对随机性的理解对于滤除噪声和压缩数据举足轻重；在密码学和数字版权管理中，概率对于安全管理至关重要。相关的例子还有很多。

考虑到概率论对计算机科学的影响，令人奇怪的是，概率论竟然被许多人误解。问题在于，当涉及随机事件时，"常识"的直觉是不可靠的。结果就是很多同学对概率论产生了恐惧。我们已经在面试的时候见过太多的研究生，他们能解出最烦琐的计算，却被最简单的概率问题绊倒。甚至当你问一些教员："什么的概率是多少？"时，他们也会坐立不安。

我们在这部分中的目标是让你掌握方法，使你能够简单并且自信地解决涉及概率的基本问题。

第 17 章介绍基本的定义以及一种能用来确定某一特定事件出现概率的"四步法"。我们将围绕两个著名的问题来具体阐述这种方法，在这两个问题中，你的直觉常常会误导你。我们将引入条件概率和独立性的关键概念，以及它们的使用示例和令人遗憾的误用：在诊断测试表明患病情况下，你患病的概率以及嫌疑人血型与犯罪现场发现的血型一致的情况下，嫌疑人有罪的概率。

随机变量提供了一种更为定量的方式来度量随机事件，我们将在第 19 章中具体学习。例如，与其确定会不会下雨的概率，我们更想知道雨会下多大以及多久。我们将引入随机变量的期望这样的基本概念，并将讨论其关键性质。

第 20 章我们将检验一个随机变量显著偏离期望值的概率。偏离的概率提供了通过抽样进行估计的理论基础，而抽样在科学、工程以及社会学中是至关重要的。而这在工程实践中也尤其重要，因为事物按照我们的预期发展通常意味着顺利进行，并且我们也希望确保意外事件的发生概率很低。

最后一章应用先前的概率工具来解决涉及更复杂的随机过程的问题。你会明白为什么通常你在赌场不会逢赌必胜，以及两位斯坦福大学的研究生是如何通过结合图论和概率论设计出一个更好的网页搜索引擎从而成为亿万富翁的。

第 17 章　事件和概率空间

17.1　做个交易吧

在 1990 年 9 月 9 日的 *Parade* 杂志中，专栏作家 Marilyn vos Savant 回复了下面这封信：

> 假设你在一个真人秀节目中有三扇门可供选择。其中一扇门背后是一辆汽车，另外两扇门背后是一只山羊。你选择了一扇门，比如 1 号门。然后知道门后面有什么的主持人，开启了另一扇后面有山羊的门，假设是 3 号门。现在主持人问你："你要不要换成 2 号门？"请问这时转换选择对你有利吗？
>
> Craig. F. Whitaker
> 哥伦比亚，马里兰州

这封信描述的场景正是 1970 年由 Monty Hall 和 Carol Merrill 主持的游戏节目"做个交易吧"中选手所面临的情况。Marilyn 回复道，选手确实应该转换选择。她解释说，车在未被选中的两扇门背后的概率，是在选中的那扇门背后的两倍，所以，选手转换选择赢得车的可能性更大。不过很快她收到了成千上万封来信，其中许多来自数学家，告诉她，她错了。这个问题后来被称作蒙特霍尔问题，并且引发了长久的热烈讨论。

这件事揭示了关于概率论的一个事实：这门学科发现了许多例子，在这些例子中，普通人的直觉会导致完全错误的结论。所以，在你足够深入地学习概率论以至于重塑你的直觉之前，一个避免错误的方法就是按照一个严格的、系统的方法去思考问题，例如我们即将要讨论的"四步法"。首先，确保我们理解了这个问题的题设。当你处理概率问题时，这总是一件好事。

17.1.1　理清问题

Craig 寄给 Marilyn vos Savant 的初始信件表意有些模糊，所以我们必须做一些假设，这样才有希望对这个问题正确地进行建模。例如，我们做出如下假设：

1. 这辆车被等可能地藏在三扇门后。
2. 不管车在哪扇门后，选手等可能地选择三扇门中的任意一扇。
3. 当选手选择了一扇门之后，主持人必须打开不同于选手所选的藏着羊的一扇门，并提供选手改变选择或坚持原来选择的机会。
4. 如果主持人可以在藏着羊的门中进行选择，则主持人等可能地选择一扇门打开。

在做这些假设时，我们仔细阅读了 Craig Whitaker 的信。当然还有其他会导致完全不同的结果的合理假设，但现在让我们接受这些假设并聚焦这个问题："对于一个会改变选择的选手，他赢得汽车的概率是多少？"

17.2 四步法

每个概率问题都涉及某种随机化的实验、过程或游戏。并且每个这样的问题都涉及两个明确的挑战：

1 如何数学化地模拟这样的情况？
2 如何解决由此产生的数学问题？

在本节中，我们对于"什么的概率是多少"这样的问题，介绍一种四步法。在这种方法中，我们逐步建立一个概率模型，并根据该模型形式化原始问题。值得注意的是，这种结构化的方法为许多著名的令人困惑的问题提供了简单的解决方案。例如，你会看到，四步法快刀斩乱麻地去除了蒙特霍尔问题中的令人困惑的点。

17.2.1 步骤一：找到样本空间

我们的第一个目标是确定实验的所有可能结果。一个典型的实验通常涉及几个随机确定的量。例如，在蒙特霍尔问题中就涉及如下三个量：

1. 隐藏着汽车的门
2. 选手最初选择的门
3. 主持人打开有羊的门

这些随机确定的量的每一种可能的组合称为一次结果（outcome）。所有可能结果的集合称为该实验的样本空间（sample space）。

树状图（tree diagram）是一种图形工具，在结果的数量不是很大或问题结构化良好的情况下，能够帮助我们贯彻四步法。特别地，我们可以利用树状图理解实验的样本空间。在我们的实验中，第一个随机确定的量是藏着奖品的门，用一棵有三个分支的树表示，如图 17.1 所示。图中，门的编号为 A, B, C 而不是 1,2,3，因为我们稍后还要添加许多其他数字。

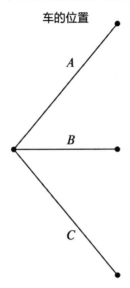

图 17.1 蒙特霍尔问题树状图的第一层图示，分支表示车所在的门的编号

对每一个可能包含奖品的位置来说，选手的最初选择可以是三扇门中的任意一扇，我们以树中的第二层来表示。然后第三层表示最后一步，即当主持人打开一扇有羊的门时可能发生的情况，如图 17.2 所示。

注意，第三层有一种或两种可能，这取决于车的位置以及选手最初的选择。例如，如果奖品在门 A 后面并且选手选择了门 B，那么主持人必须打开门 C。而如果奖品在门 A 后面并且选手选择了门 A，那么主持人既可以打开门 B 也可以打开门 C。

现在，让我们把这幅图和前面介绍的术语联系起来：树的叶子表示实验的结果，所有叶子的集合表示样本空间。于是，对于这个实验，样本空间由 12 个结果组成。为了表示方便，我们把图 17.3 所示的每个结果标记为门的三元组：

（隐藏有奖品的门，最初选择的门，已打开有羊的门）

那么样本空间就是：

$$S = \left\{ \begin{array}{l} (A,A,B), (A,A,C), (A,B,C), (A,C,B), (B,A,C), (B,B,A), \\ (B,B,C), (B,C,A), (C,A,B), (C,B,A), (C,C,A), (C,C,B) \end{array} \right\}$$

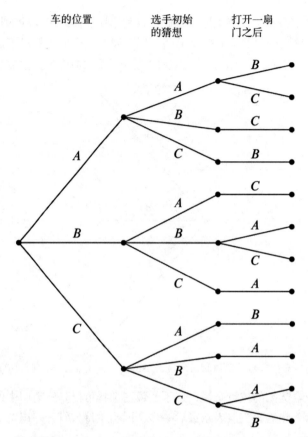

图 17.2　蒙特霍尔问题的完整树状图。第二层表示选手最初的选择，第三层表示 Monty Hall 打开一扇门之后

这幅树状图还有更广义的解释：我们可以将整个实验视为遵循根到叶的路径，其中每个阶段选择的分支是"随机"确定的。记住这个解释，我们稍后还会用到它。

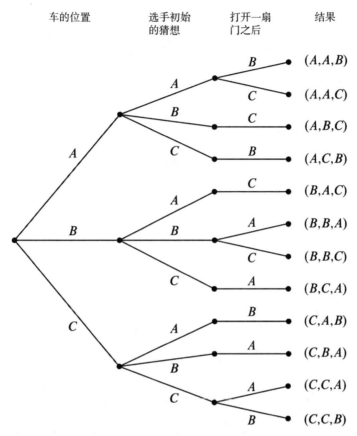

图 17.3 蒙特霍尔问题的树状图，其中从根节点到叶子节点的路径称为结果。例如，结果(A,A,B)表示车在门 A 背后，选手初始选择是门 A，Monty Hall 打开的有羊的门是门 B

17.2.2 步骤二：确定目标事件

我们的目标是回答"……的概率是多少？"这类的问题，其中，省略的部分可以是"选手转换选择从而赢得奖品"，"选手最初选择的门背后藏着奖品"或者"奖品在门 C 后面"等。

结果的集合称为事件（event）。前面的各个阶段描述了一个事件。例如，事件[奖品在门 C 后]表示集合

$$\{(C,A,B),(C,B,A),(C,C,A),(C,C,B)\}$$

而事件[奖品在选手最初挑选的门后]，指：

$$\{(A,A,B),(A,A,C),(B,B,A),(B,B,C),(C,C,A),(C,C,B)\}$$

这里我们用方括号表示满足某种特性的结果构成的事件。

现在我们真正关心的是事件[选手转换选择从而赢得奖品]：

$$\{(A,B,C),(A,C,B),(B,A,C),(B,C,A),(C,A,B),(C,B,A)\} \qquad (17.1)$$

这种结果的事件以✓表示，如图17.4所示。

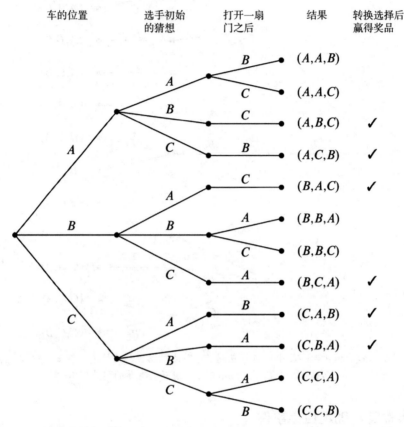

图17.4 蒙特霍尔问题的树状图，其中选手转换选择后赢得奖品的结果以✓表示

注意，刚好一半结果有对钩，即选手转换选择赢得奖品的结果占全部结果的一半。你可能忍不住得出结论，选手转换选择赢得奖品的概率是 1/2。但这是错的。因为这些结果并不是等概率发生的，这一点我们马上就会看到。

17.2.3 步骤三：确定结果的概率

到此为止，我们已经列举了实验的所有可能结果。现在我们必须开始评估这些结果的可能性。具体来说，这一步的目标是为每个结果分配概率，即这个结果期望发生的次数占总次数的比例。所有结果的概率之和一定等于1，这表示实验总是必须有一个结果。

最终，结果的概率取决于我们建模的事件，因此不是数学推导而得的数量。不过，数学可以帮助我们基于更少、更基本的建模决策，计算出每个基本结果的概率。具体来说，确定结果的概率这一任务可以分成两个步骤。

步骤 3a：分配边的概率

首先，我们在树状图的每条边（edge）上记一个概率。这些边的概率取决于我们最初做的假设：奖品等可能地被藏在每扇门后，选手等可能地选择每扇门，以及如果可以选择的话，主持人等可能地打开有羊的门。注意，如果主持人无法选择打开哪扇门，那么分支概率就分配为 1，如图 17.5 所示。

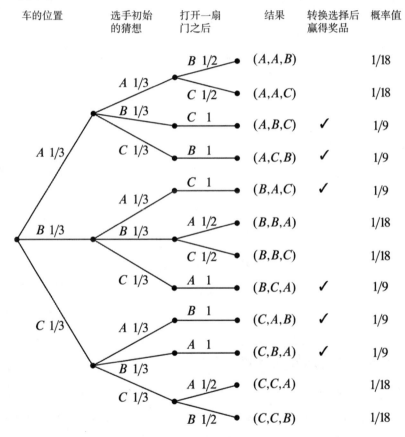

图 17.5　蒙特霍尔问题的树状图，其中边的权重表示在给定父节点的情况下该分支的概率值。例如，如果车在门 A 背后，那么有 1/3 的可能性选手最初选择的是门 B。最右列表示蒙特霍尔问题的结果概率。每一个结果的概率等于从根节点到结果叶子节点的路径上概率值的乘积

步骤 3b：计算结果的概率

下一步是将边的概率转化成结果的概率。这是一个纯机械加工过程：

将从根节点到结果叶子节点路径上的概率值相乘，得到这个结果的概率。

例如，图 17.5 所示最上面的结果 (A, A, B) 的概率是

$$\frac{1}{3} \cdot \frac{1}{3} \cdot \frac{1}{2} = \frac{1}{18} \tag{17.2}$$

我们将在 18.4 节检验这条规则的合理性，不过这里有一个更简单、直观的理解：在实验过程中，由于从根节点到叶子节点的路径是随机形成的，所以边的概率表明了每个分支路径的可能性。例如，从根节点开始的路径，等可能地分散到三个分支上。

到达最上方的结果 (A, A, B) 的路径的可能性是多少？在第一层，路径有三分之一的概率沿着 A 分支，在第二层，同样有三分之一的概率沿着 A 分支，在第三层，有二分之一的概率沿着 B 分支。因此，有三分之一的三分之一的二分之一的概率到达 (A, A, B) 叶子。也就是说，可能性为 $1/3 \cdot 1/3 \cdot 1/2 = 1/18$——这和我们在式 17.2 中得到的结果相同。

我们在图 17.5 中标出了所有结果的概率。

计算每个结果的概率就是定义一个从结果到概率的映射函数。这个函数通常记作 $\Pr[\cdot]$。所以有：

$$\Pr[(A, A, B)] = \frac{1}{18}$$
$$\Pr[(A, A, C)] = \frac{1}{18}$$
$$\Pr[(A, B, C)] = \frac{1}{9}$$

等等

17.2.4　步骤四：计算事件的概率

现在，我们知道了每个结果（outcome）的概率，但我们还要知道事件（event）的概率。事件 E 的概率记作 $\Pr[E]$，即 E 中所有结果的概率之和。例如，事件[转换选择赢得奖品]的概率（式 17.1）是

$$\begin{aligned}
&\Pr[\text{转换选择赢得奖品}] \\
=\ & \Pr[(A,B,C)] + \Pr[(A,C,B)] + \Pr[(B,A,C)] + \\
& \Pr[(B,C,A)] + \Pr[(C,A,B)] + \Pr[(C,B,A)] \\
=\ & \frac{1}{9} + \frac{1}{9} + \frac{1}{9} + \frac{1}{9} + \frac{1}{9} + \frac{1}{9} \\
=\ & \frac{2}{3}
\end{aligned}$$

看起来 Marilyn 的答案是正确的！换门的选手赢得汽车的概率是 2/3。反过来，坚持原来选择的选手赢得汽车的概率是 1/3，因为坚持选择赢当且仅当转换选择输。

现在问题解决了！我们不靠直觉，也不需要巧妙的类比。事实上，这里所需要的不过是加法、乘法这样的数学。唯一困难的地方是抵制"直觉上显然的"答案。

17.2.5 蒙特霍尔问题的另一种解释

那么，Marilyn 真的正确吗？我们的分析表明她是对的。不过更准确的说法是：在我们接受她对这个问题的解释的前提下，她的回答是正确的。这个问题还有一种解释，在这个解释下，Marilyn 的答案是错误的。注意，Carig Whitaker 的信中并没有要求主持人打开有羊的门，并向选手提供转换选择的机会，而仅仅是说他做了这些事。事实上，在"做个交易吧"节目中，Monty Hall 有时候会打开选手最初选择的门。所以，如果他愿意，Monty 可以只向最初选择正确的选手提供转换选择的机会。这样的话，转换选择一定会输！

17.3 奇怪的骰子

四步法很有用。让我们多做一些相关练习吧。试想一下如下场景。

一个周六的晚上，你坐在最喜欢的酒吧里，思考着无穷基数的真正含义，就在这时，一个身材魁梧的机车男"扑通"一下坐到你旁边。正当你思考 $\text{pow}(\mathbb{R})$ 的时候，机车男将三个奇怪的骰子扔在吧台上，跟你拿 100 元钱打赌。他的规则很简单，每个人选择一个骰子然后掷一次，点数较小的人输给对方 100 元。

当然，你心存疑虑，尤其当你发现这并不是普通的骰子。虽然每个骰子都有六个面，不过同一个骰子的对立面上的数字相同，并且不同骰子上的数字不同，如图 17.6 所示。

机车男看出了你的疑虑，于是他提出了更优厚的提议：如果你的点数更大，他给你 105 元，如果他的点数更大，你只需给他 100 元，并且他让你先挑选一个骰子，然后他在剩下的两个骰子中选一个。这优厚的提议看起来很诱人，因为你有机会挑选你认为最好的骰子，所以你打算玩一玩。但是你应该选择哪个骰子呢？骰子B看起来不错，因为有个9，如果投出9肯定能赢；骰子A有两个相对较大的数字，骰子C有个8而且没有特别小的数字。

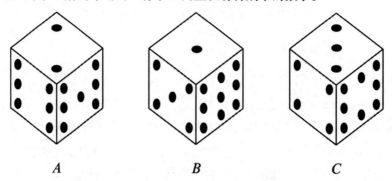

图 17.6　奇怪的骰子。隐藏面的数字与它的对立面相同。例如，掷骰子A，得到2,6,7的概率分别都是1/3

最后，你选择了骰子B，因为它有个9，然后机车男选择了骰子A。让我们算一下你赢的概率有多少。（当然，你应该先算好概率再选骰子。）我们采用四步法计算这个概率。

17.3.1　骰子A vs. 骰子B

步骤1：找到样本空间

这个问题的树状图如图17.7所示。这个实验的样本空间是骰子A和骰子B投出的9对数字：对于这个实验，样本空间包含9个结果：

$$\mathcal{S} = \{(2,1),(2,5),(2,9),(6,1),(6,5),(6,9),(7,1),(7,5),(7,9)\}$$

步骤2：定义目标事件

我们感兴趣的事件是骰子A的数字大于骰子B的数字。这个事件由5个结果组成：

$$\{(2,1),(6,1),(6,5),(7,1),(7,5)\}$$

这些结果在图17.7的树状图中标记为A。

步骤3：确定结果的概率

为了确定结果的概率，我们先为树状图的边分配概率。不管哪个骰子，每个骰子上每个数字出现的概率都是1/3。所以，所有边的概率都是1/3。一个结果的概率是从根到叶子所在路径上所有概率的乘积，也就是说，每个结果的概率是1/9。这些概率标记在图17.7所示的树状图的右侧。

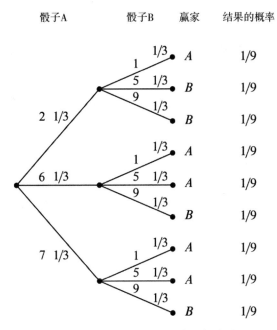

图 17.7　掷一次骰子 A, B 的树状图。骰子 A 赢的概率是 $5/9$，比骰子 B 大

步骤 4：计算事件的概率

事件的概率是该事件所有结果的概率之和。这里，所有结果的概率都相同，所以我们说样本空间是均匀的（uniform）。计算均匀样本空间的事件概率尤其简单，只需要知道事件的结果数目。具体来说，对均匀样本空间 $\mathcal{S}$ 的任意事件 E，

$$\Pr[E] = \frac{|E|}{|\mathcal{S}|} \tag{17.3}$$

这里，E 表示事件骰子 A 战胜骰子 B，所以 $|E| = 5, |\mathcal{S}| = 9$，并且

$$\Pr[E] = 5/9$$

这就糟糕了。骰子 A 战胜骰子 B 的概率大于 $1/2$，然后，不出所料，你输了 100 元。

机车男骨子里是一个敏感的人，为了安慰"运气不好"的你，提议玩一次翻倍或输光。[①]想到你口袋里只剩 25 块钱了，听起来这个主意不错。而且，你觉得选择骰子 A 会让你赢。

于是你选择了骰子 A，而机车男选择了骰子 C。猜猜谁获胜的概率更高？（提示：在酒吧和一个不认识的人赌博通常不是一个好主意，特别是用奇怪的骰子进行赌博。）

---

① 翻倍或输光是在你输了之后再赌一次的俚语。如果你又输了，你会欠机车男双倍欠款。如果你赢了，你就不欠他了。事实上，如果他输了，他应该给你 210 块钱，即你赢 10 块钱。

17.3.2 骰子A vs. 骰子C

我们可以像前面那样构造树状图和结果的概率。如图 17.8 所示，但这依然是一个坏消息。骰子C战胜骰子A的概率是 5/9，然后你又输了。

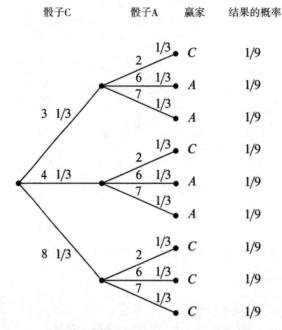

图 17.8 掷一次骰子A,C的树状图。骰子C赢的概率是 5/9，赢面大

现在你欠机车男 200 元，他开始向你要钱。你回答说你要去趟洗手间。

17.3.3 骰子B vs. 骰子C

作为一个敏感的人，机车男点点头表示理解，然后又提了一个赌约。这次，他让你拿骰子C，他甚至让你把赌约提到 200 块，这样你就可以赢回你的钱了。

这个提议如此之棒，以至于你根本不想错过。你知道骰子C很可能战胜骰子A，而且骰子A很可能战胜骰子B，所以骰子C当然是最好的。不管机车男选择骰子A还是B，赢家都是你。机车男一定是一个好人。

所以你选了骰子C，而机车男选了骰子B。等等——你怎么还不长记性，先画树状图再赌啊！如果画树状图的话，你会发现和之前一样，骰子B有 5/9 的概率战胜骰子C。但是，一定有什么问题！

骰子C有 5/9 的概率战胜骰子A

骰子A有5/9的概率战胜骰子B

骰子B有5/9的概率战胜骰子C

这怎么可能呢？

问题并不出在数学上，而是出在你的直觉上。因为A更可能战胜B，B更可能战胜C，所以看起来A应该更可能战胜C，也就是说，"更可能战胜"的关系应该是可传递的。但是，这个直觉是完全错误的：无论选择哪个骰子，机车男总能从剩下的骰子中选择更可能赢你的那一个。所以优先挑选实际上是处于劣势的，结果就是，你现在欠机车男400元。

正当你想着事情不能更糟糕的时候，机车男又给你提了最后一个1000元的赌约。这回不是掷一次骰子，而是掷两次，然后看两次掷骰子的点数和。他甚至让你后选骰子，也就是说他先选。机车男挑选了骰子B。现在你知道掷一次骰子，A有5/9的概率战胜B，所以你同意玩这个游戏，并挑选了骰子A。毕竟，你知道掷一次时骰子A更可能战胜骰子B，那么掷两次骰子的话，A就应该有更大概率战胜骰子B，对吗？

大错特错！（我们刚才说了吧，在酒吧和陌生人玩骰子是一个坏主意。）

17.3.4 掷两次

如果每个玩家掷两次，树状图将会有四层——$3^4 = 81$个结果。画出整个树状图需要花点时间。不过前两层比较简单，如图17.9的左图所示；注意，剩下两层包含了9个完全相同的图17.9的右图所示的树状图。

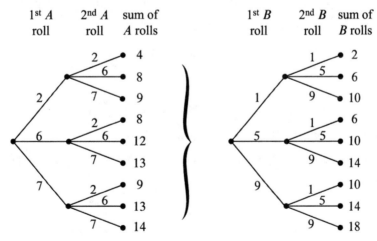

图17.9 骰子A, B的部分树状图，其中每个骰子掷两次。前两层如左图所示，后两层由9个右图所示的树状图构成

每个结果的概率是 $(1/3)^4 = 1/81$,所以这又是一个均匀的概率空间。根据式 17.3,这意味着 A 获胜的概率是 A 战胜 B 的结果数目除以 81。

为了计算 A 战胜 B 的结果数目,我们观察到掷两次骰子 A,在样本空间 S_A 中得到 9 种等可能的结果,掷两次的和为

$$(4,8,8,9,9,12,13,13,14)$$

同样地,掷两次骰子 B,在样本空间 S_B 得到 9 种等可能的结果,掷两次的和为

$$(2,6,6,10,10,10,14,14,18)$$

我们把两个骰子各掷两次的结果表示成对 $(x,y) \in S_A \times S_B$,其中 A 胜利当且仅当掷两次 A 的结果之和 x 大于掷两次 B 的结果之和 y。如果 A 之和是 4,那么只存在一个更小的 B 之和 y,即 B 之和等于 2。如果 A 之和是 8,那么存在三个更小的 B 之和 y,即 B 之和等于 2 或 6。用这种方式继续计数,满足 A 之和大于 B 之和的对 (x,y) 共有

$$1+3+3+3+3+6+6+6+6 = 37$$

同理,满足 B 之和大于 A 之和共有 42 对,而满足 B 之和等于 A 之和共有 2 对,即它们都等于 14。也就是说,A 输给 B 的概率为 $42/81 > 1/2$,平局概率为 $2/81$。骰子 A 赢的概率仅为 $37/81$。

为什么掷一次的时候 A 比 B 更可能赢,而掷两次 B 更可能赢呢?好吧,为什么不可能呢?我们之所以觉得不可能,唯一的原因就是我们那不可靠的、未经训练的直觉。(当作者第一次学到这些知识的时候,也十分惊讶,但至少没输给机车男 1400 元。)事实上,无论选择哪两个骰子,骰子的优势都发生了改变。所以,对于一次投掷,

$$A > B > C > A$$

而对于两次投掷,

$$A < B < C < A$$

我们用 > 和 < 来表示哪个骰子更可能得到更大的点数。

以上三个奇怪的骰子的怪异行为可以推广为:存在任意大的骰子集合,根据投掷次数不同,它们以一定的模式相互战胜。①

---

① 待出版:Ron Graham 的论文。

17.4 生日原理

班上有 95 名学生。请问有两人是同一天生日的概率是多少？95 名学生、365 个可能的生日，你可能会猜测概率大概在 1/4 左右——但你错了：班级中有两人是同一天生日的概率超过 0.9999。

我们假设，随机选择一个学生，他的生日恰巧是指定日期的概率为 $1/d$。假设一个班由 n 个随机独立选择的学生组成。当然在这个例子中，$d = 365$，$n = 95$，不过我们感兴趣的是解决更普遍的问题。实际上这些随机性的假设并不成立，因为一年中有些月份出生的孩子更多，而且班级的学生之间通常并不是相互独立的，但是我们做出以上假设以简化问题。更重要的是，这些假设在生日匹配的计算机科学应用中是合理的。例如，生日匹配是解决随机插入散列表的两个项目导致冲突的良好模型。所以我们不关心生育偏好，比如春天生孩子更多，或者双胞胎倾向于选择同一（或不同）班级等。

17.4.1 匹配概率的确切公式

n 个生日共有 d^n 种序列，而且根据我们的假设，这些序列都是等可能的。共有 $d(d-1)(d-2)\cdots(d-(n-1))$ 个长度为 n 的不同生日序列。这意味着大家生日各不相同的概率为：

$$\frac{d(d-1)(d-2)\cdots(d-(n-1))}{d^n}$$
$$= \frac{d}{d} \cdot \frac{d-1}{d} \cdot \frac{d-2}{d} \cdots \frac{d-(n-1)}{d} \quad (17.4)$$
$$= \left(1-\frac{0}{d}\right)\left(1-\frac{1}{d}\right)\left(1-\frac{2}{d}\right)\cdots\left(1-\frac{n-1}{d}\right) \quad (17.5)$$

现在我们基于 $1 - x < e^{-x}, \forall x > 0$ 来简化式 17.5。然后，截断 Taylor 级数 $e^{-x} = 1 - x + x^2/2! - x^3/3! + \cdots$。估计值 $e^{-x} \approx 1 - x$ 在 x 很小的时候相当精确。

$$\left(1-\frac{0}{d}\right)\left(1-\frac{1}{d}\right)\left(1-\frac{2}{d}\right)\cdots\left(1-\frac{n-1}{d}\right)$$
$$< e^0 \cdot e^{-1/d} \cdot e^{-2/d} \cdots e^{-(n-1)/d} \quad (17.6)$$
$$= e^{-\left(\sum_{i=1}^{n-1} i/d\right)}$$
$$= e^{-(n(n-1)/2d)} \quad (17.7)$$

当 $n = 95, d = 365$ 时，式 17.7 的值小于 $1/200\,000$，这意味着有两人的生日相同的概率实际上大于 $1 - 1/200\,000 > 0.99999$。所以，班上没有学生的生日相同才是令人震惊的事情。

当 $d \leq n^2/2$ 时，没有相同生日的概率渐近地等于式 17.7 的上界。特别地，当 $d = n^2/2$ 时，没有相同生日的概率渐近地等于 $1/e$。从而得出计算机科学领域十分有用的一条经验法则：

> **生日原理**
>
> 如果一年中有d天，一个房间中有$\sqrt{2d}$个人，那么房间中有两人生日相同的概率约为$1-1/e \approx 0.632$。

例如，根据生日原理，如果有$\sqrt{2 \cdot 365} \approx 27$个人在一个房间内，那么有两人生日相同的概率约为0.632。确切概率约为0.626，所以这个估计还是比较准的。

在其他应用领域，这意味着当你用一个散列函数将n个项目映射到大小为d的散列表时，如果n^2大于d的一小部分，将会遇到很多冲突。此外，生日原理也因"生日攻击"而著名，它用于破解某些加密系统。

17.5 集合论和概率

让我们将刚刚所述抽象成样本空间和概率论中的定义。

17.5.1 概率空间

定义 17.5.1 一个可数的样本空间$\mathcal{S}$是一个非空可数集。[①]样本空间中的元素$\omega \in \mathcal{S}$称为结果（outcome），$\mathcal{S}$的子集称为事件（event）。

定义 17.5.2 在样本空间$\mathcal{S}$上的概率函数（probablity function）是一个全函数（total function）$\Pr: \mathcal{S} \to \mathbb{R}$，其满足

- $\Pr[\omega] \geq 0, \forall \omega \in \mathcal{S}$，且
- $\sum_{\omega \in \mathcal{S}} \Pr[\omega] = 1$。

样本空间和概率函数一起称为概率空间（probablity space）。对于任意事件$E \subseteq \mathcal{S}$，E的概率定义为其中结果的概率之和：

$$\Pr[E] ::= \sum_{\omega \in E} \Pr[\omega]$$

前面的例子只涉及有限个可能的结果，不过我们马上就会遇到有无限可数结果的例子。

概率的研究和集合论紧密相连，因为样本空间可以是任意集合，事件可以是任意子集。广

[①] 是的，样本空间可以是无限的。如果你没有读过第8章，别紧张——可数（countable）就是指样本空间中的元素可以像这样列举出来$\omega_0, \omega_1, \omega_2 \cdots$。

义概率论讨论不可数集，比如实数集，不过我们不考虑这些，而是专注于可数集，所以我们采用求和而不是积分来定义事件的概率。此外，这也使我们免于顾虑集合论的某些干扰性技术问题，例如第 8 章提到的 Banach-Tarski "悖论"。

17.5.2 集合论的概率法则

前面关于有限集的绝大部分法则和特性都能够天然地延伸至概率。

由两个不相交（disjoint）事件 E 和 F 的事件概率定义，可以直接推导得，

$$\Pr[E \cup F] = \Pr[E] + \Pr[F]$$

这可以推广至可数事件。

法则 17.5.3（加和法则，Sum Rule）设 $E_0, E_1, \ldots, E_n, \ldots$ 是两两不相交的事件，那么，

$$\Pr\left[\bigcup_{n \in \mathbb{N}} E_n\right] = \sum_{n \in \mathbb{N}} \Pr[E_n]$$

加和法则允许我们将复杂事件分解为更简单的情形。例如，随机选择一名 MIT 学生，他来自美国本地的概率是 60%，来自加拿大的概率是 5%，来自墨西哥的概率是 5%，那么这名随机选择的 MIT 学生来自上述三个国家之一的概率是 70%。

另外，由加和法则可以推导出 $\Pr[A] + \Pr[\overline{A}] = 1$，这是因为 $\Pr[\mathcal{S}] = 1$，而 $\mathcal{S}$ 是不相交集合 A 和 $\overline{A}$ 的并集。这个等式常常写作：

$$\Pr[\overline{A}] = 1 - \Pr[A] \qquad \text{（互补法则，Complement Rule）}$$

有时候计算事件概率最简单的方法是计算其补集的概率，然后应用这个公式。

此外，还有一些类似于有限集基数的性质。即：

$$\Pr[B - A] = \Pr[B] - \Pr[A \cap B] \qquad \text{（减法法则，Difference Rule）}$$
$$\Pr[A \cup B] = \Pr[A] + \Pr[B] - \Pr[A \cap B] \qquad \text{（容斥原理，Inclusion-Exclusion）}$$
$$\Pr[A \cup B] \leq \Pr[A] + \Pr[B] \qquad \text{（布尔不等式，Boole's Inequality）}$$
$$\text{如果 } A \subseteq B, \text{那么 } \Pr[A] \leq \Pr[B] \qquad \text{（单调性原理，Monotonicity Rule）}$$

减法法则由加和法则推导而来，因为 B 等于不相交集合 $B - A$ 和 $A \cap B$ 的并集。容斥原理由加和法则和减法法则推导而来，因为 $A \cup B$ 是不相交集合 A 和 $B - A$ 的并集。布尔不等式是容斥原理的直接推理，因为概率都是非负的。单调性原理源自事件概率的定义，而且结果的概率是非负的。

两个事件的容斥原理等式同样可以推广到任意 n 个可数事件的集合。同理，布尔不等式也可

以推广到有限或无限可数事件的集合。

法则 17.5.4（并集的上界，Union Bound）

$$\Pr[E_1 \cup \cdots \cup E_n \cup \cdots] \leq \Pr[E_1] + \cdots + \Pr[E_n] + \cdots \quad （17.8）$$

并集的上界可用于很多计算。例如，假设E_i表示事件"宇宙飞船n个关键部件中的第i个故障"。那么$E_1 \cup \cdots \cup E_n$表示事件"某个原件故障"。如果$\sum_{i=1}^{n} \Pr[E_i]$很小，那么根据并集的上界，关键故障概率有一个很小的上界，这就令人放心了。

17.5.3 均匀概率空间

定义 17.5.5 给定有限的概率空间S，如果对每个$\omega \in S$来说，$\Pr[\omega]$都相等，那么这个概率空间是均匀的（uniform）。

正如我们在奇怪的骰子问题中看到的那样，均匀的样本空间尤其容易处理。因为对任意事件$E \subseteq S$，都有

$$\Pr[E] = \frac{|E|}{|S|} \quad （17.9）$$

这意味着一旦知道了E和S的基数，马上就可以得到$\Pr[E]$。在第Ⅲ部分我们开发了许多计算集合基数的工具。

例如，假设从一副标准的 52 张扑克牌中随机抽出 5 张牌。抽到葫芦（full house）的概率是多少？通常，这个问题需要花一些精力去求解。但是根据 15.7.2 节中的分析，我们知道

$$|S| = \binom{52}{5}$$

以及

$$|E| = 13 \cdot \binom{4}{3} \cdot 12 \cdot \binom{4}{2}$$

其中E是抽到葫芦的事件。因为每 5 张牌的组合都是等可能的，我们可以利用式 17.9 得到

$$\Pr[E] = \frac{13 \cdot 12 \cdot \binom{4}{3} \cdot \binom{4}{2}}{\binom{52}{5}}$$

$$= \frac{13 \cdot 12 \cdot 4 \cdot 6 \cdot 5 \cdot 4 \cdot 3 \cdot 2}{52 \cdot 51 \cdot 50 \cdot 49 \cdot 48} = \frac{18}{12495}$$

$$\approx \frac{1}{694}$$

17.5.4 无穷概率空间

无穷概率空间（Infinite probability space）很常见。例如，两名玩家轮流抛一枚公平的硬币。先抛得正面者胜。第一位玩家胜的概率是多少？这个问题的树状图如图 17.10 所示。

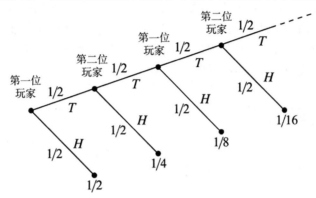

图 17.10　两名玩家轮流抛一枚公平的硬币的树状图，先抛得正面者胜

事件"第一位玩家胜"包含了无穷多个结果，不过我们可以求得这些结果之和的概率：

$$\Pr[\text{第一位玩家胜}] = \frac{1}{2} + \frac{1}{8} + \frac{1}{32} + \frac{1}{128} + \cdots$$
$$= \frac{1}{2} \sum_{n=0}^{\infty} \left(\frac{1}{4}\right)^n$$
$$= \frac{1}{2} \left(\frac{1}{1 - 1/4}\right) = \frac{2}{3}$$

同理，可以计算出第二位玩家胜的概率：

$$\Pr[\text{第二位玩家胜}] = \frac{1}{4} + \frac{1}{16} + \frac{1}{64} + \frac{1}{256} + \cdots = \frac{1}{3}$$

在这个例子中，样本空间是无穷集

$$\mathcal{S} ::= \{T^n H \mid n \in \mathbb{N}\}$$

其中 T^n 表示 n 个 T 字符串。概率函数是

$$\Pr[T^n H] ::= \frac{1}{2^{n+1}}$$

要验证这是一个概率空间，只需检验所有的概率是非负的并且它们的和为 1。所有已知的概率都是非负的，再利用几何级数求和公式，我们得到

$$\sum_{n\in\mathbb{N}} \Pr[T^n H] = \sum_{n\in\mathbb{N}} \frac{1}{2^{n+1}} = 1$$

注意，这个模型并没有考虑两位玩家不停抛硬币永远不分胜负的结果。(在图 17.10 中，抛硬币到永远表示从根开始到达不了叶/结果。)如果考虑这个概率，再添加一个结果 ω_{forever} 即可。当然，由于其他结果的概率之和已经为 1，你必须定义 ω_{forever} 的概率为 0。而概率为零的结果不会对计算产生影响，所以这一项加不加都无伤大雅。另一方面，在可数的概率空间中，不需要概率为零的结果，我们通常会忽略它们。

17.6 参考文献

[17], [24], [28], [31], [35], [36], [40], [39], [48]

17.2 节习题

练习题

习题 17.1

令 B 是独立抛掷 $2n$ 次公平硬币出现正面的次数。

(a) $\Pr[B = n]$ 渐近地等于下列表达式之一，请找出这个表达式并解释。

1. $\frac{1}{\sqrt{2\pi n}}$
2. $\frac{2}{\sqrt{\pi n}}$
3. $\frac{1}{\sqrt{\pi n}}$
4. $\sqrt{\frac{2}{\pi n}}$

测试题

习题 17.2

(a) 随机抽取独立、均匀分布的 k 个数字，不出现 0 的概率是多少？

(b) 盒子里有 90 个好的螺丝钉、10 个有缺陷的螺丝钉。如果我们从盒子里挑选 10 个螺丝钉，都没有缺陷的概率是多少？

(c) 第一个数字从{1,2,3,4,5}中等可能、随机地抽取，并且选出后剔除；接着，第二个数字在余下的数字中等可能、随机地抽取。第二次抽到奇数的概率是多少？

(d) 将数字1,2,…,n随机排列，即等可能、随机地选择一个排列。数字k恰巧在位置i的概率是多少？

(e) 一枚公平的硬币抛掷n次。所有的正面都出现在抛掷序列末尾的概率是多少？（如果没有出现正面，那么"正面都出现在抛掷序列末尾"必然成立。）

随堂练习

习题 17.3

纽约洋基队和波士顿红袜队正在进行一场三局两胜的比赛。换句话说，直到某一队赢得两局比赛才会结束，赢得两局的队伍被判为系列赛胜者。假设不管之前的比赛结果如何，红袜队每一局比赛赢的概率是3/5。

利用四步法回答如下问题。这三个问题你都可以使用同一个树状图。

(a) 一共打三局比赛的概率是多少？

(b) 系列赛胜者输掉第一局比赛的概率是多少？

(c) 成功投注的（correct）队伍获胜的概率是多少？

习题 17.4

为了决定两人中谁得到奖品，将一枚硬币抛掷两次。如果抛掷结果是第一次正面第二次反面，那么第一个人赢；如果第一次反面第二次正面，那么第二个人赢。如果两次抛掷结果一样，那么抛掷结果不算，整个过程重新开始。

假设不考虑其他抛掷结果，每一次抛掷出现正面的概率为p。利用四步法找到计算第一位选手赢的概率公式。两人都不赢的概率是多少？

提示：因为树状图和样本空间是无限的，所以画不出完整的树状图。试着画一部分以观察模式。直接将所有赢的结果概率加和非常麻烦。不过，这里有一个技巧可以解决这个问题——当然还有其他许多技巧。令s为整棵树中所有赢的结果概率之和。注意，子树上所有赢的结果概率之和可以写作s的函数。据此观察，写出s的方程并求解。

课后作业

习题 17.5

让我们看一下,如果有 4 扇门,"做个交易吧"游戏会怎样。四扇门其中之一的后面藏着一个奖品。选手选择一扇门,然后主持人打开一扇未被选中的、没有奖品的门。选手可以坚持他最初的选择,或者转而选择另外两扇尚未打开的门之一。如果选手最后选择的门后藏有奖品,则获得胜利。

我们在这个问题中做出相同的假设:

1. 奖品被等可能地藏在每一扇门后。

2. 不管奖品在哪,选手最初等可能地选择每扇门。

3. 主持人等可能地打开一扇没有奖品也没有被选中的门。

利用四步法计算如下概率。如果树状图非常大,你只需画出一部分弄清结构即可。

(a) 选手 Stu,来自新泽西州的公共卫生工程师,坚持自己最初的选择。那么 Stu 赢得奖品的概率是多少?

(b) 选手 Zelda,来自蒙大拿州的外星人劫持研究员,以相同的概率转而选择剩下的两扇门之一。Zelda 赢得奖品的概率是多少?

现在,让我们修改一下参赛选手如何选择门的假设。以 A、B、C、D 标记四扇门。假设在既不打开藏有奖品的门,也不打开已选中的门的限制条件下,主持人 Carol 总是打开最靠前的门(即门的标记在字母表上排在前面)。

对于来自麻省的选手 Mergatroid 来说,现在又多了一些关于奖品位置的信息。假设 Mergatroid 总是转而选择既不是最初选择的门,也不是主持人打开的门即剩下两扇门中最靠前的门。

(c) Mergatroid 赢得奖品的概率是多少?

习题 17.6

我们的世界中有 n 个不朽的战士,但最后只能有一个留下。战士们原本计划用古老的剑戏剧性地相互决斗,以此纠缠百年直到只剩一个幸存者。但是,经过一番发人深省的概率讨论,他们选择尝试以下协议:

1. 战士们锻造一枚正面朝上概率为 p 的硬币。

2. 每个战士抛一次硬币。

3. 如果恰好有一位战士抛得正面，那么就说他是天选之人。否则，这个协议就作废，他们继续用剑相互挥砍。

其中一人（来自俄罗斯草原的 Kurgan）认为，当 n 变得很大的时候，协议成功的概率趋于零。另外一人（来自苏格兰高地的 McLeod）认为，只要 p 选得足够谨慎，就不会出现这样的情况。

(a) 这个问题的样本空间是由 H, T 构成的长度为 n 的序列 $\{H, T\}^n$，其中 H 和 T 分别表示一次抛掷结果是正面或反面。说明如何用树状图方法计算每一个结果的概率，仅使用 p, n 以及正面结果 H 的数目 h 表示。

(b) 用 p 和 n 的函数给出实验成功的概率。

(c) 如何选择 p（即硬币的偏差），才能使实验成功的概率最大？

(d) 如果 p 按照(c)那样选择，那么成功的概率是多少？当 n（即战士的数量）增加的时候，成功的概率是多少？

习题 17.7

我们用一沓 52 张普通的扑克牌来玩一个游戏，其中包含 26 张红色的牌，26 张黑色的牌。随机洗牌之后，把这沓扑克牌面朝下放置于桌子上。你可以选择"抽取"或"跳过"最上面的扑克牌。如果你跳过了最上面的牌，则展示这张牌，然后用剩下的牌继续游戏。如果你抽取了最上面的牌，游戏结束。如果你抽取的牌展示为黑色，那么你获得胜利；如果你抽取的牌展示为红色，那么你输了。如果最后只剩下一张牌，那么你必须选择抽取这张牌。证明：没有比抽取最上面的牌更好的策略，这样你胜利的概率为 1/2。

提示：使用归纳法证明，对于一沓随机洗牌后的 n 张扑克牌（红色或黑色）——红黑牌的数量不一定相等——没有比抽取最上面的扑克牌更好的策略。

17.5 节习题

随堂练习

习题 17.8

假设加州理工学院的毕业生建造了一个由 n 个零件构成的系统。根据以往的经验我们知道，在一年中任意零件的损坏概率是 p。那么，令 F_i 表示事件第 i 个零件在一年内损坏，我们有

$$\Pr[F_i] = p$$

对 $1 \leq i \leq n$ 成立。如果任意一个零件损坏，系统就会崩溃。那么系统在这一年内崩溃的概率是多

少?

令 F 为系统一年内崩溃的概率。在没有其他附加假设的情况下，我们不能给出确切的 $\Pr[F]$。然而，我们可以给出有用的上界和下界，即

$$p \leqslant \Pr[F] \leqslant np \tag{17.10}$$

还可以假设 $p < 1/n$，否则上界就没有意义。例如，如果 $n = 100, p = 10^{-5}$，我们可以说系统一年内崩溃的概率至多为 $1/1000$，至少为 $1/100\,000$。

让我们用样本空间 $\mathcal{S} ::= \text{pow}([1,n])$ 进行建模，其中结果是正整数 $\leqslant n$ 的子集，$s \in \mathcal{S}$ 表示一年内损坏的零件序号。例如，$\{2,5\}$ 是第 2 个和第 5 个零件在这一年内损坏的结果，而其他零件没有损坏。所以系统不崩溃的结果对应于空集 $\varnothing$。

(a) 通过适当的结果概率描述，证明系统崩溃的概率至少为 p。确保所有的结果概率之和为 1。

(b) 通过适当的结果概率描述，证明系统崩溃的概率至多为 np。确保所有的结果概率之和为 1。

(c) 证明式 17.10。

习题 17.9

下面是由不相交加和法则直接推导而来的概率准则。请证明它们。

$\Pr[A - B] = \Pr[A] - \Pr[A \cap B]$ （减法法则，Difference Rule）

$\Pr[\overline{A}] = 1 - \Pr[A]$ （互补法则，Complement Rule）

$\Pr[A \cup B] = \Pr[A] + \Pr[B] - \Pr[A \cap B]$ （容斥原理，Inclusion-Exclusion）

$\Pr[A \cup B] \leqslant \Pr[A] + \Pr[B]$ （布尔不等式，Boole's Inequality）

如果 $A \subseteq B$，那么 $\Pr[A] \leqslant \Pr[B]$ （单调性原理，Monotonicity Rule）

课后作业

习题 17.10

证明下列概率不等式，即并集的上界。

令 $A_1, A_2, \cdots, A_N, \cdots$ 为事件。那么

$$\Pr\left[\bigcup_{n \in \mathbb{N}} A_n\right] \leqslant \sum_{n \in \mathbb{N}} \Pr[A_n]$$

提示：用两两不相交的事件代替 A_n，再利用加和法则。

习题 17.11

循环锦标赛的结果可以用锦标赛有向图（tournament digraph）表示，即每两个人比赛并且一方获胜——每两个不同顶点之间有且只有一条边，我们还需要表示胜负关系。

一场有n名选手的锦标赛是k-中立的是指，总是存在一名选手，能够完全打败任意k名选手，其中$k \in [0, n)$。例如，1-中立意味着不存在能够打败其他所有人的"最强"选手。

这个问题表明，给定k，如果n足够大，n名选手的锦标赛是k-中立的。我们将以概率形式重新形式化这个问题。即，给定n，对n个顶点的锦标赛有向图，独立地、等概率地为每条边分配概率。

(a) 对任意k名选手构成的集合S，令B_S表示事件"没有人能打败S中的所有人"。用n和k表示$\Pr[B_S]$。

(b) 令Q_k表示事件"n个顶点的锦标赛有向图不是k-中立的"。证明

$$\Pr[Q_k] \leq \binom{n}{k} \alpha^{n-k}$$

其中$\alpha ::= 1 - (1/2)^k$。

提示：令S是大小为k的选手子集，那么

$$Q_k = \bigcup_S B_S$$

利用布尔不等式。

(c) 证明如果n足够大且$n > k$，那么$\Pr[Q_k] < 1$。

(d) 证明根据以上结论可得，对于任意整数k，存在k-中立的锦标赛。

课后练习

习题 17.12

反复抛掷公平的硬币，直到连续三次抛掷结果为"正正反"或"反反正"。先出现"正正反"的概率是多少？定义一个适当的概率空间对这个过程进行建模，并解释这个概率。

提示：利用正反面概率的对称性。

第18章 条件概率

18.1 蒙特霍尔困惑

还记得我们说过蒙特霍尔（Monty Hall）问题是怎样——甚至对专业数学家——产生困扰的吗？利用前面介绍的树状图法，能够顺理成章地得到结论，这看起来或许令人吃惊。那么这个问题何以令这么多人感到困惑呢？

一种有漏洞的论点是这样的：假定参赛者选择了门 A，然后假设卡洛（蒙特的助手）打开了门 B，而门 B 后面是一只山羊。使用第 17 章介绍的树状图 17.3 可以描述这一情形。参赛者选择门 A 且门 B 后有一只山羊，刚好产生 3 个结果（outcome）：

$$(A, A, B), (A, A, C), (C, A, B) \tag{18.1}$$

以上结果出现的概率分别是 1/18, 1/18, 1/9。

在这些结果中，只有最后一个结果 (C, A, B)，换门才能获胜。另外两个结果的概率加起来等于 1/9，这与最后一个结果的概率相同。因此这时，转换选择获胜的概率与失败的概率是相等的。也就是说，换门并不比坚持最初的选择好到哪儿去！

这不对吧，因为我们已经知道换门获胜的实际概率是 2/3。之所以得到换或不换是一样的错误结论，是因为我们常常犯这样的错误：在已知事情已经发生的情况下，概率会发生改变。我们要求的是，事件[换门获胜]在给定另一个事件[选择门 A 且门 B 后是山羊]已经发生的条件下发生的概率。我们使用记号

$$\Pr\bigl[[\text{换门获胜}] \mid [\text{选择门 A 且门 B 后是山羊}]\bigr]$$

表示这个概率，根据刚才的推理它等于 1/2。

18.1.1 帷幕之后

"给定"条件的本质是指引我们只关注某一部分结果。正式的说法是，定义一个只包含某一部分结果的样本空间。拿这个例子来说，给定的条件是参赛者最初选择门 A 且门 B 后是山羊。于是，我们的新样本空间只包含式 18.1 中列出的三个结果。刚才我们计算的是给定这三个结果的条件下换门获胜的条件概率，即换门获胜的概率为 1/9，除以新样本空间中三个结果的总概率 $\left(\frac{1}{18} + \frac{1}{18} + \frac{1}{9}\right)$。

$$\Pr\big[[\text{换门获胜}] \mid [\text{选择门 A 且门 B 后是山羊}]\big]$$
$$= \frac{\Pr[(C,A,B) \mid \{(C,A,B),(A,A,B),(A,A,C)\}] + \Pr[(C,A,B)]}{\Pr[\{(C,A,B),(A,A,B),(A,A,C)\}]}$$
$$= \frac{1/9}{1/18 + 1/18 + 1/9} = \frac{1}{2}$$

这一计算过程并没有错误，为什么由它得出的换不换门的结论是错误的呢？因为它计算的对象错了，我们将在下一节中解释这一点。

18.2 定义和标记

表达式 $\Pr[X \mid Y]$ 表示，在事件 Y 发生的条件下，事件 X 发生的概率。在前面的例子中，事件 X 是换门获胜，事件 Y 是羊在 B 门后且参赛者最初选择了门 A。我们用条件概率的定义来计算 $\Pr[X \mid Y]$。

定义 18.2.1 设 X 和 Y 是事件，且 Y 具有非零概率，那么，

$$\Pr[X \mid Y] ::= \frac{\Pr[X \cap Y]}{\Pr[Y]}$$

如果事件 Y 的概率为零，条件概率 $\Pr[X \mid Y]$ 是未定义的（undefined）。我们不打算陈述"条件事件 Y 具有非零概率"这样无聊的假设，从现在起，我们默认所有条件事件都具有非零概率。

纯概率常常是反直觉的，而条件概率更是如此。在随机算法、计算机系统及赌博游戏中，条件可以改变概率，并产生意想不到的结果。而定义 18.2.1 非常简单，只要应用得当，不会造成任何麻烦。

18.2.1 问题所在

那么，如果 18.1 节的推理在数学上是合理的，为什么它看起来又与第 17 章得到的结论相矛盾呢？这是一个常见的问题：我们选择了错误的条件。在原始的场景描述中，卡洛打开门 B，且门 B 后是山羊。而我们定义的条件为"参赛者选择门 A 且门 B 后是山羊"，把结果 (A, A, C)（注意这时卡洛打开的是门 C）也包含进去了！正确的条件概率应当是"给定参赛者选择门 A 且卡洛打开门 B 的条件下，换门获胜的概率是多少"。如果选择的条件不能反映所有的已知信息，就会无意中在计算过程中包含多余的结果。使用正确的条件，换门获胜的概率仍为 1/9，但更小的样本空间具有更小的总概率：

$$\Pr[\{(A, A, B), (C, A, B)\}] = \frac{1}{18} + \frac{1}{9} = \frac{3}{18}$$

于是条件概率为：

$$\Pr\big[[\text{换门获胜}] \mid [\text{选择门 A 且卡洛打开门 B}]\big]$$
$$= \Pr[(C, A, B) \mid \{(C, A, B), (A, A, B)\}] + \frac{\Pr[(C, A, B)]}{\Pr[(C, A, B), (A, A, B)]}$$
$$= \frac{1/9}{1/9 + 1/18} = \frac{2}{3}$$

这正是我们已经从树状图 17.2 推断出来的结论。

辛普森审讯

在《纽约时报》的一篇评论文章中，Steven Strogatz 将辛普森（O.J. Simpson）审讯作为条件选择不当的例子。辛普森是一名退休的橄榄球运动员，曾被指控谋杀他的妻子 Nicole Brown Simpson，后来被宣判无罪。这个案子曾被广泛报道，被称为"世纪审讯"。种族关系紧张、对警察渎职的指控以及当时新兴的 DNA 取证引起了公众的注意。而 Strogatz，引用数学家、作家 I.J. Good 的话来说，关注的是本案不那么为人熟知的一面：辛普森虐待妻子的前科是否能够作为他谋杀妻子的证据。

控方认为虐待常常是谋杀的前兆，并指出统计结果表明，施虐者实施谋杀行为的可能性是一般人的 10 倍之高。然而辩方反驳，统计学还表明，虐待妻子的丈夫杀妻的可能性是"无穷小的"，约等于 1/2500。基于这些数字，虐待妻子的前科与谋杀妻子的实际关联性至多也只能说是有限的。根据辩方的说法，前科这件事会使陪审团倾向于不利于辛普森的审判，但没有检验价值，因此关于这个问题的讨论应该就此打住。

换句话说，控辩双方争论的是条件概率，即已知女性被丈夫虐待的条件下，被丈夫谋杀的可能性。但是控辩双方在计算过程中，都忽视了至关重要的一点：Nicole Brown Simpson 已经被谋杀了。Strogatz 指出，根据辩方的数据以及当时的犯罪统计数据，给定一个女性被虐待并被谋杀的条件下，凶手就是施虐者的概率大约为 80%。

Strogatz 在文章中详细阐明了 80% 这一数字背后的计算过程。这里我们想说明的一点是，我们无时无刻不在使用和误用条件概率，即使是公众监督下的专家也会犯错。

18.3 条件概率四步法

一场三局两胜的锦标赛，C-联盟冰球地方队赢得第一局的概率是 1/2。在接下来的比赛中，他们每局取胜的概率取决于前一局的结果。如果地方队赢得了前一局，那么他们将受到胜利的鼓舞，当前局的胜率为 2/3。如果他们输掉了前一局，那么他们将意志消沉，当下的胜率只有 1/3。在地方队赢得第一局的条件下，他们在锦标赛中取胜的概率是多少？

这是一个条件概率问题。设 A 表示事件"地方队锦标赛获胜"，B 表示事件"他们第一局获胜"。我们的目标是求条件概率 $\Pr[A \mid B]$。像普通概率问题一样，我们采用树状图和四步法处理条件概率问题。完整的树状图如图 18.1 所示。

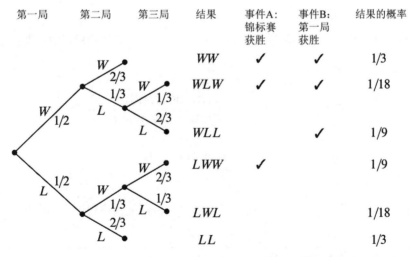

图 18.1 已知地方队第一局获胜的条件下赢得锦标赛胜利的树状图

步骤一：确定样本空间

树状图中的每个内部顶点都有两个子节点，一个表示地方队获胜（记为 W），另一个表示地方队失败（记为L）。完整的样本空间是：

$$S = \{WW, WLW, WLL, LWW, LWL, LL\}$$

步骤二：定义目标事件

地方队赢得锦标赛的事件：

$$T = \{WW, WLW, LWW\}$$

以及地方队赢得第一局的事件：

$$F = \{WW, WLW, WLL\}$$

这些事件的结果在树状图 18.1 中以对钩标记。

步骤三：确定结果的概率

接下来，我们必须为每个结果分配概率。首先，根据问题定义，给每条边赋值。具体来说，地方队赢得第一局的概率是 1/2，因此从根顶点出发的两条边都标记为 1/2。其他边根据上一局比赛的结果被标记为 1/3 或 2/3。然后，我们把根到叶子路径上的所有边的概率相乘，得到对应的结果的概率。例如，事件 WLL 的概率是：

$$\frac{1}{2} \cdot \frac{1}{3} \cdot \frac{2}{3} = \frac{1}{9}$$

步骤四：计算事件的概率

现在我们可以计算，在已知赢得第一局的条件下，地方队赢得锦标赛的概率：

$$\begin{aligned}
\Pr[A \mid B] &= \frac{\Pr[A \cap B]}{\Pr[B]} \\
&= \frac{\Pr[\{WW, WLW\}]}{\Pr[\{WW, WLW, WLL\}]} \\
&= \frac{1/3 + 1/18}{1/3 + 1/18 + 1/9} \\
&= \frac{7}{9}
\end{aligned}$$

搞定！如果地方队赢得了第一局，那么他们有 7/9 的可能性赢得整个锦标赛。

18.4 为什么树状图有效

现在我们有了使用树状图解决概率问题的常规方法。但还有一个重要问题没有讨论：这些有趣的图背后的数学依据。为什么这些图是有效的？

这涉及条件概率。事实上，树状图中边的概率就是条件概率。例如，在冰球队问题的树状图中，考虑最上面那个对应结果 WW 的路径。第一条边被标记为1/2，这是地方队赢得第一局的概率。第二条边被标记为2/3，这是给定他们已经赢得第一局的条件下赢得第二局的概率——这是一个条件概率！一般来说，树状图上的每一条边的概率是指，给定从根节点到父节点的条件下实验沿着这条路径推进到当前节点的概率。

所以，我们其实一直在使用条件概率。例如，我们得到：

$$\Pr[W\,W] = \frac{1}{2} \cdot \frac{2}{3} = \frac{1}{3}$$

为什么这是正确的？

回顾定义 18.2.1 中条件概率的定义，它也能写成条件概率的乘法法则形式。

法则（条件概率的乘法法则：两个事件）

$$\Pr[E_1 \cap E_2] = \Pr[E_1] \cdot \Pr[E_2 \mid E_1]$$

树状图的边概率相乘等于这个等式的右侧。例如：

$$\Pr[\text{第一局获胜} \cap \text{第二局获胜}]$$
$$= \Pr[\text{第一局获胜}] \cdot \Pr[\text{第二局获胜} \mid \text{第一局获胜}]$$
$$= \frac{1}{2} \cdot \frac{2}{3}$$

所以条件概率的乘法法则公式从形式上证明了边的概率相乘等于结果的概率。

将长度为 3 的路径上的边相乘，需要三个事件的运算公式：

法则（条件概率的乘法法则：三个事件）

$$\Pr[E_1 \cap E_2 \cap E_3] = \Pr[E_1] \cdot \Pr[E_2 \mid E_1] \cdot \Pr[E_3 \mid E_1 \cap E_2]$$

习题 18.1 给出了 n 个事件的条件概率的乘法法则，其公式形式与上式类似。

18.4.1 大小为 k 的子集的概率

条件概率乘法法则的一个简单应用就是，计算整数 $[1..n]$ 内大小为 k 的子集的数量。当然，我们已经知道这个数量是 $\binom{n}{k}$，但是乘法法则能够提供 $\binom{n}{k}$ 的另一种推导。

选择某个大小为 k 的子集 $S \subseteq [1..n]$ 作为目标。假设这个大小为 k 的子集是随机选择的，即等可能地选择 $[1..n]$ 上的子集。设 p 是随机选择这个目标子集的概率。也就是说，选择 S 的概率是 p，而所有子集被选中的概率相等，所以大小为 k 的子集数量等于 $1/p$。

那么p是多少呢？首先，随机目标集合S中最小的数即k个数中最小的一个，其概率是k/n。然后，在给定S中最小数的条件下，第二小的数在剩下$k-1$个数中的概率是$(k-1)/(n-1)$。那么，根据乘法法则，两个最小的数同时在S中的概率为

$$\frac{k}{n} \cdot \frac{k-1}{n-1}$$

接下来，在给定两个最小的数在S中的条件下，第三小的数在其余$k-2$个数中的概率是$(k-2)/(n-2)$。所以由乘法法则可知，这三个最小的数同时在S中的概率为

$$\frac{k}{n} \cdot \frac{k-1}{n-1} \cdot \frac{k-2}{n-2}$$

用这种方法继续计算，很容易得出随机选择的所有k个数全部在S中，即随机选择的集合就是目标集合S的概率是

$$\begin{aligned}
p &= \frac{k}{n} \cdot \frac{k-1}{n-1} \cdot \frac{k-2}{n-2} \cdots \frac{k-(k-1)}{n-(k-1)} \\
&= \frac{k \cdot (k-1) \cdot (k-2) \cdots 1}{n \cdot (n-1) \cdot (n-2) \cdots (n-(k-1))} \\
&= \frac{k!}{n!/(n-k)!} \\
&= \frac{k!(n-k)!}{n!}
\end{aligned}$$

于是，我们再一次得出了$[1..n]$上大小为k的子集的数量，即$1/p$，等于

$$\frac{n!}{k!(n-k)!}$$

18.4.2 医学检测

乳腺癌是一种致命的疾病，每年致使很多人死亡。对乳腺癌进行早期检测和精确诊断至关重要，其中常规乳腺X光检测就是第一道防线。尽管不像其他医学检测那么准确，乳腺X光检测当前也有90%到95%的正确率，作为一种并不昂贵的无创检查，这样的准确率似乎已经很不错了。[①] 然而，乳腺X光检测结果也例证了条件概率与直觉相悖。假如你或你关心的人在高于90%的准确率的乳腺癌X光检测中被诊断为阳性，你大概会很自然地认为有90%的可能性已经患病了。然而数学分析表明这种本能的直觉不过是假象。首先我们给出乳腺X光检测的精确定义：

[①] 这个统计数据来源于实际医学数据。这里取粗略数字仅供参考。

- 如果你实际患病了，有10%的可能性检测结果为没有患病，称为"假阴性"（false negative）。
- 如果你实际没有患病，有5%的可能性检测结果为患病，这是"假阳性"（false positive）。

18.4.3 四步分析法

现在假设我们检测的对象是没有家族癌症病史的中年妇女，这一人群的乳腺癌发病率不超过1%。

步骤一：确定样本空间

用树状图确定样本空间，如图18.2所示。

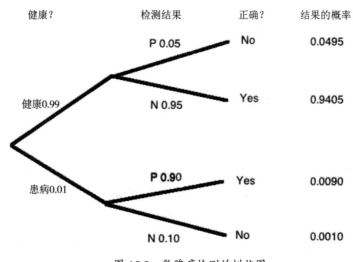

图 18.2 乳腺癌检测的树状图

步骤二：确定目标事件

设事件A为被检测者实际患有乳腺癌，事件B为检测结果为阳性。每个事件中的结果被标在树状图上。我们想确定$\Pr[A \mid B]$，即给定检测结果为阳性的条件下被检测者患有乳腺癌的概率。

步骤三：计算结果的概率

首先确定边的概率。根据问题定义和乘法法则，每个结果的概率等于根到叶子的路径上所有边的概率之积。如图18.2所示。

步骤四：计算事件的概率

由定义18.2.1，有

$$\Pr[A \mid B] = \frac{\Pr[A \cap B]}{\Pr[B]} = \frac{0.009}{0.009 + 0.0495} \approx 15.4\%$$

因此，如果检测结果为阳性，有 84.6%的可能性这个检测结果是错误的！所以，看上去这个精确的检测并不能告诉我们太多的信息。高准确率不一定有价值。比如有一种简单的方法能够提供 99%的准确率：总是给出阴性结果！如此一来，对 99%的健康人来说检测结果都是正确的，而对 1%确实患有癌症的人来说检测错误。然而，这个准确率为 99%的检测其实什么都没告诉我们；相比之下，"不那么准确"的乳腺 X 光检测倒是更为有用。

18.4.4 固有频率

实际患病的人的检测结果为阳性的概率只有 15%，初看起开这似乎很令人吃惊。但稍加思考，这其实是符合常理的。检测结果为阳性有两种情况：第一，被检测者实际患病，并且检测得到了正确的结果；第二，被检测者是健康的，而检测得到的是错误的结果。可是大家几乎都是健康的呀！健康的人数实在是太多了，以至于即使假阳性结果只有 5%，与真阳性患者相比仍然是压倒性的数字。

考虑用"固有频率"（natural frequency）来理解这些令人费解的结果。例如，让我们来仔细考察乳腺 X 光检测的例子。

考察 10 000 名女性。根据患病率，她们中的 100 个人可能患有乳腺癌，其中又有 90 个会有阳性检测结果。剩下 9900 个人为健康女性，但是她们中有 5%——约 500 人——会在乳腺 X 光检测中得到假阳性结果。这就是说，每不到 600 个阳性结果中只有 90 个是真正的阳性。所以，错误率为 85%。

18.4.5 后验概率

如果进一步思考，刚才的医学测试问题可能又令人困惑。你可能不明白诸如"如果一个人检测结果为阳性，那他患病的概率为 15%"这样的表述到底有没有意义，毕竟对一个被检测者来说他要么患病要么没有患病。

这个陈述只是表明，检测为阳性的人实际患有乳腺癌的可能性是 15%。对任意特定的人来说，他要么患病要么没有患病；但是从检测结果呈阳性的人群中随机选择一个人，那么他检测结果阳性且确实患病的概率是 15%。

那么，如果你自己的检测结果呈阳性，这个 15%的概率是什么意思呢？是该庆幸你只有不到五分之一的概率患病？还是该担忧你有将近五分之一的概率不患病？需要以防万一开始治疗吗？还是再多做一些检测？

这些是重要的实际问题，但我们必须知道它们并不是数学问题。事实上，这些问题关乎统计判断（statistical judgements）以及概率的哲学意义。我们再来看一个关于"事后"概率的例子。

反过来的冰球队问题

假设我们将冰球队问题反过来：给定本地冰球队赢了锦标赛的条件下，他们赢得了第一局的概率是多少？

正如我们之前讨论的，有些人会觉得这个问题很荒谬。如果冰球队已经赢下了锦标赛，那么第一局早就比过了。谁赢了第一局是一个事实问题，而不是概率问题。但是，概率的数学理论并没有事件发生先后顺序的概念。不存在时间这样的概念。因此，从数学的角度看，这是一个完全有效的问题。而且，从实际的角度看，这也是一个有意义的问题。假设有人告诉你本地冰球队赢得了锦标赛，但没有告诉你每一局的情况。那么你想要知道有多大可能冰球队赢了第一局，这也是完全合理的。如果事件 B 在时间上先于事件 A 发生，那么条件概率 $\Pr[B \mid A]$ 称为后验（posteriori）概率。这里有更多后验概率的例子：

- 给定下午下过雨的条件下，上午是多云的概率。
- 给定我在无限下注的德州扑克中拿到了四条的条件下，一开始被发到两张皇后的概率。

我们认为后验概率有别于普通概率只是出于因果观念，这是一个哲学问题而非数学问题。

让我们回到刚才的问题：给定本地冰球队赢下了锦标赛的条件概率是 $\Pr[B \mid A]$，求他们赢了第一局比赛的概率。利用条件概率的定义以及图 18.1 的树状图来计算：

$$\Pr[B \mid A] = \frac{\Pr[B \cap A]}{\Pr[A]} = \frac{1/3 + 1/18}{1/3 + 1/18 + 1/9} = \frac{7}{9}$$

一般地，贝叶斯法则（Bayes' Rule）描述了这两种概率的关系。

定理 18.4.1（贝叶斯公式）

$$\Pr[B \mid A] = \frac{\Pr[A \mid B] \cdot \Pr[B]}{\Pr[A]} \tag{18.2}$$

证明. 由条件概率的定义，有

$$\Pr[B \mid A] \cdot \Pr[A] = \Pr[A \cap B] = \Pr[A \mid B] \cdot \Pr[B]$$

两边除以 $\Pr[A]$ 可得式 18.2。∎

18.4.6 概率的哲学

考虑以下事件的概率：

$$[2^{6972607} - 1 \text{ 是质数}]$$

检验如此大的一个数是不是质数，方法并不是那么显而易见，可以尝试基于质数的密度做估计。由质数定理可知，这个范围内的数字，每 500 万个数中只有一个是质数，所以这个数是质数的概率约为 $2 \cdot 10^{-8}$。另一方面，既然我们要拿这个例子讨论哲学，你猜我们故意选了一个怪异的质数，干脆赌它就是一个质数，机会一半一半嘛。换句话说，你觉得这个概率是 1/2。最后我们还可以说，给这个问题确定一个概率就是徒劳，因为它根本就没有随机性：一个数字要么一定是质数要么不是。这便是本书的观点。

还有一种观点称作贝叶斯（Bayesian）方法，它认为概率描述的是一个命题的可信度（degree of belief）。一个贝叶斯派的人赞同这个数要么是质数要么是合数，也十分愿意给这两种可能性分别赋予一个概率。贝叶斯方法能够为任意一个事件都赋予概率，但问题是事件不存在单一的"正确"概率，因为这个概率取决于初始信念。另一方面，如果你对初始信念深信不疑，那么贝叶斯主义则提供了随着以后更多信息的出现对信念进行更新的框架。

值得一提的是，我们并不清楚贝叶斯（Bayes）本人是不是这种意义下的贝叶斯派（Bayesian）。尽管如此，一个贝叶斯派的人会非常乐意探讨贝叶斯是贝叶斯派的概率。另一个思想学派认为概率只有在诸如掷骰子或抛硬币这样的重复过程（repeatable processes）中才有意义。从频率论者（frequentist）的角度说，事件的概率代表该事件在重复试验中发生的比例。于是我们可以这样理解 18.4.5 节中 C-联赛冰球队例子中的后验概率：设想举行了很多场比赛，给定本地队赢下锦标赛的条件下他们赢了第一局的概率，就是在锦标赛获胜的所有比赛中他们赢了第一局比赛所占的比例。

回到质数问题，我们在 9.5.1 节提到过一个基于概率的质数测试。如果数字 N 是合数，那么这个测试有至少 3/4 的概率检测到它是合数。剩下 1/4 的测试结果是不确定。一旦出现了不确定的结果，我们再独立重复这个测试，比方说再测 100 次。所以，如果 N 本身是合数，那么重复测试 100 次都不能确定的概率至多是：

$$\left(\frac{1}{4}\right)^{100}$$

如果重复测试 100 次还是不确定，逻辑上说这个数仍有可能是合数，但是这时你打赌它是个质数绝对是非常明智的！如果你想用概率来描述这种试验后是不是质数的个人信念，那你就是贝叶斯派。频率论者不会给 N 的素性赋予概率，但他们依然乐意极其自信地打赌 N 是质数。18.9 节讨论抽样和置信水平的时候我们会进一步考察这个问题。

尽管存在哲学上的分歧，但现实中贝叶斯派和频率论派从概率得到的结论基本是一致的，虽然他们对概率的解读不同，但都是概率论。

18.5 全概率定理

将概率计算拆分成不同的情况，能够简化很多问题。思路是，为了计算事件A的概率，拆分成两种情况即事件E发生或不发生分别计算，即计算$A \cap E$和$A \cap \overline{E}$的概率。根据加和法则，这两个概率的和就是$\Pr[A]$。将事件的并表示成条件概率，则：

法则 18.5.1（全概率定理：单一事件）

$$\Pr[A] = \Pr[A \mid E] \cdot \Pr[E] + \Pr[A \mid \overline{E}] \cdot \Pr[\overline{E}]$$

例如，假设我们进行如下试验。首先，抛一枚公平硬币。若正面朝上，则掷一枚骰子，并记下点数。若反面朝上，则掷两枚骰子，并记下两次骰子点数之和。那么得到结果为 2 的概率是多少？设事件E为硬币正面朝上，事件A为得到结果 2。假设硬币是公平的，即$\Pr[E] = \Pr[\overline{E}] = 1/2$。分两种情况：如果抛得正面，那么用一个骰子掷得 2 的概率为$\Pr[A \mid E] = 1/6$；另一种情况，如果抛得反面，那么用两个骰子掷得 2 的概率为$\Pr[A \mid \overline{E}] = 1/36$。因此，整个试验得到 2 的概率是

$$\Pr[A] = \frac{1}{2} \cdot \frac{1}{6} + \frac{1}{2} \cdot \frac{1}{36} = \frac{7}{72}$$

这个法则可扩展至任意多个不相交事件的情形。例如，

法则（全概率公式：三个事件）若E_1, E_2和E_3是不相交的，且 $\Pr[E_1 \cup E_2 \cup E_3] = 1$，那么 $\Pr[A] = \Pr[A \mid E_1] \cdot \Pr[E_1] + \Pr[A \mid E_2] \cdot \Pr[E_2] + \Pr[A \mid E_3] \cdot \Pr[E_3]$。

由此可得三个事件的贝叶斯公式，即根据给定E_1, E_2和E_3时A的条件概率，"反过来"求给定A时E_1的条件概率：

法则（贝叶斯法则：三个事件）

$$\Pr[E_1 \mid A] = \frac{\Pr[A \mid E_1] \cdot \Pr[E_1]}{\Pr[A \mid E_1] \cdot \Pr[E_1] + \Pr[A \mid E_2] \cdot \Pr[E_2] + \Pr[A \mid E_3] \cdot \Pr[E_3]}$$

练习一下将上述两个公式推广到n个不相交事件的情形（见习题 18.3 和习题 18.4）。

18.5.1 以单一事件为条件

17.5.2 节中的概率法则也适用于以单一事件作为条件的条件概率。例如，两个集合的容斥公式当所有概率都以事件C为条件时仍然成立：

$$\Pr[A \cup B \mid C] = \Pr[A \mid C] + \Pr[B \mid C] - \Pr[A \cap B \mid C]$$

只要把条件概率的定义 18.2.1 代入，很容易验证这个公式的正确性。[①]

很重要的一点是，不要把条件竖线两边的事件弄错了。例如，以下式子不是恒成立的。

错误声明

$$\Pr[A \mid B \cup C] = \Pr[A \mid B] + \Pr[A \mid C] - \Pr[A \mid B \cap C] \quad （18.3）$$

一个简单的反例是：令 B, C 是均匀空间上事件 A 的大部分结果，且 B, C 不相交。这就保证了 $\Pr[A \mid B]$ 和 $\Pr[A \mid C]$ 都接近于 1。例如，

$$B ::= [0..9]$$
$$C ::= [10..18] \cup \{0\}$$
$$A ::= [1..18]$$

于是

$$\Pr[A \mid B] = \frac{9}{10} = \Pr[A \mid C]$$

同时，由于 0 是 $B \cap C$ 的唯一一个事件且 $0 \notin A$，则

$$\Pr[A \mid B \cap C] = 0$$

所以式 18.3 的右侧等于 1.8，而左侧是一个接近 1 的概率，确切地说也就是 18/19。

18.6　辛普森悖论

1973 年，一所著名的大学因为性别歧视受到了调查[6]。调查的起因是，有证据显示（乍看起来确凿无疑）：在 1973 年，该校的研究生项目录取率男性申请者为 44%，而女性申请者只有 35%。

但是，这个数据完全是在误导我们。各个专业的录取情况分析显示，鲜少有专业的录取存在明显偏颇，而且即使那几个统计上确实有失公允的专业，其实大多也是偏向女性的。这就是说，就算存在性别歧视，那也是歧视男性！

这些发现是相互矛盾的，看上去一定是有人有意或无意地犯了数学错误。但是，这些数字本身并不存在不一致问题。事实上，这种问题非常常见，它甚至还有一个专属的名字：辛普森悖论（Simpson's Paradox），即多个数据组呈现出类似的趋势，而这些数据组聚合起来呈现相反的趋势。要解释为什么会发生这种情况，首先我们使用条件概率理清问题。简单起见，假设只

[①] 习题 18.13 解释了为什么这里条件概率遵循非条件概率那样的一般规律。

有两个系：EE 和 CS。进行随机选择一个候选人的试验。定义如下事件：

- $A ::=$ 候选人被他/她申请的项目录取
- $F_{EE} ::=$ 申请 EE 系的候选人是女性
- $F_{CS} ::=$ 申请 CS 系的候选人是女性
- $M_{EE} ::=$ 申请 EE 系的候选人是男性
- $M_{CS} ::=$ 申请 CS 系的候选人是男性

录情情况如表 18-1 所示。

表 18.1 总体上看男性录取率比较高，但是各个系的男性录取率都比女性低

CS	5 个候选人中录取了 2 个男性	40%
	100 个候选人中录取了 50 个女性	50%
EE	100 个候选人中录取了 70 个男性	70%
	5 个候选人中录取了 4 个女性	80%
总计	105 个候选人中录取了 72 个男性	≈ 69%
	105 个候选人中录取了 54 个女性	≈ 51%

假设所有候选人要么是男性要么是女性，而且每个人只能申请一个系。即，$F_{EE}, F_{CS}, M_{EE}, M_{CS}$ 各不相交。

在这些条件下，原告声称——男性候选人比女性候选人更容易被录取——可以表述为如下不等式：

$$\Pr[A \mid M_{EE} \cup M_{CS}] > \Pr[A \mid F_{EE} \cup F_{CS}]$$

而学校的反驳——对任何系来说，女性申请者都比男性申请者更容易被录取——可以表述为：

$$\Pr[A \mid M_{EE}] < \Pr[A \mid F_{EE}] \text{ 且}$$
$$\Pr[A \mid M_{CS}] < \Pr[A \mid F_{CS}]$$

我们可以这么解释为什么全校整体录取率与系的录取情况存在差异：CS系比EE系更加苛刻，而CS系的女性申请者远远多于EE系。①从表 18.1 可以看出，原告方和校方所声称的录取情况不对等现象。

起初，我们和原告都认为学校的整体统计数据只能用性别歧视来解释。而按系统计的数据似乎推翻了这一指控。那么真的是这样的吗？

---

① 实际上，大学里更受女性欢迎的是对数学基础没有要求的专业，比如英语和教育。女性在专业选择上的不平衡性体现了性别偏见，但这时尚不涉及学校问题。

假如我们将事件"申请 EE 系的候选人是男性/女性"换成"在某月的奇数日收到录取通知的 EE 系候选人是男性/女性",相应地,CS 系换成偶数日。由于我们认为日期的奇偶性不会影响录取结果,所以很可能对"不论奇数日还是偶数日都录取女性更多"这样的"巧合"置之不理;而是得出结论说,既然整体数据显示女性被录取的可能性更低,那么这个大学确实存在歧视女性的情况。

切记,不论是按系统计,还是按日期奇偶性统计,*我们使用的都是同样的数据*。我们依据自己潜在的因果信念(即系重要而日期奇偶性不重要),对同样的数据做出不同的解释;接着,又声称这些数据验证了我们的信念(即是否存在歧视),从而构成循环论证。事实上,我们对数据相关性的解释,取决于我们对影响录取的因素的最初信念。[1]这个例子强调了一个常常被忽视的统计学基本原理:永远不要假设相关关系意味着因果关系。

18.7 独立性

假设我们在房间的两侧同时抛两枚公平的硬币。从直觉上说,这两枚硬币的落地方式不会互相影响。这种直觉从数学上说就是独立性(independence)。

定义 18.7.1 概率为 0 的事件是指独立于所有事件(包括它自己)的事件。如果 $\Pr[B] \neq 0$,那么事件 A 独立于事件 B 当且仅当

$$\Pr[A \mid B] = \Pr[A] \tag{18.4}$$

换句话说,如果知道 B 发生不会改变 A 发生的概率,那么 A 和 B 是独立的。比如在房间的两侧抛两枚硬币。

潜在陷阱

学生们有时觉得不相交的事件是独立的。这句话的否命题是成立的:如果 $A \cap B = \emptyset$,那么如果 A 发生 B 就不会发生。不相交的事件不可能是独立的——除非其中一个事件的概率为 0。

18.7.1 另一个公式

从定义 18.7.1 直接可得到另一个表达独立性的公式。

定理 18.7.2 A 独立于 B,当且仅当

$$\Pr[A \cap B] = \Pr[A] \cdot \Pr[B] \tag{18.5}$$

---

[1] 这个问题在《因果关系:模型、推理和推论》(Judea Pearl,剑桥大学出版社,2001)一书中有详细的探讨。

注意，从定理 18.7.2 可以看出对称性，即 A 独立于 B，与 B 独立于 A 是一样的。

推论 18.7.3 A 独立于 B 当且仅当 B 独立于 A。

18.7.2 独立性是一种假设

一般来说，独立性是建模时做出的假设。例如，像之前抛两枚公平硬币的试验。令事件 A 为第一个硬币正面朝上，事件 B 为第二个硬币正面朝上。假设 A 和 B 是独立的，那么两枚硬币都正面朝上的概率是：

$$\Pr[A \cap B] = \Pr[A] \cdot \Pr[B] = \frac{1}{2} \cdot \frac{1}{2} = \frac{1}{4}$$

在这个例子中，假设独立性是合理的。一枚硬币抛得怎样的结果对另一枚硬币本就没有什么影响。多次重复这个试验，每次 $A \cap B$ 的结果都是 1/4。

另一方面，也有很多时候假设独立性是不合理的。比如一个晴天的 24 小时天气预报，可能会说从中午到午夜零点之间每个小时都有 10% 的概率下雨，也就是说每个小时有 90% 的概率不下雨。但是不能说这一天不下雨的概率是 $0.9^{12} \approx 0.28$。事实上，如果下午 5 点不下雨，那么 6 点不下雨的概率就会高于 90%；而如果 5 点下起了大雨，那么下一个小时下雨的概率就会远高于 10%。

判断何时该假设两个事件是独立的是一件棘手的事情。在实践中，由于很多有用的公式（如公式 18.5）只在事件独立时成立，所以我们总是很想去假设独立性。但是你必须小心：我们将介绍几个著名的错误假设独立性带来麻烦的例子。如果不止两个事件，问题会变得更加棘手。

18.8 相互独立性

我们已经定义了两个事件独立。要是有两个以上的事件呢？例如，如何描述 n 枚硬币的抛掷结果相互之间是独立的？给定一个事件集合，对其中任意一个事件来说，不论其他事件是否发生都不影响这个事件发生的概率，那么我们说这个事件集合是相互独立（mutually independent）的。另一种等价的说法是：对任意选择的两个及以上事件来说，这些事件同时发生的概率等于每一个事件发生概率的乘积。

例如，4 个事件 E_1, E_2, E_3, E_4 相互独立，当且仅当以下所有等式成立：

$$\Pr[E_1 \cap E_2] = \Pr[E_1] \cdot \Pr[E_2]$$
$$\Pr[E_1 \cap E_3] = \Pr[E_1] \cdot \Pr[E_3]$$
$$\Pr[E_1 \cap E_4] = \Pr[E_1] \cdot \Pr[E_4]$$
$$\Pr[E_2 \cap E_3] = \Pr[E_2] \cdot \Pr[E_3]$$
$$\Pr[E_2 \cap E_4] = \Pr[E_2] \cdot \Pr[E_4]$$
$$\Pr[E_3 \cap E_4] = \Pr[E_3] \cdot \Pr[E_4]$$
$$\Pr[E_1 \cap E_2 \cap E_3] = \Pr[E_1] \cdot \Pr[E_2] \cdot \Pr[E_3]$$
$$\Pr[E_1 \cap E_2 \cap E_4] = \Pr[E_1] \cdot \Pr[E_2] \cdot \Pr[E_4]$$
$$\Pr[E_1 \cap E_3 \cap E_4] = \Pr[E_1] \cdot \Pr[E_3] \cdot \Pr[E_4]$$
$$\Pr[E_2 \cap E_3 \cap E_4] = \Pr[E_2] \cdot \Pr[E_3] \cdot \Pr[E_4]$$
$$\Pr[E_1 \cap E_2 \cap E_3 \cap E_4] = \Pr[E_1] \cdot \Pr[E_2] \cdot \Pr[E_3] \cdot \Pr[E_4]$$

显然，可以推广到 n 个事件的情形。

18.8.1　DNA 检测

在实践中，独立性假设稀松平常，而且大多是非常合理的。然而有时候独立性假设的合理性并不明显，而错误假设的后果是很严重的。

让我们回到辛普森谋杀审讯案。以下是 1995 年 5 月 15 日的专家证词：

Clarke 先生："在做频率估计的时候，我想你用到了一点独立性概念吧？"

Cotton 博士："是的，没错。"

Clarke 先生："那是什么意思来着？"

Cotton 博士："就是，有没有遗传一个等位基因（allele），不影响第二个等位基因的遗传。也就是说，如果你在第 5000 个碱基对（base pairs）处遗传一个基因带，这并不意味着你当然会或者以一定的概率在第 6000 个碱基对处再遗传一个基因带。你从父母中一方遗传到什么基因'独立'于你从另一方得到什么。"

Clarke 先生："为什么这很重要？"

Cotton 博士："从数学上说这很重要，否则，将不同基因位置的频次相乘就是不正确的。"

Clarke 先生："那——嗯，首先，本案检测到的遗传标记，它们是独立的吗？"

你大概会像陪审团一样对这段对话感到困惑。陪审团被告知，检测发现犯罪现场的血液遗传标记与辛普森的吻合，而且血液遗传标记与随机样本吻合的可能性至多为 1 亿 7000 万分之一。这个天文数字是从这样的统计数据中得出的：

- 100 人中有 1 人有标记 A。
- 50 人中有 1 人有标记 B。

- 40 人中有 1 人有标记 C。
- 5 人中有 1 人有标记 D。
- 170 人中有 1 人有标记 E。

将这些数字相乘，可得一个随机选择的人同时具有 5 个标记的概率：

$$\begin{aligned}\Pr[A \cap B \cap C \cap D \cap E] &= \Pr[A] \cdot \Pr[B] \cdot \Pr[C] \cdot \Pr[D] \cdot \Pr[E] \\ &= \frac{1}{100} \cdot \frac{1}{50} \cdot \frac{1}{40} \cdot \frac{1}{5} \cdot \frac{1}{170} = \frac{1}{170\,000\,000}\end{aligned}$$

辩方指出，这个计算假设这些标记是相互独立地出现的。况且，这些统计数据只是基于几百份血液样本得到的。

审讯结束后，大众嘲笑陪审团根本不"理解"DNA 证据。如果你是一个陪审员，你会接受这 1 亿 7000 万分之一的计算吗？

18.8.2 两两独立

相互独立的定义看起来复杂得不像话——有那么多事件的组合要考虑！这里我们举一个例子说明，当涉及两个以上事件的时候，独立性有多微妙。假设我们抛 3 枚公平、相互独立的硬币。定义如下事件：

- 事件 A_1 为硬币 1 的结果与硬币 2 一致。
- 事件 A_2 为硬币 2 的结果与硬币 3 一致。
- 事件 A_3 为硬币 3 的结果与硬币 1 一致。

那么，事件 A_1, A_2, A_3 是相互独立的吗？

这一试验的样本空间为：

$$\{HHH, HHT, HTH, HTT, THH, THT, TTH, TTT\}$$

根据硬币相互独立的假设，每个结果的概率都是 $(1/2)^3 = 1/8$。

要想知道事件 A_1, A_2 和 A_3 是否相互独立，我们必须考察一连串等式。首先，计算每个事件 A_i 的概率：

$$\begin{aligned}\Pr[A_1] &= \Pr[HHH] + \Pr[HHT] + \Pr[TTH] + \Pr[TTT] \\ &= \frac{1}{8} + \frac{1}{8} + \frac{1}{8} + \frac{1}{8} = \frac{1}{2}\end{aligned}$$

根据对称性，同样有 $\Pr[A_2] = \Pr[A_3] = 1/2$。现在，开始检查相互独立性要求的所有等式：

$$\begin{aligned}\Pr[A_1 \cap A_2] &= \Pr[HHH] + \Pr[TTT] = \frac{1}{8} + \frac{1}{8} = \frac{1}{4} = \frac{1}{2} \cdot \frac{1}{2} \\ &= \Pr[A_1]\Pr[A_2]\end{aligned}$$

根据对称性，$\Pr[A_1 \cap A_3] = \Pr[A_1] \cdot \Pr[A_3]$ 和 $\Pr[A_2 \cap A_3] = \Pr[A_2] \cdot \Pr[A_3]$ 同样成立。最后，还有一个条件要检查：

$$\Pr[A_1 \cap A_2 \cap A_3] = \Pr[HHH] + \Pr[TTT] = \frac{1}{8} + \frac{1}{8} = \frac{1}{4}$$

$$\neq \frac{1}{8} = \Pr[A_1]\Pr[A_2]\Pr[A_3]$$

虽然事件A_1, A_2和A_3两两独立，但这三个事件不是相互独立的！这种"不完全"相互独立看起来很诡异，但确实是存在的。它甚至能进行推广：

定义 18.8.1 一个事件集合$A_1, A_2, \cdots$是k-次独立的（k-way independent），当且仅当其中k个事件构成的子集是相互独立的。这个事件集合是两两独立的（pairwise independent），当且仅当它是2-次独立的。

所以，事件A_1, A_2, A_3是两两独立的，但不是相互独立的。两两独立性是一种比相互独立性弱得多的属性。

例如，假设辛普森审讯案中控方是错的，标记A, B, C, D和E只是两两独立。那么，一个随机选择的人同时拥有5个标记的概率至多为：

$$\begin{aligned}\Pr[A \cap B \cap C \cap D \cap E] &\leq \Pr[A \cap E] = \Pr[A] + \Pr[E] \\ &= \frac{1}{100} \cdot \frac{1}{170} = \frac{1}{17\,000}\end{aligned}$$

第一行是因为$A \cap B \cap C \cap D \cap E$是$A \cap E$的子集。（我们选择$A$和$E$，因为它们最小。）第二行采用了两两独立性。现在，随机匹配的概率是$1/17\,000$——与$1/170\,000\,000$有天壤之别！这是我们在只假设两两独立时得到的最强结论。

另一方面，假设两两独立性得到概率的上界是$1/17\,000$，比不假设独立性要好得多。例如，如果遗传标记不独立，那么可能发生如下情况：

- 每个有标记E的人都有标记A
- 每个有标记A的人都有标记B
- 每个有标记B的人都有标记C，且
- 每个有标记D的人都有标记D

这样的话，匹配概率是

$$\Pr[E] = \frac{1}{170}$$

所以，更强的独立性假设能够为匹配概率提供更小的上界。重点是确定合理的独立性假设。如果没有进行过成千上万的血样检测，那么假设遗传标记相互独立可能不是那么合理。否则，你怎么知道标记 D 不会在其他 4 个标记同时出现的时候以更高的频率出现呢？

18.9 概率 vs. 置信度

让我们再来看看其他诸如 18.4.2 节介绍的乳腺癌测试这样的问题，但这次我们将用更多极端的数字来强调一些关键点。

18.9.1 肺结核测试

设想我们有一个绝妙的肺结核（tuberculosis，TB）诊断方法：如果你得了肺结核，这个测试保证能发现它，如果你没得肺结核，这个测试 99%的可能性给出正确的结果！

令事件"TB"为一个人患有肺结核，事件"pos"为一个人肺结核测试为阳性，则事件 $\overline{pos}$ 就是测试为阴性。现在我们可以用条件概率来重述这一测试：

$$\Pr[pos \mid TB] = 1 \tag{18.6}$$

$$\Pr[\overline{pos} \mid \overline{TB}] = 0.99 \tag{18.7}$$

这意味着，无论一个人是否真的有肺结核，这一测试 99%产生的都是正确结果。一个谨慎的统计学家会做出以下断言：①

引理 18.9.1 你能够 99%地确信测试结果是正确的。

推论 18.9.1 如果检测结果是阳性，那么要么患有肺结核，要么发生了某件很不可能的事情（概率为 1/100）。

引理 18.9.1 和推论 18.9.1 看起来说的是

---

① 置信度（Confidence）通常用于描述某个量的统计估计是正确的概率（见 20.5 节）。这里我们试着使用这个概念阐述假设检验和估计的标准方法。
在假设检验中，统计学家通常要区分："假阳"（false positive）概率，这里 0.01 表示一个健康的人被误诊为患有肺结核的概率，我们称之为测试的显著性（significance）。"假阴"（false negative）概率表示一个患有肺结核的人被误诊为健康的概率，这里是 0。检验力（power）是 1 减去假阴概率，所以这个测试的检验力等于最大值，即 1。

错误声明. 如果检测结果是阳性的，那么患有肺结核的概率是 0.99。

但这是错的。

为了强调测试诊断的置信度和患有肺结核的概率之间的区别，我们讨论一下如果测试结果呈阳性。推论 18.9.1 似乎表明，这时打赌患有肺结核的把握大得多，因为不大可能发生的事（比如测试出错）没有什么赢面。但是，实际得肺结核的概率比测试出错的概率还要小很多。所以，推论 18.9.1 中的二选一，实际上是在"极不可能"（即得肺结核）与"很不可能"（即诊断出错）之间做选择。最好赌"极不可能"的事不发生，换句话说，就是赌诊断出错。

所以，为了理解阳性诊断结果到底有多严重，哪怕诊断的置信度很高，掌握一些概率知识是有必要的。通过实际计算某个测试为阳性的人患肺结核的概率，我们便能清楚地看到肺结核在人群中的发病率是怎样影响阳性诊断的参考价值的。我们接下来便要计算 $\Pr[TB \mid pos]$。

18.9.2 可能性修正

贝叶斯更新

将测试的概率转换成结果的概率，一个标准的方法就是使用贝叶斯定理（参见式 18.2）。用"可能性"（odds）代替概率，重新阐述贝叶斯定理。

若 H 为一个事件，定义 H 的可能性为

$$\text{Odds}(H) ::= \frac{\Pr[H]}{\Pr[\overline{H}]} = \frac{\Pr[H]}{1 - \Pr[H]}$$

例如，如果 H 表示事件掷一个公平的六面骰子得到 4 点，那么

$$\Pr[\text{掷得 } 4] = 1/6, \text{ 所以}$$

$$\text{Odds}(\text{掷得 } 4) = \frac{1/6}{5/6} = \frac{1}{5}$$

一个赌徒会说，掷得 4 的可能性是"1 比 5"，或者说，"5 比 1"掷不到 4。

可能性只是概率的另一种说法。例如，说一匹马赢得比赛的可能性是"1 比 3"，意思是这匹马获胜的概率是 1/4。总的来说，

$$\Pr[H] = \frac{\text{Odds}(H)}{1 + \text{Odds}(H)}$$

现在，假设事件 E 提供了关于 H 的一些证据。我们想知道 E 发生的条件下 H 的条件概率。我们也可以计算给定 E 发生时 H 的可能性

$$\text{Odds}(H \mid E) ::= \frac{\Pr[H \mid E]}{\Pr[\overline{H} \mid E]}$$

$$= \frac{\Pr[E \mid H]\Pr[H]/\Pr[E]}{\Pr[E \mid \overline{H}]\Pr[\overline{H}]/\Pr[E]} \quad （贝叶斯定理）$$

$$= \frac{\Pr[E \mid H]}{\Pr[E \mid \overline{H}]} \cdot \frac{\Pr[H]}{\Pr[\overline{H}]}$$

$$= \text{Bayes-factor}(E, H) \cdot \text{Odds}(H)$$

其中

$$\text{Bayes-factor}(E, H) ::= \frac{\Pr[E \mid H]}{\Pr[E \mid \overline{H}]}$$

所以给定证据 E 修正 H 的可能性，我们只需乘上贝叶斯因子。

引理 18.9.2

$$\text{Odds}(H \mid E) = \text{Bayes-factor}(E, H) \cdot \text{Odds}(H)$$

肺结核测试的可能性

式 18.6 和式 18.7 给出的测试结果的概率，刚好用于计算肺结核测试的贝叶斯因子：

$$\begin{aligned}
\text{Bayes-factor}(TB, pos) &= \frac{\Pr[pos \mid TB]}{\Pr[pos \mid \overline{TB}]} \\
&= \frac{1}{1 - \Pr[\overline{pos} \mid \overline{TB}]} \\
&= \frac{1}{1 - 0.99} = 100
\end{aligned}$$

所以阳性测试结果将患肺结核的可能性提高了 100 倍，也就是说，阳性测试结果是支持肺结核诊断的显著证据。但是引理 18.9.2 也说得很清楚，当一个随机的人测试为阳性时，我们仍然不能确定他患肺结核的可能性，除非我们知道他原本就患肺结核的可能性。那么我们分析一下。

2011 年，美国疾病控制中心收到美国共计 11 000 例肺结核案例上报。我们可以估计当年实际有 30 000 例肺结核，因为似乎只有 1/3 的肺结核病例会被上报。美国人口稍高于 3 亿，所以

$$\Pr[TB] \approx \frac{30\,000}{300\,000\,000} = \frac{1}{10\,000}$$

那么肺结核的可能性是 1/9999，因此，

$$\text{Odds}(TB \mid pos) = 100 \cdot \frac{1}{9\,999} \approx \frac{1}{100}$$

换句话说，即使一个人被置信度为 99% 的测试检测为阳性，他还是有 "100 比 1" 的可能性没有得肺结核。99% 的置信度还没有高到足以克服微小的肺结核患病概率。

18.9.3　很可能正确的事实

我们已经知道，如果一个随机的人被肺结核测试检测为阳性，那么他患病的概率大概是 1/100。如果就是你不巧被检测为肺结核阳性，一个称职的医生一般会告诉你，你得肺结核的概率从 1/10 000 提高到 1/100。但真的是这样吗？不见得。

对于你这样一个具体个例，医生不应该这样说。而是应该说，对一个随机选择的人，阳性测试结果只有百分之一的正确性。但你不是一个随机的人，你得不得肺结核是一个关乎现实的事实。你和你的医生可能都不知道你得没得肺结核的真相如何，但这并不意味着得肺结核这件事有一个概率值。它要么是真的要么是假的，我们只是不知道而已。

事实上，如果你担心 1/100 的概率患有这个严重的疾病，你可以更改其他信息来改变这一概率。例如，美国本土出生的居民患肺结核的可能性大约是国外出生居民的一半。所以如果你是本土出生的，患肺结核的概率就要减半。相反，在本土出生的亚裔/太平洋岛民后裔中肺结核的发病率是本土出生的白种人的 25 倍。所以如果你的家庭来自亚洲或太平洋诸岛，你患肺结核的概率将急剧增加。

重点是，医生告诉你患肺结核的概率取决于一个随机的人——医生认为像你一样——的患病概率。医生做出判断的依据是，他认为与得肺结核相关的个体因素，或者考虑到误诊后果的严重性等。这些是很重要的医学判断，但不是数学判断。不同医生对于"像你一样的人"有着不同的判断，因此也会给出不同的概率。不存在关于你是谁的"正确"模型，也不存在精确到个体的患肺结核的正确概率。

18.9.4　极端事件

公平（fair）硬币是指抛得正面和抛得反面概率都是 1/2 的硬币。设想抛一枚硬币 100 次，而且每次都得到正面。你觉得下一次还会抛得正面的可能性是多少？

官方答案是，根据"公平硬币"的定义，下一次抛得正面的概率依然是 1/2。任何一个聪明人都会得出完全不同的结论：他们会下血本赌下一次还是正面。

怎么理解这件事呢？首先，我们要认识到，思考抛 100 次正面后下一次是什么这件事多么可笑，因为一枚公平硬币抛 100 次正面的概率小得难以想象。举一个例子，这 100 次中只有前

50 次抛得正面的概率是 2^{-50}。试着感受一下这个数字有多小：考虑对每年全世界死于雷击的人进行合理估计，2^{-50} 相当于一个随机的人在读这一段话的时候被雷电击中的概率。这根本不会发生。

一枚公平硬币抛得 100 次正面的概率小到可以忽略不计，这就动摇了这是一枚公平硬币的假设。虽然说这是公平硬币，我们不得不承认这是一枚抛不到反面的硬币哪怕概率微乎其微。那么，我们假设有两枚硬币：一枚是公平的，一枚是有偏向的，且有 99/100 的概率抛得正面。随机选择其中一枚硬币，但是公平硬币被选到的概率要大得多，有偏向的硬币被选到的概率只有 2^{-50}。将这个选中的硬币抛掷 100 次。令事件 E 为抛得 100 次正面，事件 H 为选择的是有偏向的硬币。

现在

$$\text{Odds}(H) = \frac{2^{-50}}{1 - 2^{-50}} \approx 2^{-50}$$

$$\text{Bayes-factor}(E, H) = \frac{\Pr[E \mid H]}{\Pr[E \mid \overline{H}]} = \frac{(99/100)^{100}}{2^{-100}} > 0.36 \cdot 2^{100}$$

$$\begin{aligned}\text{Odds}(H \mid E) &= \text{Bayes-factor}(E, H) \cdot \text{Odds}(H) \\ &> 0.36 \cdot 2^{100} \cdot 2^{-50} = 0.36 \cdot 2^{50}\end{aligned}$$

这表明，抛得 100 次正面之后，有偏向的硬币被选中的可能性压倒性地大，所以下一次也有很大概率抛得正面。于是，假设存在很小的概率这枚硬币严重地偏向于正面，我们就能解释 100 次连续抛得正面之后下一次还是正面的直觉。

对未经证实的事实可能为真的概率做出假设，这就是假设检验的贝叶斯（Bayesian）方法。通过一个很小的概率描述这枚硬币可能是有偏向的，这种贝叶斯方法合理地解释了下一次抛得正面的可能性是 99 比 1。

18.9.5 下一次抛掷的置信度

如果考虑的是置信度（confidence）而不是概率（probability），就不需要对公平硬币的概率做任何贝叶斯假设。我们知道，如果抛得 100 次正面，则要么硬币是有偏向的，要么某个几乎不可能发生的事（概率为 2^{-100}）发生了。这意味着我们可以断言硬币有偏向的置信水平（confidence level）是 $1 - 2^{-100}$。简单来说，如果掷得 100 次正面，我们差不多可以 100% 地确信这枚硬币是有偏向的。

18.4 节习题

课后作业

习题 18.1

n 个事件的条件概率乘法法则为

法则

$$\Pr[E_1 \cap E_2 \cap \ldots \cap E_n] = \Pr[E_1] \cdot \Pr[E_2 \mid E_1] \cdot \Pr[E_3 \mid E_1 \cap E_2] \cdots \cdot \Pr[E_n \mid E_1 \cap E_2 \cap \ldots \cap E_{n-1}]$$

(a) 不使用省略号重新表述这一法则。

(b) 使用归纳法证明它。

18.5 节习题

练习题

习题 18.2

Dirty Harry 往左轮手枪的六个弹巢中随机塞了两枚子弹。他随意拨动了一下转轮，指着你的心脏说："觉得今天运气怎样？"

(a) 当他扣动扳机，你被击中的概率是多少？

(b) 假设他扣下扳机，你没有被击中。那么他再次扣下扳机你被击中的概率是多少？

(c) 假设你看到他是紧挨着放入两枚子弹的，这对前面两个问题的答案有什么影响？

习题 18.3

陈述并证明这样的全概率定理：适用于不相交的事件 $E_1, \ldots, E_n$，并且这些事件的并集就是整个样本空间。

习题 18.4

陈述并证明这样的贝叶斯定理：适用于不相交的事件 $E_1, \ldots, E_n$，并且这些事件的并集就是整个样本空间。可以假设习题 18.3 中 n 个事件的全概率定理成立。

随堂作业

习题 18.5

有两副牌。一副是完整的，另一副缺少黑桃 A。假设你以相等的概率选择其中一副牌，然后随机地从这副均匀的牌中抽一张牌。给定你抽到红桃 8 的条件下，这副牌是完整的概率是多少？使用四步法和树状图。

习题 18.6

假设有三张牌：A♡、A♠和一张 J。从中随机抽两张手牌（即每一张牌等可能地被选择），令 n 表示两张手牌中 A 的数量。然后，随机亮出两张牌中的一张。

(a) 描述这个场景的概率空间（即结果及其概率），并列出以下事件的结果：

1. $[n \geq 1]$（即手上有至少一张 A）。

2. 手上有 A♡。

3. 亮出的牌是 A♡。

4. 亮出的牌是一张 A。

(b) 当 E 分别表示(a)中的事件时，计算概率 $\Pr[n = 2 \mid E]$。注意，这种概率中大多数但不是全部，是相等的。

现在，假设你有 d 张不同的牌，其中有 a 个不同的 A（包括 A♡），随机从中抽 h 张手牌，然后随机亮出一张手牌。

(c) 证明 $\Pr[\text{手上有 A♡}] = h/d$

(d) 证明

$$\Pr[n = 2 \mid \text{手上有 A♡}] = \Pr[n = 2] \cdot \frac{2d}{ah} \qquad (18.8)$$

(e) 证明

$\Pr[n = 2 \mid \text{亮出来的牌是 A}] = \Pr[n = 2 \mid \text{手上有 A♡}]$

习题 18.7

三个传说中的恶棍被关在一个最安全的监狱中，它们分别是邪恶巫师伏地魔、黑魔王索伦和小兔子福福。假释委员会宣布将会释放其中两个人，这两人是随机、均匀地被选出来的，但是名字还没有公布。索伦计算出他被释放回魔多（Mordor）的概率为 2/3。

一个守卫提出，他可以告诉索伦其他两个犯人中释放者的名字（即伏地魔或福福）。如果守卫可以选择的话（即另外两人同时被释放），那么他会以相同的概率说出其中一人的名字。

索伦知道守卫是一个诚实的家伙。然而，他拒绝了这一提议。他想，如果守卫告诉他谁被释放，这就降低了他自己被释放的概率，所以他还是不知道比较好。例如，如果守卫说"小兔子福福会被释放"，那么他自己被释放的概率就减少至 1/2。因为这样一来，被释放的人要么是伏地魔要么是他自己，而这两个事件的概率是相等的。

黑魔王索伦的这番推理犯了条件概率的典型错误。利用树状图和四步法**解释他的错误**。给定守卫说了福福会被释放的条件下，索伦被释放的概率是多少？

提示：定义事件 S、F 和 "F" 如下：

$$\text{"}F\text{"} = 守卫说福福会被释放$$
$$F = 福福会被释放$$
$$S = 索伦会被释放$$

习题 18.8

每个天行者（Skywalker）要么属于光明面，要么属于黑暗面。

- 第一个天行者是黑暗面的。
- 对于 $n \geq 2$，第 n 个天行者以 1/4 的概率与第 $n-1$ 个天行者属于同一面，以 3/4 的概率属于对立面。

令 d_n 为第 n 个天行者属于黑暗面的概率。

(a) 求 d_n 的递推方程。

(b) 给出母函数 $D(x) ::= \sum_{0}^{\infty} d_n x^n$ 的简单表达式。

(c) 给出 d_n 的简单闭型公式。

习题 18.9

(a) 对图 18.3 所示的简单有向无环图（DAG）G_0，通过移除一些边，可以得到具有相同连通性的最少边 DAG。列出这些边（用 $\langle u \rightarrow v \rangle$ 表示从 u 到 v 的边）。

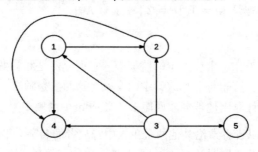

图 18.3　DAG G_0

(b) 列出 G_0 中最长路径中的顶点。

令 G 为如图 18.4 所示的简单图。

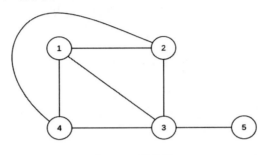

图 18.4　简单图 G

为 G 中的每一条边独立地、等可能地随机分配一个方向，从而生成一个有向图 $\vec{G}$。

(c) $\vec{G} = G_0$ 的概率是多少？

定义以下关于随机图 $\vec{G}$ 的事件：

- $T1::=$ 顶点 2,3,4 在一个长度为 3 的有向环中
- $T2::=$ 顶点 1,3,4 在一个长度为 3 的有向环中
- $T3::=$ 顶点 1,2,4 在一个长度为 3 的有向环中
- $T4::=$ 顶点 1,2,3 在一个长度为 3 的有向环中

(d) 以下概率是多少

$$\Pr[T_1]$$
$$\Pr[T_1 \cap T_2]$$
$$\Pr[T_1 \cap T_2 \cap T_3]$$

(e) $\vec{G}$ 具有如下性质：如果它存在有向环，那么它存在长度为 3 的有向环。利用这一性质求出 $\vec{G}$ 是 DAG 的概率。

课后作业

习题 18.10

有一门课（当然不是计算机科学中的数学），10%的作业都存在错误。如果你去问助教这道题有没有错误，无论这道题是否真的有错，助教给你的回答有 80%的可能性是对的；如果你去问老师，他给你的回答正确的可能性只有 75%。

现在将这个试验形式化。随机选择一道题，然后去问某个助教和老师。定义如下事件：

$$E ::= [\text{这道题存在错误}]$$
$$T ::= [\text{助教说这道题存在错误}]$$
$$L ::= [\text{老师说这道题存在错误}]$$

(a) 将以上描述写成关于 E,T 和 L 的条件概率等式。

(b) 假设你对一道题有疑问，然后去问助教，他告诉你这道题没错。为了确定这道题没错，你又去问老师，老师告诉你，这道题有错。假设无论这道题是否有错，助教和老师的回答是独立的。那么这道题有错的概率是多少？

(c) 事件 T 和事件 L 是独立的吗（即 $\Pr[T \mid L] = \Pr[T]$）？首先，基于直觉给出判断，然后再计算这两个概率，看看你的直觉是否是对的。

习题 18.11

假设重复抛一枚质地均匀的硬币，直到出现连续的 HTT 或 HHT。那么，HTT 先出现的概率是多少？

提示：以第一次抛出是 H 还是 T 作为条件，计算 HTT 先于 HHT 出现的概率。答案不是 $1/2$。

习题 18.12

有一副充分洗牌的 52 张扑克牌，你拿到了其中的 13 张手牌。

(a) 如果你有一张 A，那么你还有一张 A 的概率是多少？

(b) 如果你有黑桃 A，那么你还有一张 A 的概率是多少？注意，这个答案与上一题不同。

习题 18.13

假设 $\Pr[\cdot]: S \to [0,1]$ 是样本空间 S 上的概率函数，令事件 B 满足 $\Pr[B] > 0$。根据以下规则定义结果 $\omega \in S$ 上的函数 $\Pr_B[\cdot]$：

$$\Pr_B[\omega] ::= \begin{cases} \Pr[\omega]/\Pr[B] & \text{若 } \omega \in B \\ 0 & \text{若 } \omega \notin B \end{cases} \quad (18.9)$$

(a) 根据定义 17.5.2，证明 $\Pr_B[\cdot]$ 是 S 上的概率函数。

(b) 证明对于所有 $A \subseteq S$，有

$$\Pr_B[A] = \frac{\Pr[A \cap B]}{\Pr[B]}$$

(c) 解释为什么不相交事件的加和法则同样适用于条件概率，即

$$\Pr[C \cup D \mid B] = \Pr[C \mid B] + \Pr[D \mid B] \quad (C, D \text{ 不相交})$$

请给出更多像这样的法则。

习题 18.14

Meyer 教授有一副随机洗过的 52 张牌，其中 26 张是红色的，26 张是黑色的。他提议玩这个游戏：他不断地从牌堆的最上面抽一张牌，然后翻过来让你看。只要牌堆里还有牌，你可以在任意时刻喊停，然后他会翻开下一张牌。如果这时翻开的牌是黑色的，则你赢，否则他赢。无论谁赢，游戏结束。

假设在抽出了几张牌之后，这副牌中还剩 r 张红色、b 张黑色。

(a) 证明：如果这时候喊停，获胜的概率是 $b/(r+b)$。

(b) 证明：如果你这时候不喊停，无论接下来游戏怎么玩，获胜的概率依然是 $b/(r+b)$。

提示：对 $r+b$ 进行归纳。

测试题

习题 18.15

Sally Smart 刚从高中毕业。她被 3 所有名的大学录取了。

- 她去 Yale 的概率是 4/12。
- 她去 MIT 的概率是 5/12。
- 她去 Little Hoop 社区大学的概率是 3/12。

Sally 在大学中过得可能开心也可能不开心。

- 如果她去 Yale，她过得开心的概率是 4/12。
- 如果她去 MIT，她过得开心的概率是 7/12。
- 如果她去 Little Hoop，她过得开心的概率是 1/12？

(a) 下图展示了一个 Sally 过上快乐生活的树状图。为图中的每条边标上概率，为每个叶子写出相应的结果概率。

(b) Sally 在大学中过得开心的概率是多少？

(c) 在 Sally 过得开心的条件下，她去的是 Yale 的概率是多少？

(d) 说明事件"Sally 去 Yale"与事件"Sally 过得开心"**不是**独立的。

(e) 说明事件"Sally 去 MIT"与事件"Sally 过得开心"**是**独立的。

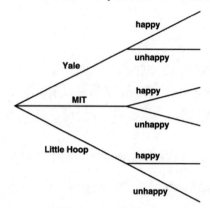

习题 18.16

以下是蒙特霍尔游戏的变体：参赛者依然要选择三扇门之一，其中一扇门后有奖品，另外两扇门后是山羊。但是现在，不一定总是打开一扇有山羊的门。Monty 会指示 Carol 随机打开参赛者没选中的一扇门。这意味着打开的门后面可能是山羊，也可能是奖品。如果门后是奖品，那么游戏重新开始，即奖品再次被随机放到某扇门后，参赛者再选择一扇门，Carol 打开一扇门，如此反复直到 Carol 打开的门后是山羊。然后，参赛者可以选择坚持原来的选择，或者转而选择另一扇门。如果最后他选到的门后有奖品，那么他获胜。

要分析现在的情形，我们来定义两个事件。

GP：参赛者一开始就选到了有奖品的门。

OP：游戏至少重新开始了一次。或者说 Carol 第一次打开的门后是奖品。

求以下概率：

(a) $\Pr[GP]$

(b) $\Pr[OP \mid \overline{GP}]$

(c) $\Pr[OP]$

(d) 游戏将永远进行下去的概率。

(e) 如果最后 Carol 选到了山羊，参赛者可以选择要不要换门。假定参赛者坚持原来的选择。令事件 W 为参赛者因此获胜，且 $w ::= \Pr[W]$。用 ω 求以下条件概率的简单闭型：

  i) $\Pr[W \mid GP]$

ii) $\Pr[W \mid \overline{GP} \cap OP]$

iii) $\Pr[W \mid \overline{GP} \cap \overline{OP}]$

(f) $\Pr[W]$的值是多少？

(g) 对选择"坚持"策略并最终获胜的参赛者来说，如果他选择的是"换门"，那他肯定会输，反之亦然。在原始的蒙特霍尔游戏中，我们不难知道他选择"换门"策略获胜的概率是 $1 - \Pr[W]$。而在这个新游戏中，这一结论还成立吗？请简要解释。

习题 18.17

有两副牌：一副红牌，一副蓝牌。它们的区别只是：从红牌中抽到红桃 8 的概率略高于蓝牌。

随机选择其中一副牌藏到盒子里。从盒子中的那副牌中随机抽一张，这张牌恰好就是红桃 8。你很自然地认为盒子里是红牌的可能性更大。通过概率和条件概率来形式化验证你的直觉。定义以下事件：

- R::=盒子里的是红牌
- B::=盒子里的是蓝牌
- E::=从盒子里的牌中抽到了红桃8

(a) 用概率和/或条件概率的不等式表示"从红牌中抽到红桃 8 比从蓝牌中抽到的可能性更大"。

(b) 再写一个类似的不等式表示"从盒子中抽到红桃 8，于是盒子中的牌更有可能是红牌"。

(c) 假设每副牌被放进盒子的概率是相等的，证明(a)能推导出(b)。

(d) 假如不能确定每副牌是不是以相等的概率被放进盒子，你是否还能说抽到红桃 8 于是盒子里更可能是红牌？简要阐述你的看法。

习题 18.18

抛硬币 1 得到正面的概率是抛硬币 2 的 x 倍。现在以有偏好的方式随机选择其中一枚硬币，硬币 1 被选到的概率是硬币 2 的 w 倍。

(a) 用条件概率等式重新表述以上信息，其中事件定义如下：

C_1::= 硬币 1 被选中

C_2::= 硬币 2 被选中

H::= 选中的硬币抛出了正面

(b) 使用以上事件写出如下断言的条件概率不等式"给定被选中硬币抛出正面的条件下，被选中的硬币是硬币 1 的可能性大于硬币 2"。

(c) 证明：给定被选中硬币抛出正面的条件下，被选中的更可能是硬币 1，当且仅当

$$wx > 1$$

习题 18.19

有一种令人不适的退变性疾病，叫贾第虫病（Beaver Fever）。患病的人会滔滔不绝地在社交场合说数学笑话，以为别人会觉得他们很有趣。幸运的是，贾第虫病很罕见，1000 人中只有 1 个患者。Meyer 医生有一种相当可靠的诊断方法来判断谁将得这种病。

- 如果某人将要得贾第虫病，Meyer 医生诊断他得的概率是 0.99。
- 如果某人不会得贾第虫病，Meyer 医生诊断他不得的概率是 0.97。

令事件 B 为某人将会得贾第虫病，事件 Y 为 Meyer 医生的诊断是"这个人将会得贾第虫病"，$\overline{B}, \overline{Y}$ 分别表示相应的对立事件。

(a) 根据以上描述求以下概率的值：

$$\Pr[B] \qquad \Pr[Y \mid B] \qquad \Pr[\overline{Y} \mid \overline{B}]$$

(b) 仅使用(a)中的表达式（注意不是用它们的值），写出概率 $\Pr[\overline{B}]$ 和 $\Pr[Y \mid \overline{B}]$。

(c) 仅使用 $\Pr[B], \Pr[\overline{B}], \Pr[Y \mid B]$ 和 $\Pr[Y \mid \overline{B}]$ 的情况下，写出 Meyer 医生说某人会得贾第虫病的概率的表达式。

(d) 仅使用(a)中的表达式，写出给定 Meyer 医生说某人会得贾第虫病的条件下这个人得贾第虫病的概率，然后计算出它的值。

假设有一种贾第虫病的疫苗，但是这个疫苗十分昂贵，接种也有风险。如果你确定你将会得这种病，接种疫苗就是值得的。但是，即使 Meyer 医生说你会得贾第虫病，你实际会得的概率还是很低（根据(d)可知大约是1/32）。

在这种情况下，你可能会很明智地决定不接种疫苗——毕竟得贾第虫病也没有那么可怕。这样的话对你来说诊断就没什么用，你也可以不做诊断。尽管如此，诊断也是有用的：

(e) 假设 Meyer 医生有足够的疫苗帮助 2%的人。如果他随机选择人接种疫苗，他只能接种 2%有需要的人。通过给每个人做检测，只为那些诊断出将会得贾第虫病的人接种疫苗，最后接种疫苗的人会远大于将会得贾第虫病的人。求这个比值。

习题 18.20

假设对"做个交易吧"游戏的规则稍微做一些更改，假设一只山羊是红色，一只山羊是蓝色。有三扇门，一扇后面有奖品，另外两扇门后面有山羊。在参赛者最终决定坚持或改变选择之前，一扇门也不打开。参赛者可以选一扇门，然后问一个问题，主持人要如实地回答。接着，参赛者再决定坚持原来的选择，还是转而选择其他的门。

(a) 如果参赛者问"没选中的门后有山羊吗？"主持人回答"是的"。参赛者应该坚持选择还是改变选择赢的可能性更大？还是没有任何影响？指出结果的概率空间，并用概率进行建模。如果参赛者选择了最佳策略，他赢的概率是多少？

(b) 如果参赛者问"没选中的门后面是红山羊吗？"主持人回答"是的"。参赛者应该坚持选择还是改变选择赢的可能性更大？还是没有任何影响？指出结果的概率空间，并用概率进行建模。如果参赛者选择了最佳策略，他赢的概率是多少？

习题 18.21

你正在做一个邻里人口普查。你让参与调查的人去敲门，如果开门的是一个小孩，记下其性别。假设每户人家有两个小孩，某个小孩是男孩或女孩的概率是相等的，两个小孩来开门的概率也是相等的。

这一实验的样本空间的结果是一个三元组，其第一个元素是 B 或 G，表示较为年长的孩子的性别；第二个元素是 B 或 G，表示较小的孩子的性别；第三个元素是 E 或 Y，表示来开门的孩子是较为年长的还是较小的。例如，(B,G,Y) 这一结果表示较大的孩子是男孩，较小的孩子是女孩，来开门的是那个女孩。

(a) 令事件 O 表示开门的是女孩，事件 T 表示这家有两个女孩。列出 O 和 T 中的结果。

(b) 求 $\Pr[T \mid O]$，即给定开门是女孩的条件下这家有两个女孩的概率是多少？

(c) 以下说法存在什么错误？（注意解释错误的原因，而不是只计算正确的概率。）

如果女孩来开门，那么我们知道这家至少有一个女孩。至少有一个女孩的概率是

$$1 - \Pr[\text{两个孩子都是男孩}] = 1 - (1/2 \times 1/2) = 3/4$$

所以，

$$\Pr[T \mid \text{这家至少有一个女孩}]$$

$$= \frac{\Pr[T \cap \text{这家至少有一个女孩}]}{\Pr[\text{这家至少有一个女孩}]}$$

$$= \frac{\Pr[T]}{\Pr[\text{这家至少有一个女孩}]}$$

$$= 1/4)/(3/4) = 1/3$$

因此，给定一个女孩来开门的条件下，这家有两个女孩的概率是 1/3。

习题 18.22

守卫打算释放三个犯人——索伦、伏地魔和小兔子福福——中的两个，他等可能地释放其

中任意两个。

(a) 伏地魔被释放的概率是多少？

守卫将如实地告诉伏地魔其中一个被释放的犯人的名字。我们关注以下事件：

V：伏地魔被释放。
"F"：守卫告诉伏地魔福福将被释放。
"S"：守卫告诉伏地魔索伦将被释放。

守卫说出名字的时候遵循两个规则：

- 永远不说伏地魔。
- 如果福福和索伦都将被释放，说"福福"。

(b) 概率 $\Pr[V \mid "F"]$ 是多少？
(c) 概率 $\Pr[V \mid "S"]$ 是多少？
(d) 试着用全概率公式说明(b)和(c)的答案与(a)是一致的。

习题 18.23

考虑从平面上的$(0,0)$点出发，每次向上或向右移动一个单位产生的路径。采用状态机建模：所有状态为$\mathbb{N} \times \mathbb{N}$，初始状态是$(0,0)$，状态转移为

$$(x, y) \to (x+1, y)$$
$$(x, y) \to (x, y+1)$$

(a) 从起点开始，长度为n的路径有多少个？
(b) 有多少状态是恰好n步可达的？
(c) 有多少状态是n步以内可达的？
(d) 如果状态转移是独立、随机发生的，且每步向右走的概率是p，向上走的概率是$q ::= 1 - p$。到达(x, y)的概率是多少？
(e) 给定经过(m, n)的条件下，到达(x, y)的概率是多少？
(f) 证明：对任意p来说，经过(m, n)最终到达(x, y)的概率是相等的。

18.6 节习题

练习题

习题 18.24

如 18.6 节中介绍的，定义事件$A, F_{EE}, F_{CS}, M_{EE}$和$M_{CS}$。

原告指控学校的两个系都存在性别歧视，即女性被录取的概率要低于男性。即：

$$\Pr[A \mid F_{EE}] < \Pr[A \mid M_{EE}] \quad \text{且} \tag{18.10}$$

$$\Pr[A \mid F_{CS}] < \Pr[A \mid M_{CS}] \tag{18.11}$$

学校的辩护律师反驳道，总体上女性被录取的概率要高于男性，也就是

$$\Pr[A \mid F_{EE} \cup F_{CS}] > \Pr[A \mid M_{EE} \cup M_{CS}] \tag{18.12}$$

法官中止了庭审，将原告和辩护律师叫到自己的办公室开会。因为他认为双方陈述的关于录取数据的事实是矛盾的。法官指出：

$$\begin{aligned}
&\Pr[A \mid F_{EE} \cup F_{CS}] \\
&= \Pr[A \mid F_{EE}] + \Pr[A \mid F_{CS}] \quad &(F_{EE} \text{和} F_{CS} \text{是不相交的}) \\
&< \Pr[A \mid M_{EE}] + \Pr[A \mid M_{CS}] \quad &(\text{根据式 18.10 和 18.11}) \\
&= \Pr[A \mid M_{EE} \cup M_{CS}] \quad &(\text{因为} M_{EE} \text{和} M_{CS} \text{是不相交的})
\end{aligned}$$

所以

$$\Pr[A \mid F_{EE} \cup F_{CS}] < \Pr[A \mid M_{EE} \cup M_{CS}]$$

这与大学的立场（式 18.12）是直接矛盾的！

当然，法官犯了错误。18.6 节举了一个例子说明原告和辩护律师的说法都是正确的。那么，法官的证明过程出了什么错？

18.7 节习题

练习题

习题 18.25

在乏味的计算机科学中的数学课程助教工作之余，Oscar 和 Liz 都有丰富的业余生活。Oscar 正在练习用意念隔空取物，Liz 则想成为世界一流的火把杂耍大师。假设 Oscar 成功的概率为 1/6，Liz 成功的概率为 1/4，这两个事件是独立的。

(a) 如果他们中的至少一个成功了，那么 Oscar 学会隔空取物的概率是多少？

(b) 如果他们中的至多一个成功了，那么 Liz 成为火把杂耍大师的概率是多少？

(c) 如果他们中恰好一个成功了，这个人是 Liz 的概率是多少？

习题 18.26

两个独立事件（这两个事件的概率都不是 1 或 0）的最小样本空间有多大？请给出解释。

习题 18.27

给出符合如下条件的事件 A, B, E 的例子。

(a) A 和 B 独立，并且给定 E 的条件下 A 和 B 是条件独立的，但是给定 $\overline{E}$ 的条件下 A 和 B 不是条件独立的。即，

$$\Pr[A \cap B] = \Pr[A]\Pr[B]$$
$$\Pr[A \cap B \mid E] = \Pr[A \mid E]\Pr[B \mid E]$$
$$\Pr[A \cap B \mid \overline{E}] \neq \Pr[A \mid \overline{E}]\Pr[B \mid \overline{E}]$$

提示：令 $S = \{1,2,3,4\}$。

(b) 给定 E 或 $\overline{E}$ 的条件下 A 和 B 是条件独立的，但它们本身不是独立的。即，

$$\Pr[A \cap B \mid E] = \Pr[A \mid E]\Pr[B \mid E]$$
$$\Pr[A \cap B \mid \overline{E}] = \Pr[A \mid \overline{E}]\Pr[B \mid \overline{E}]$$
$$\Pr[A \cap B] \neq \Pr[A]\Pr[B]$$

提示：令 $S = \{1,2,3,4,5\}$。

一个可供参考的例子是

$$A ::= \{1\}$$
$$B ::= \{1,2\}$$
$$E ::= \{3,4,5\}$$

随堂练习

习题 18.28

当 $\Pr[H \mid E] > \Pr[H]$ 时，称事件 E 是事件 H 的有利证据，当 $\Pr[H \mid E] < \Pr[H]$ 时称事件 E 是事件 H 的不利证据。

(a) 给出事件 A, B, H 的例子，满足：A, B 是独立的，且 A, B 都是 H 的有利证据，但 $A \cup B$ 是 H 的不利证据。

提示：令 $S = [1..8]$。

(b) 证明：事件 E 是 H 的有利证据，当且仅当 $\overline{E}$ 是 H 的不利证据。

习题 18.29

设G是一个有n个顶点的简单图。令"$A(u,v)$"表示顶点u和v是相邻的,"$W(u,v)$"表示u和v之间有一条长度为 2 的路径。

(a) 解释:$W(u,v)$成立,当且仅当$\exists v, A(u,v)$。

(b) 当$u \neq v$时,用谓词$A(.,.)$写出$W(u,v)$的谓词逻辑表达式。

G的n个顶点,共有$e::=\binom{n}{2}$条可能的边。假设从这些可能的边中随机选择e条构成实际的边集$E(G)$。每条边被选中的概率都是p,并且选择是相互独立的。

(c) 用p, e和k写出概率$\Pr[|E(G)| = k]$的简单表达式。

(d) 用p和n写出概率$\Pr[W(u,u)]$的简单表达式。

设w, x, y和z为 4 个不同的顶点。

由于边的选择是相互独立的,所以不相交的边集上的事件是相互独立的。例如,事件
$$A(w,y) \text{ AND } A(y,x)$$
和
$$A(w,z) \text{ AND } A(z,x)$$
是独立的,因为$\langle w-y \rangle, \langle y-x \rangle, \langle w-z \rangle, \langle z-x \rangle$是四条不同的边。

(e) 令
$$r::= \Pr[\text{NOT}(W(w,x))] \tag{18.13}$$
其中w和x是不同的边。用n和p写出r的简单表达式。

提示:x, y之间长度为 2 的不同路径不存在公共边。

(f) 顶点x和y存在于长度为 3 的环中,可以被表述为
$$A(x,y) \text{ AND } W(x,y)$$
用p和r写出x和y存在于G中一个长度为 3 的环中的概率。

(g) $W(w,x)$和$W(y,z)$是独立的事件吗?请简要说明(不需要证明)。

18.8 节习题

练习题

习题 18.30

设A, B和C是相互独立的事件,那么$A \cap B$和$B \cup C$独立吗?

随堂练习

习题 18.31

假设抛三枚相互独立的公平硬币。定义以下事件：

- 事件 A 为第一枚硬币抛得正面。
- 事件 B 为第二枚硬币抛得正面。
- 事件 C 为第三枚硬币抛得正面。
- 事件 D 为偶数个硬币抛得正面。

(a) 用四步法确定该试验的概率空间和 A, B, C, D 的概率。

(b) 证明这些事件不是相互独立的。

(c) 证明这些事件是 3-次独立的。

习题 18.32

令 A, B, C 表示事件。针对以下语句，分别给出证明或反例。

(a) 如果 A 独立于 B，那么 A 也独立于 $\overline{B}$。

(b) 如果 A 独立于 B，且 A 独立于 C，那么 A 独立于 $B \cap C$。

提示：选择 A, B, C 中的任意两个，但不是 3-次独立的。

(c) 如果 A 独立于 B，且 A 独立于 C，那么 A 独立于 $B \cup C$。

提示：同(b)。

(d) 如果 A 独立于 B，A 独立于 C，且 A 独立于 $B \cap C$，那么 A 独立于 $B \cup C$。

习题 18.33

令 A, B, C, D 表示事件。给出反例证明以下声明是错误的。

(a)

错误声明. 如果 A、B 条件独立于 C，同时条件独立于 D，那么 A、B 条件独立于 $C \cup D$。

(b)

错误声明. 如果 A、B 条件独立于 C，同时条件独立于 D，那么 A、B 条件独立于 $C \cap D$。

提示：选择 3-次独立但不是 4-次独立的事件 A, B, C, D。

这样 A、B 对 $C \cap D$ 就不是条件独立的。

课后作业

习题 18.34

描述事件A, B和C，满足如下条件：

- 满足"乘法法则"，即

$$\Pr[A \cap B \cap C] = \Pr[A] \cdot \Pr[B] \cdot \Pr[C]$$

- 三个事件之中的任意两个都不是独立的。

提示：选择$[1..6]$上均匀概率空间中的事件A, B, C。

测试题

习题 18.35

教室中有如下图所示 4×4 排列的 16 张桌子。

如果两张桌子水平或垂直地挨着对方，称它们为邻接对。所以，每行有 3 个水平的邻接对，总共 12 个水平邻接对。同样，有 12 个垂直邻接对。

相互独立地将桌子分配给男生和女生，一张桌子分给男生的概率是$p > 0$，分给女生的概率是$q ::= 1 - p > 0$。如果桌子邻接对D中一个是男生一个是女生，我们说D有情况。令事件F_D表示D有情况。

(a) 如果不同的邻接对D和E共享一个桌子，称它们是重叠的。例如，同一行的第一和第二邻接对，以及第二和第三邻接对是重叠的，第一和第三邻接对不是重叠的。证明：如果D和E是重叠的，那么F_D和F_E是独立的当且仅当$p = q$。

(b) 找出四个邻接对D_1, D_2, D_3, D_4，说明为什么$F_{D_1}, F_{D_2}, F_{D_3}, F_{D_4}$不是相互独立的（即使$p = q = 1/2$）。

18.9 节习题

问题 18.36

《国际药理学试验杂志》（*International Journal of Pharmacological Testing*）只有在结论达到 95%置信水平的时候才会发表药物试验结果。编辑和审稿人会仔细审查，确保他们发表的结果来自真实的高置信水平的药物试验。他们还要仔细检查这些已发表的试验结果是相互独立的。

杂志编辑认为在这样的策略下，他们的读者可以放心，至多只有 5%的研究存在错误。然而，之后令编辑们感到难堪和震惊的是，这一整年中发表的 20 份药物研究中每一个都有错误。编辑们原本以为，由于每个试验都是独立进行的，因此发表 20 份错误结果的概率小到可以忽略——只有 $(1/20)^{20} < 10^{-25}$。

向这些糊涂的编辑们简单解释一下他们的推理哪里不对，以及为什么 20 份研究都是错的。

提 示：xkcd 漫画："显著" xkcd.com/882/。

练习题

习题 18.37

比较可靠的过敏测试具有如下的特性：

- 如果你过敏，有 10%的可能性测试结果是不过敏。
- 如果你不过敏，有 5%的可能性测试结果是过敏。

(a) 测试结果正确的置信水平是多少？

(b) 当测试称某人过敏时，他过敏的贝叶斯因子是多少？

(c) 给定一个随机的人被测试为过敏的条件下，他过敏的可能性是多少？

假设医生说你的测试结果为过敏，且大约 25%的人会过敏，所以你过敏的可能性是 6∶1。

(d) 医生是如何算出这个可能性的？

(e) 另一个医生看了你的测试结果和医疗记录，他说你过敏的可能性实际上高得多，即 36∶1。简要解释为什么两个负责的医生会有这么大的分歧。你能否通过某种方法确定你过敏的真正可能性？

第 19 章 随机变量

前面我们重点介绍了事件的概率。例如，我们计算一个人赢得蒙特霍尔游戏的概率，或者你在检测结果呈阳性的条件下患有罕见疾病的概率。但是很多时候，我们还想知道更多信息。例如，多少人参加蒙特霍尔游戏，才能出现一个赢家？这种检测呈阳性的情况会持续多久？如果用特制的骰子赌一整晚，我会输多少钱？为了回答这些问题，我们需要用到随机变量（random variable）。

19.1 随机变量示例

定义 19.1.1 概率空间上的随机变量 R 是域等于样本空间的全函数。

R 的陪域（codomain）可以是任何东西，但通常是实数的一个子集。注意，"随机变量"其实不是变量，而是一个函数。

例如，假设我们抛三个独立的、公平的硬币。令 C 表示正面朝上的次数。如果三个硬币全都是正面或者全都是反面朝上，则令 $M = 1$；否则，$M = 0$。那么，三个硬币抛掷的每一个结果唯一确定 C 和 M 的值。例如，我们分别抛出正面、反面、正面，则 $C = 2, M = 0$；如果抛出反面、反面、反面，则 $C = 0, M = 1$。事实上，C 是正面朝上的次数，M 指示抛出来的三个面是否相同。

既然每个结果唯一确定 C 和 M，我们可以认为 C 和 M 是从结果映射到数值的函数。在这个例子中，样本空间是：
$$S = \{HHH, HHT, HTH, HTT, THH, THT, TTH, TTT\}$$
那么，C 是将样本空间中的每个结果映射成数值的函数，即：

$$
\begin{aligned}
C(HHH) &= 3 & C(THH) &= 2 \\
C(HHT) &= 2 & C(THT) &= 1 \\
C(HTH) &= 2 & C(TTH) &= 1 \\
C(HTT) &= 1 & C(TTT) &= 0
\end{aligned}
$$

同理，M是将样本空间中的每个结果按另一种方式映射的函数，如下：

$$M(HHH) = 1 \quad M(THH) = 0$$
$$M(HHT) = 0 \quad M(THT) = 0$$
$$M(HTH) = 0 \quad M(TTH) = 0$$
$$M(HTT) = 0 \quad M(TTT) = 1$$

所以，M和C是随机变量。

19.1.1 指示器随机变量

指示器随机变量（indicator random variable）是将每个结果映射成 0 或 1 的随机变量。指示器随机变量又称伯努利变量（Bernoulli variable）。上文提到的随机变量M就是指示器随机变量。如果抛出的三个硬币的面相同，则$M = 1$，否则$M = 0$。

指示器随机变量与事件密切相关。特别地，指示器随机变量将样本空间分成两部分，一部分结果映射为 1，另一部分结果映射为 0。例如，指示器M将样本空间映射为以下两个部分：

$$\underbrace{HHH \quad TTT}_{M=1} \quad \underbrace{HHT \quad HTH \quad HTT \quad THH \quad THT \quad TTH}_{M=0}$$

同样地，事件E将样本空间划分为：属于E的结果，以及不属于E的结果。所以，事件E天然带有一个相应的指示器随机变量I_E：若结果$w \in E$，则$I_E(w) = 1$；若$w \notin E$，则$I_E(w) = 0$。因此，$M = I_E$，其中E表示事件"三个硬币抛的面相同"。

19.1.2 随机变量和事件

事件和一般的随机变量之间也存在着密切的联系。一个随机变量有几个值，就能将样本空间分为几个块。例如，C将样本空间划分为：

$$\underbrace{TTT}_{C=0} \quad \underbrace{TTH \quad THT \quad HTT}_{C=1} \quad \underbrace{THH \quad HTH \quad HHT}_{C=2} \quad \underbrace{HHH}_{C=3}$$

每一个块对应样本空间的一个子集，因此是一个事件。所以，断言$C = 2$定义了这样一个事件：

$$[C = 2] = \{THH, HTH, HHT\}$$

这个事件的概率为：

$$\Pr[C = 2] = \Pr[THH] + \Pr[HTH] + \Pr[HHT] = \frac{1}{8} + \frac{1}{8} + \frac{1}{8} = 3/8$$

同理$[M = 1]$是事件$\{TTT, HHH\}$，它的概率是 1/4。

一般来说，任意关于随机变量取值的断言（assertion）都定义了一个事件。例如，断言$C \leqslant 1$定义了如下事件：

$$[C \leq 1] = \{TTT, TTH, THT, HTT\}$$

且 $\Pr[C \leq 1] = 1/2$。

再举一个例子，断言 $C \cdot M$ 是一个奇数。如果你仔细想一想，你会发现这句话隐晦地表达了"三个硬币都正面朝上"的意思，即

$$[C \cdot M 是奇数] = \{HHH\}$$

19.2 独立性

独立性（independence）既可以用于描述事件又可以用于描述变量。随机变量 R_1 和 R_2 是独立的，当且仅当以下两个事件

$$[R_1 = x_1] 和 [R_2 = x_2]$$

对于所有的 x_1, x_2 是独立的。

例如，C 和 M 是独立的吗？从直觉上判断，答案是"不独立"。正面向上的次数 C 完全可以确定这三个硬币的结果是否相同，即是否 $M = 1$。为了验证这个直觉，我们需要找到 $x_1, x_2 \in \mathbb{R}$ 满足：

$$\Pr[C = x_1 \text{ AND } M = x_2] \neq \Pr[C = x_1] \cdot \Pr[M = x_2]$$

我们可以取 $x_1 = 2$ 和 $x_2 = 1$，则有：

$$\Pr[C = 2 \text{ AND } M = 1] = 0 \neq \frac{1}{4} \cdot \frac{3}{8} = \Pr[M = 1] \cdot \Pr[C = 2]$$

左边事件的概率是 0，因为"刚好出现两个正面（$C = 2$）同时三个硬币抛出的面相同（$M = 1$）"的情况不可能发生。右边的概率是我们之前计算过的。

另一方面，令指示器变量 H_1 表示事件"第一枚硬币为正面"，则

$$[H_1 = 1] = \{HHH, HTH, HHT, HTT\}$$

那么，H_1 和 M 是独立的，因为

$$\Pr[M = 1] = 1/4 = \Pr[M = 1 \mid H_1 = 1] = \Pr[M = 1 \mid H_1 = 0]$$
$$\Pr[M = 0] = 3/4 = \Pr[M = 0 \mid H_1 = 1] = \Pr[M = 0 \mid H_1 = 0]$$

这个例子是以下引理的实例：

引理 19.2.1 两个事件独立，当且仅当这两个事件的指示器变量是独立的。

这个引理的证明见习题 19.1。

从直觉上来说，两个随机变量独立，意味着知道一个变量的某些信息，对另一个变量没有任何帮助。一个变量R的"某些信息"是指与R有关的某个数值。而且，这种独立的特性意味着独立变量的函数也是相互独立的。

引理 19.2.2 设R和S是两个独立的随机变量，f和g是两个函数，其中域(f)=陪域(R)且域(g)=陪域(S)。那么，$f(R)$和$g(S)$是独立随机变量。

这个引理的证明见习题 19.32。

与事件一样，独立性可以推广到两个以上的随机变量。

定义 19.2.3 随机变量$R_1, R_2, \cdots, R_n$是相互独立的（mutually independent）当且仅当对所有$x_1, x_2, \cdots, x_n$，n个事件

$$[R_1 = x_1], [R_2 = x_2], \ldots, [R_n = x_n]$$

是相互独立的。它们是k-次独立（k-way independent）的当且仅当它们的任意k元素子集是相互独立的。

引理 19.2.1 和引理 19.2.2 都可以直接推广至k-次独立的变量。

19.3 分布函数

随机变量将结果（outcome）映射为数值（value）。随机变量R的概率密度函数（probability density function）$\text{PDF}_R(x)$衡量了R取值为x的概率，以及密切相关的累积分布函数（cumulative distribution function）$\text{CDF}_R(x)$衡量了$R \leq x$的概率。不同结果空间的随机变量常常具有相似的表现形式，是因为它们不同取值的概率相同，也就是说，它们具有相同的 PDF/CDF。

定义 19.3.1 设R是一个随机变量，陪域为V。R的概率密度函数为$\text{PDF}_R : V \to [0,1]$，定义如下：

$$\text{PDF}_R(x) ::= \begin{cases} \Pr[R = x] & \text{若 } x \in \text{range}(R) \\ 0 & \text{若 } x \notin \text{range}(R) \end{cases}$$

如果陪域是实数的子集，那么累积分布函数（cumulative distribution function）为$\text{CDF}_R : \mathbb{R} \to [0,1]$，定义如下：

$$\text{CDF}_R(x) ::= \Pr[R \leq x]$$

由此可以推导出

$$\sum_{x \in \text{range}(R)} \text{PDF}_R(x) = 1$$

由于对每一个结果，R都有一个取值，所以所有结果的概率加起来，就等于把R取值范围内的每一个值的概率相加。

举一个例子，假设投掷两枚独立的、公平的六面骰子。设随机变量T是两枚骰子的点数之和，那么它的取值范围为集合$V = \{2,3,\cdots,12\}$。概率密度函数柱状图如图 19.1 所示。中间最高的部分表示点数之和等于 7 的可能性最大。由于T的取值一定是集合$V = \{2,3,\cdots,12\}$中的一个元素，所有柱状图的面积之和等于 1。

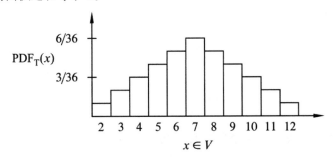

图 19.1　两个六面骰子点数之和的概率密度函数

T的累积分布函数见图 19.2。累积分布函数的第i个柱形的高度等于概率密度函数第i个柱形及其左侧所有柱形的高度之和。这是由 PDF 和 CDF 的定义推导而来的：

$$\text{CDF}_R(x) = \Pr[R \leq x] = \sum_{y \leq x} \Pr[R = y] = \sum_{y \leq x} \text{PDF}_R(y)$$

由定义还可以得到

$$\lim_{x \to \infty} \text{CDF}_R(x) = 1 \text{ 且 } \lim_{x \to -\infty} \text{CDF}_R(x) = 0$$

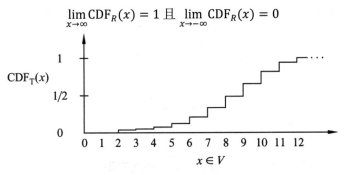

图 19.2　两个六面骰子点数之和的累积分布函数

PDF_R 和 CDF_R 都能提供关于 R 的信息，任君挑选。关键的一点是，无论是概率密度函数还是累积分布函数，都不涉及实验的样本空间。

关于密度函数和分布函数，有一件非常有趣的事情，即很多随机变量会有相同的 PDF 和 CDF。也就是说，即使 R 和 S 是不同概率空间中的不同随机变量，也常常会有

$$PDF_R = PDF_S$$

事实上，有些 PDF 非常常见，所以都有特别的名字。例如，在计算机科学领域，有三个最重要的分布：伯努利分布（Bernoulli distribution）、均匀分布（uniform distribution）和二项分布（binomial distribution）。接下来，我们仔细探讨一下这些分布。

19.3.1 伯努利分布

伯努利分布是伯努利变量的分布函数。具体来说，伯努利分布的概率密度函数的形式为 $f_P : \{0,1\} \to [0,1]$，其中

$$\begin{aligned} f_P(0) &= p \quad \text{以及} \\ f_P(1) &= 1-p \end{aligned}$$

其中 $p \in [0,1]$。相应的累积分布函数为 $F_P : \mathbb{R} \to [0,1]$，其中：

$$F_P(x) ::= \begin{cases} 0 & \text{若 } x < 0 \\ p & \text{若 } 0 \leqslant x < 1 \\ 1 & \text{若 } 1 \leqslant x \end{cases}$$

19.3.2 均匀分布

如果随机变量以相等的概率、取值为陪域中任意一个可能的值，则这个随机变量是均匀的（uniform）。若陪域 V 有 n 个元素，那么均匀分布的概率密度函数的形式为：

$$f : V \to [0,1]$$

其中

$$f(v) = \frac{1}{n}$$

对所有 $v \in V$ 成立。

如果 V 的元素按递增顺序依次为 $a_1, a_2, \cdots, a_n$，那么累积分布函数为 $F : \mathbb{R} \to [0,1]$，其中：

$$F(x) ::= \begin{cases} 0 & \text{若 } x < a_1 \\ k/n & \text{若 } a_k \leq x < a_{k+1},\ 1 \leq k < n \\ 1 & \text{若 } a_n \leq x \end{cases}$$

均匀分布出现在很多情况中。例如，掷一枚公平的骰子得到的点数在集合$\{1,2,\cdots,6\}$上是均匀的。当指示器变量的概率密度函数是$f_{1/2}$时，它就是均匀的。

19.3.3　数字游戏

定义讲得差不多了，我们来玩个游戏吧！有两个信封，每个信封里写有一个范围在$0,1,\cdots,100$之间的整数，而且两个信封中的数字不同。如果猜出哪一个信封中的数字更大，那么你就赢了。为了给你一点机会，我们允许你任意选择一个信封，看一下信封中的数字。这样的话，有没有一种策略，使你赢得游戏的概率大于50%呢？

例如，你可以任意选一个信封，然后猜这个信封里的数字更大。但是这个策略的胜率只有50%，你要挑战的是超过50%的策略。

所以，试试更聪明的方法。假设你看了其中一个信封，里面的数字是12。因为12是一个小数字，所以你猜另一个信封里的数字更大一些。但是，可能两个信封都放的是小数字。这样一来猜得就不准啦！

一个关键点是，信封里的数字可能不是随机的。放什么数字是我们选的，怎么放也是我们定的，随机的只不过是选择哪两个不好猜的数字，目的就是让你输。

制胜策略背后的直觉

不管我们把什么数字放进信封里，仍然存在一种胜率超过50%的策略，这往往令人诧异。

假设你用某种方式知道，数字x处于两个信封中数字的中间。现在，你看了其中一个信封的数字。如果这个数字大于x，那么你刚才看的信封就是比较大的那个。如果你看到的数字小于x，那么你看的就是数字较小的那个。也就是说，如果知道两个数字中间的一个数值，那么肯定能赢这个游戏。

这个聪明的策略唯一的漏洞在于，你并不知道这个x值。这听起来像是穷途末路了似的，但我们还是有非常棒的方式来解决这个问题——我们可以试着猜一下x的值！

你是有可能猜对的。如果猜对，你100%能赢。另一方面，就算你猜错了，跟原来一样，你的胜率还是50%。以上两种情况综合起来，你的总胜率超过50%。

很多关于概率的直觉性论断听起来很有道理，但其实是错的。但这个情况相反：这个策略不一定能使你信服，但它确实有效。为了证明它是正确的，我们以一种更严谨的方式去验证它——我们会找出这个游戏的最佳策略。

制胜策略分析

一般地，假设从整数区间$[0..n]$中挑选两个数。我们把较小的数称为L，把较大的数称为H。

你的目标是猜一个在L和H中间的数值x。最简单的情况是，x既不等于L，也不等于H，那么x可以是任意一个半整数（half-integers）：

$$\frac{1}{2}, \frac{3}{2}, \frac{5}{2}, \cdots, \frac{2n-1}{2}$$

那么你应该使用什么样的概率分布呢？

最好是均匀分布——即以相等的概率选择任意一个半整数，这样赢的可能性比较大。一种非正式的解释是：假设我们知道你不大可能选择某个数字——比如$50\frac{1}{2}$——那么我们就总是把50和51放进信封里。这样，你就不大可能选中L和H之间的x，因而不大可能赢。

选完x以后，你看到一个信封里的数字，设这个数字为T。如果$T > x$，那么你猜你看到的这个数字是比较大的。如果$T < x$，那么你猜另一个信封中的数字比较大。

接下来就是确定这个策略获胜的概率。我们采用四步法和树状图。

第一步：找到样本空间

你选择的x可能过小（$<L$）、过大（$>H$），或者刚刚好（$L < x < H$）。然后你选择看的那个数字可能是偏小（$T = L$）或偏大（$T = H$）的数字。所以，共有六种可能的结果，如图19.3所示。

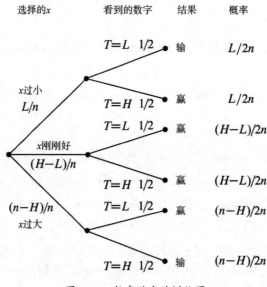

图 19.3　数字游戏的树状图

第二步：定义目标事件

获胜事件的四种结果已经标记在树状图中。

第三步：计算结果的概率

首先，计算边的概率。x 过小的概率是 L/n，过大的概率是 $(n-H)/n$，刚刚好的概率是 $(H-L)/n$。然后，你选择看的这个信封是大数还是小数的概率是一样的。将根到叶子路径上的概率相乘，就得到了结果的概率。

第四步：计算事件的概率

将获胜事件的四种结果的概率相加，就是你在这个游戏中的胜率。

$$\Pr\left[\text{赢}\right] = \frac{L}{2n} + \frac{H-L}{2n} + \frac{H-L}{2n} + \frac{n-H}{2n}$$
$$= \frac{1}{2} + \frac{H-L}{2n}$$
$$\geq \frac{1}{2} + \frac{1}{2n}$$

由于大数 H 至少比小数 L 大 1 且它们不相等，所以最后的不等式成立。

可以肯定的是，不管信封里装的是什么数字，用这种方法，你赢得这个游戏的胜算超过一半。因此，如果在 $0, 1, \cdots, 100$ 范围内挑选数字，获胜的概率至少是 $1/2 + 1/200 = 50.5\%$。如果我们把选择范围缩小至 $0, \cdots, 10$，那么你赢得游戏的概率将提高至 55%。按照拉斯维加斯的标准，这都是大概率啊。

随机算法

以上数字游戏获胜的最佳策略，是随机算法（randomized algorithm）的一个例子，即使用随机数影响决策。在计算机科学领域，使用随机数的算法和协议是非常重要的。很多问题的最佳方案都基于随机数生成器。

例如，指数退避（exponential backoff）算法，是决定什么时候在共享总线和以太网中发送广播的最常用的随机算法。在实践中最常用的排序算法之一，快速排序算法（quicksort），也用到了随机数。如果你选修了算法课程，会遇到更多这样的例子。一般来说，随机性用于提升算法运行速度或改善算法性能。

19.3.4 二项分布

计算机科学领域中最常用的第三个分布是二项分布（binomial distribution）。服从二项分布的随机变量，最有代表性的例子就是 n 次独立抛硬币结果正面朝上的次数。如果硬币是均匀的，那么正面朝上的次数服从无偏二项分布（unbiased binomial distribution），概率密度函数为 $f_n: [0..n] \to [0,1]$

$$f_n(k) ::= \binom{n}{k} 2^{-n}$$

这是因为 n 次抛硬币正好有 k 次正面朝上的序列有 $\binom{n}{k}$ 种，而且每个序列的概率是 2^{-n}。

$f_{20}(k)$ 的柱状图如图 19.4 所示。最有可能的结果是 $k = 10$，即 10 次正面向上，而且对于较大或较小的 k，概率下降得很快。主峰两侧下降得很快的区域称作分布的尾巴（tails of the distribution）。

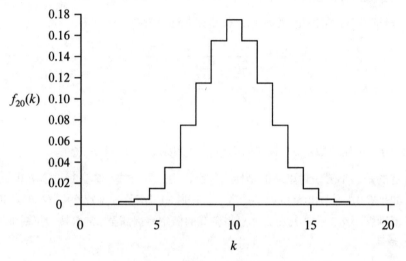

图 19.4　$n=20$，$f_{20}(k)$ 无偏二项分布的概率密度函数

在很多领域，包括计算机科学领域，概率分析可以归结为求二项分布尾部的小边界。对具体问题而言，这往往意味着某种不好的事情发生的概率非常小，比如服务器或通信链路过载，或随机算法跑了异常长的时间，或程序产生了错误的结果。

尾部变小的速度很快。例如，抛 100 次硬币，最多有 25 个正面向上的概率比 1/3 000 000 还要小。事实上，分布尾部的概率下降得很快：恰好 25 次正面向上的概率差不多是 24 个正面向上的概率加 23 个正面向上的概率加……加零个正面向上的概率之和的两倍。

广义二项分布

如果硬币是有偏好的，每一次抛到正面的概率是 p，那么抛得正面的次数有一个广义二项分布密度函数（general binomial density function），概率密度函数为 $f_{n,p}: [0..n] \to [0,1]$，

$$f_{n,p}(k) = \binom{n}{k} p^k (1-p)^{n-k} \tag{19.1}$$

其中 $n \in \mathbb{N}^+$，$p \in [0,1]$。k 个正面、$n-k$ 个反面的序列有 $\binom{n}{k}$ 个，每一个序列的概率是 $p^k(1-p)^{n-k}$。

图 19.5 画出了 $f_{n,p}(k)$ 的概率密度函数。例如，独立抛硬币 $n = 20$ 次都是正面的概率是 $p = 0.75$。从图中我们可以知道，最有可能抛出 $k = 15$ 个正面。同样地，对较大和较小的 k，概率都会下降得很快。

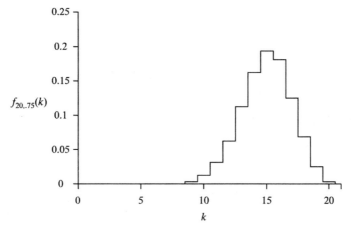

图 19.5　广义二项分布的概率密度函数 $f_{n,p}(k)$，其中 $n = 20, p = 0.75$

19.4　期望

随机变量的期望（expectation）或期望值（expected value），是指能够揭示这个变量很多行为的单个数字。随机变量的期望又称均值（mean）或平均数（average）。举一个例子，当你看到考试分数的时候，首先想知道的可能是整个班级的平均分。这个平均分正是学生分数这个随机变量的期望。

更确切地说，随机变量的期望是它的每一个取值以概率为权重的加权平均值。随机变量的期望值定义如下。

定义 19.4.1　如果 R 是定义在样本空间 S 的随机变量，那么 R 的期望是：

$$\mathrm{Ex}[R] ::= \sum_{\omega \in S} R(\omega) \Pr[\omega] \qquad (19.2)$$

让我们来看一些例子。

19.4.1　均匀随机变量的期望值

抛一个六面骰子得到的点数，就是一个均匀随机变量。设 R 是一个公平的六面骰子抛出的点数。那么根据式 19.2，R 的期望值是：

$$\text{Ex}[R] = 1 \cdot \frac{1}{6} + 2 \cdot \frac{1}{6} + 3 \cdot \frac{1}{6} + 4 \cdot \frac{1}{6} + 5 \cdot \frac{1}{6} + 6 \cdot \frac{1}{6} = \frac{7}{2}$$

可见,"期望"这个字眼是具有一定误导性的;因为实际上R不可能等于这个值——一个普通的骰子不可能抛出$3\frac{1}{2}$!

一般来说,如果R_n是均匀分布在$\{a_1, a_2, \cdots, a_n\}$上的随机变量,那么$R_n$的期望就是$a_i$的平均值:

$$\text{Ex}[R_n] = \frac{a_1 + a_2 + \ldots + a_n}{n}$$

19.4.2 随机变量的倒数的期望

定义随机变量S为一个公平的六面骰子抛出的点数的倒数。也就是说,$S = 1/R$,其中R是抛出的点数。那么,

$$\text{Ex}[S] = \text{Ex}\left[\frac{1}{R}\right] = \frac{1}{1} \cdot \frac{1}{6} + \frac{1}{2} \cdot \frac{1}{6} + \frac{1}{3} \cdot \frac{1}{6} + \frac{1}{4} \cdot \frac{1}{6} + \frac{1}{5} \cdot \frac{1}{6} + \frac{1}{6} \cdot \frac{1}{6} = \frac{49}{120}$$

注意

$$\text{Ex}[1/R] \neq 1/\text{Ex}[R]$$

以为这两个值相等是一个常见的错误。

19.4.3 指示器随机变量的期望值

一个事件的指示器随机变量的期望值就是这个事件的概率。

引理 19.4.2 如果I_A是事件A的指示器随机变量,那么

$$\text{Ex}[I_A] = \text{Pr}[A]$$

证明.

$$E_x[I_A] = 1 \cdot \text{Pr}[I_A = 1] + 0 \cdot \text{Pr}[I_A = 0] = \text{Pr}[I_A = 1] = \text{Pr}[A] \quad (I_A\text{的定义})$$

例如,设事件A表示正面朝上的概率为p,则$E_x[I_A] = \text{Pr}[I_A = 1] = p$。

19.4.4 期望的另一种定义

还有另一种定义期望的标准方法。

定理 19.4.3 对任意的随机变量R,

$$\text{Ex}[R] = \sum_{x \in \text{range}(R)} x \cdot \text{Pr}[R = x] \qquad (19.3)$$

定理19.4.3的证明跟本章前面的期望定理证明差不多，依据公式19.2做重新分组进行证明。

证明．设R定义在样本空间S中，那么

$$\begin{aligned}
\text{Ex}[R] &::= \sum_{\omega \in S} R(\omega) \Pr[\omega] \\
&= \sum_{x \in \text{range}(R)} \sum_{\omega \in [R=x]} R(\omega) \Pr[\omega] \\
&= \sum_{x \in \text{range}(R)} \sum_{\omega \in [R=x]} x \Pr[\omega] \quad \text{（事件}[R=x]\text{的定义）} \\
&= \sum_{x \in \text{range}(R)} x \left(\sum_{\omega \in [R=x]} \Pr[\omega] \right) \quad \text{（将}x\text{从里面的求和项提取出来）} \\
&= \sum_{x \in \text{range}(R)} x \cdot \Pr[R=x] \quad \text{（}\Pr[R=x]\text{的定义）}
\end{aligned}$$

由于事件$[R=x]$，$x \in \text{range}(R)$将样本空间S分割为几个部分，所以把事件$[R=x]$，$x \in \text{range}(R)$的结果加和，就等于样本空间S上的加和，于是第一个等号成立。

一般来说，公式19.3比公式19.2更便于计算期望值。而且，公式19.3不依赖于样本空间，只需要知道随机变量的密度函数。另一方面，公式19.2对所有结果进行加和，往往可以简化关于期望一般性质的证明。

19.4.5　条件期望

正如事件概率一样，期望也可以以某个事件为条件。对于随机变量R，给定事件A的条件下，R的期望值等于它在事件A结果上的概率加权平均。即，

定义 19.4.4 给定事件A的条件下，随机变量R的条件期望（conditional expectation）$\text{Ex}[R \mid A]$是：

$$\text{Ex}[R \mid A] ::= \sum_{r \in \text{range}(R)} r \cdot \Pr[R = r \mid A] \quad (19.4)$$

例如，掷一枚公平的骰子，已知掷出的点数至少是4的条件下，计算掷出点数的期望值。设R表示掷骰子的点数结果。那么根据式19.4，

$$\text{Ex}[R \mid R \geqslant 4] = \sum_{i=1}^{6} i \cdot \Pr[R = i \mid R \geqslant 4] = 1 \cdot 0 + 2 \cdot 0 + 3 \cdot 0 + 4 \cdot \frac{1}{3} + 5 \cdot \frac{1}{3} + 6 \cdot \frac{1}{3} = 5$$

条件期望非常适合将复杂的期望计算分解成简单的场景。先计算每个简单场景的条件期望，然后根据每个简单场景的概率加权平均求得所需要的条件期望。

例如，假设世界上有 49.6%的男性，剩下的是女性——现实差不多是这样。此外，假设随机抽取的男性身高期望值是 5 英尺 11 英寸（约 180cm），随机抽取的女性身高是 5 英尺 5 英寸（约 165cm）。那么随机抽取一个人，他/她的身高期望是多少？方法是计算男性和女性身高的平均值。令H是随机抽取的人的身高（单位为英尺），M是抽到男性的事件，F是抽到女性的事件，那么

$$\begin{aligned}\text{Ex}[H] &= \text{Ex}[H \mid M]\text{Pr}[M] + \text{Ex}[H \mid F]\text{Pr}[F] \\ &= (5 + 11/12) \cdot 0.496 + (5 + 5/12) \cdot (1 - 0.496) \\ &= 5.6646\ldots\end{aligned}$$

这个值略小于 5 英尺 8 英寸（约 172cm）。

由此可以推出如下定理。

定理 19.4.5（全期望定理，Law of Total Expectation）设R是样本空间S上的一个随机变量，并且$A_1, A_2, \ldots$是S的划分，那么

$$\text{Ex}[R] = \sum_i \text{Ex}[R \mid A_i]\text{Pr}[A_i]$$

证明.

$$\begin{aligned}\text{Ex}[R] &= \sum_{r \in \text{range}(R)} r \cdot \text{Pr}[R = r] & \text{（根据公式 19.3）} \\ &= \sum_r r \cdot \sum_i \text{Pr}[R = r \mid A_i]\text{Pr}[A_i] & \text{（全概率公式）} \\ &= \sum_r \sum_i r \cdot \text{Pr}[R = r \mid A_i]\text{Pr}[A_i] & \text{（常量}r\text{的分配律）} \\ &= \sum_i \sum_r r \cdot \text{Pr}[R = r \mid A_i]\text{Pr}[A_i] & \text{（交换求和顺序）} \\ &= \sum_i \text{Pr}[A_i] \sum_r r \cdot \text{Pr}[R = r \mid A_i] & \text{（提取常量 Pr}[A_i]\text{）} \\ &= \sum_i \text{Pr}[A_i]\text{Ex}[R \mid A_i] & \text{（19.4.4 节期望的定义）}\end{aligned}$$

19.4.6 平均故障时间

如果一个计算机程序还没崩溃，那么它每小时崩溃的概率是p。那么程序崩溃所需的期望时间是多少？我们用全期望定理（定理 19.4.5）可以很容易地解决这个问题。现在，假设C是直到程序第一次崩溃的小时数，我们要求 $\text{Ex}[C]$。以第一个小时程序是否崩溃为条件求解。

定义 A 为系统在第一个小时崩溃的事件，则 $\overline{A}$ 为第一个小时系统没有崩溃的事件。那么平均故障时间（Mean Time to Failure）$\text{Ex}[C]$ 为

$$\text{Ex}[C] = \text{Ex}[C \mid A]\text{Pr}[A] + \text{Ex}[C \mid \overline{A}]\text{Pr}[\overline{A}] \tag{19.5}$$

由于 A 表示第一个小时系统崩溃，故：

$$\text{Ex}[C \mid A] = 1 \tag{19.6}$$

由于 $\overline{A}$ 是第一个小时系统没有崩溃，所以以 $\overline{A}$ 为条件，相当于第一个小时系统不崩溃，接着在没有条件的情况下重新开始。因此

$$\text{Ex}[C \mid \overline{A}] = 1 + \text{Ex}[C] \tag{19.7}$$

把式 19.6 和式 19.7 代入式 19.5：

$$\begin{aligned}\text{Ex}[C] &= 1 \cdot p + (1 + \text{Ex}[C])(1-p) \\ &= p + 1 - p + (1-p)\text{Ex}[C] \\ &= 1 + (1-p)\text{Ex}[C]\end{aligned}$$

调整各项顺序可以得到

$$1 = \text{Ex}[C] - (1-p)\text{Ex}[C] = p\text{Ex}[C]$$

所以

$$\text{Ex}[C] = 1/p$$

这里有一个值得记住的一般规律。

平均故障时间

假设系统在各个时间周期内独立运行，如果系统在每一个时间周期发生故障的概率是 p，那么系统第一次出现故障所需的时间期望是 $1/p$。

例如，如果每小时程序崩溃的概率是 1%，那么程序第一次崩溃的时间期望是 1/0.01=100 个小时。

再举一个例子，假设一对夫妻生不到男孩就一直生，那么他们需要生多少个孩子才能生到第一个男孩？假设生男孩女孩的概率都是 50%，而且每一胎的性别是相互独立的。

诸如此类的问题很多。从数学上说，"运行多少小时程序才会崩溃？"和"生多少个孩子才能生到男孩？"是一样的。这里，"程序崩溃"对应"生出男孩"，所以我们应该假设 $p = 1/2$。根据前面的分析，这对夫妇应该期望有了 $1/p = 2$ 个小孩的时候，生到一个男孩。因为第二个小

孩是男孩，所以他们生女孩的期望是 1 个。所以，即使是在追求生男孩的国家，男女人口的期望仍然是均衡的。

平均故障时间（公式 19.8）有一种简单的直观解释。假设系统在每次故障后重新启动。这样，平均故障时间等于连续重复故障的平均时间。假设某个小时的故障概率是 p，那么 n 个小时后期望发生 pn 次故障。根据定义可知，两次故障之间的平均时间等于 np/p，即 $1/p$。

我们用正式描述表达这个结果。随机变量 C 表示第一次发生故障所需的时间，服从参数为 p 的几何分布（geometric distribution）。

定义 19.4.6 随机变量 C 服从参数为 p 的几何分布，当且仅当陪域$(C) = \mathbb{Z}^+$ 且

$$\Pr[C = i] = (1-p)^{i-1}p$$

引理 19.4.7 如果随机变量 C 服从参数为 p 的几何分布，那么

$$\mathrm{Ex}[C] = 1/p \tag{19.8}$$

19.4.7 赌博游戏的预期收益

关于期望大多数有趣的例子都是赌博游戏。比如一个简单的游戏是，你有 p 的概率赢得 w 美元，有 $1-p$ 的概率输掉 x 美元，那么你的预期收益（expected return or winnings）是

$$pw - (1-p)x \text{ 美元}$$

例如，抛一枚公平的硬币，如果正面向上则赢得 1 美元，如果是反面向上则输掉 1 美元，那么你的预期收益是

$$\frac{1}{2} \cdot 1 - \left(1 - \frac{1}{2}\right) \cdot 1 = 0$$

像这种预期收益等于 0 的游戏，被称为公平游戏。

平分底池

我们再来看一个公平游戏。

周五晚上，在你家门口，两个新来的机车男，Eric 和 Nick，走过来提议打一个简单的赌。每个玩家拿出 2 美元放在吧台，然后各自悄悄在纸巾上写 "正" 或 "反"。接着，抛一枚公平的硬币。猜对硬币结果的人平分吧台上的 6 美元。平分底池（pot splitting）是扑克、运动彩券和彩票的一种常见玩法。

这听起来像是一个公平游戏，但是如果你碰到的是奇怪骰子（见 17.3 小节）的时候，你就

会对机车男的赌博游戏表示怀疑。所以在同意玩游戏之前，先用四步法则和树状图计算一下预期收益。树状图如图 19.6 所示。

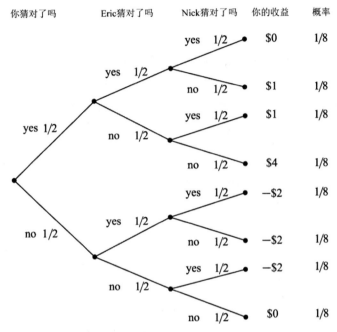

图 19.6 平分底池游戏的树状图。3 个玩家，每个玩家拿出 2 美元，然后猜公平硬币的抛掷结果。赢家平分底池

在图 19.6 中，"你的收益"这一列的计算方法是，将 6 美元底池（pot）[①]在猜对的玩家中平分，再减去你最初投入的 2 美元而得。例如，如果所有玩家都猜对了，那么你的收益是 0，因为你只是拿回了你的 2 美元赌注。如果你和 Nick 猜对了而 Eric 猜错了，那么你的收益是：

$$\frac{6}{2} - 2 = 1$$

如果所有人都猜错，你们同意三个人平分 6 美元，那么你的收益同样是 0。

根据式 19.3 计算期望收益：

$$\begin{aligned} \text{Ex}[收益] &= 0 \cdot \frac{1}{8} + 1 \cdot \frac{1}{8} + 1 \cdot \frac{1}{8} + 4 \cdot \frac{1}{8} \\ &\quad + (-2) \cdot \frac{1}{8} + (-2) \cdot \frac{1}{8} + (-2) \cdot \frac{1}{8} + 0 \cdot \frac{1}{8} \\ &= 0 \end{aligned}$$

[①] 投入的赌注通常称作底池。

这说明这个游戏是公平的。所以，看在往日的情分上，你打破了从不参加奇怪赌博游戏的庄严誓言。

共谋的影响

结果不用多说，情况对你很不利。赌的时间越久，你输得越多。下了 1000 次注以后，你已经输掉 500 多美元。这个时候，Nick 和 Eric 可能会安慰你说"你只是运气不好"，事后你计算了一下下注 1000 次、每注 2 美元，输掉 500 美元的概率真的非常非常小。

当然，可能你真的非常非常不幸运。但更有可能的是背后有什么猫腻。或许图 19.6 的树状图并不是一个好模型。

这个"猫腻"在于，Nick 和 Eric 很有可能串通起来坑你。当然，硬币是公平的，但这只能说明 Nick、Eric 猜对结果的概率都是 1/2。但是回想一下前面 1000 次下注，你会注意到 Eric 和 Nick 从来没有给出过相同的猜测。也就是说，只要 Nick 猜"反"，Eric 总会猜"正"，反之亦然。观察到这个事实以后，树状图就有了轻微的变化，如图 19.7 所示。

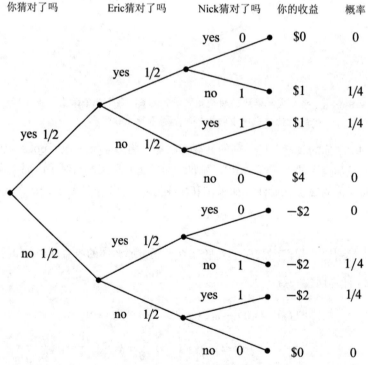

图 19.7 修正后的树状图，其中 Nick 总是与 Eric 的猜测相反

在图 19.6 和图 19.7 中，每个结果的收益是相同的，但是结果的概率不同。例如，由于 Nick

和 Eric 总是猜得不一样，所以 3 个玩家不可能都猜对。更重要的是，你也不可能有机会赢得 4 美元。因为 Nick 和 Eric 总是猜得不一样，所以他们两人中必有一人能够分到钱。所以你知道了吧，情况对你很不利！

使用式 19.3 计算串谋情况下的期望收益，有：

$$\begin{aligned} \text{Ex}[\text{收益}] &= 0 \cdot 0 + 1 \cdot \frac{1}{4} + 1 \cdot \frac{1}{4} + 4 \cdot 0 \\ &\quad + (-2) \cdot 0 + (-2) \cdot \frac{1}{4} + (-2) \cdot \frac{1}{4} + 0 \cdot 0 \\ &= -\frac{1}{2} \end{aligned}$$

所以小心这些机车男！通过合谋，Nick 和 Eric 可以让你每一局都输 0.5 美元。难怪玩 1000 局输了 500 美元啊。

如何赢彩票

很多赌博游戏都有类似的共谋情况。例如，典型的每周橄榄球博彩池，每个参与者下注 10 美元，而猜对的参与者们将会平分一大笔底池。如果像图 19.6 所示的那样，那么这个博彩池似乎是公平的。但事实上，如果两个或更多的玩家通过共谋猜得都不一样，那么他们就可以获得"不公平"的优势！

有的时候，共谋是无意的，你甚至可以从中获益。例如，许多年前，麻省理工学院前数学教授赫尔曼·切尔诺夫（Herman Chernoff）发现了一种通过玩国家彩票来赚钱的方式。这很令人惊讶，因为国家彩票通常要拿走大部分的赌注，然后才分给赢家，所以期望收益往往非常少。那么切尔诺夫是怎样赚钱的呢？其实非常容易！

国家彩票的典型玩法如下：

- 所有玩家支付 1 美元，并从 1 到 36 中选择 4 个数字。
- 国家从 1 到 36 中随机抽取 4 个数字。
- 国家将收集到的钱分成两半，一半分给猜中数字的人，一半用于装修政府府邸。

这跟刚才 Nick 和 Eric 的游戏非常像，只是玩家更多、选择更多而已。切尔诺夫发现，大部分的玩家选择了小部分的数字。显然，大多数人的想法是一样的；他们并不像 Eric 和 Nick 那样处心积虑地选择数字，而仅仅是根据红袜队（美国职业棒球大联盟中的一支球队）的胜利情况或者今天的日期来选择数字。结果就是，好像玩家们有意合谋起来一起失败似的。如果有人猜到了正确的数字，则与很多其他玩家平分奖池里的钱。通过均匀、随机地选择数字，切尔诺夫不太可能选中那些热门的数字。所以如果他赢了，整个奖池的奖金可能都是他的！ 通过分析实际的国家彩票数据，他确定平均 1 美元可以获利 7 美分。换句话说，他的预期回报不是你所想的 0.05 美元，而是 0.07 美元。①所以博彩中的无意识合谋，对你是有利的。

19.5 期望的线性性质

期望遵循一个简单、有用的法则，称为期望的线性性质（Linearity of Expectation）。简单地说，就是随机变量和的期望等于随机变量期望的和。

定理 19.5.1 对任意随机变量R_1和R_2，有：

$$\text{Ex}[R_1 + R_2] = \text{Ex}[R_1] + \text{Ex}[R_2]$$

证明．设$T ::= R_1 + R_2$。接下来，直接将期望定义公式 19.2 中的各项重新分配：

$$\begin{aligned}
\text{Ex}[T] &::= \sum_{\omega \in S} T(\omega) \cdot \Pr[\omega] \\
&= \sum_{\omega \in S} (R_1(\omega) + R_2(\omega)) \cdot \Pr[\omega] & (T\text{的定义}) \\
&= \sum_{\omega \in S} R_1(\omega) \Pr[\omega] + \sum_{\omega \in S} R_2(\omega) \Pr[\omega] & (\text{重新分配}) \\
&= \text{Ex}[R_1] + \text{Ex}[R_2] & (\text{根据公式 19.2})
\end{aligned}$$

这个证明简单延伸（如何延伸请读者自行思考）可得

定理 19.5.2 对于随机变量R_1, R_2和常数$a_1, a_2 \in \mathbb{R}$，有

$$\text{Ex}[a_1 R_1 + a_2 R_2] = a_1 \text{Ex}[R_1] + a_2 \text{Ex}[R_2]$$

也就是说，期望是一个线性函数。将以上定理拓展至两个以上变量的情况，可得

推论 19.5.3（期望的线性性质），对任意随机变量$R_1, \cdots, R_k$和常数$a_1, \cdots, a_k \in \mathbb{R}$，有

$$\text{Ex}\left[\sum_{i=1}^{k} a_i R_i\right] = \sum_{i=1}^{k} a_i \text{Ex}[R_i]$$

期望的线性性质的最棒的地方在于它不要求独立性。这一点非常有用，因为有时候判断两个随机变量是否独立非常困难，而且我们经常需要处理不知道是否独立的随机变量。

例如，计算两枚公平骰子抛出的点数和的期望。

---

① 现在大多数彩票都提供随机票，有助于平滑所选序列的分布。

19.5.1 两枚骰子的期望

两枚公平骰子抛出的点数和的期望是多少？

设随机变量 R_1 是第一枚骰子抛出的点数，R_2 是第二枚骰子抛出的点数。根据前面的计算我们知道，一枚骰子的期望值是 3.5。使用期望的线性性质可得两枚骰子和的期望：

$$\text{Ex}[R_1 + R_2] = \text{Ex}[R_1] + \text{Ex}[R_2] = 3.5 + 3.5 = 7$$

假设骰子是独立的，我们可以用树形图证明两个骰子点数和的期望是 7，但这有些麻烦，因为共有 36 种情况。如果不假设独立性，我们根本就不能使用树形图法。但是请注意，我们不需要假设两个骰子是独立的。即使它们以某种可控的方式共同产生抛掷结果，只要这两个骰子都是公平的，那么它们的和的期望值就等于 7。

19.5.2 指示器随机变量的和

期望的线性性质尤其适合指标器随机变量的和。举一个例子，假设有一个晚餐派对，n 个男人检查他们的帽子。在就餐期间，帽子混在一起，随后每个人都会随机地得到一顶帽子。每个人以概率 $1/n$ 拿到自己的帽子。请问能够正确拿到自己帽子的人有多少个？

设 G 是正确拿到自己帽子的人数，我们想要求 G 的期望。关于 G，我们只知道每个人得到自己帽子的概率是 $1/n$。符合这一性质的概率分布太多了，我们无从知道 G 的分布，从而不能直接使用公式 19.2 和公式 19.3 求 G 的期望。但是，这个问题可以使用期望的线性性质来解决。

这里采用一种标准且有用的技巧，即，将 G 表示为指示器随机变量的和。特别地，令 G_i 表示事件"第 i 个人拿到自己帽子"的指示器随机变量。也就是说，如果第 i 个人得到自己的帽子，则 $G_i = 1$，否则 $G_i = 0$。那么得到自己的帽子的人数就是这些指示器随机变量的和：

$$G = G_1 + G_2 + \ldots + G_n \tag{19.9}$$

这些指示器随机变量不是相互独立的。例如，如果前 $n-1$ 个人都拿的是自己的帽子，那么最后一个人肯定也能拿到自己的帽子。这里我们再强调一遍，不必考虑这些变量是否独立，期望的线性性质总是成立的。

由于 G_i 是一个指示器随机变量，我们从引理 19.4.2 可以得出

$$\text{Ex}[G_i] = \text{Pr}[G_i = 1] = 1/n \tag{19.10}$$

根据期望的线性性质（式 19.9），则：

$$\begin{aligned}\text{Ex}[G] &= \text{Ex}[G_1 + G_2 + \ldots + G_n] \\ &= \text{Ex}[G_1] + \text{Ex}[G_2] + \ldots + \text{Ex}[G_n] \\ &= \overbrace{\frac{1}{n} + \frac{1}{n} + \ldots + \frac{1}{n}}^{n} \\ &= 1\end{aligned}$$

所以，即使我们不知道帽子是怎么分的，但我们知道不论总共有多少人，平均来说只有一个人正确地拿回了自己的帽子！

一般来说，期望的线性性质提供了一种非常好的方法计算预期发生的事件数目。

定理 19.5.4 给定任意一系列事件 $A_1, A_2, \cdots, A_n$，将要发生的事件数目的期望是

$$\sum_{i=1}^{n} \Pr[A_i]$$

例如，A_i 可以是第 i 个人正确拿到帽子的事件。不过一般来说，A_i 可以是样本空间的任意子集，而我们要求的就是包含一个随机样本点的事件的期望数目。

证明. 定义 R_i 是事件 A_i 的指示器随机变量，其中如果 $w \in A_i$，那么 $R_i(\omega) = 1$；如果 $w \notin A_i$，那么 $R_i(\omega) = 0$。令 $R = R_1 + R_2 + \cdots + R_n$，那么

$$\begin{aligned}
\text{Ex}[R] &= \sum_{i=1}^{n} \text{Ex}[R_i] & \text{（期望的线性性质）} \\
&= \sum_{i=1}^{n} \Pr[R_i = 1] & \text{（引理 19.4.2）} \\
&= \sum_{i=1}^{n} \Pr[A_i] & \text{（指示器随机变量的定义）}
\end{aligned}$$

所以，想要知道将要发生的事件数目的期望，只需将每个事件发生的概率加起来即可。不需要考虑事件的独立性。

19.5.3 二项分布的期望

假设独立地抛 n 个有偏好的硬币，每个硬币正面朝上的概率是 p。那么正面朝上次数的期望是多少？

假设 J 是正面朝上的硬币数量。那么 J 服从参数为 n, p 的二项分布，并有

$$\Pr[J = k] = \binom{n}{k} p^k (1-p)^{n-k}$$

根据式 19.3，这意味着

$$\text{Ex}[J] = \sum_{k=0}^{n} k \Pr[J = k] = \sum_{k=0}^{n} k \binom{n}{k} p^k (1-p)^{n-k} \quad （19.11）$$

这个式子看起来很复杂，但是期望的线性性质可以推导出一个简单闭型。令 J 表示指示器随

机变量的和。也就是说，J_i 表示第 i 个硬币正面朝上的指示器随机变量，即

$$J_i ::= \begin{cases} 1 & \text{如果第} i \text{枚硬币为正面} \\ 0 & \text{如果第} i \text{枚硬币为反面} \end{cases}$$

那么正面向上的次数就是

$$J = J_1 + J_2 + \ldots + J_n$$

由定理 19.5.4

$$\text{Ex}[J] = \sum_{i=1}^{n} \Pr[J_i] = pn \tag{19.12}$$

这个结果看起来真的非常简单。如果我们抛 n 枚相互独立的硬币，得到正面的次数是 pn。因此，参数为 n 和 p 的二项分布的期望值是 pn。

但是如果硬币不是相互独立的呢？没关系——答案仍然是 pn，因为期望的线性性质和定理 19.5.4 与独立性无关。

如果你还不相信期望的线性性质和定理 19.5.4 是非常强大的工具，试想一下，我们可以利用它们证明如此复杂的等式：

$$\sum_{k=0}^{n} k \binom{n}{k} p^k (1-p)^{n-k} = pn \tag{19.13}$$

综合式 19.11 和式 19.12 可得上式（参见习题 19.28）。

下面我们再举一个更具说服力的例子。

19.5.4 赠券收集问题

假设每次在餐厅购买儿童套餐，都会得到一个小火箭车玩具，它带有一个启动装置，能够以较高的速度在任何桌面或光滑平面上玩。真的，拿到火箭车的我们特别开心。

有多个颜色的火箭车。我们在点餐的时候得到的汽车颜色是随机且独立的。要想每种颜色的火箭车至少有一个，需要购买儿童套餐个数的期望是多少？

很多地方都会出现同样的数学问题：例如，需要测验多少个人，才能至少确定一个人的生日？一般这种问题通常被称为赠券收集问题（coupon collector problem）。

我们可以使用期望的线性性质巧妙地解决赠券收集问题。假设火箭车有五种不同的颜色，我们得到的火箭车颜色序列为：

蓝 绿 绿 红 蓝 橙 蓝 橙 灰

将这个序列分为 5 个部分：

$$\underbrace{蓝}_{X_0}\ \underbrace{绿}_{X_1}\ \underbrace{绿\ 红}_{X_2}\ \underbrace{蓝\ 橙}_{X_3}\ \underbrace{蓝\ 橙\ 灰}_{X_4}$$

分组的规则是，当我们得到一种新的颜色时，另起一段（segment）。例如，当我们第一次得到红色的车时，中间部分X_2结束。这样我们就可以把问题分解成按阶段收集颜色各不相同的车。接着，单独分析每个阶段，然后使用期望的线性性质合并结果。

一般情况下，我们要收集n种颜色的火箭车。令X_k是第k段的长度。想要得到全部n辆车所需购买的儿童套餐的数量，就是所有段的长度的和：

$$T = X_0 + X_1 + \ldots + X_{n-1}$$

现在我们考察X_k，即第k段的长度。第k段开始的时候，我们有了k种不同颜色的汽车，然后当得到新的颜色时，这个段结束。当有k种颜色的时候，每份儿童套餐附赠的车是我们已经有的颜色的概率是k/n。那么，每份套餐附赠新颜色的概率是$1 - k/n = (n-k)/n$。因此，根据平均故障时间法则，一直买直到得到新颜色，所需套餐数量的预期是$n/(n-k)$。这意味着

$$\mathrm{Ex}[X_k] = \frac{n}{n-k}$$

结合期望的线性性质，我们可以解决赠券收集问题：

$$\begin{aligned}
\mathrm{Ex}[T] &= \mathrm{Ex}[X_0 + X_1 + \ldots + X_{n-1}] \\
&= \mathrm{Ex}[X_0] + \mathrm{Ex}[X_1] + \ldots + \mathrm{Ex}[X_{n-1}] \\
&= \frac{n}{n-0} + \frac{n}{n-1} + \ldots + \frac{n}{3} + \frac{n}{2} + \frac{n}{1} \\
&= n\left(\frac{1}{n} + \frac{1}{n-1} + \ldots + \frac{1}{3} + \frac{1}{2} + \frac{1}{1}\right) \\
&= n\left(\frac{1}{1} + \frac{1}{2} + \frac{1}{3} + \ldots + \frac{1}{n-1} + \frac{1}{n}\right) \\
&= nH_n \\
&\sim n\ln n
\end{aligned} \quad (19.14)$$

酷！这又是谐波数（Harmonic Numbers）。

我们可以利用式 19.14 处理一些具体问题。例如，掷一枚骰子使得 1 到 6 每个点数都出现，期望需要抛掷的次数等于：

$$6H_6 = 14.7\ldots$$

还有，为了确定至少一个人的生日，需要测验的人数期望等于：

$$365H_{365} = 2364.6\ldots$$

19.5.5 无限和

只要变量满足绝对收敛标准准则，期望的线性性质就同样适用于无限个随机变量的情况。

定理 19.5.5（期望的线性性质）设 $R_0, R_1, \ldots$ 为随机变量，且有

$$\sum_{i=0}^{\infty} \text{Ex}[|R_i|]$$

收敛，则

$$\text{Ex}\left[\sum_{i=0}^{\infty} R_i\right] = \sum_{i=0}^{\infty} \text{Ex}[R_i]$$

证明. 设 $T ::= \sum_{i=0}^{\infty} R_i$。

在给定的收敛性假设下，以下推导中的所有和都是绝对收敛的，这一点留给读者自己思考。所以：

$$
\begin{aligned}
\sum_{i=0}^{\infty} \text{Ex}[R_i] &= \sum_{i=0}^{\infty} \sum_{s \in S} R_i(s) \cdot \Pr[s] && \text{（定义 19.4.1）} \\
&= \sum_{s \in S} \sum_{i=0}^{\infty} R_i(s) \cdot \Pr[s] && \text{（交换求和顺序）} \\
&= \sum_{s \in S} \left[\sum_{i=0}^{\infty} R_i(s)\right] \cdot \Pr[s] && \text{（提取 } \Pr[s] \text{）} \\
&= \sum_{s \in S} T(s) \cdot \Pr[s] && \text{（} T \text{ 的定义）} \\
&= \text{Ex}[T] && \text{（定义 19.4.1）} \\
&= \text{Ex}\left[\sum_{i=0}^{\infty} R_i\right] && \text{（} T \text{ 的定义）}
\end{aligned}
$$

19.5.6 赌博悖论

最简单的赌博场景之一就是轮盘赌桌的"红"或"黑"。在轮盘赌中，一个小球围着轮盘旋转，最后落入一个黑色、绿色或红色的槽，即为一局。就红色或黑色下注定输赢。例如，如果你下注 10 美元、红色，并且小球落入红色槽，那么你可以拿回原来的 10 美元，另外还有 10 美元的酬金。

庄家利用绿色槽赚钱，绿色槽的存在使得红色和黑色的概率均小于 1/2。在美国，轮盘赌轮有 18 个黑色槽、18 个红色槽、2 个绿色槽，所以红色的概率是 $18/38 \approx 0.473$。在欧洲，轮

盘赌轮只有 1 个绿色槽，这样红色的概率略高一些，即 18/37 ≈ 0.486，但仍然小于 0.5。

当然，即使你有幸用一个概率为 0.5 的公平轮盘赌博，也不一定就能赢钱。假设使用公平轮盘，你每次下注赢和输的概率是一样的，所以每转一次期望收益是零。因此，继续下注，每一局期望收益的和仍然是零。

尽管如此，赌徒也会尝试不同的投注策略，以赢得轮盘赌。一个著名的策略是押注加倍（bet doubling），比如下注 10 美元、红色，然后不断加倍，直到红色出现为止。这意味着如果第一次就转出红色，那么停止下注，赢得 10 美元并离开赌场。如果没有出现红色，第二次继续下注 20 美元。如果第二次转出红色，则得到 20 美元的本金加上 20 美元的回报，然后离开，净利润为 20 − 10 = 10 美元。如果第二次还没有出现红色，继续下注 40 美元，如果第三次转出红色则离开，此时净利润是 40 − 20 − 10 = 10 美元，以此类推。

前面我们已经分析过公平轮盘赌根本赢不了钱，但这对不公平的轮盘赌不适用。等等！每一次转轮出现红色的概率是 0.486，所以转不到 3 次就能出现一次红色。而且，只要有红色的槽，红色总是会出现的，一旦出现红色，你就可以带着 10 美金的利润离开了。也就是说，通过押注加倍，你肯定会赢 10 美金，所以期望收益是 10 美金，而不是 0 美金。

好像哪里出了问题。

19.5.7 悖论的解答

"公平轮盘赌的期望收益是零"这一论断的错误之处在于，含蓄地误用了无限和（infinite sum）的期望的线性性质。

下面我们仔细解释这一点。令 B_n 表示第 n 次下注赢得的钱；如果在第 n 次旋转之前出现过红色，那么令 B_n 等于 0。

那么，任意一局赢得的钱数为

$$\sum_{n=1}^{\infty} B_n$$

赢钱的期望为

$$\mathrm{Ex}\left[\sum_{n=1}^{\infty} B_n\right] \quad (19.15)$$

而且，假设轮盘是公平的，即 $\mathrm{Ex}[B_n] = 0$，则

$$\sum_{n=1}^{\infty} \mathrm{Ex}[B_n] = \sum_{n=1}^{\infty} 0 = 0 \quad (19.16)$$

当我们得出错误结论"根本赢不了钱"的时候，其实是根据期望的线性性质得出式 19.15 的期望等于式 19.16 的期望和。但有时候期望的线性性质不成立——即使式 19.15 等于 10，式 19.16 期望的和是收敛的。这里的问题在于，赢钱的绝对值的和的期望是发散的，不满足无限线性的条件。在押注加倍的情况下，第n次下注$10 \cdot 2^{n-1}$美元，而赌局能进行到第n局的概率是2^{-n}。所以

$$\mathrm{Ex}[|B_n|] = 10 \cdot 2^{n-1} 2^{-n} = 20$$

因此，和

$$\sum_{n=0}^{\infty} \mathrm{Ex}\,[|B_n|] = 20 + 20 + 20 + \cdots$$

迅速发散。

所以，不能预先假设公平游戏无法获胜，而且支撑这个假设的论断也是错误的：通过押注加倍，你肯定能以赢家的姿态走出赌场！这么说来，概率论得出了一个荒谬的结论。

但是我们不应该因为概率论得出这样一个荒谬的结论就否定概率论。如果你赌资有限，比如在你倾家荡产之前够玩k次，那么对$B_1 + B_2 + \cdots + B_k$求和计算赢钱的期望是正确的。这时，公平轮盘赌赢钱的期望是0美元，而不公平的轮盘赌，你会输钱。换句话说，为了利用押注加倍策略，你需要有无限的钱。所以，这种利用押注加倍的前提假设是荒谬的，从而荒谬的假设得出荒谬的结论也就可以理解了。

19.5.8　乘积的期望

期望的和就是和的期望，但是乘积往往不具备这样的性质。例如，假设掷一枚公平的六面骰子，用随机变量R表示抛掷结果。那么$\mathrm{Ex}[R \cdot R] = \mathrm{Ex}[R] \cdot \mathrm{Ex}[R]$吗？

我们知道$\mathrm{Ex}[R] = 3\frac{1}{2}$，则$\mathrm{Ex}[R]^2 = 12\frac{1}{4}$。现在我们计算$\mathrm{Ex}[R^2]$，看看二者是否相等。

$$\begin{aligned}\mathrm{Ex}[R^2] &= \sum_{\omega \in \mathcal{S}} R^2(\omega) \mathrm{Pr}[w] = \sum_{i=1}^{6} i^2 \cdot \mathrm{Pr}[R_i = i] \\ &= \frac{1^2}{6} + \frac{2^2}{6} + \frac{3^2}{6} + \frac{4^2}{6} + \frac{5^2}{6} + \frac{6^2}{6} = 15\frac{1}{6} \neq 12\frac{1}{4}\end{aligned}$$

即

$$\mathrm{Ex}[R \cdot R] \neq \mathrm{Ex}[R] \cdot \mathrm{Ex}[R]$$

所以，乘积的期望并不总是等于期望的乘积。

但是，有一种特殊情形，乘积的期望等于期望的乘积。那就是当乘积中的随机变量相互独立的时候。

定理 19.5.6 对任意两个独立的随机变量R_1, R_2，

$$\text{Ex}[R_1 \cdot R_2] = \text{Ex}[R_1] \cdot \text{Ex}[R_2]$$

这个定理的证明方法是对定义$\text{Ex}[R_1] \cdot \text{Ex}[R_2]$的和式进行重新组合。具体证明参见习题 19.26。

定理 19.5.6 可以直接推广到多个相互独立的变量。

推论 19.5.7 [独立乘积的期望] 如果随机变量$R1, R2, \ldots\ldots, R3$是相互独立的，那么

$$\text{Ex}\left[\prod_{i=1}^{k} R_i\right] = \prod_{i=1}^{k} \text{Ex}[R_i]$$

19.2 节习题

练习题

习题 19.1

设I_A和I_B是事件A和事件B的指示器随机变量。证明I_A和I_B独立，当且仅当A和B独立。

提示：设$A^1 ::= A$和$A^0 ::= \overline{A}$，那么当$c \in \{0,1\}$时，事件$[I_A = c]$等同于A^c。B^1, B^0同理。

课后作业

习题 19.2

设R, S, T都是值域为V的随机变量。

(a) 假设R是均匀随机变量，即

$$\Pr[R = b] = \frac{1}{|V|}$$

对所有$b \in V$成立，且R与S独立。然后得出以下结论：

$R = S$的概率，相当于R等于S的任意取值，即

$$\Pr[R = S] = \frac{1}{|V|} \tag{19.17}$$

这个结论对吗？请证明式 19.17。

提示：事件[R = S]是以下不相交事件的并集

$$[R = S] = \bigcup_{b \in V}[R = b \text{ 且 } S = b]$$

(b) 给定S和T的值，$S \times T$是随机变量。①现在假设R服从均匀分布，且R独立于$S \times T$。那么对如下结论：

$R = S$的概率，相当于R等于$S \times T$任意取值的第一个坐标，而根据独立性，这个概率依然等于$1/|V|$，因此事件$[R = S]$独立于事件$[S = T]$。

请证明：$[R = S]$独立于事件$[S = T]$。

(c) 令$V = \{1,2,3\}$，且设(R, S, T)以相等的概率取到如下值：

$$(1,1,1), (2,1,1), (1,2,3), (2,2,3), (1,3,2), (2,3,2)$$

证明：

1. R与$S \times T$独立。

2. 事件$[R = S]$与事件$[S = T]$不独立。

3. S与T服从均匀分布。

习题 19.3

令R, S和T是相互独立的指示器变量。

一般来说，事件$S = T$与事件$R = S$不是独立的。我们可以从直觉上这样解释：为了简单起见，设S是均匀的，即$S = 0$或$S = 1$的概率是相等的。那么，S不等于R的概率也是相等的，即$\Pr[R = S] = 1/2$，同理，$\Pr[S = T] = 1/2$。

现在我们进一步假设，R和T等于 1 的可能性大于 0。所以，由$R = S$可知$S = 1$的可能性大于$S = 0$，而由于$S = 1$，则$S = T$的可能性更大，即$\Pr[S = T | R = S] > 1/2$。

请严谨地证明(不要使用直觉判断)事件$[R = S]$和$[S = T]$独立，当且仅当要么R是均匀的②，要么T是均匀的，要么S是常数③。

---

① 即，$S \times T: S \to V \times V$，其中$(S \times T)(\omega) ::= (S(\omega), T(\omega))$，对任意结果$\omega \in S$成立。

② 即，$\Pr[R = 1] = 1/2$。

③ 即，$\Pr[S = 1]$是 1 或 0。

19.3 节习题

练习题

习题 19.4

设 R, S 和 T 是相互独立的随机变量，并具有相同的概率空间：范围在 $[1,3]$ 上的均匀分布。

令 $M = \max\{R, S, T\}$，计算 M 的概率密度函数 PDF_M 的值。

随堂练习

猜大数游戏

组 1：
- 在两张不同的纸上分别写下 0 至 7 之间的两个整数。
- 将两张纸面朝下，放在桌上。

组 2：
- 翻看其中一张纸的数字。
- 猜当前这个数字，或者另一张没看过的数字。

如果组 2 选到了较大的数字，那么组 2 赢；否则组 1 赢。

习题 19.5

在 19.3.3 节的分析中指出，不论组 1 怎么做，组 2 总有办法实现赢率，为 4/7。组 2 可以提升自己的胜率吗？答案是"不能"，因为不管组 2 怎么玩，组 1 都有策略能保证自己的赢率为 3/7。写出组 1 的策略，并解释为什么组 1 能赢。

习题 19.6

假设你有一枚不均匀的硬币，抛出正面的概率是 p。设 J 是 n 次独立抛硬币中抛出正面的数量。所以 J 服从一般二项分布：

$$\text{PDF}_J(k) = \binom{n}{k} p^k q^{n-k}$$

其中 $q ::= 1 - p$。

(a) 证明

$$\text{PDF}_J(k-1) < \text{PDF}_J(k) \quad k < np + p$$
$$\text{PDF}_J(k-1) > \text{PDF}_J(k) \quad k > np + p$$

(b) 求证PDF_J的最大值渐近等于

$$\frac{1}{\sqrt{2\pi npq}}$$

提示：对于渐近估计，可以假设np是一个整数，所以由(a)可知，最大值是$\text{PDF}_J(np)$。使用斯特林公式（Stirling's Formula）。

习题 19.7

设$R_1, R_2, \cdots, R_m$是相互独立的随机变量，并且服从$[1, n]$的均匀分布。令$M ::= \max\{R_i | i \in [1, m]\}$。

(a) 写出$\text{PDF}_M(1)$的表达式。

(b) 写出 $\Pr[M \leq k]$的一般公式。

(c) 用 $\Pr[M \leq j], j \in [1, n]$给出$\text{PDF}_M(k), k \in [1, n]$的表达式。

课后作业

习题 19.8

一个喝醉的水手在大街上溜达，我们把他的步子看作沿着x轴的整数坐标的点。每走一步，水手沿x轴向左或向右移动一个单位。水手走过的特定路径（path）可以用一个由"左"和"右"组成的序列来描述。例如，⟨左，左，右⟩描述了醉汉向左走两步，然后向右走一步。

我们用一个随机行走图（random walk graph）来模拟这个场景，它的顶点是整数，连续两个整数之间的两个方向各存在一条边。所有边的标记为1/2。

水手从原点开始随机行走。即，起初，原点的概率标记为1，其他点标记为0。走了一步以后，水手处于位置 1 或-1 的概率是一样的，所以走完第一步，-1 和 1 的概率标记为 1/2，其他点是 0。

(a) 填表，请填写走完第二步、第三步、第四步的概率，其中空白处表示概率为 0。在每一行填写所有非零的概率，注意它们的分母相同。

	|	位置							
	| -4	-3	-2	-1	0	1	2	3	4
初始位置	|				1				
第1步之后	|			1/2	0	1/2			
第2步之后	|		?	?	?	?	?		
第3步之后	|	?	?	?	?	?	?		
第4步之后	| ?	?	?	?	?	?	?	?	?

(b)

1. 走了t步，其中i次往右走，此时水手的位置在哪？
2. 有多少条路径可以到达(a)所在的位置？
3. 水手到达(a)所在位置的概率为多少？

(c) 设L表示水手走了t步以后所在的位置，并令$B ::= (L+t)/2$。使用(b)中的结果证明B有一个无偏二项密度函数。

(d) 同样，设L表示水手走了t步以后所在的位置，此处t是偶数。证明

$$\Pr[|L| < \frac{\sqrt{t}}{2}] < \frac{1}{2}$$

所以水手有超过1/2的概率，最终所在位置与起点的距离至少为$\sqrt{t}/2$。

提示：利用B，然后使用二项分布的上限进行估计。或者，根据观察，位置 0 是最有可能的最终位置，然后使用渐近估计

$$\Pr[L=0] = \Pr[B=t/2] \sim \sqrt{\frac{2}{\pi t}}$$

19.4 节习题

练习题

习题 19.9

李小龙在一部没有公映的电影中，练习用拳头击碎 5 块木板。他击碎每块木板的概率是 0.8——他练习的是左手击木板，所以概率只是 0.8 而不是 1——而且击碎每块木板是独立的。

- 5 块木板中正好击碎 2 块的概率是多少？

- 5 块木板中最多击碎 3 块木板的概率是多少？
- 李小龙击碎木板的期望值是多少？

习题 19.10

一篇新闻报道了某所学校从加利福尼亚州搬到阿拉巴马州的消息，该文章评论说，这一举措将提高两州的平均智商水平。请解释以上观点。

随堂练习

习题 19.11

有一个掷骰子游戏，最大的回报是 k，将一个均匀的骰子独立掷 3 次，如果你掷 6：

- 0 次，那么你输掉 1 美元。
- 正好 1 次，那么你赢 1 美元。
- 正好 2 次，那么你赢 2 美元。
- 掷出 3 次，那么你赢 k 美元。

当 k 值取多少时，这个游戏是公平的？[①]

习题 19.12

(a) 假设掷一枚均匀的硬币，令 N_{TT} 表示直到连续抛出两次反面时所需的抛掷次数。请问 $\mathrm{Ex}[N_{TT}]$ 是多少？

提示：令 D 是这道题目的树状图，解释为什么 D 可以用图 19.8 的树形图描述？使用全期望定理 19.4.5。

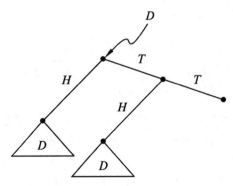

图 19.8　掷硬币直到连续两次出现反面的样本空间树

[①] 实际上，在赌场中，$k = 3$，称作嘉年华骰子。

(b) 设 N_{TH} 表示直到连续两次分别出现"反面、正面"时所需的抛掷次数。请问 $Ex[N_{TH}]$ 是多少？

(c) 现在假设我们玩一个游戏：抛一枚公平的硬币，直到连续两次分别出现"反面、反面"或"反面、正面"时停止。如果先出现"反面、反面"，那么你赢；如果先出现"反面、正面"，那么你输。因为"反面、反面"平均需要多于 50% 次才能出现，所以你的对手认为他有优势。然后你告诉他，如果他赢，你给他 5 美元；如果你赢，他只需要多给你 20%——也就是 6 美元。

如果这样的话，你其实偷偷地利用了对手涉世未深的直觉，因为这样的赌注对于他来说并不公平。那么，每局你赢钱的期望是多少？

习题 19.13

设 T 表示满足以下条件的正整数随机变量，

$$\text{PDF}_T(n) = \frac{1}{an^2}$$

其中

$$a ::= \sum_{n \in \mathbb{Z}^+} \frac{1}{n^2}$$

(a) 证明 $Ex[T]$ 是无限的。

(b) 证明 $Ex[\sqrt{T}]$ 是有限的。

测试题

习题 19.14

循环锦标赛的结果可以用锦标赛有向图表示，其中顶点表示参赛者，存在边 $\langle x \to y \rangle$ 当且仅当参赛者 x 打败了 y。如果一条路径上包括所有的参赛者，那么这条路径称为一个排位（ranking）。一般来说，一个锦标赛有向图可以有一个或多个排位。[①]

假设比赛中的每个玩家获胜的概率相等，并且所有比赛的结果相互独立。对于 10 个玩家构成的锦标赛有向图，请用公式表达排位个数的期望，并证明 10 个顶点的锦标赛有向图至少有 7000 种排位。

这道题是概率方法（probabilistic method）的一个实例。即，不构造对象，而是使用概率

[①] 锦标赛有向图有唯一排位当且仅当它是 DAG，参考习题 10.10。

来证明对象存在。

习题 19.15

有一枚硬币，它抛出正面的概率是 p，抛出反面的概率是 $q ::= 1-p$。持续不断地抛这枚硬币，直到连续出现三个正面为止。这个过程的结果树用 D 表示，见图 19.9。

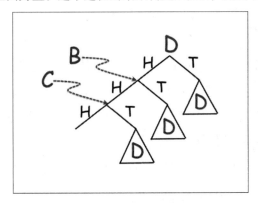

图 19.9 直到抛出"正正正"的结果树

令 $e(S)$ 表示从 S 的根部开始抛掷次数的期望，其中 S 是 D 的子树。我们要找出 $e(D)$。

写出一组包含 $e(D), e(B), e(C)$ 的方程组，通过解这组方程，可以求出 $e(D)$。只需要写出而不用解出这组方程。

习题 19.16

有一枚硬币，它抛出正面的概率是 p，抛出反面的概率是 $q ::= 1-p$。持续不断地抛这枚硬币，直到连续两次抛出的面相同，即"正面，正面"或者"反面，反面"。这个过程的结果树用 A 表示，见图 19.10。

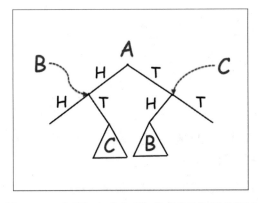

图 19.10 直到抛出"正正"或"反反"的结果树

令 $e(T)$ 是从 T 的根部开始抛掷次数的期望，其中 T 是 A 的子树。我们要找出 $e(A)$。

写出一组包含 $e(A), e(B), e(C)$ 的方程式，通过解这组方程，可以求出 $e(A)$。只需要写出而不用解出这组方程。

课后作业

习题 19.17

现有 n 个不同的数字构成的随机向量。通过以下方法确定这组数字中的最大值。

选择第一个数字，称之为当前最大值（current maximum）。按顺序遍历这个向量其余的数字，每遇到一个数字（称之为 x），如果它大于当前最大值，那么将当前最大值更新为 x。

当前最大值的更新次数的期望是多少？

提示：令 X_i 表示如下事件的指示器变量，向量中的第 i 个数字比前面所有数字都大。

习题 19.18（离差，Deviation from the mean）

设 B 是服从于无偏二项分布的随机变量，即

$$\Pr[B = k] = \binom{n}{k} 2^{-n}$$

假设 n 是偶数。证明绝对离差的期望为：

引理

$$\mathrm{Ex}[|B - \mathrm{Ex}[B]|] = \binom{n}{\frac{n}{2}} \frac{n}{2^{n+1}}$$

19.5 节习题

练习题

习题 19.19

麻省理工学院的学生有洗衣服拖延症，他们解决完手头所有问题之后才会去洗衣服。假设下面描述的所有随机值都是相互独立的。

(a) 一个忙碌的学生必须先解决 3 个问题才能洗衣服。每一个问题有 2/3 的概率需要 1 天时间解决，有 1/3 的概率需要 2 天来解决。设 B 是这个忙碌的学生拖延洗衣服的天数。请问 $\mathrm{Ex}[B]$ 是

多少？

例如：如果第一个问题需要 1 天解决，第二、第三个问题都需要 2 天来解决，那么这个学生延后洗衣服的天数是 5 天。

(b) 一个清闲的学生在早晨掷一枚均匀的六面骰子。如果他掷出 1，那么立马洗衣服（即拖延 0 天）。否则，拖延一天，然后第二天早晨继续掷骰子。设 R 是这个清闲的学生拖延洗衣服的天数。请问 Ex[R] 是多少？

例如：如果这个学生第一天早上掷 2，第二天早上掷 5，第三天早上掷 1，那么他延后洗衣服的天数是 $R = 2$ 天。

(c) 一个不幸的学生必须从病痛中痊愈之后才能洗衣服。他所需的天数等于两枚均匀的六面骰子抛出的点数的乘积。设 U 是这个不幸的学生拖延洗衣服的天数。请问 Ex[U] 是多少？

例如：如果两枚骰子分别掷出 5 和 3，那么这个学生拖延洗衣服的天数就是 $U = 15$ 天。

(d) 对一个学生来说，他忙碌的概率是 1/2，清闲的概率是 1/3，不幸的概率是 1/6。设 D 是这个学生拖延洗衣服的天数，Ex[D] 是多少？

习题 19.20

一门课的期末考试总是有一套严格的打分流程：

- 考试分数有 4/7 的概率由助教给出，有 2/7 的概率由讲师给出，还有 1/7 的概率，考卷意外落在暖气片后面则随意给 84 分。
- 助教单独为每个问题打分，然后计算总和作为考试得分。
    - 有 10 道判断题，每题 2 分。每一题得满分的概率为 3/4，得零分的概率为 1/4。
    - 有 4 道解答题，每题 15 分。每一题的得分是，掷两个均匀的骰子，掷出的点数之和再加 3。
    - 最后有一道大题，20 分，助教以相等的概率给出 12 或 18 分。
- 讲师的打分规则是：掷均匀的骰子两次，将两个点数相乘，然后加上一个"印象分"。
    - 印象分是 40 分的概率是 4/10。
    - 印象分是 50 分的概率是 3/10。
    - 印象分是 60 分的概率是 3/10。

假设所有打分过程都是独立的。

(a) 由助教打分的情况下，分数的期望值是多少？

(b) 由讲师打分的情况下，分数的期望值是多少？

(c) 这门课期末考试的分数期望值是多少？

随堂练习

习题 19.21

教室里有 16 张桌子，按 4×4 方式布置，如下图所示。

如果女孩坐在男孩的前、后、左、右的位置上，那么这两个学生会聊天，称之为聊天对。一个学生可能属于多个聊天对；例如，角落里的学生可以跟另外两个学生聊天，而坐在中间的学生可以和周围的四个同学聊天。假设每张桌子坐男生或者女生的概率是相等的，且相互独立。所以聊天对的期望数目是多少？提示：线性性质。

习题 19.22

这里有 7 个命题：

$$
\begin{array}{ccc}
x_1 \text{ OR } & x_3 \text{ OR } & \overline{x_7} \\
\overline{x_5} \text{ OR } & x_6 \text{ OR } & x_7 \\
x_2 \text{ OR } & \overline{x_4} \text{ OR } & x_6 \\
\overline{x_4} \text{ OR } & x_5 \text{ OR } & \overline{x_7} \\
x_3 \text{ OR } & \overline{x_5} \text{ OR } & \overline{x_8} \\
x_9 \text{ OR } & \overline{x_8} \text{ OR } & x_2 \\
\overline{x_3} \text{ OR } & x_9 \text{ OR } & x_4
\end{array}
$$

注意：

1. 每个命题由三个变量 x_i 或 $\overline{x_i}$ 以析取（OR）的形式构成。
2. 每个命题中的三个变量各不相同。

假设每个变量 $x_1, \cdots, x_9$ 的值为"真"或"假"的概率相等，并且每个变量都是独立的。

(a) 真命题的期望个数是多少？

提示：令 T_i 表示事件第 i 个命题为真的指示器。

(b) 用你的答案证明，对满足条件 1,2 的 7 个命题，总有一种变量赋值方式使 7 个命题都为真。

习题 19.23

文字（literal）是一个命题变量或它的否定。k-分句（k-clause）是 k 个文字的 OR 运算，其中每个变量出现至多一次。例如：

$$P \ \text{OR} \ \overline{Q} \ \text{OR} \ \overline{R} \ \text{OR} \ V$$

是一个 4-分句，而

$$\overline{V} \ \text{OR} \ \overline{Q} \ \text{OR} \ \overline{X} \ \text{OR} \ V$$

不是 4-分句，因为变量 V 出现了两次。

设 S 是 n 个不同 k-分句构成的序列，其中包含 v 个变量。不同 k-分句中的变量可能重合，也可能完全不同，所以 $k \leqslant v \leqslant nk$。

所有 v 个变量独立且随机地被赋值为"真"或"假"，且每个变量取真或假的概率相同。用 n,k 和 v 的公式解答以下前两个问题。

(a) 在随机赋值的情况下，S 中的最后一个 k-从句为真的概率是多少？

(b) S 中为真的 k-从句的期望数目是多少？

(c) 一组命题是可满足的（satisfiable），当且仅当存在一种赋值方式使得所有的命题都为真。用(b)的结果证明，如果 $n < 2^k$，那么 S 是可满足的。

习题 19.24

这个学期有 n 个学生同时选修了计算机科学中的数学（MCS）和信号处理入门（SP）这两门课。为了使自己更轻松，负责这些课程的教授决定随机排列他们的课程名单，然后根据课程名单的排名分配学生成绩（虽然这会引起许多学生的怀疑）。假设每个学生在课程名单上的排名是等概率且相互独立的。那么在 SP 课程上的排名比在 MCS 上的排名高 k 的学生人数的期望是多少？

提示：令 X_r 是一个指示器随机变量，这个变量表示在 MCS 课程上排第 r 名，且在 SP 课程上至少排 $r + k$ 名。

习题 19.25

一个人有 n 把钥匙，其中只有一把能打开他的公寓门。他随机地用钥匙开门，直到找到那把钥匙为止。设 T 为找到正确的钥匙之前，他尝试的钥匙数。

(a) 假设每次他试过一把错误的钥匙以后，还把钥匙放回原处。这意味着在找到正确钥匙之前，他可能好几次都用到同一把错误的钥匙。所以 $\text{Ex}[T]$ 是多少？

提示：平均故障时间。

现在假设他试过一把错误的钥匙以后，就将这个钥匙扔掉。也就是说，每次都从没有用过的钥匙中随机地选择一把钥匙开门。这样，他肯定能在 n 次以内找到正确的钥匙。

(b) 如果他还没有找到正确的钥匙，即还剩 m 把钥匙没试，那么他下一次找到正确钥匙的概率是多少？

(c) 假设前 $k-1$ 次尝试都没有找到正确的钥匙，证明第 k 次尝试也没有找到钥匙的概率是

$$\Pr[T > k \mid T > k-1] = \frac{n-k}{n-(k-1)}$$

(d) 证明

$$\Pr[T > k] = \frac{n-k}{n} \qquad (19.18)$$

提示：本题可以直接证明，如果你不知道怎么证明，可以对(c)进行归纳。

(e) 证明这时

$$\text{Ex}[T] = \frac{n+1}{2}$$

习题 19.26

判断以下证明过程的每一行是否正确。如果 R_1, R_2 独立，那么

$$\text{Ex}[R_1 \cdot R_2] = \text{Ex}[R_1] \cdot \text{Ex}[R_2]$$

证明.

$$\text{Ex}[R_1 \cdot R_2]$$
$$= \sum_{r \in \text{range}(R_1 \cdot R_2)} r \cdot \Pr[R_1 \cdot R_2 = r]$$
$$= \sum_{r_i \in \text{range}(R_i)} r_1 r_2 \cdot \Pr[R_1 = r_1 \text{ and } R_2 = r_2]$$
$$= \sum_{r_1 \in \text{range}(R_1)} \sum_{r_2 \in \text{range}(R_2)} r_1 r_2 \cdot \Pr[R_1 = r_1 \text{ and } R_2 = r_2]$$
$$= \sum_{r_1 \in \text{range}(R_1)} \sum_{r_2 \in \text{range}(R_2)} r_1 r_2 \cdot \Pr[R_1 = r_1] \cdot \Pr[R_2 = r_2]$$
$$= \sum_{r_1 \in \text{range}(R_1)} \left(r_1 \Pr[R_1 = r_1] \cdot \sum_{r_2 \in \text{range}(R_2)} r_2 \Pr[R_2 = r_2] \right)$$
$$= \sum_{r_1 \in \text{range}(R_1)} r_1 \Pr[R_1 = r_1] \text{Ex}[R_2]$$
$$= \text{Ex}[R_2] \cdot \sum_{r_1 \in \text{range}(R_1)} r_1 \Pr[R_1 = r_1]$$
$$= \text{Ex}[R_2] \cdot \text{Ex}[R_1] \qquad \blacksquare$$

习题 19.27

一个赌徒为一枚均匀的硬币下注：如果抛出正面，那么赌徒不光能拿回赌注，还能得到等于赌注的奖金。否则，他输掉赌注。例如，赌徒下注 10 美元，若赢则获得 10 美元的净利润，即他拿回 20 美元。如果他输了，那么他的赌注没办法拿回来，也就是净亏损为 10 美元。

在这种游戏中，赌徒们总是想方设法寻找更好的制胜策略，使他们的胜率高于 50%。一个著名的策略是押注加倍（bet doubling），即为红色下注 10 美元，然后总是加倍押注直到红色出现。所以如果一个赌徒第一次下注 10 美元的时候就赢了，那么游戏结束，他带着 10 美元的净利润离开赌场。如果第一次下注输了，那么第二次他将赌注增加为 20 美元。如果第二次抛出正面，那么他拿回 20 美元的赌注和 20 美元的奖励，此时他的净利润为 20 − 10 = 10 美元。如果第二次下注他还是输了，那么将在第三次下注 40 美元，以此类推。

你可能对这样的策略有一个固有的印象：在一个公平的游戏中，从定义上看你赢钱的期望值是 0，所以不存在任何非零期望的策略。下面是更为严谨的推理过程：

设随机变量 W_n 表示第 n 次抛硬币赢得的钱数。采用押注加倍策略，第一次下注 10 美元，$W_1 = \pm 10$ 的概率相等。如果赌博游戏在第 n 局之前结束，则令 $W_n = 0$。所以 W_2 有 1/2 的概率等于 0，1/4 的概率等于 10，1/4 的概率等于 −10。设 W 表示停止赌博时所赢的钱数，则有

$$W = W_1 + W_2 + \ldots + W_n + \ldots$$

此外，由于每次投掷都是公平的，$Ex[W_n] = 0$，对所有 $n > 0$ 成立。那么，根据期望的线性性质，有

$$Ex[W] = Ex[W_1] + Ex[W_2] + \cdots + Ex[W_n] + \cdots = 0 + 0 + \cdots + 0 + \cdots = 0 \quad (19.19)$$

所以，在公平硬币的情况下，赢钱的期望值是 0。

但是等一下！

(a) 如果赌徒持续不断地下注，他最终一定会赢的，请解释原因。

(b) 证明：当赌徒最终赢钱的时候，他的净利润总是 10 美元。

(c) 既然赌徒的净利润总是 10 美元，而他一定会赢的，所以他赢钱的期望是 10 美元。即

$$Ex[W] = 10$$

这与式 19.19 矛盾。那么，以上推理哪里出错了，导致了错误的结论式 19.19 呢？

课后作业

习题 19.28

将期望的线性性质运用到二项分布 $f_{n,p}$ 中，就可以得到定义 19.13：

$$Ex[f_{n,p}] ::= \sum_{k=0}^{n} k \binom{n}{k} p^k (1-p)^{n-k} = pn \quad (*)$$

如果不用期望的线性性质，要证明这个方程看起来令人生畏，不过好在它与二项分布非常相似，我们可以利用这种关系得到另一种代数推导。

(a) 从 $(x+y)^n$ 的二项定义开始，证明

$$xn(x+y)^{n-1} = \sum_{k=0}^{n} k \binom{n}{k} x^k y^{n-k} \quad (**)$$

(b) 证明等式*。

习题 19.29

反复地抛一枚硬币，直到出现序列 TTH（反/反/正）。每次抛硬币都是独立的，硬币抛出正面的概率是 p。设 N_{TTH} 是第一次出现 TTH 时抛硬币的次数。当 p 取什么值时 $Ex[N_{TTH}]$ 最小？

习题 19.30

（第二次世界大战时的真实故事。）

为了检测某种疾病，军队需要为n个士兵做测试。有一种血液检测方法能够正确甄别确实受感染的士兵的血液样本。军方从经验判断，士兵中感染该疾病的人数只是一小部分，占比大概为一个小数p。

方法一是对每个士兵做个体血样检测，这需要n次实验。方法二是将n个士兵分成g组，每组k个士兵，$n = gk$。对每个组，把k个士兵的血样混在一起，然后检测混合后的血液样本。如果混合血样没有检测出疾病，则我们只做了 1 次实验就能确定该组所有士兵都是健康的。如果混合血样检测出阳性，那么说明该组士兵中有人患病，然后再对该组内所有士兵进行个体检测，所以这组士兵共需要做$k + 1$次检测。

由于分组是随机的，组里每个士兵患病的概率都是p，而且可以假设一个士兵是否患病与另一个士兵无关，即士兵患病与否是独立的。

(a) 方法二需要的血检次数的期望是多少？请使用士兵人数n、患病概率p和每组人数k表示。

(b) 如何选择数字k，使得用方法二的血检次数期望接近$n\sqrt{p}$。提示：因为p是一个很小的值，可以假设$(1 - p)^k \approx 1$和$\ln(1 - p) \approx -p$。

(c) 在一个有 100 万人的军队中，患病率为 1%，方法二所需的检测次数比方法一节省了百分之多少？

(d) 如果可以多级分组，即在大组里再分小组，你能想出更好的方案来减少检测次数吗？

习题 19.31

数字 1 到$2n$沿着转盘排成一圈。转盘是可以旋转的，并带有指针，随机地指向指针两端位置相对的两个数字。如何排列数字，才能使以下期望最大？

(a) 被选中的两个数字之和。这个最大值是多少？

(b) 被选中的两个数字的乘积。这个最大值是多少？

提示：对于(b)，论证当位置相对的两个数字是连续数字的时候，即 1 对面是 2，3 对面是 4，5 对面是 6……它们的乘积之和最大。

习题 19.32

设R和S是两个独立的随机变量，f和g是满足：域(f)=陪域(R)且域(g)=陪域(S)的任意函数。求证：$f(R)$和$g(S)$也是独立的随机变量。

提示：事件$[f(R) = a]$是所有事件$[R = r]$，其中$f(r) = a$的不相交并集。

习题 19.33

Peeta 是一名面包师，他每天都会烘焙 1 到$2n$个面包来卖。每天他都会掷一枚均匀的n面骰子，得到一个 1 到 n 的数字；然后再抛一枚均匀的硬币。如果抛出正面，那么他烤 m 个面包，其中 m 是当天掷骰子的点数；如果抛出反面，那么他烤 $2m$ 个面包。

(a) 对于任意的正整数 $k \leq 2n$，Peeta 任意给定的某天烤 k 个面包的概率是多少？（提示：可以通过案例推理方法。）

(b) Peeta 在任意给定的某天烤的面包数量的期望值是多少？

(c) Peeta 连续 30 天都按照这个方法来决定每天烤面包的数量。那么 30 天里 Peeta 烤的面包总数的期望值是多少？

测试题

习题 19.34

一个箱子中本来含有 n 个球，这些球都是黑色的。从箱子中随机拿一个球。

- 如果拿的球是黑色的，就抛一枚不均匀的硬币，其抛出正面的概率为 $p(p>0)$。如果抛出正面，那么将一个白色的球放入箱子；否则，把黑色的球放回箱子。
- 如果拿的球是白色的，那么将它放回箱子。

不断重复以上过程，直到箱子中白球的数目为 n。

设 D 是直到箱子中所有球都是白色所需要的拿球次数。证明 $Ex[D] = nH_n/p$，其中 H_n 是 n 次谐波数（Harmonic number）。

提示：设 D_i 是拿第 i 个白球、放入第 $i+1$ 个白球时所需要的拿球次数。

习题 19.35

设一个赌徒在轮盘赌中为红色下注 10 美元（红色的概率是 18/38，比 1/2 稍微低一点）。如果他赢的话，他将获得两倍赌注的钱，然后离开。如果他输了，就把赌注翻倍，继续为红色下注。

例如，如果他前两次下注都输、第三次下注赢，那么赌注总共花费 10 + 20 + 40 美元，但是在第三次赌博中拿回 2 · 40 美元，所以他的净利润是 10 美元。

(a) 直到赢钱，这个赌徒需要下注的次数的期望值是多少？

(b) 赌徒赢钱的概率是多少？

(c) 他最终利润的期望值是多少（他赢得的钱减去他输掉的钱）？

(d) 你可以通过押注加倍在一个不公平游戏中获胜，但是这里押注加倍并不适用，因为它要求无限的赌注。证明：赌徒的最后一次下注需要无限的赌注，以证实这一点。

习题 19.36

标有数字 1 到 6 的 6 对牌被打乱，然后排成一排，例如

$$\boxed{1}\;\boxed{2}\;\boxed{3}\;\boxed{3}\;\boxed{4}\;\boxed{6}\;\boxed{1}\;\boxed{4}\;\boxed{5}\;\boxed{5}\;\boxed{2}\;\boxed{6}$$

上图中，有两处相同数字的两张牌相邻，即一对 3 和一对 5。像这种相同数字的两张牌相邻，期望数量是多少对？

习题 19.37

有 6 种不同的牌，每种牌 3 张。这些牌被随机打乱，然后排成一排，例如

$$\boxed{1}\;\boxed{2}\;\boxed{5}\;\boxed{5}\;\boxed{5}\;\boxed{1}\;\boxed{4}\;\boxed{6}\;\boxed{2}\;\boxed{6}\;\boxed{6}\;\boxed{2}\;\boxed{1}\;\boxed{4}\;\boxed{3}\;\boxed{3}\;\boxed{3}\;\boxed{4}$$

上图中，有两处相同数字的三张牌连在一起，即三个 3 和三个 5。

(a) 求第 4 张牌、第 5 张牌、第 6 张牌是相同数字的概率——即三个 1、三个 2、……、三个 6。

(b) 设 $p::=\Pr[\text{第 4 张牌、第 5 张牌和第 6 张牌相同}]$——即 p 是(a)的答案。已知 p，求相同数字的三张牌连在一起的数量期望值是多少？

第 20 章 离差

在第 19 章中，我们理所当然地认为期望是有用的，并研究了一系列计算期望值的方法。但是，究竟我们为什么要关心这个值呢？毕竟，一个随机变量可能永远不会取期望附近的值。

关心均值的最主要原因是采样估计。例如，假如我们想要估计人口的平均年龄、收入、家庭人口数量，或者其他人口指标。为此，确定一个随机选择的过程——比如，在人口普查名单上扔飞镖。这个过程将选定的人的年龄、收入等作为一个随机变量，这个随机变量的平均值等于人口的实际平均年龄或者收入。所以，我们可以选择一个随机样本，然后计算样本的平均值，以估算整个人口情况的真实平均值。但是，在我们重复采样进行估计的时候，需要知道多大的置信度（confidence）能够保证我们的估计是正确的，以及达到给定置信水平（confidence level）需要多大的样本量。这个问题是所有科学实验的基础。由于随机错误——噪声（noise）——重复测量同一个量很少得到完全相同的结果，确定实验测量的置信度大小是一个基础和普遍的科学问题。从技术上讲，对抽样或测量精度进行判断，降低了估计值在一定范围内偏离（deviate）预期值的概率。

工程领域也有这个问题。在设计海墙时，你需要知道这堵墙能够防御多长时间的海啸，比如至少 100 年。如果组装计算机网络，你可能需要知道为了保证运作至少一个月不需要维修，能够容忍多少个组件出现故障。如果你是做保险的，你需要知道多大的财政储备才能为以后——比如未来三十年——带来收益。从技术上说，这些问题其实就是求极端（extreme）离差的概率。

这一章重点讨论离差（deviation from the mean，又称偏离平均数）。

20.1 马尔可夫定理

一般来说，马尔可夫定理（Markov's theorem）能够粗略估计一个随机变量的值等于一个比它的平均值大得多的值的概率。这看上去似乎没什么大不了的，但实际上它能够产生很强大的结果。

我们可以通过智商（IQ）值来解释马尔可夫定理背后的思想，尽管 IQ 的合法性有待商榷，但仍广为使用。IQ 的平均值是100。也就是说，最多1/3的人 IQ 可以达到300及以上，因为如果 IQ 300 的人超过 1/3，则平均值必然大于(1/3)·300 = 100。因此，随机选择一个人，其 IQ 达到300的概率至多为1/3。同样的逻辑，我们也可以得出结论，最多2/3的人 IQ 达到150及以上。

当然，这些都不是很强的结论。还没有 IQ 超过 300 的记录，而超过 150 的记录有很多，实际上 IQ 达到 150 的比例远远小于 2/3。尽管这些结论不那么站得住脚，但我们仅仅通过平均 IQ 等于 100 这一事实就得出了这些结论——另外我们还默认采用了一个事实，就是 IQ 永远不会是负数。仅仅根据这些事实，我们不能推断出比 1/3 更小的概率值，因为均值为 100 的非负随机变量有很多。例如，有一个随机变量，它等于 300 的概率为 1/3，等于 0 的概率为 2/3，那么它的平均值为 100，而且值为 300 或更大的概率确实为 1/3。

定理 20.1.1（马尔可夫定理） 如果R是一个非负随机变量，那么对任意$x > 0$

$$\Pr[R \geq x] \leq \frac{\mathrm{Ex}[R]}{x} \tag{20.1}$$

证明. 设y为R值域上的变量，那么对任意$x > 0$

$$\begin{aligned}
\mathrm{Ex}[R] &::= \sum_{y} y \Pr[R = y] \\
&\geq \sum_{y \geq x} y \Pr[R = y] \geq \sum_{y \geq x} x \Pr[R = y] = x \sum_{y \geq x} \Pr[R = y] \\
&= x \Pr[R \geq x]
\end{aligned} \tag{20.2}$$

其中第一个不等式基于$R \geq 0$这一事实。

将式 20.2 中的第一个和最后一个式子除以x，得证。 ∎

我们关注的是偏离平均，所以马尔可夫定理可以改写成如下形式。

推论 20.1.2 如果R是一个非负随机变量，那么对任意$c \geq 1$

$$\Pr[R \geq c \cdot \mathrm{Ex}[R]] \leq \frac{1}{c} \tag{20.3}$$

令马尔可夫定理（定理 20.1.1）中的x为$c \cdot \mathrm{Ex}[R]$，即可得到这个推论。

20.1.1 应用马尔可夫定理

让我们回到 19.5.2 节的帽子检查问题。现在，我们要知道 x 及以上的人拿到正确帽子的概率，即求 $\Pr[G \geq x]$。

我们可以用马尔可夫定理计算上界。我们已经知道 $\mathrm{Ex}[G] = 1$，所以根据马尔可夫定理

$$\Pr[G \geq x] \leq \frac{\mathrm{Ex}[G]}{x} = \frac{1}{x}$$

例如，无论晚宴上有多少客人，有 5 个人拿到正确帽子的概率不超过 20%。

中国开胃菜问题与帽子检查问题类似。在中式宴会上，n 个人围桌而坐，圆形大转盘上摆了不同的开胃菜。有人转动转盘，使每个人都随机得到一份开胃菜。那么每个人得到的开胃菜跟上一次一样的概率是多少？

当转盘停下来时，有 n 种等可能的情况。其中只有一种情况，每个人都得到与上次一样的开胃菜。因此，正确答案是 $1/n$。

那么，我们从马尔可夫定理能得到什么概率呢？设随机变量 R 为得到正确的开胃菜的人数。那么 $\mathrm{Ex}[R] = 1$，于是应用马尔可夫定理，有：

$$\Pr[R \geq n] \leq \frac{\mathrm{Ex}[R]}{n} = \frac{1}{n}$$

所以，对于中国开胃菜问题，马尔可夫定理得到了正确答案！

不幸的是，马尔可夫定理不总是正确的。例如，在上面的帽子检查问题中，它给出的上界也是 $1/n$，但实际概率是 $1/(n!)$。对于帽子检查问题来说，马尔可夫定理给出的上界太大了。

20.1.2 有界变量的马尔可夫定理

假设我们知道 MIT 学生的平均 IQ 是 150（当然，这并不是真的）。那么，一个 MIT 学生的 IQ 超过 200 的概率是多少呢？马尔可夫定理可以马上告诉我们，拥有这么高 IQ 的学生不超过 3/4。这里，令随机变量 R 表示一个随机 MIT 学生的 IQ，由马尔可夫定理可知：

$$\Pr[R > 200] \leq \frac{\mathrm{Ex}[R]}{200} = \frac{150}{200} = \frac{3}{4}$$

但是，我们再看另一个事实（这可能是真的）：MIT 学生的 IQ 不低于 100。也就是说，如果令 $T ::= R - 100$，那么 T 是非负的且 $\mathrm{Ex}[T] = 50$。对 T 应用马尔可夫定理，可得：

$$\Pr[R > 200] = \Pr[T > 100] \leq \frac{\mathrm{Ex}[T]}{100} = \frac{50}{100} = \frac{1}{2}$$

所以，只有一半而不是 3/4 的学生，有他们想象中那么聪明。真是令人宽慰啊！

事实上，如果对 $R - b$ 而不是 R 应用马尔可夫定理，其中 b 是 R 的任意下界，则可以得到更好的上界（见习题 20.3）。类似地，如果我们知道随机变量 S 的任意上界 u，则 $u - S$ 是非负的，那么对 $u - S$ 应用马尔可夫定理，可以得到 S，比它的期望小得多的概率的下界。

20.2 切比雪夫定理

我们已经看到，对 $R - b$ 而不是 R 应用马尔可夫定理能得到更好的上界。更一般地说，要得到随机变量 R 更强的界，技巧是巧妙选择一个 R 的函数然后应用马尔可夫定理。特别有用的一个函数是 R 绝对值的幂。具体地说，由于 $|R|^z$ 对任意实数 z 都是非负的，所以马尔可夫不等式也适用于事件 $[|R|^z \geq x^z]$。对于正数 $x, z > 0$，该事件与事件 $[|R| \geq x]$ 是等价的，所以我们有如下引理。

引理 20.2.1 对任意随机变量 R 和正实数 $x, z,$

$$\Pr[|R| \geq x] \leq \frac{\mathrm{Ex}[|R|^z]}{x^z}$$

用离差 $|R - \mathrm{Ex}[R]|$ 重写引理 20.2.1，可得

$$\Pr\left[|R - \mathrm{Ex}[R]| \geq x\right] \leq \frac{\mathrm{Ex}[(|R - \mathrm{Ex}[R]|)^z]}{x^z} \quad (20.4)$$

当 z 是正偶数时，$(R - \mathrm{Ex}[R])^z$ 非负，不等式 20.4 右侧的绝对值符号就是多余的。当 $z = 2$ 时，不等式右侧的分子有一个专门的名字：

定义 20.2.2 随机变量 R 的方差（variance）为：

$$\mathrm{Var}[R] ::= \mathrm{Ex}[(R - \mathrm{Ex}[R])^2]$$

方差也被称作均方差（mean square deviation）。

不等式 20.4 在 $z = 2$ 时被称为切比雪夫定理（Chebyshev's Theorem）。[①]

定理 20.3.3（切比雪夫） 设随机变量 R 及 $x \in \mathbb{R}^+$，那么

$$\Pr[|R - \mathrm{Ex}[R]| \geq x] \leq \frac{\mathrm{Var}[R]}{x^2}$$

方差表达式 $\mathrm{Ex}[(R - \mathrm{Ex}[R])^2]$ 有一些晦涩难懂，我们最好从内而外地理解它。最内层的表达式 $R - \mathrm{Ex}[R]$ 就是离差。取平方，得到 $(R - \mathrm{Ex}[R])^2$。当 R 接近均值时，这个随机变量接近 0；当

---

① 其他学科也有切比雪夫定理，但这里指的是定理 20.2.3。

R 偏离均值较多时,这个随机变量是一个很大的正数。所以如果 R 总是接近均值,方差就会很小。如果 R 总是偏离均值,方差就会很大。

20.2.1 两个赌博游戏的方差

让我们对比一下如下两个赌博游戏。

游戏 A:以 2/3 的概率赢得 2 美元,以 1/3 的概率输掉 1 美元。

游戏 B:以 2/3 的概率赢得 1002 美元,以 1/3 的概率输掉 2001 美元。

哪个游戏更赚钱?两个游戏的获胜概率都是 2/3,但事情不止如此。那么每个游戏的期望收益是多少?设随机变量 A 和 B 表示两个游戏的收益。例如,A 等于 2 的概率为 2/3,等于 -1 的概率为 1/3。每个游戏的期望收益计算如下:

$$\text{Ex}[A] = 2 \cdot \frac{2}{3} + (-1) \cdot \frac{1}{3} = 1$$

$$\text{Ex}[B] = 1002 \cdot \frac{2}{3} + (-2001) \cdot \frac{1}{3} = 1$$

两个游戏的期望收益是相等的,但这两个游戏有很大的区别。这个区别并不体现在期望上,而是体现在方差上。我们"从内而外"地计算 $\text{Var}[A]$:

$$A - \text{Ex}[A] = \begin{cases} 1 & \text{概率为 } \frac{2}{3} \\ -2 & \text{概率为 } \frac{1}{3} \end{cases}$$

$$(A - \text{Ex}[A])^2 = \begin{cases} 1 & \text{概率为 } \frac{2}{3} \\ 4 & \text{概率为 } \frac{1}{3} \end{cases}$$

$$\text{Ex}[(A - \text{Ex}[A])^2] = 1 \cdot \frac{2}{3} + 4 \cdot \frac{1}{3}$$

$$\text{Var}[A] = 2$$

同理,计算 $\text{Var}[B]$:

$$B - \text{Ex}[B] = \begin{cases} 1001 & \text{概率为 } \frac{2}{3} \\ -2002 & \text{概率为 } \frac{1}{3} \end{cases}$$

$$(B - \text{Ex}[B])^2 = \begin{cases} 1\,002\,001 & \text{概率为 } \frac{2}{3} \\ 4\,008\,004 & \text{概率为 } \frac{1}{3} \end{cases}$$

$$\text{Ex}[(B - \text{Ex}[B])^2] = 1002001 \cdot \frac{2}{3} + 4008004 \cdot \frac{1}{3}$$

$$\text{Var}[B] = 2004002$$

游戏 A 的方差为 2，而游戏 B 的方差超过了 200 万！这意味着游戏 A 的收益通常很接近期望 1 美元，而游戏 B 的收益可能偏离期望非常远。

大方差往往与高风险相关联。例如，玩 10 局游戏 A，我们可以期望赢得 10 美元，也能估计可能输 10 美元。然而，玩 10 局游戏 B，我们可能赢 10 美元，也可能输 20 000 美元！

20.2.2 标准差

在刚才的游戏 B 中，有两种结果，一种结果的离差是 1001，另一种结果的离差是–2002。但是方差是一个巨大的数字 2 004 002。这是因为方差的"单位"是错的：如果随机变量的单位是美元，那么期望也是美元，但方差却是美元的平方。因此，人们常常用标准差（standard deviation）而不是方差来描述随机变量。

定义 20.2.4 随机变量 R 的标准差 σ_R 等于方差的平方根：

$$\sigma_R ::= \sqrt{\mathrm{Var}[R]} = \sqrt{\mathrm{Ex}[(R - \mathrm{Ex}[R])^2]}$$

标准差是均方差的平方根，简称为均方根（root mean square）。同平均值一样，标准差与原始随机变量的单位相同，在我们的例子中都是美元。直观上看，外面的平方根抵消了里面的平方，因此它衡量了偏离平均值的平均程度。

例 20.2.5 游戏 B 的收益的标准差是：

$$\sigma_B = \sqrt{\mathrm{Var}[B]} = \sqrt{2\,004\,002} \approx 1416$$

随机变量 B 对平均值的实际偏离值是正 1001 或负 2002，所以 1416 的标准差与上百万的方差相比能更好地描述这一情形。

对于像图 20.1 这样的钟形分布，标准差衡量了大多数取值区间的"宽度"。我们用标准差重新表述切比雪夫定理，即用 $x = c\sigma_R$ 代换不等式 20.1。

推论 20.2.6 设随机变量 R 和正实数 c，

$$\mathrm{Pr}\big[|R - \mathrm{Ex}[R]| \geq c\sigma_R\big] \leq \frac{1}{c^2} \qquad (20.5)$$

现在我们能清楚地看到，R 的取值很可能聚集在 $\mathrm{Ex}[R]$ 周围半径为 $O(\sigma_R)$ 的区域中。这也说明标准差衡量了 R 在其平均值附近分布的分散程度。

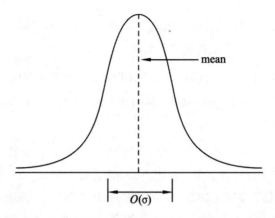

图 20.1 分布的标准差说明了它的"主要部分"有多宽

IQ 的例子

在各种人群中，IQ 的标准差大约都是 15。此外，我们还知道国民平均 IQ 是 100，这样就能确定 IQ 为 300 或更高的可能性。

设随机变量 R 为某个随机的人的 IQ。那么 $Ex[R] = 100$，$\sigma_R = 15$，且 R 非负。我们要计算 $Pr[R \geqslant 300]$。

我们已经知道，马尔可夫定理 20.1.1 能给出一个粗略的边界，即，

$$Pr[R \geqslant 300] \leqslant \frac{1}{3}$$

现在应用切比雪夫定理：

$$Pr[R \geqslant 300] = Pr[|R - 100| \geqslant 200] \leqslant \frac{Var[R]}{200^2} = \frac{15^2}{200^2} \approx \frac{1}{178}$$

因此，切比雪夫定理指出，178 个人中至多有一个 IQ 大于等于 300。通过使用方差这一额外信息，我们得到了一个更严格的边界。

20.3 方差的性质

方差是到平均值的距离的平方的平均值。由于这个原因，方差有时被称为"均方差"（mean square deviation）。对其取平方根得到标准差，又称"均方根差"（root square deviation）。

既然如此，那为什么要平方呢？为什么不研究与平均值的实际距离，即 $R - Ex[R]$ 的绝对值？这是因为，在概率论中，比起平均绝对离差（average absolute deviation），方差和标准差有着

很多有用的性质因而更为重要。这一节，我们介绍其中一些性质。下一节，我们将看到为什么这些性质很重要。

20.3.1 方差公式

把期望的线性性质代入方差公式，可以得到一个很有用的公式。

引理 20.3.1

$$\text{Var}[R] = \text{Ex}[R^2] - \text{Ex}^2[R]$$

对任意随机变量 R 成立。

这里我们用 $\text{Ex}^2[R]$ 作为 $(\text{Ex}[R])^2$ 的缩写形式。

证明. 令 $\mu = \text{Ex}[R]$，则

$$\begin{aligned}
\text{Var}[R] &= \text{Ex}[(R - \text{Ex}[R])^2] && \text{（方差定义 20.2.2）} \\
&= \text{Ex}[(R - \mu)^2] && \text{（}\mu\text{的定义）} \\
&= \text{Ex}[R^2 - 2\mu R + \mu^2] \\
&= \text{Ex}[R^2] - 2\mu \text{Ex}[R] + \mu^2 && \text{（期望的线性性质）} \\
&= \text{Ex}R^2] - 2\mu^2 + \mu^2 && \text{（}\mu\text{的定义）} \\
&= \text{Ex}[R^2] - \mu^2 \\
&= \text{Ex}[R^2] - \text{Ex}^2[R] && \text{（}\mu\text{的定义）}
\end{aligned}$$

容易得出指示器变量的方差公式。

推论 20.3.2 *如果 B 是一个伯努利变量，其中 $p::=\Pr[B=1]$，那么*

$$\text{Var}[B] = p - p^2 = p(1-p) \tag{20.6}$$

证明. 根据引理 19.4.2，$\text{Ex}[B] = p$。但 B 的值只能为 0 和 1，所以 $B^2 = B$，从推论 20.3.1 直接可得等式 20.6。■

20.3.2 故障时间的方差

根据 19.4.6 节中的介绍，在任意给定小时内故障概率为 p，平均故障时间为 $1/p$。那么方差是多少？

根据引理 20.3.1，

$$\text{Var}[C] = \text{Ex}[C^2] - (1/p)^2 \tag{20.7}$$

所以我们只需求得 $\text{Ex}[C^2]$ 的表达式。

19.4.6 节已经使用条件期望对 C 进行推理求得了平均故障时间，同样的方法适用于 C^2。也就是说，C^2 的期望是第一个小时的故障概率 p 乘以 1^2，加上第一个小时无故障的概率 $(1-p)$ 乘以 $(C+1)^2$ 的期望。所以

$$\begin{aligned}
\text{Ex}[C^2] &= p \cdot 1^2 + (1-p)\text{Ex}[(C+1)^2] \\
&= p + (1-p)\left(\text{Ex}[C^2] + \frac{2}{p} + 1\right) \\
&= p + (1-p)\text{Ex}[C^2] + (1-p)\left(\frac{2}{p} + 1\right), \quad \text{所以} \\
p\text{Ex}[C^2] &= p + (1-p)\left(\frac{2}{p} + 1\right) \\
&= \frac{p^2 + (1-p)(2+p)}{p} \quad \text{以及} \\
\text{Ex}[C^2] &= \frac{2-p}{p^2}
\end{aligned}$$

结合式 20.7，有如下推论。

推论 20.3.3 如果每一步发生故障的概率为 p，且相互独立，C 为第一次故障发生时的步数[①]，那么

$$\text{Var}[C] = \frac{1-p}{p^2} \quad （20.8）$$

20.3.3 常数的处理

知道如何计算 $aR+b$ 的方差会有很大帮助。

定理 20.3.4 [方差的平方多重法则，Square Multiple Rule] 令 R 为随机变量，a 为常数。那么，

$$\text{Var}[aR] = a^2 \text{Var}[R] \quad （20.9）$$

证明. 利用方差的定义，反复应用期望的线性性质，有：

---

① 也就是说，根据定义 19.4.6，C 满足参数为 p 的几何分布。

$$\begin{aligned}
\mathrm{Var}[aR] &::= \mathrm{Ex}[(aR - \mathrm{Ex}[aR])^2] \\
&= \mathrm{Ex}[(aR)^2 - 2aR\,\mathrm{Ex}[aR] + \mathrm{Ex}^2[aR]] \\
&= \mathrm{Ex}[(aR)^2] - \mathrm{Ex}[2aR\,\mathrm{Ex}[aR]] + \mathrm{Ex}^2[aR] \\
&= a^2\,\mathrm{Ex}[R^2] - 2\,\mathrm{Ex}[aR]\,\mathrm{Ex}[aR] + \mathrm{Ex}^2[aR] \\
&= a^2\,\mathrm{Ex}[R^2] - a^2\,\mathrm{Ex}^2[R] \\
&= a^2\,(\mathrm{Ex}[R^2] - \mathrm{Ex}^2[R]) \\
&= a^2\,\mathrm{Var}[R]
\end{aligned}$$

（引理 20.3.1）

再加上一个常数不改变方差，证明过程很简单，读者可自行证明。

定理 20.3.5 令 R 为随机变量，b 为常数，那么

$$\mathrm{Var}[R + b] = \mathrm{Var}[R] \tag{20.10}$$

标准差就是方差的平方根，所以，$aR + b$ 的标准差就是 $|a|$ 乘以 R 的标准差。

推论 20.3.6

$$\sigma(aR + b) = |a|\sigma R$$

20.3.4 和的方差

一般来说，和的方差不等于方差的和，但对于独立变量来说，二者确实相等。事实上，不一定要求相互独立；两两独立是必需的。这个问题很重要，因为在有些重要的场合，如 17.4 节中介绍的生日匹配，涉及的变量是两两独立但不是相互独立的。

定理 20.3.7 如果 R 和 S 是独立的随机变量，那么

$$\mathrm{Var}[R + S] = \mathrm{Var}[R] + \mathrm{Var}[S] \tag{20.11}$$

证明. 假设 $\mathrm{Ex}[R] = 0$，因为我们可以将等式 20.11 中的 R 替换成 $R - \mathrm{Ex}[R]$；S 同理。这种替换保留了变量的独立性，并且根据定理 20.3.5，也不会改变方差。

而对于任意期望为 0 的变量 T，有 $\mathrm{Var}[T] = \mathrm{Ex}[T^2]$，所以我们只需证明

$$\mathrm{Ex}[(R + S)^2] = \mathrm{Ex}[R^2] + \mathrm{Ex}[S^2] \tag{20.12}$$

遵从期望的线性性质以及

$$\mathrm{Ex}[RS] = \mathrm{Ex}[R]\mathrm{Ex}[S] \tag{20.13}$$

由于 R 和 S 是独立的：

$$\begin{aligned}
\text{Ex}[(R+S)^2] &= \text{Ex}[R^2 + 2RS + S^2] \\
&= \text{Ex}[R^2] + 2\text{Ex}[RS] + \text{Ex}[S^2] \\
&= \text{Ex}[R^2] + 2\text{Ex}[R]\text{Ex}[S] + \text{Ex}[S^2] \quad \text{（由公式 20.13 可得）} \\
&= \text{Ex}[R^2] + 2\cdot 0 \cdot 0 + \text{Ex}[S^2] \\
&= \text{Ex}[R^2] + \text{Ex}[S^2]
\end{aligned}$$

不难看出，如果变量不独立，方差的可加性通常不成立。例如，如果 $R = S$，那么等式 20.11 会变成 $\text{Var}[R + R] = \text{Var}[R] + \text{Var}[R]$。根据定理 20.3.4 的平方多重法则，当且仅当 $4\text{Var}[R] = 2\text{Var}[R]$ 时此式成立，故 $\text{Var}[R] = 0$。所以，当 $R = S$ 且 R 有非零方差时，等式 20.11 不成立。

定理 20.3.7 适用于任意有限个变量的和（参见习题 20.18），所以有如下定理。

定理 20.3.8 [方差的两两独立可加性] 如果 $R_1, R_2, \cdots, R_n$ 是两两独立的随机变量，那么

$$\text{Var}[R_1 + R_2 + \cdots + R_n] = \text{Var}[R_1] + \text{Var}[R_2] + \cdots + \text{Var}[R_n] \quad (20.14)$$

对满足 (n, p) 二项分布的变量 J，有一个简单的方法来计算它的方差。已知 $J = \sum_{k=1}^{n} I_k$，其中 I_k 是事件 $\Pr[I_k = 1] = p$ 两两独立的指示器变量。根据推论 20.3.2，每个 I_k 的方差为 $p(1-p)$，所以根据方差的线性性质，有如下引理。

引理 20.3.9（二项分布的方差）如果 J 满足参数为 (n, p) 的二项分布，那么

$$\text{Var}[J] = n\text{Var}[I_k] = np(1-p) \quad (20.15)$$

20.3.5 生日匹配

我们在 17.4 节看到，在 95 名学生中，几乎可以肯定，至少有一对学生的生日相同。事实上，可能有若干对学生具有相同的生日。那么具有相同生日的匹配对的期望是多少，以及我们在一组随机的学生中看到很多匹配的可能性为多大？

为学生匹配生日不是相互独立的事件。如果 Alice 匹配 Bob，而且 Alice 匹配 Carol，那么 Bob 和 Carol 也能匹配！寻找相同生日的学生匹配事件甚至不是 3-次独立的。

但是知道 Alice 与 Bob 匹配，这不能告诉我们 Carol 和谁匹配。这意味着两个人生日匹配的事件是两两独立的（见习题 19.2）。所以根据定理 20.3.8 两两独立的方差可加性，我们可以计算生日匹配数的方差，然后应用切比雪夫不等式来估计匹配数目的可能性。

特别地，假设有 n 个学生，一年共有 d 天，设 M 为生日匹配的学生对的数量。即，令 $B_1, B_2, \cdots, B_n$ 是 n 个独立的人的生日，并且令 $E_{i,j}$ 表示第 i 个人和第 j 个人有相同生日，即事件 $[B_i = B_j]$ 的指示器变量。所以在我们的概率模型中，B_i 是相互独立的变量，$E_{i,j}$ 是两两独立的。此外，$E_{i,j}(i \neq j)$ 的期望等于 $B_i = B_j$ 的概率，即 $1/d$。

那么，生日匹配对的数量 M，就是 $E_{i,j}$ 的和：

$$M = \sum_{1 \leq i < j \leq n} E_{i,j} \tag{20.16}$$

根据期望的线性性质，计算匹配对数的期望。

$$\text{Ex}[M] = \text{Ex}\left[\sum_{1 \leq i < j \leq n} E_{i,j}\right] = \sum_{1 \leq i < j \leq n} \text{Ex}[E_{i,j}] = \binom{n}{2} \cdot \frac{1}{d}$$

接着，根据两两独立性计算方差。

$$\begin{aligned}
\text{Var}[M] &= \text{Var}\left[\sum_{1 \leq i < j \leq n} E_{i,j}\right] \\
&= \sum_{1 \leq i < j \leq n} \text{Var}[E_{i,j}] \quad \text{（定理 20.3.8）} \\
&= \binom{n}{2} \cdot \frac{1}{d}\left(1 - \frac{1}{d}\right) \quad \text{（推论 20.3.2）}
\end{aligned}$$

特别地，当 $n = 95$ 个学生，$d = 365$ 个可能的生日，我们有 $\text{Ex}[M] \approx 12.23$，以及 $\text{Var}[M] \approx 12.23(1 - 1/365) < 12.2$。所以，根据切比雪夫定理，

$$\Pr[|M - \text{Ex}[M]| \geq x] < \frac{12.2}{x^2}$$

假设 $x = 7$，那么，在有 95 个学生的班级里，有超过 75%的可能性，生日匹配的学生对数为 7 加减 12.23，也就是在 6 和 19 对之间。

20.4 随机抽样估计

2010 年，民主党政治家做了抽样选民的早期民意调查，结果令人震惊：共和党人斯科特·布朗被大多数选民青睐，将赢得选举填补参议员席位。在这之前，这个席位被民主党人泰德·肯尼迪占据了 40 多年。根据投票结果，他们采取了激烈但最终不成功的努力去挽救民主党。

20.4.1 选民投票

假设在选举之前的某个时候，p 是偏爱斯科特·布朗的选民比例。我们想要估计这个未知的比例 p。假设以下随机过程：从注册列表中选择选民，每个选民被选中的概率相等。定义一个指

示器变量K，如果随机选民最喜欢布朗，则$K=1$，否则$K=0$。

现在估计p，随机选择n个选民①，其中n是一个较大的数字，然后计算支持布朗的比例。即，定义变量$K_1, K_2, \ldots$，其中K_i表示选中的第i个选民喜欢布朗这个事件的指示器变量。由于选择过程是独立的，所以K_i是独立的。因此，假设有相互独立的指示器变量$K_1, K_2, \ldots$，每个变量等于1的概率都是p。令S_n是它们的和，即

$$S_n ::= \sum_{i=1}^{n} K_i \tag{20.17}$$

变量S_n/n描述了支持布朗的抽样选民的比例。从直观上来说，大多数人能够正确地判断这个比例就是未知比例p的近似值。

所以我们将使用样本值S_n/n作为p的统计估计（statistical estimate）。我们知道S_n具有参数n和p的二项分布，可以选择n，但p是未知的。

样本有多大

假设我们希望95%的估计值与p的差值小于0.04。这意味着

$$\Pr\left[\left|\frac{S_n}{n} - p\right| \leq 0.04\right] \geq 0.95 \tag{20.18}$$

那么我们要知道n是多少才能使不等式20.18成立。切比雪夫定理提供了一种简单的方法确定n。

S_n服从二项分布。根据式20.15，且当$p=1-p$时，即$p=1/2$时，$p(1-p)$取最大值（自己确认一下），则有

$$\text{Var}[S_n] = n(p(1-p)) \leq n \cdot \frac{1}{4} = \frac{n}{4} \tag{20.19}$$

接下来，我们求S_n/n的边界：

$$\begin{aligned}
\text{Var}\left[\frac{S_n}{n}\right] &= \left(\frac{1}{n}\right)^2 \text{Var}[S_n] &&\text{（方差的平方多重法则 20.9）}\\
&\leq \left(\frac{1}{n}\right)^2 \frac{n}{4} &&\text{（根据式 20.19）}\\
&= \frac{1}{4n} &&\text{（20.20）}
\end{aligned}$$

利用切比雪夫不等式和式20.20，有：

---

① 我们采用有放回的随机选择策略。即，不将已经选中的选民从列表中移除，因此我们可能不止一次选择同一个选民！如果要求这n个人各不相同，估计的效果会稍微好一些，但这样做会增加选择过程的复杂度，分析起来比较麻烦。

$$\Pr\left[\left|\frac{S_n}{n} - p\right| \geq 0.04\right] \leq \frac{\text{Var}[S_n/n]}{(0.04)^2} \leq \frac{1}{4n(0.04)^2} = \frac{156.25}{n} \quad (20.21)$$

为了使估计的置信度为95%，我们希望式20.21的右侧至多为1/20。所以，我们选择n使其满足

$$\frac{156.25}{n} \leq \frac{1}{20}$$

即

$$n \geq 3125$$

20.6.2节将阐述如何对二项分布尾部得到更紧凑的边界估计，使得n的边界比上述值小1/4。不过，本例只用到了方差，这个方法适用于任意随机变量的估计，而不仅仅是二项分布变量。

20.4.2 两两独立采样

选民投票和生日匹配的分析推理方法非常类似。我们将其总结为更一般的形式，称之为两两独立采样定理（Pairwise Independent Sampling Theorem）。这里，我们不局限于1-0变量的和，或是具有相同分布的变量的和。简单来说，这个定理适用于具有相同均值和方差，但可能具有不同分布的两两独立的变量。

定理 20.4.1（两两独立采样） 假设$G_1, \ldots, G_n$是两两独立的变量，具有相同的均值μ和方差σ。定义

$$S_n ::= \sum_{i=1}^{n} G_i \quad (20.22)$$

那么，

$$\Pr\left[\left|\frac{S_n}{n} - \mu\right| \geq x\right] \leq \frac{1}{n}\left(\frac{\sigma}{x}\right)^2$$

证明. 我们首先观察到S_n/n的期望为μ：

$$\begin{aligned}
\text{Ex}\left[\frac{S_n}{n}\right] &= \text{Ex}\left[\frac{\sum_{i=1}^{n} G_i}{n}\right] & (S_n\text{的定义}) \\
&= \frac{\sum_{i=1}^{n} \text{Ex}[G_i]}{n} & (\text{期望的线性性质}) \\
&= \frac{\sum_{i=1}^{n} \mu}{n} \\
&= \frac{n\mu}{n} \\
&= \mu
\end{aligned}$$

S_n/n 的第二个重要性质是，S_n/n 的方差等于 G_i 的方差除以 n：

$$\text{Var}\left[\frac{S_n}{n}\right] = \left(\frac{1}{n}\right)^2 \text{Var}[S_n] \quad \text{（方差的平方多重法则，式 20.9）}$$

$$= \frac{1}{n^2}\text{Var}\left[\sum_{i=1}^{n} G_i\right] \quad \text{（}S_n\text{ 的定义）}$$

$$= \frac{1}{n^2}\sum_{i=1}^{n}\text{Var}[G_i] \quad \text{（两两独立的可加性）}$$

$$= \frac{1}{n^2} \cdot n\sigma^2 = \frac{\sigma^2}{n} \quad \text{（20.23）}$$

应用切比雪夫定理，可得：

$$\Pr\left[\left|\frac{S_n}{n} - \mu\right| \geq x\right] \leq \frac{\text{Var}\left[\frac{S_n}{n}\right]}{x^2} \quad \text{（切比雪夫不等式）}$$

$$= \frac{\sigma^2/n}{x^2} \quad \text{（根据式 20.23）}$$

$$= \frac{1}{n}\left(\frac{\sigma}{x}\right)^2$$

两两独立采样定理定量描述了随机变量的独立样本的平均数接近于均值。特别地，它证明了大数定理（Law of Large Numbers）[①]：选择一个足够大的样本，我们能够以任意接近 100% 的置信度，对均值进行任意准确的估计。

推论 20.4.2 [弱大数定理，Weak Law of Large Numbers] 假设 $G_1, \ldots, G_n$ 为两两独立的变量，具有相同的均值 μ 以及相同的有限偏差，令

$$S_n ::= \frac{\sum_{i=1}^{n} G_i}{n}$$

那么对于任意 $\epsilon > 0$，

$$\lim_{n \to \infty} \Pr[|S_n - \mu| \leq \epsilon] = 1$$

20.5 估计的置信度

根据切比雪夫不等式，抽样选择 3215 个选民，在 95% 的时间里，样本中支持布朗的比例与支持布朗的实际比例之间的差值都小于 0.04。

[①] 这是弱大数定理。当然还有强大数定理，但这超出了本书的讨论范畴。

注意，我们不考虑选民的实际数量，因为这不重要。没有学过概率论的人通常坚持认为整体容量会影响样本容量。但是，从我们的分析可以看出，不论选民有 1 万、100 万，还是 10 亿，3000 多的样本量总是足够的。你应当考虑一种通俗的解释，说服那些认为群体容量重要的人。

现在，假设一个民意调查选择了 3125 个随机选民作为样本，来估计支持布朗的选民比例。民意调查发现他们中有 1250 人支持布朗。这是诱人的，但也很**草率**。

错误假设. 支持布朗的选民比例 p，有 0.95 的概率等于 $1250/3125 \pm 0.04$。由于 $1250/3125 - 0.04 > 1/3$，所以有95%的可能性，有超过1/3的选民相对于其他候选人更加支持布朗。

正如已经在 18.9 节讨论过的，这种说法有异议的地方在于，它在讨论一个真实世界存在的事实是真的的概率或可能性，即支持布朗的选民比例 p 超过1/3这件事。但是，p 是多少就是多少，讨论它是别的东西的概率根本说不通。例如，假设 p 实际上就是0.3，那么，讨论它在 $1250/3125$ 上下0.04的范围内的概率根本就毫无用处，它根本不在这个范围。

选民偏好是一个典型的例子：我们想要估计一个固定的、未知的真实世界的数量。但是，未知不一定是随机变量，所以讨论它具有某种性质的概率是毫无意义的。

因此，我们更谨慎地得出这样的结论：

> 我们已经描述了估计实际比例 p 的概率过程。这个估计过程得到的值在 p 上下 0.04范围内的概率为0.95。

听起来有点拗口，所以通常采用更通俗一点的说法。民意调查结论可以这样表述：

> 在 95%的置信水平下，支持布朗的选民比例为 $1250/3125 \pm 0.04$。

那么，置信水平（confidence level）指的是，真实量的估计过程结果。"置信水平"一词应当令人想起用于获得估计值的某种统计过程。为了判断这个估计值的可信程度，要对这个估计过程的结果进行检验。更重要的是，上述的置信度结论可以重述成

> **要么**选民支持布朗的比例为 $1250/3125 \pm 0.04$，**要么**某种不太可能的事情（概率1/20）发生了。

如果经验告诉我们这个比例不大可能出现在特定区间，那么有理由判断这个置信水平仍然是不可信的。

20.6 随机变量的和

如果只知道随机变量的均值和方差，切比雪夫定理最适合做的就是确定随机变量偏离均值的概率边界。不过有时候我们知道更多的信息——例如随机变量服从二项分布，这时就可以得到更强的结论。比如，我们得到的上界可能不只是$1/c^2$这样多项式级的，而是$1/e^c$这样指数级的。再比如我们马上要讨论的，随机变量T是n个相互独立的随机变量$T_1, T_2, \cdots, T_n (0 \leq T_i \leq 1)$的和的情形。这样的$T$可以服从二项分布，又不限于此。

20.6.1 引例

Fussbook 是一个面向不如意人群的新型社交网站。与其他所有大型网络服务一样，Fussbook 也面临着负载均衡的难题：它的服务器每天要处理大量的论坛帖子。如果某台服务器收到的任务量超过了它的承载能力，它就会超载，然后拖垮整个系统的性能。这很糟糕，因为 Fussbook 的用户可不是什么有耐心的人。所以在多台服务器之间均衡负载是一个至关重要的问题。

最开始的方案是按帖子标题的字母顺序分配给特定的服务器。（"这肯定能行！"，一个程序员说道。）但是，当处理"privacy"和"preferred text editor"的线程因超载而被拆分（melt）时，这种特定方法的缺点显而易见：很容易漏掉一些东西，这会打乱你的计划。

如果能够事先知道每个任务的耗时，那么负载均衡就是一种"装箱问题"。这种问题很难有确切的解，但有不错的近似算法。不幸的是，对于实际的负载问题，任务耗时是无法事先知道的。

如此看来，解决负载均衡问题似乎没什么指望，因为没有可用的数据来帮助我们做决定。于是 Fussbook 的程序员们放弃抵抗，只是随机地把任务分配给计算机。没想到系统运行十分稳定，从未崩溃！

结果，随机分配不仅将负载平衡得相当好，而且能很好地保证性能。总的来说，当确定性算法很难计算或者所需的信息不可用时，随机性方法是值得考虑的。

具体来看，Fussbook 每 10 分钟就会收到 24 000 条帖子。每个帖子分配给一台服务器处理，每台服务器按顺序地处理分配给它的任务。平均每条帖子要占用一台服务器 1/4 秒。有些帖子——比如毫无意义的编程语言语法评论或嘲讽的俏皮话——处理起来要容易得多。不过，帖子的处理时间不会超过 1 秒，冗长的高谈阔论也不例外。

我们用秒衡量负载。如果一台服务器在给定时间间隔（600 秒）内分配的任务超过了 600 个单位，那么这台服务器超载。Fussbook 的平均处理负载是$24000 \cdot 1/4 = 6000$秒/时间间隔，假设在理想的负载均衡条件下，这会让 10 台计算机负载达到 100%。当然，我们需要更多的服务器来应对任务耗时的随机波动以及不完美的负载均衡。但是11台够吗？15、20、100台呢？我们将用新的数学工具来回答这个问题。

20.6.2 切诺夫界

切诺夫界（Chernoff[①] bound）是一个强大的工具，能够解决很多问题。切诺夫界大致上说的是，某些随机变量不大可能显著地超出它们的期望。例如，如果一个处理器的负载期望略低于它的容量（capacity），只要满足切诺夫界的条件，那么这个处理器就不大可能超载。

更确切地说，切诺夫界指出很多小的、独立的随机变量的和，不大可能显著地超出它们和的均值。马尔可夫界和切比雪夫界也能得到同样的结论，但是通常给出的界更弱一些。马尔可夫界和切比雪夫界是多项式形式的，而切诺夫界是指数形式的。

下面是定理，证明将在20.6.6节给出。

定理 20.6.1（切诺夫界）设$T_1,...,T_n$为相互独立的随机变量，满足$0 \leqslant T_i \leqslant 1$对任意$i$成立。令$T = T_1 + \cdots + T_n$，那么对所有的$c \geqslant 1$，

$$\Pr[T \geqslant c\text{Ex}[T]] \leqslant e^{-\beta(c)\text{Ex}[T]} \quad (20.24)$$

其中$\beta(c)::=c\ln c - c + 1$。

切诺夫界只适用于实数区间[0,1]上的独立随机变量的和。满足这一条件最有名的是二项分布，但还有很多其他可能，因为切诺夫界允许这些随机变量有不同的、任意的或未知的分布，它们只要取值范围在[0,1]就行。此外，这些变量的个数以及它们的期望也没有直接的关系。简单来说，切诺夫界基于非常少的信息针对很多问题提供了很强的结论——难怪它如此被广为使用！

20.6.3 二项式尾的切诺夫界

应用切诺夫界很简单，虽然刚开始的时候细节看上去令人生畏。让我们通过一个简单的例子来掌握切诺夫界的诀窍：独立抛1000次硬币，确定正面次数超过期望20%及以上的概率边界。令T_i为第i次出现正面的指示器变量。则正面的总次数为：

$$T = T_1 + \cdots + T_{1000}$$

切诺夫界要求随机变量T_i相互独立，且取值在区间[0,1]。这里两个条件都是满足的，T_i是指示器变量，它的取值只能是0或1。

[①] 没错，这正是那个能够赢国家彩票的人——这家伙懂的知识很多嘛。

我们的目标是确定正面次数超过期望 20% 及以上的概率边界，即 $\Pr[T \geq c \text{Ex}[T]]$ 的界，其中 $c = 1.2$。我们先计算定理中的 $\beta(c)$：

$$\beta(c) = c\ln c - c + 1 = 0.0187\ldots$$

如果假设硬币是公平的，那么 $\text{Ex}[T] = 500$。将这些值代入切诺夫界，得到：

$$\Pr[T \geq 1.2\text{Ex}[T]] \leq e^{-\beta(c)\cdot\text{Ex}[T]}$$
$$= e^{-(0.0187\ldots)\cdot 500} < 0.0000834$$

所以掷 1000 次硬币得到 20% 或更多正面的概率小于万分之一。

由于期望出现在这个上界的指数部分，所以随着抛掷的次数增加，边界迅速变小。例如，掷 100 万次硬币，正面次数超过期望 20% 及以上的概率至多为

$$e^{-(0.0817\ldots)\cdot 500000} < e^{-9392}$$

这是一个小得可以忽略的数。

或者说，偏离程度越大，边界越强。例如，假设我们想确定 1000 次抛掷中正面次数超过期望 30% 及以上的概率边界，而不是 20%。这时，$c = 1.3$。所以，$\beta(c)$ 也从 0.0187 增加到 0.0410。这个增加幅度不是很大，但由于 $\beta(c)$ 出现在上界的指数部分，最后的概率从一万分之一减小为一百万分之一！

20.6.4　彩票游戏的切诺夫界

在选 4 的彩票游戏中，你花 1 美元在 0000 到 9999 间选一个四位数。如果一次随机摇号选中了你的数字，那么你将赢得 5000 美元，中奖的概率是 1/10 000。如果 1000 万人参加这个游戏，那么中奖者的期望是 1000 人。如果恰好有 1000 个中奖者，那么彩票发行商将从 1000 万的收入中拿出 500 万用于发奖金。彩票发行人害怕中奖人数过多，比如超过 2000 人，这将使他们入不敷出。那么发生这种情况的概率是多少？

令 T_i 为第 i 个人中奖的指示器变量，$T = T_1 + \cdots + T_n$ 是中奖的总人数。如果我们假设 ① 玩家挑选的数字以及最后中奖的数字都是随机、独立、均匀分布的，那么随机变量 T_i 满足切诺夫界的条件。

因为 2000 人中奖是期望值的两倍，我们选择 $c = 2$，计算出 $\beta(c) = 0.386\ldots$，将它们代入切诺夫界：

---

① 正如我们在第 19 章提到的，人们的选择常常不是均匀的，并且具有很强的依赖性。例如，很多人会选一个重要的日期。后面的分析应当并不能宽慰彩票发行者，除非为每个玩家随机分配四位数。

$$\Pr[T \geqslant 2000] = \Pr[T \geqslant 2\mathrm{Ex}[T]]$$
$$= e^{-k\mathrm{Ex}[T]} = e^{-(0.386\cdots)\cdot 1000}$$
$$= e^{-386}$$

所以，彩票发行人几乎不可能赔钱。事实上，中奖人数超过 10%也不经常发生。为证明这一点，我们令 $c = 1.1$，算出 $\beta(c) = 0.00484\ldots$，再次代入：

$$\Pr[T \geqslant 1.1\mathrm{Ex}[T]] \leqslant e^{-k\mathrm{Ex}[T]}$$
$$= e^{-(0.00484)\cdot 1000} < 0.01$$

所以选 4 彩票对玩家来说可能很刺激，但是彩票发行人却是胜券在握！

20.6.5 随机负载均衡

现在让我们回到 Fussbook 的负载均衡问题。这时，我们需要确定服务器的台数 m，使得在给定时间间隔内不大可能有任一服务器被分配超过 600 秒的负载而导致超载。

首先，我们确定第一台服务器超载的概率。设 T 为第一台服务器分到的负载秒数，我们要计算概率 $\Pr[T \geqslant 600]$ 的上界。设 T_i 为第一台服务器花在第 i 个任务上的秒数，如果第 i 个任务被分配到了别的服务器，那么 $T_i = 0$，否则 T_i 就是任务的耗时。所以 $T = \sum_{i=1}^{n} T_i$ 就是第一台服务器的总负载，其中 $n = 24\,000$。

只有当 T_i 相互独立且取值在 $[0,1]$ 内，才可以应用切诺夫界。如果假设任务到哪台服务器与任务耗时无关，那么第一个条件是满足的。由于任务耗时都不超过 1 秒，因此第二个条件也是满足的。这就是我们用秒来衡量负载的原因。

总之，总共有 24 000 个任务，平均每个任务耗时 1/4 秒。任务被随机分配至 m 台服务器，第一台服务器的期望负载是：

$$\mathrm{Ex}[T] = \frac{24\,000\,任务 \cdot 1/4\,秒/任务}{m\,服务器} \quad (20.25)$$
$$= 6000/m\,秒$$

所以，如果少于 10 台服务器，第一台服务器的期望负载将超过它的容量。如果恰好有 10 台服务器，那么这台服务器运行时间的期望是 6000/10=600 秒，即容量的 100%。

现在我们用切诺夫界计算第一台服务器超载概率的上界。根据式 20.25，有

$$600 = c\mathrm{Ex}[T] \quad 其中\, c::= m/10$$

所以根据切诺夫界，

$$\Pr[T \geq 600] = \Pr[T \geq c\mathrm{Ex}[T]] \leq e^{-(c\ln(c)-c+1)\cdot 6000/m}$$

根据 17.5.2 节中介绍的并集的边界，有一台服务器超载的概率至多是第一台服务器超载概率的 m 倍。所以，

$$\Pr\big[\text{有一台服务器超载}\big] \leq \sum_{i=1}^{m} \Pr\big[\text{第}i\text{台服务器超载}\big]$$
$$= m\Pr\big[\text{第一台服务器超载}\big]$$
$$\leq me^{-(c\ln c - c+1)\cdot 6000/m}$$

其中 $c = m/10$。这个上界的取值有：

$$m = 11: \quad 0.784\cdots$$
$$m = 12: \quad 0.000999\cdots$$
$$m = 13: \quad 0.0000000760\cdots$$

这些值告诉我们，如果有 $m = 11$ 台服务器，系统很快就会超载，如果有 $m = 12$ 台服务器，系统可能在几天内超载，而如果有 $m = 13$ 台服务器，系统在一两个世纪内都不会有问题！

20.6.6 切诺夫界的证明

切诺夫界的证明有些复杂难懂。事实上，切诺夫本人也没能想出来，而是他的朋友 Herman Rubin 告诉了他证明方法。当时觉得这个界限不是很重要，切诺夫在出版时都没有向 Rubin 致谢。后来这个界限出名后，切诺夫对此很过意不去。[①]

证明.（定理 20.6.1）

为了使证明过程清晰，我们"自上而下"地证明，即先给结论后证明。

一个重要步骤是将不等式 $T \geq c\mathrm{Ex}[T]$ 两边变成指数形式，并应用马尔可夫边界：

$$\begin{aligned}
\Pr[T \geq c\mathrm{Ex}[T]] &= \Pr[c^T \geq c^{c\mathrm{Ex}[T]}] \\
&\leq \frac{\mathrm{Ex}[c^T]}{c^{c\mathrm{Ex}[T]}} \qquad \text{（马尔可夫边界）} \\
&\leq \frac{e^{(c-1)\mathrm{Ex}[T]}}{c^{c\mathrm{Ex}[T]}} \qquad \text{（引理 20.6.2，见下文）} \\
&= \frac{e^{(c-1)\mathrm{Ex}[T]}}{c^{c\ln(c)\mathrm{Ex}[T]}} = c^{-(c\ln(c)-c+1)\mathrm{Ex}[T]}
\end{aligned}$$

抛开代数不谈，这个证明中有一个绝妙的思想：指数化在某种程度上增强了马尔可夫边界。

[①] 见"A Conversation with Herman Chernoff," *Statistical Science* 1996, Vol. 11, No. 4, pp 335–350。

这并不总是成立的！这种增强的一个副作用就是，接下来我们必须确定一些复杂的带有指数的期望边界。即如下两个引理，其中变量的值来自定理 20.6.1。

引理 20.6.2

$$\text{Ex}[c^T] \leq e^{(c-1)\text{Ex}[T]}$$

证明.

$$\begin{aligned}
\text{Ex}[c^T] &= \text{Ex}[c^{T_1+\cdots+T_n}] & &（T\text{的定义}）\\
&= \text{Ex}[c^{T_1}\cdots c^{T_n}] & &\\
&= \text{Ex}[c^{T_1}]\cdots \text{Ex}[c^{T_n}] & &（\text{独立变量的乘积推论 19.5.7}）\\
&\leq e^{(c-1)\text{Ex}[T_1]} + \cdots + e^{(c-1)\text{Ex}[T_n]} & &（\text{引理 20.6.3，见下文}）\\
&= e^{(c-1)(\text{Ex}[T_1]+\cdots+\text{Ex}[T_n])} & &\\
&= e^{(c-1)\text{Ex}[T_1+\cdots+T_n]} & &（\text{Ex}[\cdot]\text{的线性性质}）\\
&= e^{(c-1)\text{Ex}[T]} & &
\end{aligned}$$

第三个等号成立的依据是因为独立变量的函数仍然是独立的（参见引理 19.2.2）。∎

引理 20.6.3

$$\text{Ex}[c^{T_i}] \leq e^{(c-1)\text{Ex}[T_i]}$$

证明. 以下所有和都是随机变量 T_i 对值 v 进行求和，且满足取值在区间[0,1]。

$$\begin{aligned}
\text{Ex}[c^{T_i}] &= \sum c^v \Pr[T_i = v] & &（\text{Ex}[\cdot]\text{的定义}）\\
&\leq \sum (1 + (c-1)v)\Pr[T_i = v] & &（\text{凸性，见下文}）\\
&= \sum \Pr[T_i = v] + (c-1)v\Pr[T_i = v] & &\\
&= \sum \Pr[T_i = v] + (c-1)\sum v \Pr[T_i = v] & &\\
&= 1 + (c-1)\text{Ex}[T_i] & &\\
&\leq e^{(c-1)\text{Ex}[T_i]} & &（\text{由于 } 1+z \leq e^z）
\end{aligned}$$

第二步基于这一不等式：

$$c^v \leq 1 + (c-1)v$$

对[0,1]上的所有 v 和 $c \geq 1$ 成立。这个不等式源自一般原理：凸函数即 c^v，在与线性函数 $1+(c-1)v$ 的两个交点之间，即 $v=0$ 和 $v=1$，凸函数小于线性函数。这个不等式就是说明为什么变量 T_i 必须限制在实数区间[0,1]的原因。∎

20.6.7 边界的比较

假设有一组相互独立的事件 $A_1, A_2, \cdots, A_n$，我们想知道其中有多少事件可能会发生。

设 T_i 为事件 A_i 的指示器随机变量，并定义

$$p_i = \Pr[T_i = 1] = \Pr[A_i]$$

其中 $1 \leqslant i \leqslant n$。定义

$$T = T_1 + T_2 + \cdots + T_n$$

表示发生的事件个数。

由期望的线性性质可知

$$\begin{aligned}\mathrm{Ex}[T] &= \mathrm{Ex}[T_1] + \mathrm{Ex}[T_2] + \cdots + \mathrm{Ex}[T_n] \\ &= \sum_{i=1}^{n} p_i\end{aligned}$$

即使事件不独立，这也是成立的。

根据定理 20.3.8，我们还知道

$$\begin{aligned}\mathrm{Var}[T] &= \mathrm{Var}[T_1] + \mathrm{Var}[T_2] + \cdots + \mathrm{Var}[T_n] \\ &= \sum_{i=1}^{n} p_i(1-p_i)\end{aligned}$$

那么

$$\sigma_T = \sqrt{\sum_{i=1}^{n} p_i(1-p_i)}$$

即使事件只是两两独立，这也是成立的。

马尔可夫定理告诉我们，对于任意 $c > 1$，

$$\Pr[T \geqslant c\mathrm{Ex}[T]] \leqslant \frac{1}{c}$$

切比雪夫定理能给我们更强的结论：

$$\Pr[|T - \mathrm{Ex}[T]| \geqslant c\sigma_T] \leqslant \frac{1}{c^2}$$

切诺夫界给出的结论还要更强，即对于任意 $c > 0$，

$$\Pr[T - \mathrm{Ex}[T] \geqslant c\mathrm{Ex}[T]] \leqslant e^{-(c\ln(c)-c+1)\mathrm{Ex}[T]}$$

可见，超出均值 $c\text{Ex}[T]$ 的概率呈指数减小。

考虑随机变量 $n - T$，我们可以用切诺夫界证明，T 比 $\text{Ex}[T]$ 小很多的概率也是呈指数级减小。

20.6.8 墨菲定律

如果一个随机变量的期望比 1 小得多，马尔可夫定理指出只有很小的概率这个变量的值大于等于 1。另一方面，墨菲定律（Murphy's Law）[①]指出，如果一个随机变量等于值为 0 或 1 的独立变量的和，并且期望值很大，那么它的值很可能大于等于 1。

定理 20.6.4（墨菲定律）设 $A_1, A_2, \cdots, A_n$ 为相互独立的事件。令 T_i 为 A_i 的指示器随机变量，并定义

$$T ::= T_1 + T_2 + \cdots + T_n$$

为发生的事件个数。那么

$$\Pr[T = 0] \leqslant e^{-\text{Ex}[T]}$$

证明.

$$\begin{aligned}
\Pr[T = 0] &= \Pr[\overline{A_1} \cap \overline{A_2} \cap \cdots \cap \overline{A_n}] && （T = 0 \text{ 当且仅当没有 } A_i \text{ 出现}）\\
&= \prod_{i=1}^{n} \Pr[\overline{A_i}] && （A_i \text{ 的独立性}）\\
&= \prod_{i=1}^{n} (1 - \Pr[A_i]) \\
&\leqslant \prod_{i=1}^{n} e^{-\Pr[A_i]} && （因为 1 - x \leqslant e^{-x}）\\
&= e^{-\sum_{i=1}^{n} \Pr[A_i]} \\
&= e^{-\sum_{i=1}^{n} \text{Ex}[T_i]} && （因为 T_i \text{ 是 } A_i \text{ 的指示器变量}）\\
&= e^{-\text{Ex}[T]} && （期望的线性性质）
\end{aligned}$$

例如，给定任意一组相互独立的事件，如果你希望其中 10 个事件发生，那么至少有一个事件的发生概率不小于 $1 - e^{-10}$。所有事件都不发生的概率至多为 $e^{-10} < 1/22\,000$。

所以，如果有很多独立的、可能出错的事情，并且它们的概率之和远远大于 1，那么定理 20.6.4 指出肯定有出错的事情。

[①] 这也就是常说的"有可能出错的事情，就会出错。"

这个结论能帮我们解释"巧合""奇迹"以及很多看起来不可能发生的疯狂的事情。从某种程度上说，这样的事情确实会发生，因为有很多不大可能发生的事情，它们的概率之和远大于1。例如，就是有人会中彩票。

事实上，如果选 4 彩票中有100 000张随机彩票，根据定理 20.6.4，没人中奖的概率小于 $e^{-10} < 1/22000$。更一般地，在成千上万的小概率事情当中，总有一些肯定会发生。

20.7 大期望

到现在为止，独立地抛掷一枚公平硬币直到出现某种想要的模式，想必你应该得心应手了吧。现在我们来打个赌——关于抛硬币直到出现一个正面的简单过程。好吧，你对打赌这件事十分谨慎，不妨这样：由你来设定赔率。

20.7.1 重复你自己

赌约是这样的：你独立地抛掷一枚公平的硬币直到出现正面。然后你重复这个过程。如果第二次出现正面所需的抛掷次数小于等于第一次出现正面所需的次数，那么你需要重新开始。不断抛掷，直到最终抛出正面所需的次数比第一次多。支付规则是每次重新开始都要给我 1 分钱。如果最终抛出正面（H）所需的反面（T）个数比第一次正面出现前的反面个数多，我会给你很多钱。注意，你肯定会赢的——无论第一次正面出现前的反面有多少个，最终一定会出现更长的连续反面序列！

例如，第一次抛掷的序列是 TTTH，那么你要一直抛直到得到连续的 4 个反面。所以，最后获胜的抛掷序列可能是

TTTHTHTTHHTTHTHTTTTHTHHHTTTT

在这个序列中，一共有 10 个正面，意味着你重新开始了 9 次。所以你一共给了我 9 分钱，最后连续抛出 4 个反面获胜。现在你赢了，我要给你很多钱——25 分怎么样？或许你更想要 1 块？要不给你 1000 吧？

当然，这里有一个陷阱。让我们来计算一下你获胜的期望。

假设第一次出现正面前的反面长度为 k。然后，每出现一个正面，你都要重新开始，并且努力得到连续的 $k+1$ 个反面。如果我们将得到连续的 $k+1$ 个反面看成"失败"的尝试，将因正面过早出现而不得不重新开始看成"成功"的尝试，那么重新开始的次数就是直到第一次失败之前需要尝试的次数。所以，尝试次数的期望就是平均故障时间，也就是 2^{k+1} 次，因为连续投掷出 $k+1$ 个反面的概率是 $2^{-(k+1)}$。

令 T 为第一次抛出正面的序列长度。所以 $T = K$ 表示初始投掷序列为 $T^K H$。令 R 为重复尝试的次数。最后你预期得到的钱就是我给你的一大笔钱减去 $\text{Ex}[R]$。现在，以 T 的值为条件，容易计算 $\text{Ex}[R]$：

$$\text{Ex}[R] = \sum_{k \in \mathbb{N}} \text{Ex}[R \mid T = k] \cdot \Pr[T = k] = \sum_{k \in \mathbb{N}} 2^{k+1} \cdot 2^{-(k+1)} = \sum_{k \in \mathbb{N}} 1 = \infty$$

所以，在你有本事拿到我的"一大笔钱"之前，你要给我无穷多美分。所以无论我多么慷慨，这个赌局都不公平！事实上，这个例子反映了一个令人吃惊的一般情况：任意一个随机变量取得更大值之前的等待时间的期望是无穷。

20.1 节习题

练习题

习题 20.1

绝大多数人的手指数目都高于平均水平。以下哪些陈述解释了为什么这是真的？请解释你的推理。

1. 大多数人都还有一个超级秘密的手指，但他们不知道。
2. 少数迂腐的人不把他们的拇指算作手指，但大多数人都算。
3. 多指畸形比截肢更罕见。
4. 把全世界人口的手指总数相加，然后除以人口数量，得到的数字小于 10。
5. 这符合马尔可夫定理，因为手指数目不会是负数。
6. 缺手指比多手指更常见。

随堂练习

习题 20.2

一群奶牛受到冷牛病（cold cow disease）的侵袭。这种疾病会使牛的体温低于正常水平，如果一头奶牛的温度低于 90°F，它就会死亡。这种疾病可以将牛群的平均体温降低到 85°F。目前发现的最低体温是 70°F，**没有比这更低的了**。

(a) 使用马尔可夫界 20.1.1 证明：最多 3/4 的奶牛可以存活。

(b) 假设共有 400 头奶牛。请举例说明，为了满足平均体温为 85°F，且有 3/4 的存活比例，那么(a)给出的上界是最好的可能。

(c) 请注意，(b)是关于平均数而不是概率的算术事实。你已经通过对随机变量的偏差应用马尔可夫界，验证了(a)的结论。将牛的体温T作为随机变量。仔细定义T的概率空间：样本点是什么？它们的概率是什么？解释T和牛群平均体温之间的具体联系，以说明马尔可夫界的可适用性。

课后作业

习题 20.3

如果R是一个非负随机变量，那么马尔可夫定理给出了$\Pr[R \geq x]$，其中任意实数$x > \mathrm{Ex}[R]$的上界。如果b是R的下界，那么马尔可夫定理也可以应用于$R - b$，获得$\Pr[R \geq x]$的可能不一样的边界。

(a) 证明：如果$b > 0$，利用马尔可夫定理求$\Pr[R \geq R]$的上界，将马尔可夫定理应用于$R - b$比直接应用于R得到的上界更小。

(b) 当(a)取得最佳边界时，$b \geq 0$的值是多少？

测试题

习题 20.4

一群奶牛受到热牛病（hot cow disease）的侵袭。这种疾病会使母牛的体温高于正常水平，如果一头牛的温度高于90°F，就会死亡。这种疾病可以将牛群的平均体温升高到120°F。目前发现的最高体温是140°F，**没有比这更高的了**。

(a) 使用马尔可夫界 20.1.1 证明：最多2/5的奶牛可以存活。

(b) 请注意(a)是关于平均数而不是概率的算术事实。你已经通过对随机变量的偏差应用马尔可夫界，验证了(a)的结论。将牛的体温T作为随机变量。仔细定义T的概率空间：结果是什么？它们的概率是什么？解释T和牛群平均体温之间的具体联系，以说明马尔可夫界的可适用性。

20.2 节习题

测试题

习题 20.5

有一群奶牛，平均体温为 100°F。我们的温度计十分灵敏，以至于没有体温完全相同的奶牛。牛群受到怪牛病（wacky cow disease）的侵袭，体温与平均温度相差 10°F 及以上的奶牛最终都会死掉。

事实上，所有体温的聚集方差（collection-variance）为 20，其中集合 A 的聚集方差 $CVar(A)$ 是

$$CVar(A) ::= \frac{\sum_{a \in A}(a-\mu)^2}{|A|}$$

其中 μ 是 A 的平均数。（换句话说，$CVar(A)$ 是 A 的离差平方的平均。）

(a) 对一头随机的奶牛体温 T，应用切比雪夫界，证明最多 20% 的奶牛死于怪牛病。

通过对随机变量的偏差边界进行推导，可以得到(a)的结论。解释如何定义合适的概率空间，其中随机变量 T 是奶牛的体温，我们可以证明这个方法的合理性。

(b) 仔细定义 T 的概率空间：结果是什么？它们的概率是什么？

(c) 解释：在这个概率空间中，具有任意指定属性 P 的奶牛比例与 $Pr[P]$ 相同。

(d) 证明 $Ex[T]$ 等于牛群的平均体温。

(e) 证明 $Var[T]$ 等于牛群的聚集方差。

20.3 节习题

练习题

习题 20.6

假设 120 名学生参加了期末考试，平均分为 90 分。你不知道关于学生和考试的其他信息，即不应该假设满分是 100 分。但是，可以假设考试成绩是非负的。

(a) 说明 180 分及以上的学生人数的最佳可能上界是多少。

(b) 现在假设有人告诉你，考试最低分数是 30。重新计算获得 180 分及以上的学生人数的最佳可能上界。

习题 20.7

假设抛掷一枚均匀的硬币 100 次。硬币抛掷是相互独立的。

(a) 正面向上的期望次数是多少？

(b) 马尔可夫定理给出的正面向上 70 次及以上的概率上界是多少？

(c) 正面向上次数的方差是多少？

(d) 切比雪夫定理给出正面向上的次数小于 30 或大于 70 的概率上界是多少？

习题 20.8

Albert 好赌。他每天玩 240 把换牌扑克（draw poker），120 把二十一点（black jack），40 把沙蟹扑克（stud poker）。他赢一把换牌扑克的概率为 1/6，赢一把二十一点的概率为 1/2，赢一把沙蟹扑克的概率为 1/5。假设 W 是 Albert 在一天中赢的次数的期望。

(a) $\mathrm{Ex}[W]$ 为多少？

(b) Albert 一天至少赢 216 把的概率的马尔可夫界是多少？

(c) 假设扑克的结果是两两独立的。$\mathrm{Var}[W]$ 为多少？列出数学表达式，不用计算。

(d) Albert 一天至少赢 216 把的概率的切比雪夫界是多少？可以用带常数 $v = \mathrm{Var}[W]$ 的数值表达式表示。

随堂练习

习题 20.9

帽子检查工作人员在聚会上服务了整整一天，聚会结束的时候，他们只是随机地返还 n 个检查过的帽子，这样任何一个人拿回自己帽子的概率是 $1/n$。

假设 X_i 为第 i 个人拿回自己帽子的指示器变量。令 S_n 为拿回自己帽子的人的总数。

(a) 拿回自己帽子的人数期望是多少？

(b) 写出 $i \neq j$，$\mathrm{Ex}[X_i \cdot X_j]$ 的简明公式。

提示：$\Pr[X_j = 1 | X_i = 1]$ 为多少？

(c) 解释为什么不能用和的方差计算 $\mathrm{Var}[S_n]$。

(d) 证明：$\mathrm{Ex}[(S_n)^2] = 2$。提示：$(X_i)^2 = X_i$。

(e) S_n 的方差是多少？

(f) 证明：至多有 1% 的可能性，有超过 10 个人拿回自己的帽子。

习题 20.10

对于任意均值为 μ、标准差为 σ 的随机变量 R，根据切比雪夫界，对于任意实数 $x > 0$，

$$\Pr[|R - \mu| \geq x] \leq \left(\frac{\sigma}{x}\right)^2$$

证明：对于任意实数μ和实数$x \geq \sigma > 0$，存在一个R使得切比雪夫界是紧密边界，即

$$\Pr[|R - \mu| \geq x] = \left(\frac{\sigma}{x}\right)^2 \tag{20.26}$$

提示：首先假设$\mu = 0$，并且R的值只能为$0, -x$和x。

习题 20.11

一个电脑程序在每个小时末崩溃的概率为$1/p$，如果它还没有崩溃的话。假设H是程序直到崩溃已经运行的小时数。

(a) 求下式的切比雪夫界

$$\Pr[|H - (1/p)| > x/p]$$

其中$x > 0$。

(b) 由(a)可知：对于$a \geq 2$，

$$\Pr[H > a/p] \leq \frac{(1-p)}{(a-1)^2}$$

提示：$|H - (1/p)| > (a-1)/p$当且仅当$H > a/p$。

(c) $\Pr[H > a/p]$的真实值为多少？

证明：任意给定$p > 0$，$H > a/p$的概率是一个关于a的函数，它渐近小于(b)的切比雪夫界。

习题 20.12

令R是正整数随机变量。

(a) 如果$\text{Ex}[R] = 2$，$\text{Var}[R]$最大可能是多少？

(b) $\text{Ex}[1/R]$最大可能是多少？

(c) 如果$R \leq 2$，即R的值只能是1和2，那么$\text{Var}[R]$最大可能是多少？

习题 20.13

一个人有n把钥匙，只有一把能打开公寓的门。他随机尝试钥匙，把不匹配的钥匙扔掉，直到找到匹配的钥匙为止。也就是说，他从尚未尝试过的钥匙中随机选择钥匙。这样他肯定会在n次尝试以内找到正确的钥匙。

假设T是他找到正确钥匙时尝试的次数。习题 19.25 表明

$$\text{Ex}[T] = \frac{n+1}{2}$$

写出 Var[T] 的闭型公式。

课后作业

习题 20.14

一个人有 n 把钥匙，只有一把能打开公寓的门。他随机尝试钥匙，如果钥匙不匹配，则将这把钥匙放回去；所以他可能多次尝试的是同一把钥匙。他不断尝试，直到找到正确的钥匙为止。

假设 T 是他找到正确钥匙时尝试的次数。

(a) 解释为什么

$$\text{Ex}[T] = n \text{ 以及 } \text{Var}[T] = n(n-1)$$

令

$$f_n(a) ::= \Pr[T \geq an]$$

(b) 用切比雪夫界证明，任意给定 $n > 1$，

$$f_n(a) = \Theta\left(\frac{1}{a^2}\right) \quad (20.27)$$

(c) 证明：任意给定 $n > 1$，$f_n(a)$ 的上界渐近小于切比雪夫界（式 20.27）。

你可以假设 n 足够大，使用如下近似

$$\left(1 - \frac{1}{n}\right)^{cn} \approx \frac{1}{e^c}$$

习题 20.15

有一枚均匀的硬币和一枚不均匀的硬币，投掷不均匀的硬币正面朝上的概率为 3/4。给你其中一枚硬币，但你不知道是哪一个。要确定拿到的是哪一个硬币，你的策略是选择一个数字 n，将这枚硬币掷 n 次。如果正面朝上的次数更接近 $(3/4)n$，而非 $(1/2)n$，那么你猜测这是不均匀的硬币，否则你猜它是均匀的。

(a) 使用切比雪夫界找到一个值 n，使得 0.95 的概率你的猜测都是正确的，无论实际选择的是哪枚硬币。

(b) 假设可以用计算机程序画出关于二项式 (n, p) 的概率密度和累积分布函数的图表。如何找到概率 0.95 正确推断硬币所需的最少抛掷次数？与 (a) 比较一下，如何通过这种图形方式确定 n？（不必找到这个最小 n 的数值，但如果你可以的话请给出。）

(c) 现在我们已经确定了合适的数字n，我们断言如果正面向上次数大于$(5/8)n$，那么所选硬币是不均匀的，并且正确的概率是 0.95。那么

$$\Pr[\text{拿到了不均匀骰子} \mid \text{正面向上次数} \geq (5/8)n]\text{是多少？}$$

习题 20.16

均值为μ的实数随机变量R的期望绝对偏差（expected absolute deviation）定义如下：

$$\mathrm{Ex}[|R - \mu|]$$

证明：期望绝对偏差永远小于等于标准差σ。（为了简单起见，你可以假设R定义在有限的样本空间。）

提示：假设样本空间结果为$\omega_1, \omega_2, \ldots, \omega_n$，令

$$\mathbf{p} ::= (p_1, p_2, \cdots, p_n) \qquad \text{其中}\, p_i = \sqrt{\Pr[\omega_i]}$$
$$\mathbf{r} ::= (r_1, r_2, \cdots, r_n) \qquad \text{其中}\, r_i = |R(\omega_i) - \mu|\sqrt{\Pr[\omega_i]}$$

通常，令$\mathbf{v} \cdot \mathbf{w} ::= \sum_{i=1}^{n} v_i u_i$表示$n$维向量$\mathbf{v}$和$\mathbf{w}$的点乘，$|\mathbf{v}|$是$\mathbf{v}$的范数，即$\sqrt{\mathbf{v} \cdot \mathbf{v}}$。然后证明

$$|\mathbf{p}| = 1, \quad |\mathbf{r}| = \sigma, \quad \text{以及}\ \mathrm{Ex}[|R - \mu|] = \mathbf{r} \cdot \mathbf{p}$$

习题 20.17

证明切比雪夫界的"单边"版本。

推论（单边切比雪夫界）

$$\Pr[R - \mathrm{Ex}[R] \geq x] \leq \frac{\mathrm{Var}[R]}{x^2 + \mathrm{Var}[R]}$$

提示：令$S_a ::= (R - \mathrm{Ex}[R] + a)^2, 0 \leq a \in \mathbb{R}$。所以$R - \mathrm{Ex}[R] \geq x$意味着$S_a \geq (x+a)^2$。将马尔可夫界应用于$\Pr[S_a \geq (x+a)^2]$。选择$a$最小化这个界。

习题 20.18

证明方差的两两独立加和定理 20.3.8：如果$R_1, R_2, \ldots, R_n$为两两独立的随机变量，那么

$$\mathrm{Var}[R_1 + R_2 + \cdots + R_n] = \mathrm{Var}[R_1] + \mathrm{Var}[R_2] + \cdots + \mathrm{Var}[R_n] \qquad (*)$$

提示：为什么可以假设 $\mathrm{Ex}[R_i] = 0$？

测试题

习题 20.19

你正在玩一个游戏，这个游戏有 n 个回合。每一个回合都要抛掷硬币多次。第一回合抛掷一次硬币，第二回合抛掷两次，如此类推直到第 n 个回合，抛掷硬币 n 次。所有的抛掷硬币是相互独立的。

使用的硬币是不均匀的，正面向上的概率是 p。如果某一回合全都是正面向上，则赢得该回合。令 W 表示获胜的回合数。

(a) 写出 $\mathrm{Ex}[W]$ 的闭型（没有和形式）表达式。

(b) 写出 $\mathrm{Var}[W]$ 的闭型表达式。

习题 20.20

令 K_n 是一个具有 n 个顶点的完全图。图的每条边被随机分配为红色、绿色或蓝色其中之一。边的颜色分配是相互独立的，每条边被分配红色的概率是 r、被分配蓝色的概率是 b、被分配绿色的概率是 g（所以 $r + b + g = 1$）。

图中的三个顶点构成一个三角形。如果三条边都是相同的颜色，则这个三角形是单色的。

(a) 令 m 为任何给定三角形 T 是单色的概率。用 r, b, g 写出 m 的表达式。

(b) 令 I_T 为 T 是否是单色的指示器变量。用 m, r, b 和 g 写出 $\mathrm{Ex}[I]$ 和 $\mathrm{Var}[I_T]$ 的表达式。

令 T 和 U 是不同的三角形。

(c) 如果 T 和 U 没有共同的边，那么它们都是单色的概率为多少？如果它们有共同的边呢？

现在假设 $r = b = g = \dfrac{1}{3}$

(d) 证明 I_U 和 I_T 是相互独立的随机变量。

(e) 假设 M 为单色三角形的数量。用 n 和 m 写出 $\mathrm{Ex}[M]$ 和 $\mathrm{Var}[M]$ 的表达式。

(f) 令 $\mu ::= \mathrm{Ex}[M]$，用切比雪夫界证明

$$\Pr[|M - \mu| > \sqrt{\mu \log \mu}] \leq \frac{1}{\log \mu}$$

(g) 证明

$$\lim_{n \to \infty} \Pr[|M - \mu| > \sqrt{\mu \log \mu}] = 0$$

习题 20.21

有一枚不均匀的硬币,正面向上的概率为p。抛硬币n次。抛硬币是相互独立的。令H为正面向上的次数。

(a) 用p和n写出正面向上的期望次数 $\text{Ex}[H]$ 的表达式。

(b) 用p和n写出正面向上次数的方差 $\text{Var}[H]$ 的表达式。

(c) 根据马尔可夫定理,用p写出正面向上的次数至少比期望多出 1%(即$n/100$)的概率上界。

(d) 证明:根据切比雪夫定理,H与$\text{Ex}[H]$至少相差$n/100$的概率上界为

$$100^2 \frac{p(1-p)}{n}$$

(e) (d)的上界表示,对某个数字m,如果抛硬币至少m次,那么有 95%的概率,这m次中正面向上的比例与p的差值在 0.01 以内。用p写出m的简单表达式。

习题 20.22

教室里有 16 张桌子,按4×4方式布置,如下图所示。

如果两张桌子横向或竖向相邻,则称为相邻对。因此,每排有 3 个水平相邻对,总共 12 个水平相邻对。同样,有 12 个垂直相邻对。如果 1 个相邻对D的 2 张桌子,各坐了一个男孩和一个女孩,他们会在一起聊天,称之为聊天对。

(a) 假设男孩和女孩以某种未知的概率方式被分配桌子。聊天对数量比期望多出至少 $33\frac{1}{3}$% 的概率的马尔可夫界是多少?

假设男孩和女孩相互独立地被分配桌子,一张桌子分给男孩的概率为p,其中$0 < p < 1$。

(b) 用p表示聊天对数量的期望。

提示:令I_D表示D存在聊天对的指示器变量。

两个不同的相邻对 D 和 E 共享一张桌子时，称作重叠。例如，每行中的第一对和第二对重叠，第二对和第三对重叠，但第一对和第三对不重叠。

(c) 证明：如果 D 和 E 重叠，并且 $p = 1/2$，则 I_D 和 I_E 是独立的。

(d) 当 $p = 1/2$ 时，聊天对次数的方差是多少？

(e) 令 D 和 E 是重叠的相邻对。证明：如果 $p \neq 1/2$，则 F_D 和 F_E 不是独立的。

(f) 找出 4 对桌子 D_1, D_2, D_3, D_4，解释为什么 $F_{D_1}, F_{D_2}, F_{D_3}, F_{D_4}$ 不相互独立（即使 $p = 1/2$）。

20.5 节习题

随堂练习

习题 20.23

最近 Gallup 调查发现，美国 35% 的成年人认为进化论"得到了充分的证据支持"。Gallup 调查了均匀、独立、随机挑选的 1928 个美国人。其中，675 人坚信进化正确，所以 Gallup 估计，相信进化论的美国人比例是 $675/1928 = 0.350$。Gallup 声称误差幅度为 3 个百分点，也就是说，他声称自己的估计值在实际比例的 0.03 以内。

(a) 指示器变量的最大方差是多少？

(b) 使用两两独立抽样定理来确定 Gallup 说法的置信水平。

(c) Gallup 声称他估计的置信水平高于 99%。他是如何得出这个结论的？（只需给出公式表达，不需要进行计算。）

(d) 如果我们认同 Gallup 的所有投票数据和计算，是不是可以得出结论，相信进化论的成年美国人比例很可能是 $35 \pm 3\%$？

习题 20.24

假设 $B_1, B_2, \ldots, B_n$ 是相互独立的、$[1..d]$ 上均匀分布的随机变量。令 $E_{i,j}$ 为事件 $[B_i = B_j]$ 的指示器变量。

令 M 等于事件 $[B_i = B_j]$ 为真的个数，其中 $1 \leq i < j \leq n$。所以

$$M = \sum_{1 \leq i < j \leq n} E_{i,j}$$

根据 17.4 节（及习题 19.2）的介绍我们已经知道，$\Pr[B_i = B_j] = 1/d (i \neq j)$，且随机变量 $E_{i,j} (1 \leq i < j \leq n)$ 是两两独立的。

(a) $\text{Ex}[E_{i,j}]$ 和 $\text{Var}[E_{i,j}]$ 的值为多少，其中 $i \neq j$？

(b) $\text{Ex}[M]$ 和 $\text{Var}[M]$ 的值为多少？

(c) 一个有 500 名学生的班级，最年轻的学生 15 岁，最年长的 35 岁。证明：超过半数的情况下，会有 12 到 23 对学生是同一天生日。（简单来说，假设在过去的 35 年前到 15 年前这 20 年、7305 天，生日是均匀分布的。）

提示：令 D 表示班级中同一天生日的学生对数量。注意 $|D - \text{Ex}[D]| < 6$，当且仅当 $D \in [12..23]$。

习题 20.25

交通法院的一名被告人，正试图免除一张超速罚单——因为几乎每个人都会在公路上超速——警方判断是否有违章，选择开罚单的对象。（顺便提一句，我们不推荐这个辩护。）

为了支持他的观点，被告人在公路上随机抽取 3125 辆汽车作为随机样本，发现有 94% 的车在旅途中的某个时刻超速行驶。他说，根据采样理论（具体来说是两两独立抽样定理），法院可以以 95% 的置信水平，认为超速车辆的实际百分比是 94 ± 4%。

法官指出，这个估计过程没有考虑公路上实际有的汽车数量。他对以下观点提出质疑：无论在收费公路上有 1000、100 万或 1 亿辆车次通行，只需要 3125 个样本就足以达到这样的置信水平。

假设你是被告辩护方，你将如何向法官解释：为了超速检查而随机选择的汽车数量与公路上的车次数量无关？记住，法官没有受过公式训练，所以你必须提供一个直观的、非定量的解释。

习题 20.26

我们已经知道两两独立抽样定理 20.4.1 的证明。给定序列 $R_1, R_2, \ldots$ 是具有相同均值和方差的两两独立随机变量。

将该定理直接推广至两两独立随机变量的序列，它们可以具有不同的分布，只要方差不超过某个常数即可。

定理（广义两两独立抽样定理）令 $X_1, X_2, \ldots$ 是两两独立随机变量的序列，存在 $b \geq 0$，对所有的 $i \geq 1$，满足 $\text{Var}[X_i] \leq b$。令

$$A_n ::= \frac{X_1 + X_2 + \cdots + X_n}{n}$$
$$\mu_n ::= \text{Ex}[A_n]$$

那么对任意 $\epsilon > 0$,

$$\Pr\left[|A_n - \mu_n| \geq \epsilon\right] \leq \frac{b}{\epsilon^2} \cdot \frac{1}{n} \qquad (20.28)$$

(a) 证明广义两两独立抽样定理。

(b) 证明如下推论,

推论(广义弱大数定理)对任意 $\epsilon > 0$,

$$\lim_{n \to \infty} \Pr[|A_n - \mu_n| \leq \epsilon] = 1$$

测试题

习题 20.27

你为总统工作,你想估计下一次选举时全国会选他的选民比例 p,通过随机抽样实现。具体来说,选择一些随机选民,询问他们将要投票给谁。这样做 n 次,每个选民都有同样的概率被选择,并且选择是独立的。最后,将那些回答投总统的选民比例 P 作为 p 的估计。

(a) 使用抽样和分布的定理,我们可以计算出随机变量 P 在常数 p 附近的置信水平是多少。这个计算用到了一些关于选民及其选择方式的事实。请指出以下事实中哪些为真:

1. 给定一个特定的选民,选民会投总统的概率是 p。
2. 随着 n 的增加,随机样本中某个选民被选中不止一次的概率接近于 1。
3. 随着选民人数的增加,随机样本中某个选民被选中不止一次的概率接近于 0。
4. 所有选民以同样的概率被选为随机样本(样本容量为 n)中的第三名(假设 $n \geq 3$)。
5. 假如第一个选民投总统,那么随机样本中第二个选民也投总统的概率大于 p。
6. 假如第二个选民与第一个选民来自同一个州,那么随机样本中第二个选民也投总统的概率可能不等于 p。

(b) 假设根据计算,我们知道以下说法是正确的:

$$\Pr[|P - p| \leq 0.04] \geq 0/95$$

你做询问,统计多少人会投票给总统,然后除以 n,得到的分数是 0.53。现在打电话告诉总统,指出以下哪些是合理的事情:

1. 总统先生,$p = 0.53$!
2. 总统先生,至少有 95% 的概率,p 等于 0.53 ± 0.04。

3. 总统先生，要么p等于0.53 ± 0.04，要么某个非常奇怪的事情发生了(5/100)。

4. 总统先生，我们有95%的置信度，p等于0.53 ± 0.04。

习题 20.28

昨天，一家当地公司的程序员写了一个大型程序。为了估计这个程序中错误代码的比例b，QA团队将随机和独立选择几行小样本（因此，同一行代码可能被选择多次，虽然可能性不大）。对于所选择的每一行，运行测试，确定这行代码是否有错误，然后将样本中错误代码行的比例作为b的估计。

公司统计人员使用二项分布估计来计算样本代码行数s，以确保有97%的置信度，样本中错误代码行的比例在实际b的0.006以内。

从数学上来说，程序是已经发生的实际结果。随机样本是根据从程序中随机选择s行的过程而定义的随机变量。统计学家的置信度评判取决于程序的一些属性，以及如何从程序中随机选择s行。下面描述了一些属性。请指出哪些陈述是真的，并解释原因。

1. 程序中第9行代码有错的概率是b。
2. 随机样本中第9行代码有错的概率是b。
3. 程序的所有代码行以相同的概率成为被选择的随机样本的第三行。
4. 已知随机样本的第一行是错误的，那么随机样本的第二行也是错误的概率大于b。
5. 已知程序的最后一行是错误的，那么程序的倒数第二行也是错误的概率大于b。
6. 随机样本的最后一行是否有错的指示器变量的期望等于b。
7. 已知随机样本的前两行代码是相同类型的语句——它们可能都是赋值语句，或者都是条件语句，或者都是循环语句……——那么第一行错误的概率可能大于b。
8. 随机样本的所有代码行都不同的概率为零。

习题 20.29

令$G_1, G_2, G_3, \ldots$是两两独立随机变量的无限序列，它们具有相同的期望μ和相同的有限方差。令

$$f(n, \epsilon) ::= \Pr\left[\left|\frac{\sum_{i=1}^{n} G_i}{n} - \mu\right| \leq \epsilon\right]$$

弱大数定理（Weak Law of Large Numbers）可以表述为逻辑公式：

$$\forall \epsilon > 0 \, Q_1 Q_2 \ldots [f(n, \epsilon) \geq 1 - \delta]$$

其中，$Q_1Q_2\ldots$是下列量词构成的序列：

$$\forall n \quad \exists n \quad \forall n_0 \quad \exists n_0 \quad \forall n \geq n_0 \quad \exists n \geq n_0$$
$$\forall \delta > 0 \quad \exists \delta > 0 \quad \forall \delta \geq 0 \quad \exists \delta \geq 0$$

这里n和n_0是非负整数，δ和ϵ是实数。

请写出序列$Q_1Q_2\ldots$

20.6 节习题

练习题

习题 20.30

一个赌徒每天玩 120 把换牌扑克（draw poker），60 把二十一点（black jack），20 把沙蟹扑克（stud poker）。他赢一把换牌扑克的概率为 1/6，赢一把二十一点的概率为 1/2，赢一把沙蟹扑克的概率为 1/5。

(a) 该赌徒一天中赢的次数的期望是多少？

(b) 他在某一天至少赢 108 把的概率的马尔可夫界是多少？

(c) 假设扑克游戏的结果是两两独立的，但可能不是相互独立的。那么他一天中赢的次数的方差是多少？用数值表达式回答，不必计算。

(d) 他在某一天至少赢 108 把的概率的切比雪夫界是多少？用数值表达式回答，不必计算。

(e) 假设扑克游戏的结果是互相独立的，证明：赌徒在某一天至少赢 108 把的概率，远远小于(d)的上界。

提示：$e^{1-2\ln 2} \leq 0.7$

随堂练习

习题 20.31

我们想将 20 亿条记录存储到具有 10 亿个槽的散列表中。假设记录到槽的分配是随机、独立、均匀的，平均两个记录存储在一个槽。当然，在随机分配下，有些插槽可以存储两个以上的记录。

(a) 证明：某个槽存储 23 个以上记录的概率小于e^{-36}。

提示：使用切诺夫界，定理 20.6.1。注意 $\beta(12) > 18$，其中 $\beta(c) ::= c\ln c - c + 1$。

(b) 证明：存储 23 个以上记录的槽存在的概率小于 e^{-15}，这比 1/3 000 000 还小。提示：$10^9 < e^{21}$；利用(a)的结论。

习题 20.32

当我早上离开家时，有时候我会忘记一些事情。例如，我可能会忘记穿：

左脚袜	0.2
右脚袜	0.1
左鞋	0.1
右鞋	0.3

(a) 令 X 是我忘记的事情数量。$Ex[X]$ 是多少？

(b) 如果不假设独立性，给出我忘记一件或多件事情的概率的严格上界。

(c) 使用马尔可夫界推导出我忘记 3 件或更多事情的概率的上界。

(d) 现在假设我忘记的每一件事都是独立的。使用切比雪夫界推导出我忘记两件或更多事情的概率的上界。

(e) 使用墨菲定律，定理 20.6.4，得出我忘记一件或多件事情的概率的下界。

(f) 当然我还应该记得很多其他事情，像、衣服、手表、背包、笔记本、铅笔、面巾纸、身份证、钥匙等。假设 X 是我记得的事情总数。假设我记得的事情是相互独立的，且 $Ex[X] = 36$。使用切诺夫界给出我记住 48 件或更多事情的概率的上界。

(g) 求我记得 108 件或更多事情的概率上界。

习题 20.33

基于切诺夫界解释近期的次贷抵押贷款危机，不是一件容易的事。需要解释一些关于抵押贷款市场的标准词汇：

- **贷款**（loan）是借给借款人的钱。如果借款人没有偿还贷款，则这笔贷款**违约**（default），扣押抵押品。在按揭贷款的情况下，借款人的房子作为抵押品。

- **债券**（bond）是一组贷款，打包形成一个整体。一个债券可以划分为**份额**（tranches），按照某种顺序排序，告诉我们如何从违约中分配损失。假设债券包含 1000 笔贷款，分为 10 份 100 的债券。所有违约都必须填满最低份额才能影响其他。例如，假设发生了 150 件违约事件。接着，前 100 件违约事件发生在第 1 个份额，接下来的 50 件违约事件发生在第 2 个份额。

- 债券的最低份额称为**夹层期货**（mezzanine tranche）。
- 通过收集不同债券的夹层期货，可以得到称为**债务抵押债券**（collateralized debt obligation，CDO）的"超级债券"。这个超级债券可以自己分成份额，然后再排序，表明如何分配损失。

(a) 假设 1000 笔贷款构成一个债券，一年的失败率为 5%。假设相互独立性，求第二差的份额失败一次或更多次的概率的上界。最好的份额可能失败的概率是多少？

(b) 现在，不假定贷款是独立的。求第二个份额失败一次或更多次的概率的上界。整个债券违约的概率上界是多少？证明这是一个紧凑的上界。提示：使用马尔可夫定理。

(c) 假设贷款之间相互独立，夹层期货失败率的期望是多少？

(d) 从 100 个债券中拿出夹层期货，创建一个 CDO。CDO 潜在失败次数的期望是多少？

(e) 我们将这个 CDO 分成 10 个份额，每笔 1000 债券。假设相互独立性，求最好的份额失败一次或更多的概率的上界。第三个份额呢？

(f) 不假设相互独立性，重新回答(e)。

课后作业

习题 20.34

有两枚硬币：一枚是均匀的，另一枚是不均匀的，其正面向上的概率为 3/4。选择其中一枚硬币，投掷这枚硬币 n 次。用切诺夫界求最小的 n，使得有 95% 的置信度可以确定是哪枚硬币。

习题 20.35

墨菲定理的推广是，如果有无数多个相互独立的事件可能发生，那么只发生有限个事件的概率为 0。这被称作第一 Borel-Cantelli 引理（Borel-Cantelli Lemma）。

(a) 假设 $A_0, A_1, \ldots$ 是相互独立事件的无限序列，满足

$$\sum_{n \in \mathbb{N}} \Pr[A_n] = \infty \qquad (20.29)$$

证明：$\Pr\left[\text{没有} A_n \text{发生}\right] = 0$

提示：B_k 表示事件没有 A_n 发生，$n \leq k$。那么没有 A_n 发生的事件为

$$B ::= \bigcap_{k \in \mathbb{N}} B_k$$

对 B_k 运用墨菲定律，定理 20.6.4。

(b) 证明：$\Pr[\text{有限个 } A_n \text{ 发生}] = 0$。

提示：令 C_k 表示事件没有 A_n 发生，$n \geq k$。因此，只有有限个 A_n 发生的事件为

$$C ::= \bigcup_{k \in \mathbb{N}} C_k$$

利用 C_k 和(a)的结论。

20.7 节习题

练习题

习题 20.36

假设 R 是值为正整数的随机变量，满足

$$\text{PDF}_R(n) = \frac{1}{cn^3}$$

其中

$$c ::= \sum_{n=1}^{\infty} \frac{1}{n^3}$$

(a) 证明 $\text{Ex}[R]$ 是有限的。

(b) 证明 $\text{Var}[R]$ 是无限的。

一种有趣的表达为"无限的平方根有可能是有限的"。即，令 $T ::= R^2$，那么由(b)可知 $\text{Ex}[T] = \infty$，而由(a)可知 $\text{Ex}[\sqrt{T}] < \infty$。

随堂练习

习题 20.37

有一枚不均匀的硬币，正面向上的概率 $p < 1$。一直抛硬币，直到出现正面向上。接着，与 20.7 节的例子类似，一直抛，直到再一次得到正面之前的连续反面次数比第一次得到正面之前

的连续反面次数少 10。也就是说，如果你一开始抛 k 次反面而后得到一次正面，然后继续抛掷，直到第二次正面出现，至少需要 $\max\{k-10, 0\}$ 个连续反面。

(a) 令 H 是连续反面次数达标时抛掷的正面次数。证明 H 的期望是无限的。

(b) 令正实数 $r < 1$。第一轮反面向上的长度为 k。我们想要再一次得到的反面长度是 rk，而不是 $k-10$。证明在这种情况下，正面向上的次数的期望是有限的。

测试题

习题 20.38

有一个生成正整数 K 的随机过程。这个过程每一次产生的结果是相互独立的。用这个过程生成一个整数，然后一直重复这个过程，直到你得到了一个和第一个整数一样大的整数。令 R 是生成的其他整数的数量。

(a) 以 $\Pr[K \geq k]$ 写出 $\mathrm{Ex}[R | K = k]$ 的闭型公式，并给出简单的解释。

假设 $\Pr[K = k] = \Theta(k^{-4})$。

(b) 证明 $\Pr[K \geq k] = \Theta(k^{-3})$。

(c) 证明 $\mathrm{Ex}[R]$ 为无限的。

第 21 章　随机游走

随机游走（random walk）的建模场景是某个对象按照随机选择的方向行走一个步数序列。例如，物理学家用三维随机游走来模拟布朗运动和气体扩散。这一章，我们将介绍两个随机游走的例子。首先，我们以一个简单的一维随机游走模型——沿着一条直线的游走——来模拟赌博。接着，我们将解释谷歌搜索引擎如何利用随机游走和万维网链接图，确定网站之间的相对重要性。

21.1　赌徒破产

假设一个赌徒一开始有 n 美元赌注，他要进行一系列 1 美元投注。如果他赢得一局，则拿回他的赌注外加 1 美元。如果他输了，那么他将失去 1 美元。

我们可以将这个场景建模为实线上整数点之间的随机游走。任何时候，线上的位置对应于赌徒手上的现金，或者说资本（capital）。向右走一步对应赢得 1 美元，从而资本增加 1 美元。同样的，向左走一步相当于失去 1 美元。

赌徒一直下注，直到他没钱了，或者资本增加至目标金额 T 美元。定义 $T - n$ 为他的预期利润（intended profit）。

如果他达到了目标，将赢得预期利润，成为全场总冠军（overall winner）。如果在到达目标之前他的资本变成零，他将损失 n 美元，称为破产（broke/ruined）。假设赌徒每一局赢 1 美元的概率是 p，而且每次赌局是相互独立的。我们想知道赌徒赢的概率。

图 21.1 描绘了赌徒的 1 美元赌博情形。随机游走的边界为 0 和 T。如果随机游走达到这两个边界值之一，则终止。

在无偏博弈（unbiased game）中，每次赌博都是公平的：每一局赌徒赢或输的可能性是相同的——即 $p = 1/2$。如果 $p > 1/2$，则赌徒更有可能赢，如果 $p < 1/2$，则更有可能输。这些随机游走是有偏的（biased）。我们想知道行走在边界 T 终止的概率，即赌徒赢的概率。我们将在

第 21.1.1 节求解。而在这之前，我们来看看这个概率是什么。

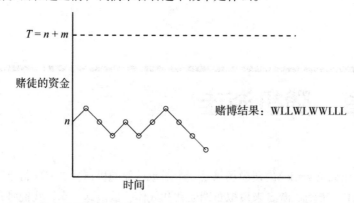

图 21.1　赌徒资金与可能的赌局结果序列。每一局，折线以概率 p 向上、以概率 $1-p$ 向下。赌徒一直下注，直到图线到达 0 或 T。如果以 n 美元开始，他的预期利润是 m 美元，其中 $T=n+m$

首先，我们假设赌徒以 100 美元进行无偏博弈，直到他破产或达到 200 美元的目标为止。这时，由于目标和破产的距离是相等的，所以显然根据对称性，他获胜的概率是 1/2。

下面，我们考虑以 n 美元开始，以 $T\geqslant n$ 为目标，赌徒在破产前到达目标的概率是 n/T。例如，假设他想赢 100 美元，初始资金是 500 美元。这时他的把握还不错：他赢 100 美元的概率是 5/6。如果他以 100 万美元开始，目标仍是赢 100 美元，他几乎一定会赢：概率是 $1M/(1M+100) > 0.9999$。

所以在无偏博弈中，初始资金比目标大得越多，赌徒获胜的概率越高，这有一定的直观意义。注意，虽然赌徒现在几乎总是会赢，但是一旦他输了，他会输很多。破产是 100 万美元，而赢的话只有 100 美元。赌徒的平均收益仍然是零美元，这是公平赌博的期望。

这个场景还有一种有用的描述方法是，两个玩家之间的游戏。比方说，Albert 以 500 美元开始，Eric 以 100 美元开始。他们投掷一枚公平的硬币，只要正面向上，Albert 赢 Eric 1 美元，反之，只要反面向上，Albert 输给 Eric 1 美元。他们一直玩这个游戏，直到一个人破产。这个问题与 $n=500$ 以及 $T=100+500=600$ 的赌徒破产问题是一样的。Albert 获胜的概率是 $500/600 = 5/6$。

现在假设赌徒选择在美国赌场玩轮盘赌，总是下注 1 美元赌红色。因为赌场的轮盘上有两个绿色数字，所以每一局获胜的概率小于 1/2。赌场虽然有优势，但差不多是公平的；如果从 500 美元开始，赌徒有很大机会赢得 100 美元——肯定没有在无偏博弈中获胜的概率 5/6 那么多，但也不会差太多。

这种错误的直觉就是赌场经营下去的原理。事实上，赌徒玩"略微"不公平的轮盘赌，每次下注 1 元，最终能赢 100 美元的概率小于 1/37 000。如果这就令你惊讶的话，那这就更诡异了：实际上，无论他的起始资本是多少，赌徒获胜的概率上界是 1/37 000。不论以 5000 美元还是 50 亿美元开始，他仍然几乎没有机会赢！

21.1.1 避免破产的概率

我们将用 Pascal 的方法来确定赌徒获胜的概率，这个理念可以追溯到 17 世纪中期概率论的起源。

Pascal 把游走视为 Albert 和 Eric 之间的双人游戏（又称博弈，game），如上所述。Albert 从 n 个筹码开始，Eric 从 $m = T - n$ 个筹码开始。每一局，Albert 以概率 p 赢得 Eric 的顶部筹码，并以概率 $q ::= 1-p$ 将顶部筹码输给 Eric。他们一直玩这个游戏，直到其中一个人破产。

Pascal 的巧妙想法是改变筹码的价值，使比赛公平，而与 p 无关。具体来说，Pascal 指定 Albert 的底部筹码价值为 $r ::= q/p$，然后向上指定筹码堆的价值依次为 $r^2, r^3, \ldots$，直到顶部筹码价值为 r^n。Eric 的顶部筹码价值为 r^{n+1}，而向下筹码堆的价值依次为 $r^{n+2}, r^{n+3}, \ldots$，直到底部筹码价值为 r^{n+m}。

Albert 第一个赌局的期望收益是：

$$r^{n+1} \cdot p - r^n \cdot q = \left(r^n \cdot \frac{q}{p}\right) \cdot p - r^n \cdot q = 0$$

所以，从价值上看，这种指定使得这是一场公平的赌局。而且，不论 Albert 赢得或输掉这一局，Albert 向上的筹码堆和 Eric 向下的筹码堆的价值依然是 $r, r^2, \ldots, r^n, \ldots, r^{n+m}$，同样推理可得每次赌局都是公平的。所以，游戏结束时，Albert 的预期价值等于每一场赌局的价值期望的和，即 0。①

当 Albert 赢得了 Eric 的所有筹码，他的总回报为

$$\sum_{i=n+1}^{n+m} r^i$$

当他将所有筹码输给 Eric 时，他的总损失为 $\sum_{i=1}^{n} r^i$。设 w_n 为 Albert 赢的概率，则有

$$0 = \mathrm{Ex}[\text{Albert 的回报价值}] = w_n \sum_{i=n+1}^{n+m} r^i - (1-w_n)\sum_{i=1}^{n} r^i$$

在真正公平的博弈中，$r = 1$，我们有 $0 = m w_n - n(1-w_n)$，所以 $w_n = n/(n+m)$。

---

① 这里，我们用到了无限线性性质，因为收益金额是有界的，并且与赌局次数无关。

在有偏差博弈中，$r \neq 1$，我们有

$$0 = r \cdot \frac{r^{n+m} - r^n}{r-1} \cdot w_n - r \cdot \frac{r^n - 1}{r-1} \cdot (1 - w_n)$$

解得

$$w_n = \frac{r^n - 1}{r^{n+m} - 1} = \frac{r_n - 1}{r^T - 1} \tag{21.1}$$

现在，我们证明了

定理 21.1.1 在赌徒破产博弈中，初始资本为n，目标为T，每一局获胜的概率为p，

$$\Pr[\text{赌徒赢}] = \begin{cases} \dfrac{n}{T} & \text{对于} p = \dfrac{1}{2} \\ \dfrac{r^n - 1}{r^T - 1} & \text{对于} p \neq \dfrac{1}{2} \end{cases} \tag{21.2}$$

其中$r ::= q/p$。

21.1.2 获胜概率递推

好在你不需要像 Pascal 那么机智才能处理赌徒破产问题，因为线性递推为这类基本问题提供了一种有条不紊的方法。

赌徒获胜的概率是初始资本n、目标T（$T \geqslant n$）和每一局获胜概率p的函数。给定p和T，令w_n是初始资本为n美元时赌徒获胜的概率。例如，w_0是赌徒从破产开始最终获胜的概率，w_T是以目标金额开始获胜的概率。显然，

$$w_0 = 0 \tag{21.3}$$
$$w_T = 1 \tag{21.4}$$

在其他情况下，赌徒以n美元开始，其中$0 < n < T$。现在假设赌徒赢了第一局。这时，他还剩$n + 1$美元，成为赢家的概率是$w_n + 1$。另一方面，如果他输了第一局，还剩$n - 1$美元，成为赢家的概率是w_{n-1}。根据全概率公式，他获胜的概率是$w_n = pw_{n+1} + qw_{n-1}$。求解$w_{n+1}$，得

$$w_{n+1} = \frac{w_n}{p} - rw_{n-1} \tag{21.5}$$

由 21.1.1 节中介绍的，其中r等于q/p。

这个递推只在$n + 1 \leqslant T$时成立，但是这并不妨碍用于定义对所有$n + 1 > 1$的$w_n + 1$。现在，假设

$$W(x) ::= w_0 + w_1 x + w_2 x^2 + \cdots$$

是 w_n 的母函数，使用母函数方法，由式 21.5 和式 21.3 可得

$$W(x) = \frac{w_1 x}{rx^2 - x/p + 1} \quad (21.6)$$

检查分母

$$rx^2 - \frac{x}{p} + 1 = (1-x)(1-rx)$$

现在，如果 $p \neq q$，那么通过部分分式展开，得到

$$W(x) = \frac{A}{1-x} + \frac{B}{1-rx} \quad (21.7)$$

其中 A, B 是常数。为了求得 A, B，由式 21.6 和式 21.7，

$$w_1 x = A(1-rx) + B(1-x)$$

那么，令 $x = 1$，有 $A = w_1/(1-r)$，再令 $x = 1/r$，有 $B = w_1/(r-1)$。因此，

$$W(x) = \frac{w_1}{r-1}\left(\frac{1}{1-rx} - \frac{1}{1-x}\right)$$

所以

$$w_n = w_1 \frac{r^n - 1}{r - 1} \quad (21.8)$$

最后，利用式 21.8，令 $n = T$，解得 w_1

$$w_1 = \frac{r-1}{r^T - 1}$$

将 w_1 代入式 21.8，得到解

$$w_n = \frac{r^n - 1}{r^T - 1}$$

这与 Pascal 的结果（式 21.1）是一致的。

在无偏的情况下，$p = q$，我们从式 21.6 可以得到

$$W(x) = \frac{w_1 x}{(1-x)^2}$$

再次使用部分分式分解，可知与 Pascal 的结果（式 21.2）相匹配。

21.1.3 有偏情形的简单解释

有偏博弈中赌徒获胜的概率表达式 21.1 不太好解释。当赌徒的初始资本很大，游戏对赌徒

有不利的偏差时，这个上界更简单、更紧凑。那么$r > 1$，式 21.1 的分子和分母均为正，分子较小。所以

$$w_n < \frac{r^n}{r^T} = \left(\frac{1}{r}\right)^{T-n}$$

则有

推论 21.1.2 在初始资本为n、目标为T、单次获胜概率为$p < 1/2$的赌徒破产博弈中，

$$\Pr[\text{赌徒赢}] < \left(\frac{1}{r}\right)^{T-n} \tag{21.9}$$

其中$r::= q/p > 1$。

所以，赌徒在破产前获得预期利润的概率至多为$1/r$。请注意，这个上界与初始资本无关，只与预期利润有关。这就得出了刚才我们宣布的惊人结论：无论他以多少钱开始，如果他在轮盘赌中每次下注 1 美元赌红色，想要赢得 100 美元，获胜的概率小于

$$\left(\frac{18/38}{20/38}\right)^{100} = \left(\frac{9}{10}\right)^{100} < \frac{1}{37\,648}$$

随着预期利润增加，上界（式 21.9）呈指数下降。例如，想要获得两倍的预期利润，获胜的概率减至平方值。在这种情况下，赌徒在破产前资产涨成 200 美元的概率不超过

$$(9/10)^{200} = ((9/10)^{100})^2 < \left(\frac{1}{37\,648}\right)^2$$

差不多是十四亿分之一。

直觉

为什么游戏对他稍有不公，赌徒就不太可能赚钱？为了直观地回答这个问题，我们考虑赌徒钱包的两种作用力。首先，运气好坏导致赌徒的资本随机上下波动（swing）。第二，赌徒的资本将会有一个稳定的向下漂移（drift），因为负面偏差意味着每一局平均损失几美分。情况如图 21.2 所示。

我们的直觉是，如果赌徒以 10 亿美元开始，那么他肯定会玩很长时间，所以在某个时候应该有一个幸运的 100 美元的向上波动。但他的资本正在稳步下滑。如果他早期没有幸运地向上波动，那他就完了。在资本下降了几十甚至数百美元后，如果要赢，他所需要的向上波动越来越大。随着所需要的向上波动的增加，真正能够实现的概率呈指数下降。根据经验，从长期来看漂移支配着波动。

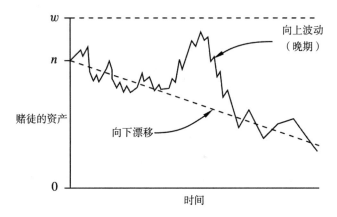

图 21.2　在有偏差的随机游走中，向下漂移通常支配了好运气带来的波动

我们可以量化这些漂移和波动。k 轮后其中 $k \leqslant \min(m,n)$，玩家获胜的次数服从参数为 $p<1/2$ 和 k 的二项分布。任意单次投注的预期获利 $p-q=2p-1$ 美元，所以他的期望资本是 $n-k(1-2p)$。现在要成为赢家，他的实际胜率必须超过期望值 $m+k(1-2p)$。但是根据公式 20.15，二项分布的标准偏差只有 $\sqrt{kp(1-p)}$。所以为了让赌徒赢，他获胜的局数必须偏离标准差

$$\frac{m+k(1-2p)}{\sqrt{kp(1-2p)}}=\Theta(\sqrt{k})$$

倍。从前面二项分布实验的研究中我们看到，这几乎是不可能的。

在公平的比赛中，没有漂移；波动是唯一的影响。在没有向下漂移的情况下，我们前面的直觉是正确的。如果赌徒以万亿美元开始，那么几乎肯定会有一次幸运的摆动，把他的资本提高 100 美元。

21.1.4　步长多长

我们已经知道了赌徒在公平和不公平的游戏（博弈）中获胜的概率 w_n，现在再来考虑他平均需要多少局才能获得胜利或者破产。线性递推（linear recurrence）方法在这里也很有用。

对于固定的 p 和 T，令 e_n 为赌徒从初始资本 n 美元到游戏结束时的赌局数目。由于如果 $n=0$ 或 T，游戏进行 0 步就结束，这时边界条件为 $e_0=e_T=0$。

否则，赌徒以 n 美元开始，其中 $0<n<T$。根据条件期望法则，预期步数可以分解为：给定第一局结果的条件下，以这个结果的概率加权而得的预期步数。当赌徒赢得第一局，他的资产为 $n+1$，所以他可以再另玩 e_{n+1} 局。即，

$$\text{Ex}[\#\text{以}n\text{美元开始}|\text{赌徒赢得第一局}] = 1 + e_{n+1}$$

同理，当赌徒输掉第一局，他可以再另玩e_{n-1}局：

$$\text{Ex}[\#\text{以}n\text{美元开始}|\text{赌徒输掉第一局}] = 1 + e_{n-1}$$

所以

$$\begin{aligned} e_n = &\ p\text{Ex}[\#\text{以}n\text{美元开始}|\text{赌徒赢得第一局}] \\ &+ q\text{Ex}[\#\text{以}n\text{美元开始}|\text{赌徒输掉第一局}] \\ = &\ p(1 + e_{n+1}) + q(1 + e_{n-1}) = pe_{n+1} + qe_{n-1} + 1 \end{aligned}$$

从而得到线性递推

$$e_{n+1} = \frac{1}{p}e_n - \frac{q}{p}e_{n-1} - \frac{1}{p} \quad (21.10)$$

从以上线性递推可以得到如下定理。

定理 21.1.3 在初始资产为n，目标为T，每一局获胜概率为p的赌徒破产博弈中，

$$\text{Ex}[\text{赌局数}] = \begin{cases} n(T-n) & \text{当}p = \frac{1}{2} \\ \dfrac{w_n \cdot T - n}{p - q} & \text{当}p \neq \dfrac{1}{2} \\ \quad \text{其中}w_n = (r^n - 1)/(r^T - 1) \\ \quad\quad\quad = \Pr[\text{赌徒赢}] \end{cases} \quad (21.11)$$

在无偏情况下，式 21.11 可以简写成

$$\text{Ex}[\text{公平赌局数}] = \text{初始资本} \cdot \text{预期收益} \quad (21.12)$$

例如，如果赌徒以 10 美元开始玩，直到破产或多赢 10 美元，那么平均需要$10 \cdot 10 = 100$局。如果他以 500 美元开始玩，直到破产或多赢 100 美元，那么直到比赛结束预期赌局数为 $500 \times 100 = 50\ 000$局。这个简单的公式 21.12 迫切需要一个直观的证明，但是我们还没有找到（Pascal 在哪里？）。

21.1.5 赢了就退出

假设赌徒永远不会赢了就跑。也就是说，他以$n > 0$美元开始，不管任何目标T，他都会一直玩到彻底破产，这称为无限赌徒破产博弈（unbounded Gambler's ruin game）。事实证明，如果游戏不利于赌徒，即$p \leqslant 1/2$，那么赌徒肯定会破产。对公平游戏（博弈）来说，即$p = 1/2$，赌徒也肯定会破产。

引理 21.1.4 如果赌徒以 1 美元或更多钱开始，进行无限赌徒破产博弈，那么他将以概率 1 破产。

证明. 假设赌徒有初始资本 n，他在没有达到目标 T 的情况下破产，那么如果不考虑目标一直玩，他也一样会破产。所以，如果他一直玩、不在任何目标 T 上停留，那么他失败的概率，至少与目标为 $T > n$ 时的失败概率一样大。

我们知道在一场公平的比赛中，他输的概率是 $1 - n/T$。如果选择足够大的 T，这个数字可以任意接近 1。因此，在没有任何目标的情况下，他失败的概率有一个任意接近 1 的下限，所以实际上一定是 1。∎

所以，即使赌徒以 100 万美元开始，玩一个完美的公平游戏，他最终会以概率 1 失去一切。但有一个好消息：如果游戏是公平的，他"有望"可以永远玩下去。

引理 21.1.5 如果赌徒以 1 美元或更多钱开始进行无限公平博弈，那么他能玩的预期次数是无限的。

证明见习题 21.2。

所以，即使从 1 美元开始，破产前赌局次数的期望仍然是无限的! 这听起来令人放心——你可以不必担心事业失败，因为厄运将会无限延迟。考虑一个确实不需要担心的场景：任意一秒发生故障的概率都非常小——比如 10^{-100}——的平均故障时间。这个时候，你不大可能在可预见的宇宙生命周期之前失败，哪怕你最终会以概率 1 失败。

然而一般来说，你不应该因为预期破产时间是无限的而感到放心。例如，考虑一个赌徒破产博弈的变种，规则如下：运行过程中的任一秒失败的概率是 10^{-100}。如果没有失败，则马上就破产。否则，进行无限的公平赌徒破产博弈。那么，立刻破产的概率非常大，即 $1 - 10^{-100}$。但仍有 10^{-100} 的概率进行公平的赌徒破产博弈，因此总的期望时间至少是公平赌徒破产期望的 10^{-100} 倍，这依然是无限的。

对于真正的公平博弈，举例来说，无限赌徒破产从 1 美元开始，第一局之后破产的概率是 50%，五局之内破产的概率超过 15/16。因此，对于那些有很高的概率迅速破产的赌徒来说，无限的预期破产时间并不是那么令人宽慰。

21.2 图的随机游走

万维网的超链接结构可以用有向图来表示。顶点表示网页，如果网页 x 有一个指向网页 y 的超链接，则存在一条从顶点 x 到顶点 y 的有向边。图 21.3 画出了一门课（MIT 课程 6.042）的网页结构。

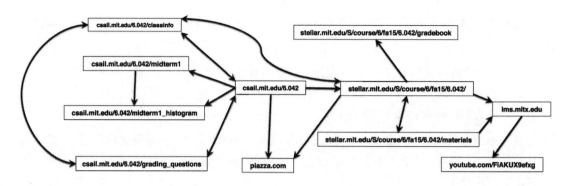

图 21.3　MIT 课程 6.042 的网页结构有向图

网页图是具有上万亿个顶点的十分庞大的图。1995 年，两名斯坦福大学的学生——Larry Page 和 Sergey Brin，意识到这个图结构可用于构建搜索引擎。传统的文件搜索程序已经存在了很长时间，其工作方式很简单，大体上来说就是：输入一些检索词，搜索程序将返回包含这些词的所有文档。根据检索词在文档中出现的频率或位置，还可能返回每个文档的相关性分数。例如，如果检索词出现在标题中，或是在文档中出现 100 次，那么这个文档的分数较高。

如果匹配检索词的文档数目不是很多，这个方法没什么问题。但在网络上，一个典型的搜索，可能有几十亿个文档以及几百万个匹配结果。例如，2012 年 5 月 2 日，在 Google 上搜索 "Mathematics for Computer Science text"，会得到 482 000 条结果！我们该先看哪一条呢？如果只是由于检索词分数很高，比如 "Mathematics Mathematics... Mathematics..." 在文档中重复出现 200 次，但这并不意味着它是一个值得关注的好的候选对象。网络上充满了重复某些单词的虚假网站，以吸引访客。

Google巨大的市场资本来源于广告收入，广告商给钱使得他们的广告显示在搜索结果的前面。如果Google的搜索结果像关键词频率那样容易操纵，那么靠前的广告位就没那么值钱了。广告商之所以愿意给钱，是因为Google的排名方法总是善于找到最相关的网页。例如，刚才我们的Google搜索，排名第一的结果就是 6.042 这门课的网站。[①]

那么，Google 是怎样从 482 000 个结果中选中我们这门课的网站作为第一名的呢？早在 1995 年，Larry 和 Sergey 就想到了利用网页的有向图结构来确定哪些网页可能是最重要的。

21.2.1　网页排名初探

考虑网页图，你认为哪个顶点（或网页）应该排在第一名？假设所有网页都包含检索关键词。从直觉上说，我们应该选x_2，因为有很多其他网页指向它。这便是 Larry 和 Sergey 的第一

---

① 出于某些原因，排在第一的是 Princeton 存档的早期版本；在 MIT 公开课网页上的 2010 年春季版本排在第四和第五。

个想法:将 x 的网页排名(page rank)定义为 indegree(x),即指向 x 的链接数。这一想法将网页链接看成重要性投票——网页得票越多它越重要。

不幸的是,这个想法存在一些问题。假设你想让自己的网页排名靠前一点,你只要创建很多僵尸网页,链接到你的网页就可以了。

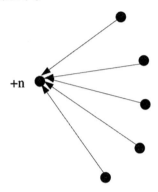

还有一个问题:如果一个网页有很多指向其他网页的链接,那么这个网页的影响力就会过大。

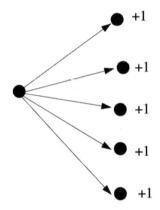

这种提高排名的策略相当于"早投票、多投票"。如果你想要建一个能让别人付费的搜索引擎,这可不是什么好方法。所以不可否认,他们最早的方案的确不太好。不过总比没有强啊,只是值不了 10 亿美元啦。

21.2.2　网页图的随机游走

后来,Sergey 和 Larry 想到了一些改进方法:除了顶点的入度以外,还考虑了网页图上随机游走后到达每条边的概率。具体来说,他们将用户行为建模成以均匀分布的概率点击网页上的每一个链接。例如,如果用户现在处在网页 x 上,x 上有 3 个链接,那么接下来进入每个链接的概率是1/3。更一般地，给每条边$x \to y$赋予一个以当前网页x为条件的条件概率：

$$\Pr[\text{进入链接}\langle x \to y\rangle | \text{在网页}x] ::= \frac{1}{\text{outdeg}(x)}$$

于是，用户行为可以模拟为网络图上的随机游走。

对所有指向y的边进行加和，可以计算到达特定网页y的概率：

$$\Pr[\text{到达 } y] = \sum_{\text{边}\langle x \to y\rangle} \Pr[\text{进入链接}\langle x \to y\rangle | \text{在网页}x] \cdot \Pr[\text{在网页}x]$$

$$= \sum_{\text{边}\langle x \to y\rangle} \frac{\Pr[\text{在网页}x]}{\text{outdeg}(x)} \quad (21.13)$$

例如，在我们的网页图中，有

$$\Pr[\text{到达页面}x_4] = \frac{\Pr[\text{在}x_7]}{2} + \frac{\Pr[\text{在}x_2]}{1}$$

我们可以把这个式子理解为：x_7以一半的概率到达x_2，还有一半概率到达x_4；网页x_2以全部概率到达x_4。

目前我们描述的网页图与实际用户体验不一样——有些网页没有向外的链接。在当前的模型中，用户无法跳出这些网页。不过在现实中，用户不会跌入什么也没有的终点，而是重启网页浏览过程。即使用户不会陷入死胡同，他们常常会由于点进了某个没有营养的路径感觉沮丧，继而决定重启网页浏览。

考虑到这一点，Sergey 和 Larry 在网页图中加入了超点（supervertex），每个顶点都有一条指向超点的边。而且，超点以相等的概率指向其他每一个顶点，这样随机游走就可以在任意顶点重新开始。这一改造保证了网页图是强连通的。

如果一个网页中没有超链接，那么这个网页指向超点的边的概率等于 1。如果网页中有超链接，那么指向超点的边的概率是某个特殊给定的概率。在最初的 Page Rank 版本中，这个概率是 0.15。即，每个出度$n \geq 1$的顶点，指向超点的边的概率等于 0.15；而其他n个出边仍然是等概率的，即其他每条边的概率是$0.85/n$。

21.2.3 平稳分布与网页排名

网页排名背后基本的思想是找到网页图的平稳分布（stationary distribution），所以让我们来定义平稳分布。

假设每个顶点都对应一个概率，直观上说，就是经过随机一段时间的随机游走后位于这个

顶点的可能性。假定随机游走始终不会离开图上的顶点，即要求

$$\sum_{\text{顶点} x} \Pr[\text{在} x] = 1 \tag{21.14}$$

定义 21.2.1 有向图的顶点概率分配是一个平稳分布（stationary distribution），如果对所有顶点 x

$$\Pr[\text{在} x] = \Pr[\text{下一步到} x]$$

Sergey 和 Larry 将他们的网页排序定义为一个平稳分布。他们通过解线性方程组来确定这个平稳分布：对每个顶点 x，找到非负数 Rank(x)，使得

$$\text{Rank}(x) = \sum_{\text{边} \langle x \to y \rangle} \frac{\text{Rank}(y)}{\text{outdeg}(y)} \tag{21.15}$$

对应等式 21.13。这些数还必须满足式 21.14 的附加约束：

$$\sum_{\text{顶点} x} \text{Rank}(x) = 1 \tag{21.16}$$

所以如果有 n 个顶点，那么等式 21.15 和等式 21.16 给出了 n 个变量 Rank(x)、$n+1$ 个方程构成的线性方程组。注意，约束（式 21.16）是必需的，因为令所有 Rank(x) ::= 0 也能满足式 21.15，但这是毫无意义的。

Sergey 和 Larry 非常聪明，他们设计出来的网页排序算法总能找到有意义的解。强连通图有唯一的平稳分布（见习题 21.12），引入超点保证了这一点。而且，从任意顶点开始，进行足够长的随机游走，最后位于每个网页的概率会越来越接近平稳分布。注意，没有超点的普通有向图可能不具备以下这两个性质：(1) 它们没有唯一的平稳分布；(2) 即使存在平稳分布，从某些顶点出发经过随机游走后，不能收敛到平稳分布（见习题 21.8）。

跟踪一个有万亿顶点的网页构成的有向图，是一个令人生畏的任务。这也是 Google 在 2011 年投资了一个 168 000 000 美元的太阳能计划的原因——2011 年 Google 服务器消耗的电量相当于 20 万户家庭的用电量。①事实上，Larry 和 Sergey 起名 Google 的灵感来源于数字 10^{100}——称作 "googol"（译者注：10 的 100 次方，泛指巨大的数字）——可见网页图有多么巨大。

嗯，现在你知道为什么这本书能在 378 000 个匹配结果中排名第一了吧。很多其他大学也使用我们的教材，假设他们都有指向 MIT Mathematics for Computer Science 公开课网页的链接，

---

① Google Details, and Defends, Its Use of Electricity, New York Times, September 8, 2011.

而这些学校的网站都是合法的，这就使得我们的教材在网页图中的排名很高。

21.1 节习题

练习题

习题 21.1

假设一个赌徒下了一连串 1 美元的赌注。每一局获胜的概率为0.49，然后他一直下注，直到输光所有钱或者赢得目标钱数T。

令$t(n)$为赌局结束时赌徒下注的局数，其中n表示初始赌资。那么函数t符合如下形式的线性递推：

$$t(n) = a \cdot t(n+1) + b \cdot t(n-1) + c$$

其中实数$a, b, c \in \mathbb{R}$，$0 < n < T$。

(a) a, b, c的值为多少？

(b) $t(0)$为多少？

(c) $t(T)$为多少？

随堂练习

习题 21.2

在赌徒破产问题中，赌徒每局独立地下注 1 美元，每局获胜的概率是p、输的概率是$q ::= 1 - p$。赌徒一直下注，直至破产，或者达到目标T美元。

假设$T = \infty$，即赌徒一直赌直至破产。令r表示以$n > 0$美元开始，赌徒的资产减少至$n - 1$美元的概率。

(a) 解释：

$$r = q + pr^2$$

(b) 证明：如果$p \leqslant 1/2$，则$r = 1$。

(c) 证明：即使在公平博弈中，不论他以多少钱开始，赌徒还是一定会破产！

(d) 令t表示赌徒的资产减少了 1 美元的期望局数，证明

$$t = q + p(1 + 2t)$$

证明：在公平博弈中，以 1 美元开始，赌徒有望永远赌下去！

习题 21.3

赌徒在轮盘赌中下注 1 美元赌前 12 个数。如果是第 1 到 12 个数字，则赢，赌徒拿回他的 1 美元，并且额外获得 2 美元。请记得轮盘上共有 38 个数字。

赌徒的初始资金是 n 美元，目标是 T 美元。他一直赌，直至钱全部花光（即破产）或者达到目标。令 w_n 表示赌徒赢——即破产前实现目标 T——的概率。

(a) 写出 w_n 的具有边界条件的线性递推。不需要求解这个递推。

(b) 令 e_n 表示游戏结束前的赌局次数。写出 e_n 的具有边界条件的线性递推。不需要求解这个递推。

习题 21.4

在公平赌徒破产博弈中，初始资金为 n 美元，目标为 T 美元，每局下注 1 美元，令 e_n 表示游戏结束前的赌局次数。

(a) 描述常数 a, b, c，满足

$$e_n = ae_{n-1} + be_{n-2} + c \qquad (21.17)$$

其中 $1 < n < T$。

(b) 令 e_n 的定义为式 21.17，对所有 $n > 1$ 成立，其中 $e_0 = 0, e_1 = d$，其中 d 是某个常数。求母函数 $E(x) ::= \sum_0^\infty e_n x^n$ 的闭型（用 d 表示）。

(c) 求 e_n 的闭型（用 d 表示）。

(d) 利用(c)求 d。

(e) 证明：$e_n = n(T - n)$。

21.2 节习题

练习题

习题 21.5

考虑以下随机游走图：

(a) 求图 21.4 平稳分布下的 $d(x)$。

(b) 求图 21.4 平稳分布下的 $d(y)$。

(c) 在图 21.4 中，如果从节点 x 出发，经过一（长）段随机游走，节点的分布能否接近平稳分布？

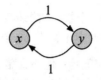

图 21.4 平稳分布 1

(d) 求图 21.5 平稳分布下的 $d(w)$。

(e) 求图 21.5 平稳分布下的 $d(z)$。

(f) 在图 21.5 中，如果从节点 w 出发，经过一（长）段随机游走，节点的分布能否接近平稳分布？（提示：试试少走几步看看发生了什么。）

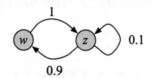

图 21.5 平稳分布 2

(g) 图 21.6 中有多少个平稳分布？

(h) 在图 21.6 中，如果从节点 b 出发，经过一（长）段随机游走，位于节点 d 的概率大约为多少？

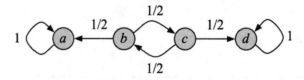

图 21.6 平稳分布 3

习题 21.6

有向图中没有出边的顶点称为汇点（sink）。对于恰好有两个汇点的有限有向图，

- 可能不存在
- 可能唯一存在
- 恰好存在两个
- 可能存在可数无限个（countably infinite）

- 可能存在不可数个
- 总是存在不可数个

平稳分布，请圈出真的断言。

习题 21.7

如下随机游走图存在不可数个平稳分布，请解释原因。

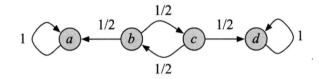

随堂练习

习题 21.8

(a) 对图 21.7 所示的随机游走图，找出一个平稳分布。

(b) 在图 21.7 中，从顶点 x 出发，经过一长段随机游走，最终不会收敛于一个平稳分布。请解释原因，并指出从哪个分布出发可以收敛于一个平稳分布。

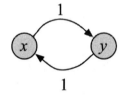

图 21.7　随机游走图示例

(c) 对图 21.8 所示的随机游走图，找出一个平稳分布。

(d) 在图 21.8 中，从顶点 w 出发，经过一（长）段随机游走，最终会收敛于一个平稳分布吗？不需要证明，只需要写出几步看看发生了什么。

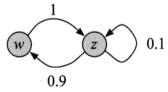

图 21.8　随机游走图示例

(e) 图 21.9 所示的随机游走图存在不可数个平稳分布，请解释原因。

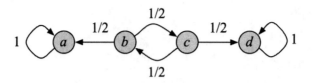

图 21.9 随机游走图示例

(f) 在图 21.9 中,从顶点 b 出发,经过一长段随机游走,位于节点 d 的概率大约为多少?说明原因。

(g) 请给出一个随机游走图的例子,它不是强连通图,但存在唯一平稳分布。提示:有一个很简单的例子。

习题 21.9

在有向图 G 上利用随机游走对这门课的一个学生期末考试后的移动模式进行建模。

这个学生期末考试结束后,位于图的某个节点上,这个节点对应考场教室。接下来的事情就不可预料了,他现在一片迷茫。对每一步来说,如果上一步他在节点 u,那么他均匀、随机地从 u 的所有出边中选择一条边 $\langle u \to v \rangle$,然后走到节点 v。

令 $n ::= |V(G)|$,定义向量 $P^{(j)}$ 如下

$$P^{(j)} ::= (p_1^{(j)}, \ldots, p_n^{(j)})$$

其中 $p_i^{(j)}$ 是经过 j 步位于节点 i 的概率。

(a) 我们先看一个简单图。如果学生从节点 1(最上面的节点)开始,求 $P^{(0)}, P^{(1)}, P^{(2)}$?给出 $P^{(n)}$ 的表达式。

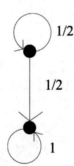

(b) 对任意图,用 $p_k^{(j-1)}$ 表示 $p_i^{(j)}$。

(c) 上一个答案看起来是不是很眼熟?

(d) 令极限分布(limiting distribution)向量 $\boldsymbol{\pi}$ 为

$$\lim_{k \to \infty} \frac{\sum_{i=1}^{k} P^{(i)}}{k}$$

请问(a)部分的图的极限分布是什么？如果初始分布是 $P^{(0)} = (1/2, 1/2)$ 或 $P^{(0)} = (1/3, 2/3)$，极限分布会改变吗？

(e) 考虑另一个有向图。如果学生以 1/2 的概率从节点 1 开始，以 1/2 的概率从节点 2 开始，求下图的 $P^{(0)}, P^{(1)}, P^{(2)}$？它的极限分布是什么？

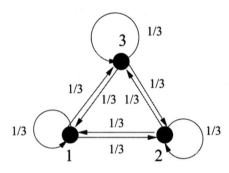

(f) 现在我们考虑实际问题。如果想要回家，这个可怜的学生需要走很长一段路，需要经过 n 扇门。他不知道通往外面美妙世界的门（即，离开教室，更重要的是，放假！）就是终点。每一步，他经过一扇门，以 1/2 的概率打开这扇门并走过去，这样他就会被时光机送回考场教室。计算一下这个家伙需要多长时间才能离开教室。求 $P^{(0)}, P^{(1)}, P^{(2)}$？它的极限分布是什么？

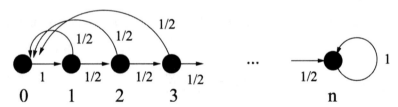

(g) 证明：在逃到外面的世界前，必须被时光机送回教室的次数的期望 $T(n)$ 等于 $2^{n-1} - 1$。

习题 21.10

证明：对无限随机游走图来说，均匀分布是平稳的，当且仅当每一个顶点的入边概率之和都等于 1，即

$$\sum_{u \in \text{入边}(v)} p(u, v) = 1 \tag{21.18}$$

其中入边$(w) ::= \{v | \langle v \to w \rangle$ 是一条边$\}$。

习题 21.11

Google 图是随机游走图，满足任意顶点的每一条出边的概率相同。即，每一条边 $\langle v \to w \rangle$ 的概率等于 $1/\text{outdeg}(v)$。

如果只要 $\langle v \to w \rangle$ 是一条边，则 $\langle w \to v \rangle$ 也是一条边，那么这个有向图是对称的（symmetric）。任意给定一个有限的、对称的 Google 图，令

$$d(v) ::= \frac{\text{outdeg}(v)}{e}$$

其中 e 是图中边的总数。

(a) 如果根据 d 进行网页排名，如何破解这个模型使你的网页排名更高？通俗地解释一下为什么这不适用于对"真实"网页排名。

(b) 证明 d 是一个平稳分布。

课后作业

习题 21.12

有向图是强连通的（strongly connected），当且仅当每两个不同的顶点之间都存在一条有向边。这道题我们考虑一个强连通的有限随机游走图。

(a) 令 d_1, d_2 是这个图的两个不同的分布，定义 d_1 在 d_2 上的最大扩张系数（maximum dilation）γ 如下

$$\gamma ::= \max_{x \in V} \frac{d_1(x)}{d_2(x)}$$

如果 $d_1(x)/d_2(x) = \gamma$，称顶点 x 是扩张点（dilated）。证明：从非扩张点 y 到扩张点 z 之间存在一条边 $\langle y \to z \rangle$。提示：选择任意扩张点 x，考虑集合 D 表示通过仅包含扩张点的有向路径（指向 x）连接到 x 的所有扩张点。解释 $D \neq V$，然后根据这个图是强连通的事实进行证明。

(b) 证明：这个图至多有一个平稳分布。（平稳分布总是存在的，我们不要求你证明这一点。）提示：令 d_1 是一个平稳分布，d_2 是另一个不同的平稳分布。z 是扩张点。考虑从 d_2 开始，z 的概率下一步会改变。即，$\hat{d}_2(z) \neq d_2(z)$。

测试题

习题 21.13

图 21.10 所示的随机游走图中哪些具有均匀平稳分布？其中边标注了转移概率（transition probabilities）。解释你的推理。

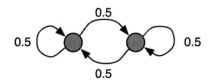

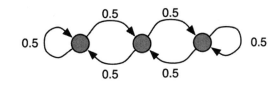

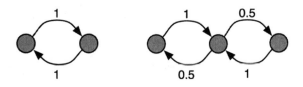

图 21.10　哪一个具有均匀平稳分布

第Ⅴ部分　递推

引言

递推（recurrence）描述了一个数字序列，其中前几项显式给出，后面的项表示为前面项的函数。作为一个简单的例子，序列1,2,3,…的递推描述如下：

$$T_1 = 1$$
$$T_n = T_{n-1} + 1 \quad (n \geq 2)$$

这里，第一项等于1，后面的每一项等于前一项加1。

递推是一种强大的工具。本章我们将介绍如何使用递推（recurrence）来分析递归算法（recursive algorithm）的性能。当然，递推在计算机科学中也有其他应用，例如枚举结构和分析随机过程。同时，如14.4节所述，递推还可以用于分析自然科学问题。

孤立地观察递推并不能很好地描述一个序列。诸如"第100项是什么？"或者"渐近增长率是多少？"此类的问题，如果只是观察递推的话并不好回答这些问题。所以一个典型的目标是求解递推——即找到第n项的闭型表达式（closed-form expression）。

首先，我们将介绍两种常用的求解方法：猜测-验证法（guess-and-verify）和扩充-化简法（plug-and-chug）。这些方法适用于任何递推，但需要一些灵感——有时甚至是不切实际的狂想。我们将介绍计算机科学中经常出现的两大类递推：线性递推和分治递推。从根本上说，求解递推的程式化方法适用于所有这两类递推；按照说明手册上说的做，就能得到答案。这样的缺点是枯燥的计算取代了灵感，运用猜测-验证法和扩充-化简法时"哈"的心情转而变成了程式化方法"哦"的情绪。

最后，我们将介绍一些经验法则，帮助你在不必求解的情况下评估很多常用的递推。这些法则可以在算法设计的过程中，较早地区分哪些是好的方法，哪些是不好的主意。

递推反映了计算机科学的一个广泛主题：把一个大问题逐步分解为较小的问题，直到所有的子问题都容易解决。这个思想也是归纳证明法和递推算法的基础。我们将看到的，这三种方法的思路是一致的。例如，递归算法的运算时间可以用递推表达，而归纳法用于检验这个递推的正确性。

第 22 章 递推

22.1 汉诺塔

求解递推方程的方法有很多。最简单的办法是猜测（guess）一个方案，再用归纳证明法验证（verify）这个猜测是否正确。

例如，对于 16.4.2 节介绍的汉诺塔母函数的推导，共有 n 个盘子，移动次数为 T_n，我们尝试采用猜测的方法。观察前几个 T_n 值：1,3,7,15,31,63，尝试从中寻找合适的模式作为一个好的开始。一个很自然的猜测是 $T_n = 2^n - 1$。任何时候只要猜测了一个递推解，都必须通过证明来验证它，通常采用归纳法。毕竟，猜测可能是错的。（这个例子为什么要验证呢？毕竟，如果我们错了……不，让我们来检验一下。）

断言 22.1.1 $T_n = 2^n - 1$ 满足递推：

$$T_1 = 1$$
$$T_n = 2T_{n-1} + 1 \qquad (n \geq 2)$$

证明：对 n 进行归纳证明。归纳假设是 $T_n = 2^n - 1$。当 $n = 1$，$T_1 = 1 = 2^1 - 1$，假设为真。假设 $T_{n-1} = 2^{n-1} - 1$，求证 $T_n = 2^n - 1$，当 $n \geq 2$：

$$\begin{aligned} T_n &= 2T_{n-1} + 1 \\ &= 2(2^{n-1} - 1) + 1 \\ &= 2^n - 1 \end{aligned}$$

第一个等式是递推公式本身，第二个等式使用了归纳假设，最后一步化简。∎

由于递推公式和归纳证明法有着类似的结构，这样的验证证明过程特别简捷。具体来说，归纳证明的基础情形利用递推公式的第一行，即 T_1；而归纳证明的归纳步骤利用递推公式的第二行，即前序项的函数 T_n。

我们的猜测得到了验证。现在我们可以解决有 64 个盘子的汉诺塔了。由于 $T_{64} = 2^{64} - 1$，所以僧人们需要完成超过 180 亿次移动，世界末日才会来临。这真是一个好消息。

22.1.1 上界陷阱

如果一个递推的解过于复杂，可以尝试证明某个简单的表达式是递推解的上界。例如，汉诺塔问题的精确解是 $T_n = 2^n - 1$。我们可以尝试证明一个"更好"的上界 $T_n \leq 2^n$。

证明：（失败的尝试）对 n 进行归纳证明。归纳假设是 $T_n \leq 2^n$。当 $n = 1$，$T_1 = 1 \leq 2^1$，假设为真。假设 $T_{n-1} \leq 2^{n-1}$，求证 $T_n \leq 2^n$，当 $n \geq 2$ 时：

$$T_n = 2T_{n-1} + 1$$
$$\leq 2(2^{n-1}) + 1$$
$$\not\leq 2^n \quad \text{呃喔！}$$

第一个等式是递推关系，第二个等式是归纳假设，最后一步得到了矛盾的结果。∎

这个证明不行啊！归纳证明经常出现这种情况，论证过程需要更强的假设才行。这并不意味着求递推解的上界行不通，而是这个例子中归纳和递归没有很好地融合在一起。

22.1.2 扩充-化简法

猜测-验证法是求解递推等式的一种简单通用的方法。但是它有一个很大的缺点：你必须猜对。汉诺塔问题并不难猜，但有时候递推的形式比较复杂，猜对就非常困难。当然，我们还有其他方法。

扩充-化简法（plug-and-chug）就是另外一种求解递推的方法，有时也被称为"扩展"（expansion）或者"迭代"（iteration）。在猜测-验证法中，关键的步骤是找到序列的规律。如果我们不看序列中的数字，而是发现序列中表达式的规律，这样有时候更容易。扩充-化简法包含三个步骤，下面同样以汉诺塔问题为例进行解释说明。

步骤1：扩充和化简直到规律出现

第一步是用扩充（即应用递推，plug）和化简（即化简结果，chug）的方法扩展递推公式，直到规律出现。注意：过度简化可能更难发现规律。记住一个规则——实际上这是整个大学生活都受用的规则——过犹不及。

$$T_n = 2T_{n-1} + 1$$
$$= 2(2T_{n-2} + 1) + 1 \qquad \text{扩充}$$
$$= 4T_{n-2} + 2 + 1 \qquad \text{化简}$$
$$= 4(2T_{n-3} + 1) + 2 + 1 \qquad \text{扩充}$$
$$= 8T_{n-3} + 4 + 2 + 1 \qquad \text{化简}$$
$$= 8(2T_{n-4} + 1) + 4 + 2 + 1 \qquad \text{扩充}$$
$$= 16T_{n-4} + 8 + 4 + 2 + 1 \qquad \text{化简}$$

从递推公式本身开始。由于$T_{n-1} = 2T_{n-2} + 1$，第二步用$2T_{n-2} + 1$替代T_{n-1}。第三步做一点化简——但是不要过度！经过几轮类似的扩充和化简，规律出现了。下列表达式似乎是成立的：

$$T_n = 2^k T_{n-k} + 2^{k-1} + \cdots + 2^2 + 2^1 + 2^0$$
$$= 2^k T_{n-k} + 2^k - 1$$

一旦规律变得清晰，化简就更加稳妥和快捷。像上面的第二行就是第一行中的几何和的闭型简化。

步骤2：验证规律

接下来我们要验证这个经过几轮扩充和化简得到的通式。

$$T_n = 2^k T_{n-k} + 2^k - 1$$
$$= 2^k \left(2T_{n-(k+1)} + 1\right) + 2^k - 1 \qquad \text{扩充}$$
$$= 2^{k+1} T_{n-(k+1)} + 2^{k+1} - 1 \qquad \text{化简}$$

最后得到的式子与第一行的表达式是一样的，不过k被替换成了$k+1$。令人吃惊的是，这有效地证明了对任意k，T_n的表达式都成立。原因如下：当$k = 1$时，表达式即初始的递推表达式，显然成立。我们已经证明了，当$k \geq 1$，如果表达式成立，那么它同样对$k + 1$成立。所以，由归纳法可知这个表达式对所有的$k \geq 1$都成立。

步骤3：用已知的前几项重写T_n

最后一步是将T_n表示成已知的前几项的函数。令$k = n - 1$，用$T_1 = 1$表示T_n，可得T_n的闭型表达式：

$$T_n = 2^{n-1} T_1 + 2^{n-1} - 1$$
$$= 2^{n-1} \cdot 1 + 2^{n-1} - 1$$
$$= 2^n - 1$$

搞定！这与猜测-验证法的答案一样。

让我们比较一下猜测-验证法和扩充-化简法。在猜测-验证法中，计算序列的前几项，如 T_1, T_2, T_3 等，直到规律出现。然后构造一个第 n 项 T_n 的通用表达式。相反，扩充-化简法从第 n 项开始。我们将 T_n 逐步改写成它前面的项，即将 $T_{(n-1)}, T_{(n-2)}, T_{(n-3)}$ 等依次代入 T_n。最终发现规律，能够用已知的 T_1 表示 T_n，将 T_1 的值代入表达式，就可以得到 T_n 的闭型表达。因此这两种方法是从不同的方向进行求解的。

22.2 归并排序

通常，算法教材都说排序是计算机科学中的一个重要的基础问题。然后用各种排序算法把你搞得晕头转向，甚至在汉诺塔搬盘子的僧人都比你过得好。这里我们只讨论一个著名的排序算法，归并排序（Merge Sort）。通过对归并排序进行分析引入另一种递推。

首先介绍归并排序的工作原理。算法的输入是 n 个数字的列表，然后输出这些数字的非递减排序。有两种情况：

- 如果输入只有 1 个数字，算法什么也不做，因为列表已经是有序的了。
- 否则，输入列表包含两个或更多的数字。分别对列表的前一半和后一半进行排序。然后将两部分合并，得到一个 n 个数字的有序列表。

我们通过一个例子演示一下。假设对以下列表进行排序：

$$10, 7, 23, 5, 2, 8, 6, 9$$

这是一个数字列表，以递归的方式（recursively）分别对前一半(10,7,23,5)和后一半(2,8,6,9)进行排序，结果分别是5,7,10,23和2,6,8,9。然后合并这两个列表：反复对比两个列表的第一项，每次输出（emit）较小的数字。当一个列表为空时，完整地输出另一个列表的剩余项。这个示例演示如下，其中带下画线的数字是输出。

前一半列表	后一半列表	输出
5, 7, 10, 23	<u>2</u>, 6, 8, 9	
<u>5</u>, 7, 10, 23	6, 8, 9	2
7, 10, 23	<u>6</u>, 8, 9	2, 5
<u>7</u>, 10, 23	8, 9	2, 5, 6
10, 23	<u>8</u>, 9	2, 5, 6, 7
10, 23	<u>9</u>	2, 5, 6, 7, 8
<u>10</u>, <u>23</u>		2, 5, 6, 7, 8, 9
		2, 5, 6, 7, 8, 9, 10, 23

刚开始，两个列表的第一项分别是5和2，因此输出2。然后，第一项分别是5和6，因此输出5。最后，第二个列表为空，此时第一个列表还余下10和23，所以整个被输出。完整的输出结果是所有数字的有序序列。

22.2.1 寻找递推

排序算法的一个经典问题是：对n个项进行排序，最多需要比较多少次？这是对算法运行时间的估计。在归并排序中，可以用递推表述这个指标。令T_n表示对n个数字进行归并排序所需要的比较次数的最大值。为了保证每一步递归都能够平均切分输入，我们暂时假设n是2的幂。

- 如果输入列表只有 1 个数字，不需要比较，因此$T_1 = 0$。
- 否则，T_n包括三部分：前一半列表排序的比较次数（最大为$T_{n/2}$），后一半列表排序的比较次数（同样最大为$T_{n/2}$），以及合并两部分列表的比较次数。合并阶段的比较次数至多为$n-1$。因为每次比较至少输出一个数字，当一个列表为空时输出余下的所有数字。最后n个数字都被输出，所以最多需要$n-1$次比较。

因此，归并排序n个项，所需的最大比较次数的递推公式如下：

$$T_1 = 0$$
$$T_n = 2T_{n/2} + n - 1 \qquad n \geq 2 \text{ 且 } n \text{ 是 2 的幂}$$

这个表达式很好地描述了比较次数，但不太有用：闭型表达式往往更有用。为此，我们需要求解这个递推。

22.2.2 求解递推

首先尝试用猜测-验证法求解归并排序的递推公式。前几个值是：

$$T_1 = 0$$
$$T_2 = 2T_1 + 2 - 1 = 1$$
$$T_4 = 2T_2 + 4 - 1 = 5$$
$$T_8 = 2T_4 + 8 - 1 = 17$$
$$T_{16} = 2T_8 + 16 - 1 = 49$$

麻烦了！这些值没有明显的规律，猜测这个递推解很困难。那么，让我们试试扩充-化简法吧。

步骤 1：扩充和化简直到规律出现

通过扩充和化简扩展递推公式，直到规律出现。

$$\begin{aligned}
T_n &= 2T_{n/2} + n - 1 \\
&= 2(2T_{n/4} + n/2 - 1) + (n - 1) &&\text{扩充} \\
&= 4T_{n/4} + (n - 2) + (n - 1) &&\text{化简} \\
&= 4(2T_{n/8} + n/4 - 1) + (n - 2) + (n - 1) &&\text{扩充} \\
&= 8T_{n/8} + (n - 4) + (n - 2) + (n - 1) &&\text{化简} \\
&= 8(2T_{n/16} + n/8 - 1) + (n - 4) + (n - 2) + (n - 1) &&\text{扩充} \\
&= 16T_{n/16} + (n - 8) + (n - 4) + (n - 2) + (n - 1) &&\text{化简}
\end{aligned}$$

规律出现了。看起来下述表达式似乎是成立的：

$$\begin{aligned}
T_n &= 2^k T_{n/2^k} + (n - 2^{k-1}) + (n - 2^{k-2}) + \cdots + (n - 2^0) \\
&= 2^k T_{n/2^k} + kn - 2^{k-1} - 2^{k-2} - \cdots - 2^0 \\
&= 2^k T_{n/2^k} + kn - 2^k + 1
\end{aligned}$$

第二行我们将n项和2的幂项合并，第三行合并几何和。

步骤2：验证规律

接下来，我们验证这个规律。如果猜错了，可以在这一过程中发现错误。

$$\begin{aligned}
T_n &= 2^k T_{n/2^k} + kn - 2^k + 1 \\
&= 2^k (2T_{n/2^{k+1}} + n/2^k - 1) + kn - 2^k + 1 &&\text{扩充} \\
&= 2^{k+1} T_{n/2^{k+1}} + (k+1)n - 2^{k+1} + 1 &&\text{化简}
\end{aligned}$$

表达式没有变化，不过k被替换成了$k+1$。这相当于归纳证明了表达式对所有$k \geq 1$成立。

步骤3：用已知的前几项重写T_n

最后，我们用已知的前几项表示T_n。令$k = \log n$，那么$T_{n/2^k} = T_1 = 0$：

$$\begin{aligned}
T_n &= 2^k T_{n/2^k} + kn - 2^k + 1 \\
&= 2^{\log n} T_{n/2^{\log n}} + n\log n - 2^{\log n} + 1 \\
&= nT_1 + n\log n - n + 1 \\
&= n\log n - n + 1
\end{aligned}$$

搞定！我们得到了归并排序n个数字所需的最大比较次数的闭型表达式。现在，容易看出猜测-验证法为什么失败了：这个表达式真的相当复杂。

检查一下，确认这个表达式给出的值，与之前的计算结果是否相同：

n	T_n	$n \log n - n + 1$
1	0	$1 \log 1 - 1 + 1 = 0$
2	1	$2 \log 2 - 2 + 1 = 1$
4	5	$4 \log 4 - 4 + 1 = 5$
8	17	$8 \log 8 - 8 + 1 = 17$
16	49	$16 \log 16 - 16 + 1 = 49$

进一步的检验需要严格的归纳证明。这很简单，其实我们已经在扩充-化简法的第二步做了归纳证明的事情。

22.3 线性递推

目前我们介绍了两种求解递推的方法：猜测-验证法和扩充-化简法。这两种方法都需要在数字或表达式的序列中发现规律。接下来，我们将给出两大类递推的程式化解法：不需要灵光乍现的灵感，只需要遵循步骤按图索骥。

22.3.1 爬楼梯

爬n个台阶有多少种方法？如果一步一个台阶，或者一大步跨两阶呢？例如，爬4个台阶有5种不同的方法：

1. 小步，小步，小步，小步
2. 大步，大步
3. 大步，小步，小步
4. 小步，大步，小步
5. 小步，小步，大步

我们以这个问题为例，介绍第一种求解递推的程式化方法。稍后我们将补充一般解法的其他细节。

寻找递推

特例是，爬0个台阶有1种方法（什么也不做），爬1个台阶有1种方法（1小步）。一般地，爬n个台阶可以是爬$n-1$个台阶然后迈1小步，或者爬$n-2$个台阶然后迈1大步。因此，爬n个台阶的方法数等于爬$n-1$个台阶的方法数加上爬$n-2$个台阶的方法数。因此定义递推：

$$f(0) = 1$$
$$f(1) = 1$$
$$f(n) = f(n-1) + f(n-2) \qquad n \geq 2$$

其中 $f(n)$ 表示爬 n 个台阶的方法数。这里我们把下标标记改成了函数表示，即 T_n 改成 $f(n)$。这个改变看似花哨，但其实用函数表示更有用。

这正是著名的斐波那契数的递推公式。斐波那契数出现在各式各样的应用问题和自然界中。例如：

- 斐波那契在 13 世纪提出递推对兔子繁殖进行建模。
- 向日葵上螺旋结构的尺寸增长和斐波那契数列成比例关系。
- 欧几里得最大公约数算法最坏情况下的输入值是连续的斐波那契数。

求解递推

斐波那契递推属于线性递推，这类递推的解决方法很简单，一个小时就能学会。但是令人惊讶的是，斐波那契递推在提出后的近 6 个世纪，都没有被解决。

一般地，齐次线性递推（homogeneous linear recurrence）形如：

$$f(n) = a_1 f(n-1) + a_2 f(n-2) + \cdots + a_d f(n-d)$$

其中 $a_1, a_2, \ldots, a_d$ 和 d 是常量。d 是递推的阶（order）。通常，函数 f 的值落在若干个点上，称为边界条件（boundary condition）。例如，斐波那契递推的阶 $d = 2$，系数 $a_1 = a_2 = 1$ 且 $g(n) = 0$，边界条件是 $f(0) = 1$ 和 $f(1) = 1$。"齐次"听起来似乎难以理解，实际上就是"更简单的那种"。后面我们会分析形式更为复杂的线性递推。

我们试着用积累数百年的智慧来求解斐波那契递推。一般来说，线性递推往往有指数解。所以，猜测

$$f(n) = x^n$$

其中 x 是引入的变量，提升我们猜测的准确性。稍后我们要计算 x 的最佳值。为了进一步提高猜测的准确性，我们暂时忽略边界条件 $f(0) = 1$ 和 $f(1) = 1$。将这个猜测代入递推 $f(n) = f(n-1) + f(n-2)$ 得到：

$$x^n = x^{n-1} + x^{n-2}$$

等式两边除以 x^{n-2} 得到二次方程：

$$x^2 = x + 1$$

解方程得到两个 x 的似真值（plausible value）：

$$x = \frac{1 \pm \sqrt{5}}{2}$$

这说明，如果不考虑边界条件，递推至少有两个解。

$$f(n) = \left(\frac{1+\sqrt{5}}{2}\right)^n \quad \text{或} \quad f(n) = \left(\frac{1-\sqrt{5}}{2}\right)^n$$

齐次线性递推的一个有趣之处就是，它的解的线性组合也是它的解。

定理 22.3.1 如果$f(n)$和$g(n)$是齐次线性递推的两个解，那么对所有$s, t \in \mathbb{R}$，$h(n) = sf(n) + tg(n)$也是这个递推的解。

证明.

$$\begin{aligned}
h(n) &= sf(n) + tg(n) \\
&= s(a_1 f(n-1) + \cdots + a_d f(n-d)) + t(a_1 g(n-1) + \cdots + a_d g(n-d)) \\
&= a_1(sf(n-1) + tg(n-1)) + \cdots + a_d(sf(n-d) + tg(n-d)) \\
&= a_1 h(n-1) + \cdots + a_d h(n-d)
\end{aligned}$$

第一步根据函数h的定义，第二步利用了f和g是递推的解。最后两步对所有项进行重组，并再次使用h的定义。由于第一个表达式等于最后一个，所以h也是递推的解。∎

这个定理揭示的现象——解的线性组合也是解——在很多微分方程和物理系统中同样成立。实际上，线性递推和线性微分方程很像，未来数学课学到它的时候你就可以放心了。

回到斐波那契递推，从定理可知

$$f(n) = s\left(\frac{1+\sqrt{5}}{2}\right)^n + t\left(\frac{1-\sqrt{5}}{2}\right)^n$$

是一个解，对于所有实数s, t。这个定理将两个解扩展到了整个解空间！现在，我们寻找满足边界条件的解，即$f(0) = 1$且$f(1) = 1$。每个边界条件都在参数s和t中增加了一些约束。第一个边界条件

$$f(0) = s\left(\frac{1+\sqrt{5}}{2}\right)^0 + t\left(\frac{1-\sqrt{5}}{2}\right)^0 = s + t = 1$$

同理，第二个边界条件

$$f(1) = s\left(\frac{1+\sqrt{5}}{2}\right)^1 + t\left(\frac{1-\sqrt{5}}{2}\right)^1 = 1$$

现在我们有两个二元线性方程，这个方程组不是退化的（degenerate），因此有唯一解：

$$s = \frac{1}{\sqrt{5}} \cdot \frac{1+\sqrt{5}}{2} \qquad t = -\frac{1}{\sqrt{5}} \cdot \frac{1-\sqrt{5}}{2}$$

由s和t的值确定了斐波那契递推满足边界条件的一个解：

$$f(n) = \frac{1}{\sqrt{5}} \cdot \frac{1+\sqrt{5}}{2} \left(\frac{1+\sqrt{5}}{2}\right)^n - \frac{1}{\sqrt{5}} \cdot \frac{1-\sqrt{5}}{2} \left(\frac{1-\sqrt{5}}{2}\right)^n$$

$$= \frac{1}{\sqrt{5}} \left(\frac{1+\sqrt{5}}{2}\right)^{n+1} - \frac{1}{\sqrt{5}} \left(\frac{1-\sqrt{5}}{2}\right)^{n+1}$$

容易理解为什么近 6 个世纪都没人能够偶然发现这个解了吧！所有的斐波那契数都是整数，但是这个表达式都是 5 的平方根！令人惊讶的是，这些平方根最终相互抵消了。把 $n = 0, 1, 2, \ldots$ 代入，就得到了所有的斐波那契数。

斐波那契数的闭型表达式也称比内公式（Binet's formula），它有一些很有趣的推论。第一项趋向于无穷大，因为是指数形式，并且 $(1+\sqrt{5})/2 = 1.618\ldots$，比 1 大；这个数值经常表示为 ϕ，称作"黄金比例"。第二项趋向于 0，因为 $(1-\sqrt{5})/2 = -0.618033988\ldots$，它的绝对值比 1 小。所以，第 n 个斐波那契数是：

$$f(n) = \frac{\phi^{n+1}}{\sqrt{5}} + o(1)$$

注意，对于所有足够大的 n，这个表达式中的无理数非常接近于一个整数——就是斐波那契数！例如：

$$\frac{\phi^{20}}{\sqrt{5}} = 6765.000029\cdots \approx f(19)$$

而且，两个连续斐波那契数的比值接近黄金比例。例如：

$$\frac{f(20)}{f(19)} = \frac{10946}{6765} = 1.618033998\ldots$$

22.3.2　求解齐次线性递推

求解斐波那契递推的方法可以扩展适用于任意齐次线性递推，即形如

$$f(n) = a_1 f(n-1) + a_2 f(n-2) + \cdots + a_d f(n-d)$$

的表达式，其中 $a_1, a_2, \cdots, a_d$ 和 d 是常量。像处理斐波那契递推那样，猜测 $f(n) = x^n$，代入可得

$$x^n = a_1 x^{n-1} + a_2 x^{n-2} + \cdots + a_d x^{n-d}$$

两边除以 x^{n-d} 得到

$$x^d = a_1 x^{d-1} + a_2 x^{d-2} + \cdots + a_{d-1} x + a_d$$

上式称为递推的特征方程（characteristic equation）。特征方程的含义很容易理解，因为方程的

系数与递推的系数相同。

特征方程的根就是线性递推的解。如果不考虑边界条件：

- 如果r是特征方程的非重根，则r^n是递推的一个解。
- 如果r是特征方程的k重根，则$r^n, nr^n, n^2r^n, \ldots, n^{k-1}r^n$都是递推的解。

定理 22.3.1 表明这些解的线性组合也是一个解。

例如，假定一个递推的特征方程有根s, t, u，其中u是二重根。那么这 4 个根就是 4 个不同的解：

$$f(n) = s^n \quad f(n) = t^n \quad f(n) = u^n \quad f(n) = nu^n$$

而且，每个线性组合

$$f(n) = a \cdot s^n + b \cdot t^n + c \cdot u^n + d \cdot nu^n \qquad (22.1)$$

也是解。

接下来，通过选择合适的常量，找出满足边界条件的解。每个边界条件是一个带有常量的线性方程。通过解线性方程组可以得到常量的值。例如，假定边界条件是$f(0) = 0, f(1) = 1, f(2) = 4$和$f(3) = 9$。我们可以得到 4 个 4 元方程：

$$f(0) = 0 \quad 即 \quad a \cdot s^0 + b \cdot t^0 + c \cdot u^0 + d \cdot 0u^0 = 0$$
$$f(1) = 1 \quad 即 \quad a \cdot s^1 + b \cdot t^1 + c \cdot u^1 + d \cdot 1u^1 = 1$$
$$f(2) = 4 \quad 即 \quad a \cdot s^2 + b \cdot t^2 + c \cdot u^2 + d \cdot 2u^2 = 4$$
$$f(3) = 9 \quad 即 \quad a \cdot s^3 + b \cdot t^3 + c \cdot u^3 + d \cdot 3u^3 = 9$$

看起来很烦琐，但是记住s, t和u只是常数。解这个方程组可以得到a, b, c, d的值，最终得到边界条件约束下的递推解。

22.3.3　求解一般线性递推

现在，我们可以求解所有的齐次线性递推了，形如

$$f(n) = a_1 f(n-1) + a_2 f(n-2) + \cdots + a_d f(n-d)$$

但是实践中很多递推并不完全符合这一模式。例如，汉诺塔问题的递推：

$$f(1) = 1$$
$$f(n) = 2f(n-1) + 1 \qquad (n \geq 2)$$

末尾多了$+1$，这在齐次线性递推中是没有的。一般地，在等式右侧增加额外项$g(n)$的线性递推

称为非齐次线性递推（inhomogeneous linear recurrence）：

$$f(n) = a_1 f(n-1) + a_2 f(n-2) + \cdots + a_d f(n-d) + g(n)$$

求解非齐次线性递推的方法与求解齐次线性递推的方法没什么不同，也不是很难。可以把整个过程分为5步：

1. 用0替代$g(n)$，得到一个齐次线性递推。如同之前一样，得到特征方程的根。
2. 计算齐次递推的解，但是不要用边界条件去确定常量，这称之为齐次解（homogeneous solution）。
3. 恢复$g(n)$，忽略边界条件，确定一个递推解，称为特解（particular solution）。稍后将介绍如何确定特解。
4. 将齐次解和特解加起来得到通解（general solution）。
5. 使用边界条件，求解线性方程组确定常量。

例如，考虑汉诺塔问题的一个变种。假定移动盘子花费的时间取决于盘子的尺寸。即，移动最小的盘子耗时1秒，移动第二小的耗时2秒，移动第n小的耗时n秒。在这个汉诺塔变种问题中，完工时间的递推公式有一个+n项，而不是+1：

$$T_1 = 1$$
$$T_n = 2T_{n-1} + n \qquad n \geq 2$$

显然完工时间更长了，但是到底多长？让我们使用上述方法来解这个递推。

步骤1和步骤2，去掉项+n，得到齐次递推$f(n) = 2f(n-1)$。特征方程是$x = 2$。所以齐次解是$f(n) = c2^n$。

步骤3，在不考虑边界条件的前提下，找到完整递归$f(n) = 2f(n-1) + n$的一个解。我们尝试猜测这个解具有$f(n) = an + b$的形式，包含两个常量a和b。将猜测的解形式代入递推得到：

$$an + b = 2(a(n-1) + b) + n$$
$$0 = (a+1)n + (b-2a)$$

第二个等式是第一个等式的简化。当$a + 1 = 0$（即$a = -1$）且$b - 2a = 0$（即$b = -2$）时，第二个等式对所有的n成立。所以$f(n) = an + b = -n - 2$是一个特解。

步骤4，将齐次解和特解加起来得到通解

$$f(n) = c2^n - n - 2$$

步骤5，使用边界条件$f(1) = 1$确定常量c的值：

$$f(1) = 1 \quad \text{IMPLIES} \quad c2^1 - 1 - 2 = 1$$
$$\text{IMPLIES} \quad c = 2$$

综上所述，$f(n) = 2 \cdot 2^n - n - 2$ 是这个汉诺塔变种递推的解。对比一下，原始的汉诺塔问题的解是 $2^n - 1$。所以，如果移动盘子的时间和盘子大小成正比，僧人们需要原先两倍的时间才能完成工作。

22.3.4 如何猜测特解

确定特解是解非齐次递推过程中最困难的部分。这需要猜测，而且可能猜错。[①]不过绝大多数时候，一些经验法则能让工作变得简单。

- 一般来说，可以找一个与非齐次项 $g(n)$ 具有相同形式的特解。
- 如果 $g(n)$ 是常量，猜测特解 $f(n) = c$。如果猜错了，依次尝试更高幂次的多项式：$f(n) = bn + c$，然后是 $f(n) = an^2 + bn + c$，等等。
- 更一般地，如果 $g(n)$ 是多项式，先尝试幂次相同的多项式，然后依次是更高一次的多项式，更高二次的多项式，等等。例如，如果 $g(n) = 6n + 5$，那么先尝试 $f(n) = bn + c$，然后尝试 $f(n) = an^2 + bn + c$。
- 如果 $g(n)$ 是指数形式，例如 3^n，先猜测 $f(n) = c3^n$。如果错误，依次尝试 $f(n) = bn3^n + c3^n$，然后是 $f(n) = an^2 3^n + bn3^n + c3^n$，等等。

完整过程如下。

求解线性递推的简要指南

线性递推形式如下

$$f(n) = \underbrace{a_1 f(n-1) + a_2 f(n-2) + \cdots + a_d f(n-d)}_{\text{齐次部分}} + \underbrace{g(n)}_{\text{非齐次部分}}$$

以及边界条件，如 $f(0) = b_0, f(1) = b_1$ 等。那么，求解线性递推的步骤如下：

1. 确定以下特征方程的根

$$x^n = a_1 x^{n-1} + a_2 x^{n-2} + \cdots + a_{k-1} x + a_k$$

2. 得到齐次解。特征方程的根对应的项加起来，就是齐次解。非重根 r 对应项 cr^n，其中 c 是待确定的常数。k 重根 r 对应下列项

[①] 第 16 章讨论了如何使用母函数求解线性递推——稍微复杂一些，但是不需要猜。

$$d_1 r^n \quad d_2 n r^n \quad d_3 n^2 r^n \quad \cdots \quad d_k n^{k-1} r^n$$

其中 $d_1, \cdots, d_k$ 是待确定的常数。

3. 确定一个特解。这是不考虑边界条件约束的前提下，完整的递推解。使用猜测-验证法。如果 $g(n)$ 是常数或者多项式，先尝试相同幂次的多项式，然后依次考虑增加幂次的多项式。例如，如果 $g(n) = n$，依次尝试 $f(n) = bn + c$ 和 $f(n) = an^2 + bn + c$。如果 $g(n)$ 是指数形式，例如 3^n，先猜测 $f(n) = c3^n$。如果错误，依次尝试 $f(n) = bn3^n + c3^n$，$f(n) = an^2 3^n + bn3^n + c3^n$，等等。

4. 形成通解，它是齐次解和特解的和。一个典型的通解如下：

$$f(n) = \underbrace{c2^n + d(-1)^n}_{\text{齐次解}} + \underbrace{3n+1}_{\text{非齐次解}}$$

5. 将边界条件代入通解。每个边界条件都给了一个关于未知常数的线性方程。例如，将 $f(1) = 2$ 代入通解得到

$$2 = c \cdot 2^1 + d \cdot (-1)^1 + 3 \cdot 1 + 1$$
$$\text{IMPLIES} \quad -2 = 2c - d$$

求解线性方程组，确定这些常数的值。

22.4 分治递推

我们已经学会了一般线性递推的解法。但是前面提到的归并排序递推，并不是线性的：

$$T(1) = 0$$
$$T(n) = 2T\left(\frac{n}{2}\right) + n - 1 \qquad n \geqslant 2$$

$T(n)$ 不是若干个前序项的线性组合，$T(n)$ 是 $T(n/2)$ 的函数。

归并排序是分治算法（divide-and-conquer algorithm）的一个例子：将输入切分，逐一"攻克"，然后再把结果合并。对这类算法进行分析，通常就是分治递推（divide-and-conquer recurrences），形式如下：

$$T(n) = \sum_{i=1}^{k} a_i T(b_i n) + g(n)$$

其中 $a_1, \cdots, a_k$ 是正常数，$b_1, \cdots, b_k$ 是0到1之间的常数，$g(n)$ 是一个非负函数。例如，$a_1 = 2$，$b_1 = 1/2$，$g(n) = n - 1$，就是归并排序递推。

22.4.1　Akra-Bazzi 公式

神奇的 *Akra-Bazzi* 公式给出了几乎所有分治递推的解。很简单，一般分治递推

$$T(n) = \sum_{i=1}^{k} a_i T(b_i n) + g(n)$$

的渐近解（asymptotic solution）是

$$T(n) = \Theta\left(n^p \left(1 + \int_1^n \frac{g(u)}{u^{p+1}} du\right)\right) \quad （22.2）$$

其中 p 满足

$$\sum_{i=1}^{k} a_i b_i^p = 1 \quad （22.3）$$

需要注意的是，函数 $g(n)$ 不能增长得太快或者变化得太剧烈。确切地说，$|g'(n)|$ 必须存在多项式界。例如，Akra-Bazzi 公式适用于 $g(n) = x^2 \log n$，而不适用于 $g(n) = 2^n$。

让我们尝试用 Akra-Bazzi 公式（而不是扩充-化简法）再次求解归并排序递推。首先，找到满足下列条件的 p

$$2 \cdot (1/2)^p = 1$$

看起来 $p = 1$ 就很合适。然后计算积分：

$$\begin{aligned} T(n) &= \Theta\left(n\left(1 + \int_1^n \frac{u-1}{u^2} du\right)\right) \\ &= \Theta\left(n\left(1 + \left[\log u + \frac{1}{u}\right]_1^n\right)\right) \\ &= \Theta\left(n\left(\log n + \frac{1}{n}\right)\right) \\ &= \Theta(n \log n) \end{aligned}$$

其中第一步是积分，第二步是化简。最后一步去掉 $1/n$ 项，因为 $\log n$ 项是更高阶的。搞定！

我们再来看一个更加繁杂的递推：

$$T(n) = 2T(n/2) + (8/9)T(3n/4) + n^2$$

其中 $a_1 = 2, b_1 = 1/2, a_2 = 8/9, b_2 = 3/4$。那么，找到 p 满足

$$2 \cdot (1/2)^p + (8/9)(3/4)^p = 1$$

这个方程不一定存在闭型，所以有时候只需要 p 的近似值即可。不过这个例子的解很简单：$p = 2$。然后积分：

$$T(n) = \Theta\left(n^2\left(1 + \int_1^n \frac{u^2}{u^3}\,du\right)\right)$$
$$= \Theta\left(n^2(1 + \log n)\right)$$
$$= \Theta\left(n^2 \log n\right)$$

真的很简单!

22.4.2 两个技术问题

我们发现了分治递推的两个问题,现在来讨论一下。

首先,Akra-Bazzi 公式不能处理边界条件。让我们回到归并排序来看看为什么。在扩充-化简分析过程中,我们发现

$$T(n) = nT_1 + n\log n - n + 1$$

这意味着第n项是第1项的函数,而第1项的值是由边界条件指定的。但是$T(n) = \Theta(n\log n)$对T_1的**任意**值都成立。边界条件没有作用!

这种情况很典型:分治递推的近似解与边界条件无关。直觉告诉我们,如果一个递归算法的基本操作执行时间变为原来的2倍,总的运行时间也差不多要翻倍。在现实中这很重要,但是近似计算会忽略 2 这个因素。还有一些极端情况。例如,$T(n) = 2T(n/2)$的解是$\Theta(n)$还是0,取决于$T(1)$是不是0。这些例子缺乏实际应用价值,所以我们不再讨论。

分治递推的第二个问题是不产生线性递推。即,对一个规模为n的问题进行分解,产生的子问题可能不是整数规模的。例如归并排序递推包含项$T(n/2)$。那么$n = 15$怎么办?对$7\frac{1}{2}$个数字排序需要多长时间?前面我们假设输入的数字个数为2的幂,就是为了避免了这个问题。但是我们还是不知道会发生什么问题,比如输入的数字个数为100时会怎样。

当然,实际的归并排序会把输入近似地分为两半,递归地对这两半分别进行排序,然后合并结果。例如,15个数字的列表被分为大小为7和8的两个列表。更一般地,包含n个数字的列表,被近似分解为大小为$\lceil n/2 \rceil$和$\lfloor n/2 \rfloor$的两部分。因此最大比较次数实际上如下递推:

$$T(1) = 0$$
$$T(n) = T\left(\left\lceil \frac{n}{2} \right\rceil\right) + T\left(\left\lfloor \frac{n}{2} \right\rfloor\right) + n - 1 \qquad n \geq 2$$

这个递推或许是严格准确的,但是向上取整和向下取整操作使这个递推很难得到精确解。

幸运的是,分治递归的近似解,不受向上取整和向下取整操作的影响。更准确地说,用$T(\lceil b_i n \rceil)$或$T(\lfloor b_i n \rfloor)$取代$T(b_i n)$并不会改变解。所以很多时候,将向上和向下取整操作从分治递推中去掉是合理的,它们复杂且没什么影响。

22.4.3 Akra–Bazzi 定理

Akra-Bazzi 公式以及关于边界条件和取整的断言，都源于 *Akra-Bazzi* 定理。定理描述如下。

定理 22.4.1（Akra–Bazzi） 设函数 $T: \mathbb{R} \to \mathbb{R}$ 是非负的，当 $0 \leq x \leq x_0$ 时有界，且满足递推

$$T(x) = \sum_{i=1}^{k} a_i T(b_i x + h_i(x)) + g(n) \qquad x > x_0 \qquad (22.4)$$

其中：

1. x_0 足够大，T 是严格定义的。
2. $a_1, \ldots, a_k$ 是大于 0 的常数。
3. $b_1, \ldots, b_k$ 是 0 到 1 之间的常数。
4. $g(x)$ 是非负函数，且 $|g'(x)|$ 有多项式界。
5. $|h_i(x)| = O(x/\log^2 x)$。

那么

$$T(x) = \Theta\left(x^p \left(1 + \int_1^x \frac{g(u)}{u^{p+1}} \, \mathrm{d}u\right)\right)$$

其中 p 满足

$$\sum_{i=1}^{k} a_i b_i^p = 1$$

Akra-Bazzi 定理可以通过一个复杂的归纳论证来证明。我们不会在这里给出证明，但我们还是要仔细分析一下这个定理。

我们所讨论的所有递推都是定义在整数范围内的，这是它们的共性。但是 Akra-Bazzi 定理更一般地指出，函数可以定义在实数上。

Akra-Bazzi 公式是直接从 Akra-Bazzi 定理得出的，不过定理中的递推还有函数 h_i。这个函数能够处理向下取整、向上取整，以及对子问题的规模等的其他微调操作。例如参数组合

$$a_1 = 1 \quad b_1 = 1/2 \quad h_1(x) = \left\lceil \frac{x}{2} \right\rceil - \frac{x}{2}$$
$$a_2 = 1 \quad b_2 = 1/2 \quad h_2(x) = \left\lfloor \frac{x}{2} \right\rfloor - \frac{x}{2}$$
$$g(x) = x - 1$$

对应的递推为

$$T(x) = 1 \cdot Tg(\frac{x}{2} + (\lfloor\frac{x}{2}\rfloor - \frac{x}{2})) + 1 \cdot T(\frac{x}{2} + (\lfloor\frac{x}{2}\rfloor - \frac{x}{2})) + x - 1$$
$$= T(\lfloor\frac{x}{2}\rfloor) + T(\lfloor\frac{x}{2}\rfloor) + x - 1$$

考虑包含向上和向下取整操作后，任意输入的归并排序递推都是严格正确的。在这个例子中，函数$h_1(x)$和$h_2(x)$至多为1，由定理容易得到$O(x/\log^2 x)$。函数h_i对递推的近似解没有影响，甚至不出现在近似解中。这也印证了我们之前的判断：对分治递推子问题的规模做向上和向下取整，并不改变近似解。

22.4.4 主定理

Akra-Bazzi 公式的一个特例称为主定理（Master Theorem），可以用于计算机科学中一些常见的递推。之所以称为主定理，是因为在 Akra 和 Bazzi 得出定理的很久之前，这个定义就已经被证明了，它曾经是解决分治递推的终极武器。主定理依旧广泛出现在算法课程中，而且它不需要任何积分知识，所以我们在这里介绍一下主定理。

定理 22.4.2（主定理）对于如下形式的递归T

$$T(n) = aT\left(\frac{n}{b}\right) + g(n)$$

情况 1：如果存在常数$\epsilon > 0$使$g(n) = O(n^{\log_b(a)-\epsilon})$成立，则

$$T(n) = \Theta(n^{\log_b(a)})$$

情况 2：如果存在常数$k \geq 0$使$g(n) = \Theta(n^{\log_b(a)}\log^k(n))$成立，则

$$T(n) = \Theta(n^{\log_b(a)}\log^{k+1}(n))$$

情况 3：如果存在常数$\epsilon > 0$，使$g(n) = \Omega(n^{\log_b(a)+\epsilon})$成立，其中$ag(n/b) < cg(n)$对常数$c < 1$成立，且$n$足够大，则

$$T(n) = \Theta(g(n))$$

主定理可以通过对n进行归纳证明，或者更简单地，作为定理 22.4.1 的一个推论。在此不再详述。

22.5 进一步探索

我们已经做了很多：猜测和验证，扩充和化简，求解根，计算积分，求解线性方程组和指数方程，等等。现在我们回头想想，寻找一些经验法则。什么类型的递推有什么样的解呢？

下面是我们已经求解过的递推：

	递推表达式	递推的解
汉诺塔问题	$T_n = 2T_{n-1} + 1$	$T_n \sim 2^n$
归并排序	$T_n = 2T_{n/2} + n - 1$	$T_n \sim n\log n$
汉诺塔变种	$T_n = 2T_{n-1} + n$	$T_n \sim 2 \cdot 2^n$
斐波那契数	$T_n = T_{n-1} + T_{n-2}$	$T_n \sim (1.618\ldots)^{n+1}/\sqrt{5}$

其中汉诺塔问题和归并排序的递推公式有些相似，但是解完全不同。归并排序64个数字只需要几百次比较，而移动64个盘子却要超过10^{19}步！

每个递推都有优点和缺点。在汉诺塔问题中，规模为n的问题被分解为两个规模为$n-1$的子问题（较大），但是只需要1次额外操作（较少）。在归并排序中，规模为n的问题被分解为两个规模为$n/2$的子问题（较小），但是需要$n-1$次额外操作（较多）。最后，归并排序的速度快得多！

这说明：将问题分解为更小规模的子问题，比减少每次递归调用的额外操作时间重要得多。例如，将汉诺塔变种问题的最后一项由+1变为+n，它的解翻倍。而斐波那契递推的一个子问题不过略小于汉诺塔问题（规模为$n-2$而非$n-1$）而已，解却是以指数规模变小的！更一般地说，线性递推（具有较大的子问题）往往具有指数形式的解，而分治递推（具有较小的子问题）的解通常具有多项式界。

上面的所有例子都是把一个规模为n的问题分解为两个较小的子问题。那么，子问题的数量对解有什么影响呢？例如，我们把汉诺塔子问题的个数由2增加到3，得到递推：

$$T_n = 3T_{n-1} + 1$$

这导致特征方程的根由2个增加到3个，使解以指数形式增长，从$\Theta(2^n)$变为$\Theta(3^n)$。

分治递推也容易受到子问题个数的影响。例如，归并排序递推的一般形式：

$$T_1 = 0$$
$$T_n = aT_{n/2} + n - 1$$

由 Akra-Bazzi 公式得到：

$$T_n = \begin{cases} \Theta(n) & a < 2 \\ \Theta(n \log n) & a = 2 \\ \Theta(n^{\log a}) & a > 2 \end{cases}$$

当a从 1.99 增加到 2.01 的过程中，递推解呈现出 3 种完全不同的形式。

边界条件对递推解有什么影响？我们已经知道，在分治递推中边界条件不重要。对于线性递推，解通常由指数形式主导，其底数取决于子问题的个数和规模。只有当边界条件使主导项的系数为0时，边界条件才非常重要，这会改变近似解。

那么我们得到一个经验规则：递归过程的性能，通常取决于子问题的规模和个数，而不是每次递归调用的工作量或基本情形的时间开销。具体来说，如果子问题规模相比原始问题线性减小，解通常是指数形式；如果子问题规模是原始问题的几分之一，解一般有多项式界。

22.4 节习题

课后作业

习题 22.1

算法A的运行时间由递推$T(n) = 7T(n/2) + n^2$描述。另一个算法A'的运行时间为$T'(n) = aT'(n/4) + n^2$。当a取何值时，A'比A渐近得更快？

习题 22.2

使用Akra-Bazzi公式求下列分治递推的渐近界（asymptotic bound）$\Theta()$。对于每个递推来说，$T(1) = 1$且$T(n) = \Theta(1)$对所有的常量n都成立。给出每个递推的$p, a_i, b_i, h_i(n)$的值或表达式。

1. $T(n) = 3T(\lfloor n/3 \rfloor) + n$
2. $T(n) = 4T(\lfloor n/3 \rfloor) + n^2$
3. $T(n) = 3T(\lfloor n/4 \rfloor) + n$
4. $T(n) = T(\lfloor n/4 \rfloor) + T(\lfloor n/3 \rfloor) + n$
5. $T(n) = T(\lceil n/4 \rceil) + T(\lfloor 3n/4 \rfloor) + n$
6. $T(n) = 2T(\lfloor n/4 \rfloor) + \sqrt{n}$
7. $T(n) = 2T(\lfloor n/4 \rfloor + 1) + \sqrt{n}$
8. $T(n) = 2T(\lfloor n/4 + \sqrt{n} \rfloor) + 1$
9. $T(n) = 3T(\lceil n^{1/3} \rceil) + \log_3 n$（这里$T(2) = 1$）
10. $T(n) = \sqrt{e}T(\lfloor n^{1/e} \rfloor) + \ln n$

随堂练习

习题 22.3

我们之前设计了容错版本的归并排序 MergeSort，现在我们提出一个令人振奋的新算法

OverSort。

新算法的工作原理如下。输入是一个列表，包含 n 个不同的数字。如果列表中只有一个数字，什么都不做。如果列表中包含两个数字，通过一次比较对它们排序。如果列表中包含更多的数字，执行以下步骤。

- 创建一个前 $\frac{2}{3}n$ 个数字构成的列表，对它做递归排序。
- 创建一个后 $\frac{2}{3}n$ 个数字构成的列表，对它做递归排序。
- 创建一个前 $\frac{1}{3}n$ 和后 $\frac{1}{3}n$ 个数字构成的列表，对它做递归排序。
- 合并第一个和第二个列表，丢掉重复数字。
- 合并上一步的列表和第三个列表，再次丢掉重复数字。

最终合并的列表是算法的输出。这个算法的优点是每个数字都有多个副本，即使排序时偶尔遗漏了某个数字，OverSort 依然可以输出一个完整的有序列表。

(a) 定义 $T(n)$ 是 OverSort 排序 n 个不同数字所需的最大比较次数，假设排序时从不遗漏任何一个数字，且 n 是 3 的幂。求 $T(3)$ 的值？写出 $T(n)$ 的递推关系。（提示：合并 j 个不同数字构成的列表与 k 个不同数字构成的列表，并丢掉两个列表中重复出现的 d 个数字，需要 $j + k - d$ 次比较，其中 $d > 0$ 是重复的数目。）

(b) 应用 Akra-Bazzi 定理确定 $T(n)$ 的 θ 界。首先找到 Akra-Bazzi 递推中以下常量和函数：

- 常量 k
- 常量 a_i
- 常量 b_i
- 函数 h_i
- 函数 g
- 常量 p。可以保留 p 的对数形式，不过稍后需要对 p 的值进行估计。

(c) 是否存在 $c \in \mathbb{N}$，使条件 $|g'(x)| = O(x^c)$ 成立？

(d) 条件 $|h_i(x)| = O(x/\log^2 x)$ 是否成立？

(e) 使用积分确定 $T(n)$ 的 θ 界。

测试题

习题 22.4

使用 Akra-Bazzi 公式求下列递推的渐近界 $\Theta()$。对于每个递归，$T(0) = 1$ 且 $n \in \mathbb{N}$。

(a) $T(n) = 2T(\lfloor n/4 \rfloor) + T(\lfloor n/3 \rfloor) + n$

(b) $T(n) = 4T(\lfloor n/2 + \sqrt{n} \rfloor) + n^2$

(c) 魔鬼崇拜者社团每周在一个地下墓穴聚会并发展新成员。每个加入社团两周或更久的成员可以发展4个新成员，而加入一周的成员可以发展1个新成员。第0周有1个魔鬼崇拜者，第1周有2个。

写出社团在第 n 周的成员数 $D(n)$ 的递推公式。

（不需要求解递推。务必考虑基本情形。）

参考文献

[1] Martin Aigner and Günter M. *Proofs from The Book*. Springer-Verlag, 1999. MR1723092.

[2] Eric Bach and Jeffrey Shallit. *Efficient Algorithms*, volume 1 of *Algorithmic Number Theory*. The MIT Press, 1996.

[3] John Beam. A powerful method of proof. *College Mathematics Journal*, 48(1), 2017.

[4] Edward A. Bender and S. Gill Williamson. *A Short Course in Discrete Mathematics*. Dover Publications, 2005.

[5] Arthur T. Benjamin and Jennifer J. Quinn. *Proofs That Really Count: The Art of Combinatorial Proof*. The Mathematical Association of America, 2003.

[6] P. J. Bickel1, E. A. Hammel1, and J. W. O'Connell1. Sex bias in graduate admissions: Data from berkeley. *Science*, 187(4175):398–404, 1975.

[7] Norman L. Biggs. *Discrete Mathematics*. Oxford University Press, second edition, 2002.

[8] Béla Bollobás. *Modern Graph Theory*, volume 184 of *Graduate Texts in Mathematics*. Springer-Verlag, 1998. MR1633290.

[9] Miklós Bóna. *Introduction to Enumerative Combinatorics*. Walter Rudin Student Series in Advanced Mathematics. McGraw Hill Higher Education, 2007. MR2359513.

[10] Timothy Y. Chow. The surprise examination or unexpected hanging paradox. *American Mathematical Monthly*, pages 41–51, 1998.

[11] Thomas H. Cormen, Charles E. Leiserson, Ronald L. Rivest, and Clifford Stein. *Introduction to Algorithms*. The MIT Press, third edition, 2009.

[12] Antonella Cupillari. *The Nuts and Bolts of Proofs*. Academic Press, fourth edition, 2012. MR1818534.

[13] Reinhard Diestel. *Graph Theory*. Springer-Verlag, second edition, 2000.

[14] Michael Paterson et al. Maximum overhang. *MAA Monthly*, 116:763–787, 2009.

[15] Shimon Even. *Algorithmic Combinatorics*. Macmillan, 1973.

[16] Ronald Fagin, Joseph Y. Halpern, Yoram Moses, and Moshe T. Vardi. *Reasoning About Knowledge*. MIT Press, 1995.

[17] William Feller. *An Introduction to Probability Theory and Its Applications. Vol. I*. John Wiley & Sons Inc., New York, third edition, 1968. MR0228020.

[18] Philippe Flajolet and Robert Sedgewick. *Analytic Combinatorics*. Cambridge Univ. Press, 2009.

[19] Michael Garey and David Johnson. *tba*. tba, 1970.

[20] A. Gelfond. Sur le septième problème de hilbert. *Bulletin de l'Académie des Sciences de l'URSS*, 4:623–634, 1934.

[21] Judith L. Gersting. *Mathematical Structures for Computer Science: A Modern Treatement of Discrete Mathematics*. W. H. Freeman and Company, fifth edition, 2003.

[22] Edgar G. Goodaire and Michael M. Parmenter. *Discrete Mathematics with Graph Theory*. Prentice Hall, second edition, 2001.

[23] Ronald L. Graham, Donald E. Knuth, and Oren Patashnik. *Concrete Mathematics: A Foundation for Computer Science*. Addison-Wesley, second edition, 1994.

[24] Charles M. Grinstead and J. Laurie Snell. *Introduction to Probability*. American Mathematical Society, second revised edition, 1997.

[25] Dan Gusfield and Robert W. Irving. *The Stable Marriage Problem: Structure and Algorithms*. MIT Press, Cambridge, Massachusetts, 1989.

[26] Gary Haggard, John Schlipf, and Sue Whitesides. *Discrete Mathematics for Computer Science*. Brooks Cole, 2005.

[27] Nora Hartsfield and Gerhard Ringel. *Pearls in Graph Theory: A Comprehensive Introduction*. Dover Publications, 2003.

[28] Gregory F. Lawler and Lester N. Coyle. *Lectures on Contemporary Probability*. American Mathematical Society, 1999.

[29] Eric Lehman, Tom Leighton, and Albert R Meyer. *Mathematics for Computer Science*. unpublished notes for class MIT 6.042, 2016.

[30] L. Lovász, Pelikán J. and K. Vesztergombi. *Discrete Mathematics: Elementary and Beyond*. Undergraduate Texts in Mathematics. Springer-Verlag, 2003. MR1952453.

[31] Burton Gordon Malkiel. *A Random Walk down Wall Street: The Time-tested Strategy for Success*. W. W. Norton, 2003.

[32] Yuri V. Matiyasevich. *Hilbert's Tenth Problem*. MIT Press, 1993.

[33] Albert R. Meyer. A note on star-free events. *J. Assoc. Comput. Machinery*, 16(2), 1969.

[34] John G. Michaels and Kenneth H. Rosen. *Applications of Discrete Mathematics*. McGraw-Hill, 1991.

[35] Michael Mitzenmacher and Eli Upfal. *Probability and Computing: Randomized algorithms and probabilistic analysis*. Cambridge University Press, 2005. MR2144605.

[36] Rajeev Motwani and Prabhakar Raghavan. *Randomized Algorithms*. Cambridge University Press, 1995. MR1344451,.

[37] G. Polya. *How to Solve It: A New Aspect of Mathematical Method*. Princeton University Press, second edition, 1971.

[38] Kenneth H. Rosen. *Discrete Mathematics and Its Applications*. McGraw Hill Higher Education, fifth edition, 2002.

[39] Sheldon Ross. *A First Course in Probability*. Prentice Hall, sixth edition, 2002.

[40] Sheldon M. Ross. *Probability Models for Computer Science*. Academic Press, 2001.

[41] Edward A. Scheinerman. *Mathematics: A Discrete Introduction*. Brooks Cole, third edition, 2012.

[42] Victor Shoup. *A Computational Introduction to Number Theory and Algebra*. Cambridge University Press, 2005.

[43] Larry Stockmeyer. Planar 3-colorability is polynomial complete. *ACM SIGACT News*, pages 19–25, 1973.

[44] Gilbert Strang. *Introduction to Applied Mathematics*. Wellesley-Cambridge Press, Wellesley, Massachusetts, 1986.

[45] Michael Stueben and Diane Sandford. *Twenty Years Before the Blackboard.* Mathematical Association of America, 1998.

[46] Daniel J. Velleman. *How To Prove It: A Structured Approach.* Cambridge University Press, 1994.

[47] Herbert S. Wilf. *generatingfunctionology.* Academic Press, 1990.

[48] David Williams. *Weighing the Odds.* Cambridge University Press, 2001. MR1854128.

符号表

符号	含义
$::=$	定义
∎	证明结束符号
$\neq$	不等于
$\wedge$	并，AND
$\vee$	或，OR
$\longrightarrow$	蕴涵，若……则……，IMPLIES
$\longrightarrow$	状态转移
$\neg P, \bar{P}$	非P，Not(p)
$\leftrightarrow$	当且仅当，等价于，IFF
$\oplus$	异或，XOR
$\exists$	存在
$\forall$	对所有
$\in$	是……的元素，属于
$\subseteq$	是……的子集（可能相等）
$\not\subseteq$	不是……的子集（也不相等）
$\subset$	是……的真子集（不相等）
$\not\subset$	不是……的真子集（可以相等）
$\cup$	集合并
$\bigcup_{i \in I} S_i$	集合S_i的并集，其中下标i的取值为集合I
$\cap$	集合交
$\bigcap_{i \in I} S_i$	集合S_i的交集，其中下标i的取值为集合I
Φ	空集，{}
$\bar{A}$	集合A的补集
$-$	集合差
$\mathrm{pow}(A)$	集合A的幂集
$A \times B$	集合A, B的笛卡儿积
S^n	n个集合S的笛卡儿积
$\mathbb{Z}$	整数
$\mathbb{N}, \mathbb{Z}^{\geq 0}$	非负整数
$\mathbb{Z}^+, \mathbb{N}^+$	正整数
$\mathbb{Z}^-$	负整数
$\mathbb{Q}$	有理数
$\mathbb{R}$	实数
$\mathbb{C}$	复数
$\lfloor r \rfloor$	r的向下取整（floor）：小于或等于r的最大整数

符号	含义
$\lceil r \rceil$	r的向上取整（ceiling）：大于或等于r的最小整数
$\lvert r \rvert$	实数r的绝对值
$R(X)$	集合X在二元关系R上的像（image）
R^{-1}	二元关系R的逆
$R^{-1}(X)$	集合X在二元关系R上的逆像
surj	A surj B IFF $\exists f: A \to B$，f是满设函数
inj	A inj B IFF $\exists R: A \to B$，R是单射、全映射关系
bij	A bij B IFF $\exists f: A \to B$，f是双射
$[\leqslant 1\ \text{in}]$	关系的单射属性
$[\geqslant 1\ \text{in}]$	关系的满射属性
$[\leqslant 1\ \text{out}]$	关系的函数属性
$[\geqslant 1\ \text{out}]$	关系的全射属性
$[=1\ \text{out}, =1\ \text{in}]$	双射关系
$\circ$	关系复合操作符
λ	空字符串/列表
A^*	字母表A上的有限字符串
A^ω	字母表A上的无限字符串
$\text{rev}(s)$	字符串s的逆
$s \cdot t$	字符串s,t的拼接，$\text{append}(s,t)$
$\#_c(s)$	字符串s中字符c出现的次数
$m \mid n$	整数n除以整数m；m是n的因子
gcd	最大公约数
log	基数为 2 的对数，$\log_2$
ln	自然对数，$\log_e$
lcm	最小公倍数
$(k..n)$	$\{i \in \mathbb{Z} \mid k < i < n\}$
$[k..n)$	$\{i \in \mathbb{Z} \mid k \leqslant i < n\}$
$(k..n]$	$\{i \in \mathbb{Z} \mid k < i \leqslant n\}$
$[k..n]$	$\{i \in \mathbb{Z} \mid k \leqslant i \leqslant n\}$
$\sum_{i \in I} r_i$	对数字r_i求和，其中i的取值为集合I
$\prod_{i \in I} r_i$	对数字r_i求积，其中i的取值为集合I
$\text{qcnt}(n, d)$	n除以d的商
$\text{rem}(n, d)$	n除以d的余数
$\equiv \ (\text{mod } n)$	模n同余
$\not\equiv$	不全等
$\mathbb{Z}_n$	模n的整数集
$+_n, \cdot_n$	$\mathbb{Z}_n$中的加法和乘法运算
$\mathbb{Z}_n^*$	$[0,n)$上与n互质的数字集合

符号	含义
$\phi(n)$	欧拉函数 ::= $|\mathbb{Z}_n^*|$
$\langle u \to v \rangle$	从顶点u到顶点v的有向边
Id_A	集合A上的恒等关系：$a\text{Id}_A a'$ IFF $a = a'$
R^*	关系R的通路（path）关系；R的自反转移闭包（reflexive transitive closure）
R^+	R的正通路关系；R的转移闭包
$\mathbf{f}\,\hat{x}\,\mathbf{g}$	终点为顶点x的路（walk）$\mathbf{f}$，并（merge）上起点为x的路$\mathbf{g}$
$\mathbf{f}\,\frown\,\mathbf{g}$	路$\mathbf{f}$与路$\mathbf{g}$的并，其中$\mathbf{f}$的终点就是$\mathbf{g}$的起点
$\langle u - v \rangle$	连接两个顶点$u \neq v$的无向边
$E(G)$	图G的边
$V(G)$	图G的顶点
C_n	长度为n的无向圈
L_n	长度为n的线图
R_n	n个顶点构成的完全图
H_n	n维超立方体
$L(G)$	二分图G的"左边"顶点
$R(G)$	二分图G的"右边"顶点
$K_{n,m}$	n个左顶点，m个右顶点构成的完全二分图
$\chi(G)$	简单图G的色数（chromatic number）
H_n	第n个调和数 $\sum_{i=1}^{n} 1/i$
$\sim$	渐近相等
$n!$	n的阶乘 $::= n \cdot (n-1) \cdot \cdots \cdot 2 \cdot 1$
$\binom{n}{m}$	$::= n!/m!(n-m)!$，二项式系数
$o()$	渐近标记"小o"
$O()$	渐近标记"大O"
$\Theta()$	渐近标记"Theta"
$\Omega()$	渐近标记"大 Omega"
$\omega()$	渐近标记"小 Omega"
$\Pr[A]$	事件A的概率
$\Pr[A \mid B]$	给定B的前提下A的条件概率
S	样本空间
I_A	事件A的指示器变量
PDF	概率密度函数
CDF	累积分布函数
$\text{Ex}[R]$	随机变量R的期望
$\text{Ex}[R \mid A]$	给定事件A时R的条件期望
$\text{Ex}^2[R]$	$(\text{Ex}[R])^2$的缩写
$\text{Var}[R]$	R的方差
$\text{Var}^2[R]$	R的方差平方
σ_R	R的标准方差